普通高等教育“十一五”国家级规划教材

21 世纪哲学系列教材

科学技术哲学导论

（第 2 版）

刘大椿　著

中国人民大学出版社

目录

CONTENTS

引论：科学技术哲学的学科定位

科学技术哲学是对科技时代提出的科技及其相关问题、要求和挑战的哲学回应。

近代以来，在思想史上，它与哲学的认识论转变、语言学转变关系极其密切，并且以19世纪的实证主义和20世纪的逻辑经验主义两次哲学运动的形式，对整个哲学和人类思想的发展产生了极大的影响。在当代，它又以历史主义、社会学化、后哲学文化的面目，从致力于确定性的寻求、为科学技术建构经验和逻辑的可靠基础，转变为热中于对一切绝对化倾向和基础主义的解构；从偏爱行动、追求可操作性目标，转向对某种文化体制的诘难和社会批判。

在中国，它在几个关键时期，都是思想解放的先驱、开放的窗口、现代化的切入点。特别是近年来，科学技术哲学作为哲学的二级学科，进展引人注目，是一个虽然见解分歧颇多，却生气勃勃、前景为人看好的学术领域。

一、科学技术哲学在中国的兴起

1. 中国改革开放与科学技术哲学的兴起

20 世纪 70 年代末，在极左思潮特别是“文化大革命”浩劫的影响下，科技和教育事业百废待兴，科学技术哲学及其相关研究也已弃置多时。但是，由于科技和教育是拨乱反正的前沿，有关科学和技术的哲学问题就特别有生命力和吸引力。此时，整个民族迫切需要新的思想来滋润已近萎缩的头脑，而新思想的引入者却要冒盗火者普罗米修斯的风险。在这种情势下，科学技术哲学不期然在中国成为了思想解放的带头羊与当代中国哲学复兴的切入点。

1978 年 3 月 18 日，邓小平在全国科学大会开幕式上的讲话中，通过重申并有力地论述“科学技术是生产力”这个马克思主义的重要命题，阐明了科技时代的一个常识：科技发展与人才素质这两个因素，乃国运之所系。此后，正统意识形态不再把知识分子看做资产阶级范畴，恢复了知识分子作为工人阶级一部分的地位。尊重知识、尊重人才，方有可能在中国大道畅行。

在真理标准大讨论中，由于科学理性是理性家族的宠儿，科学的实证方法最显著地体现着实践标准的有效性、权威性乃至惟一性，就使来自科学方面的证据在这场论战中扮演了重要角色。科学作为思想解放突破口的特殊地位，使得更深入的思考成为必要与可能。例如，“如何解释科学史”的问题，使中国人直面曾对这类问题长期探讨的西方科学哲学。另外，是否能不加限定地把“真理”与“科学的”二者等同起来：凡科学的必是真理，反之亦然？这些问题不可能长时间付诸阙如，于是，人们开始关注许多科学哲学的基本论题：作为一种世界观、方法论，哲学与科学究竟是什么关系？如何恰当地为科学在经济、社会、文化中定位？所有这些方面的造势，促使一批知识和社会背景各异的学者，不仅开始从不同方向涉猎西方科学哲学思想，而且开始引入各种现代思潮。

众所周知，中国科学技术哲学的发展及相关思潮的涌动，多是在自然辩证法的旗帜下开展的。“自然辩证法”事业，在中国可以回溯至 20 世纪二三十年代，是由一批倾向于马克思主义的学者从研读恩格斯的《自然辩证法》一书而发展起来的。恩格斯的原著是一份未完成的手稿，长期以来，一方面存在着学科范围不清、框架不明等恼人的问题，另一方面也为特定时期中国学者的创造性工作留下了充裕的空间。70 年代末以后，自然辩证法在中国再度发展时，采取的是一个兼容并包的“大口袋”方针，许多新人、新思想都曾在此驻足。取得比较多共识的内容可归入下述几大块：自然观研究、科学方法论研究、科学思想史和科学—技术—社会研究。自然辩证法的特有地位——既是马克思主义哲学传统的一部分，又与当代科学技术密切相关——在中国科学技术哲学的发展进程中扮演着重要角色。“大口袋”式的兼容并包，在最初是被设想为一种过渡措施，在实践中却表现得卓有成效。尽管它也带来了人员流动性大、难以形成统一的学术规范等问题，总的看来，却使这一学科较易适应转型期间急剧变革的中国现实，同时也更能产生广泛的、多学科的影响。它像是一个孵化器，不断有新的人员和思想参与进来，交流、突破，迸发灵感，而在思虑成熟后往往自立门户，或转入其他学科。有些人本来就是其他学科的专家，在这块领域属“兼职”。因此，它具有鲜明的中国特色和深刻广泛的社会影响。

20 世纪 80 年代中期，随着改革开放的推进，人们开始反思科学技术实践中提出的许多新问题，对学科本身的建设也有了更彻底的思考。学科发展当然有其自身的规律，频繁的国际学术交往和思想交流，也提供了可资借鉴、比较和参考的规范。于是，在 1987 年，当国务院学位委员会修改研究生学科目录时，自然辩证法的学科名称改成了“科学技术哲学（自然辩证法）”。之所以带一个括号，主要是照顾一部分同志的习惯。此后，科学技术哲学作为哲学的二级学科逐渐在中国成为哲学中最有生气的一个分支。科学技术哲学不断开拓新的研究领域，逐步就科学技术本身及其与经济、社会、文化相联系的各个方面进行哲学层次的思考和探索，批判地吸收历史上和当代该领域其他学派的研究成果，取得了较显著的学术成就和社会效益。科学技术哲学类的课程在高校普遍开设。实践证明，它们对于帮助学生掌握科学的思维方法和工作方法、开阔视野、扩大知识面、改善知识结构等起着重要作用。

今天，在改革开放和科学技术革命两股世界性潮流冲击下，科学技术哲学的研究框架又有了许多变化，研究内容有了新的拓展。科学技术哲学诸方面的研究充满活力，改变了过去自然辩证法研究相对封闭的局面。在该学科领域，陆续分化和形成了一系列专门的学科分支和方向，如科学学、未来学、科学哲学、科学方法论、科学技术思想史、技术哲学、科学社会学、科学技术与社会研究、科技战略与政策研究、自然哲学、生态哲学、环境问题研究等等。与此同时，各门科学前沿的哲学问题，也得到比以往更为深入的研究。相应地，在高等学校和部分科研机构也建立起了比较规范的科学技术哲学专业硕士和博士教育体制。

在科技革命迅猛发展的条件下，科学技术与我国社会主义现代化的互动作用日趋明显和重要，学者们愈来愈自觉地把现代科技当作一种极为特殊的、起决定作用的社会活动来加以研究。一些学者把科技的发展放在当代社会变革的大背景中考察，对科技活动的社会规范和社会体制问题进行了认真的探讨。还有一些学者将科技视为文化的极其重要且不可分割的一部分，从人类文明进步的角度去寻找它们之间的作用机制，试图既从正面也从负面揭示它们的相互影响。还有许多学者继承和发扬理论联系实际的传统，就现代化建设和社会发展中的重大问题进行研究，做了卓有成效的工作。

2. 对国外研究成果全方位的吸收与剪裁

科学技术哲学在当代中国的进步离不开对国际上一切优秀文明成果的全方位的吸收与剪裁。而这种吸收与剪裁又有赖于观念的突破和思想方法的更新。大规模引进西方新兴学科和思想，不仅是出于为中国的现代化工程寻找得心应手的科学技术工具的需要，也是由于理论本身的发展。国门乍开，国人蓦然意识到自己与外部世界的差距，其急于追赶、“补课”的心情是不难理解的。20 世纪 80 年代的中国，科学技术的发展与科学技术哲学在辩证运动中相互推进，达到了一个新的高潮。

这一期间的科学引进表现出三个特点：一是引进的科学理论（包括人文、社会科学的理论）都紧紧围绕“中国的现代化”这一主题；二是引进的时效性大大加强，包括大量新兴的、甚至在国际学术界尚有争议的学科和科目；三是引进了众多的“边缘学科”和“交叉学科”。其中难免混有一些不成熟的学科，甚至伪科学。总之这一时期科学引进运动的特点是：现实性，新兴性，多样性。

但是，现代化不是简单地采纳最新科学技术和简单地引入最新国际思潮就能实现的。必须在中国的政治、经济、文化、社会背景下，在中国的科技水平基础上，创造性地整合从西方引入的先进科技和思想观念。开放的同时必须整合，吸收的同时必须剪裁。由于 20 世纪 80 年代初中国对人文学科和思想的介绍工作明显滞后于科学技术和科学技术哲学，中国的科技型知识分子戏剧性地承担了双重任务，他们不得不把目光同时投向自然科学和人文学科两大领域，不得不同时在科学技术和思想文化两方面为中国的现代化寻找养料，包括物质的和精神的，并担负着外来思想的剪裁者的角色。

1983 年底开始推出并迅速流行大江南北的《走向未来》丛书集中体现着这种努力。1984 年该丛书推出的 12 种译著，几乎都属于自然科学类书籍或与科学有关，1985 年以后，社会科学和人文学术著述占据了越来越大的比重，涉及政治学、经济学、人类学、艺术、神话学等纯粹人文、社会科学。人文追求从科技思潮中萌生，这正是 20 世纪 80 年代中国学术的一个特征。

其他几种较有影响的丛书是：上海译文出版社印行的《当代学术思潮译丛》、三联书店出版的《现代西方学术文库》、华夏出版社出版的《二十世纪文库》。从1981年开始，商务印书馆以《汉译世界学术名著丛书》的名义，整理重印它自20世纪50年代以来选译的西方学术著作，其中也不乏科学技术哲学的名著，包括许多维也纳学派代表人物的作品。80年代下半期以后上海译文出版社的《二十世纪西方哲学译丛》则偏重于当代科学技术哲学的介绍，如库恩、费耶阿本德、劳丹和本格等人的作品，促使中国学者开始对理性与进步的问题进行反思，对科学技术的正负面效应加以全面的审视。

过去20多年对国外的研究成果全方位开放，译介的著述之多是空前的。我国学者现在对国外同行的学术观点已不再陌生，这为今后深入一步的研究打下了基础。但这期间，的确有食洋不化、浅尝辄止的毛病。在引进国外成果时，如何联系中国的实际情况，使之与中国传统文化和现实中有生命力的东西相结合，在中国土壤上扎下根来，这更是一个薄弱环节。其中既有规范化的问题，也有本土化的问题，这些是科学技术哲学最初面临的基本使命。

3. 新的更深入的思考

科学技术哲学正名之后，传统的课题研究更为深入：

——自然观的研究重点转向在全球问题背景下的人与自然关系的探讨；生态哲学、环境伦理学的研究引人注目；近年来，现代自然哲学的讨论也恢复了一定的势头。

——不仅科学认识论和科学方法论的研究比较热烈，系统方法的探讨一度成为热点，而且开始把注意力转向技术哲学特别是技术创新的问题；对于证明与发现、发明与创新的关系有了更深入的了解。

——对于科学、技术、经济、社会、文化、意识之间的矛盾与互动关系，不仅从理论上进行了许多研究，而且关注它们的实践方面，其中，联系中国的历史和现实所作的探讨多有新意。科技战略和政策方面的研究从宏观到中观，有时到微观，逐渐深化。

——对科学技术的发展规律，既从学科本身和社会体制的角度，也从科技史和思想史的角度进行研究；对科学前沿问题的哲学讨论也更加到位。

但是，这一阶段的理论论辩，一方面促进了学术的初步繁荣，推动了科技事业发展，另一方面也暴露出对科学技术认识方面的几个误区：

第一，在知识层面，没有区分不同性质的学科与不同性质的真理，而把一切真理都冠以“科学”之名。不仅称马克思主义为“科学的”，其他如政治、法律、道德等领域，凡正确的知识也都认定为“科学”的。其实，狭义的科学知识一般是指实证知识，即是有明晰逻辑体系、经严格实验验证的知识。广义的科学知识固然可以包括一切符合理性的真理，但必须注意把它与狭义的科学知识区分开来。不加区分地混用，结果只能是混乱。

第二，在方法论层面，对“什么是科学方法”缺乏共识，也不理解“科学方法是科学活动的灵魂”。在相当长的时间里，失范状态得不到纠正，因而在作为科学活动主体的、由科学工作者组成的科学共同体内部，缺乏公认的学术规范，各行其是，常常搀入一些非科学、甚至伪科学的成分。在社会科学界，方法上的鱼龙混杂更是令人咋舌。

第三，在实践层面，不能恰当处理科学与技术之间的关系。有的混同二者，以为基础科学的突破自然而然会带来生产效益。有的片面认同科研和教育体制中不合理的现状，不能很好地把握科学技术建制与社会其他建制之间的关系，要么简单对应，要么截然分开。最大的问题是在科技体制内部缺乏健全的运作机制，在科技与生产、科技与社会之间缺乏有效的连接机制。

第四，在人类文明层面，没有意识到科学技术是双刃剑：既是历史发展的杠杆，也可能产生严重的负面作用，更没有做好准备应付科技发展对传统生活方式、意识形态、道德伦理、宗教信仰等等提出的激烈挑战。中国当时的舆论几乎一边倒地对科技采取了一种简单的乐观主义态度。相反，同时期的西方科幻作品，大都强调工业社会中科技对人的异化，忧虑地看待人与自然关系的恶化，也有人据此拒斥科技。

透过对科学技术的哲学思考，人们从封闭与半封闭状态下猛醒过来，开始走出误区。20世纪80年代中后期，中国哲学界开始出现了另一种声音，即要求把科学作为活生生的过程，作为一种特殊的人类活动来探讨和论述；要求同时考虑到科学活动的内在方面和它与其他人类活动的关系。在方法论层面，当代中国文化有可能对世界科学和哲学作出贡献的一个突破口，大概是对“用中”、“全体”的强调。中道不是“不偏不倚”，而是积极能动的互补，是取长补短。西方科学哲学流派纷呈，多数好走极端，各流派之间往往争得不可开交。对此，中国学者却能持一种宁静超然的心态，开放地为我所用，使之互补，包括经验主义与理性主义的互补，还原论与整体论的互补，机械论与系统论的互补，程式化努力和“反对方法”的互补，科学精神与人文精神的互补，等等。

科学是一个非常重要的文化领域，是人类文化中极其重要的组成部分。科学技术同时影响哲学思潮的变化。对当代科技革命与资本主义、当代科技革命与社会主义的关系的分析和研究，大大深化了人们对科技时代的挑战和机遇的理解。着眼于科学、技术、经济、社会、文化、意识之间的转化机制研究，首先是越来越多的人转向“科技—经济”关系的研究，包括 STS（科学技术与社会）研究、发展战略研究、知识经济研究等等；其次是探讨科学与文化问题，当今中国处在社会转型期，科学技术的发展和选择，对传统制度与文化构成冲击，也对西方模式的传统的现代化道路提出了质疑。认清科学在整个文化中的地位，研究和创造在全社会形成科学意识的环境和机制，透析科学精神与人文精神的关系，这方面的研究是近年来许多学者关注的焦点。对科学技术的哲学思考，促使人们自觉地把科学技术发展与经济起飞、社会进步、文化繁荣统一起来。

二、当代科学技术哲学的难题与展望

1. 当代科学技术哲学的难题

当代中国科学技术哲学既呈现出一幅高度活跃、生机勃勃的景象，又暗含着某种危机，必须逐步形成一个统一的、有较稳定传统的学科规范。

世界哲学界正处于“战国”时期，异军突起，纷繁无序。世纪之交的科学技术哲学，出现了几个引人注目的难题：对实证主义的反思和解构，形成后实证主义或后哲学文化的潮流；对理性主义和工具主义的反思和批判，形成非理性主义的倾向；对技术主义和现代主义的反思和抨击，形成回归古典、回归东方的时尚。它们之所以构成难题，是因为都不是真正的建树。

后实证主义或后哲学文化潮流，一方面在关于科学知识、科学语言、因果性和解释性的图景上，大大深化了传统实证主义的朴素说明，丰富了其内涵；另一方面，又表现出无定型的、兼容并包的、边际型结构的思想倾向，在一定程度上是一切对实证主义进行批判的形形色色的思想观点的大杂烩。过去，科学技术哲学研究的视角主要是“建构”，现在，后实证主义或后哲学文化的视角主要是“解构”，它说不出将转向什么基础（根本不承认存在着基础），于是人们把注意力从确定性追求变成对某种文化体制的诘难。破，固然给人启发；不知道立什么，终使人茫然。

非理性主义在科学技术哲学界外部，以福柯、德里达、利奥塔德为代表；在内部，以费耶阿本德为代表。历史地看，这些人承袭了海德格尔以来人文学术的传统，因此，非理性主义在很大程度上表现为人文主义对所谓“科学主义”的攻击。他们争辩说，科学只是多种神话的或叙事的体系之一种。通过解构科学语言，可以发现不存在真正的客观性标准。海德格尔抱怨科学技术起着非人化的作用。福柯指出科学常常受权力结构、官僚和国家政权的支配，在科学声称的中立性下面隐藏着对科学的政治性与经济性运用。耐人寻味的是，在当前中国，由于社会转型造成的脱序效应，非理性主义的倾向颇有市场，反对工具主义的声音也很响亮。它们往往表现为反权威主义的自由追求，强调在当代西方文化背景下，争取知识自由的绝对价值，因而反对一切迷信，包括对科学的迷信。费耶阿本德把他的书名取为《自由社会中的科学》，便表明了这一理想。另一位学者利奥塔德认为，在当代条件下，知识分子的职责已完全不同于往昔，不能再维护理性，而要向一切全能性（totality）开战，弘扬自由欲念的差异和局部独特性（singularity），从根本上颠覆一切专制赖以存在的统一性和理性根基。不过，如果这场非理性主义、反工具主义的运动，任由反权威主义的自由追求把科学作为主要的靶子，那么，在中国这块土地上，生长出的很可能不是个性弘扬之花，却是远离科学理性的封建愚昧。

在对科学主义、科学哲学乃至科学的诸种批评中，一度作为对立面的民族文化传统的反弹，也许是最容易引起中国学者特别是人文学者共鸣的。无可否认，中国传统文化有着与西方科学文化十分不同的传统，正是这一点使得近代中国引入科学文化的努力屡屡受挫。问题在于，我们是继续这种努力，还是在一定程度上（乃至全部地）放弃这种努力呢？中国传统文化是否绝对不能容纳科学理性？科学理性是否一定与民族文化传统所体现的人文精神相抵触？当西方一些学者鼓噪回归古典、回归东方之时，我们在为祖先自豪之余，还面临着向前看抑或向后看的难题。

2. 对科技理性的认真审视

科技事业毕竟是一项理性事业，它的方法、它的哲学基础和它的精神气质，从一开始就把它与人类精神的其他产物明显区别开来。在与其他文化的比照甚至冲突中，科学技术的精神之花以独特的姿态傲然开放着。有两桩历史事件最能折射出这种独特的成长过程。第一桩是科学与宗教的斗争，起自于哥白尼的后继者为捍卫日心说同教会的斗争，一直延续到19世纪赫胥黎为坚持进化论而同神父们展开的大辩论。在斗争中，终于确立了一条原则，即：任何权威，任何情感偏见，无论是宗教的、政治的还是伦理的，都不能作为评定真理的标准。神父们后来企图以辩论方式打倒进化论，而不是像过去那样简单禁止《天体运行论》了事，这一事实本身就意味着人们所倡导的科学原则已渐入人心。第二桩历史事件是科学与哲学的分离。这种分离，在最初很大程度上得力于几何学提供的逻辑范式，天文学、力学提供的事实材料和工艺技术提供的仪器手段——它们集中地表现在近代科学之父伽利略身上。伽利略自己制造实验和观测仪器，用数学方法整理实验和观测数据，并且对自然界确立一种卓越的见解：自然界是用数学写成的。有趣的是，使科学最终同哲学（还有其他实践活动）区别开来的实证方法，在某种程度上恰恰是哲学思考的结果。实证方法促成了近代机械论世界观的形成，该世界观又反过来为实证方法树立了合法地位。它把外部世界置于完全与主体相分离的纯粹客观性之中，断言它遵循必然的因果规律，因而是严格可预言的。反过来说，预言的成功也就意味着我们已确切洞悉了自然的奥秘本性。使实证方法合法化、权威化的另一个因素是技术知识在改造自然中获得的空前成功。实证方法使人类建立起实在的物质力量，它们是思辨和玄想所不可能提供的。上述因素导致了一股思潮，欲把实证方法拥戴为惟一合乎理性的方法，表现为自然科学家对哲学（形而上学）的厌弃和拒斥，乃至实证精神闯入哲学领域之中。孔德创立的实证主义经马赫发展，到20世纪二三十年代的维也纳学派那里达到了它的巅峰。维也纳学派倡导的是逻辑实证主义，或称新实证主义。他们认为，只有一种真正的、有意义的哲学，那就是以实证方法为基础的哲学，或“科学性的哲学”（scientific philosophy），所有其他哲学都是不包含真正知识的形而上学。他们像中世纪昂首阔步的骑士，手里拿着现代“奥卡姆剃刀”，将传统的所谓本体论与形而上学一概削去。这是一个真正属于实证精神的时代。结束这一时代的波普尔、库恩、奎因等一批科学哲学家，他们通过对归纳法、对经验论教条以及对累积式科学发展观提出批判而揭示了下述可能性：实证精神未必就涵盖了全部的科学精神。

那么，科学理性究竟是什么？相应地，技术理性究竟是什么？所有探究及相应的解答都属于我们所说的科学技术哲学的内容，至少可以从四个方面展开。

第一方面，大概也是最早被人们尝试的，是科学方法论的研究。逻辑实证主义者事实上在从事这一研究，随后许多科学哲学家（philosopher of science）也是走的这条路子。其核心思想是：存在一套发展和检验科学理论的规则，正是这套规则而不是科学理论自身，把科学与非科学区分开来。这条思路的困难在于（如希拉里·普特南指出的），怎样检验这套规则本身？上述困难招致了对该思路的反动。库恩倡导的历史学派强调社会的与心理的因素对接受某一理论的影响力，该学派到费耶阿本德那里走上了相对主义的极端。“无政府主义方法论”根本否认有任何固定的科学方法存在，从而等于取消了我们的问题。尽管无政府主义不大受欢迎，但历史学派的较温和形式却有较大影响。它们认为，“科学哲学没有科学史是空洞的”。

第二方面的努力，与科学史的研究密切相关，试图历史地回答科学的理性本质问题。不过，科学史研究必须同其他方面的研究结合起来，否则就有沦为盲目的编年史大全的危险。历史学派努力的方向是把科学史研究同科学哲学相结合，库恩、拉卡托斯、劳丹、夏皮尔等所做的都是这类工作。

第三个方面是科学社会学的探讨，着重讨论科技活动的合理性。杰出的英国科学社会学家贝尔纳开辟了从社会学方面研究科学技术的路子，考察科学在各种社会条件制约下的成长历程。美国著名科学社会学家罗伯特·默顿更致力于把科学作为一种社会建制、一种专门职业来进行研究。然而，科学社会学的研究也很难完全把握科学的实质。科学本质上是一种探索性活动，一种冒险，不仅自身具有强烈的不稳定性，而且其动荡会波及社会的其他建制，这使得视科学为独立社会建制的研究困难重重；科学进步常常来自于业余爱好者和把研究视为心灵娱乐的“纯”科学家，因此单纯视之为专门职业也不尽合适。

第四个方面的研究强调科学是一种文化过程。从对上述三方面探究的批评中，美国学者小摩里斯·李克特等认为：科学发展的结构一般地类似于进化过程的结构，特别类似于文化进化过程的结构。科学是认知发展从个体层次到文化层次的一个延伸，是传统文化知识发展的产物，而且是文化进化之特殊化的认知变异体和延伸。

上述四个方面的探究最终指向同一条结论：对科学与技术的最本质了解只有借助更广阔的、全方位的人本主义的反思才能达到。科学和技术的精神之花不能完全独立生长，不能完全依靠实证手段或形式逻辑；必须让全部人类智慧和人性的光芒集中照耀在这朵精神之花上，才能在阿波罗精神（太阳神）与狄奥尼索斯精神（酒神）的结合点上，在深厚累积的文明传统上，在东西方文明的交流碰撞中，在人与自然的对话中，总而言之，在时间与空间的现代交汇点上，让精神之花迸发出最耀眼、最炽烈的光焰。

进而言之，应该把伦理的观点和科学技术的观点结合起来，让伦理精神适应科学技术时代，并用伦理之缰去约束科学技术这匹奔马。科技时代的自然已更多表现为人化自然乃至人工自然，人与自然的联系和互动比以往任何时候都更紧密。自然不再仅仅是被动的对象客体，它会回应人的运行——通过人的行动本身。因此，所谓人与自然的对话，大体上是以下述方式展开的——人向自然做出某种行动，这一行动在自然历程中产生某些后果，于是人又不得不再做出另一行动作为回答。所以这实质上是人的自我问答，在这种自我问答中人们得以确立自我形象，结果是无论提问的方式抑或回答的方式都涉及深刻的伦理问题。如果人以粗暴的方式提问，那么怎么能得到良好的回答呢？又怎能在这样的回答过程中确立一个善良、正直、有人情味的人类形象呢？

还应该把科技理性的成长与人类价值的确立相联系。科技理性既扩张了人的能力，也比以往更深刻地使人意识到自己的局限性。我们无法做违反自然规律的事，无法超光速旅行，无法破坏热力学第二定律，无法制止宇宙的无限膨胀——假如它真要无限膨胀的话。天文学的考察表明，至少在极广袤的宇宙空间范围内，地球上的人类是孤独的。那么，全人类的奋斗还有没有意义呢？是否该退回到无为而治、小国寡民的状态中去呢？是否该放弃科学技术，一心一意转向属于酒神的迷狂状态和内心体验以求解脱呢？人类和世界应该是什么？这最后一个问题实际上就是终极关怀问题。科学技术本身和科技理性在解决终极关怀问题时能做什么？这将是科学技术哲学的重要内容。

更应该把全人类丰富的文化生活与科学技术协调地结合起来。当一向自命为王中之王的哲学也受到实证思潮的冲击；当素来敌视科学的宗教也羞羞答答地号召全世界神职人员学习现代科学，并试图利用先进科技仪器和相应手段证明灵魂的存在与不朽；当艺术被技术文明从圣殿中拉到市场上；当种种形迹可疑的活动都纷纷打出“科学技术”的招牌时，人们显然不可能再回到淳朴的田园文明当中去了。一切文化的思考与实践，无论向后（历史视角）或向前（未来视角），都离不开由科学技术灌溉着的现实土壤，都要自觉不自觉地利用科学技术及其成果。与此同时，不幸，科学技术的恶用正加深着人与自然的裂痕，产生了环境污染，破坏着生态平衡；不幸，刺激科学技术最有力的因素之一，是人类的战争，是为战争而进行的军备竞赛。因而，对参与发展科学事业的人来说，绝不能简单地把科技成就等同于人类的进步，应当更认真地思考人类的明天。

3. 科学技术哲学发展展望

展望新世纪，首先，科学技术哲学的基本内容将会得到更加全面和深入的研究。特别地，对 21 世纪科技发展的趋势（信息化和生态化），将作出新的诠释；对高科技产业化的运作及其后果，也将更为关注。

其次，对当代世界的两大危机：外在自然的破坏（生态危机）和内在自然的失落（生存危机），进行更深刻的反思，作出更恰当的回应。科技的负面效应随着科技的迅猛发展而应当受到特别关注。在物质层面的问题日趋解决之时，精神层面的问题、生命的安顿问题必定凸显出来。科学技术哲学要有更多的终极关怀。

科学技术哲学的成长态势如何，关键在于面对国外的后现代主义潮流、国内流行的工具主义和急功近利风气，以及在突飞猛进的变革中无所适从转而留恋过去、固守传统的倾向，始终看准主攻方向，现实地、进取地、批判地进行哲学思考，要避免落进新的陷阱。

科学技术哲学的发展至少会在、也应当在下述两个方面作出贡献：

第一，树立正确的科技意识。弘扬科学精神永远是正确的价值取向，但是，对科学精神要认真地研究和界定。实事求是和追求真理固然是科学精神的核心部分，怀疑和容忍的态度也是科学精神的精髓，必须在多样性的基础上营造凝聚力。科技文化肯定是21世纪文化的主导，但不能认为科技之外的其他文化没有价值。

第二，为科技恰当地定位。科学技术哲学可能为科技的发展取向作出中肯的评价，也能为制定正确的科技发展战略和政策提供有参考价值的咨询。科学和技术本质是否需要又如何重新审视？究竟是科技主宰社会还是社会决定科技的建构？以及科技内部的运行机制怎样有效地建立？科技体制与经济、社会体制之间的连接机制如何恰当地确立？这诸多问题都向科学技术哲学提出了挑战。

三、当代科学技术哲学研究的主要领域和内容*

科学技术哲学在世纪之交进入了关键的发展阶段。该学科的研究要根据当代科学技术取得的重大成果和经济、社会、文化发展，进一步分析和吸取国外科学哲学、技术哲学、科学技术与社会研究、科学思想史和自然科学哲学问题研究等方面的优秀成果。该学科还应当发挥自己作为一个交叉性质的学科的优势，把自然科学与社会科学、思维科学的研究结合起来，把哲学研究与具体科学研究结合起来，在研究中加强哲学社会科学工作者与科学技术工作者的联盟，力图对具体科学研究和工程建设贡献新思想、新思路，起到理论思维方面的咨询和参谋作用。这样，既对解决实际问题提供启发，同时丰富本学科的内容。

换句话说，该学科的当代研究，要特别重视理论研究的针对性和思想深度。这包括两个方面：第一，把对科学技术的哲学思考与科学技术的现代化发展相联系，致力于阐明当代科学技术发展的前沿，努力弘扬科学精神和树立科学意识，促进有利于科学技术发展的社会体制和思想规范的建立。第二，把科学技术发展与经济起飞、社会进步、文化繁荣统一起来，结合我国现实，就科学技术与经济、社会、文化相联系的各个方面进行哲学层次的思考，在我国现代化转型中，确立科学技术的应有地位，建立有助于技术创新和高科技产业化的机制，迎接知

* 根据作者主持撰写的教育部人文社会科学专项研究咨询报告（1991年）修改，供参考。

识经济时代的到来。

科学技术哲学的覆盖面相当广泛，当代研究要在前20多年引进国外成果的基础上，把着眼点放在分析评论和消化吸收上面，对科技前沿的一系列重大问题作出恰当的哲学概括，对西方相应领域有价值的观点和内容加以分析和借鉴，对中国传统文化和哲学思想中的精华结合现代科学和思想给以必要的阐发。

联系当前实际来考虑，近期科学技术哲学研究的主要领域和内容可以概括为下述十个方面：

（一）综合研究

科学技术决定着当代经济发展和社会进步，同时影响哲学思潮的变化，这方面的研究要求在全面系统地调查和占有资料的基础上，进行综合分析，作出实事求是的结论。重点应把握科学、技术、经济、社会、意识之间的转化机制，该类研究主要包括下列内容：

(1) 当代科技革命与资本主义；(2) 当代科技革命与社会主义；(3) 当代科技革命与马克思主义；(4) 科学技术是第一生产力；(5) 科学技术与经济社会协调发展的体制和机制。

（二）自然科学哲学问题研究

自然科学前沿的哲学探讨，是本学科的活跃领域，是实行人文社会科学工作者与自然科学工作者联盟的主要阵地，既有助于为具体科学研究拓展思路，又能为哲学发展提供生长点。在自然科学哲学问题的研究中，必须对问题的自然科学方面和哲学方面都有比较深入的了解，这样才可能作出实事求是的、深刻的哲学分析和概括。

这方面研究的课题领域主要是：

(1) 数学哲学问题；(2) 天文学哲学问题；(3) 物理学哲学问题；(4) 化学哲学问题；(5) 地学哲学问题；(6) 生物学哲学问题；(7) 心理学基本理论及其哲学问题；(8) 智能机、人脑与思维科学哲学问题。

由于上述领域牵涉面广、内容丰富，不能设想在短期间能把研究全面铺开，因而最重要的工作是在每个领域里选取那些代表该领域发展方向、可能导致重大突破、同时对于哲学思维的开拓又有重要价值的问题，特别是那些已经产生广泛影响、迫切需要用马克思主义观点加以分析的问题，进行扎扎实实的研究。另外，从新世纪发展的角度，在各个领域结合学科内容对历来的哲学问题加以系统评述的工作，也是迫切需要的。

例如，可参考下列选题：

(1) 数学对象的存在性与数学真理的客观性；(2) 现代宇宙学和哲学中的宇

宙范畴；（3）微观测量中的主体和客体；（4）自然地理环境与社会发展；（5）关于生物学与物理学的统一；（6）智能机与人脑及其思维的关系；（7）精神分析、行为主义与马克思主义意识论的比较研究。

（三）自然观研究

自然观是人们关于自然界总的看法和观点，包括物质观、运动观、时空观、意识观、自然发展史、人与自然的关系等多方面的内容。历史上，这些问题的研究常常纳入哲学和哲学史之中，现在则被看做科学技术哲学的一个基本研究领域。

这方面的研究应当紧密结合当代自然科学的进展，结合科技发展给自然造成的变化，根据新的材料，坚持和发展辩证唯物主义自然观，明确并协调人与自然之间的复杂关系。

这方面研究的课题范围包括：

（1）物质系统的层次分析；（2）时空范畴及其现代自然科学基础；（3）当代科学前沿提出的范畴与规律研究；（4）天然自然与人工自然；（5）人工智能与自然的辩证发展；（6）人与自然关系的协调；（7）全球问题（人口、粮食、能源、资源、环境问题及其对策）；（8）生态问题。

（四）科学哲学与科学方法论研究

当代科学哲学研究取得了重大进展。但在国外，目前呈现出学派纷呈的局面，迫切需要认真分析已有的成果，作出有一定深度的概括。

科学方法论研究在一定意义上与科学哲学研究是重叠的，不过它更加偏重于对科学的方法及其所遵循的规范进行理论分析，致力于科学活动的运作问题。这方面的研究宜与科学史研究和社会学研究结合，对著名科学家和重要科学发现进行案例分析，总结他们的科学思想和方法论建树。

主要课题范围包括：

（1）科学发现的逻辑与科学证明的逻辑；（2）科学哲学中的实证论、实在论与实用主义；（3）科学认识的经验层次和理论层次；（4）科学进步与科学合理性；（5）科学理论与科学活动的评价；（6）科学哲学的基本理论范畴研究；（7）逻辑经验主义研究；（8）历史主义学派研究；（9）当代著名科学哲学家及其代表著作研究；（10）著名科学家的哲学思想研究；（11）当代中国著名科学家的方法、思想与社会活动研究；（12）当代后实证主义和后现代主义研究。

（五）技术哲学与技术方法论研究

技术哲学是新兴的、有重大实践意义的学科领域，在研究中，尤其要注意恰当地确定选题和研究方向，不要单纯就技术论技术，要从科学、技术、经济、社会之间的相互作用来分析近现代技术发展的历程和趋势，深入研究技术与自然、技术与科学、技术与经济、技术与社会、技术与文化、技术与心理以及技术评估问题。

主要的课题范围包括：

（1）马克思主义技术观；（2）科学、技术、生产的相互联系；它们之间的转化机制和规律；（3）基础研究、应用研究、开发研究结构的合理选择；技术发展的战略；（4）技术创新、制度创新和管理创新问题；（5）技术发明和技术转移的内在机制与社会条件；技术的社会体制和社会激励；（6）技术、自然与人的协调；技术活动中人的因素；工程技术人员的社会地位和活动方式；（7）技术价值论与技术评估；（8）高技术发展战略问题；（9）军事技术与民用技术；（10）一般技术方法论原则；管理方法论原则；工程设计的一般原则；（11）理论、经验与技术发展；科学实验与技术试验；（12）技术体系及其进化机制；（13）技术发展的模式；（14）著名技术哲学家及其流派研究。

（六）技术科学和工程技术的哲学问题研究

关于技术科学和工程技术的哲学问题，主要涉及下述研究领域：

（1）医学哲学问题、医学伦理学问题；（2）农学哲学问题；（3）工程技术哲学问题；（4）系统科学哲学问题；（5）生态学哲学问题；（6）一般技术观；（7）技术发展方法论。

（七）科学技术与社会研究

科技推动社会进步的作用机制、促进社会进步的途径，是科学技术哲学与社会学研究的交叉领域。应当进一步把科技作为社会中的一种建制来研究，阐明制约科技发展的社会规范和社会前提条件。

这方面研究的课题范围包括：

（1）科学技术发展的社会后果和控制；（2）技术发展的社会机制和技术的社会功能；（3）现代化的进程：技术革命与社会革命的结合；（4）技术决定论：它的意义和局限；（5）科学活动的社会规范与社会体制；（6）我国科学技术现代化的途径和对策；（7）我国科技体制改革的理论探索；（8）“科教兴国”战略方针研究；（9）新中国成立以来科技政策的经验总结；（10）“863 计划”、“星火计划”、“火炬计划”实施的经验总结与理论评价；（11）各国的科技立法及其比较研究；（12）科技人才培养的社会环境、途径和机制；（13）大科学观的历史渊源及基本规律；（14）科学技术对国际和平与安全的影响。

（八）科学与文化研究

科学是一个非常重要的文化领域，是人类文化中极其重要的组成部分。探讨科学与文化问题，要认清科学在整个文化中的地位，尤其要认清科学在现代化建设中的地位。要研究和创造在全社会形成科学意识的环境和机制，论证科学精神与人文精神的关系、它们的内在统一性，加强科学价值观和科学伦理学的建设，使科技的现代化发展与物质文明、精神文明建设相互促进。

这方面的研究课题范围包括：

（1）科学意识：它的形成、传播和历史使命；（2）科学文化与人文文化；（3）科学精神与民主精神；（4）科学价值观与社会主义精神文明；（5）文化传统与文化背景对科学活动的制约；（6）哲学层次上的科学世界观与自然科学层次上的科学规范；（7）科学与企业文化；（8）科学与宗教；（9）科学活动与真善美的统一性；（10）科学主体社会活动的多重性（科学与非科学方面）；（11）中西文化传统对科技发展影响的比较研究；（12）科学、非科学、反科学与伪科学。

（九）科技思想史研究

科学史和技术史属于专门的学科领域，一般超出科学技术哲学的范畴。但是，科技思想史是科学技术哲学研究的重要方面，不可或缺。

这方面的研究课题范围包括：

（1）科学史与科学哲学的关系；（2）历史的辉格解释问题；（3）科学史案例（科学家或科学发现）研究；（4）科学认识思想史研究；（5）中国古代科学思想；（6）中西科学思想比较研究；（7）著名科学家生平思想研究；（8）“李约瑟问题”研究；（9）中国近现代科技体制的演变；（10）中国近现代教育体制和教育思想的演变。

（十）科学技术哲学名著与科学技术哲学史研究

应当对科学技术哲学的奠基性著作和国外科学技术哲学发展的历史认真研究，只有弄清楚本学科的渊源和流变，了解它曾经面对的主要问题和提出的主要思想，才能吸收其合理部分，并对错误的东西进行有说服力的批判。

这方面的课题范围包括：

（1）恩格斯《自然辩证法》研究；（2）马克思学说中的科学技术论；（3）科学革命与列宁的哲学思想；（4）西方马克思主义论科学技术的异化；（5）自然辩证法与中国马克思主义思想运动；（6）从“科学的哲学”运动到“科学哲学”学科；（7）西方科学主义、技术决定论思潮的历史命运；（8）科学哲学与分析哲学；（9）科学哲学与现代中国思潮。

第一章 现代科学技术概观

对科学的传统理解是静态的、单线条的，只能大致适用于古典科学。20世纪以来，特别是第二次世界大战结束以来，科学研究与技术乃至生产之间有了极为密切的相互依赖的关系，科学本身的状况及其在经济、社会发展中的地位和作用有了质的变化，科学精神日益成为主流观念，人们不但从新的视角看待科学和技术，并且对科学活动的主体、对科学共同体及其规范、对现代科技的结构和发展趋势、对科学精神的内涵展开等问题有了崭新的理解。

一、科学活动与科学共同体

1. 科学是一种人类活动

(1) 科学的主要形相。

科学究竟是什么？随着科学的意义和社会作用愈来愈突出，国内外学人开始从活动的观点来看待科学。著名英国科学家、科学学创始人之一贝尔纳很早就指出，“科学”或“科学的”，在不同场合有不同的意义，必须在科学发展的一般图景中把它们联系起来。按照他的意见，科学可以取作若干主要形相，每一个形相都反映科学在某一方面所具有的本质，只有把它们全体综合起来才能抽取科学的完整的意义。贝尔纳认为，现代科学所取的主要形相是：

“一种建制”。“科学作为一种建制而有以几十万计的男女在这方面工作”，它是现代社会不可或缺的一种社会职业。

“一种方法”。在科学建制中，科学家从事科学职业，采用一整套思维和操作规则，有程序性的，也有指导性的，称之为科学方法。科学家遵循和运用这套方法取得科学成果。

“一种累积的知识传统”。科学的每一收获，不论新旧程度如何，都应当能随时经受得起用指定的器械按指定的方法对指定的物料来检验，否则就会被科学排除。这种公认的客观检验标准，在其他知识系统，如宗教、法律、哲学和艺术中，是不存在的。

“一种维持或发展生产的主要因素”。这是当代科学最重要的形相。科学与技术变化的密切结合，导致生产的发展和社会进步。“在较早的时期，科学步工业的后尘，目前则是趋向于赶上工业，并领导工业。正如科学在生产上的地位被人所认清的那样，科学是从车轮和罐缶学习而来的，但却创造了蒸汽机和电机。”

“一种重要观念来源”。科学不仅能供实际应用，而且是“构成我们诸信仰和对宇宙和人类的诸态度的最强大的势力之一”。科学是当代文化中极其重要的一部分。科学知识必然反映出当时一般非科学的知识背景，受到社会的、政治的、宗教的或哲学的观念的影响，反过来又为这些观念的变革提供推动力。①

贝尔纳有关科学的多种形相的描述，引发了对科学的一种动态的观点，即把科学看做一种重要的人类活动。首先，当代科学是从事新知识生产的人们的活动领域，它不再局限于个别科学家自发的认识过程，而表现为一种建制，在其中，科学家、科学工作者被社会地组织起来，服从一定的社会规范，为达到预定的目的而使用种种物质手段和周密制定的方法。其次，科学又是人类特定的社会活动的成果，它表现为发展着的知识系统，是借助于相应的认识手段和方式生产出来的，构成当代观念和文化的重要方面。最后，科学活动是整个社会活动的一部分，它与经济活动、社会活动、文化活动相互作用，特别引人注目的是，现代科学活动与生产活动有着最密切的关系，前者是后者的准备及手段。知识并入生产

---

① 参见［英］J. D. 贝尔纳：《历史上的科学》，6～27页，北京，科学出版社，1981。

过程，知识转化为直接生产力，正是科学活动分内的事情，是科学建制的重要功能之一。

科学活动说反映了当代科学的本质特点，突破了把科学仅仅看做意识形式的传统理解的框框，也有助于支持“科学是直接生产力”这个关键性命题。

（2）科学是一种高层次的人类活动。

科学认识活动因其内部所特有的复杂程度和有序程度而属于高层次的人类活动。

在人类发展的初级阶段，人类以树果为食，假兽皮为衣，有洞穴为居，事事听命于大自然的安排，处处依赖于大自然的恩赐。风暴雷电、洪水旱灾、疾病猛兽，无时不在威胁人类的生存。但是，原始的、质朴的、自然的人，受外界压力的驱使，在自己内部萌动了创造力，大脑的智力日益发展，逐渐地走向更高级的生命状态——从自然的人转变为自为的人。所谓“自为”，就是说，人类此时已不再单纯依赖大自然的恩赐，而有能力把自己的意志加诸自然界，用自己的双手改变自然界的本来面目，创造更好的生存条件。自然界是一切生物（其中包括人类在内）赖以生存的空间，是由非生物成分和生物成分互相联系、互相渗透、相互作用形成的大链条。人是这自然链条中的重要一环。在人类的自然状态，这一环节基本上受制于其他环节；而在人类的自为状态，人类则要主动地改变这个大链条各个环节之间的关系，创造新型的人—自然关系。

在改变原有的人—自然关系的过程中，人类首先通过制造工具，进行有目的、有意识的生产劳动，创造出更适宜人类生存的自然环境。“只有人才办得到给自然界打上自己的印记，因为他们不仅迁移动植物，而且也改变了他们的居住地的面貌、气候，甚至还改变了动植物本身，以致他们活动的结果只能和地球的普遍灭亡一起消失。”① 然而，自然界的运动有着本身固有的规律性，要改造自然，就要认识自然，把握自然的运动规律。于是，人类怀着一腔好奇心，仰观俯察，穷究万物之理。随着时间的推移，这种在改造自然的过程中产生的探索自然的活动，逐渐演化为专门的活动——科学活动。正是科学的巨大力量，使得人类改造世界的能力空前强化。正如恩斯特·卡西尔所言：“对于科学，我们可以用阿基米德的话来说：给我一个支点，我就能推动宇宙。在变动不居的宇宙中，科学思想确立了支撑点，确立了不可动摇的支柱。”②

但是，是否所有认识自然的活动都是科学活动呢？事实上，早在科学文明的

---

① 《马克思恩格斯选集》，2版，第4卷，274页，北京，人民出版社，1995。

② ［德］恩斯特·卡西尔：《人论》，363页，上海，上海译文出版社，1985。

曙光照亮人类之前很久，人类就获得了大量的自然知识。他们学会了钻木取火，变生食为熟食；学会了依季节的变动耕种收获；发明了车轮，制定了历法……然而，这些活动还不是科学活动，从中得到的知识不能称为科学知识，而是常识。毋庸置疑，科学联系于常识，起源于人们对日常生活的实际考虑。例如，几何学与测量土地有关，力学与建筑及军事技术有缘，生物学发端于对人体健康水平的关注。但是，若仔细将科学与常识进行比较，则可以发现二者之间存在着诸多不同。

首先，常识乃知其然而不知其所以然，科学活动则为一种解释性活动。旅行家的游览见闻、图书馆的书目分类，不管多么有系统，不管组织得多么有条理，都不能称为科学。区分科学与常识的一个重要特征，是科学的解释性特征。古人早已知道装有圆形轮子的车搬运货物时省力，但却不知道何谓摩擦力，不了解装轮子的车子何以省力；农民知道施肥浇水会在秋后获得大丰收，但却不明白其中的作用机理。科学活动则可以说明这一切。科学家不仅要弄清事实，而且要对事实进行解释。常人遥望星空，叹为观止；科学家则要弄清星体位置、性质，找出其间的必然联系。正是对解释的追求造就了科学，依解释性原则进行的系统化和分类乃是科学的一大特征。

其次，科学所使用的概念比常识更加精确化、条理化。常识很少意识到自己的使用限度，因而是盲目的；科学则时时圈定自己的使用范围，因而是明智的。农人的常识是施肥浇水则根深叶茂，但如果连续不断地往田里施肥，到了一定程度，这种方法就会逐渐失去原初的效力，甚至发生反作用。农学家则是既懂得生物学原理，又了解土壤化学，因而知道肥料的效力依赖于特定时地的土壤条件、气候环境以及所种作物的需求。事实上，常识只有在一组因素保持不变的情形下才真正有效，因而往往具有严重的缺陷。科学则致力于消除这种缺陷。

再次，科学具有可预言性。常识的表述是模糊的，科学的表述是严格的。以“水足够冷时就会凝固”为例。在常识中，“水”没有精确的意义：从天而降的雨、自地而出的泉、广布世界的海洋，都可能被常人称为“水”；而所谓“足够冷”的概念，“足够”在常识中，它可以指仲夏时日最高温度与寒冬子夜最低温度之间的差异，也可能仅仅表征冬日午时与拂晓间的温差；由于语言的模糊性，在常识中，“水足够冷时就会凝固”的陈述就不可能具有明确的界域。科学则不然，它要明确道出水的化学成分（H_2O），严格界定水凝固的准确温度（0℃），并在此基础上作出准确的预言。

2. 科学认识活动的要素

现代科学认识首先是一种社会实践活动，是从物质生产过程中分化出来的一种特殊的生产劳动，马克思把它称为科学劳动。它生产出来的是知识而不是物品，所以它具有自己的特殊的手段，构成了一个合乎规律的、相对独立的领域。科学劳动，作为精神生产过程，和物质生产过程一样有它的要素。研究科学活动的过程，必须首先搞清哪些要素参与其中，进而考察这些要素在科学活动中的交互作用。

在科学这种高度复杂的人类认识活动中，虽然涉及很多要素，但大致可以归纳为如下三类：一曰主体要素，二曰客体要素，三曰工具要素。这些要素同生并存、互相依傍、相互作用，构成科学认识活动动态发展的框架。

第一类要素是科学劳动的主体。一般认识的主体是人，更准确地说是社会的人，或者说是他们的总体即“人类社会或社会化了的人类”。而科学认识的主体则是科学工作者，他们在现代社会中构成了一个多层次的、具有复杂结构的体系。他们是科学知识的生产者，利用现有的人类知识，以它们为出发点，变革自然，探索自然，最后达到把握自然规律的目的。在这一过程中，科学家始终发挥一种主导作用。关于这一要素，辩证唯物主义的观点不同于旧唯物主义。洛克认为，认识的主体是孤立的、抽象的个人，因而提出了所谓“白板说”。这个学说把人的“心灵”看成完全脱离社会、脱离历史的一块白板，它由于外部事物而引起感觉、由感觉产生知觉，然后形成观念。辩证唯物主义的认识论则认为，认识的主体不是孤立的个人，而是处于复杂的社会关系中的人，他和认识客体一样是历史地发展的。

第二类要素是科学劳动的客体。科学劳动的客体，即科学认识的对象，是自然界。笼统地讲，小到细胞微生物，大到地球星系乃至整个宇宙，几乎无所不包。但是，由于人类认识能力的局限性，认识对象呈现出阶段性和选择性的特点。一方面，科学的认识对象并非一下子就表现为整个大自然的所有方面，而是随着认识的深化，不断地从初级到高级、从简单到复杂，逐渐展现在科学家的视野之中。先是落体定律进入伽利略的大脑，然后才有牛顿对力学三大定律的把握。另一方面，由于科学家目的性的存在，认识的对象就具有一定的选择性。沧海桑田之变能引起地质学家的注目，于微生物学家却是兴味索然；行星的运行让天文学家倾心尽力，却难以引发动物学家研究的激情。所以，说到认识的对象客体，首先要辨明在何种认识阶段选择出的何种认识对象。这个自然界不是上帝创造的，也不是从古到今永恒不变的，而且，自从有了人类以后，永恒变化着的自然界深深地打上了认识主体——人类的社会印记，这是一个人化了的自然界。关于这一要素，辩证唯物主义与旧唯物主义者（例如费尔巴哈）的观点也是不同的，它根据自然科学的认识成果，总结自然发展史，特别是总结工业革命以来自然界发生的变化，明确认为，我们目前所处的自然界“是工业和社会状况的产物，是历史的产物，是世世代代活动的结果”①。

主体与客体是马克思主义认识论中一对十分重要的范畴。把握科学认识主体要素与客体要素之间的关系也非常重要。概而言之，这种关系表现为反映与被反映的辩证关系。就认识来源于外界对象这一意义而言，反映的实质就在于主体通过感官和思维实现对对象的摹写，就是以观念的形态在人的头脑中再现对象的特性和本质。然而，这种反映又不只是对于对象的消极摹写，同时又是大脑对于外界对象的积极加工和改造。列宁指出，人的认识“并不是简单的、直接的、完全的反映，而是一系列的抽象过程，即概念、规律等等的构成、形成过程，这些概念和规律等等（思维、科学＝‘逻辑观念’）有条件地近似地把握着永恒运动着的和发展着的自然界的普遍规律性”②。

第三类要素是科学劳动的手段，即工具要素。科学劳动的手段是科学劳动的储备，是过去积累的科学劳动。它们是知识生产（科学认识）所使用的特殊的劳动资料，是科学认识的实验手段和研究方法的综合体，被置于主体与客体、人与自然界的中间，在它们相互作用中起中介作用。科学劳动的手段包括两类：一类是硬件，如科学仪器和科学设备等等，这些是人体器官的延长；另一类是软件，如科学理论和科学方法等等，这些是人脑器官的扩大。随着科学的发展和认识的深化，工具要素处于越来越重要的地位。值得注意的是：工具一方面凝结着先前阶段的认识成果，另一方面还渗透着科学家所持有理论以及科学活动的目的。

在科学认识活动中，应该着重指出中介的关键作用。正如同物质生产的“劳动资料不仅是人类劳动力发展的测量器，而且是劳动借以进行的社会关系的指示器”③一样，科学劳动的手段既是人类对自然界的认识能力发展的测量器，也是科学工作者进行科学活动的科研体制的指示器。科学家个人的认识绝不单纯是从自然界、从观察与实验中接受信息；更为重要的是，他必须充分利用人类已有的科学认识成果，延长自己的身体器官（硬件），扩大自己的大脑器官（软件），这样，他才能有所发现、有所发明、有所创造。一般认识论往往只集中研究主体与客体的关系，而对于主体与客体的作用中介，对于科学认识活动的劳动资料，则缺乏比较充分的、深入的研究。

感官是通向外部世界的窗口。但是，人类的感官本身具有一定的局限性，只

① 《马克思恩格斯全集》，中文1版，第3卷，48页，北京，人民出版社，1960。

② 列宁：《哲学笔记》，194页，北京，人民出版社，1960。

③ 《马克思恩格斯全集》，中文1版，第23卷，204页，北京，人民出版社，1972。

能接受一定范围的外部信息。要克服这种局限性，就要借助于科学研究的物质工具——科学仪器。工具因素包括物质方面的和精神方面的。就后者而言，具有大量的概念、范畴、定律、规律以及各式各样的理论。这些东西，既是科学活动在一定阶段得出的结果——主客体相互作用的结果，同时又是开展下一步科学活动所必不可少的因素。科学家用概念结成的网来把握世界。没有概念、判断、推理等逻辑工具，人们就只能停留在感性的层面而难以达到理性的深度，科学认识活动也就难以进行下去。

正是由主体、客体、工具三类要素组成的相互作用系统，形成了科学进步的动态图画。这里的始点是科学家对大自然的好奇，对以往未决问题的好奇。由是引发科学家提出一系列的科学问题。在这里，尽管科学家面对许多前人收集的资料和由这些资料出发而构建的理论，但科学认识的对象客体归根到底仍然是自然。科学家只不过是以前人的知识为起点，向自然提出更深入的问题。提出问题的过程是相当复杂的，它至少要涉及两个方面：由观察实验进行的物质性活动和以特定理论为参照系而进行的精神性活动。

3. 作为科学认识活动的主体的科学家

在构成科学活动的认识主体、认识客体和认识工具三大要素中，科学认识活动的主体——科学家，具有举足轻重的地位。因此，研究科学家的地位和作用，也就显得十分必要。

作为认识的主体，科学家的任务是认识自然，从中发现具有普遍规律性的东西——科学定律、科学理论。科学家除了必须拥有高度的思维能力，还应具备如下两种主要因素：第一，了解社会的需要。在人与自然的关系中，人类总是试图改造自然、使自然为人类的利益服务。科学家是被社会所选择并赋予认识自然的职能的。第二，个人的探索精神。在科学面前，需要科学家怀着对大自然的迷惘与好奇，在探索世界奥秘的征途上不断跋涉，具有对真理高尚的、执著的追求。强烈的求知欲和迫切的探索精神，是一个真正意义上的科学家所必不可少的。

此外，作为现实社会中的成员，科学家又不能仅仅埋头科学研究而对周围社会中发生的一切置若罔闻。科学家不是孤立的、和社会脱离的深山隐士，他们必须成为科学与社会之间自觉自愿的伙伴关系的一部分。科学家的研究活动要受到社会生产力发展水平、社会生活需要的制约，就是说，科学家研究什么不研究什么，时刻受制于人与自然之关系的现状，而不能超前，更不能滞后。另一方面，科学家的研究成果要被运用于人类社会，科学家的事业应造福于人类，应时刻服从于协调人类与自然之关系这个大前提。尤其是在能源短缺、生态环境惨遭破坏、人类的生存环境面临严重威胁的时候，科学家就更应表现出对人类前途的强烈关注。原子弹在日本广岛的爆炸，曾使潜心于科学研究的科学界巨人爱因斯坦为之震惊。他在晚年所剩不多的时间里，不断为人类的安宁、为科学服务于人类的和平而奔走呐喊。著名科学史家萨顿在《科学史和新人道主义》中指出："不论科学变得多么的抽象，它的起源和发展过程本质上都是同人道有关的。每一项科学成果都是博爱的成果，都是人类德性的证据。人类通过自身努力所揭示出来的宇宙的几乎无法想像的宏大性，除了在纯粹物质的意义上以外，并没有使人类变得渺小，反而使人类的生活在思想上具有更深刻的意义。每当我们对世界有了进一步理解，我们也就能够更加深刻地认识我们与世界的关系。并不存在着同人文科学截然对立的自然科学：科学和学术的每一门类都是既同自然有关、又同人道有关的。"① 在这里，萨顿强调了科学的两重性：一是用于协调人与自然的关系，一是用于认识人与人之间的社会关系——"人道"。

在科学认识活动中，科学家的主体性是一范围广阔、意义颇多的哲学范畴，其中含有同客体的被动性、消极性相对立的能动性、创造性的涵义；还有同人的本能活动的自发性、适应性相对立的自觉性或自主性的涵义。科学家的主体性，简单说就是科学家在科学认识活动中表现出来的能动性、创造性和自主性。

所谓能动性，是说科学家在科学活动中并不单纯受制于科学认识对象，不受其他科学家同僚的摆布，更不听命于自然的安排。正是这种自觉的能动性使科学家在自己的科学活动中具有目的性和计划性。作为人类社会探索自然奥秘的代表，科学家共同体根据现有的知识状况确定现阶段的科研任务；科学家个人则常从自己的爱好出发，在社会需要的前提下确定自己的研究课题。不管是科学家共同体还是科学家个人，在开展科学研究活动之前，就拟定了研究的目标、实施的步骤等等。有了一定的目的和方案，科学家在科学的认识对象——大自然面前就不是一个消极的直观者，而是一个能动的主体。科学家依据理性的指引，主动地提出问题，并在实验中强迫自然界回答。

而所谓创造性，就是首创前所未有的东西。古人云："创，始造之也。"波兰学者 A.马太依科写道："创造过程的宗旨是在新旧组合基础上，改造现有的经验和职能。创造会导致建设某种东西，由于创造是样板和公式化活动的对立物，因此，创造不是某种东西的再现。"② 具体到科学研究，科学家的创造性则主要表现为固定观念的破除和新规律的发现。爱因斯坦的相对论思想并非与生俱来。除

---

① 转引自［英］J. D. 贝尔纳：《科学的社会功能》，39页，北京，商务印书馆，1985。

② 转引自［波］菲利普·格格夫：《管理心理学》，6页，南京，江苏人民出版社，1985。

了其他原因之外，正是由于接触了与以太假说相矛盾的反面实验结果，爱因斯坦才改变了自己的思维方式。科学理论的建立只能以被破坏了的旧理论废墟为起点，只有在这个过程中，科学家所具有的创造力才得以展现。

与能动性、创造性相比，自主性对科学家来说具有更为重要的意义，因为它是主体本质力量的表现和主体地位的确认。马克思指出，人应当了解自身，使自己成为衡量一切生活关系的尺度，按照自己的本质去估计这些关系，真正依照人的方式、根据自己的本性需要来安排世界。在科学家所从事的科学认识活动中，观察对象、实验工具，无不给科学家的认识实践施加一定的限制；固有的研究传统、不同科学共同体的范式，也在很大程度上限制科学家能动性的发挥。这时候，科学家就需要按照自己的本质来把握人与自然的关系，真正依照人的方式、根据自己的本性需要来安排科学认识活动。事实上，主体之所以能够成为具有能动性、创造性的存在物，就是因为主体是自主、自由的存在物。科学家尤其如此。他只有作为一个自由的人才具有能动性和创造力，而一旦被过去的科学信条、传统的范式、甚至于强权所束缚，成为自身的奴隶，就一定会失去作为研究工作者应该具有的灵性。当然，反过来讲，科学家的能动性、创造性的发挥，也有助于巩固和强化他的自主性。

4. 科学共同体的规范结构与科学范式

科学共同体原本是科学社会学的一个基本概念。20 世纪五六十年代，这一概念被作为分析工具广泛用于科学社会学、科学哲学研究之中。

（1）科学共同体的规定性。

科学共同体既有一般的社会学意义上的共同体的特点，又有其作为科学家群体的特殊规定性。按照古斯菲尔德的考察分析，在社会学和人类学中，“共同体”有两种不同用法，即地域性的用法和关系性的用法。地域性的共同体是指一个具有特定地理边界的有专门特征的社会实体。这种共同体是一组人，他们处于同一地方，功能上相互依赖。关系性的共同体是指具有特质的人类关系。这种共同体不再是区域上受限制的社会实体，而是具有特定性质的关系的人的集合，并且恰恰由其关系的特定性质而与其他人分开以形成一个集合。共同体是靠同感和同类这种结合力联系到一起的，其基本特征是：相互关系包含强烈个人色彩、高度的内聚力、集体性和时间持续。

按照上述区分，科学共同体更多的是关系性的共同体。而且就“科学共同体”这个词而言，可代表两种情形，一指整个科学界，一指部分科学家组成的各种集团。第一种情形能显示科学共同体的外在功能，显示科学与社会文化环境的相互关系；第二种情形显示了科学界的内部结构。

（2）科学共同体的规范结构。

对科学共同体的规范结构进行开创性研究者首推默顿。他研究了科学共同体的内部结构、体制、规范、动力、作为共同体成员的科学家的行为模式等理论问题。在1937年12月召开的美国社会学会议上，默顿宣读了他的论文《科学与社会秩序》。从这篇论文就可以发现默顿对“纯科学的规范”的第一个暗喻和他对科学共同体的结构和动力发生兴趣的迹象。20世纪30年代的德国，希特勒对科学的毁灭性摧残，使默顿意识到研究科学自主性丧失的社会条件的重要性，这篇论文正是为此而作。默顿发现，纳粹政府（极权主义政府）与科学家集团的摩擦，部分原因来自科学规范与政治规范之间的不可比性，科学规范要求以逻辑一致、符合事实来评价理论或命题，而政治规范却把种族、政治信仰等强加于科学，这毫无疑问会引起冲突。此时默顿已赋予科学以特定的规范，为他以后制定科学的规范结构作了准备。默顿还进一步认为，科学的自主性或精神气质——知识纯正、诚实、怀疑性、无偏见、客观——正受到政府施加于科学研究领域的一套规范的触犯，并使科学共同体从原来的结构（在这种结构中有限的权力点被分散于几个活动领域）向另一种结构演变（在这种结构中，只有一个统治科学活动各个方面的权力中心）。这种情况促使各个领域的成员都起来抵抗这种转变，力图保持原来的多权威结构。因此，为了维持科学的自主性，抵抗来自科学共同体外部的压力，必须完善科学共同体的体制，并采取足够的防范措施。①

20世纪40年代，默顿进一步对科学作为一种特殊的社会现象感兴趣，着手制定科学的社会结构模型，以便发现科学这一特殊的社会体制是如何维持并运行的。结果他发现，几种作为惯例的规则——普遍性、公有性、竞争性、无偏见性、合理的怀疑精神——共同构成了现代科学的精神气质，成为科学共同体的特征。这一研究是开创性的，尽管受到一些人（包括科学家）的猛烈攻击，但在当时它显然作为一种“研究范式”对科学共同体的研究产生了深远影响。

20世纪60年代，人们普遍强调科学是以共同体结构的形式组织和发展的。令人感兴趣的是，库恩把科学共同体结构的存在当作他重建科学史的逻辑起点，并实现了科学共同体与范式的结合。

库恩把范式作为科学共同体的存在依据，一定程度上甚至将两者等同起来。他说：“‘范式’一词无论实际上还是逻辑上都很接近于‘科学共同体’。”“一种范式是，也仅仅是一个科学共同体成员所共有的东西。反过来，也正由于他们掌握了大量共有的范式才组成了这个科学共同体。”于是，“要把范式这个词完全弄

---

① 参见［美］默顿：《科学与社会秩序》，载《科学与哲学》，1982（4）。

清楚，就必须首先认识科学共同体的独立存在"①。据此，库恩对科学共同体下了一个定义，认为科学共同体是由一些学有专长的实际工作者所组成的，他们由所受教育和训练中的共同因素结合在一起，自认为也被人认为专门探索一些共同的目标，包括培养自己的接班人。这种共同体内部交流比较充分，专业方面的看法比较一致，然而由于专业不同，不同的科学共同体之间的交流将是困难的。

不难看出，库恩的科学共同体的基础就是"一种范式"或"一组范式"，或者如他后来提出的"专业基质"。库恩认为，对科学共同体活动最基本的"专业基质"是：符号概括、模型、范例。这三种成分构成了科学共同体成员价值取向的参考框架，影响着集团的研究重点，也影响着评价标准和选择标准，一句话，影响着科学共同体怎样生产、证实、评价、选择科学知识。

在理论评价和选择过程中，科学共同体的裁决作用是无可置疑的。一旦出现了候补范式（未来的新范式），起初肯定势单力薄，旧传统还要提出质疑，然而，科学家们是有理性的人，这样那样的理由终将说服他们中间的很多人，于是，科学共同体最终还将转向新范式。

科学共同体与范式的关系相当复杂，初步归纳为以下四个方面。第一，范式是科学共同体的共同信念和共同约定，是科学共同体的存在根据，科学共同体是范式的承担主体；第二，范式是常规研究活动时期科学共同体提出与解决问题的指导性范例、工具、方法等；第三，范式与科学共同体之间具有对应性，特定的范式隶属于特定的科学共同体，某一科学共同体可具有一个或多个相关的范式；第四，可以认为，科学共同体是一种有结构的实体，或称其为实体结构，而范式是一种关系结构，正是有了这种关系结构，才形成一个相应的实体结构。

把握库恩的科学共同体研究框架，必须同把握他的革命性科学观联系在一起，因为正是这种科学观，使库恩运用科学共同体和范式这两个基本概念，并从二者的动态进程中勾画出科学知识增长的模式。库恩强调科学知识的偶然性，肯定认识一定程度的非理性；否认科学进步的必然性，肯定科学中错误的可能性和理解这种错误的必要性。

总之，通过把"范式"概念引入科学共同体，库恩把科学的知识结构与社会结构结合起来，打开了对科学作社会学分析的大门。

5. 科学的职业组织与名誉共同体

英国科学社会学家理查德·怀特莱认为，科学共同体对科学知识的发展是至关重要的，因为它联结"知识主张"的生产与评价，从而控制科学研究的方向。

① ［美］库恩：《科学革命的结构》，141 页，上海，上海科技出版社，1980。

因此，就它是知识生产与评价的独一无二的部门而言，“科学共同体构成科学”，只有他们生产并证实的东西才是科学知识。按照这个观点，“科学就是由知识的生产者和消费者组成的一系列松散联结、大体上自治的群体的集合”①。这些群体环绕特定的知识目标形成各种独特的“共同体”，控制着研究设备，在相对隔离的状态下决定自身的优势重点和工作程序。这样，怀特莱的一个重要思想就明确为：要把握科学知识及其类型的变化，必须从科学的组织结构（科学家组织）的变化去理解。

怀特莱进一步认为，科学形成职业组织，或叫工作组织的一个子集，这个子集由于科学事业的特殊性，由于名誉在其中的中轴地位，可称其为“名誉组织”。也就是说，“名誉组织”是一种工作组织与控制系统，组织内的成员按照名誉共同体的信念和目标，控制着工作方式和工作目标。工作任务是由那些正在追求名誉（以对某一领域的智力目标的贡献为基础）的科学家选择、执行，并加以协调的。

作为一种名誉组织的科学在大学中的建立，在科学职业化过程中起了非常重要的作用，并且产生两个重要后果。一是人们认识到，科学不仅是有用的系统的知识，而且知识生产的实际过程能够被计划，并加以组织。科学作为关于世界的知识是稳定的、真的、逻辑一致的这种观念，逐渐被科学是能够加以组织和计划的知识生产过程和方法这一观念所替代。二是出现了强有力的学术体制，这种体制融培训、授课、名誉授予、网络、设备、雇佣关系于一体，是适应研究任务和技术程序的精确化、纯粹化和标准化，以及研究设备的复杂化而产生的。这种学术体制首先出现于19世纪的德国大学，20世纪的大学教育体制是这种体制的部分沿袭。

怀特莱认为，生产科学知识所需的技术手段的增长速度远远超过了个别科学家的承受能力，客观上要求形成共同体协作攻关；同时，技术程序和符号结构标准化，有助于建立正式的标准化的信息交流系统，名誉共同体也就能更有效地控制工作实践和工作成果。

科学领域的主要特征是对集团目标作出新颖贡献并追求名誉。为了产生对组织目标具有重要意义的知识主张，并且获得专业同行的承认，最后获得相应荣誉和奖励，作为名誉共同体成员的科学家需要相互依赖，相互协调工作过程及其研究成果。但是，由于科学体制对独创性规范的强调，科学家的研究愈来愈专门，而且成果的可预见性、可计划性往往又很差，这就使科学的研究过程和评价过程

① N. Elias, M. Martins and R. Whitley (eds.), *Scientific Establishment and Hierarchies*, p. 313.

具有较大的不确定性。于是，怀特莱建立了分析科学组织结构的两个维度：“相互依赖程度”和“任务不定程度”。他利用这两个维度及其相互关系来分析科学领域的组织结构及其演变。

总之，怀特莱试图描绘出把现代科学作为产生并选择智力创新过程的社会学框架。他勾画了一个分析并系统地比较处于变化条件下的科学领域的框架，以作为理解智力生产系统如何和为什么变化与转变的工具；通过精心地把科学作为一种特殊类型的工作组织，来确定科学领域据以变化并产生不同种类的知识的两个重要维度。与默顿和库恩不同，怀特莱分析的对象是科学（不单指自然科学），因而是从智力创造的角度去揭示问题的实质；而且，他用组织代替了前二者所指的科学共同体，这是用社会学的组织理论去分析科学共同体的产物。他的维度理论较好地体现了科学的认识结构与社会结构的结合。

二、现代科技结构与发展趋势

现代科学与现代技术紧密结合，它们构成的体系像一座雄伟的大厦，内部各分支或部门相互交织而又层次分明地、相对稳定地联系在一起。研究现代科技的整体结构和层次结构及其规律，可以揭示这一体系的本来面貌，进而达到结构优化的目的。

1. 科学和技术的旨趣

今天，每每提及科学与技术，常常统称其为科技。但是，科学与技术的独特目的取向或旨趣其实是并不相同的，只是因为 20 世纪以来科学与技术的发展由两条平行线变成交汇和相扭结在一起的曲线，人们才自然地并称为当代科技。

科学的旨趣　科学的首要旨趣是认识世界，即对世界作出解释和预言。

近代以来，世界发生了天翻地覆的变化，其根本原因在于近代科学革命使人类拥有了全新的世界观和认识事物的新方法。近代科学革命始于哥白尼的日心说，经由拉瓦锡的化学革命、赖尔的地理学革命，一直延伸到达尔文和孟德尔的生物学革命。科学革命使科学作为一种思想观念的功能得到了最好的发挥，科学革命的实质就是思想观念的革命。哥白尼的日心说告诉人们，眼见为实的传统观念不一定正确。虽然我们的感官看到太阳东升西落，但实际的情况并非如此，要想认识客观世界的真实过程，还必须借助于抽象的科学思维。由此，人们开始告别含混和无法检验的抽象概念，转而寻求明晰和可检验的科学概念，使理论思维走向科学化。

科学使人们从根本上改变了对世界的直观性、常识性和静止性的看法。近代科学革命的直接后果是人们利用科学重建了自己的世界观。20世纪以后，在相对论、量子力学、分子生物学等现代科学革命的推动下，人们的世界观又一次得到了重建。由此可见，科学的认知旨趣使科学成为一种永无止境的求索，正是科学层出不穷的阶段性成果，使动态性成为近代以来人类的世界观演变的基本特征。

那么，从事科学活动的人为什么有一种不懈求索的精神？其根源是，在科学的认知旨趣的背后，还有一种更深层次的目的取向，那就是好奇取向。所谓好奇取向，就是指很多人之所以从事科学，在很大程度上是因为他们有一种抑制不住的冲动——揭示自然的奥秘。无疑，好奇取向的根源在于科学的早期形态是哲学的一部分，而哲学源于人对世界和存在的惊诧和好奇，由于人们易于将科学等同于科学的应用，往往会忽视科学这一独特的目的取向。将认知旨趣与好奇取向综合起来，就是科学所独有的内在旨趣，我们可以简称之为好奇认知旨趣。

技术的旨趣 技术的基本旨趣是控制自然过程和创造人工过程。

从刀耕火种的时代开始，技术就成为人的生活的一部分。当我们欣赏古代文明所创造的奇迹的时候，总会对古人所掌握的技术手段产生极大的兴趣。这些奇迹都是人通过技术实现的，技术使人的力量得到了几乎无限制的延伸。首先得到延伸和放大的是人的肢体。几千年来的技术变迁，使人类在生理力量有所退化的情况下，逐渐成为自然界最有力量的生物。其次，人的感官和大脑的功能也开始得到延伸和放大。随着新科技革命的发展，技术使人的力量得到了空前的拓展：便捷的通信使地球仿佛一个村落，电子计算机和人工智能正在部分替代和拓展人脑的机能。

透过这些已经或正在发生的奇迹，我们可以看到技术的基本旨趣——控制自然过程和创造设计人工过程。这种旨趣体现了人对自然的能动关系，即人希望以技术为中介使自然成为人可以掌握的对象。然而，意义更为重大的是，人们还试图用技术为自己编织一个人工世界。因此，技术不仅仅是对自然的改造，而且更是一种创造。

在控制和设计思想的指导下，人类将各种自然的力量从天然的状态中调动了出来，使它们成为人类控制和设计的对象：石油、煤炭、铀、太阳能、氢能等能源相继得到了开发；青铜、钢铁、塑料、合金等人工材料被制造了出来；印刷术、电视广播、电话和最新出现的互联网给我们带来了越来越多的信息。

技术对自然过程的控制和人工过程的设计，使世界在人的手中得到了重新的安排，使人类生活的世界愈益人工化。在16世纪以前，不论是在东方还是西方，大多数人一生都不会离开生养他的故里。而今天，地球已经变成了一个小小的村落，我们已经生活在一个利用技术建立起来的人工世界之中。我们要了解世界，就要看报纸、听广播、看电视，不论是学校、汽车还是电话都已经成为我们生活中须臾不可离的东西，而这一切都不是自然的直接赐予，而是人工技术的产物。这种人工世界有时是有形的物体：公路、铁路、火车、飞机、电脑、绘画，有时又是无形的东西：软件、信息、知识、音乐等等。

有形的人工世界在不断地发展，新的材料和能源层出不穷；人类所涉足的空间会越来越广阔，甚至有一天，我们也许会移民火星或者其他星球，再创新的文明纪元。无形的人工世界正在发生一场革命性的变化，那就是电脑网络空间的出现，正在形成一个虚拟的电子世界。通过这个虚拟世界，我们可以在家学习和在家上班，不用出门就可以买到自己需要的商品；甚至还可以建立异彩纷呈的网上社区，或者穿上传感服进入虚拟世界欣赏人工奇境。

本来，科学与技术是各异其趣的。早期的技术被称为技艺，主要是某种世代相传的手艺或技术诀窍。古代的时候，技术并未受到重视。西方人更注重哲学和科学，东方人则更关注人际关系和政治统治，因此匠人的地位都不高，他们只是被看做社会生活所必需的灵巧的“手”。这其中的重要原因是古代的技艺大多为经验型的技巧，一般的人假以时日便能掌握，并不需要太高的智力要求。

技术的这种命运直到培根之后才得到改变。培根提出了一个非常有名的口号：“知识就是力量。”这个口号的完整涵义是，科学知识不仅是人对自然的认识，而且是人的真正力量所在，人们可以利用科学知识所揭示的自然规律控制自然、创造和设计人工世界。培根又说，要命令自然，就必须服从自然。所谓命令自然所体现的就是技术的旨趣，而服从自然的前提是不断地探求自然的规律，这即是科学的旨趣所在。从此，技术由以常识为基础的传统技艺，发展为现代科学技术，科学开始与技术的结合，使人的知识的力量延伸到世界的每一个角落。

2. 现代科技的整体结构

现代科学技术的整体结构是从整体上对现代科学技术知识的概括。在现代科学技术日益发展成为一个门类繁多、纵横交错、相互渗透、彼此贯通的网络体系的情况下，各个分支或部门的结合方式，它们在科学技术整体中的地位和作用，越来越引起人们的关注。

（1）科学活动的现代结构：基础研究、应用研究和开发研究。

作为一种重要而复杂的社会活动，当代科学活动形成为特定的结构，这就是由基础研究、应用研究和开发研究三种科学活动组成的庞大而有机的体系。基础研究包括理论和实验两个方面的工作，主要从事基本理论研究，目的在于分析事物的性质、结构以及事物之间的关系，从而揭示事物所遵循的基本规律。一般地说，基础研究的特征是创造性以及不直接与实用相联系。所谓不考虑实用目的，意味着基础研究这种科学活动，不是为了直接的实际应用，不直接与生产、技术相联系，它的基本任务，在于对客观世界作出理论说明，建立宏观世界的知识体系，从而为应用研究和开发研究提供理论基础。尽管当代基础研究需要昂贵的、精密的仪器、装置和设备，但我们还是可以说，它与传统理解的科学比较一致，因为它直接以认识世界为目的，以追求真理为最高价值。

但是，当代的科学活动不仅仅止于基础研究，虽然它依然非常重要，不容忽视。相对来说，应用研究和开发研究是占据主要地位的科学活动。应用研究致力于解决国民经济中所提出的实际科学技术问题，它的核心是技术。科学理论和生产，一般是通过应用研究联系起来的，它一方面开辟科学理论转变为技术的方向，一方面将技术和生产的信息反馈给科学。通过应用研究，可以把理论发展到应用的形式，使理论具备为人类实践直接服务的可能性。应用研究的着眼点转向了确定基础研究成果的可能用途，以及利用这些成果达到预定目标的方法。

开发研究在现代工业社会是最为普遍的科学活动形式，它直接从事生产技术方面的研究，担负着把科学技术直接转化为社会生产力的工作。应用研究的成果，只是在技术上成功了，还有个交付实际生产的问题。生产中的技术保证和可行性考虑，都是从可能生产力变成现实生产力所不可缺少的。开发研究正是凭借已有的知识，指导生产新的材料、产品和设计，建立新的工艺、系统和服务。它是以对生产的直接性为特征的，通过它，科学活动系统与生产活动系统便直接联系起来了。

通过对基础研究、应用研究、开发研究共同组成科学活动的结构的上述分析，对于我们从理论上认识什么是科学具有决定意义。把科学看做一种具有特定结构的人类活动，可以有说服力地解释科学为什么是直接生产力。从宏观的角度来看，生产力有几个主要部分：科学技术、产业构成、生产力组织。科学活动结构与生产活动结构交叉，开发研究成为生产活动的直接准备，这就使科学直接成为生产力这个有机体的必要组成部分。在基础研究和应用研究指导下的开发研究，在科学活动结构中充当了把知识转化为直接生产力的角色，转化的过程不是别的，恰恰是科学活动极其重要的一部分。

(2) 现代科学由基础科学、技术科学和工程科学形成一个“三足鼎立”结构。

在现代科学中，基础科学、技术科学和工程科学三者既相互独立，又相互联系、相互促进。基础科学是现代科学的基石，是技术科学和工程科学共同的理论基础，其发展水平和状况反映着一个国家的科学水平。基础科学的发展，开辟着新的生产技术领域，产生新的并促进技术科学和工程科学的发展。例如在20世纪30年代，当时物理学一个重要的研究课题就是中子与铀核的相互作用，物理学家们原先预料这种相互作用将可能获得更重要的超铀元素，但结果却出人意料地发现了铀核裂变反应。正是这一发现导致了原子能技术科学和核电工程科学的诞生。技术科学是将基础科学知识用于解决实际问题的中间环节。它既带有基础研究的性质（相对工程科学而言），又为基础研究提供新的研究课题和研究手段，从而推动着基础科学的发展。技术科学发展的状况和水平，反映着一个国家的技术水平。基础科学和技术科学只有通过工程科学才能转化为现实的生产力。工程科学的发展，依靠基础科学和技术科学的发展状况，同时与经济、社会有着密切联系，它作为生产力最重要的组成部分，成为推动经济、社会发展的强大力量。所以，工程科学发展的状况，反映着一个国家生产力发展的水平。

(3) 现代技术由实验技术、基本技术和产业技术形成了另一个“三足鼎立”结构。

在现代技术中，实验技术、基本技术和产业技术也是既相互区别，又相互联系、相互促进的。尽管实验技术是随着近代科学发展而产生的，较之基本技术产生为晚，但在现代科学越来越成为技术和生产力发展的先导的情况下，仍可被视为基本技术和产业技术的基础。实际上，现代任何一项技术发明都是从实验技术开始，然后走向基本技术和产业技术而获得应用。例如，如果没有德国赫兹波存在所使用的实验技术，就不会有法国的布冉利、英国的洛奇和意大利的马可尼等人的无线电波传播这项基本的物理技术的出现，更不会有无线通信技术的产业实现。至于基本技术，则既可以为实验技术提供仪器设备促进其发展，又可通过劳动过程中的技术来推动产业技术的进步。劳动过程中的技术往往是不同基本技术的组合，例如，在一个火力发电厂中，发电技术作为一种劳动过程中的技术当然需要物理技术，但其许多工作是要提高煤或油的燃烧效率、改善水质和减少环境污染，这些又离不开化工技术乃至生物技术。产业技术则是由劳动过程中的不同技术组成的，例如，冶金产业就需要采掘技术（采矿）、建设技术（矿井、选厂、高炉）、机械生产技术（破碎、浇铸、轧制）、能源技术（焦炭、电力）、输送技术（矿石、钢锭运送）、信息处理技术（化验、检测、控制）等劳动过程中的技术。基本技术的开发必然会促进产业技术的巨大发展，这可以从电子计算机这项物理技术明显看出，它不仅改造了机械制造、冶金、煤炭、化工、交通运输等传统产业技术，而且还使计算机、通信等高新技术产业得以兴起。产业技术既以劳动过程中的技术和基本技术为基础，又与工业、农业、交通运输业等经济部门密切相关。因此，如果说实验技术和基本技术代表着一个国家的科学能力和技术力量的话，那么，产业技术就代表一个国家的经济水平。

3. 现代科技的层次结构

现代科学技术存在三个明显的层次，即基础科学与实验技术、技术科学与基本技术及工程科学与产业技术。它们各自都具有相对独立的内在逻辑关系和运动机制，并分别处于现代科学技术个体发育过程的基础阶段、应用阶段和开发阶段，所以相应地可以称之为基础性层次结构、应用性层次结构和开发性层次结构。

（1）基础性层次结构。

所谓基础性层次结构是指基础科学与实验技术的内部以及它们之间的相互联系。

首先是基础科学和实验技术的结构。由于物质层次结构中各种运动形式并非互相孤立、毫不相干而是相互联系、相互渗透、相互转化的，因而各门基础学科不仅在各自领域里不断向前发展，而且相互影响和相互渗透形成一个基本构架，并从中产生出许多分支学科、边缘学科、综合学科和横断学科，从而形成了基础科学的各个学科的左右相联、纵横交错的立体网络结构。与此相应，实验技术中的力学实验技术、物理实验技术、化学实验技术和生物实验技术之间也是相互影响、相互借鉴的。

其次是基础科学与实验技术的相互联系。基础科学主要是科学实验经验材料的总结。现代实验设备早已不是科学家依靠自己的能力就能操纵的了，因此必须要有专门的实验技术人员配合。这就产生了有别于基础科学、然而却为基础科学服务的实验技术。例如进行基本粒子基础科学研究的课题，就必须要有现代加速器，这就涉及加速器的装配、维修、运行、调试等一系列技术。实验技术作为基础科学研究的基础，既可以把研究对象放在特殊环境中人工地再现出来，又可以提供多种研究手段和工具排除自然现象的次要因素而把主要现象突出出来，还可以向科学研究提供各种巧妙的实验方法（如计算机模拟法、光谱分析法、生物工程法、化学分析法、射电观测法等），把自然现象或自然物在实验室中再现、重复、诱发和联系起来。当然，基础科学也为实验技术的发展提供指导，帮助人们正确地确定实验目的、选择实验研究方向、制定实验设计方案，使实验技术沿着基础科学的方向向前发展。

（2）应用性层次结构。

所谓应用性层次结构是指技术科学与基本技术的内部结构以及它们的相互联

系。它既以基础性层次结构为基础，又与开发性层次结构密切相关。

首先是技术科学和基本技术的结构。技术科学一般都是多门科学知识的有机结合，或是跨越几个学科基础上取得的新的突破，大部分是边缘学科、综合学科、横断学科。例如，环境科学、材料科学、能源科学、信息科学、海洋科学、空间科学等。因此，技术科学虽是以基础科学为基础，但由此形成的技术科学学科数目却要比基础科学学科门类多得多。它们所呈现出来的网络结构是如此之复杂，以至难以完整地、准确地描绘出它们的图像。然而，机械技术、物理技术、化工技术和生物技术这四种基本技术之间倒是呈现出一种清晰的结构图式。其中，不仅机械技术、物理技术、化工技术三者之间互相联系，而且生物技术与其他三种技术之间的联系在现代技术发展中日益突出。一方面，非生物技术对生物技术的作用进一步加强了，如化工技术的发展在植物栽培技术和施肥技术中的运用，物理技术的发展为各种生物技术提供物质手段。另一方面，生物技术也对其他技术的发展产生重要影响，如智能计算机、人体技术以及各种仿生技术就是这种影响的结果。

其次是技术科学与基本技术的相互联系。技术科学主要研究劳动过程中的技术原理和理论，劳动过程中的各种技术向技术科学提出问题或研究对象，技术科学在基础科学理论的基础上运用基本技术提供的手段进行研究，提出技术原理或基于原理做出技术发明。这将丰富基本技术的内容，并促使劳动过程中的技术的发展。例如控制技术最初是由于机电方式不足以操纵和控制复杂、高速、规模巨大的机器体系而产生的问题，而后来出现的原子能利用、喷气机、火箭等也提出了实际的需要，于是，技术科学便在数学、数理逻辑、电磁学、电子学等基础科学理论的指导下得到了计算机技术原理，基于此原理，美国于1945年利用当时生产的快速继电器，研制出了第一台功能完整的数字计算机。这一发明在此后引起的计算机技术、半导体技术、人工智能模拟技术等，使各种劳动过程进入了自动化技术时代。因此，技术科学与基本技术或劳动过程中的技术乃是相互促进、辩证统一的。

（3）开发性层次结构。

所谓开发性层次结构是指工程科学与产业技术的内部结构以及它们之间的相互联系。

首先是工程科学和产业技术的结构。像技术科学一样，工程科学的各个学科也是由多种学科结合而成的，如生物工程学就是在分子生物学、遗传学、微生物学、细胞生物学、物理学和化学等基础科学及化学工程学、发酵工程学、电子和计算机科学等技术科学的基础上发展起来的，因而，各个学科之间的关系较之技术科学的关系更为复杂。与此相应，由于现代产业技术中存在着新技术与旧技术、尖端技术与传统技术相互并存、相互结合的状况，而且还与不同国家、不同地区的社会、资源相关，因而各类产业技术的结合方式也很难用统一图式加以概括。举例来说，在一个特定技术系统中，可以采用人力、畜力、风力、水力作动力，也可以采用电力作动力；可以用煤、石油、水力发电，也可以用原子能发电；在原材料中既可以用合成材料、钢铁，也可以用铜或陶瓷；信息控制则既可以用人工控制，也可以采用电子控制、计算机自动控制。现实的产业技术正是由这些不同的技术结合在一起，形成现实的技术结构。

其次是工程科学与产业技术的相互联系。工程科学主要研究各种产业生产中设计、施工、研制的技术问题，是产业技术的指导，是为产业技术服务的；而产业技术是工程科学的实践基础。据国外统计资料表明，这种以产业技术为基础的开发性工程科学研究占整个技术研究的 50%～60%。日本在这方面的开发，如在微型化的录像机、超薄型的电视机、小型化的汽车等方面都是首屈一指的。工程科学和产业技术实际上正在融合起来，特别是现代一些高科技企业的出现，更代表了这一趋势。这就构成了现代科学技术的开发性层次结构。现代科学技术只有突破基础性层次结构和应用性层次结构上升到开发性层次结构，才能最终实现自己的社会经济效益。

4. 现代科技结构的演化

在从横的方面对现代科技的整体结构和层次结构进行研究之后，再从纵的方面探讨现代科技结构的演化。

(1) 时空分布。

现代科学技术结构的空间分布包括两个方面。一是沿着客观辩证法方向伸展的空间分布，即向符合研究和改造的物质层次结构由简单到复杂的发展顺序性的方向发展。另一方面，是沿着主观辩证法方向伸展的空间分布，即向认识、改造自然的逐渐深化的方向发展。考察物质层次结构序列和科学技术结构，发现两者并不完全符合，如按物质发展由基本粒子到整个宇宙的序列，基本粒子物理应排在最前列，但它事实上直到 20 世纪 30 年代才产生。这说明科学技术结构的演化除了取决于各种物质运动形式本身的发展过程外，还取决于人们认识和改造自然的程度。这就是说人们认识和改造自然的方法深刻影响着现代科技结构的空间分布。

现代科技结构随时间发生的变化是对其空间分布的逻辑补充。在以往，各门学科总是先后得到发展的，但在现代却可能有几门学科同时获得巨大发展。例如，在 20 世纪 40 年代，物理学中的原子物理学、力学中的空气动力学、化学中的放射化学和物理化学、天文学中的射电天文学、地质学中的海洋科学、生物学中的生物化学、数学中的数学分析都是当时的主流学科。

（2）相关生长。

20世纪以来，现代科学技术出现了相关生长的趋势，大量边缘学科、综合学科、横断学科的产生都是这一趋势的具体表现。现代科学技术之间的相关生长主要有三条途径：第一，理论的转移和综合。即通过概念的延拓、补充、修正使原有学科发生分化，发展出另一些新学科。例如，把量子力学基本概念转移到生物大分子结构的研究中，创建了量子生物学。第二，方法的转移和综合。一门成熟科学的研究方法一旦转移到其他新的领域，可以显示出它的巨大威力。据有人统计，用数学方法、物理方法、化学方法研究其他学科对象所形成的学科数目分别为79门、555门和271门。第三，对象的转移和综合。现代有些学科对象越来越超出其传统范畴，例如，海洋学自古以来一直是地质学中对地球水圈进行研究的一个分支，但是今天的海洋科学却已发展成为一门拥有139个分支学科的综合性学科，海洋成了包括物理、化学、地质学、气候学、生物学和工程学在内的许多学科共同研究的对象。

现代科学技术的相关生长还不限于此。一些重大课题的解决，需要把现代科学技术与社会科学知识结合起来。例如，要解决环境保护问题，不仅涉及一系列生态、生化、生物、地质、物理等学科知识和许多技术问题，也涉及一系列社会制度、政策法令、人口控制、历史沿革等社会科学方面的知识。现代科学技术与社会科学技术结合形成了许多杂交学科，如工程经济学、系统工程学、技术经济学、预测学、情报学、经济地理学、工程美学等。不管是现代科学技术本身的相关生长，还是它与社会科学的相关生长，都改变着现代科学技术的结构。

（3）不平衡发展。

现代科学技术的发展是不平衡的，并不是各个学科或部门齐头并进的。总有一门或一组学科或部门作为先导带动其他学科或部门前进，这就是所谓带头学科。带头学科对于整个科学技术发展往往具有非常巨大的影响。20世纪初的带头学科是相对论和量子力学，它的理论和方法为其他学科或部门所采用，解决了现代科学技术中的许多难题。第二次世界大战以来，控制论、原子科学、航天科学、信息科学、生物科学这样一些科学成为带头学科。当然这并不是否定其他基础科学的带头作用，从某种意义上讲，物理学和生物学（尤其是分子生物学）影响着现代科学技术的各个方面。

5. 现代科技的迅猛发展及其特点

第二次世界大战以来，科学技术有了极其迅猛的发展，几乎每过10年，科技都要发生一次革命性的巨变：

——1945～1955年，第一个10年，以原子能的释放与利用为标志，人类开始了掌握核能的新时代；

——1955～1965年，第二个10年，以人造地球卫星的成功发射为标志，人类开始了摆脱地球引力向外层空间进军的时代；

——1965～1975年，第三个10年，以重组DNA实验的成功为标志，人类进入了可以控制遗传和生命过程的新阶段；

——1975～1985年，第四个10年，以微处理机的大量生产和广泛使用为标志，揭开了扩大人脑能力的新篇章；

——1985～1995年，第五个10年，以软件开发和大规模的信息产业的建立为标志，人类进入了信息革命的新纪元；

——1995～2005年，现在正在进行的第六个10年，以互联网成为核心技术并渗透到人类生产和生活的各个领域为标志，人类开始进入知识经济社会。

当代科技具有一些崭新的特点：

科技发展的规模越来越大。第二次世界大战后，由于社会对科技投入不断增加，科研队伍不断扩大，美国是每10年翻一番，西欧发达国家是每15年翻一番。现在，全世界的科学家和工程师人数已达到5 000万人。预计未来100年，从事科研工作的人数将占世界总人口的20%。丰富多彩的创造性科学劳动，将在21世纪成为人类的主要活动。

科研经费投入以指数增长。发达国家的研究与发展经费现在约占国内生产总值的2.5%。当前除了政府的科技投入外，各国企业界也以大量的投资用于研究与开发活动，企业在R&D投入中的比重达到50%～70%。

科技知识的更新速度越来越快。据调查，现在一个工程师的知识，半衰期是5年，即5年内他的知识中有一半已过时。近10年内，工程师所掌握的知识的90%都与计算机的最新发展有关。美国国立卫生研究院的计算机储存资料，每5年增加85%。由于科技知识的更新速度在加快，社会劳动结构和工作岗位不断变化，职业培训成为终身教育的一种。在20世纪90年代，美国向高技能职业提供600万个工作岗位，受培训的人员达4%。美国各公司的培训费20世纪80年代末已达到800亿美元，到2000年翻了一番。

科学发现和技术发明转化为生产力的周期越来越短。科学技术发展的历史表明，基础研究的科学发现、应用研究的应用原理探讨、开发研究的技术创新，三者之间的联系越来越紧密，转换周期越来越短。根据相关研究，科技成果转化为经济效益的时间，在18世纪大约为100年，19世纪为50年，20世纪40年代后约为 7 年，而近些年，在计算机领域的产品更新周期已经降到 6 个月左右。著名的摩尔定律（即指单位面积 IC 上信息存贮的容量每两年增加一倍，而价格却基本维持不变）恰好证明了这一点。科学发现和技术发明已进入了良性循环。

现代科技具有巨大的社会经济效益，它能对社会的投入慷慨地予以回报。据估算，以每千克产品的出厂价格计，如果钢筋为 1，小轿车为 5，彩色电视机则为 30，计算机为 1 000，集成电路更高达 2 000。电子计算机的存储器所用的原料比相同重量的铁锅还便宜，但通过科学的加工，其售价竟相当于相同重量的白金。除了直接创造价值，科技的最大贡献是成为提高劳动生产率的关键因素。20 世纪初，发达国家提高劳动生产率，主要依靠劳动力和资本的增加，只有 5%～20%得自于科学技术，而 50 年代以后，要提高劳动生产率，60%～80%得依靠科技进步。

科学与产业的关系日益紧密。通过研究与开发，现在已产生出计算机工业、电子工业、光学工业、高分子工业等等以科学为根本的工业。这些工业日益支配着社会的制造业，成为发达工业社会的主导工业。它们与 19 世纪兴起的传统工业有很大差别，没有科学就没有这些工业，因为它们主要依靠走在生产前头的科学活动所创造的知识。19 世纪那些伟大的发明家，多半对科学、对构成他们发现基础的基本规律不感兴趣。发明电话的贝尔，在麦克斯韦看来，只是一个“演说家”。爱迪生发明了电灯，但这项重大的技术突破，与电磁学的理论研究是不相干的。但是，以科学为根本的工业，只有受过正规数学物理学训练的人才能开创。没有布洛克在固体物理上开创性工作所提供的知识，不可能有计算机工业的出现。没有在 20 世纪 40 年代对光学分子束所作的理论研究，就不可能有 60 年代的激光理论和技术。实际上，科学的理论知识，现在已经成为社会的战略资源。

6. 现代科技的主要发展趋势

科学技术的发展在不同历史时期呈现不同的态势。20 世纪中叶以来，在基础自然科学新成果的指导下，核技术、计算机技术、喷气推进技术、航天技术、微电子技术、生物技术、激光技术等新技术相继问世。各门类的新技术相互推动，以越来越快的步伐向前发展。现代高新技术不仅以基础科学为先导，还以某种方式同基础科学、技术科学联成一体。科学的整体化、技术综合化和科技一体化等已成为现代科技发展过程中呈现出的主要趋势。

（1）现代科学的主要发展趋势。

19 世纪末开始的物理学革命拉开了现代科学革命的帷幕。以相对论和量子力学的一系列突破性进展为先导，现代自然科学在广度和深度上、在思维方式和研究方法上、在学科体系结构上、在科学与技术及科学与社会的关系等方面都出现了质的飞跃。

20世纪以来，科学体系的各个门类、各个分支均有长足的进步。但由于发展的不平衡，物理学和生物学的进展最大、最深刻，并成为20世纪的带头学科。

第二次世界大战以后，对复杂系统及其属性，如信息、反馈、控制、自组织等进行了跨越传统学科分类的综合研究，取得了突破性进展，由此导致一批新的横断学科的创建：一般系统论、耗散结构理论、协同学、超循环理论、系统工程学、决策科学等。这些横断学科组成了系统科学这一新的综合性科学，又称作非线性科学。

目前，自然科学发展中呈现的第一个主要趋势为：一方面，物质科学继续揭示自然界更深远、更广阔的层次和各种极限状态下的物质运动规律；另一方面，系统科学和生命科学正逐步阐明与人类有更密切关系的各类复杂系统的行为规律，后者的重要性正在超过前者，系统科学和生命科学将是21世纪的带头科学。

当代科学的体系结构与17世纪～19世纪的传统科学体系相比，呈现出显著的变化。这个仍在进行之中的变化即是当代科学发展的第二个主要趋势：当代科学在高度分化的基础上产生了高度的综合，综合表现为多层次、多维度的学科交叉与渗透，更表现为横断学科和综合性的学科群不断涌现。此即现代科学的整体化趋势。这个趋势的另一重要表现是数学化。越来越多的学科，如生物学、心理学、经济学和社会学等，广泛应用数学的模型和方法进行定量研究。

（2）现代技术的主要发展趋势。

现代技术既包括高新技术群，也包括传统技术的现代形态。它们在发展过程中呈现出一些新的特点，目前较为明显的发展趋势有：

第一，以基础自然科学新成果为先导的高新技术成为现代技术体系的带头技术。信息技术的基础是微电子技术。微电子技术的形成和发展都离不开固体物理学及其分支学科——半导体物理学的研究成果。微电子技术的成熟使各个生产部门乃至社会生活各方面都通过计算机的普遍应用而发生重大变革。计算机技术和现代通信技术的应用使人类的信息处理及传输能力有了质的飞跃。

第二，各门类技术相互渗透、相互促进，并在某些技术领域围绕一个大问题的解决或大目标的实现，形成庞大的综合性技术群。如光通信技术是激光技术与通信技术相互渗透的产物。又如空间技术就是围绕外层空间的开发利用而形成的综合性技术群。

高新技术与传统技术的相互渗透也是高新技术作为带头技术发挥作用的结果。传统的机床加工技术经过计算机技术和自动化技术的渗透、移植，改造出数控机床等先进的加工技术。内燃机和燃气涡轮发动机通过加装电子装置来控制油量和点火，提高了效率。所谓“机电一体化”，核心思想就是用信息技术带动传统机械技术的发展。

第三，综合各门类应用技术的复杂大系统的研制开发，成为技术发展的主要途径之一。例如，美国空间技术发展史上的两个里程碑——阿波罗登月飞船和航天飞机的研制成功，都涉及数千个技术开发项目，其范围囊括了现代技术所有主要领域。

第四，管理技术、决策技术、经济运行宏观调控技术、大众传媒技术、广告技术等，都超越了经验方法加随机应变的前技术化阶段，初步实现了理论指导下的优化和程式化操作，即实现了初步的技术化。当然，社会技术适用对象的特点使它们不可能像物质、信息领域的技术那样做到完全程式化的操作，而带有创造性随机发挥的成分。

第五，大多数技术创新出现于新产品的研制过程。在 19 世纪之前，技术创新主要出现在生产领域，通过工作机和动力机的改造不断提高生产率，而产品的更新换代较慢。19 世纪中叶以后，生产率和社会生活水平的提高，使新的消费品如打字机、缝纫机、自行车等进入批量生产，但新产品诞生的速率仍低于生产工艺技术革新的速率。目前新产品更新换代的速度已显著超过生产工艺革新的步伐，不断研制出具有新功能的产品对企业已是生死攸关的大事。过去往往是工艺的革新和新材料的出现推动发明家创造新产品，现在多半是发明家为满足新产品的技术要求而革新工艺或研制新材料。由于许多新产品综合了数种已有的不同类型产品的功能，研制中必须综合地协调各种技术要求，从而推动传统技术领域的相互渗透。如移动通信技术最早是为满足汽车中人们想与外界通话的要求发展起来的。技术创新在现代呈现出综合化趋势。

7. 现代科学技术的一体化

无论作为知识，还是作为社会活动，科学与技术之间都有很大差异，但又有不少共同之处。在历史上绝大部分时期，它们联系松散，基本是相互独立地发展。20 世纪以来，由于社会生产力的提高和经济制度的演变，也由于二者自身发展的逻辑，它们之间的联系日益密切，形成以科学为先导的相互促进、共同发展的良性循环。现代的科学更加技术化，现代的技术更加科学化，科学与技术逐渐一体化。

（1）科学的技术化。

科学的技术化是指在总体的科学活动中包含着大量的技术科学研究、技术发展研究和技术应用作为其辅助部分。这些辅助的技术活动并非用于科学研究成果向相应技术领域的转化，而是服务于科学研究活动自身的需要。

科学技术化是科学实验规模日益增大、所用仪器设备日益复杂，并且越来越普遍运用现成工艺技术而导致的必然结果。以粒子物理学为例。这是当代物理学前沿。它通过高能粒子的碰撞实验来探索是否存在尚未知的新粒子。实验所需的高速粒子通过加速器获得，实验结果则通过专门的探测记录仪器得出。随着粒子能量的不断提高（如质子已超过 5 000 亿电子伏）和探测记录仪器的大型化、精密化，实验装置的设计制造已超出同时代工程技术的常规，必须由实验物理学家和工程师协作，做出新的发明创造和订立新的技术规范。例如，欧洲核子研究中心 1976 年建成的质子同步加速器（SPS），对直径 2 千米、周长约 6 千米的巨大主体真空路道的真空度要求是剩余气压小于 10^{-7} 毫米汞柱，而当时的真空泵无法满足要求，于是科学家与工程师一起发展高真空技术，发明了扩散法粘结的钛真空，完成了高真空用大型溅射离子泵（这台加速器用了 650 个这种泵）和转轮分子泵（用了 80 个）的批量生产。又如，为了精确观测极为遥远的天体，需要在大气圈外设置巨大望远镜，这就要研制能在大气圈外工作的望远镜和相应的信息传递装置。这项工作涉及光学仪器制造技术、信息加工传递技术和许多空间技术。

不仅科学实验要解决大量的工程技术难题，像数学等传统的非实验性基础学科在今天也借助大型计算机来证明定理。数学的某些分支、量子化学、大气空气动力学等基础科研现在都使用运行速度极高的计算机，需要科学家和计算机软件硬件工程师密切合作才能完成计算工作。

（2）技术的科学化。

技术的科学化有两重含义。第一，是指已有的技术上升为技术科学，形成系统的技术知识体系，反过来又完善和提高已有的技术。例如，冶金、农业、金属加工、建筑、纺织等传统技术从 19 世纪以来相继形成各自的技术学科体系。如今，这些技术领域都有根据技术科学原理和技术科学实验制定的技术极限和技术规范，为实践中避免盲目的探索提供了极大帮助。例如，工程结构力学和材料力学使建筑工程师不必像古代工匠那样反复用试错法才能找出新建筑的最佳结构，正确地运用这些科学原理就能设计出轻巧的新建筑。

第二，是指技术创造发明根据已有的（包括最新的）基础科研成果做出，即技术进步以科学进步为先导。以激光技术为例。爱因斯坦在 1927 年提出原子系统与辐射相互作用时会产生受激发射的理论。1951 年珀塞尔等做核感应实验时第一次观察到微波的受激发射现象。同年，美国的汤斯研制成第一台微波激射器。1953 年，肖洛和汤斯在一篇论文中提出由微波激射器过渡到激光器所存在的问题及解决问题的建议。1960 年，梅曼制成第一台激光器。激光器制成仅几个月就应用到技术中，由此开始了激光技术的发展。梅曼的激光器本是作为验证受激发射的物理理论装置而发明的，因此，它也是科学的技术化和科学技术连续体形成的典型事例。

（3）科学技术连续体的形成。

科学技术连续体是科学技术高度一体化的产物，它是从基础研究经应用研究和发展研究到实用技术的连续的整体。这种连续体的形成一般通过两种途径：一是科学的技术化与技术的科学化两个过程相对展开，衔接后由于实践需要的推动相互渗透与融合而成；另一种是由于科学实验提出的技术原理符合某种实践需要，科学的技术化连续演变成新技术。

例如，半导体科学技术是通过前一种途径形成的。先看有关理论方面的进展。由于 1927 年发现的“异常霍耳效应”用经典电子学无法解释，英国的威尔逊等提出新的半导体电模型——“威尔逊模型”，指出半导体有两类：“电子导电”型和“空穴导电”型。1938 年，达维多夫和奔撒等研究了两型半导体相连时的导电，提出了半导体接触整流理论（二极管理论）。再看有关技术领域的进展。第二次世界大战期间雷达研究过程中，首先出现使用硅锗等材料制成二极管作检波器件的技术。人们受真空二极管发展为三极管后能有电信号放大功能的启示，考虑半导体二极管能否发展为有放大功能的三极管。1945 年美国贝尔实验室指定肖克莱等人负责研制半导体三极管。三年后，他们研制成功第一代点接触锗的三极管。然后，科学家在研究两个 p^{-n}结构成面接型三极管时，发现理论准备不足，又掀起了半导体物理的研究高潮，完成了半导体技术的基础理论，为以后微电子学技术的蓬勃发展打好了基础。

当代的生物科学技术（群）则是从另一途径形成的。20 世纪 50 年代，以发现 DNA 双螺旋结构和分子生物学建立为开端的生物学革命产生了许多划时代的成果，从 60 年代开始，生物学实验技术，尤其分子生物学实验技术开始向生物工程的实用技术转化，由遗传工程（主要包括基因重组技术和细胞融合技术）、发酵工程、酶工程组成的生物工程技术伴随生物学革命迅速发展起来，成为最有潜力的新技术（群）。

科学与技术连成一体后科学对技术的研究方式及发展速度、价值取向都产生了深刻的影响。在一体化科学技术中，以寻求客观本质规律为目的的基础科研一般要以技术发展的未来范围为科研选题的主要依据，认识世界的活动明确地服务于改造世界的活动。而应用研究与发展研究则根据基础科研的最新成果，主动探索可导出的新技术原理和新技术应用，使得实用技术的发展基本上摆脱了已有经验的局限，而能够广泛灵活地运用各种新技术原理，在技术开发中实现最优的技术组合。科学家和工程师在一起协作，互相启发，互相促进，对双方的研究与开发工作都会产生积极的影响。

三、科学技术的伟大力量

1. 科学的四个层面

科学的力量来源于四个层面：科学知识、科学思想、科学方法和科学精神。

科学知识是人类对于客观规律的认识和总结。科学知识不仅能够帮助人们形成智力、能力、生产力，同时也形成新的思想道德和精神品格，促进人的全面发展。恰如培根所说，知识就是力量。正是不断积累的科学文化知识，揭示出自然过程的奥秘，使人类在一定程度上逐渐摆脱环境的制约，能够相对自主地决定自身的命运。

科学思想是人类在科学活动中所运用的具有系统性的思想观念，它们是人类智力的集结、智慧的结晶，是认识和改造世界的锐利武器。科学知识，只有集结为科学思想，才成其为条理化、系统化、理性化的知识，才可能体现出科学知识的力量。科学思想一旦形成理论体系，并同社会需要、技术发展结合起来，同亿万人民改造世界的实践活动结合起来，就会变成巨大的物质力量。人类认识世界改造世界的重要成果都凝聚在科学思想中。人类社会所取得的所有历史进步，所创造的一切人间奇迹，也都是在科学思想指导下进行的。

科学方法是人们揭示客观世界奥秘、获得新知识和探索真理的工具。科学方法一旦形成，就能指导人们更有成效地进行思维，更有成效地学习科学知识，更有目的地运用科学知识，解决实际问题。由于科学方法建立在对于客观世界及其发展规律正确认识的基础上，所以科学方法的确立为科学指明了方向，也为科学的应用找到了最佳途径。对于每个人来讲，确立科学方法的一个重要方面就是实现思维方式的科学化，这往往是一种革命性变化，能使个人认识和改造世界的能力获得指数式的增长。

科学精神是科学的灵魂和光芒所在，是科学发展的动力源泉。科学精神不仅为科技界所推崇，也是现代文明的标志和现代社会的一种基本精神面貌。科学精神的核心是求真务实和开拓创新。求真务实就是相信真理、按客观规律办事；开拓创新则是现代社会发展的动力所在。

由上述诸层面的综合作用，科学产生了伟大的力量，体现为“最高意义上的革命力量”，上升为“第一生产力”，并成为先进文化的基本内容。

2. 科学是最高意义上的革命力量

作为一种革命的力量，科学首先具有知识启蒙的意义，科学知识是开启民智、彰显理性的先锋。在蛮荒的年代，对自然的恐惧和敬畏使人生活在一个万物有灵的世界，“神秘”的世界的解释权为少数人所垄断，神秘主义被特权阶层发展为蒙昧主义和专制主义，人们难以发现人自身的力量。

知识像暗夜中的明灯把世界一点点地照亮，而日渐系统化的科学知识是其中最亮的一盏明灯。科学知识所流射出的光就是真理之光，它使人们意识到，世界有其内在的规律，人可以认识真理。于是，人类开始用已有的科学知识理解世界，致力于探寻未知的奥秘。科学知识使世界的面纱一点点揭开，世界不仅不再神秘，而且可以认识。

与科学新知相伴而至的是科学思想，新的科学思想往往是观念创新的动力和先导，科学革命常常会使人的思想观念发生革命性的变化。每一次科学革命，都会带来世界图景的改变，都会更新世界观，改变对待人和事物的态度。近代以来的哥白尼天文学革命、牛顿力学革命、拉瓦锡化学革命、达尔文生物学革命等思想成就，使人们看到了理性洞悉世界的威力和人类控制自然过程的可能性。在近代决定论的世界图景下，人的主体意识和创新意识开始迸发，甚至一度产生了主宰世界的思想。相对论和量子力学等现代科学革命，将抽象性、复杂性和不确定性的观念引入了科学。这些新的思想，一方面使人们看到了理性力量的伟大，另一方面，又使人们看到了认识和改变世界的艰难。于是，人们的思想开始成熟起来，一方面乘胜追击不断地进入自然的深处，发掘出更强大的自然力量，另一方面，开始思考科学的局限性，开始反省人与自然的关系，开始考量科学技术与人类其他文化形式的互动与融合。

丝毫不夸张地说，科学方法是人类方法库中最有力量的工具，科学方法的每一次更新，都是具有方法论意义的革命。这种革命首先发生在科学内部。科学方法每一次新进展不仅会导致科学的新突破，还可能转化为一种具有普遍意义的方法论。例如，逻辑分析方法已经成为现代社会生活中运用得最多的方法之一。在自然科学与社会科学日益融合的背景下，许多新的科学方法从一开始就为社会科学所运用，这一新的趋势使科学在方法论层面上的革命性影响更加广泛深入。

作为科学灵魂的科学精神，是最具革命性的精神武器。这是因为以求实和创新为核心诉求的科学精神，是现实可能性和主观能动性的完美结合。其中，现实可能性来自科学精神中对客观性的追求，主观能动性则最好地体现于科学精神中强烈的创新意识之上。因此，科学精神不仅是对科学活动的关照，更是对普遍性的人类活动具有规范意义的精神指南。几千年来的科学实践表明，科学精神是科学探索真理、坚持真理和发展真理最有力的武器。科学的不俗表现进一步使科学精神成为现代社会的一种主流文化精神。换言之，科学精神是现代社会区别于传统社会的首要标志，其对传统向现代社会转型的作用是毋庸置疑的。

3.“科学技术是第一生产力”

从马克思关于“科学是生产力”的洞见，到邓小平关于“科学技术是第一生产力”的论断，刻画了理论随时代不断更新的脉络，为人们提供了正确认识现代生产力和现代科学技术的基点。

在西方还没有一个思想家，能像马克思那样深刻地理解科学在历史上所起的伟大作用。马克思“把科学首先看成是历史的有力的杠杆，看成是最高意义上的革命力量”①。马克思在生命的最后时日，对电学方面的各种发现依然十分注意。“在马克思看来，科学是一种在历史上起推动作用的、革命的力量。任何一门理论科学中的每一个新发现，即使它的实际应用甚至还无法预见，都使马克思感到衷心喜悦，但是当有了立即会对工业、对一般历史发展产生革命影响的发现的时候，他的喜悦就完全不同了。”②恩格斯高度评价马克思的科学观——关于科学的基本思想，认为这是马克思的与唯物史观、剩余价值理论一样重要的贡献。

首先，马克思的“科学是生产力”的思想，正确揭示了科学的生产力性质。科学不仅表现为社会发展的一般精神成果，以知识形态而存在（他称之为“一般的生产力”），而且从资本主义大生产的实践中洞察到：“一般社会知识，已经在多么大的程度上变成了**直接的生产力**，从而社会生活过程的条件本身在多么大的程度上受到一般智力的控制并按照这种智力得到改造”③。当科学以一般知识形态存在、尚未并入生产过程时，它是以知识形态存在的一般社会生产力；而当科学并入生产，即转化为劳动者的劳动技能、物化为具体的劳动工具和劳动对象、通过管理在生产结构中发挥作用时，它就直接进入生产过程，成为社会劳动生产力，即直接生产力。

其次，马克思透彻分析了科学在生产力中的地位和作用。马克思认为科学是生产力中的一个相对独立的因素，它能够促进整个生产力的巨大发展。马克思在《资本论》中写道：“劳动生产力是由多种情况决定的，其中包括：工人的平均熟

---

① 《马克思恩格斯全集》，中文1版，第19卷，372页，北京，人民出版社，1963。

② 同上书，375页。

③ 《马克思恩格斯全集》，中文1版，第46卷（下），219～220页，北京，人民出版社，1980。

练程度，科学的发展水平和它在工艺上应用的程度，生产过程的社会结合，生产资料的规模和效能，以及自然条件。”①他非常注意科学的力量对资本主义生产的作用，强调科学是生产过程的独立因素、是不费资本家分文的另一种生产力。马克思的这些论断，既有助于我们理解科学是生产力发展的主要源泉之一、劳动生产力各要素的提高也决定于科学技术的水平这个重要思想，又揭露了现代资本主义发展的一个秘密：“大工业把巨大的自然力和自然科学并入生产过程，必然大大提高劳动生产率，这一点是一目了然的。但是生产力的这种提高并不是靠在另一地方增加劳动消耗换来的，这一点却绝不是同样一目了然的。”②

再次，马克思深刻指出了科学与生产的互动关系以及科学转化为直接生产力的基本途径。科学既是观念的财富又是实际的财富，同时还是“生产财富的手段”和“致富的手段”。科学的发生和发展一开始就是由生产决定的，现代科学更需要大工业生产提供强大的物质基础。反过来，科学并入生产，又使整个生产结构、生产过程、生产面貌发生了革命性变化。按照马克思的理解，作为一般社会生产力的科学知识，具有一个重要特征，即“不费资本家分文”，通俗地说，就是具有使用的无偿性。这种“不需花钱的生产力”，当它被应用到生产过程后将“使商品绝对降价”。转换的关键在于将科学并入生产，或者说将科学转化为直接生产力。转化的途径主要有：物化、人格化和科学管理。物化是自然科学和技术转化为新的劳动工具和劳动对象；人格化是科学武装劳动者，提高劳动者的文化科学水平，提高他们的技能和科学素质；科学管理则是运用科学的管理理论和方法，建立合理的生产结构和生产过程，改善劳动者之间的关系，通过提高管理水平提高生产力。

科学技术对生产力发展的作用，人们一向是有所注意的。工业革命后，科学技术进步作用的迅速增长更为研究社会经济发展的观察家和学者所关注。但是，一般来说，他们比较重视科学技术所造成的某些后果，注意到各种新的机器，承认这是经济增长加快的原因，却没有下工夫说明这些机器到底是怎样推动社会经济增长的。在19世纪，马克思是个例外，他致力于将对资本主义社会根本机制的研究与对科学技术进步本身如何发生的分析结合起来。他第一个突破了把科学技术当作经济系统外生变量的流行观点，开创性地认识到科学技术是社会经济系统的内生变量。马克思关于“科学是生产力”的理论是实践的结晶又具有超前性。

---

① 《马克思恩格斯全集》，中文1版，第23卷，53页，北京，人民出版社，1972。

② 同上书，424页。

“科学是生产力”的论断，在马克思主义宝库中具有基本理论的意义，但长期以来没有得到应有的重视。法兰克福学派的重要代表哈贝马斯，在他1968年为纪念马尔库塞诞生70周年而撰写的长篇论文《作为“意识形态”的技术和科学》中，曾经颇有见地地提出，20世纪以来西方资本主义出现的新趋势，其中之一是科学研究和技术之间的相互依赖日益密切，而这种密切关系使得诸种科学成了第一位的生产力。不过，对这种趋势的意义，他的估价与我们迥然不同。在他论证科学技术是“第一位的生产力”时，着眼点是在说明科学技术已成为当代资本主义社会的“意识形态”，从而造成人的异化和工人阶级革命性的丧失。他竭力证明科学技术在现代社会中消极的社会效应，是由科学技术革命本身所带来的，因而他用虚构的“科学技术与人性”的对立来代替真实的阶级之间的对立。更有甚者，哈贝马斯从“科学技术是第一位的生产力”这个命题出发，竟得出马克思主义全面“过时”的推论，声称马克思的劳动价值论的应用前提便从此告吹了，经济基础、上层建筑、意识形态的范畴也不再像过去那样起作用了。

而在当代中国，由于“左”的错误思想影响，国内对科学技术、对知识分子在社会主义建设中的地位和作用，在党的十一届三中全会前总的来说也是贬斥的，在“文化大革命”时期尤其是这样。

青山遮不住，毕竟东流去。在中国社会主义的实践中，第一次真正有意义地把现代科技发展与社会主义的命运连接起来，是在结束“文化大革命”十年动乱后不久。当时积重难返、百废待兴，怎么办？邓小平高瞻远瞩地说：“我们国家要赶上世界先进水平，从何着手呢？我想，要从科学和教育着手。”①他根据当代科学技术为生产开辟道路、给世界经济和社会各个领域带来巨大变化的事实，深刻地指出：“四个现代化，关键是科学技术的现代化。没有现代科学技术，就不可能建设现代农业、现代工业、现代国防。没有科学技术的高速度发展，也就不可能有国民经济的高速度发展。”②

邓小平在一系列的讲话特别是在全国科学大会开幕式上的讲话中，对当时一系列颠倒了的历史功过与理论是非进行了拨乱反正，着重阐述了科学技术是生产力和科技人员是工人阶级的一部分这两个关键问题，为我国新时期制定发展科学技术的方针政策、在社会上确立“尊重知识，尊重人才”的风气，奠定了有力的理论基础。

1988年，正当我国的改革、开放事业进入一个关键阶段之际，邓小平又及

---

① 《邓小平文选》，2版，第2卷，48页，北京，人民出版社，1994。

② 同上书，86页。

时告诫大家："从长远看，要注意教育和科学技术。否则，我们已经耽误了二十年，影响了发展，还要再耽误二十年，后果不堪设想。"① 接着，他深谋远虑地指出："马克思讲过科学技术是生产力，这是非常正确的，现在看来这样说可能不够，恐怕是第一生产力。"② 邓小平还特别讲到解决好少数高级知识分子待遇的问题，把"科学技术是第一生产力"的理论与社会主义现代化的实践紧密结合在一起。此后，邓小平多次重申这一科学论断，强调最终可能是科学解决问题。在 1992 年初，他进一步指出科学技术是解决经济建设问题的根本出路。

为什么要在马克思关于"科学是生产力"这个论断中加上"第一"这个修饰词？首先是因为现代科学技术处于一切生产力形式、过程和因素中的首位，现代科学技术是生产力中相对独立的要素，是生产力诸因素中起决定性作用的主导因素。

科学成为生产力发展的独立因素和主导因素，是资本主义生产方式建立以后的事情。马克思写道："**自然因素**的应用——在一定程度上自然因素被列入资本的组成部分——是同**科学**作为生产过程的独立因素的发展相一致的。生产过程成了**科学的应用**，而科学反过来成了生产过程的因素即所谓职能，每一项发现都成了新的发明或生产方法的新的改进的基础。只有资本主义生产方式才第一次使自然科学为直接的生产过程服务"③。

第二次世界大战以来，这一特点更为引人注目。科学及其在生产上的广泛应用，事实上同单个工人的技能和知识分离了。现代科学技术不仅渗透在传统生产力的诸要素中，而且在社会生产力的发展中起着比劳动者自身、生产工具和劳动对象更为重要的作用。现代科学技术除了决定着生产力的发展水平和速度、生产的效率和质量，还决定着生产中的产业结构、组织结构、产品结构与劳动方式，它不单使生产力在量上增加，而且使生产力在质上发生飞跃，导引着未来的生产方向。所以现代科学技术在生产力系统中已上升到主导的地位，在资本、劳动、科技三个因素对经济增长的作用中，科技已愈来愈显重要，在发达国家几乎占 70%。现在，向生产的深度和广度进军，不能只靠劳动力和资本，更要靠科学技术。

4. 科学技术对生产力和生产关系的决定性影响

科学技术使得劳动者、生产工具和劳动对象这三个生产力的基本方面发生了

---

① 《邓小平文选》，1 版，第 3 卷，274～275 页，北京，人民出版社，1993。

② 同上书，275 页。

③ 《马克思恩格斯全集》，中文 1 版，第 47 卷，570 页，北京，人民出版社，1979。

巨大变革。

——劳动者素质的变革。生产劳动是一种有目的、有意识的活动。通过科技教育，提高劳动者的科学技术水平和劳动技能，是发展社会生产力的重要途径。值得注意，科技进步将促使劳动力在产业间发生转移，使得“蓝领”减少，“白领”增多。劳动生产率提高的速度越快，劳动力转移的速度也就越快。在这里，切勿误解科学技术是“第一”生产力将排斥劳动者是“首要”生产力。两者说的不是同一个问题。前者是就生产尤其是劳动者本身中智能因素和体力因素的关系而言，智能因素日趋重要，位居第一；后者是就生产力中人与物的关系而言，劳动者是生产力的主体，是惟一具有能动性的因素，因而处于首位。归根到底，两个命题其实是一致的，即是说，当代生产力发展主要依靠劳动者科技素质的提高，掌握了科学技术的劳动者是现代生产力的主体。

——生产工具的变革。生产工具既是生产力发展程度的重要标志，又是科学技术发展水平的显示器。生产工具的重大变革，常常带来社会生产力的飞跃。蒸汽机和电力机的出现，放大了人的体能，带来了经济的飞速发展；电子计算机的出现，部分取代并增强了人脑的功能，使人们得以摆脱大量繁重的、重复的脑力劳动，有更多的时间从事创造性工作。生产工具是人制造的，是人类智慧的物化。人们运用科学原理，通过技术发明，物化为现代化的机器设备。

——劳动对象也随着科学技术的发展而不断变革。科学技术不仅使人类利用新的自然资源，而且开发已有资源的新用途，把一些“废料”重新投入到物质循环中去。现代科技还研制出自然界未曾有过的新物质品种，如新型的人造材料、合成材料和复合材料，形成新的劳动对象。科学技术扩大了人类劳动的对象范围，扩大了人类对自然资源的利用。

科学技术不仅是生产力中最活跃的因素，而且对生产关系的变革产生巨大影响。

（1）产业结构发生显著变化。

——产业结构软化。在社会生产和再生产过程中，体力劳动和物质资源的投入相对减少，脑力劳动和科学的投入相对增大。钢铁、汽车、橡胶、造船等传统工业被称为“夕阳”工业，从20世纪50年代中期起，它们在经济中的地位明显下降。而像激光、光导纤维、生物工程、新能源等新兴的“朝阳”工业蒸蒸日上；以微电子技术为基础的信息产业发展尤快。这也导致就业结构的变化。

——促使新的产业和产业部门形成。技术上一旦有了重大突破，就会极大地刺激新的需求，推动新产业的形成和发展。例如，石油精炼技术和高分子化学合成技术的发明，使得能源工业和化学工业发生了巨大的变化，从而使石油需求量大增，几乎改变了整个世界的需求结构，产业结构也发生了巨变。再则，技术进步使资源消耗强度下降，可替代资源增加，也将改变需求结构，使产业结构发生变化。

——改造原有产业部门。由于科技的进步，便有可能采用新技术、新工艺和新装备来改造原有产业，提高其水平，改变其生产面貌，促进原有生产部门和产品的更新换代并提高产品质量，甚至创造出全新的产品。最明显的例子是采用电子和信息技术改造机械工业，使其实现机电一体化。

——产业结构高级化或现代化。趋势是，科技密集产业在产业结构中所占的比重越来越大，劳动和资源密集型产业所占比重不断下降。知识产业逐渐上升为主导产业。越来越多的企业从诞生之日起便是知识密集型企业。

（2）劳动方式发生质的变化。

科技进步促进了“用脑生产”方式的根本革新。员工“干”得少了，“想”得多了。与“用脑生产”相适应的是“知识”替代“劳动”。脑力工作重要性的上升，半导体微型芯片的制造成本大约70％是来自“知识”投入，即研制和实验的成本，而劳动成本在芯片产品中只占12％。制药业是知识性很强的信息企业，药品的成本中，劳动力的成本只占15％，而知识投入要占成本的50％。

（3）社会管理科学化。

资本家把科学技术与管理称作工业的两条腿。其实，这两条腿本身又是相关的。第一次产业革命期间，对应的管理是经验管理。利用分工原则，来发挥工人所长，提高劳动生产率，降低产品成本，这时的管理是资本家根据经验进行直接管理。随着科技进步和劳动工具的变革，对企业的管理要求越来越高，经验管理已不适应新的形势，泰罗的科学管理理论就是在19世纪末20世纪初新的科技革命期间诞生的。此时的企业管理向标准化、专业化、同步化、集中化、大型化和集权化这六个相互联系的方面发展，而且出现了一种受资本家雇佣的专门从事管理的人员——经理、厂长等。第二次世界大战之后，管理又有新的变化，运用现代科技成果和技术手段实现了管理组织的现代化、管理方法的现代化和管理手段的现代化。

（4）阶级关系发生重大变化。

在产业革命期间，由于机器代替了手工工具，大工厂代替了手工工场，从而改变了生产体系中人与人之间的相互关系，导致社会财富的重新分配，并引起社会阶级结构的大变动，出现了资产阶级和无产阶级两大阶级。新技术革命极大地促进了社会结构的重组。特别引人注目的是出现了一个以知识和能力为“资本”的经理阶层，以及一个构成社会基本力量的中间阶级，它们使阶级斗争的形式发生了巨大的变化。

科技进步既推动了生产力的发展，又推动了生产关系的变革，作为生产力与生产关系统一体的生产方式，必然随科技的发展而改变自己的形式。马克思说过，生产方式的变革，在工场手工业中以劳动力为起点，在大工业中以劳动资料为起点。或许还可以这样说，在当代产业结构中则以科学技术为起点。

5. 科学技术是先进文化的基本内容

科学作为最高意义上的革命力量，不仅表现为先进生产力，而且还是先进文化的基本内容。

爱因斯坦曾指出："科学对于人类事务的影响有两种方式。第一种方式是大家熟悉的：科学直接地、并且在更大程度上间接地生产出完全改变了人类生活的工具。第二种方式是教育性质的——它作用于心灵。尽管草率看来，这种方式好像不大明显，但至少同第一种方式一样锐利。"其中，第一种方式所说的是科学技术的物质生产功能，第二种方式则指科学技术的精神文化功能。

说起科技文化，就必然要说到哥白尼日心说的提出和传播，这件事不仅是一起科学事件，更是一起文化事件。在当时，仅从观察实证的角度来看，哥白尼的日心说甚至处于劣势，但日心说为什么能够拥有布鲁诺、伽利略等坚定的支持者呢，这与当时的社会文化心态有关。人们反对地心说、倡导日心说的一个重要原因是，他们已经十分厌恶教会及其用于附会《圣经》的地心说，而日心说一旦成立，正好用于宣泄心中强烈的反宗教的情绪。结果日心说胜利了，这胜利是反宗教的文化心理的胜利，也是科技文化的初次大捷。日心说只是一系列胜利的开始，在接下来的400多年里，维萨里的《人体构造》、牛顿的《自然哲学的数学原理》、拉瓦锡的《化学纲要》、达尔文的《物种起源》、麦克斯韦的《论电学和磁学》、爱因斯坦的《论动体的电动力学》等胜利的里程碑相继树起。与此同时，电报、电话、汽车、广播、电视、计算机、互联网等新的应用技术层出不穷，并以文化的形式融入人们的日常生活之中。这些胜利的结果之一就是，科技文化逐渐发展为一种相对独立的社会亚文化系统。

作为一种重要的社会亚文化系统，科技文化在与其他文化的互动中不断发展，已经成为当代社会的一种先进文化。科技文化在现代社会的拓展和渗透，主要有三个途径。其一是科技对生产方式的变革，从器物层面传导到制度层面再影响到文化价值层面。由于科技的介入，生产过程日益复杂，这就必然导致了组织结构和制度文化的变革，在这种变革中，逐渐形成了求实与创新、效率与公平、批判与宽容等文化价值观念。其二是科技在生活中的广泛应用，新的科技文化不断涌现。科技供应与消费需求互动互促，一方面，新科技的应用，起到了直接塑造人们生活方式的作用；另一方面，个人和群体的偏好，又反过来影响到科技应用的方向。这样就形成了汽车文化、通信文化和网络文化等。显然，这些文化并非纯粹的科技文化，其中也蕴涵着各种社会文化价值，而且，还有很多对社会有负面影响的价值观，如汽车文化中的享受意识对于实现可持续发展是极其有害的。为了克服科技文化的负面影响，必须从人的角度出发，使科技文化与人文文化相融合。当前得到广泛提倡的绿色技术、工业生态技术等都兼顾科技发展和人的需求的努力，也是科技文化与人文文化互动的产物。其三是通过教育、宣传和普及直接进入社会文化价值领域。在人们认识到科学是推动历史发展的最高意义上的革命力量之后，科技文化在世界大多数国家都被视为主流文化，科技文化得到了广泛而深入的传播。

四、弘扬科学精神

我们常常将我们所生活的时代称为科技时代，这表明科学的力量得到了广泛的社会认同。然而，这并不能说明公众已经对科学有了全面准确的理解。相反，一般的社会公众对科学的理解仅仅是因使用大量技术产品而产生的零星感受，其中，最常见的误解是将科学等同于科学的实际应用。其实，科学博大精深的内涵远不止于此了，它首先凝聚在科学精神之中。

1. 科学精神的几种诠释

科学精神是人类在长期科学活动中逐渐形成和不断发展的一种主观精神状态。由于科学首先是一种认知活动，最早的科学精神主要表现为一种理想化的认知态度。此后，科学成为一种建制化的社会活动，科学精神发展为一种理想化的社会关系规范。而科学的社会建制化又使得科学与社会的互动日益凸显，科学精神由此进入文化价值判断领域，成为科技时代一种重要的人类价值观。

在认知层面，科学精神的核心内涵是理性精神，即相信自然界存在一种内在的法则，人们可以通过科学方法努力寻找反映自然法则的自然规律。换言之，科学的理性精神首先是一种相信真理的存在，坚持追求真理的态度。在这种精神的激励下，新的科学知识、思想和方法渐次引入，一些缺乏客观实在性的概念被剔除，一代又一代的科学家从不断的试错中建构起了今天的科学大厦。为了坚持真理，宣传日心说，布鲁诺笑对火刑，伽利略甘受囚禁；为了提炼出 0.1 克镭元素，居里夫妇处理了数以吨计的沥青铀矿；为了证明哥德巴赫猜想，陈景润用了几麻袋稿纸；与爱因斯坦齐名的物理学家玻尔临去世前还在思索他与爱因斯坦之间的科学争论。其次，科学的理性精神中既有理论创造的勇气又有严谨实证的态度，即通常所说的“大胆假设，小心求证”。对客观真理的追求，本质上也是一种主观创造的过程，因而不能没有方法、思想、观念和理论的创新，但这种创新绝非臆造，故必须接受严格的实证检验。在科学活动中，科学理性精神集中体现于严谨而系统的科学研究规范和方法之中。严谨而系统的科学研究规范和方法的运用是探寻客观真理最有效的途径。严谨的科学研究的规范和程式，是长期经验积累的产物，是研究传统的精华，是科学研究应该遵守的范式，人们可以质疑其合理性，但不可轻率地加以抛弃。因此，当我们听到有人声称有所谓重大发现和理论突破时，不可不经仔细论证就全盘接受。系统的科学方法，如逻辑、数学和实验方法的采用，使科学更加有条理、更精确、更可靠。尤其是融定量与定性、归纳与演绎、分析与综合为一体的数理研究方法等现代科学方法的使用，使理性精神得以渗透在科学活动的每个环节之中。

在社会建制层面，科学精神是科学共同体的理想化社会关系准则，这就是科学社会学的创始人默顿所称的科学的精神气质。普遍性、公有性、无私性和有条理的怀疑主义等作为惯例的规则构成了现代科学的精神气质。这些关系准则的合理性在于，它们有利于保证科学知识的客观性。因此，它们实际上是认知层面的科学精神在社会建制层面的拓展。这些精神气质决定了科学建制内的理想化规范结构，它们使科学共同体具有某种独立自主性。即一方面，它们可以约束和调节科学共同体中科学工作者的行为；另一方面，它是科学共同体对外进行自我捍卫的原则。尽管它们是一些理想化的准则，但它们是维持科学社会建制正常运行的必要规范，并且已经内化于科学教育和科学职业训练之中；同时，科学共同体以外的力量在干预科学时，也应尽可能遵循这些原则。以普遍性原则为例，科学发现具有可重复性，如果某人宣称发现了一种新元素，他首先必须公开他的方法，直到其他科学家据此重复了他的实验，这一发现才可能得到公认。

科学的社会建制化是与科学直接进入经济社会生活相伴随的，科学与社会的互动，使科学不再是完全价值中立的追求客观知识的活动，而成为一种先进的文化，科学精神也得以在更广泛的文化价值层面展开。从某种角度来讲，这种拓展体现了真善美的内在一致性，即科学的求真与人们对善和美的追求具有内在的一致性。一方面，将求真的态度用于对社会生活的考察，人们可以看到各种社会问题的根源，找到合理公正的社会发展道路。这使许多著名的科学家具有十分强烈的社会责任感：居里夫人推着 X 光机为第一次世界大战伤员透视，晚年的爱因斯坦毅然投入反核运动。另一方面，科学家在探求真理的同时，也在体悟自然的和谐与简洁之美。理论物理学家常常把抽象的理论体系看成美丽的抽象花园，在他们眼里，最抽象的夸克具有颜色和味道。在科学家的精神世界中，美与真的沟通无时不在：爱因斯坦演奏莫扎特的小提琴协奏曲，沉浸于相对论的世界；杨振宁从中国古代不完全对称的壁画联想到抽象宇称的对称性破缺。

在文化价值层面，科学精神的展开，体现了作为先进文化的科学与社会的互动。一方面，认知层面和社会建制层面的科学精神中所体现出的独特内涵，被提升为具有更广泛社会文化价值，值得在全社会倡导的价值观念。另一方面，社会也从其实际需求的角度，通过社会价值评价，反过来对科学精神加以范导。正是这种互动，使科学精神的核心与内涵得以彰显。科学精神的核心，可以归结为求实的态度与创新的意识。由于科学与技术和生产的紧密结合，科学精神的视界大为拓展，它不再仅是解释世界的武器，而进一步上升为改造世界的利器。在这一嬗变中，以追求客观和理论创新为旨归的科学理性开始与追求实效性、精确性和新颖性的技术理性相结合。这种结合是一个互动互促的过程，前者为后者拓展理论空间，后者为前者提供更精密的实验手段。经过这一变革，科学精神成为解释世界和改造世界的双重武器，其具体内涵展开为实证精神、分析精神、开放精神、民主精神、批判精神等诸多方面。它们既体现了科学精神的实质，又顺应社会现实的需要，因而成为一种具有普遍性的时代精神。

2. 科学知识、科学思想、科学方法和科学精神的相互联系

在科学知识、科学思想和科学方法三者之中，科学思想是最为重要的环节。如果说科学思想对于科学知识的作用是提供一种具有认识论意义的总体性的理论框架的话，科学思想对于科学方法的作用则在于提供具有方法论意义的理论大思路。理性主义与逻辑和数学方法、经验主义与实验方法的关系，就是大思路与具体方法之间的关系。在很多情况下，科学思想所蕴涵的理论大思路与相应的科学方法密不可分，如分析还原思想和分析还原方法、系统思想和系统方法、互补思想和互补方法论。从逻辑关系来讲，既可以先有思想后有方法，也可能在对方法的思考中将其提升为思想，而在更多的情况下，两者是相互促进的。

科学精神是科学活动中所体现出的文化价值和精神，具体表现于科学知识、科学思想和科学方法的各个层面和环节。科学精神是科学的灵魂，是科学活动的理想原则，是判别科学与非科学的准绳，是科学知识的客观性、科学思想的合理性以及科学方法的有效性的根本保障。同样是假说，创世神话与宇宙大爆炸理论的差异就在于前者是主观臆造，而后者则是对客观性知识的追求，据此很容易就鉴别出了它们是否科学；同样是治疗，巫术与医学的高下在于，前者所运用的是泛神论比附，后者则基于实证医学，由此虽然巫术偶尔也能奏效，但理解科学精神真谛的人却更相信后者。反过来讲，科学精神来自科学知识、科学思想和科学方法，只有透过具体的科学知识、科学思想和科学方法才能对科学精神有深刻的体会。没有一定的科学常识，我们会沦为偏见和谎言的奴隶，甚至相信多层宇宙之类的穿凿附会和意识决定物质之类的邪说歪理；不理解基本的科学思想，我们难以感悟科学的客观性和深刻性，难以由衷地形成崇尚科学的激情；不学会运用科学方法，我们无法客观准确地分析现实问题，无法判断解决方案的优劣，无法找到解决问题最有效的途径。简言之，没有科学知识的“科学精神”所欲追求的客观性注定是抽象的，没有科学思想的“科学精神”所要寻找的理论新视野无疑是浅薄的，没有科学方法的“科学精神”所指引的路向必然是盲目的。对于整个社会来讲，科学精神的培养绝非一蹴而就的易事。培养科学精神的根本途径是学习科学知识、理解科学思想、掌握科学方法，不从这些方面入手，科学精神很难深入人心。而对于希望从事科学研究的人来讲，长期严格的科学训练是培养科学精神的必由之路。

科学知识是人类智慧宝库中的珍珠，必须用一根银针带着金线才能将它们穿起来，科学思想是穿珍珠的金线，科学方法好比银针，科学精神则是整串珍珠所发出的智慧之光。科学就是这样一串绮丽的项链，有了它，智慧女神雅典娜更加光彩照人。

3. 求真务实

近代科学之所以能走出中世纪的玄想传统，一方面，是通过精确的观测和可重复性的可控实验，将对自然的思考建立在“无情的不以人的意志为转移的客观事实”之上；另一方面，是在定量分析的基础上，创立了逻辑明晰一致的抽象理论知识体系。这两个方面的工作不断发展，使科学有了长足的进步，科学精神的核心意蕴也由此形成，它们就是求真务实和开拓创新。

求真是与不可知论和宿命论完全相反的对待问题的态度，是对人的主观能动性的自觉和自信；务实是与纸上谈兵和故弄玄虚根本不同的处理问题作风。这种态度和作风充分体现于科学实践之中，是推动科学不断接近真理、向前发展的动力；这种态度和作风在科学领域的成功，进一步使求真务实成为推动整个社会进步和发展的根本动力。

（1）求真：对自然规律的执著追求

爱因斯坦讲过一句意味深长的话：“上帝是微妙的，但不故意捉弄人。”他所说的上帝指的是自然规律，这句话意指自然规律虽然深奥，但可以为人们所认识。在科学中，求真的态度的实质内涵就是对自然规律的执著追求。如果没有这种求真的态度，科学就仅仅只能停留在搜集和整理资料的博物学阶段。

著名的门捷列夫周期律的发现，得益于门捷列夫对自然规律的执著追求。对于科学研究来讲，求真的态度是进入自然规律之门的第一把金钥匙。

（2）务实：通向真理的道路

在各种世界风光照片中，我们几乎能够一眼认出意大利的比萨斜塔，它是近代科学的标志。相传伽利略曾让一大一小两个铁球从塔顶落下，结果两球同时落地，从而以雄辩的事实推翻了亚里士多德的看法。这个事件表明，对经验事实的科学观测和分析是一切科学理论的根基。那么，什么是对经验事实的科学观测和分析呢？

对经验事实的科学观测和分析，与对世界的直观考察和常识性思考是根本不同的。其最大的差别是，不论是多么简陋的科学观测和分析，都以某些自觉建立的科学概念和理论体系为描述工具和解释基础，而常识性的思考是没有理论自觉的。也就是说对经验事实的科学观测和分析，绝非镜像式的反映，而是一个有选择地再现的过程。科学观测和分析所遇到的三个问题就是：研究对象的哪些性质更能反映其本质？怎样描述它们？从何入手？而它们又取决于另外三个对应的问题：研究者能够研究哪些性质？有什么好的描述工具？可能从何入手？

对经验事实的科学观测和分析，是科学务实作风最具体的表现，也是通向真理的必由之路。

4. 开拓创新

我们生活在一个科技发展日新月异的时代，科学之“眼”和技术之“手”正在使人类成为我们这个星球最有智慧和力量的创造者。科学发现和技术发明不断地开拓新视野、发掘新力量、拓展新空间、引入新方法、激活新思想、培植新精神，开拓创新已经成为反映科学本质力量的精神。

（1）开拓新视野

在近代科学革命之前，人类的视野极其狭隘，人们心目中的世界图景是一种直观感觉与主观臆想的杂合体。400 年后的今天，天文学家们将望远镜送入太空，瞭望 150 亿光年之遥的宇宙；粒子物理学家们建立起了各种高能加速器和对撞机，希望通过高能粒子的碰撞揭示亚原子世界的奥秘；生命科学家们投入人类基因组计划之中，试图从分子层次认识甚至操纵生命；非线性科学家们在探讨各种复杂巨大的系统，希图能够用比分析还原方法更可靠地解释世界。科学开拓的新视野还在不断更新，随着科学的进步，我们所见到的世界将可能与现在大不相同。

（2）发掘新力量

科学开创的新视野，使人类对自然和自身有了更广泛深入的了解，也使人类从中获得了更多的力量。同样是芯片，原始人用它做工具和武器，今天的人们则可以用它为材料生产半导体器件；同样是石油和天然气，古人仅将它们当作简单的燃料，而现在它们的地位已上升为工业的血液和化工的粮食；同样是江河，古人几千年不变地踩着水车，如今早被巨型的水力发电站所取代。层出不穷的新材料、新能源，使人类拥有了可与地质力量相比美的强大力量。

(3) 拓展新空间

科学技术发掘出的源源不断的新力量，不断地改变着世界的面貌，改变着我们的生活，为我们拓展出新的空间。特别是交通和通信的便捷，使人类的生活空间在外延和内涵两个方面都得到了扩展。这从根本上改变了人们的交往方式，也使社会组织形式随之而变。特别是信息网络技术的发展，使人类的生活空间出现了虚拟化的趋势，这将使人类文化和知识的生产方式发生革命性的变化，也会使社会组织结构和组织文化从传统的金字塔式转向更为平等化的平面网络式。

(4) 引入新方法

科学是方法的最大需求者，也是方法的最大生产者。科学每时每刻都要面对新问题，因而需要不断地引入新方法。逻辑方法、数学方法、分析方法、实验方法等方法都是科学发展的产物，科学的许多新进展都基于方法的创新。在数学上，许多世界难题之所以难以突破，是因为解决这些问题的方法尚未创立。科学的发展是方法创新的最佳刺激机制，很多方法的价值是在应用中凸显出来的。微积分、微分几何、矩阵、群论等数学方法的有效性就是在物理学的发展中显现出来的。还有许多方法就是在科学研究中发现的，如医学中的巴氏消毒法，物理学中的狄拉克方法等。

(5) 激活新思想

思想从何而来？思想只能从惊心动魄的思想冒险中获得。科学所面对的智力挑战一天大过一天，科学思想由此始终处于活跃的状态，思想与思想的碰撞，就可能撞出新思想的火花来。新的科学思想是在科学实践中激活的。这种激活，有时是长期思考而获得的灵感，有时是渐进摸索而得的门径。新思想产生的过程也往往各不相同，有时是从一匹思想的烈马跳到另一匹思想的烈马，有时是纯粹抽象思维的果实，有时是现象刺激的结果。科学实践是一个整体，思想和思想、经验和经验、思想和经验的相互作用也是极其复杂的，正是这种复杂作用使新思想得到激活。其实，我们已经很难说清决定达尔文进化论思想的究竟是他原来的思想准备还是远洋考察，有关孟德尔是先有基因的思想还是在做了豌豆实验之后才有基因的思想的讨论也是没有多大意义的。

(6) 培植新精神

科学活动不仅结出科学的硕果，也开出了精神之花。科学是一种文化活动，科学之于人的精神面貌和精神状态有一种不可替代的培植和涵育功能。如果不理解科学的基本精神实质，是难以体会出求实创新的精神意蕴的。随着科学的发展，我们每个人都可能加入到具体的科学实践之中，这一方面使科学成为每个人的科学，另一方面，也使我们每个人像从事科学活动的人一样，在不知不觉中受到科学精神的潜移默化。我们已经身处一个科学时代。在这个时代，科学成为我们生活方式的一个有机组成部分，因而不断发展的科学精神也就成为我们培植新精神的一个重要途径。

5. 科学精神内涵的展开

科学精神的内涵极其丰富，从不同的角度可以展开为理性精神、实证精神、分析精神、开放精神、民主精神、批判精神等诸方面，成为宝贵的指导实践的思想观念和精神财富。

（1）理性精神

科学首先是一种理性精神。这种精神把人与周围的世界分离开来，把自然界视为人的认识和改造的对象，即哲学家们所称的客体。它坚信客观世界是可以认识的，人可以凭借智慧和知识把握自然对象，甚至控制自然过程。这种理性的旨趣，不仅是一种崇高唯美的个人精神享受，而且是凸显人的力量的动力源泉，这就是培根所说的“知识就是力量”。

理性精神源于哲学，是人类反思自我、反思实践的产物，是人类赖以发展的精神支柱；理性精神在科学实践中得到了发扬光大，使哲学的智慧融人科学之中。没有理性精神，牛顿就不可能从司空见惯的苹果落地，感悟天地运动之道；没有理性精神，爱因斯坦不可能建立一种与常识大相径庭的相对论时空观；没有理性精神，很难想像我们今天能从基因层面解释生命的奥秘。理性精神是科学成其为科学的一种精神，也是人之所以为人的一种精神。没有理性精神作为我们生活的基本信念，我们会被遇到的困难压倒；没有理性精神指导的实践，将是没有目标的盲动和不讲方法的愚行。

理性精神是对理智的崇尚。人们常说理性精神是对真理的执著追求，而在这种追求背后是人对自己的理智力量的崇尚。正是对理智的崇尚，使人们能够不断地清除遮蔽真理的障碍，不断摆脱蒙昧，不断地拓展知识的视野。对理智的崇尚，不仅使人类越来越清晰地认识世界，也使人们更加深刻地认识到自我和社会，最终使人懂得如何体面地生活。崇尚理智，就是强调什么东西都应该审慎地加以思考，就是鼓励思考，鼓励打破砂锅问到底，就是鼓励人们大胆假设、小心求证，突破一切主观主义、蒙昧主义和神秘主义。崇尚理智绝不是唯意志论，一个国家、一个民族，要想立足于强者之林，首先就是要崇尚理智，要以理智驾驭感情而不是相反。崇尚理智，就是要通过智力的迂回冒险找到比直观所见更多更本质的东西，也就是人们必须用理智才能更深入地把握变动不居的现象。

理性精神是对知识价值的肯定。崇尚理智的背后就是注重知识的价值，就是认识到知识的增值作用。而充分利用知识的增值性的途径是在知识的交换和共享之间保持一种张力，即一方面从交换价值上充分肯定知识的无形价值，另一方面又致力于创造一种有利于知识共享的文化，使知识的潜力得到最大的利用。从另一个角度来讲，重视知识的价值必须落实为重视知识分子的价值。从哲学的高度来讲，重视知识分子，就是重视人的主体能动性和创造性。如果不重视知识分子，没有人愿意有所发现、有所创造，国将不国，离民族的彻底衰败也就不远了。反过来，重视知识和知识分子往往是一个国家和民族蓬勃兴起的开始。弘扬科学精神讲得再多，都要从重视知识和重视人才开始。古往今来，许多开明的统治者对于知识和知识分子十分重视。从古希腊的亚历山大到中世纪的查理曼大帝，从沙俄的彼得大帝到日本的明治天皇，都是尊重知识、尊重人才的楷模。甚至有些专制的君主都看到了知识的重要性，如西汉时搞篡位的王莽就十分推崇科学技术，重视知识的价值，还有集英雄和暴君于一体的拿破仑，在兵临城下之时，亲自说服巴黎大学的学生不要参战，并称他们为法兰西的希望。他们尚能尊重知识和人才，我们更应如此。在对知识和人才的重视方面，理性精神与人文精神是相互兼容的，这种重视是一种范导，它鼓励人们先拥有知识，再去拥抱世界。

（2）实证精神

翻开任何一本大学自然科学课程的教科书，我们都能够找到一些被测量得“不能再精确”的数据，在这些常数的背后，凝结着科学家们无数的汗水和心血。科学家虽然是一群热爱智力冒险的人，但他们一遍又一遍地实验、演算，绝不仅是出于某种特殊的癖好，而源于科学活动本身所固有的实证精神。从本质上讲，实证精神是一种渗透于科学活动全过程中的方法论灵魂。在人类从中世纪转向近现代的过程中，实证精神起到了一种视角转换的根本性作用。

在此精神进入人类生活之前，人们主要将精神聚焦于神圣的宗教信仰和内在的道德修养，而回避对更多的物质享受与更开放的精神生活的追求。实证精神的出现，从一开始就打破了这种死寂与沉闷，让人类得以冲出自我想像设定的精神罗网。实证精神首先是一种客观的态度。所谓客观就是在思考和研究中尽力地排除主观因素的影响，尽可能精确地揭示出事物的本来面目；同时，这种客观性又必须满足普遍性的要求，即客观知识必须是能够受到可重复检验的公共知识，而不是个体的体验。实证精神还是一种抑制不住的好奇和探索，是一种不自我设限的行动，也就是什么事情都要看个究竟，都要搞得更清楚些，只有这样人类才能在自然面前握着精确的数据说："这就是隐藏在你内心的机巧。"卡文迪许为什么要设计扭秤之类的精密仪器，那是为了严格验证万有引力与距离的关系、精确测量万有引力常数；材料学家为什么要把硅的纯度提高到百分之99后面9个9，那是为了制造性能更优良的半导体材料。这就是永无止境的实证精神，在弄清了分子之后研究原子，研究了原子之后探究原子核，研究了原子核之后又关注亚核世界，没有这股精神怎么将人类送到50万千米之遥的月球，怎么造出电脑那样的精灵，怎么用电磁波建成无所不在的通信网，怎么用看不到的射线看到内脏结构的造影，怎么让质子和中子发电。

实证精神是一种审慎的冒险。科学家甘愿年复一年地钻研，为什么？科学是一种艰辛的冒险，所谓艰辛的冒险就像爬悬崖一样，没有充分的准备，没有如临深渊、如履薄冰的态度，是根本不可能到达顶峰的。从哲学上来讲，研究对象与研究者之间有一个几乎无法跨越的鸿沟：分子、原子、基因们或许在窃窃私语，人往往竭尽全力、想尽办法才能听清一两个单词。要依据几个单词拼出世界的奥秘，当然不是件轻松的事儿，当然要去尝试，这种尝试往往很小心，但有时往往是奋力一跃，最终抓住彼岸的边缘。一言以蔽之，科学是在小心翼翼、认认真真地碰运气。

必须指出，不管人们是否有这样或那样的不同理解，实证精神也是一种实用的态度，是义无反顾地通过对自然的揭示和控制为人类创造物质财富和幸福生活基础的价值取向。不管我们是否承认，虽然我们必须让许多基础性的科学研究有自己一定的自由度，但是绝大多数科学研究都不应该只是一种象牙塔中的摆设，也不应当作温室里的良种。大多数科学研究从一开始就应该生长于市场之中，特别是应用研究和开发研究，必须是一种市场行为。从实事求是的角度来讲，应用型的科学研究的价值不在于它创造了某种高深的新知识，甚至也不在于它的技术有多先进，而关键在于它能够创造财富、能够带来经济效益。实证精神就是勇敢地承认，科学研究在很多情况下要证明自身是有意义的，而实用、实效是其中的一个主要方面。

与实证精神相对的是神学和形而上学立场，前者是对后者的超越和扬弃。在近代科学革命和思想革命的先驱们看来，神学和形而上学是古代文明的创新精神没落以后所遗留下的思想的废墟，它们的倡导者是古代思想英雄们不思进取的后裔，这些思想的懒汉与企图对人类实行精神统治的阴谋家合谋，声称知识和真理来自天启或玄思，坚持他们所掌握的真理是绝对的，无需实在性和有用性的支持，也无需精确化。由于坚信“朕即真理”，故这些扼杀人类精神自由的暴君绝对地否定和打压不同的说法。而实证精神是对神学和形而上学所设立的牢狱的彻底反叛，其武器就是理性、逻辑和实证。由于实证精神强调的是每前进一步都要有可证实的证据，所以它强调真实、有用、相对肯定、精确和富有建设性，也就是说，实证精神在承认人的有限认知能力的前提下，认为应该以实在性、实用性和精确性保障认知的真理性，通过逐步的努力接近真理。这是一种合理的相对性立场，因而，实证精神的一个重要方面是承认阶段性真理的可错性，由此，实证精神对于不同的学说采取的是一种宽容或建设性的态度。

（3）分析精神

16、17 世纪的中国为什么没有出现近代意义上的科学，老实讲，一个主要的原因是没有客观分析精神。中国人太关注人自身，中国古代的统治者主要只关心位子坐不坐得稳，他们喜欢把天和人搅和在一起，搞了许多以天证人的、自欺欺人的玩艺儿。人和天搅和在一起，就不能把人和认识对象分开来，人在想问题的时候，一会想的是日月星辰，一会儿是皇帝的气数，结果人和天都认识得稀里糊涂的。而笛卡尔提倡的分析精神就是先在人和认识对象之间画条楚河汉界，然后一步一步地解剖自然。这种思想在今天已经司空见惯，但在当时意义可大得没边，毫不夸张地说，这种精神使人成为新人，人从此因为能够思考自然而明确感知到自己的存在，而成其为立于天地之际的大写的人，其意义丝毫不亚于石器的使用。

今天，遇事冷静思考，方方面面找原因，钻天打洞想办法，已经是一种常规性的处理问题之道。其实这其中所渗透的就有分析精神。分析精神的主要思路是解剖，这种解剖可以是有形的，如用高能粒子去撞开原子核，分析其中的碎片；也可以是无形的，如寻找和研究影响太阳上的电磁风暴的因素。分析的主旨就是找到要素，分析要素间的相互作用，然后提出具有解释和预言功能的理论框架。分析精神是一种永不满足的求知精神，分析精神也是一种认真的精神，它不管遇到什么问题都要对其要素加以精确的分析，换言之，分析精神是一种一丝不苟的精神，它追求准确和精细，视马虎和模糊为大敌。

分析解释本身的确有一定的局限性，如显而易见的“整体大于部分之和”，但它比朴素的整体论还是向前迈进了一大步。为什么说是一大步？分析好比走路，整体考虑好比跑，固守整体考虑而不去通过分析部分认识整体，就是没学会走就想跑。一直以来有很多人认为东方的整体思想比西方的分析还原思想高许多层次，但不论是周易还是阴阳五行说，都发射不了卫星、放不了原子弹，还是老老实实地承认至少分析精神在一些方面是不可跨越的基础。

（4）开放精神

开放与封闭是现代社会与传统社会对待不同观念的完全不同的两种立场。在传统社会中，人们生活于静态的世界图景之中，历史与其说是进步还不如说是一种绵延或循环。普通人为了有所归依，政教合一的统治者为了树立权威，不约而同地选择了绝对化和封闭化。一种东西一旦被认定为真理或道，就不容许再改变。少数人，如亚里士多德、孔子、耶稣，成了至高无上的真理代言人，另外少数人则为薪火相传的解释者，如朱熹、王阳明、圣托马斯·阿奎纳等等，至于其他人呢，就只有听从的义务了。在今天看来，这么多大脑被几个未必玲珑多少脑子的人所摆布，实在是件可笑的事情。

把封闭而阴晦的时代抛在后头的，就是我们所谈论的科学。对理性、实证和分析精神的追求，使科学从一开始就有一种再鲜明不过的开放的精神。首先，让神秘主义走开。科学坚信理性的力量，尽管这种力量有其历史的局限性，但它会老老实实地承认哪些可以确证，哪些尚无定论，而从不用神秘主义吓唬和搪塞各种质疑。其次，在真理面前人人平等。科学鼓励争论，在争论中，每个人都有发言权，都可以以理服人，但绝对不可以势压人。再次，科学主张兼容并蓄、允许求同存异。这是一种认识到人的理性能力的有限性后所产生的一种宽容的精神。这种宽容也是一种有底气和自信的表现：在西方许多国家，科学教师在讲进化论时，从不在意学生们是否刚上完《圣经》课。

正是这种开放的精神使科学面对各种挑战而处变不惊，而其有容乃大的理论风度最终在整个现代社会中传播并扎下根来。开放精神没有丝毫的气急败坏，而只有智慧女神的拈花微笑。平等和开放精神无疑是由科学活动而生发出来的一种高尚的情怀和超越的精神：人作为一类理性的认识者在一切智慧的游戏中都应该从从容容。开放精神就是百花齐放、百家争鸣，只要讲得出道理，经得起检验，科学的讲坛谁都可以上去。反之，科学就会受到不应有的压制，那无疑是人类最大的悲剧。

值得指出的是，开放精神不等于没有争论和竞争，但是由于科学的目标是探求真理，所以理想的科学争论和竞争应该是一种学术的论争而绝非人际纷争。科学家们坚持讨论自由，大多数科学家都不会因为学术观点的不同而在人事上排斥对方。虽然科学共同体内的学派之争有时也会有人事因素搀杂于其中，但是这些东西一般都是上不了台面的。无疑，这种开放精神对于社会公共生活也具有极大的启发意义，整个现代社会已经越来越能够容忍建设性的不同意见的存在了。

（5）民主精神

20世纪初的中国新文化运动，将民主与科学并列为中国转向现代社会的首要动力。民主与科学是并行不悖的两个方面，民主精神之中不能没有科学精神，科学精神中亦不可或缺民主精神。所谓民主，最核心的精神是平等和参与。科学活动是一种富含民主精神的活动，道理很简单，真理面前人人平等。虽然科学也有权威机制，但这种权威是为探求真理服务的，而不是为了权威搞权威，换言之，科学中的权威是相对的，真正的权威是真理，由于真理的探索没有止境，所以任何人都只可能通过努力暂时地占有部分真理，而不可能永远作为真理的化身。

随着科学活动的社会化，科学进入生产和社会生活，科学精神中蕴涵的民主精神也促进了公共生活中的民主观念的发展，民主已经成为现代社会的一种主流价值观念。科学对客观性的追求，使得主观独断不再为公众认可。然而，有人或许会指出恰恰相反的观点：科学的发展也会导致技术统治论和专家治国论。的确，这其中有一个谁说了算的问题。显然，作为利益共同体的现代社会，一方面，不应该将社会公共政策的制定权完全交给某些专家，另一方面，政策的制定又必须有专家的指导。也就是说，政策还是要通过公众的民主参与来制定，作为政策顾问的专家要以对公众的忠诚之心和负责的态度，向社会提供政策咨询，并有义务作出充分的解释。

从更广泛的整个社会领域来讲，科学的运用、社会分工和民主参与是相互关联和渗透的一体化进程。在现代社会中，科技的高度分化和综合使分工与协作成为社会关系的主要方面。随着社会分工的精细化，每个人都可能拥有分配给他的工作的专业知识和技能，因而就拥有作出决策的权力，高层的决策者如果看不到这一点，事无巨细都要管，结果肯定是没有效率的，这就是科学所蕴涵的民主精神在社会生活中的展现。此外，科技的一些新进展会给民主运作带来便捷。有了电视转播，政治生活中的大事就受到了公开化、透明化的压力，有了联机售票，铁路部门内部的人想与票贩子搞暗箱操作就困难了许多。当然，你也许会举出水门事件的例子来反驳，但总而言之，随着科学技术、特别是信息网络技术的发展，政治生活公开化将是大势所趋。

(6) 批判精神

科学绝不是唯唯诺诺的好好先生，批判精神是一种重要的科学精神。所谓批判，其目的在于明辨是非，它不是“文化大革命”时搞的那种大批判，而是凡事都问个为什么，凡事都摆事实、讲道理。批判精神源于科学的精神气质中的有条理的怀疑主义。为什么要怀疑？最根本原因是科学承认人的理性是有限的，科学对实证的强调也是由于这个原因。正是因为对世界的认识不能毕其功于一役，所以科学就老老实实地、一点一滴地在实证的基础上发展，在这一发展过程中，不仅有观测的不精确，以及观测所依据的理论的可靠性等问题需要质疑，而且更为重要的是，从事实跨越到假说和理论往往没有直接的逻辑通路，是一种理论冒险，需要对其前提、推演和结论作出批判性的反思。

批判精神是科学能够不断地向前发展的关键，没有批判就没有发展。首先，批判精神反对将一切理论和假说神圣化。任何科学理论和科学假说都要得到反复检验，这些检验的过程就是批判的过程。批判精神使神圣不可侵犯之类的遁词不再起任何作用，通过批判旧的理论得到修正甚至完全用新的理论取而代之。其次，批判精神是理论创新的动力。批判精神是一种努力不懈地批判的冲动，在各种批判的推动下，科学理论必然使自己的逻辑体系更严密，实验证据更精确，进而不断打破成见，推陈出新。再次，批判精神是保持科学真理的客观性的保障。由于批判精神的作用，任何人、任何利益群体想违背客观性原则搞伪科学，都要受到严厉的批判。巨大的权势或许能够阻挡一时的异议，但真理法庭的客观审判最终会大白于天下。在批判精神的烛照下，罗马教廷、希特勒、李森科等最后都难免成为真理探索史上的污点。

批判精神的真正根源来自科学的母亲——哲学，其最核心的意蕴是对前提的反思和批判。所谓前提，就是在建立理论体系前引入的不证自明的公理，公认的客观事实以及描述这些客观事实的背后渗透的理论假定。值得指出的是，对前提的批判往往是一种哲学工作，而大凡开创性的科学成就往往有哲学家在前面开路，有时许多走在前沿的科学大师本身就是哲学家。经典物理学的出现与培根对实证精神与归纳法的倡导，笛卡尔对分析演绎的鼓吹有很大的关系；相对论和量子力学的创立，与马赫对牛顿的绝对时空观以及原子论与虚空的反思也是分不开的。

批判精神是一种彻底改变和转换的精神，它绝不是简单的破坏，其重心在于超越和建设。批判往往意味着革命，它沿着科学革命、技术革命、科学技术革命、社会革命和文明转型的路向逐层展开。科学革命是世界图景的范式转换，同样的世界，在与托勒密、哥白尼、牛顿、爱因斯坦同时代的人看来竟然大相径庭。科学革命使科学更精致、更完善，看得更远、更深，能够解释和预言更多客观现象。当然，科学也随之更抽象，更难以琢磨。马克思说过，比解释世界更关键的是改造世界，建立在科学革命之上的技术革命就是人类主动自觉地改造世界的关键步子。接下来的科学技术革命将自然力纳入人类的控制范围之内，人类开始了对人工世界的设计和建构。尽管这种设计和建构依然十分粗糙，但其示范作用已经影响到社会的方方面面。人们开始思考，能否将社会也视为一项巨大的工程？这就导致了从传统向现代社会的转向。现代各种形式的社会革命，不管它们是在什么旗帜下进行的，都强调或标榜，革命的目的是为了使科技革命所潜藏的生产力得到高效率的发挥。科层制度、市场、计划、科学管理等都是为此目的而展开的社会革命试验。

第二章 自然观的变革

人类对自然的认识绝不是简单的临摹，而是依赖于人类的认知概念框架，对自然主动地进行同化和建构的结果。认知概念框架包括语言、神话、宗教、艺术、科学甚至政治等诸种观念，每一时代的自然观来自于历史上迄今为止人类知识的全部，代表着每一时代人类对自然和自身的认识，体现着人类关于自然的秩序以及人类在自然界中的地位的信念。时代不同，人们的认知概念框架就不同，主导人类自然观的因素就不同，就会有不同的自然观和对待自然的不同态度。

科学的发展与自然观的变革是不可分离的，相反亦然。人类的自然观有一个演变的过程。与古代认识水平相应的是古代自然观与中世纪自然观；与近代科学一道兴起的是机械论自然观，它是还原论方法的一种具体形式；现代辩证的自然观随着现代科学革命登上历史舞台，它使我们得以恰当地把握人与自然的关系；而当代自然观的新探索又展现了极为丰富的思想内容。

一、古代与中世纪自然观

1. 什么是自然

“自然”这个词的最普通的含义是指非人工的物理世界（包括生命的和非生命的)。希腊语中的“自然”就是这个意思，而且与“人为的制度”相对。自然是独立于人类活动的存在，除了外部自然外，还包括人类携带的内部自然（肉体、感性、情意、无意识等)。自然是人类生存的大前提，历史悠久的自然时常为人类树立典范。例如人类从动物养育子女的过程中学习了不少东西。自然还有“本性、本来就有的东西”的意思。在一定的意义上，自然也暗示着理想的东西。

不难看出，自然一词有多种含义，由此得出的价值判断也不一而足。一方面，自然指的是某种应有的状态，具有很高的价值。近代启蒙思想家卢梭提倡“回归自然”，其中的自然，就是最高价值的代表。相反地，也有的认为自然的价值很低，是恶的、应该变革的东西。基督教就主张要彻底克服人类带有的自然(肉体和欲望)。在黑格尔的哲学体系中，自然被看做高层次存在的“精神”的对立面，被称为“外部性”、“没有解决的矛盾”。在这里，自然是非自立的、是必须要借助精神之手加以变革的东西。也可以认为自然是劳动的对象和材料。

2. 史前人格化自然观和古希腊自然观

史前人类已经在制作工具，进行狩猎等活动，但是，那时没有任何具有严格确定性特征的理论知识，没有文字，只有口头文化。这种状况使得他们只有通过想像来认识事物。他们往往把人和生物的特性投射到那些在我们看来不但与人性无关，而且与生命无关的物体或世界上去，认为“自然是一个茫茫有生命的、自我运动的、有感觉和有意识的有机体，其中人类和其他生物被置于渗透一切的灵魂实体的中心。这个灵魂最终与构成万物的、不能再分解的材料（或本质）同一，也是它的纯粹形态”①。既然如此，他们就没有我们现代人关于知识和真理的概念体系，没有任何自然规律的概念以及因果决定论的机械论，没有现代科学所认可的那种事物间机械的和物理的相互作用。但是，他们具有因果关系的想法。只不过这种想法是用人格化的原因来解释事物的发生。他们认为，宇宙中所发生的事情是善恶两种力量作用的结果，或者是由那些看不见的力量如神所控

---

① 《科学时代的反思》，WEB专题，载 http：//king2000.net。

制。对这种力量进行某种仪式操作，就能够控制自然和社会。在他们的自然观中，拟人化的神对自然以及人类的干涉具有无限性，因此对任何事情不可能得到可靠的预测，世界成了一个反复无常的世界，自然现象被人格化和神化了，被看做神意下的壮举。这与近代的科学自然观有着巨大的鸿沟。

到了公元前 6 世纪，在神话宗教自然观盛行的同时，一种新的哲学思维模式——古希腊哲学诞生了。在古希腊，科学处于萌芽状态，人们对自然的认识是以思辨和直观的方式进行的，自然哲学和自然科学没有区分开来，“最早的希腊哲学家同时也是自然科学家”①。他们探寻世界的成分、组成和它的运行等等；他们开始仔细思考、推论和证明自然的法则，形成对自然的独特的看法。

早期希腊哲学（又称前苏格拉底哲学）开始于公元前 6 世纪之初的米利都，在这里产生了古希腊哲学的第一个哲学流派——米利都学派，该学派的泰勒斯提出了第一个真正意义上的哲学命题——“万物的本原是水”。不过，他所说的水不是我们现代自然科学所理解的水，也不是指万物的基本物质成分是水，而是指万物的开端、开始和起源是水，水是生命的本原，渗透在宇宙的万事万物中，使宇宙成为一个有机体。根据他的这一命题，宇宙作为生长、生成、生活的生命整体的本质就揭示出来了。

“万物是活的”，这便是早期希腊哲人们看待宇宙的基本的眼界。自然中的事物有其内在的固有本性，由本性或本原生长而来。万物皆为有机体，皆在生长，皆有灵魂，世界是一个有其自身生命、渗透着神性、处于生长过程中的有机体，世间万物都由其生长出来。这是希腊人“自然”观念的原型和要旨，是一种有机论的世界观。但是，整个古希腊哲学的演变却表现为这样一种眼界的逐渐丧失，表现为一个日益规整化、抽象化因而是理性化的宇宙的出现，世界在变得可以理解的同时也在一定意义上逐渐失去了它的生命活力。有机论、生成论的宇宙观逐渐变成了本体论、本质论的宇宙观。

虽然米利都在公元前 494 年毁于波斯人的战火，但是，萌发于希腊伊奥尼亚殖民地的这种理论思维的种子却早在这之前，随着一个萨摩斯人播撒到了遥远的意大利南部城市克罗顿，在那里生根开花，结出丰硕的果实。这个人就是毕达哥拉斯（约公元前 582—前 500），他创立了毕达哥拉斯学派。这个学派把数当作世界的本原，认为，“万物皆数”，数是现实的基础，是决定一切事物的形式和实质的根据，是世界的法则和关系。不仅如此，这个学派把自然界和人类社会的奥秘更多地归结为数学奥秘，毕达哥拉斯的弟子菲洛拉乌就说：“一切可能知道的事

① 恩格斯：《自然辩证法》，164 页，北京，人民出版社，1971。

物，都具有数；因为没有数而想像或了解任何事物是不可能的。”①

尽管他们在对世界的数的本质的探讨中，产生了对某些数字的崇拜，包含了相当多的神秘主义色彩，但是，他们对自然界的数学探求，以及用已经掌握的数学知识去解释说明自然现象和社会现象的认识传统，是值得称道的。可以说，这个学派对科学发展的影响是重大的，它开创了从数学角度说明自然规律的先河，科学数学化的潮流正是从这里发源的。当然，从今天的观点来看，世界的本原并非是数，科学也不能等同于数学，但是，科学的起源和发展离不开数学，数学是认识世界必不可少的工具。近代很多科学家，如哥白尼、伽利略、开普勒等人，都曾承认受到毕达哥拉斯学派的启发。

在毕达哥拉斯之后，与米利都毗邻的爱菲斯城，有一个哲人在孤独地思考着。他就是古希腊思想家中赫赫有名的赫拉克利特（盛年期约在公元前 504－前 501 年）。他认为，万物的本原是“火”，万物都按照对立的斗争和必然性而生成，一出于万物，万物出于一。

几乎与赫拉克利特同一时期，作为南意大利爱利亚学派的哲学家巴门尼德（盛年期约在公元前 504—前 501 年）提出了不同的哲学思想，他声称，只存在一样东西，那就是不可分的整体。它没有时间和变化。他反对感觉证据，认为感觉是使我们产生变化和独立于惟一者的存在的幻象。他认为，自然虽然处在不断的生灭变化之中，但是支配这种表象的是一种根本的存在，即现象背后的本质。如此，宇宙就不再被理解为一种不断生成变化的生命体，而是一个静止不动的存在，宇宙的生命意义逐渐从希腊思想中一点点消失。希腊哲学就由宇宙生成论转向本体论和形而上学，这是希腊哲学的第二阶段。恩培多克勒（约公元前 484—前 424）的“四根说”（水、土、火、气），阿那克萨哥拉（公元前 500—前 428）的种子说，也体现了这种思想。在他们那里，自然的人格化所占的地位越来越不显著，神从他们对自然现象的解释中逐渐消失。

活动于希腊东北部阿布德拉的哲学家和科学家德谟克里特（约公元前 460—约前 370）提出了原子论。其主要内容是：宇宙的本原是原子和虚空，原子不可再分，原子有两种属性：大小和形状。它们在数量上是无限的；原子按一定的形状、次序和位置结合与分离，形成万物；存在着静止的绝对的虚空，原子在其中运动。

原子论虽然是直观的或朴素的，是一种形而上学的学说，但是，所包含的机械还原论色彩则是明显的。在这里，实在已经被看做一架机器，“其中发生的任

① 转引自［美］T. 丹齐克：《数：科学的语言》，35 页，北京，商务印书馆，1985。

何事情都是惯性和物质性的原子按其本性运动的必然结果。没有精神和神侵入这个世界。生命本身被还原为惯性粒子的运动。他们也没有为目的和自由留下空间，只留下铁的必然性统治着世界”①。

考察科学发展的历史可以发现，17 世纪科学中兴起的“微粒说”、“原子论”与上述古希腊的原子论就有着紧密的关联，机械自然观的形成与古代原子论的复活是分不开的。原子论所代表的以基本的物质微粒的运动来解释宏观经验现象的思想路线，是近现代科学研究所遵循的主要路线；原子论试图通过少数基本假定来统一解释自然界的各种现象，以实现科学理论的统一性的方法论原则，同样被近代科学所继承发展，成为它的研究纲领；古代原子学说的主要内涵在牛顿以后的经典自然科学中几乎全部被继承下来，虽然其具体的内涵发生了变化。原子论所内含的自然观与近代科学中机械论自然观基本一致。

3. 柏拉图的理念论和亚里士多德的目的论

古希腊哲学对后世自然观影响最大的是柏拉图的理念论和亚里士多德的目的论。

柏拉图（公元前 427—前 347）认为，存在着两个世界：一个是理念或相的世界，包含着任何个别事物的完美的理念；另一个是经验的或物质的世界，这是理念或相的不完美的复制。现实中的经验世界完全是虚假的，充满着似是而非的假相，而只有理念世界才是真实的，是真正的世界，是通过运用概念思维所独立建构起来的一个理论世界。现实世界只是理念世界的具体体现，现实事物是因为“分有”了理念才存在。柏拉图认为，自然界运动变化的原因寓于造物主摹仿理念创造自然界的过程之中。

柏拉图的理念论观点对他的学生亚里士多德有很大影响。亚里士多德（公元前 384—前 332）是古希腊哲学的集大成者。他对存在有深入的研究，认为存在的意义是多重的，应当对它加以区分。他认为，像“白”、“大”、“小”这样一些概念反映的是事物偶性的方面，而像“苏格拉底”、“人”、“动物”等这样一些概念反映的是事物实体方面的存在。偶性存在不能独立存在而依赖于实体存在。所以，实体是“作为存在的存在”。不仅如此，他还认为，相对于一般性的实体，如“人”，个别性的实体，如“苏格拉底”则更真实，应该是第一实体。对于这第一实体，他用四因说来说明它存在的原因，即质料因、动力因、目的因和形式因。质料因和形式因是最基本的，没有无形式的质料，任何质料都要以特定的形

---

① ［美］戴维·林德伯格：《西方科学的起源》，王珺等译，32～33 页，北京，中国对外翻译出版公司，2001。

式存在，也没有无质料的形式，任何形式都以质料为物质基础，它们两者的结合就生成任何具体的、个别的事物。宇宙万物的生灭过程就是由质料向形式不断生成、转化的过程。这种转化是有目的的。在这里，“所有的自然物都有某种本性，那就是它们的形式，形式使它们趋向于发展。这种自然发展就是目的”①。他认为，天上的物体与地上的物体有高低贵贱之分，地上的物体也有高低贵贱之分，它们各有自己的“自然位置”，并且自然地运动到这一位置上面。亚里士多德的世界不是一个偶然的世界，而是一个有序的、有组织的、有目的的世界，其中的所有事物都有内在的运动趋向，向着由它们的本性决定了的目标运动发展。“一切自然事物都明显地在自身内有一个运动和静止（有的是空间方面的、有的是量的增减方面的，有的是性质变化方面的）的根源。”②

4. 中世纪神学自然观

公元4世纪，作为中世纪思想的先驱者、哲学和基督教教义的奠基人，西罗马主教奥古斯丁（354—430）诅咒泰勒斯等人关于物质始基的观点，把柏拉图的理念变成了在造物之前就永恒存在的思想—上帝的原型，认为由于这个永恒思想的运动，从虚无中产生了水、火、土、气、原子以至宇宙万物。上帝是终级的、全能的造物主。他认为，上帝创世之前没有时间和空间，时空是上帝创世开始的。时空是有限的，上帝是永恒的并超越于时空之外。

随着公元4世纪末基督教的胜利，“至公元500年，基督教会攫取了绝大多数有才华的人来为它服务，包括传教、组织管理事务、教义探讨及纯粹的思辨活动，荣耀不再来自客观和科学地理解自然现象，而是来自实现教会的目标”③。如此，神学自然观占据主导地位，自然哲学被改造成为神学和宗教的婢女，柏拉图和其他古人的宇宙论和物理学被用于阐明《创世记》。对自然及其运动变化的本性、原理或形式的探讨的最终目的也是为了证明上帝的全能、至上和仁慈。

到了11世纪末，十字军东征后，欧洲人开始把阿拉伯文的希腊、印度科学著作译本以及阿拉伯人自己的著作大量译成拉丁文，特别是1200年至1225年，《亚里士多德全集》被发现并翻译，亚里士多德的自然哲学和科学被宗教神学所接受，成为宗教神学的教条。意大利的托马斯·阿奎那研究并注释了亚里士多德的著作，对此加以神学改造。他把亚里士多德的自然观用来作为表述神学自然观

① 转引自［美］加勒特·汤姆森、马歇尔·米斯纳：《亚里士多德》，35页，张晓林译，北京，中华书局，2002。

② 亚里士多德：《物理学》，43页，张竹明译，北京，商务印书馆，1982。

③ ［美］爱德华·格兰特：《中世纪的物理科学思想》，4页，上海，复旦大学出版社，2000。

的根据，同时又把托勒密的天文学和天主教的教义结合起来，以形成他的自然观。自然被看做一个由目的论制约的等级制的有序整体。在这个从上帝——天使——人——动物——植物——山川江河的从高级到低级的实体等级体系中，每一等级都以趋向上一等级作为自身完美的目的，而起始的原因和终极的目标就是上帝。自然界的一切运动和变化都合乎造物主的目的。世界上的万物都是上帝按照一定的目的创造出来的。

至于事物运动的原因，宗教神学继承了亚里士多德的目的论。认为事物的本性是该事物具备它自身特征和行为方式的内在原因，正是本性引起了事物所有的自然的变化。自然作为一个集合概念，包括了拥有这一本性的所有事物。物理学家就是考察这些事物及其自然变化的人。这是中世纪物理学与近代物理学共用"物理学"这一名称的原因，也是中世纪物理学家不能取得成功的一个重要原因。

总之，希腊时代以后，先是关注彼岸世界——理念世界的柏拉图主义在基督教世界中居统治地位，后来亚里士多德主义逐渐代替了柏拉图主义。对亚里士多德的思想的接受本身没有过错，错的是将它的思想教条化、绝对化。可以说，亚里士多德哲学更注重研究实际的事物，鼓励了经验的研究。而且，不断增加的经验知识又越来越与依附于基督教的亚里士多德主义发生冲突，摆脱基督教体系内的僵化的亚里士多德主义显得越来越有必要。

5. 文艺复兴运动时期的自然观

从 14 世纪到 16 世纪，西方市民阶级为了推翻封建贵族和教会统治，在意识形态领域发动了一场文艺复兴运动。它以重返古代希腊和罗马文化的方式，反对中世纪的文化和生活方式，开拓新的文化。尊奉古人是文艺复兴时期人文主义的一种特征，但"对古人的尊敬和赞美并不妨碍他们的修正。这种人文主义特征导致了增补和修订书籍的不断增多，最后反而淹没并推翻了那些真正的权威，尽管这种新的工作本意是要拥护那些权威"①。

文艺复兴时期在佛罗伦萨重新发现柏拉图是一个重要的事件。柏拉图认为学习数学能迫使灵魂达到抽象的数的理性，而排斥可感知的对象。数学是进入哲学的阶梯，认识理念世界的工具。数是理念，甚至是最基本的理念。它是一切事物的实在的原因，离开可感觉的事物而独立存在。这样，数学思维就变成了纯粹的理性思维过程。柏拉图学派发展了对自然界进行定量研究的自然哲学传统，主张神在创造世界时已将数学规律放入其中，因而通过心智活动所认识到的数学规律能够成功地说明自然现象。自然哲学家的任务就是找出隐藏在自然现象后面的数

① ［美］艾伦·G·狄博斯：《文艺复兴时期的人与自然》，119 页，上海，复旦大学出版社，2000。

学规律，并从中认识神的伟大。到了文艺复兴时期，柏拉图主义再次流行起来。但这时的柏拉图主义不再否定世俗世界和可感世界，而是在肯定它们的基础上，追求事物背后的数理结构或数学规律。可以说，波兰天文学家哥白尼（1473—1543）日心说的提出就是这种新柏拉图主义思想的体现。这种思想最终伴随着人的本质的变化而导致了自然的数学化和知识的数学化。

不仅如此，文艺复兴时期的科学家对观察的依赖不断增长，而且逐渐接近我们把实验理解成对理论的一种精心设计的——并可重复的——检验。虽然他们对实验的理解不同于近现代科学家对实验的理解，但是，很显然，他们的著作比以前更加普遍地求助于观察证据。这导致了一些新的发现。典型的有比利时医生维萨里（1514—1564）提出的人体构造理论和西班牙医生塞尔维特（1511—1553）提出的血液小循环。这也说明，“近代科学建立在经验事实的牢靠基础之上；当人们从中世纪经院哲学的空洞诡辩转向对自然的直接观察，近代科学就诞生了”①。

毫无疑问，日心说的提出、生理学上的新的发现向旧科学以及宗教神学发起挑战，但是，它们并没有立即就战胜了旧科学和宗教神学，产生一种新的完整的自然观。相反，在那样一个时期，无论亚里士多德派学者、柏拉图派学者以及其他学派的学者，都把世界设想成有生命的——并在所有层次上都是如此。就像在所有其他学科领域中一样，文艺复兴时期的解剖学和生理学最初建立在更早时期幸存的各种原著和概念之上。这部分地意味着人们接受了亚里士多德理解的大宇宙—小宇宙类比观念，并且也意味着一种活力论自然观——这种自然观后来成了17世纪机械论者攻击的目标。尽管我们指出数学抽象和量化的出现对于近代科学的发展来说是必不可少的，但这在当时的意义似乎不如现在这么重要。对于当时的许多人来说，回复到“真正的”神秘主义和自然法术似乎远为重要。

考察文艺复兴时期的自然哲学，盛行的是自然主义泛灵论宇宙观（或赫尔墨斯传统）。“文艺复兴时期的自然主义是人类灵魂映射在自然平面上的折光，而且整个自然界被描述成是灵魂之力的一个巨大的幻影。”② 这种观点认为，心灵和物质（mind and matter），精神和肉体（spirit and body）被看做不能分离的统一体；就每一物体而言，终极实在是其活的要素，这种活的要素至少在一定程度上带有心灵或精神（mind or spirit）的特征。所有的物质都是有生命的，宇宙中存

---

① ［美］理查德·S·韦斯特福尔：《近代科学的建构：机械论与力学》，20页，彭万华译，上海，复旦大学出版社，2000。

② 同上书，28页。

在各种隐秘力，自然界的各种难以理解的力可用灵魂术表达出来，它是物体运动的原因。这种思想深刻地影响到16世纪天文学、物理学、解剖学和生理学等学科的发展，典型地体现在英国医生吉尔伯特（1544－1603）于1600年出版的《论磁》一书中。

总之，从前希腊人格化自然观到中世纪宗教神学观再到文艺复兴时期的炼金术士，大都相信自然是有魔力的、神性的或者是有生命的，且充满了精神和智慧的。这是自然的附魅的观点，由此形成心灵与世界交织在一起的观点、泛灵论的以及宗教的思想。但是，这种赋予自然以人格化并以此解释它的运动，不免带有神秘论色彩，不能真正揭示自然的奥秘，不利于人类对自然进行正确的认识。

要改变这种状况，就要进行自然观的变革。从16世纪开始，人类的理性被唤醒了，人的潜在能量被发挥出来，构建着关于世界的理论，进行着控制世界的工作。这只有对世界进行祛魅，批判世界之精神的思想、泛灵论的思想以及宗教的思想，根除它们的所有影响，将作为知识和价值中心的上帝赶下台，以及建构新的认识论才有可能。

二、近代科学的兴起与机械论自然观

1. 近代机械论自然观的肇始

从中世纪末期始，在逐渐加快发展的手工业和农业中越来越多地应用各种机械技术，为早期的机械论自然观提供了大量丰富的感性材料。文艺复兴以来日益发展的工场手工业，尤其是钟表业，更促进了机械技术的发展，并激发学者们借鉴机械技术的成功，用机械论的思想去理解大自然的运行。许多学者在认识自然规律时都认为自然界的运行是与钟表等机械相类似的。应该说，当时的生产实践和生产力发展水平是机械论自然观的根本基础。

伽利略为机械论自然观奠定了认识论和方法论的基础。他有一句在当时极为流行的格言：圣灵的心意是教导我们如何升入天堂，但绝不是教给我们天本身是如何行走的。在他看来，自然界的一切都是服从机械因果律的。他曾说，他对于外界的物体，除掉大小形状、数量以及或快或慢的运动外，从来没有想到任何别的要求。

哈维的血液循环理论是用机械力学方法研究生理学的成果。他用机械术语和机械原理描述血液运动，把心脏比做一个中心水泵，把心脏的收缩比喻为水泵的压水运动，把心脏瓣膜比做两个控制血液单向流动的阀门。

2. 对机械论的早期哲学概括

法国哲学家、数学家笛卡尔是早期机械论哲学的代表人物。他的哲学是一种理性主义的二元论。他把世界分为两部分——形体世界与精神世界，对灵魂与肉体、内心感应与外部世界进行了严格的区分。

笛卡尔认为，物质是形体世界里惟一的客观实体，一切形体都是做机械运动的物质。他对物质运动、天体运动以及人体的运行机制都作了机械论的解释。笛卡尔以量的特征定义物质，认为物质的惟一特性是广延。在这样一个实体中，只有物物相触才能产生运动。他提出了著名的"动量守恒定律"，认为物质的惟一运动形式是空间位移。在笛卡尔物理学中，宇宙是一个巨大的机械系统，在上帝提供给它"最初起因"之后，就按照严格的机械运动规律运行下去。他自信地说："给我运动和广延我就能构造出世界。"

笛卡尔将机械论引入生物界，他将动物看做具有各种生理功能的自动机器。他甚至提出人体本身也是一种"尘世间的机器"。在他看来，人的活动也严格遵循着物理定律，人作为机器与动物机器的区别，就是人要受到存在于他自身的"理性灵魂"的控制。他认为，人除了思想之外，机体的所有功能都像钟表一样是纯机械性的。他赞赏哈维的血液循环理论，认为哈维的理论正好说明了生命就在于血液的机械运动。与哈维不同的是，他把心脏比做热机。

笛卡尔对自然的认识基本摆脱了目的论和唯灵论的束缚，对后来机械论和唯物论的发展都起了重要作用。但他的哲学也明显地表现出早期机械论自然观的弱点：参照当时的机械技术进行朴素直观的类比，没有用力、速度、空间、时间等科学的概念去把握自然。

3. 牛顿力学的影响与机械论哲学的成熟

正确地提出力的概念，并由此对自然的机械论哲学作了根本上的修改并赋予其更为深刻思想的是伟大的英国科学家牛顿（1642—1727）。

牛顿所提出的力并不是一个像文艺复兴时期自然主义中"爱"和"憎"一样含糊的、起定性作用的词，也不完全是那种解释碰撞作用的"一个物体对另一个物体的压力"，而是改变物体机械运动状态的、能够精确度量的力学上的一种物理量。在此基础上，他不仅根据"自然的一致性（或简单性）原则"、"同因同果的线性因果决定论原则"、"物体属性的普遍性原则"和"归纳主义的原则"，从现象中推出普遍的规律，而且明确提出了他的核心研究纲领："我希望能用同样的推理方法从力学原理中推导出自然界的其余现象。因为有许多理由使我猜想，这些现象都是和某些力相联系着的，而由于这些力的作用，物体的各个粒子通过某些迄今尚未知道的原因，或者相互接近而以有规则的形状彼此附着在一起，或者相互排斥而彼此分离。正因为这些力都是未知的，所以哲学家一直试图探索自然而以失败告终，我希望这里所建立的原理能给这方面或给（自然）哲学的比较正确的方法带来光明。”①

可以说，牛顿在他的著作中很好地贯彻了他的研究纲领。他在其经典名著《自然哲学的数学原理》中清楚地定义了涉及物质运动的“质量”、“动量”、“惯性”、“时空”等基本概念，提出了运动三定律和万有引力定律，从而将天上的运动和地上的运动统一了起来，构建起严谨的经典力学体系。而且他开始把表面看来并非力学现象的“自然界的其余现象”与力学原理联系起来，要从力学原理中导出它们。他明确地把热看做物体微粒的振动，并且以此为基础，假定物体微粒间的斥力与距离成反比，竟然从力学原理中推导出波义耳定律。他把光学与力学原理联系起来，竟导出了包括折射定律在内的许多光学定律，建立起了近代科学中第一个光学理论。牛顿的光学理论是一种机械还原论的光学理论。因为他将微粒说作为光学理论的基础，并且借助于微粒说通过一种力学机制来推导出光学定律，获得了巨大的成功，从而把光学还原为力学。不仅如此，他还暗示人们如何进一步从力学原理中导出种种其余的自然现象。可以说，牛顿借助于力学还原论实现了科学史上的一次大统一。

总之，牛顿通过在物质和运动基础上加上一个新的范畴——力，把伽利略的数学传统引入笛卡尔的机械论哲学的途径，使得数学力学和机械论哲学彼此协调。“力的概念使自然科学达到一个前所未有的水平，并从此成为科学实证的范例。”②

牛顿经典力学建立并获得巨大成功后，牛顿力学的思想和方法迅速向其他学科和领域扩展，带来了学科的全面发展和兴盛。例如，道尔顿将有机械力作用的原子带进物理和化学，用原子论说明了气体的性质，把质点和力的概念应用于化学；库伦把平方反比关系引入静电学，揭示出静电力的内在联系；安培仿照万有引力定律写下了平行导线间的作用力公式。科学家们竞相模仿，力图把牛顿力学的定律推广到整个自然界，并使牛顿力学的思想方法成为近代科学固定的思维模式。在整个18世纪乃至19世纪，几乎所有的自然科学家都按这种模式去研究自然。甚至在20世纪初，卢瑟福还把原子看成与太阳系类似的系统，用牛顿的思

① 转引自林定夷：《近代科学中机械论自然观的兴衰》，79页，广州，中山大学出版社，1995。

② ［美］理查德·S·韦斯特福尔：《近代科学的建构：机械论与力学》，153页，彭万华译，上海，复旦大学出版社，2000。

维方式构造模型。

牛顿经典力学的建立和巨大成功又启发哲学家将其概念范畴和思想方法运用到哲学中，使机械论哲学很快发展成熟。与牛顿几乎同时，英国唯物主义哲学家霍布斯和洛克把机械论从自然科学扩展到哲学领域，使机械观发展为成熟的经典形态。

霍布斯曾被恩格斯誉为“第一个近代唯物主义者（18 世纪意义上的）”。他建立了第一个比较完整的机械唯物论哲学体系，将力学范畴引入哲学，确立了物体、偶性、运动因果性等基本范畴。他把物体定义为不依赖于我们思想的东西，与空间的某个部分相合或具有同样的广袤。在西方哲学史上，他的定义是第一个比较完善的机械唯物论物质定义。霍布斯将机械运动观引入哲学，认为机械位移是物体的惟一的运动形式，世界的一切事物都受机械运动原理的支配，都可以用机械运动原理解释。他把一切运动都归结为物体在空间位置上的变动，提出人和自然没有本质区别，“心脏不过是发条，神经不过是游丝，关节不过是一些齿轮”，甚至人类的推理活动也不过是机械的计算，“一切推理都包含在心灵这两种活动——加与减里面”。霍布斯将牛顿物理中的因果联系思想引入哲学，提出了机械决定论的因果律。但他把必然性混同于因果性，否定了偶然性的存在。

洛克吸收并发展了牛顿、波义耳用微粒说概括物体性质的观点，认为微粒说“最能明了地解释物体的各种性质”。他把组成物体的物质微粒的空间结构和数量组合看成物体的“实在本质”，当作决定一切物体特征的内在根据。他认为，自然事物的一切特殊性都由物质微粒的量的机械组合而决定，用物质微粒的这些机械的量的特征可以说明自然界的一切现象。

霍布斯和洛克使科学中的机械论自然观上升为机械唯物论哲学，使机械观的概念范畴得到进一步的概括和提炼，发展为经典形态的机械观，即成熟的机械观。其基本思想是：整个宇宙由物质组成；物质的性质取决于组成它的不可再分的最小微粒的空间结构和数量组合；物质具有不变的质量和固有的惯性，它们之间存在着万有引力；一切物质运动都是物质在绝对、均匀的时空框架中的位移，都遵循机械运动定律，保持严格的因果关系；物质运动的原因在物质的外部。

牛顿经典力学和英国机械论哲学传到法国后，对 18 世纪法国思想界的启蒙运动起了决定性影响。启蒙运动中的唯物主义哲学家吸收了牛顿力学的成果和英国机械论哲学的主要内容，将公开的战斗的无神论思想引入机械论，使经典的机械论进一步发展为极端化的机械唯物论。百科全书派拉美特利和霍尔巴赫的哲学鲜明地体现了法国机械唯物论的特点。

拉美特利的哲学体系表现出彻底的无神论精神。他指出物质是惟一的实体，是存在和认识的惟一根据，在整个宇宙只存在着一个实体，只是它的形式各有变化。在《人是机器》一书中，他不仅批判了宗教唯心主义的不死灵魂说、贝克莱的主观唯心主义和莱布尼茨客观唯心主义的"单子论"，也否定了笛卡尔的二元论，直言不讳地宣称自然界和物质无所依赖地在宇宙中独占首要地位，没有给造物主留下丝毫空隙。拉美特利对机体和心灵活动的形式作了机械论的解释，认为人与动物并无太大的差别，人只不过比动物"多几个齿轮"，"多几个发条"，它们之间只是位置的不同和力量程度的不同，而绝没有性质上的不同。他说："人体是一架会自己发动自己的机器；一架永动机的活生生的模型。体温推动它，食料支持它。"拉美特利关于"人是机器"的思想虽然打破了自然哲学中唯心主义的最后壁垒，但其错误也是显见的。他的哲学是极端形态的机械论哲学的代表。

霍尔巴赫建立了系统的机械唯物论哲学体系。他第一次从思维与存在的关系上对物质下了唯物主义的定义。他提出，"物质一般地是以任何一种方式刺激我们感觉的东西；我们归之于各种不同物质的那些特征，是以物质在我们内部所造成的不同的印象和变化为基础的。"他的定义比起 17 世纪英国机械唯物论对物质和物体不分彼此的表述前进了一大步。但他对运动的理解没有超过笛卡尔，仍把运动归结为机械运动。霍尔巴赫认为："宇宙本身不过是一条原因和结果的无穷链条。"他把因果联系简单地理解为机械的因果必然性，夸大了必然性的作用，否定了偶然性，反而把必然性降低为纯粹偶然性的产物。

4. 机械论自然观的社会、宗教背景

哲学中的笛卡尔主义把主体和客体严格区分，对客体进行冷静的观察、实验，在数量和规律上把握客体的近代科学风格。把自然作为科学技术对象加以彻底把握，意味着把自然界彻底客体化、外部化，毫无顾虑地把自然视为人的研究资料、生产资料和生活资料。用亚里士多德的用语来说，剥夺自然形相，使自然质料化。

马克思对笛卡尔的评价值得注意。马克思指出，笛卡尔提倡机械论自然观的背景是处于工场阶段资本主义意识形态的影响，笛卡尔把动物定义为机械时是处于和中世纪不同的工场时代，在中世纪，动物被看成人类的助手。笛卡尔试图把周围所有物体的作用、对力的认识与手工业者的知识结合起来。这种机械论自然观，是受当时自然科学发展水平的制约，也是当时有效利用劳动资料的要求的反映。

近代科学的建立、机械论自然观的形成，与工场的发展、机械的发明和制作密不可分。伴随劳动过程和社会过程的机械化进行的近代社会形成的诸过程，是机械论自然观产生的基础，也是其发展的推动力。这种观点对近代科学的评价是有益的。

笛卡尔对物理学等自然科学的发展，并不单单是从知识好奇心的角度进行评价，也从产业和技术的发展以及当时市民的幸福的观点进行评价。我们对近代科学发生和展开中形成的自然观认识，应该和近代市民社会也就是当时的资本主义生产体系联系起来。近代社会的人类、自然和社会也应该被看做一个整体，自然观也就在这个框架中得到正确的认识。

所谓近代市民社会，亚当·斯密称之为“商业社会”，是重视经济和商业的社会，对自然的评价也离不开这个特征。也就是说自然在经济上被视为开发、索取的对象，是劳动材料。在这种逻辑基础上，自然通过人类劳动变成了人类的所有物。培根所说的对自然施加考问，使其供出自己的规律也是同一旨趣。这样，人类是自然的主人，自然是与人类主体相对的客体和材料，变成了没有内部性和神秘性的机械。这种自然观与中世纪的自然观明显不同，自然是可以反复强制实验的对象，是人间完全的从属物。人类这一面也同时发生了改变，像霍布斯指出的那样，变成了按照自我保存欲望、以他人和自然为利用对象的合理主义的个人。

对于上述近代的情形，可以从两个方面加以评论。从积极的一面说，近代克服了中世纪的封建特权和宗教压制，肯定了现世生活的市民的个人欲求。在其之后的现代社会的生命尊严、基本人权等思想都来源于那个时代。但是这种倾向也助长了个人主义，使人与人之间产生隔膜。这种人类观的变化，和上述的自然观的变化是一起发生的。自然破坏与人类破坏是一体两面。

在17世纪，科学与宗教也有着紧密的联系。笛卡尔自己就说过自然界的规律是神设定的。因此，合理主义并不如现代人所想像的那样清楚简明，把合理主义想像为铁板一块实际上是忽略现实社会发展的一种幻想。在特定的场合下，某种宗教信念也会促进自然科学的研究，但不能把这一点绝对化。

有些学者认为，基督教《圣经》中表述了作为近代科学源头的自然观。在《创世记》中，上帝对诺亚和他的儿子们说，把地上所有的一切都给你们。这预示了上帝、人、自然的层次性，意味着上帝保证了人类自由处理自然界万物的权利。这当然和佛教中万物平等的自然观相去甚远。既然上帝从无创造了世界，自然是上帝真理的一以贯之的体现，那么，人类是能够认识自然规律的。但不能因为这一点就说近代科学自然观来自《圣经》。

有些科学史家指出，哥白尼、开普勒等提倡地动说，与其宗教自然观有关。哥白尼说“太阳居于万物中央的王座上”，提倡太阳信仰。这样的信仰对地动说的形成的确起到重要作用。哥白尼一直关注着过去的天动说不能很好解释的太阳、行星、月亮等的天象观测数据，试图在数学上对行星运动予以正确、简洁的说明。实际上他做到了这一点，但是，这主要应归功于他认为本质与现象一致的科学精神以及他优秀的数学能力。

开普勒也确信“只有太阳与上帝相匹配”，信仰新行星主义。但不能只停留在这儿。开普勒把数学的协和看做上帝给予这个世界的秩序，进而发现了行星运动三大定律。但是如果把三大定律的发现视为只是信仰宗教的结果，也无法让人接受。因为开普勒发现的基础首先在于他的老师第谷长年观测积累的大量数据，其次是开普勒自己的优秀的数学能力。实际上有三种因素是形成科学理论不可或缺的：卓越的设想或假说；正确的观测数据的积累；包括使用数学工具的、合乎事实的理论构筑。单纯的太阳信仰是不能发现天文规律的。

5. 机械论自然观是还原论方法的一种具体形态

机械论自然观在思想发展史上占有非常重要的地位，对科学、文化及思维方式的发展产生过重大的积极作用和一些消极作用。

在哲学中，机械论自然观推动了唯物主义哲学的创立和发展。在科学发展史上，它指导着几个世代的科学家的思维方式。它的运用促进了力学的进一步发展，继牛顿之后，伯努里和欧拉研究了多质点体系、刚体和流体力学，拉普拉斯研究了天体力学。19 世纪的热力学、电磁学等一系列科学理论都是运用机械论自然观、以力学为模式而建立起来的。即使在 20 世纪，机械观思维方式仍然在相当的范围内流行，例如以还原论的形式在分子生物学等领域起了重要作用。

作为人类认识和人类思维发展过程中一个不可超越的发展阶段，机械论思维方式的作用应当予以正视。机械观在原则和渊源方面，特别是它的还原论的方法论基本原则，有着非常深刻和丰富的内容。只要我们抛弃那种绝对化的态度，进行还原尝试的方法就是极富成果的。

在人类认识史上，特别是在西方科学史上，以分析为主的思维方式和以综合为主的思维方式是交替出现的，它们是当时科学发展水平的重要标志。16 世纪至 17 世纪开始的科学革命，使人们的观念发生了重大变化。有机的、精神性的宇宙观念被“世界机器”的观点所代替。这种变化是物理学和天文学革命的产物，其中，哥白尼、伽利略、牛顿是最重要的里程碑。与此同时，科学在这个时期自觉地建立在一种新的求知方法的认识论基础上。

牛顿经典力学是近代科学成就的顶峰，他采用机械观的视角，运用一套严谨的数学理论来描述世界。牛顿把以培根为代表的经验的、归纳的方法，与以笛卡尔为代表的理性的、演绎的方法结合起来；把开普勒的行星运动经验公式与伽利略的自由落体定律结合起来，总结出对一切天体都有效的物体运动一般规律，这就使牛顿的宇宙成为一个庞大的按精确的数学规律运转着的机械系统。因此，机械观同严格的决定论紧密相关，巨大的宇宙机器完全具有因果性和决定性：一切发生的东西均有原因，并导致确定的结果；换言之，一切东西都可以精确地解释和预言。

机械论自然观使人类从古代素朴直观的世界图景转变为牛顿的“经典的”世界图景。其特征是，在这个图景中，认识对象的感性外观已经让位于抽象的关于认识对象的描述。一般地说，牛顿用以解释物体运动原因的那些“力”是隐蔽的、肉眼不能直接看到的。由经典力学所描述的世界图景，具有如下要点：首先，自然界是不变的，当上帝给予第一推动力创世之时起迄今，普天之下原则上并无新物。其次，宇宙大厦的基础是某些绝对简单的、不可再分的物质粒子——“原子”，我们周围的大小物件，一切都是由这些原始砖块构成的。再次，机械模型本来是抽象的形式，却被想像成与看得见的东西相类似。因此，一切基本范例和模型的机械的直观性，成了被它们描述的自然界的本质。最后，自然界中一切要素都是预先给定的，这就是说，世界是既成的，我们在自然界中所见到和认识到的物体是什么样子，它们实际上就是什么样子。概括地说，机械论自然观或近代经典的世界图景的要点是：自然的不变性、原子的基本性、机械的直观性、世界的既成性。

从方法论的角度来看，由牛顿力学确立的机械观主张：一切真实的知识，都能被一种正确的、一般同质的获得知识的方法论加以规范。这种方法论就是本质上类似于物理学方法的“科学方法”的普遍化形式。例如，生物科学的研究基于这样的假定：人们能够根据物理学和化学说明生命的过程，而物理学和化学最终要根据原子内部或原子之间的作用力来加以说明。其他领域的研究，也可以化为这样的方式处理。

作为还原论的一种具体的历史形态，机械观指明了一种特定的科学解释的途径。力和物质（质量）被看做理解一切现象（首先是自然现象）的基本概念，用运动定律规定了物质、运动和力之间的普遍关系。从此，在长达两个多世纪的科学研究中，这些概念和关系就成为一切自然研究的出发点和归宿。德国著名科学家亥姆霍兹甚至说，一旦把一切自然现象都化成简单的力，而且证明自然现象只能这样来加以简化，那么科学的任务就算完成了。

三、辩证自然观的革命

1. 自然科学的新发现与机械观的衰落

19世纪下半叶以来，随着自然科学从经验领域进入理论领域，自然科学本身所固有的辩证性质与机械论自然观的矛盾逐渐激化。自然科学发展中一系列重大成就的出现，在机械论自然观上打开了一个又一个缺口。可以说，19世纪末20世纪初以来重要的科学成就都是对机械自然观的重新审查和否定，其中特别具有代表性的有：

——19世纪自然科学的三大发现：细胞理论、能量守恒和转化定律、达尔文生物进化论。这场革命性的大变革迫使承认自然界绝对不变、否认自然现象普遍有机联系的形而上学观念一步一步地后退，让位给关于自然界的普遍联系和发展的辩证法思想。

——在19世纪与20世纪之交，从物理学开始发生了许多根本的变化。X射线、电子、放射性的发现，揭示了原子、元素的复杂结构，证明了它们的可分性和互变性。物理学，过去被认为是衡量精确知识的准绳，被当作是把推理的严谨性与建立在经验基础上的可证实性恰当结合起来的理论典范，此时突然发现自己以前关于原子的一些基本概念，其实具有重大的局限性。因此，绝对的基本性被否定，不可穷尽性取而代之。列宁写道："原子的可破坏性和不可穷尽性、物质和物质运动的一切形式的可变性，一向是辩证唯物主义的支柱。"①

——爱因斯坦相对论，特别是量子力学的创立，坚决要求否定机械直观性的原则。量子力学已经证明，微观过程领域中有自己独特的规律，即间断性和连续性的统一、波和粒子的统一。要想直观地描述这种统一是不可能的。一般地说，在理论物理学中新出现的许多抽象概念，并不能用关于研究对象的感性表象来构造。实际上，微观规律，除了数学模型外是任何直观的模型都无法描述的。科学的突破是以抽象的概念取代了直观的形象和模型，或者说，是以数学的抽象性取代了机械的直观性。

——亚原子领域（或微观）物理学的现代成就表明，所谓基本粒子虽然是复杂的、可以相互转化的，但并不具有构成性质：它们不是彼此由对方构成的，也

① 《列宁全集》，中文2版，第18卷，295页，北京，人民出版社，1988。

不是由别的更简单、更基本的粒子构成的。例如，由中子分出电子和反中微子，不能与化合物分解相提并论。后者分离出来的粒子在分解前就以现成粒子的形式预先存在于被分解的系统之中了，而重核子（在这里是中子）产生的轻粒子（在这里是电子和反中微子）的过程则完全不同，轻粒子并没有以现成粒子的形式预先存在于核子里，它们纯粹是利用被裂解的核子的质量和能量重新产生出来的。人们现在认为，基本粒子的“结构”极其独特，根本不像我们已经熟悉的原子的结构，甚至也不像原子核的结构。基本粒子是由潜在的即可能存在的粒子构成的，在一定的条件下，这种可能性便转化为现实性。正是在粒子的分解和生成的过程中，显示出该粒子的实在性，即在其母粒子内部潜在的预存性。此后人们不再把研究对象当作现实地存在的东西了，而仅仅承认它是可能存在的、潜在的东西，这就否定了研究对象在其构成形态上的既成性。基本粒子的“结构”问题现在发生了根本的变化，这里涉及的已经不仅仅是这些粒子应当具有什么性质的问题，而首先是：只能从这种粒子生成别种粒子的可能性、从粒子的潜存而不是实存出发来确定粒子的“结构”。这是从既成性到潜在性的变革。

20 世纪物理学家们遇到的根本挑战，是回答他们本质上是否有能力认识世界这个问题。情况是，每当他们对自然提出一个有关原子实验的问题，自然界会回报他们以一个悖论，他们越是试图澄清这种局势，悖论的矛盾就变得越加尖锐。以牛顿为代表的经典科学试图把世界分解为一个个组成部分，并且根据因果关系来安排它们，但在现代原子物理学中，这种机械论与决定论的图景再也不可能了。

2. 还原论的现代意义

机械观的衰落，对于还原论的命运有何影响呢？我们知道，正是还原论的一再成功，扩大了机械观的影响，使人们相信并奢望能把自然界的一切最终还原为同样的要素及其关系。机械观的衰落曾经引起误解，以为一切还原论的方法论原则也最终过时了。苏联自 20 世纪 30 年代后，不仅批判机械观，而且长期把还原论作为与辩证唯物主义自然观完全对立的形而上学，采取极端否定的态度。显然，这是把一种方法论原则与它的特定的历史形态混同起来了。

今天，有关还原论存在着三个突出的问题，它们有着重大的理论和实践意义。这三个问题是：（1）我们是否能够或是否希望把生物学还原为物理学或者还原为物理学和化学？（2）我们是否能够或是否希望把我们认为可归诸动物的那些主观意识经验还原为生物学，以及假如对问题（1）给予肯定的回答，我们能否再把它们还原为物理学和化学？（3）我们是否能够或是否希望把自我意识和人类心灵的创造性还原为动物的经验，以及假如对问题（1）与（2）给予肯定的回答，那么，我们能否再把它们又还原为物理学和化学？

显然，如果相信还原方法能够达到完全还原，那就重复了类似机械观的错误。因为我们生活的世界是进化的，在这个世界上，任何新事物都不可能完全还原为任何以前的阶段。但是，上述问题仍然是值得并必须解答的，也就是说，进行还原的尝试是有价值的。当人们这样做时，是把还原确立为科学解释的基本原则而运用。科学理论的主要目标是回答有关外在世界尚存疑问的问题，并且对自然现象提供解释。用构造性语言把现象纳入某个理论模型，就给现象提供了某种解释。在这个意义上，解释相当于还原：就是把表面上极为复杂的自然现象归结为几个简单的基本概念和关系。

还原论的方法之所以有效，首先，是因为在科学研究中对纷繁多样的总体加以限制，可以把注意力集中于现实的完全确定的方面，而免去可能产生的不明确的思想。用分析客观实在多样性中主要的、稳定的、相似的东西的方法，用已知的比较基本的规律来解释所研究的客体，以便简化、缩小实在的多样性、复杂性的方法，乃是一切科学都必备的。其次，要想使一门科学趋向精确化、定量化，就必定会用已有的精密自然科学——物理学和化学的一般原理来加以解释。解释的基本要求是寻找并确定不变量，把复杂现象归结为简单的规律，这一过程正是还原论方法的运用。

实践中的科学在某种意义上都是还原论者，因为科学上的成功莫过于成功的还原。法国著名生物学家莫诺在哲学上是不赞成还原论的，但在方法上是一个还原论者，他竭力把一般生物问题还原为分子生物学的概念，试图从分子水平加以研究和阐明。

此外，还原的尝试还由于下述理由备受重视：甚至从那些不成功的或不完善的还原尝试中，人们也能学到大量东西，并且那些由此遗留下来的问题将属于科学上最为宝贵的知识财富。例如，企图将几何和无理数还原为自然数的所谓算术化计划，已被数学的基础的研究所否定。但是，这个失败带来的意外的问题和意外的知识之多是惊人的，它极好地说明，即使在还原论者没有获得成功的地方，也能从还原的失败中涌现出极有价值的东西。

辩证自然观不是人类自然观的终结，也没有终结机械论自然观。尽管19世纪中叶自然科学的三大发现——进化论、细胞理论、能量守恒和转化定律暗含了对“自然的不变性”、“世界的既成性”等观点的批判，但是，由于牛顿力学的成功以及机械自然观的影响，这种反驳并不彻底。如对于生命有机界，至少到19世纪50年代，主流观点仍把生命看做有机体所具有的独特属性，不应该用物理化学方法来研究生物学，由此导致生物世界与无机世界相互分离。生命成了一个与物理化学物质无关，也与社会和其他高级现象无关的存在。但是，在此之后，随着分子生物学诞生发展，基因技术获得进步，使生物学上的还原主义得到了比较彻底的贯彻。“基因论”代替了“灵魂”、“隐得来希”、“普纽玛”、“阿契厄斯”、“原型”等众多活力论、有机论。基因术将生命最终还原为化学材料，揭开了笼罩在生物世界上的魔力迷雾，使生物体本身成为制造的对象。它所开辟的世界是祛魅世界的延续。生命的历史性和复杂性被简单取消，由此也造成生物风险、环境污染的危险。

上面的论述表明，机械论自然观存在许多不足之处，但是，对它的反驳和扬弃应该是一个过程。纵观科学的进一步发展，应该不断努力，进行自然观的新探索。

3. 辩证自然观的深刻内涵

自然科学新发现，突破了牛顿力学的框架，预示了一种新的自然观的诞生，即辩证的自然观。包括数学、物理学、力学、天文学、化学、生物学等可能涉及的领域，辩证的自然观都从生成、变化和相互关联的角度予以把握。正如恩格斯指出的，全部自然，从最小的到最大的，从沙粒到太阳，从原生生物到人类，都处于永远的生存和消亡之中，存在于不停歇的流转、无休止的运动和变化之中。

自然界具有层次性。自然是由从单纯到复杂的东西互相作用组成的。自然不是原来就以这个样子存在，而是物质进化的结果。这种物质进化，不但有宇宙论的、地质学的、生命论的，还有社会的进化。必须把自然作为一个有机的整体，从时间和空间两个维度上辩证地把握它。要通晓当时的自然科学成果，并对这些成果给予哲学的解释，解决自然观中争论的问题。解决的方法不是单纯地把自然观归结为原子论的或要素主义的，而是肯定各自的合理成分。用黑格尔或恩格斯的话来说就是，在辩证地扬弃了物理学、力学的地方出现了比较复杂的化学，进一步出现了更复杂的生命科学，这就是自然有机体的全体性。这样，辩证的方法就克服了原子论、机械论和有机论、浪漫主义的对立。

恩格斯认为，我们所面对着的整个自然界形成一个体系，即各种物体相互联系的总体。这是物质运动的一个永恒的循环，这个循环只有在我们的地球年代不足以作为量度单位的时间内才能完成它的轨道，在这个循环中，最高发展的时间，有机生命的时间，尤其是意识到孳生自然界的生物的生命的时间，正如生命和自我意识在其中发生作用的空间一样，是非常狭小短促的；在这个循环中，物质的任何有限的存在方式，不论是太阳或星云，个别的动物和动物种属，化学的化合或分解，都同样是暂时的，而且除永恒变化着、永恒运动着的物质以及这一物质运动和变化所依据的规律外，再没有什么永恒的东西。①

辩证自然观对于地球生态系统的存在方式给出了有效的解释，而没有陷入神秘主义。辩证自然观认为物质拥有运动性和主体性，批判了自然（对于人类这个惟一的主体而言）依赖于外部作用而运动的机械论的观点，指出了机械论自然观的褊狭之处。从进化论的观点看，人类主体也是自然的存在，产生于漫长的进化过程。人类既是主体，也是自然界进化产出的客体，人类是大自然全体共同劳作的产物。恩格斯明确表达了如果人类扰乱了自然的机制，来自自然的反作用就会惩罚人类的思想。

恩格斯从历史的发展过程出发，重视劳动的作用，承认了“人对自然的统治”。人类只要从事劳动、维持生活，就必须在一定程度上承认对自然的统治。然而只从这点看待自然，那就要导致环境破坏。恩格斯预言了自然对人类的报复，现代大规模的公害和环境破坏为他所言中。他写道：“但是我们不要过分陶醉于我们对自然界的胜利。对于每一次这样的胜利，自然界都报复了我们。”②这些刚刚取得的胜利，固然带来了我们预想的结果，但两次、三次以后，这些胜利会抵消掉最初的成绩，引起当初不曾预料的后果。所以我们绝不能像征服者支配异民族那样支配自然，我们的肉、血和头脑都属于自然。我们对于自然的支配，对于其他动物的胜利，根源于我们对自然规律的认识和正确利用。这一点我们每前进一步都要想起。

必须深刻理解“认识自然规律，正确利用自然规律”的表达，对这个表达的浅薄理解会导致轻易控制自然的结论。对自然的轻易管理，会不断地废弃最初的结果，同时引发最初不曾料到的结果。在这个问题上，马克思关于人与自然关系的论述特别值得注意：（1）要解决所谓自然环境被破坏的问题，首先应该审问人与自然是怎样的关系。马克思强调以劳动为中心的人类主体活动是以自然界为大前提进行的，劳动是人类的自然存在，受到自然界的制约。劳动是受劳动对象制约的实践。人类在破坏自然时也反过来受到自然的影响，因此人类也是一个被动的自然组成部分。把人类的位置摆在自然之中，这样的思想才能与解决环境问题相适应。（2）马克思认为，一方面，劳动是人类实现理性目的的活动，自然是为此目的的素材；另一方面，劳动是人类与自然之间的一个过程，是人类介入人与自然物质代谢的一个过程。作为物质代谢过程的劳动，是向人类社会输送自然质料和向外界排放废弃物、并且受到劳动控制的循环。这样两面性的劳动论，认为

① 参见恩格斯：《自然辩证法》，23～24页，北京，人民出版社，1971。

② 同上书，158页。

人类生活的全部过程都是这种“物质代谢”，并把物质代谢的概念扩展到饮食、排泄、生产、消费以及排放废弃物等领域。

所以，现代自然观如果不与劳动论、经济学、社会哲学等结合，是不会有什么具体结论的。

四、当代科学突破与自然观的新探索

以相对论和量子力学的创立为标志的现代科学革命，以信息科学和生命科学为主战场的现代科技革命，为人类勾画了一幅新的世界图景，自然观的新探索展现了极为丰富的思想内容。

1. 自然的简单性与复杂性

大多数古代的哲学家和科学家都认为自然的本质是简单的，而不是复杂的。它主要表现在两个方面：一是物质构成上的简单性；二是物质运动上的简单性。到了近现代，古代本体论意义上的自然简单性观念被近现代科学家继承并发扬。如牛顿就把上述自然的简单性观念作为一种信念置于众法则之首，以至在他的名著《自然哲学的数学原理》中认为，“自然界不作无用之事。只要少做一点就成了，多做了却是无用；因为自然界喜欢简单化，而不爱用什么多余的原因来夸耀自己”[①]。近现代科学的诞生和发展、机械自然观的形成表明，自然的简单性主要表现在下列几方面：

（1）自然的规律性：它表明自然具有机械性的确定性、固有的秩序、决定性、必然性和单一因果关联等。它在古代就被人们所持有，并且植根于一神教的思想和社会管理的实践中。

（2）自然的外在分离性。它包括两个方面：一是自然与人是完全分离和独立的，只存在外在关系，而没有内在关联；二是自然可以尽可能地还原成一组基本要素，其中一要素与另一要素仅有外在关系而无内在关联，它们不受周围环境中事物的内在影响。系统的性质等于各要素之和。

（3）自然的还原性。它包含两个方面：一是以无限可分的思想探求物质的基本构成。如分子可以分成原子，原子可以分成原子核和核外电子。原子核又可分为质子和中子……由此走向无穷。二是认为整体或高层次的性质可以还原为部分

① 转引自［美］塞耶编：《牛顿自然哲学著作选》，3页，上海，上海人民出版社，1974。

的或低层次的性质，认识了部分的或低层次的性质，也就可以认识整体的或高层次的性质。

（4）自然的祛魅。一般而言，自然的经验性与复杂性是紧密关联的，也是人们难以认识的。近代科学正是在一定程度上消除了自然的经验性的基础上产生和发展起来的。

当然，自然的简单性除了表现在上述几方面外，还表现在下列一些方面：绝对的时空观；时间的外在性、非生命性和对称性；自然的对称性、可逆性、相似性、最优性等。所有这些方面都表明自然在本体论意义上是简单的。

自然真的是简单的吗？当然，坚信自然的本质是简单的人们对此持肯定态度，并且认为坚持这一原则能够正确认识到自然的本质。如爱因斯坦就认为："自然规律的简单性也是一种客观事实，而且真正的概念体系必须使这种简单性的主观方面和客观方面保持平衡。"①德国物理学家海森堡也认为科学认识体系的简单性可以作为科学假说可接受性的标准。他相信自然规律的简单性具有一种客观的特征，它并非只是思维经济的结果。而且，从科学对自然的认识和科学认识的历程看，近现代科学所揭示的自然的规律性、机械性、外在分离性、还原性和祛魅性等表明了自然的简单性，从而使人们认为自然的本质是简单的。

自然的本质是简单的还是复杂的呢？这是一个复杂的、存在争论的问题，很难回答。但是，如果我们考虑最新发展起来的复杂性科学——系统论、混沌学、协同学、自组织理论等，考察它们对自然界中复杂性现象的研究，就会发现自然界中存在大量的模糊性、非线性、混沌、分形等复杂性现象。自然界存在结构的复杂性、边界的复杂性、运动的复杂性。具体体现在：不稳定性、多连通性、非集中控制性、不可分解性、非加和性、涌现性、进化过程的多样性以及进化能力上。②

这是对"自然的本质是简单"的反驳。它比较充分地说明：由传统科学所得出的"自然是简单的"结论没有充分的证据，自然具有广泛的复杂性。近现代科学所展现的自然的简单性特征并不能涵盖自然的全部，相反，自然具有一些不同于简单性特征的复杂性：不可分离性、不可还原性、不可完全祛魅等。

当然，如果这种复杂性能够约简为简单性，那么，我们仍然可以说自然的本质是简单的，否则，就不能说自然的本质是简单的。

自然的复杂性能否约简为简单性呢？从逻辑上说，如果某种复杂性能够约简

---

① 《爱因斯坦文集》，第1卷，214页，许良英等编译，北京，商务印书馆，1976。

② 参见吴彤：《科学哲学视野中的客观复杂性》，载《系统辩证学学报》，2001（4）。

为简单性，那么，这样的复杂性就不是真正的复杂性，而是隐藏着简单性实质的复杂性表象。从科学认识的现实看，自然的复杂性不是简单性的线性组合，更不可能被简单性所覆盖，是不可以约简还原为简单性的。如对于非线性系统，往往存在间断点、奇异点，在这些点附近的系统行为完全不能作线性化还原处理。否则，就处理掉了非线性系统的非线性因素，从而也就人为消除了相关的复杂性行为。因为这些因素恰恰就是非线性系统出现分叉、突变、自组织等复杂行为的内在根据。

2. 时空的绝对性与相对性

在牛顿的绝对时空观中，时空是欧氏时空，符合伽利略变换下保持关系性质不变。时间与空间无关，是独立的存在。时间在宇宙中处处流逝着，时间是一条直线，具有同时性的绝对性。时间虽然以物质的运动来量度，但是，不依赖于任何外部事物，外部物质的存在不以时间的形式作为证明。空间是平坦的，是物质运动的场所，但是，它又不受物质及其运动的影响。

爱因斯坦的相对论时空观和量子力学的建立为人们打破这种绝对的时空观创造了条件。

一是同时性的相对性。绝对时间，它能独立存在而与任何特定的客观事件和物理过程无关。但是，爱因斯坦的相对论认为，时间并非处处相同，而是随运动的情况不同而不同。对于整个宇宙来说，不存在同一的时间。以有限速度传播的相互作用，使得在某一坐标系中同时发生的两个事件，在另一相对于此坐标系运动的坐标系中，将不同时，因此，是否“同时”与所选择的参照物有关，参照系变化时，不同时的事件可能变得同时，同时的事件也可能变得不同时。

二是时间与空间不可分离。时间离不开空间，时间通过空间变动来测量。如古代的观象授时就是这样。反过来，空间的测量也可以用来表示时间。在天文学家的观念里，天体之间的空间距离就是时间，即光年。而且，在现实世界中，时空又是不可分割的联系在一起的，我们说明一个物体在一个地点时无不处于一定的时刻，说明某一物体在某一时刻时，无不位于一定的地点。因此，传统的三维空间结构存在严重的缺陷，如果没有时间作为第四维的时空，那么，三维空间结构便是静止的、不动的、呆滞的，而这样的时空绝不是客观存在着的真实世界。在一个真实的、运动着的世界中，时空是统一的，两者之间不存在本质的差别。

三是时间、空间与物质不可分离。爱因斯坦的狭义相对论所揭示的尺缩钟慢效应表明时间、空间与物体的运动状态有关，而他的广义相对论所揭示的时空弯曲效应表明，时间、空间与物质有着内在的联系，物质密度大的地方引力场的强度越大，黎曼空间的曲率大，时间节奏的变化快，时空弯曲得越厉害。时空随物质存在的不同而不同。

应该指出的是，对于牛顿和爱因斯坦的时间，都是一种运动（不含演化）时间，是事物的外在形式。在牛顿那里，时间一维的、均匀地流逝而与任何外在情况无关，时间成了描述事物运动的纯粹抽象的外部框架。爱因斯坦的相对时间虽与观察者的运动速度有关，并最终由物体的质量分布所决定，它是被动的；它虽与物体的存在不可分，并由物体运动所产生，但对于物体的演化来说，它仍是外部的相对参量，是用来调整动力学机制的外部因素。因此，绝对时间和相对时间同物质存在仅构成外部联系，而不存在内在联系。这是它的外在性。正是由于这种外在性，决定了它们只与物质运动相联系，只是对物体机械运动的空间量度，没有深入到事物的内部，不具有生命性。但是，系统论、耗散结构理论认为，时间更重要的性质不仅作为系统外的一种因素（运动的存在方式），而在于它本身就是一种参量、一种动力，从而使得这样的时间成为内部时间，内部时间是系统的内部变量，成为事物的内部属性。由它决定的熵区分了系统的过去和将来。一个系统由潜熵向熵的转化就是系统生命演化的动力，因此，系统所具有的“转化能力”本身就是系统生命的标志，而描述这一能力的参量“熵”乃是内部时间的函数。内部时间决定了系统的演化，与之相应的就是生命本身，时间在人和自然中，而不是人和自然在时间中，时间由系统演化的不可逆“动势”而产生，时间的指针不是由机械运动，而是由生命演化带动的。由此也使时间呈现出不可逆性。

虽然在现代许多科学理论中，时间的方向无关紧要，如果时间倒走，牛顿力学、相对论、量子力学等是成立的，因为在这些理论中，时间是可逆的。但是一旦涉及事件，涉及热力学、化学、宇宙学、自组织理论等领域中的一些现象时，时间的不可逆性就表现的非常明显了。此时，引入内部时间就成为必然。内部时间是对称破缺和不可逆的，具有方向性，此方向与熵增方向一致，由此表示系统产生、发展、消亡和演化过程。其本征值不是确定物体的空间位置，而是对应系统演化阶段的状态或进化程度，它是一种不可逆的演化的时间。

3. 自然的构成性与生成性

构成论的基本思想是：宇宙及其万物的运动、变化、发展都是宇宙中基本构成要素的分离和结合。可以说，古希腊自然观和机械自然观都含有这种思想。它们否定宇宙万物真正意义上的“生成”思想，把宇宙看做机械决定论的，否定了事物本身的随机性，否定了世界的历史性和创造性，由此在自然科学中表现为无时间性（无论是牛顿力学还是量子力学，方程两边的时间 t 都可消去）。

事实怎样呢？康德的星云演化学说、达尔文的进化论冲击着这种自然观，相对论量子力学所揭示的客体的性质与在其环境的整体关系中的生成性，粒子物理和场论所揭示的大多数基本粒子的不稳定性和生灭转化性，非平衡态热力学所揭示的系统开放和远离平衡态条件下借以形成新的稳定的宏观有序结构的自组织性，尤其是大爆炸宇宙论在对宇宙早期热历史的“考古”中所揭示的物质的种种形式（如粒子、辐射、真空等）和性质（不对称、时空等）的生成和演化，都回应着古希腊“自然”一词的本义，成为生成论转向的标志。现代科学对于实体论和还原论的拒斥，就是对于空间化思维和表态的结构分析、性质阐明的拒斥，而去关注四维流形中随着时间而来的事件序列、动态的关系网络、生成的量子现象、演进的整体动力学机制，也就是说，去关注更为具体的、本真的、具有某种主动性（activity）的自然。

在哲学上，法国哲学家柏格森试图用崭新的时间观念表达一种全新的进化观念。他分析批判了达尔文的进化论，认为，达尔文的进化论过分强调了生物体对外界环境的依赖作用而彻底忽视了有机体的自主性力量。他认为，达尔文的进化概念虽然是一个简单的明晰的概念，但是，他将适应现象的产生完全归于外在的原因，即环境对不适者的淘汰，而没有考虑有机体内在的主动性；而达尔文的变异则是建立在偶然性、随机性基础之上，变异的发生与有机体的整体功能无关。问题是，偶然的、随机的变异如何能成就一个在结构和功能上都非常协调有序的整体？由此，柏格森就把“生命冲动”视为万物的本质，认为这种“原初推动力”是生物和非生物的共同根基，生命进步的真正原因在于生命的原始冲动，生命冲动是宇宙意志，是世界起始阶段就业已存在的一种“力”，一种生成之流。这种作用的方向不是预先决定的，但它具有瞬时性、延续性，所以，分享了绵延的特性。所谓绵延，是一种不能用知性和概念来描绘，而只能以直觉来把握的、不可预测而又不断创造的连续质变过程，是包容着过去而又面向将来的一种现时的生命冲动。①

由怀特海创立的、由建设性的后现代主义继承和发扬的过程哲学对上述思想进行了进一步的发挥。它的基本要义是：“事件”这一术语表明现实的基本单位不是“永久不变”的事物或物质，而是瞬间事件。那些在现代哲学看来是“永久不变”的事物，诸如一个电子、一个原子、一个细胞或一种精神，实际上都是一种短暂性的社会（a temporal society），由一系列瞬间（momentary）事件所构成。每一事件都接受（incorporate）了先前事件的影响。这样一来，原来当作世界基本构成单位的静止的、分列的、只具有外在关系的实体，被实体之间的关系

① ［法］柏格森：《创造进化论》，6～10页，长沙，湖南人民出版社，1989。

以及由此表现出来的事件所代替，也就是被一种生成性的过程所代替。这就将实体、关系、属性等包含于世界的基本构成之中。

过程哲学有待商榷，值得怀疑，但是，复杂性科学表明，事物的进化从根本上取决于内部的自组织的力量，即一个远离平衡态的系统，都有使自身趋向于日益复杂的结构和秩序的能力（另一方面也有从秩序走向解体的趋势），这种自组织能力便构成了有机体形成和生长的原动力，从而为上述哲学论断提供了有力的科学佐证。

科学的新发展虽然是支持生成论的，但是，它并没有让我们完全否定构成论。下面这段话对我们如何对待构成论和生成论应该有所启发。“怀特海也许比其他任何人都更敏锐地认识到，假如组成自然的各个成员均被定义成永恒的、单个的实体，它们在一切变化和相互作用中都保持它们的同一性，那么就不可能想像出自然界有有创造力的演变。但是他也认识到，要使一切永恒成为虚幻的，要以演化的名义否认存在，要拒绝实体而支持连续的和不断变化的流，就意味着再一次堕入永远为哲学所布设的陷阱——去‘沉湎于辩解的业绩’。”①

由自然的生成性自然而然地就可以得出自然具有有机整体性的特征。这可以概括为：世界是由关系网络组成的有机整体，整体先于关系物；部分之和不等于整体；世界的各组成部分之间存在内在关系；世界是动态有序的整体——层创进化与自我超越；人类更大的意义与价值包含于自然整体的自组织进化过程中。

这种整体论的观点有一定道理。科学的最新发展表明了这一点。按照传统的观点，不管环境如何，基因总是具有自我统一性的物质微粒。而根据现代生物学的研究，基因可以受到有机体的影响，分子可以以各种不同的方式体现出来。至于以何种方式，则取决于细胞的环境影响以及当时分子所处的环境。如此，系统与要素、要素与要素之间就呈现出不可分离的状态，系统并非等于组成系统的各要素之和。

关于自然界事物之间的内部联系，现在虽然我们不能明确它究竟是什么？或有些事物之间是否真的存在内在联系，但是，仍然可以认识到有些事物之间确实存在着内在联系。在传统的生物科学中，生物在自然内部进化，只限于从自然吸取能量和物质，只为着自身事物和其他物质需要而依赖自然。自然则是各种生物系统的选择者，而不是把各种生物系统结合为一体的生态系统。而在现代生态学中，“生态系统的关系不是两个封闭实体之间的外在关系，而是两个开放系统之间的相互包容的关系，其中每一个系统即构成另一个系统的部分，同时又继承整

---

① ［比］普利高津、［法］斯唐热：《从混沌到有序》，137 页，上海，上海译文出版社，1987。

体。一个生物系统愈是具有自主性，就愈是依赖于生态系统。事实上，自主性以复杂性为前提，而复杂性意味着和环境之间的多种多样的极其丰富的联系，也就是说依赖着相互关系；相互关系恰恰构成了依赖性，而这种依赖性是相对的独立性的条件”①。

至于世界的层创进化和自我超越，美国科学家哈里斯把自然看成一个单一的不可分的彻头彻尾的有机论总体，“这个总体是由其内在形式的阶梯所组成的，每一层次在某种意义上都是独立的和渗透一切的；然而，每一层次又都是借助于在它内部总体（在这一总体中，它不过是一个阶段）的内在原则所赋予的潜在性，引出比它更高的层次出现。这就是不仅把自然看做一个包罗一切的活的动物，而且把它看做一个动态有机系统的自然观，这系统在复杂性和一体化以及各方渐次增加的各层次上包含一连续系列的整体。它们在辩证关系中互为整体，因此这完整的系统表现为进化的系列”②。在这里，互为整体指的是所关联到的各个整体一方面独立自主、自我依存，另一方面又相互影响、不可分割地互相联系。进化的系列指的是，每一整体都作为前驱者的完成而与前驱者发生关系，当实现前驱者没有能力实现的潜在性时，要求并且合并先前的形式。每个后继者都是比其前驱者表达更清楚、整体性更完善并且更自我决定的整体。它高于前行者，包括了前面的一切，是以前潜在性的实现。

4. 自然的决定性与非决定性

机械自然观是决定论的自然观。法国数学家和天文学家拉普拉斯看到牛顿力学不仅能把天上和地上的物体的运动统一到力学原理之中，而且根据力学能用数学方法推导出其他许多自然现象。因此，他认为，可以“用相同的分析表达式去理解宇宙系统的过去状态和未来状态。把同一方法应用于某些其他的知识对象，它可能将观察到的现象归结为一般规律，并且预见到在给定的条件下应当产生的结果”③。在他看来，一切事物的运动变化都存在着确定的、必然的联系，服从某种规律。

这种机械论的决定论随着科学的发展日益表现出它的局限性。19 世纪发展起来的统计物理学表明，由大量微观客体组成的宏观客体所服从的是概率论规律，而不是牛顿力学定律。1850 年，德国物理学家克劳修斯发现了热力学第二

---

① ［法］埃得加·莫兰：《迷失的范式：人性研究》，13～14 页，陈一壮译，北京，北京大学出版社，1999。

② ［美］E-哈里斯：《自然、人和科学：它们变化着的关系》，载 http：//www. king2000. net。

③ ［法］拉普拉斯：《论概率》，李敬革、王玉梅译，载《自然辩证法研究》，1991 (2)。

定律，并将此表述为“熵增原理”，它说明自然界中存在不可逆过程，而牛顿力学议程关于时间反演是对称的，即过程是可逆的。这样，拉普拉斯所断言的——知道系统目前状态，就可以推知它过去的状态以及未来的状态——就不适用了。而且，相对论表明，牛顿力学不适用于物体宏观高速运动的情况，这直接冲击了建立在牛顿力学基础上的拉普拉斯机械决定论自然观，说明它没有反映物体在高速运动情况下的时间—空间新特性。

量子理论表明牛顿理论在宏观领域有效性的同时，也暴露了在新的亚原子领域，非决定论普遍存在。在亚原子世界中，实在的最基本构成不可能像他们是其所是的那样被分离、准确地鉴定、预言或者理解。在认识和分析亚原子粒子的过程中，测不准原理起着基本的作用。如此由经典物理学所倡导的准确的预言以及观测对象的中立性、客观世界的稳定性就不可能获得了。

对机械决定论冲击最大的是20世纪50年代创立的混沌学。它表明，混沌运动具有内在的随机性、对初值的敏感依赖性和奇异性。所谓内在随机性是指，混沌的产生既不是因为系统中存在的随机力或受环境外噪声源的影响，也不是由于无穷多自由度的相互作用，更不是与量子力学不确定性有关，而是来自确定性系统内部的随机性。所谓对初值的敏感依赖性，是指当初始值出现微小偏差时，便引起轨道按指数速度分离，“蝴蝶效应”是其生动体现。所谓奇异性是指从整体上看，系统是稳定的，但从局部看，吸引子内部的运动又是不稳定的，即相邻运动轨线互相排斥，而且按指数速率分离；混沌吸引子具有无穷层次的自相似结构；它的空间图形具有分形的几何结构，其综合利用数一般是非整数维。牛顿力学是确定性的，即只要知道构成系统一些因素之间的相互关系和初始条件，就可以确定系统运动的状态。可是混沌学表明，非线性确定论方程存在着内在随机性，或者说必然性中潜藏着偶然性；由于混沌运动具有对初始条件的敏感性，使得预测变得不可能。这就从根本上动摇了机械决定论的理论基础。它表明拉普拉斯机械决定论只能适用于日常生活和线性科学。

第三章
生态价值观与环境伦理学

随着自然环境破坏的深刻化，环境问题的研究真正开展起来，生态价值观开始兴起。许多重要的思想和观点提了出来：文明与环境的关系问题、自然的生存权问题、生物多样化问题、生态价值观问题、环境伦理问题，等等。

一、从人类中心转向生态中心

1. 从人与自然的关系看人类生活

卢梭曾经指出文明带来的灾难，号召人们回归自然。卢梭在现代社会起步时指出的问题，随着现代社会的成熟而扩大。文明原本是为了丰富和改善人类生活，但却破坏了作为人类生活场所的环境，并进而破坏了作为自然赋予的人类健康。在这样的状况下我们有必要反思自身的生活，返回人类生活是什么的基本问题，并从它出发再一次追问文明与环境的关系应该怎样。

（1）作为物质代谢的人类生活。

人类生活包括娱乐、运动、享受、奉献、探求学问、创造艺术等等，实际上是多种多样的。如果从生命再生产这个最最基本的角度来考察人类生活，那么满足衣食住的需要是人类生活的前提，为了衣食住需求的满足和提高，人类采取共同的、社会的形态作用于自然。

被称为物质生活的衣食住等基本需求的满足是人类生存和生活的基础。关于这一点可以从两个侧面进行考察。第一，与其他生物一样，人类的物质生活是与外部自然的物质代谢的过程。食是从自然界取来，吃掉（同化）和向自然界排泄（异化）。衣、住是把自然界的材料拿到社会中来使用（社会的同化），使用后当作废弃物再次向自然界排除（社会的异化）。社会的同化和社会的异化不过是自然界和社会之间的物质代谢，不论哪一种物质代谢，都是自然物质循环的一个环节。第二，物质生活由于劳动生产的介入而变成了需求——生产——消费——废弃过程的社会性活动，这一点是有别于其他生物代谢的、人类独有的东西。这个全过程的各个阶段紧密依存，生产规定了其他三个阶段，为其他三个阶段设定了条件。

生产是人类通过劳动作用于自然，把自然材料改造成对人类有用的东西。生产首先是以消费为目的的生产，消费是在生产范围内的消费。需求也不只是在需求的满足（消费）中重复再生，还会受生产出的生活资料的刺激产生新的需求。排出废物的方式作为消费结果，也由生产使用的材料和生产提供的生活资料来决定。

这样，以生产为媒介，由生产规定的人类物质生活，赋予了人类独有的人类生活的特点，同时也引发了深刻的环境问题。古代美索不达米亚文明大量采伐森林，使绿洲荒废、沙漠化。环境问题和人类历史一样古老，但在工业化的过程中变得更为严重。

工业化与环境问题相伴而行是一个历史的宿命吗？从环境保护的观点看，为了保护环境，是否应否定工业化？确实，到目前为止，各国工业化使环境破坏已经成为不争的事实，但这并不简单地意味着工业化与环境保护势不两立，因为过去的工业化过分地、无休止地激化了环境问题。因此，现在的问题是，充分考虑环境问题的工业化应该是怎样的？有必要认真地探索另一种不破坏环境的工业化道路。

（2）作为生活场所的环境。

过去的工业化之所以引起环境破坏，是因为缺少对环境保护重要性的认识。20 世纪 60 年代中期以后环境破坏日益严重，人类终于意识到环境对于人类生活的重要性。

然而环境究竟是什么呢？一般地说，对环境的定义和主体与环境关系的形式有关。也就是说，环境是以一定的形式围绕着主体的周围世界。英语 environment（环境）一词是由动词 environ（围绕）演变而来的。

在以一物为主体的情况下，该物周围的世界经常被称为政治环境、教育环境等等。这里所用的“生物环境”、“人类环境”等是在作为主体的生物与其环境关系的本来意义上使用的。

环境的特征是：

第一，环境即围绕着生物的周围世界是客观存在的。

第二，环境，作为生物行动直接涉及的周围世界，是主体的生活圈。在讨论昆虫的环境和人类环境的差异时，指的是作为主体的昆虫与人类的行动范围的差异，以及与此相应的与主体相关联的环境（生活圈）的差异。尽管对各个生物来说其生活圈已经被限定，但是，它们是客观自然的一部分，在与主体没有直接关联的自然全体的相互联系、相互作用中存在着。在这个意义上，生物共有着地球上自然全体这个大环境。例如，蚂蚁的生活圈虽然不能进入大海，但以大海为媒介的水循环对蚂蚁的生活圈却能发生影响。在考虑蚂蚁的环境时不能无视这一点。

第三，生物与环境的关系不是静止的，而是变动的。生物在使自己适应环境变化、与环境发生物质代谢的同时，也对环境产生一定的影响。对人类来说这种情况更明显，人类是在改变自然环境的过程中适应自然环境。对人类主体来说，自然环境不单纯是客观的存在，也是人类活动的对象和人类活动的结果。所以，在人类与自然环境的关系上，并不简单的是人类能动、自然环境被动的单向关系。有必要在相互作用、相互影响的基础上理解人类与自然环境的关系。相应地，也不能认为人类可以依靠科学技术的发展支配自然。

第四，对于主体而言，环境具有价值的品格。一般地说，价值是指对主体的有用性，存在于与主体有关联的客体与主体的关系之中。作为主体的生物与作为客体的环境相适应，在与环境的物质代谢中得以生存。对某种生物的生存有用的环境构成要素对于这种生物是有价值的，与主体生存没有关系的环境构成要素是无价值的，对主体生存有害的环境构成要素是负价值的。生物学家在考虑一种生物与环境的关系时原本倾向于只考虑对主体环境构成有利的要素，但在今天这样自然的生态系被破坏的情况下，有必要把对生物生存有害的构成要素当作生物环境的一部分予以考虑，以避免无视生态系破坏的现象。

（3）作为舒适空间的环境。

人类作为生物的一种，必须确保赖以生存的自然环境。同时，人类自身创造出的社会文化环境，对人类的生存也已经变成了不可或缺的空间。正因为如此，人类的环境由自然环境、社会环境和文化环境等组成。这些组成部分并不是自立的存在，而是以互相融合的形式创造生活环境。生活环境作为人类生活的场所，是人类生活各种条件的总和，同时也作为通过人类生活活动形成的历史的产物与人类相互作用、相互影响。

在考虑生活环境的时候，舒适的问题变得很重要。环境的舒适性也可以称为环境的质量。把生活环境改造为舒适的生活空间，即使在人类还没自觉到舒适的含义的时候，这种追求也一刻没有停顿过。对城市空间的改造、对居住条件的改善等这类日常活动一直在进行。作为这类活动的产物，生活环境处于一个不断形成的过程中，绝不是处在一个静止不变的状态。

在人类改善各种生活条件、追求舒适的历史过程中，又可能会破坏舒适。在近代以前，舒适的破坏主要是由战争和自然灾害引起的社会、文化环境的破坏带来的。近代以后，战争规模加大，大规模的战争破坏了包括自然环境在内的生活环境。同时，由人类经济活动所引起的自然环境的破坏也是很复杂的。在自然环境的破坏深刻化过程中，环境保护运动开始最积极地追求舒适。保护环境的概念不是保护自然环境现状不变的静态概念，而是确保在人类活动影响下经常改变的自然环境的质量不下降的动态的概念，环境保护与追求舒适并无二致。

2. 从生活现场出发重新提出环境问题

（1）对于环境的责任。

为了解决深刻的环境问题，有必要重新审视高耗能、大量生产——大量废弃的浪费型生活方式，把生活方式转换为生态的、循环型生活方式，但怎样实现这种转换却是一个问题。在重新审视生活方式的时候，把生活方式和生产问题分离开、使之还原为个人道德问题的道德主义研究恐怕于事无补。生产和消费相互密切依存，消费、废弃等由生产规定并赋予条件。

在近代资本主义生产中，生活所必须的生活手段的生产依据资本的逻辑发生，变为追求利润和资本储蓄的手段。适合资本逻辑的大量生产的生产方式在大量消费——大量废弃的前提下才得以成立。大力宣传商品、煽动消费、过度刺激消费者欲求的资本的逻辑，除了作为资源仍有经济价值的以外，如果没有法律规制，对于作为大量消费结果的大量排出的废弃物根本不会予以关心。

从环境的观点看，如果废弃物污染环境、引发环境问题，那么生产时就该十分重视废弃物的事情。具体地说就是，在生产、消费等过程中，如何生产不产生废弃物的产品？如果有排出物产生，如何循环利用，把废弃物降到最低限度？

从生产阶段必须考虑废弃物问题的角度出发，对于废弃物的生产者的责任也就不得不重视。必须在明确作为废弃物排出者的生产者的责任的基础上，再来讨论消费者和行政各方的责任和合作。

并不只是废弃物问题，就是一般的环境问题，环境行政一以贯之的态度是应把企业、国民（消费者）、行政的“作用”和“责任”等量齐观。这种态度的指导思想是所有的人都是环境破坏的行为者，也都是环境破坏的受害者。这种思维方式的最大问题是使对环境问题应负主要责任的企业的责任相对化、暧昧化。

(2) 消费中的环境视点。

环境破坏由经济活动引发，企业应对环境问题负特别责任，当然，这并不意味着国民个人对环境问题毫无责任。在讨论国民责任时，有两个前提是非常必要的。第一，在民主社会，国民责任、义务与国民的权利是表里一体的关系。在讨论国民对于环境的责任和义务时，首先必须承认在愉快、舒适环境中生活是国民的环境权。第二，生产和消费之间密切依存，在问及消费者（国民）责任时，必须从生活资料的购买开始。消费者购买生活资料时，多少有选择的余地。成为购买生活资料判断标准的是价格的高低、质量的好坏、设计是否合意，不污染环境的环境视点也应该进入购买生活资料的判断标准。如果采用环境视点购买生活资料，那么在使用和废弃生活资料时，也就会把环境的视点贯彻下去。

以环境的视点购买生活资料，就要买再生纸做的厕所用纸，买不污染生活排水的合成剂做的肥皂，买耐用商品而不买使过就扔的商品，等等，也就是选择有利于环境的商品。重要的是，消费者的这种行动自然而然地影响到生产的方式。

预见到消费行为会影响生产方式的消费者的环境运动，被称为绿色消费运动。这种运动通过消费者有意识地选择购买有利于环境的商品，诱导企业提供有利于环境的产品。在欧美，对企业产品进行环境评价的《绿色消费者指南》产生了不小的社会影响。

企业环境评价运动虽然不是绿色消费者运动那样的消费者环境运动，但对改变企业的环境态度也有一定的作用。例如在美国就有利用股东提案权迫使企业加强环境意识、向热心于环境问题的企业投资的社会投资运动等环境保护运动(CERES)。作为公营机构开展的企业环境评价、国际标准化组织（ISO）提出的环境经营管理国际规格正在变成贸易尺度。日本的“环境标志”、德国的“蓝色天使”、加拿大的“生态表示”等符合一定环境标准的生态标式不断出现在环境保护型产品上。这样，在对企业及其产品进行的各种各样的环境评价中，企业也不光为了宣传自身形象的需要，而是真正地开始考虑环境问题，出现了以环境的视点生产产品的萌芽。

企业把环境问题纳入议事日程有两个方面的原因，一个是法律的、社会的体制的作用；另一个是依据资本逻辑判断以环境的视点从事生产有利可图。消费者的消费行为应该能够得到企业的敏感反映，因此，也就要求消费者以环境的视点进行消费，做一个贤明的消费者。

3. 从人类中心向生态中心的转变

20世纪70年代以后，非人类中心主义（生命中心主义、自然中心主义、生态中心主义）的环境思想，提倡自然权利论和内在价值论，以环境伦理学的形式、以美国为中心在国际范围内得到发展。自然权利论反对虐待动物，主张组成生物共同体的所有生物拥有同等的权利，把人权观念扩展到自然界、在人权的延长线上确立自然物权利的法理依据。自然内在价值论则认为每一个有生命的东西、生态系以及自然全体，作为其自身都有其固有的内在价值。这样的非人类中心主义的环境思想，不仅批判为了人类把自然当作手段加以利用的人类中心的思维方式，而且指责那些为了人类自身利益而必须保护自然的思维方式也没有脱离人类中心主义的窠臼。

传统的环境伦理学仍然停留在人类中心主义上，基本上还是把自然环境看做人类的工具。批判这种伦理学，从自然环境中看出自然自身价值的伦理学乃是生命圈伦理学，于是又有从以人类为中心的环境伦理学向生命圈伦理学的转换。生命圈伦理学的代表人物是“大地伦理”的倡导者A. 利奥波德、动物权利主张者P. 辛格、自然物诉讼权提出者C. 斯通等人。他们从生态学的观点出发，论述了从人类中心主义向生态中心主义转换的必要性。与各种各样生命形态相对应的固有价值，从最单纯的生命形态到人类，不可能是一成不变的，因而可以提出与岩石、细胞、植物、动物、人类等的固有价值不同的价值生态学模型。从这种立场出发，将遵循所谓“生物尊严公理”，即所有的生命都不是单纯的手段，还要被视为目的，并与包含着敌对关系的他物共生。因此，不仅是尊重人类人格的事情，还要否定牺牲其他生物、生命，只尊重人类生命、尊严的思维方式。

在某种意义上，环境伦理学是动物解放论把人类的人性主义伦理的结构向动物的拓展，生态系保护论高度评价以现代人类存在为前提、把生态系保护作基准的伦理价值。在这一点上，生态系保护论并不是反人道主义的，而是可能和人道主义共存的。

挪威深层生态学家R. 纳斯是最有名的坚持自然权利论的学者，其观点是，自然权利是在人类权利延长线的“权利概念扩大图式”。但是，在非人类中心主义环境思想逐步展开的过程中，对这种思想的批判也在逐渐发展。日本学者岩崎允胤认为，纳斯的权利扩大图式是在多数者权利上加上少数者权利的观点，是让多数者注意到自己周围被歧视、被压抑的少数者，在有意无意之间，把少数者纳入了多数者的行列。岩崎反对在自然中扩大人类权利的做法，强调人类及其生的尊严的理由不存在于与其他生物的比较之中，而是存在于人类自身，因此，重要的是尊重与人类及其尊严相关联的生命。当然，这种尊重与各个生物以其他生物的死为媒介而存在之间有着不可避免的矛盾，这是令人困惑的。①

许多学者认为，环境问题根本上是人类问题，对包括法律意义上的自然物权利的自然权利论表示怀疑。权利概念是人类的发明，对其他动物乃至无生命物权利的认可意味着什么？如果只认可一部分动物的权利，那么除此以外的其他动物就被置于无权利的地位，如果承认所有动物的权利，那么人类生存就变得不可能，所以，权利概念是双刃剑，不可能运用权利概念来解决环境伦理问题。

岩佐茂在《对于自然的人类价值观》中，认为脱离人类的环境思想是不存在的，反对在人类中心主义和非人类中心主义两者之中必选其一的立场上考虑问题。② 岩佐茂认为，承认自然权利和固有价值，在很大程度上模糊了权利、价值概念是人类历史产物这一事实，也就容易误解这两个概念的意义。自然权利论和内在价值论是对自然环境破坏现实的深刻认识，但并没有提出可追问和除去环境破坏原因的伦理规范，是脱离问题关键所在的“疑似问题”③。

4. 自然物的法权利与自然享有权问题

自然权利论中比较现实的部分是和自然保护运动相连接的、有法律意义的自然物的法权利论。

最早提出自然物的法律权利的是斯通，他主张自然物拥有提起裁判的当事者（原告）的资格，自然物自身有其法律权利，理解自然物的人因其理解自然物而可以成为见证人。

沿着斯通提出问题的路线，美国从20世纪70年代后期开始，出现了自然权利诉讼。在诉讼中，河川、海鸟和自然保护团体、个人一起作为共同原告出现。因为环境保护团体和个人以共同原告的身份出现，没有发生关于原告资格的争议，原告方胜利的案子占多数。

在美国的自然权利讨论、诉讼的影响下，日本也出现了类似的讨论。1986年日本律师联合会召开了“思考森林的明天——以确立自然享有权为目标”的主题会，提出了自然享有权问题。自然享有权指的是人从出生开始就有平等享受自

① 参见［日］岩崎允胤：《生命与伦理》，载《思想与现代》，1987（5）。

② 转引自［日］岩崎允胤编：《中日价值论研讨会》，大阪经济法科大学出版部，1998。

③ ［日］岩佐茂：《环境的思想》，115页，创风社，1994。

然恩惠的权利。

进入20世纪90年代，面对生态破坏引起的不少野生生物濒临灭绝的危机，环境保护运动对日本环境保护行政当局提起了“自然权利诉讼”，引起了新闻舆论界的极大关注。

但是，对于“自然权利论”是否得当，也是有争论的。自然享有权并不是自然自身的权利，归根到底是作为生态系一员的、保障和生态系共存的人类的权利，是使环境权前进一步的权利。但是，自然享有权经常被说成作为自然自身权利的“自然权”，对两者关系还没有进行深刻的讨论。对于这种情况，北村实发表了以“对日本律师联合会公害对策·环境保护委员会的疑问”为题的论文，指出“生态系中心自然观不过是标榜为生态学平等主义的深层生态学的别名而已”，表示了对深层生态学向法学界渗透的忧虑，“尽管存在把自然拟人化、承认自然和人类是同样权利的主体（保有者）的可能性，尽管可以对自然物当事者进行纯法律的处理，但是对没有意识的自然物不加改变地适用人类权利，在理论上和现实上都是没有道理的”①。

岩佐茂在《环境思想研究》中写道，重要的问题是站在什么样的立场开展环境思想研究。他提出下述五点作为今后环境思想研究应该发展的方向。

第一，对于人类中心主义和非人类中心主义的态度问题。在以环境思想为研究问题的场合，不论哪一个研究者，对于人类中心主义和非人类中心主义采取什么样的态度，不可能不成为一个问题。

第二，对于环境保护的态度问题。必须明确为了什么而进行环境思想研究。环境研究是为了保护环境，环境思想为了展开保护环境的思想。对自然权利论和内在价值论的批判已经阐明了这一点。为了环境保护的环境思想，会随着和自然保护运动、环境保护运动的结合而进一步获得更大的社会意义。

第三，对于科学知识的态度问题。自然环境保护应该基于关于自然、生态系的科学知识，而不能建立在虚构的生物、自然物的权利之上。地球大气污染、水污染、自然破坏，会使包括人类在内的地球生物迟早不能在地球上生存，按照这样的关于环境破坏和生物生存的科学知识，引导出致力于自然环境保护的思想和伦理是必要的。

第四，对于社会性的态度问题。如果把自然环境破坏考虑为人类活动、特别是经济活动引起的，那么为了保护环境，应该如何规制人类活动也就成了一个重要的课题。人类活动发生在人与自然和人与人的“二重关系”中，所以，环境思

---

① ［日］北村实：《自然拥有权利吗?》，载《政经研究》，第68号，1977（5）。

想研究不光要把人与自然的关系纳入视野，也必须要把人与人的社会关系纳入视野。

第五，对于理念、政策的态度问题。为了保护自然环境，应该如何构想、如何实现环境保护型社会、可持续发展型社会或者循环型社会，是一个重大的理念和政策课题。关于这一点，环境思想研究不能只停留在自然观上，还有向社会观展开的必要。[①]

二、科学万能论与生态价值观

1. 科学万能论的流行与破产

科学技术作为调节人与自然关系的本质力量，在历史上曾把人从受制于自然的被动地位提升到与自然平等对话地位。科学技术的发展，以及它在促进人类文明进程中日益显示出的巨大力量，使人们对它寄予无限希望，并且一度导致科学万能论的流行。但是，当今生态危机的现实无情地打破了科学万能的观念。有些人又转而指责科学技术，把它视为危机的根源。问题究竟该怎么看？科学技术的价值如何才能真实地体现？这些问题需要认真作出回答。

科学万能论出自近代机械论世界观勃兴时期对科学技术无限信赖的唯科学主义思潮。它认为人类在征服、改造自然方面，原则上没有科学技术解决不了的难题。科学万能论的产生和流行，与人类对理性的发现和张扬是紧密联系的，它是人类对理性力量无限推崇的必然产物。在这一意义上，科学万能论与理性至上的信念是一致的。

人被定义为理性的动物，与动物相区别的正是理性。希腊人天才地直觉到了理性的力量，相信人能够凭借理性而非神性来把握世界。柏拉图告诫人们："人应当通过理性，把纷然杂陈的感官知觉集纳成一个统一体，从而认识理念。"[②]而普罗塔哥拉"人是万物的尺度，是存在者存在的尺度，也是不存在者不存在的尺度"[③]的思想，则鲜明地表达了古人对自然的态度。希腊文明中，人是自然主人的思想已露端倪。

---

① 参见刘大椿、岩佐茂主编：《环境思想研究》，258～259页，北京，中国人民大学出版社，1998。

② 转引自北京大学哲学系编：《西方哲学原著选读》，上册，75页，北京，商务印书馆，1983。

③ 转引自上书，54页。

15世纪的西方文艺复兴运动使理性获得高度弘扬。人文主义对人的颂扬，以及自然主义对认识自然的现实主张，使自然界在理性的人看来已不再神秘，而是充满秩序的图景。伽利略就认为自然界是用数学语言写就的，自然的真理存在于数的事实之中。培根深信人类控制自然的力量深藏于知识之中，科学的作用在于运用正确的方法寻求这种知识，他提出了“知识就是力量”的名言。笛卡尔则强调人的理性力量。他运用“我思故我在”的演绎推理方式，赋予自然以逻辑秩序，并把人置于中心支配地位。

在高扬的理性主义旗帜下，人与自然关系被抽象的主体与客体关系所取代。近代认识论的主客二分以及强调人的主体地位，在观念上树立起人是自然主人的信念，自然变成了人类征服的对象。与此同时，从神学教义中解放出来的自然科学便在自觉的理性思维基础上，在对自然过程控制和干预中建立起探索自然奥秘的实验研究方法，从而使远离经验的科学与技术结合，并具有工具性和可操作性特征。科学因此获得了新的力量。沿着这条道路，近代力学在牛顿那里得到完美的综合，从而使机械论自然观占据统治地位。19世纪电力技术革命再次显示了人对自然力的支配，表明人类不仅能驾驭自然力，而且还能利用被改造了的自然力去控制其他自然物质过程。在此基础上，人类建立了庞大的现代工业体系和高效益的生产管理体制。

随着科学技术被广泛运用于社会生产过程，人对自然的支配能力急剧扩大，人在自然界的地位发生了根本转变。科学技术的作用消除了人类对黑夜的恐惧，使人不必再为获取基本的生存物品而犯愁。人类可以任意涉足地球的一切地方，甚至可以越出地球，千里之遥的交流如同面对面的交往，这一切无不显示出人的主人地位。在短短的几百年间，人类从巨大的物质利益和精神享受中，切身感受到科学技术赋予自己的征服自然的巨大力量。科学技术为现代文明所做的一切贡献，使人似乎有理由相信，只要依靠科学技术，人类在征服自然的道路上就不存在不可逾越的障碍。

2. 当代生态运动中的反科学倾向

建立在人类中心主义之上的“科技万能论”，导致一部分人的自我意识极度膨胀，他们漠视人类对自然环境和自然资源的依赖性，对科学技术一味地采取实用主义态度，从而加剧了人与自然的对立。

面对全球性生态危机和人口、资源压力，20世纪60年代兴起的生态运动唤起了人类的生态意识，它高举“保护生态环境，反对输出污染”大旗，把矛头直接指向以牺牲环境为代价而采取的聚敛财富行为，得到社会广泛呼应。绿色和平组织、“绿党”之类的政治组织和团体迅速涌现。联合国在环境保护方面的价值导向，为生态运动推波助澜，使之发展成为影响深远的全球性社会文化思潮。

在传统工业社会中，科学技术备受推崇，人们对它能赋予巨大物质财富和精神幸福的力量深信不疑。而在当代社会，随着核技术、农用化学技术等在应用过程中暴露出来的种种问题，人们对科学技术转而采取一种审慎的批判态度。几乎所有生态运动成员都反对盲目崇拜科学技术，并主张改变现存的生产方式。他们把科学技术视为一柄双刃剑，一刃对着自然，而另一刃对准着人类自己。一种流行的观点认为，科学技术不能从根本上解决资源和生态问题，因为它即使可以解决某些具体问题，也不可能克服地球物质系统本身的局限性。罗马俱乐部在其著名报告《增长的极限》中明确表达了这样一种看法："我们甚至尝试对技术产生的利益予以最乐观的估计，但也不能防止人口和工业的最终下降，而且事实上无论如何也不会把崩溃推迟到 2100 年以后。"① 与罗马俱乐部把分析集中在生存环境上不同，人文主义者则在意识形态层面上对科学技术进行浪漫主义批判。斯宾格勒、海德格尔、雅斯贝尔斯等学者，都把技术当作人类文明堕落、道德沦丧的根源。法兰克福学派则更认为科学技术排斥意志，压制情感，造就了单面社会、单面人和单面思维。

这些思想对当代生态运动产生了深刻的影响，导致了生态运动中的反科学思潮，并把矛头直接指向了科学技术本身。在他们看来，科学技术固然带来了地球表面的繁荣，却严重破坏了地球生态系统的稳定性和有序性，而后者对人类的生存发展更为基本；科学技术创造了现代物质文明，却又为毁灭文明提供了高效手段，增加了不安全感。

生态运动中的反科学思潮作为对近代以来流行的理性至上、科学万能的反拨，给人以警示，使人由对技术盲目崇拜转向对技术的审慎运用，它们无疑具有积极的意义。但将生态危机归罪于科学技术的发展，导致对科学技术的否定，则不免有失偏颇。

科学技术作为调节人与自然关系、实现人的价值目标的中介性手段，是人的本质力量的对象化。科学技术的双重属性决定了它既要受到自然规律的制约，又要受到社会文化价值观和人的目的的规范。在人类认识和改造自然能力低下的时候，科学技术主要表现为"自然的"选择过程，而随着人类认识和改造自然能力的增强，科学技术的发展则越来越取决于人的"价值的"选择。人的文化价值观成了规范科学技术的主导力量。

---

① ［美］米都斯等：《增长的极限》，166 页，成都，四川人民出版社，1984。

3. 生态价值观确立的合理性

科学技术不能也不应该为当下的人类生存困境负责，恰恰是人类自己有不可推卸的责任。因为在人统治自然的价值观下，人总是以功利眼光看待一切。人类对科学技术的价值判断和评价仅仅只是实用性的、纯经济或政治的考虑，而忽视了它与自然的价值或人类根本价值要求可能的背离。人们在追求合目的的科学技术效用的正面价值之时，不得不承受由此带来的违背人的更高目的或价值要求的负面价值。

科学技术的快速进步，使人拥有了支配、控制责任的巨大能力，这种能力的获得使人从自然界的消费者地位上升到调控者地位。作为调控者，人对自然生态系统具有道德责任和义务。然而，人类的理性常常滞后于科技变革的实际过程，不能及时认识到自己应负的责任与义务。在缺乏对自然系统深刻理解的情况下，人类无法避免与自然的激烈冲突。

呈现在人类面前的自然界原本是一个多样性的价值体系，除了经济价值外，还有生命价值、科学价值、美学价值、多样性与统一性价值、精神价值等。然而，在传统的人类中心主义价值观下，自然界的一切价值都被归结为人类价值，人类的需要和利益就是价值的焦点，科学技术仅仅是人实现人类需要和利益的工具。因此，人类困境，从根本上讲，不是科学技术发展所必然带来的问题，而是受传统价值观所规范的科学技术被实际运用的后果问题。造成人类生存困境的根源不在科学技术，而在于支配着科学技术运用的价值观，本质上是价值观危机。

近代以来人类追求的人对自然界的中心地位，试图以征服和控制自然、无限地牺牲自然来满足人类需要的价值观，在严峻的现实面前遭到无情抨击。《寂静的春天》作者卡逊认为控制自然的观念是人类妄自尊大的想像产物，是在生物学和哲学还处于低级幼稚阶段的产物。威廉·莱斯试图对控制自然的观念作出新的解释，认为它的主旨在于伦理学的或道德的发展，而不是科学和技术的革新，控制自然的任务应当理解为把人的欲望的非理性和破坏性方面置于控制之下。我们不应该把人类技术的本质看做统治自然的能力。相反，我们应该把它看做对自然和人类之间关系的控制。这种观点对正确理解当代人与自然的关系无疑是十分重要的。

人本来是自然的一部分，对自然的理解应当包括对人自身的认识。这样，控制自然观念便具有双重内涵，即对外部自然的控制和对内在自我的控制。早期人类控制自然的能力很弱，人的作用不至于破坏自然生态系统的自我调节功能，因而控制自然主要表现为对外部自然的控制。随着支配自然能力的迅速增强，人类对自然的破坏力也相应扩大。这时，控制自然也应当包括对人类干预自然造成的负面效应的控制。只有对人自身能力发展方向和行为后果进行合理的社会控制，以约束人类自身的行为活动方式，才能保证对人的创造力的强化和对人的破坏力的弱化，把人与自然关系中的负面效应降到最低限度。

从对自然的控制转向对自我的控制，表明传统价值观的合理性在当代的失效。人类需要一种人与自然的新型关系，即生态价值观下的人与自然的协调发展关系。与传统价值观那种把自然视为“聚宝盆”和“垃圾场”的观念相反，生态价值观把地球看做人类赖以生存的惟一家园。它以人与自然的协同进化为出发点和归宿，主张以适度消费观取代过度消费观；以尊重和爱护自然代替对自然的占有欲和征服行为；在肯定人类对自然的权利和利益同时，要求人类对自然承担相应的责任和义务。

生态价值观把人与自然看成高度相关的统一整体，强调人与自然相互作用的整体性，代表了人对自然更为深刻的理解方式。现代生态学理论揭示出，整体性是生态系统最重要的特征。自然界是由物质循环、能量流动、信息交换多样性构成的巨大有机整体，每一物种都占据着特定的生态位，都离不开与其他物种的联系和对环境的依赖。系统依靠复杂的反馈机制，实现自我调节和自我维持功能，保持系统在一定时空中的相对稳态。当代生态危机正是人类从系统中取走过多的生物产品，向系统输入超出系统净化能力的污染物，引起系统退化所至。这是人类在尚未充分认识和能动把握生态规律情况下盲目活动的结果。

生态价值观反对不加区分地运用一切技术，反对刻意追求技术的工具效用。它对技术具有明确的价值选择，即技术的运用不仅要从人的物质及精神生活的健康和完善出发，注重人的生活的价值和意义，而且要求技术选择与生态环境相容。

随着生态运动的纵深发展以及生态价值观的逐步确立，科学技术范式正在发生转变，显现出明显的“生态化”发展趋势。这种趋势最终将导致社会生产和生活方式的根本性转变。必须指出，科学技术并非作为一种独立的力量推动人与自然关系的演化。它的作用要受到文化背景及价值观的制约。科学技术的工具性特征使它自身缺乏判断。它既可帮助人类摆脱自然对人的奴役，也可以为人类统治自然的目的效力，还能成为推进人与自然协同进化的中坚力量。尽管科学技术参与价值观的形成，然而，价值观一旦确立，科学技术的作用就将被特定的价值观所规定。科学技术的能动调节作用总是在与一定的价值观共同作用下体现出来的。生态价值观的确立，将使科学技术在人与自然之间发挥更大的调节作用。

三、生物多样性减少问题与对策

1. 生物多样性减少的问题

生物多样性是社会生物学旗手 E. 威尔逊在 1981 年提出的概念，它包含着在进化过程中生物物种分化的意思。根据威尔逊的理论，每一亿年发生一次殃及全球的生物大灭绝，过去共发生了五次，现在正进行着由人类活动引发的第六次地球生物大灭绝。①

现代的生物多样性，并不只是生物物种的多样性，还包括遗传因子的多样性、生态系的多样性和生态景观的多样性。这四个层次的生态多样性都在减少。遗传因子的多样性是指存在于一种物种中的遗传形质的多样性，例如在每个人身上就存在着多样遗传特性。即使物种没有灭绝，但随着个体数的减少，种的遗传形质也会受到损失。而如果一度陷入灭绝的危机，即便复活，作为种的残留下来的一部分的子孙也失去了很多遗传的多样性。由于生物与生物的联系、生物与环境的联系的多样，依据气候、地形及其他条件，地球上存在着大量的生态系统，这就是生态系的多样性。此外，还有由生物及其所处环境和生态系创造的生态景观，它们也是多种多样的。不幸的是，这样的生态系、生物景观的多样性也正在失去。

国际社会并关注生物多样性的减少问题，在 1992 年的世界环境高峰会议上，签订了《生物多样性条约》。与生物多样性有关的条约还有，对野生动物来说非常重要的《湿地保护条约》(1971 年)、关于濒临灭种野生生物国际贸易的《华盛顿条约》(1973 年)、关于保护世界文化遗产和自然遗产的《世界遗产条约》(1972 年)、关于跨国界转移动植物的《波恩条约》(1979 年）等。所谓生物多样性条约，就是在地球范围内保护生物多样性的条约，目的在于保护各种各样的生物和生态系。

但是，参约各方的保护生物多样性的立场是不尽相同的。哲学上关于环境保护和生物多样性保护的观点也很混乱。为了解决这个问题，必须在总体上正确考察人类—自然的关系和人类—社会—自然的关系。

2. 生物一样性和多样性的辩证法

生物学历史上最有名的故事之一是进化论之父达尔文在 20 年中没发表他的

① Wilson, E. O. *The Diversity of Life*. Cambridge, 1992.

理论这件事。为什么会这样，可以举出几个理由，可是哪一个理由最有说服力仍无定论，生物史学家还在为此争论。

像众多研究指出的那样，达尔文的自然选择说和资本主义形成时期的自由竞争是近亲，在主张上帝创世论的基督教兴盛的情况下，达尔文作为一个唯物主义者，有必要隐藏自己的思想。同样可以推断的是，达尔文很重视自己的研究成果，力求使之更完善，因而在发表时就更慎重。实际上达尔文的理论涉及了生物多样性问题。进化依赖于自然选择，没有多样的生物，自然也就无法选择，而多样的生物是如何存在的，则是达尔文理论面临的重要问题。

在这里，为了和生物学对比，看一看自然的物理学和化学的侧面。在物理学和化学上自然的表现与其说是多样性，不如说是无个性。例如，同一种元素毫无差别可言，同位素在同一原子量的情况下也没有差别。更进一步，热力学第二定律的成立要求原子是没有个性的。与之相对，生物学特别是生物保护学认为，生物多样性包括遗传基因的多样性、种的多样性和生态系的多样性，它们贯穿于生物进化的所有层面。

当然生物多样性是以生物一样性为前提的，如果没有一样性，那么多样性即使存在，也只能是一种散乱的状态。生物一样性的共同物质基础是 DNA、RNA 和蛋白质（病毒是一种退化的动物，只带有任何 DNA 或 RNA 的一种，可被视做例外），这点也是认为现在多样的生物来源于同一祖先的观点的根据。另外，作为进化结果的现代动物种群的关联，创造了一样性和多样性的统一性。

这种一样性和多样性，是贯穿于生物所有阶层的生物的根本矛盾，是生物的辩证法。

第一，这个特性已经在物质层次中得到显示。例如，蛋白质由 20 种氨基酸组成，这 20 种氨基酸又关联着成百上千的初级蛋白质。这样组合得来的数字是 20 的几百次幂，计算出来是一个天文数字。而这正是生物特性的物质基础。例如，免疫系统能够区别“自己”和“他人”的异同，遗传因子本体 DNA 由 4 种氨基中的 3 个一组一组地组成，决定各种各样的氨基酸。

第二，现代生物学已经在个体水平一般地证明了同一的遗传因子在细胞、大脑以及肌肉中的存在性和由遗传因子组成的细胞、组织和器官的多样性，而且由多样性的组织、器官组成的个体作为一个整体进行着活动。

第三，从常识上讲，属于同一个种的个体也有着各自的特性。一般地，属于同一个种的个体带有互相生殖的可能性，这种生殖维系着种的延续。例如，狮和豹杂交生出的狮豹没有生殖能力，狮和豹就被认为不属于同一个种。在同一种属的情况下，个体表现出以染色体个数在内的多方面的共同点，这是其一样性。但是应该注意到种的内部存在着造成多样性的机构，同一种内也保持着遗传的多样性。在创造多样性方面发挥重要作用的是有性繁殖，造成多样性的机构还在各个层面上受到环境的影响。

第四，生物物种数以千万计，还在继续分化出目前无法正确把握的更多的种，这些物种互相关联，维持一定的状态，但也朝着一定的方向发展、进化。生物的多样性是建立在生物进化过程中种的分化和灭绝这两极平衡的基础上的。

也就是说，生物在各种各样的水平上，在原则上保持着潜在多样性的一样性，因此，是以多样化和多样性为前提的统一。换言之，无论在哪个层面上，生物都是由多样性和一样性组成的。这个多样性和一样性的矛盾，又支撑着更上一层的生物。进化也来源于多样性和一样性的矛盾。而作为生物种间关联之要素的人类，脱离了生物界全体的多样性也就不能生存。

3. 生物多样性减少的原因与对策

现在生物多样性的减少，是客观自然反映出的人类社会构造的问题。在考察生物多样性减少的原因和责任时，就不能不反思人类社会的存在方式。根据生物保护学理论，从自然破坏是人类及其社会存在形式的反映的立场出发，可以把生物多样性减少的原因概括为：自然环境的人为改变、生物的捕获和采集、人类对生物的干扰、移植生物的增加，等等。

第一，自然环境的人为改变，在不同程度上存在着。首先是自然环境自身的消失，热带森林的砍伐造成了很多生物失去栖息之所。现在还不能判明热带森林砍伐对生物多样性造成了多大损失，原因在于热带森林中有多少生物和生物多样性存在还不清楚。但是已经知道的物种有一半生活在其中。即使用科学数据描述由于热带森林消失引起生物多样性消失的完整图像有困难，但热带林消失引起生物多样性消失的判断则是不争的事实。热带森林的消失主要是由烧荒垦田、伐木取材、牧场农场占地造成的。传统的烧荒垦田还能保持深山的定常状态，现在的烧荒垦田大多是发展中国家的人们为了摆脱贫困而为之，是使贫穷国家越来越贫穷的国际环境和帝国主义促发的。日本、美国等发达国家以绝对经济差距为前提的对发展中国家的资源掠夺，对这种状况负有不容推卸的责任。人类的其他活动也可能造成自然环境的消失，如填埋湿地、采伐温带林、资源开发、建设高尔夫球场、建设滑冰场等。

在自然环境自身没有消失的场合，也有因为生物生息环境的分割或细分化等给生物生活带来毁灭性破坏的情形发生。道路建设，即便道路本身没有占用很大的面积，但却分割了生物的生息环境。生物个体群被分割为更小的生物个体群，使之面临着灭绝的危险。除了道路建设，水坝建设、森林砍伐等也都分割或者使生物的生息环境细分化。

第二，自然环境的人为改变，改变了自然环境的质量。地球温暖化、臭氧层空洞带来的紫外线增加等降低了环境的质量，不仅直接影响了人类的生活和生命，而且对各种各样生物的生存和生活都带来了很大的影响。以地球温暖化为例，海平面上升致使一些生物的生息环境消失；在气候变动的场合，气候变动的速度快于生物适应的速度，迫使生物分布改变；不能及时调整分布的生物可能要灭绝。环境质量的改变还可以由油罐泄漏、酸性沉降物增加等引起。

第三，采集、捕获、驱除害虫等活动是直接作用于生物的行为。当然，人类没有这些活动，过去不能、现在也不能生存，但是这些活动的规模在现代已经大到了足以威胁生物物种存续的程度。例如，使用农药可以越来越有效地消灭害虫，但并不只是这样，事实是在使用农药消灭害虫的同时，大量的害虫之外的生物也被杀害了，而且农药还会在空间上扩散，在时间上残留，即流向目标区域以外的地区，对更广大的区域的生物产生影响，在生物体内积蓄，从长期的观点看，会破坏生物的生存和生物多样性的恢复。捕获也会带来同样的后果，因为捕获可能伤及大量目标以外的生物，比如从底向上布网捕捞，确实可能把海底生物一网打尽。另外珍稀物种还成了某些爱好者采集、捕获的对象。物以稀为贵，珍稀物种的高昂价格，诱使贫困地区的人们不断违法偷猎。

第四，移植生物产生的问题。人工引入的移植生物捕食原有的物种，和原有的物种竞争，扰乱了原来的环境。原有物种缺少好的对抗手段，其生态系全体受到移植物种的毁灭性打击的事例并不罕见。一般地，生物适应其固有的环境，难以在其他环境生存，但引入者为了让被引入的生物能够生存下来，通常人工改变环境或提供人为的环境，可是这种人类行为的直接后果是破坏了原来的环境，危及原有生物的继续生存。

生物多样性是人类社会生存方式在自然界中的反映，生物多样性的减少，实际上就是人类社会多样性的减少。生物多样性减少的问题，需要从自然科学和社会科学两方面加以研究，在自然界中破解人类社会的构造的秘密。发达国家采伐、进口热带森林等对发展中国家的资源掠夺，发达国家为回避国内公害风险向发展中国家转移有公害危险的工厂等，都引起了以生物多样性减少为主的环境破坏。

生物多样性的保护有三种对策：人类毫不介入的保存（preservation）、人类介入但能够维持现状的保卫（protection）、人类不过分利用又能维持自然的保全（conservation）。例如，对于残存下来的为数甚少的原生自然要求严格地保存；对于濒临灭绝、个体数量少、在生态系中又易于受到天敌攻击的物种，人类必须伸出保卫之手。

但是，人类、社会都是自然的一部分，不利用自然就无法存续。也正因为如此，人类必须在利用自然的同时保全自然，其实人类利用自然并不一定就破坏自然。相反，也存在着人类社会的利用守护着生物多样性的事例。生物多样性保护和人类社会的存在方式有关，但并不是和人类社会的存续、发展相对立的，而是人类本来渴望的东西。现在生物多样性减少的危机，是人类社会生存危机的反映，解决生物多样性减少的问题，也就是解决人类压抑问题。

四、对自然的道德关系与环境伦理学

1. 对自然的道德关系

环境伦理学出现在 20 世纪 70 年代，是应用伦理学的一个分支，它的创新之处在于考察人类对自然的道德关系。在环境破坏深刻化的过程中，产生了重新追问人与自然的关系是怎样、应该怎样的现象。但是，很长时间都没有真正把人对自然的价值关系作为伦理关系做过考察。

这种情形产生的背景之一是观念论的影响。观念论强调人类对自然的精神的优越性和超越性。时至今日，已经明确了人类是自然的存在，没有适当的自然环境，人类的生存将不可能。这暴露了把人类视为脱离自然的存在的观念论的破绽。与观念论相对立，快乐主义把目光投向人类与自然的物质关系，把自然当作满足人类物质欲求的手段。快乐主义从有用论的立场出发对待人对自然的价值关系，而不是从道德的观点出发理解这种价值关系。

在人类对自然负有责任和义务的场合，人类对自然关系就带有道德的性质。至今为止的道德，考虑的是人类行为对他人和社会所负的责任和义务。从这样的立场来看，人类对自然有所行动时，其行为不是对自然的义务，而是对他人或社会的义务。视人类对自然负有义务的观点，是对自然作了拟人化理解的结果。

在人类历史上，义务观念比权利观念出现得早，对他人和社会的义务起源于人类共同生活的相互依赖，人要考虑他人和社会并对其有所贡献，反过来也得到他人、社会的考虑和贡献。类似的逻辑，也应该存在于人类与自然之间。人类承受自然的恩惠，对这种恩惠的回应就应该是人类对自然的义务。可是，对自然的义务并不是来自某种自然物的个别的、直接的恩惠，例如，保护珍稀动物的义务就不是产生于对它们与人类利益的考虑。保持生态系，可以丰富健康的人类文化生活。这样，对自然的义务就变成了对人类自身的义务。

保护自然的义务，并不只产生于人类物质生活依存于自然，也产生于人类精神、文化生活与自然的结合。自然不仅是人类文化生活的素材、价值评价的对象，而且是与人类交流、对话的对象。高等动物以外的自然物虽然不具备向人类传达自己意志的能力，但是人类可以就自然物作用的意义，对自然物施加影响，这也是一种交流类型。这样的交流当然不是人类间的那种对等交流，但也不是单纯的比喻和拟人。与自然的对话，是作为人类与自然结合之根本的人类丰富创造力的基础。

马克思非常重视产业在人类与自然结合时的积极作用，在他的早期著作《1844年经济学哲学手稿》中确认了人类是自然的存在，同时明确了人类不是被动的、受自然制约的存在，而是通过产业能动地变革自然。马克思强调人类不只是单纯地通过劳动从自然获取生活的材料和手段，还在变革自然的过程中表现和实现生活过程。在通过产业确证人类“自然本质”的同时（人类的自然化），还确证了自然的“人类本质”（自然的人类化）。

根据马克思的观点，自然包括人类外部环境的自然、人类自身内部的自然以及通过产业生成的人工自然。这里所指的人类自身内部的自然不只是人类的自然成分（身体的、生理的部分），还意味着作为全部物质生活主体的人类。

马克思在《资本论》中进一步把劳动考虑为人类与自然之间物质代谢的基础，人类通过劳动加工自然，消费加工产品并排放废弃物，这是一种物质代谢。马克思还在自然全体中发现物质、能量的交替（“自然的物质代谢”），劳动的物质代谢以自然的物质代谢为基础。一旦劳动破坏了自然自身的物质代谢，劳动和消费就不能正常继续。

自然界是一个共同体，人类是其中的一员。人类位于地球上进化的顶点，但这不是把人类支配其他自然物及生物的行为正当化的理由。确实，自然共同体的成员不是完全平等、和平共处的，人类存在于与其他生物的生存竞争中，允许为了自己的生存牺牲其他生物的行为。但是生物通过生存竞争维持着生态系的调和。因此，不能允许人类在生存竞争的名目下把生态系破坏到不可恢复的程度。

人类以外的自然物不能成为担负共同体道德的主体，虽然人类以外的自然物或生物在自然界中也发挥着各自的作用，但那是无意识的、不可期待和要求的。人类意识到对自然依存，就自己提出了自己对自然的义务。自然物是道德的客体（义务的对象），不是道德的主体（要求的主体）。

在科学技术不发达的阶段，人类与自然调和生存，也许没有明确意识到对自然的义务。现在人类高度发展了科学技术，甚至把自然破坏到不可恢复的状态。

人类一方面依存于自然，另一方面又依靠科学技术而处于与自然的相互依存（食物链等）之外。人类一方面利用科学技术向自然索取利益，另一方面也在破坏作为人类生存和生活基础的自然。人类对自然义务的意识就产生于人类特有的这种矛盾中。

2. 环境伦理学的可能性

要追问和判定一种学说是何以可能的，就要全力找出它赖以建立的理性条件。环境伦理学建立的可能性，在于它必须满足以下两个内在的逻辑条件。首先，它应当符合伦理学的一般规定，即环境伦理学应是关于主体际关系的行为规范的学说。它的理论构架应以主体际为基本向度。其次，环境伦理学又必定涉及人与环境的关系，即将“主体—自然客体”关系作为伦理关系来对待和把握，将人指涉自然环境的行为作为伦理行为来规范，建立关于环境的伦理学。

初看起来，上述两个条件是相互冲突的：按照道德即主体际学说、而主体际即人际关系的条件，那么，必然的结论是：伦理学是天生排斥自然环境这一“客体”作为对象极的。反之，按照环境伦理学的人必须面对自然环境的要求，就要建立包含“主体—客体”两极关系在内的伦理学框架。环境伦理学似乎内在地存在着一个“逻辑矛盾”：“环境”（人与自然或主体—客体关系）与“伦理学”（主体际或主体—主体关系）的相互排斥。环境伦理学建立的可能性问题因此而转换为一个框架的逻辑相容性问题：主体—客体关系何以可能进入伦理学，并与主体—主体关系在伦理学层面上有兼容性？

当代环境伦理学是基于人类文明的积极成果，对工业文明产生的内在矛盾问题的积极解答。其论证的思绪，可大致分为三大思路。

第一种思路是以人类中心主义为本位的环境伦理学。环境伦理学其实是依据人类中心主义对环境的关系来实施的一种策略。起点和归宿点均是人类和人类利益。人在悖谬自然的意义上再造自然，因此便成了人化自然，于是，环境伦理学就在属人的意义上被建立起来了。

第二种思路可谓之生态伦理学。这一理念认为：环境、生态、物种，自身就是主体，人与自然环境的关系就是平等的主体际关系。因此，人对自然环境负责，就是对一个“他者”负责；人类行环保之责，就是在尊重另一极的存在；人对自然的开放，就是呵护自然“内在的价值”和生存的权利。环境伦理学就是将人文法则逐步推广到非人类的自然——从动物到植物，到所有的生命存在，再到大地生态环境。

第三种思路即生态系统论观。从大地伦理学出发，认为自然界既然是一个协同的自组织系统，因而每一存在物都有对整体而言存在的价值，这种价值不是仅相对于人才存在的，而是相互的价值，因而也是自然界内在的价值。利奥波德的大地伦理学是这种整体主义伦理学的一个典型代表。他说，任何行为，只有当它有助于保持生物群落的完整、稳定和美丽时，它才是正确的，反之就是错误的。人作为生态群落中的一员，理应维护和优化这一整体价值。

上述三种环境伦理学论证思路各有自己的依据，但总的来说都是有偏颇的。以主体—客体为框架的人类中心论，不能解释利害关系之“是”何以能转化为道德之“应当”？从道德的角度来看，自我约束的对象始终只是人类自我的行为，而不是自然客体。自然客体并没有与人类对等的道德回应力。生态中心主义的思路通常被认为是一种整体主义思路，即从生态系统的内在关联性导出各种存在物都有一种内在的价值。因此，尊重万物的内在价值，就是环境或生态伦理学。但它又不能不承认除人而外其他的存在缺乏道德主体所应有的自主、自觉和自为的性质。既然非人化的存在没有主体的资质，又怎样与人建立起道德交往关系呢？进而言之，从相互依存的生态系统状态之“是”中又如何导出道德价值之善呢？

环境伦理学合理的理念构架是一个交往实践观的完型。伦理学的主体际性与环境的客体性之矛盾只有在交往实践观中才能得到合理的解答。将环境保护的实践结构理解为一个单一“主体—客体”，必然存在着重大的缺陷。

其一，单一主体性。任何环境伦理学的建构应当突出作为人的主体性，人类的利益始终是环境伦理学的某种实在基础。但突出主体性并不等于指称主体的单一性。而以往的“主—客”框架却将主体性变成了环境伦理学主体的惟一性、单一性、同质性。它将人类抽象为一个同质的主体，一种内在无声的类的聚合，因而实际上被当成了个体的简单放大。这样一来，它必然因排斥主体际关系而与伦理本性相分离。用“主—客”模式去考察环境问题时，伦理学在此之外；而一旦我们力图去规定和说明环境的伦理性时，则必然超出这一模式本身——这正是伦理学与环境在学理意义上分裂的根源。

其二，褊狭的认知领域。环境伦理学从总体上说，是一个多元化的或多极的主体通过多种活动形式实现的关系系统。其中既包括着主—客关系，即人与自然的关系，也同时包括主体际关系。然而，传统环境伦理学仅涉及主—客关系，或者高扬人类中心主义，或者鼓吹生态中心主义，将抽象单一的主体或者归结为人，或者归结为环境，在两极框架中摆动哲学思辨。它因忽视了主体际关系而不能科学地说明人与环境、人与人的总体关系。

其三，片面的评价域。自我评价、对象评价和主体际互评是环境伦理学价值评价的三大要素。而传统环境伦理学却只涉及前两者而摈弃了后者。最后，传统环境伦理学还必然是狭隘的环境保护理论。人与环境的相互促进被视为环境保护的基本动力。其实，主体际交往关系以及各种交往共同体之间的互动也是推动环境优化发展的强大动力源。

交往实践是指多极主体间通过作用或改造共同的中介客体而结成主—客—主关系结构的物质活动。作为超越传统实践观的新理念，它包含以下几个方面新内容。

其一，交往实践是多极主体性的。支撑环境伦理学总体框架的绝非单一主体的利益，而是由不同的、异质的主体及其利益构成的。永远有一个大写的“他者”，与“我”相对。“他”与“我”构成不同的交往共同体：这一个人与那一个人，这一群体与那一群体，这一民族与那一民族，这一代人与下一代人，等等。纵横交错的主体际关系是利益关系，也是伦理关系。是利益基础上的伦理，或是伦理形态中的利益。

其二，交往实践是双重关系的统一体：“主—客—主”结构。它兼有以往“环境”与“伦理学”双重关系于自身。一方面，主体与客体的关系，人面对自然界或在自然之中；另一方面，主体际关系，自然在人类的怀抱中并是主体际的中介。这样一来，我们每一个人，在面对自然客体之时，实际上就是通过中介客体来与另一个“他者”主体相遇；每一个人与环境的关系不过是“我”与“他者”关系的一部分；“我”所面对的环境，或迟或早都会成为他者实践的客体；人类通过环境中介而结成伦理关系。“我”破坏环境，不仅损害自己的利益，而且间接伤害他者的利益；我尊重生态的权利，实际上就是在尊重他者的生存权利。因此，人与环境的关系，就成为主体际伦理关系的轴心；而伦理关系又必然地将环境因素作为主体际的中介而包容其中。这才为环境伦理学的建构奠定基础。

其三，三重评价机制。在主—客—主结构中，环境伦理学具有三重评价关系：自我评价、对中介客体即环境的评价，以及主体际互评。自我评价是指主体对自己施于环境对象之上的行为之利弊得失所作的判断。而所谓对中介客体即环境的评价，是指对在人类行为作用下的自然环境所发生的变化是否优化或劣化及其对人类生存利益的影响所作出的判断。进而言之，所谓主体际互评，即是多元主体相互对自我和对方的行为所引起的自然环境的变异之优劣对于对方的利益及主体际关系的影响所作出的判断。显然，在交往实践中，自我评价、对环境的评价以及主体际互评乃是同一过程的不同方面。因为任何交往实践都同时是双向建构、双重整合的。所谓双向建构，即交往实践不断地一方面建构着主体、客体和另一极主体，另一方面建构交往关系，并使之相对应。所谓双重整合，即一方面通过交往的反身性整合出“这一个”主体，另一方面又整合出交往的共同体，而人们每时每刻都处在这种或那种交往共同体之中。不同的交往共同体构成了环境伦理学发生的不同语境。

交往实践观所给予的环境伦理学理念是以人为本的，认为只有人才是道德主体。环境是道德的受体，而不是主体，它缺乏与人相等的道德回应力。种际道德、族际道德或大地伦理只有建立在以人为本的基础上才有可能。“争取所有生命的权利”是“人”向“人”的呼唤，是指向环境这一中介客体来进行的主体际对话，它本身就是在精神层面的“主—客—主”关系。环境保护的推动力也来自这一结构。与此同时，它又是多极主体的，既是说，建立道德结构的是主体际关系，而且是包含了环境客体的主体际。交往实践观能够满足环境伦理学的两个看似矛盾的条件，并以新的框架包容了以往所有环境理念的积极成果。人对自然环境的关系，是通过与自然的关系而建立的伦理关系，是主体际关系的一部分。

3. 环境问题与社会公正

（1）环境的公正。

对环境问题进行的伦理思考，来自自然的恩惠、环境破坏带来的损害，以及环境保护责任的分担等重要问题。如何在有关个人、集团之间实现“环境的公正”？公正问题与个人、集团权利保障的关系是个热点。

所有个人、集团既有在适当的自然环境下生活的权利，又有保护环境的义务。为了保护环境，要限制、牺牲人类的利益，这样造成的损失、负担在人们之间怎样分配是环境伦理学的基本问题之一。现实中就发生了关于利用环境资源的集团与环境破坏中被害集团间的显著不公平现象。这种状况不改变，不利集团（发展中国家、贫困阶层、儿童、老人）的负担今后会更沉重。

（2）对将来世代的义务。

环境伦理学的另一个基本问题是，就环境保护而言对将来世代是否负有责任或义务？如果有，那么其理由何在？否定对将来世代义务的根据是，只有现实中相互关联的人们之间才有义务成立，但是这样就过于狭隘地理解了人们之间的关系。现实中不少不同世代的人们共同生活，这些世代之间有的就不存在相互对等的义务关系。例如，在一些特定的家族里，父对子的义务与子对父的义务就不能认为是对等的。但是，从社会的观点看，父对子的义务是养育将来的世代，这是对养育自己世代的先辈的报答。世代间伦理是以人类文化的继承为基础的。

为将来的世代留下美好的环境是基本的义务。有人认为，由于将来的生活、意识的变化，对自然环境的见解、态度也在变化，什么样的环境是将来世代喜欢的环境无法判断。但是对于将来世代来说，基本的生活条件不会有很大改变，不损坏这种基本生活条件就是现在世代的最低限度义务。

所以，1987年“环境与开发世界委员会”在向联合国提交的议案中指出，“各国必须为了现在和将来世代的利益保护和利用环境和自然资源”；1992年里约热内卢的《环境与开发宣言》提议，“必须为公平地满足现代和将来世代开发及环境上的需要行使开发权利”。

（3）南北问题。

发达国家和发展中国家经济上的“南北差距”在环境问题上也深刻地表现出来。发达国家支配发展中国家的经济，剥夺发展中国家的资源，破坏发展中国家的环境，向发展中国家输出有害废弃物，转移破坏环境的工厂，被批判为公害输出。对发展中国家的经济援助究竟对提高当地居民生活水平、保护当地环境有多大的贡献也存有疑问。

20世纪80年代末期以来，“可持续发展”得到国际上的承认，但在发达国家和发展中国家之间还有差别。发达国家各国的最大课题是摆脱大量生产、大量消费的模式。诚然，依靠技术进步能提高各个点上的能源利用率，但消费总量却没有减少。制定、实施了各种各样的环境保护规制，可是如果经济生活方式不改善，事态就很难好转。

到现在为止的市场经济，一直把自然环境和资源作为无偿的东西加以使用，事实上自然环境、资源是民族以及人类的共同财产，利用或者破坏时应当承担相应的责任。这是对自然的经济责任。市场经济原理中虽然不包括环境保护，但是如果有社会的规制或诱导，市场经济也有在适应社会要求的条件下追求利润的柔软性。另外，向环境保护型经济转换，也可能激活市场、创造就业。

发展中国家在为改善人民生活水平致力于开发的同时，还要面对保护环境的难题。贫困和环境破坏已经逐步陷入恶性循环，原来与自然环境共存维持生活的居民，在社会、经济环境急变的情况下，不得不中断原来的生活方式，为保生存而开始破坏环境。

生活在不同自然环境下的各民族创造出多样的生活和文化，因此，人类全体适应着环境的变化生存至今，今后必须要灵活运用人类的这种经验。自然（生态系）的多样性的保持与民族生活、文化多样性的保持密切关联，保护自然环境就可以保护各民族、各文化之间的共存，在此基础上的国际合作非常必要。

（4）生活权与环境权。

第二次世界大战以后，获得健康的、有文化意味的生活的权利被包含在基本人权之中（《世界人权宣言》），20世纪80年代以来更进一步，在适当的自然环境、生活环境下生活的权利（环境权）也得到承认。1987年“环境与开发世界委员会”提议，“所有人都拥有为了健康和幸福享受自然的权利”，1992年的里约宣言指出，“人类拥有获得与自然调和的、健康的和生产生活的权利”。

但是，现在存在围绕着享受环境权的不公平现象，环境破坏损害集中在“社会弱者”阶层（贫困层、孩子、老人、女性、少数民族等）。为了保护环境，除国际视角、民族视角、国家视角之外，还要考虑地域的视角。对于环境保护来说，居民参加有着重要的意义。居民与地域环境的利害直接相关，而且他们一直维持着与自然环境调和的生活方式。特别是在为保护环境使他们对自然的享受受到限制、牺牲时，有必要征得他们的同意。没有作为直接当事者居民的同意和运作，环境保护将是一句空话。里约宣言也宣称，居民有获得适当信息、参与决策过程的权利。

第四章 科学发展观与可持续发展

随着科学的发展以及人类改造自然能力的增强，工业时代的人类在使国民生产总值呈指数增长的同时，人类对自然环境的破坏呈现加速和全球化趋势；在人口剧增、人类对资源的消耗剧增的同时，自然资源日益贫乏。也就是说，人类在对自然进行巨大改造的同时，给自然带来了巨大的破坏；人类在自身得到极大发展的同时，使全球濒临灾难的边缘。全球性的人口危机、资源危机、环境危机，使人类处于生死存亡的紧急关头：要么沿着传统的老路走下去，从而加速人类对自然的破坏和人类的灭亡；要么沿着可持续发展的道路行进，从经济增长观转型为可持续发展观，从工业文明转型为生态文明，留下一个适合于后代生存的地球。

一、增长的极限与“发展”的危机

1. “增长的极限”

人类社会在使得人口和生产呈指数增长的同时，也使得资源消耗和环境破坏呈现剧烈的增长。整个 20 世纪，人类消耗了 1 420 亿吨石油、2 650 亿吨煤、380 亿吨铁、7.6 亿吨铝、4.8 亿吨铜。占世界人口 15% 的工业发达国家，消费了世界 56% 的石油和 60% 以上的天然气、50% 以上的重要矿产资源。如此巨大的消费，是靠透支地球自然资源的存量取得的。这不仅减少了人类赖以生存的资源数量，出现资源危机，而且破坏了生物赖以存在的生态环境基础，造成了地球所储存能量和物质的巨大消耗，引起地球生态呈现不稳定的状态，引发了自然地理环境的恶化，无情地报复了置自然地理环境保护于不顾的人类。如果听任这种状况继续下去，那么人类社会的发展在一定时间内会在达到某一极限之后很可能会出现崩溃。①

"罗马俱乐部"成员、美国科学家米都斯在 1972 年出版的《增长的极限》一书中，首先提出了"增长的极限"的概念。他认为，地球是有限的，在地球上决定人类命运的有五个因素：人口、粮食生产、工业化、污染和不可再生的自然资源消耗，这五个因素每年都按指数在增长。当这许多不同的因素在一个系统里同时增长时，在一个较长的时期中，每一个因素的增长都最终反馈影响自身，形成恶性循环。这个恶性循环走向极端就是地球上的不可再生资源会被耗尽，环境污染会无法消除，粮食生产的增长会终止。总之，人与自然界在相互作用中最终将遭到灾难的冲击。

《增长的极限》发表后，在全球范围内敲响了人和自然关系危机的警钟，使西方社会长期以来流行着的"自然资源是无限的、科技进步和物质财富增长是无止境的"盲目乐观主义思潮受到极为强烈的震撼。这是人类第一次用系统动力学方法研究人类社会未来的发展，从而建立了第一个"世界模型"；第一次对人类发展的严重困境提出警告，使人们警醒过来，开始反思以往的社会发展道路，寻求对策，以避免人类可能遇到的困境。

当然，《增长的极限》一书所使用的模型过于简单。后来，米都斯对此进行了修正，得出的结论是：

（1）人类对许多重要资源的使用以及许多污染物的产生都已经超过了可持续的比率。不对物质和能量的使用作显著的削减，在接下去的几十年中人均粮食产出、能源使用和工业生产将会有不可控制的下降。

（2）上述的下降是不可避免的。要想防止这种下降，两个改变是必须的。第一便是修改使物质消费和人口持续增长的政策和惯例。第二是迅速地提高物质和能源的使用效率。

---

① 参见林培英等主编：《环境问题案例教程》，313 页，北京，中国环境科学出版社，2002 年。

（3）可持续发展的社会在技术和经济上都是可能的。它比试图通过持续扩张来解决问题的社会更可行。向可持续发展的社会过渡需要兼顾长期的和短期的目标，同时又要强调产出的数量。它需要的不只是生产率和技术；它还需要成熟、热情和智慧。①

虽然《增长的极限》一书中的某些预测没有成为现实，但是，这并不意味着人类发展的未来不会出现资源短缺、环境破坏。诚然，发达国家的环境确实有所改善，但这并不意味着《增长的极限》没有言中，而是因为他们听从了它的警告，从而改变了事态发展的方向。1999 年联合国环境规划署发表的一份题为《2000 年全球环境展望》的报告，在综合了全世界 850 多位科学家和 30 所著名研究机构的意见后提出：环发会议召开 7 年后，在体制建设、国际共识的建立、有关公约的实施、公众参与和私营部门的行动方面已取得一些进展，一些国家成功地抑制了污染并使资源退化的速度放慢，然而总体情况是全球环境趋于恶化，重大的环境问题仍然存在于所有区域和各国的社会经济结构之中，制止全球环境恶化的时间所剩不多。

实际上，经济活动受到自然的有限性、热力学第二定律以及生态系统承载力三方面的限制，尽管技术的进步和不可再生资源的更多利用能够在一定程度上打破这一限制，但不可能超越这一限制。经济不可能无限地增长下去。

摆脱生态环境危机与人类社会的发展并不矛盾，而只是与人类社会传统的发展模式相排斥，可以这么说，生态环境危机的产生正是与人类社会以往的发展模式以及发展观念的欠缺相关联。

2. 传统发展观的误区及其引发的危机

在不同的时期，人们对什么是发展以及如何实现发展的认识水平却是不同的。18 世纪工业革命开始以来，人们总是把发展片面理解为科学技术的发达和国内生产总值（GDP）的增长。这种传统工业文明发展观存在着很多误区，主要表现在以下三个方面：

其一是忽视环境、资源、生态等自然系统方面的承载力。许多世纪以来，由于人们对自然界的本质和规律的认识水平较低，生态知识有限，把美丽、富饶、奇妙的大自然看做取之不尽的原料库，向它任意索取愈来愈多的东西；把养育我们世世代代的自然界视为填不满的垃圾场，向它任意排放愈来愈多的对自然过程有害的废弃物。近三百年来，人类自恃科技的力量和无上的智能，以自然界的绝

① ［美］唐奈斯·H·梅多斯等：《超越极限：正视全球性崩溃，展望可持续的未来》，5 页，赵旭等译，上海，上海译文出版社，2001。

对征服者和统治者自居，肆意掠夺和摧残自然界的状况愈演愈烈，严重破坏了生态平衡规律，大大损害了大自然的自我调节和自我修复能力。

其二是没有考虑自然的成本。传统的发展观倾向于单向度地显示人类征服自然所获得的经济利润，没有考虑经济增长所付出的资源环境成本。这样的经济核算体系容易带给人们"资源无价、环境无限、消费无虑"的错误思想。而在实践行为上则采取一种"高投入、高消耗、高污染"的粗放外延式发展方式。这样虽然实现了经济的快速增长，同时却给地球带来不可估量的污损。西方工业文明发展的许多结果已经表明，今天的自然资源的过度丧失到将来也许花费成倍的代价也难以弥补。因此，那种不计自然成本、以牺牲自然为代价的增长不再有理由被视为是真正意义上的发展，真正的发展必须尽量少地消耗自然成本并有效地保持自然的持续性。

其三是缺乏整体协调观念。多少年来，由于人们对物质财富的无限崇尚和追求，总是把发展片面地理解为经济的增长和生产效率的提高，将注意力集中在可以量度的诸经济指标上，如国民生产总值、人均年收入、人均电话部数、进出口贸易总额，等等。20 世纪 30 年代以来，凯恩斯主义经济学一直把 GDP 作为国民经济统计体系的核心，作为评价经济福利的综合指标与衡量国民生活水准的象征，似乎有了经济增长就有了一切。于是，增长和效率成了发展的惟一尺度，至于人文文化、科技教育、环境保护、社会公正、全球协调等重大的社会问题则受到冷落或被淡忘。这种对经济增长的狂热崇拜与追求，不仅使人异化为工具和物质的奴隶，导致社会畸形发展，而且引发了大量短期行为：无限度地开发、浪费矿物资源，贪婪地砍伐和捕猎动物，肆无忌惮地使用各种化学原料与农药，弃生态环境于不顾，等等。

由于传统发展观存在着上述种种弊端，当人们庆贺经济这棵大树结出累累硕果的同时，人类赖以生存和发展的环境却被破坏得百孔千疮。

由传统发展观引发的危机主要表现在以下几个方面：

(1) 人口压力。世界人口在 20 世纪初为 16 亿，而 2000 年已超过 60 亿。目前，全世界人口正以每年近一个亿的幅度在增长，呈"人口爆炸"势头。预计到 21 世纪中期世界人口将达 100 亿。人口的飞速膨胀，意味着对多种资源如食物、水、各种矿产品以及各种用途的空间等需求量相应增大，这必然给地球上有限的自然资源带来巨大压力。难怪保罗·埃利希这位科学家和人类学家说："一颗人类的炸弹正在威胁着地球"。

(2) 空气污染。生命须臾离不开空气。然而，工业生产和现代交通每天向空中喷射数千种化学物质，严重污染了大气，导致许多有害现象。如由二氧化硫和氮氧化物等产生的“空中死神”——酸雨，不仅影响森林和其他植物群的正常发育，使湖泊酸化从而引起鱼群减产或消失，而且对建筑物、文物和金属还有腐蚀作用；二氧化碳、甲烷、氯氟碳化合物等在大气中含量不断提高，产生温室效应，这可能导致海平面因海水受热膨胀和冰山融化而升高，淹没沿海低洼地区的城市和耕地；氯氟烃等气体还消耗大气中具有“保护伞”作用的臭氧层，使太阳紫外辐射无阻碍地到达地面，增加皮癌、白内障等疾病的发生，等等。

（3）水源污染和短缺。水是生命的源泉。可是据分析，当前世界的淡水资源约1/3受到工业废水和生活污水的污染。世界上有100多个国家缺水，其中严重的有40多个。至于海洋污染更具有全球性的特点，人们常把海洋当作是“填不满的垃圾箱”，导致大量海洋生物死亡。而且，废物不断进入水中和在水中的不断积累，正在使被污染的水变得对动植物和人类无用甚至有害。

（4）土壤退化。土地是养育万物之母，也是一种难以恢复的环境要素。在自然力作用下，地球表面平均每千年才生成约10厘米厚的土壤层，每年生成的厚度比纸还薄！然而专家们估计，人类自开始耕作以来，因为砍伐森林、过度放牧和化肥农药的污染，全世界已经损失了300万平方千米的耕地，相当于损失了三个中国的生产用地。水土流失，已经被视为当今世界的头号环境问题。现在全世界每年流失土壤270亿吨。有人推算，如果地球上土壤的平均厚度为1米的话，800年后全球耕地就将消失殆尽！

（5）生物多样性锐减。人类自身的持续存在和生活质量的提高与其他生物物种的存在是息息相关的。但由于人口的压力，自然生态的破坏，对资源的过分开采及污染等影响，地球上的物种自1600年以来已有724个灭绝，目前每天有100个～300个物种临近灭绝。许多专家认为，地球上全部生物多样性的1/4可能在未来的20年至30年内有消失的严重危险。

（6）森林面积急剧减少。1991年世界森林大会宣告：全世界消失的森林面积已达到17万平方千米。这样递减下去，不到300年，森林就不存在了。而物种密度最集中的热带雨林正以每年1％～2％的速度被毁灭，如果50年至100年后热带森林从地球上消失，就意味着一半以上的物种将消失，这是对地球上生物多样性的严重威胁。

3. 造成传统发展观负面作用的根源

现代科技是现代社会发展的催化剂和巨大杠杆。但是，现代科技也给人类带来了负面影响，在观念上也产生了一些误区。传统发展观之所以造成负面效应，究其原因，主要是人类认识水平的限制和多种社会因素的作用。

（1）人类认识水平的限制。

就认识根源来看，首先要归咎于工业革命造成的片面的自然观——“人类是自然界的统治者”的观点。殊不知，包含人类这个生物种在内的自然界是一个有机的、辩证地存在和发展着的大系统，对于任何超出其自我调节和自我修复能力的内部异动和失衡，它都必然会作出异常的、对人类也许颇具威胁的反应。诸如生态平衡失调、环境恶化、资源匮乏、能源枯竭等现象，便是自然界这种痛苦反应的结果。英国经济学家舒马赫曾一针见血地指出：出现这么惊人、这么根深蒂固的错误，与过去三四个世纪中人类对待自然的态度在哲学上的变化有密切的联系，现代人没有感到自己是自然的一部分。

其次，是科学技术自身的局限性。大自然是纷繁复杂、千变万化的，科学技术作为人类对自然规律的认识和运用，是一个不断发展、充实和完善的活动过程，它在各个发展阶段上都存在不可避免的局限性。当自然科学的研究着重分门别类搜集材料之时，人们偏爱还原法，总喜欢把研究的事物分解为许多细部，即所谓“拆零”，往往忽略或忘记了部分之间的内在联系、部分与整体的联系以及事物与环境之间的联系。“只见树木，不见森林”，使人类忘记了自身属于自然界这个整体，把人类与自然界绝对对立起来，可能导致灾难性的生态后果。当今，人们对一些新技术和复杂技术如核技术、生化技术、重大工程技术的性质的认识仍欠全面、深刻，因而在实际设计和使用这些技术时往往欠合理、规范，预防事故的措施也不够健全，应用技术也可能给人类带来危害。此外，人类常常容易看到眼前的利害和直接的后果，难以充分觉察和预料长远利益和间接后果，进行决策和应用科技成果也可能造成失误。必须清醒地估计到，人类无论是凭借已有的科技干预自然，还是根据某种意志创造人工自然，总是难免部分地背离自然规律，招致意想不到的失误。

（2）多种社会因素的作用。

现代科技已不再是纯正中立的，它已和政治、经济、军事、社会等因素牢牢结合在一起。这种结合对于改善人类的生存状况，增强人类的发展潜力无疑起着关键的作用。但我们也应看到，一些个人、实业集团乃至国家，为了眼前的私利，肆无忌惮地滥用科技，以致产生了严重的科技异化现象。例如，在两个超级大国对抗的“冷战”年代里，大规模发展核武器和生化武器生产。据统计，当时全世界动用了5 000万科技人员（几乎占全世界科技人员总数一半）、60%的世界资源来发展、研究军事。20世纪80年代中期，全世界的核武器库贮存了50 000个核弹头，其总威力大约相当于100万个投放于广岛的原子弹。这意味着世界上的每个居民包括孩子在内正坐在具有3.5吨TNT当量的有待爆炸的烈性炸药之上。在当今科技革命迅猛发展、和平与发展已成为世界主题的新形势下，发达国家又把高科技作为国际政治生活的重要筹码，它们经常使用“科技封锁”、设定“技术禁区”对其他国家进行制裁，或通过某些新技术的输出，以换取对方的“政治让步”、“政治妥协”。科技落后的发展中国家在国际事务中常受摆布，受到不公正对待。如果说军国主义者以严厉的科技手段来自我毁灭，强权主义把高科技作为对其他国家进行制裁的惯用手法，那么经济实用主义却把现代科技的发展引上了邪路。当代科技成果往往被资本家集团所垄断，为了追逐高额利润和达到种种自私目的，他们可能不顾社会公德，用科技手段去干有害于人类的事；或以掠夺性经营的方式对待自然界，为了多销产品多赚钱鼓吹“高消费”，造成人为的资源“高浪费”和环境的“高污染”；或把危害环境的“污浊生产”（如化工、冶金、造纸、石油加工等部门）向发展中国家输出，等等。很明显，资本主义就其本质而言，不可能从根本上消除科技异化现象。

处在社会主义初级阶段的国家和发展中国家，由于缺乏健全得力的道德监督、法律控制，受其经济力量的制约，滥用科技成果的行为也经常发生。例如，资源国有制度，从根本上来说有利于资源保护和有计划地使用与再生，但也容易产生所有权不明确，管理责任和管理制度不落实，管理者缺乏主人意识等问题。其结果，自然资源得不到有效保护。再如，一些发展中国家为了实现经济起飞，摆脱贫穷，在技术落后、资金奇缺的情况下，往往不惜低价出售自己宝贵的自然资源，或者被迫引进那些在发达国家被淘汰的、污染严重、物能消耗大的技术和产业，这就会进一步加剧这些国家的环境、资源、能源的危机。

总之，种种科技异化现象的产生或加剧，都包含着各式各样的、不同程度的社会因素的作用。而这些社会因素的总根源，正在于特定的生产方式的局限。恩格斯指出：“到目前为止存在过的一切生产方式，都只在于取得劳动的最近的、最直接的有益效果……在西欧现今占统治地位的资本主义生产方式中，这一点表现得最完全。支配着生产和交换的一个一个的资本家所能关心的，只是他们的行为的最直接的有益效果。不仅如此，甚至就连这个有益效果本身……也完全退居次要地位了；出售时要获得利润，成了唯一的动力。”① 不合理的经济制度和社会制度，是产生包括科学技术异化在内的种种社会异化（如劳动异化）现象的本质根源。按照马克思对未来社会的预见，只有到了共产主义社会，社会化的人，联合起来的生产者，才能合理调节他们与自然之间的物质交换，把它置于他们的共同控制之下，而不让它作为盲目的力量来统治自己。当然，要实现马克思的美好预言，需要地球上几十亿居民的携手合作与共同奋斗。

① 恩格斯：《自然辩证法》，160～161页。

二、从经济增长观到可持续发展观

1. “经济增长观”的根本误解

在一切社会形式下，人类的生存和发展都必以经济活动为前提，以经济增长来保护人类生活质量的提高，增长经济成为人们孜孜以求的事情。这点在第二次世界大战后表现得更加突出。第二次世界大战后，随着一大批殖民地、半殖民地国家的相继独立，整个世界都忙于战后的重建、恢复和发展。西方国家和遭受战乱的国家把加速经济建设视为最紧迫的任务；战后所独立的国家和地区关心的是如何振兴本国经济，消除贫困，确立它们在世界体系中的地位，走上真正的自立发展道路。

在这样的背景下，在 20 世纪 60 年代之前，各国以发展经济学为中心、以物质财富的增长为发展目标来构建经济发展理论，促进经济的增长。当时，人们还没有把“发展”（development ）与“增长”（growth）两个概念区别开来，认为经济增长可以解决诸如贫困、收入分配不平等以及社会安定等一系列问题。发达国家和发展中国家的政治领导人，普遍把国内生产总值的数量的增加当作一个国家经济增长的代名词，GDP 的增长率几乎成为衡量一国经济绩效的惟一标准。如此就将经济增长等同于社会发展。

这样，社会发展就成为一种经济行为，经济客体成为发展视界的惟一或主要选择，经济增长的具体标准成为衡量社会发展的尺度，社会发展仅仅归结为国民生产总值的增加：国内生产总值增加了，社会也就进步了，社会发展的程度也就提高了。这是传统经济增长观的根本误解。

发展是大多数人渴望的目标，通过经济发展获得社会发展是大多数人的希望所在。但是，传统的经济增长观注重近期和局部的利益，片面强调经济发展忽视人口、资源、环境的协调发展，很可能会带来人口膨胀、过度城市化、分配不公、社会腐败、政治动荡、环境危机等，也就是带来“有增长无发展”、“无发展的增长”或“恶的增长”的结果。

这种情况必然引起人们普遍的忧虑，尤其是从 20 世纪初到 60 年代至 80 年代，人类在经历了一系列重大的公害事件对经济和社会发展的严重冲击后，痛定思痛，开始反思和总结“经济增长观”。人们开始认识到，经济增长和社会进步之间是不能画等号的。单纯的经济增长不等于发展，虽然经济增长是发展的重要内容，但发展本身除了“量”的增长要求以外，更重要的是要在总体的“质”的方面有所提高和改善，即社会应该获得整体意义上的进步。

英国学者杜德利·西尔斯在《发展的含义》一文中指出：经济增长和社会进步之间不能画等号。“增长”和“发展”是两个不同的范畴。增长仅仅只是物质的扩大，增长本身是不够的，事实上也许对社会有害；一个国家除非在经济增长之外，在不平等、失业和贫困方面趋于减少，否则不可能获得发展。法国社会学家佩鲁（1983年）认为，增长、发展、进步和社会进步是性质不同的概念。增长是指社会活动规模的扩大。发展是结构的辩证法，是指社会整体内部各种组成部分的联结、相互作用以及由此产生的活动能力的提高。假如增长不能改变整体内部诸要素之间的关系和能力，就被称为“无发展增长”。经济增长和经济发展是不同的。增长意味着在一定时期所生产的产品和服务的总量（GDP）的量的增长，也意味着通过一定经济系统的物质和能量的流动速率（自然流量）的增长。这样的增长在生物物理上是有限制的，甚至在经济上，即边际成本开始超过边际收益的意义上也是有限制的。它不可能超越资源再生和废物接纳的可持续的环境能力而永远持续下去。如果放任这样的经济增长持续下去，将使人们更加贫穷而不是更加富有，也将使得消除贫困和保护环境更加艰难。正因为这样，一旦达到这个临界点后，生产和再生产就应该仅仅是替代。物理性增长应该停止，质量性改进应该继续。最终由经济增长走向经济发展。增长的含义是“通过吸收或生长产生新增物质从而带来规模上的自然增加”。发展则意味着“扩张或实现某种潜能，逐渐达到更规范、更令人满意或更好的状态”。说某物增长了，是说它变得更大了；而说它发展了，是说它变得不同了。经济增长的含义较窄，通常指纯粹意义的生产增长。发展的含义较广，除生产数量的增长外，还包括经济结构和某些制度的变化。它不仅要有量的增长，而且要有质的提高。以经济增长代替人类社会发展，是以人之外的“物”代替了人，以发展经济代替了发展人类，忽视了经济发展与政治制度、意识形态、文化价值的相互关系，必定引发一系列经济社会问题。

鉴此，西方有识之士普遍主张应该由社会发展的经济增长观向综合的社会发展观转变。英国学者托达罗指出：应该把发展看做包括整个社会体制重组在内的多维过程。除了收入和产量的提高外，发展显然还包括制度、社会和管理结构的基本变化以及人的态度，在许多情况下甚至还有人们习惯和信仰的变化。法国学者罗兰·柯兰则把“社会进步指数”作为衡量社会、政治和文化现象的综合标准，包括技术系统、经济系统、政治系统、家庭系统、个人社会化系统、思想与哲学宗教系统等六大方面。1970年10月24日，在纪念联合国宪章生效25周年的会议上，通过的"联合国第二个发展十年（1970—1980年）"国际发展战略目标中，除经济指标外，还规定了反映社会政治状况改善的其他指标。与此同时，许多国家在制定国家计划时，不再像过去那样搞"国民经济发展计划"，而是制订"经济社会发展计划"。

这种综合的社会发展观，唤醒了人们对自身社会发展终极目的的理性思考，提出了一种不同于经济增长观的新的发展战略，赋予了人作为发展主体的内涵，从以物质为中心的发展转到以人为中心的发展，为人们寻找最好的社会发展道路，打开了广阔的视界。

2. 可持续发展思想的酝酿与形成

面对如此严峻、复杂、紧迫的环境危机以及一系列社会问题，人们从20世纪70年代开始积极反思和总结传统经济发展模式中不可克服的矛盾，认识到发展不只是物质量的增长与速度，也不仅仅是"脱贫致富"，它应该有更宽广的意蕴：所谓发展是指包括经济增长、科学技术、产业结构、社会结构、社会生活、人的素质以及生态环境诸方面在内的多元的、多层次的进步过程，是整个社会体系和生态环境的全面推进。于是，催生出一种崭新的发展战略和模式——可持续发展。

从片面追求科技与经济发展，到强调人的全面发展，再到谋求人与自然的持续协调发展，充分显示了人类理性的力量。人类在发展观上的变迁，事实上是不断对科技参与社会发展的过程和方式作出更加明智合理的限定。

在可持续发展观的产生和发展过程中，有几件事的发生具有历史意义，那就是：

1962年，美国海洋生物学家R.卡逊所著《寂静的春天》一书问世。它标志着人类把关心生态环境问题提上议事日程。书中，卡逊根据大量事实科学论述了DDT等农药对空气、土壤、河流、海洋、动植物与人的污染，以及这些污染的迁移、转化，从而警告人们：要全面权衡和评价使用农药的利弊，要正视由于人类自身的生产活动而导致的严重后果。

1972年6月联合国在瑞典的斯德哥尔摩召开人类环境会议，为可持续发展奠定了初步的思想基础。这次会议有114个国家代表参加，发表了题为《只有一个地球》的人类环境宣言。宣言强调环境保护已成为同人类经济、社会发展同样紧迫的目标，必须共同和协调地实现；呼吁各国政府和人们为改善环境，拯救地球，造福全体人民和子孙后代而共同努力。本次会议唤起了世人对环境问题的觉醒，并在西方发达国家开始了认真治理，但尚未得到发展中国家的积极响应。而且这一阶段强调的是单纯的环境问题，还没有深刻地将环境问题与社会的发展很好地联系起来。

可持续发展作为一种概念，1980 年首次在联合国制定的《世界自然保护大纲》提出；作为一种理论，于 1987 年形成于《我们共同的未来》；作为一种发展战略普遍被各国接受，是于 1992 年世界环境与发展大会通过的《21 世纪议程》。

1987 年，挪威首相布伦特兰夫人主持的世界环境与发展委员会，在长篇专题报告《我们共同的未来》中第一次明确提出了可持续发展的定义："既满足当代人的需求，又不对后代人满足其自身需求的能力构成危害的发展"。报告以此为基本纲领提出了一系列政策和行动建议。从此，可持续发展的思想和战略逐步得到各国政府和各界的认同。

1992 年 6 月，联合国在巴西的里约热内卢召开了环境与发展大会，共 183 个国家的代表团和联合国及其下属机构等 70 个国际组织的代表出席了会议，102 位国家元首或政府首脑到会讲话。这次大会深刻认识到了环境与发展的密不可分；否定了工业革命以来那种"高生产、高消费、高污染"的传统发展模式及"先污染、后治理"的道路；主张要为保护地球生态环境、实现可持续发展建立"新的全球伙伴关系"；通过和签署了为开展全球环发领域合作、实现可持续发展的一系列重要文件，如《里约热内卢环境与发展宣言》、《21 世纪议程》、《关于森林问题的原则申明》、《生物多样性公约》，等等。它们充分体现了当今人类持续协调发展的新思想，并提出了相应的行动方案。可以说，本次会议是人类转变传统发展模式和生活方式，走可持续发展道路的一个里程碑。

此后，不同学科的学者从不同的角度讨论了可持续发展的理念。比较多的共识是，可持续发展就是协调人与自然之间的关系和人与人之间的关系，最终达到自然的可持续发展、经济的可持续发展、社会的可持续发展。

自然的可持续发展是指维持健康的自然过程，保护自然环境的生产潜力和过程，使之能够满足经济和社会可持续发展的需要。自然的可持续发展是社会、经济可持续发展的基础。没有前者，后者的发展也不能实现。但是，前者的发展不是自发的。由于人类社会的进步、人类改造自然的力量的增强，人类因素已经成为自然发展变化的主要因素，因此，自然的可持续发展的实现必须由人类恰当的行为和思想来保证，由经济的和社会的可持续发展来保证。

经济的可持续发展是指在保护自然资源和环境的前提下，保持经济的稳定增长，最大限度地增加经济发展的利益，提高国家的收入，使环境与资源具有明显的经济内涵。这样看来，经济可持续发展有二：一是在经济发展过程中保持自然的可持续发展；二是在自然的可持续发展基础上保持经济增长。经济可持续发展的目的不是自然的可持续发展，保持自然可持续发展的直接目的是为了经济和社会的可持续发展。否定经济的可持续发展来追求自然的可持续发展，就是放弃人为，消极地顺应自然，以经济和社会的停滞发展为代价获得自然的可持续发展。可以说，这绝不是可持续发展。可持续发展战略不仅要求自然、经济和社会的可持续，而且要求这三者要发展，要求在这三者的发展过程中保持三者的可持续，在这三者可持续发展的过程中获得发展。放弃发展是一种历史的倒退，不为现实所接受；放弃持续发展，是杀鸡取蛋、竭泽而渔，会加快人类的消亡。两者都是片面的。

可以说经济的可持续发展是可持续发展战略的核心和关键。自然的可持续发展是在可持续经济的运行中实现，实现了的可持续发展的自然又为经济的可持续发展提供物质基础，也只有经济可持续发展才能保证社会的可持续发展。

对于社会的可持续发展，一般是指满足社会的基本需要，保证同代人之间、不同代人之间在资源和收入上的公平分配。这一定义现在普遍被人们接受。它从时间的角度体现了可持续发展的特征。但是，它并没有充分阐述可持续社会发展应是一个什么样的状态，即什么样的社会才能保证其可持续发展。查尔斯·哈珀对此进行了阐述。他认为，一个可持续社会能够抑制人口增长并使之稳定；一个可持续社会将保存其生态基础，包括肥沃的土壤、草地、渔场、森林和淡水地层；一个可持续社会将逐渐减少或停止对矿物燃料的使用；一个可持续社会在任何意义上说，都将变得更有经济效率；一个可持续社会将拥有与这些自然、技术和经济特性相和谐的社会形成；一个可持续社会将需要一个信仰价值和社会范式的文化；在一个相互联系而且共同分享一个环境的世界中，一个可持续社会将需要在其他社会的可持续性基础上与其他社会进行合作——按照他们的环境不同。[①] 社会的可持续发展是实施可持续发展战略的根本保证和最终目的！

由此可见，在经济增长观片面指导下所涉及的问题不单纯是环境资源问题，而是整个的社会发展问题；可持续发展观所涉及和所要解决的问题也不单单是环境资源问题，还有许多其他的社会发展问题。环境问题的产生与其他社会问题的产生是紧密联系在一起的，环境问题的解决也应该在解决其他社会问题的过程中进行。

科学的发展观是对“发展是硬道理”的丰富和补充，它表明“发展是硬道理”并不意味着“增长是硬道理”，也不意味着“增长率是硬道理”、“GDP 增长是硬道理”，而是意味着只有社会的整体协调发展才是硬道理。如此，就应该把

---

① ［美］查尔斯·哈珀：《环境与社会——环境问题中的人文视野》，326～329 页，肖晨阳等译，天津，天津人民出版社，1998。

资源成本和环境成本纳入国民经济核算体系，从根本上改变政府官员的政绩观，推动粗放型增长模式向低消耗、高利用、低排放的集约型模式转变，真正把科学的发展观落实到社会经济建设的各个层面、各个领域，从工业文明走向生态文明。

3. 可持续发展的重要原则

可持续发展的思想被世界普遍接受，其实践活动也开始在全球展开。其中《21 世纪议程》是一个广泛的行动计划，它提出了在全球、区域和各国范围内实现可持续发展的行动纲领，提供了一个从现在起至 21 世纪如何使社会经济与环境协调发展的行动蓝图，涉及与可持续发展相关的所有领域。它宣称，人类正处于历史的抉择关头：要么继续实施现行的政策，保持着国家之间的经济差距，在全世界各地增加贫困、饥荒、疾病和文盲，使我们赖以维持生命的地球的生态系统继续恶化；不然，就得改变政策，至少得实行以下几个重要原则：

——整体协调性。包括两层含义，其一是指要把人口、科技、经济、社会、资源与环境等要素视为一个密不可分的整体，注意它们之间的和谐发展，不能顾此失彼；其二是指要在地区、国家和全球范围内防止和消除两极分化，注意社会公平。许多资料表明：全球资源与环境恶化的根本起因，既有贫困地区为求温饱而不得不掠夺性地利用资源，更有富裕者为追求最大利润和奢侈享受而滥用资源。由于发展的基本目标是满足全人类的基本需求，所以贫困者的生存需求应当优先于富有者的奢侈需求。

——未来可续性。主要指代际之间的均衡发展，既满足当代人的需求，又不损害后代人的发展能力。可持续发展观认为，在社会经济发展的长河中，各代人共有同一生存空间，他们对这一空间中的自然和社会财富拥有同等享用权和生存权。如果每代人都毫无节制地耗费资源和环境质量，不对其进行合理分配，那么人类生活将一代不如一代。因此，必须切实保护资源和环境，不仅要安排好当前的发展，还要为子孙后代着想，绝不能吃祖宗饭，断子孙路，走浪费资源和先污染、后治理的路子。

——公众的广泛参与性。公众参与是推动社会进步与可持续协调发展战略的群众基础。全球《21 世纪议程》的实施，必须依靠公众及社会团体最大限度的认同、支持和参与。因为，只有人人开始感到人口、资源和环境问题对人类生存和自然发展带来的莫大冲击，行动起来，形成一股崇尚生态文明的新风尚，可持续发展才有可靠的保证和成功的希望。公众参与的内容，包括社会个人或社会团体在控制生育、节约资源和环境保护问题上的自律，对他人有害自然环境行为的预警、监督和指控，也包括通过新闻传媒或公众论坛推进政府部门采取有效而及时的保护措施，等等。

——“新的全球伙伴关系”。可持续协调发展战略是针对人类面临资源枯竭、人口爆炸、生态失衡、环境污染、粮食危机、南北冲突、国际难民等问题而提出的，这些涉及人类生存的全球性问题，要求人们超越社会制度的差异和民族国家的界限，携手合作，共同努力。特别是发达国家在环境问题的解决中要发挥更重要的作用，要从资金、技术、人力等方面帮助发展中国家，以实现可持续协调发展的目标。

全球《21 世纪议程》是一个不具有法律约束性的文件，但它反映了环境与发展领域国际合作的全球共识和最高级别的政治承诺。《21 世纪议程》的出台，为在全球推进持续协调发展战略提供了行动准则。

三、从工业文明到生态文明

1. 走向可持续发展的经济

生态文明也需要经济发展，但必须是可持续的经济发展。为此，在从事经济活动过程中，绿色 GDP 核算体系、稳态经济和非物质化经济的建立是十分重要的。

（1）考察传统国民账户体系，建立绿色 GDP。

不可否认，正常情况下，GDP 的增长意味着经济实力的壮大和社会财富的增加，意味着人民物质生活的改善、国际竞争力和吸引力的增强和国际地位的提高，但是，如果我们考察 GDP，将会发现，存在很多欠缺：从社会角度看，GDP 将质量好的和坏的产品一视同仁地算在国民财富之中；从经济角度看，它只记录那些看得见的、可以价格化的劳务，其他对社会非常有贡献的劳务却被摒弃在外；从环境角度看，它把自然看做无限的，资源枯竭、人口过剩、污染加剧等问题都不存在，不去考虑资源的稀缺性和生态环境破坏。如此一来，就不能反映整个社会的进步状况。

（2）建立稳态经济，追求经济发展。

稳态经济的最主要特点是：打破经济不断增长的迷梦，追求经济发展。稳态经济是说经济系统作为生态系统的子系统将停止增长，但将不会停止发展。此时经济的发展应该通过人口控制，通过财富和收入的再分配，通过资源生产率的技术改进而实现。它要求在对世界的有限性、复杂的生态系统和热力学定律等物质参数认识的基础上，结合技术、偏好、分配和生活方式等非物质参数而获得经济的发展。经济系统的增长不可能超越自然生态系统的限制，也不可能将之缩小到无，而应该将此看做生态系统的子系统，以达到它的最佳规模。使得经济的“流量”(throughput)——物质从原材料输入作为开端，然后转化成为商品，最后形成废物输出的流程——限于生态系统再生与可吸收的容量范围内。这样经济就能在没有增长的状态下得以发展。

(3) 从物质经济走向非物质化经济。

目前，世界人口增长迅速，如果我们想在这样的条件下享有高水准的生活，又想把对环境的影响降低到最低限度，那我们只有在同样多的，甚至更少的物质基础上获得更多的服务与产品才有可能。这就是后工业社会中的非物质化思想。当然，对于非物质化要进行具体分析。它并不单纯指生产出来的产品使用更少的原料，也非单纯指生产过程使用更少的物质，更非指消费的非物质化，而是要把非物质化放到整个生产、消费的背景中去思考。减少每单位服务的物质消耗(material input per service unit，简称 MIPS)，针对产品的整个生命周期，计算每单位服务或功能的物质消耗。

非物质化有多条途径：第一条途径是封闭物质循环，尽量回收利用。第二条途径是用更少、更容易获得、更坚固耐用、更环保的材料代替原来的材料。第三条途径是提高资源的生产率，使得生产单位产品的物耗和能耗降低。第四条途径是在生产过程中不产生副产品，从而也就不产生废弃物。这条途径关于清洁生产、循环经济以及与绿色化学提出的生产理念相关的原子经济值得重视。第五条途径是大力发展作为文化的经济。①

2. 构建可持续的消费文化

文化价值观念与环境问题的产生及其解决紧密相关。有些价值观念，如关于消费的，虽然看来与人们对待生活的态度有关，但是，由于人们的生活与环境密不可分，因此，这样的观念也就与环境问题紧密相联了。而且，与人口、技术相比较，消费对环境的影响一点也不小，只是由于消费能够促进经济和社会的发展，给人类带来幸福，因此，它对资源环境的影响被普遍地忽视了。如此，就非常有必要考察消费社会中的消费文化与环境保护的关联，建构可持续发展的消费文化，以达到可持续消费的目的。

随着科技的进步和市场化的推进，首先在美国，然后在其他国家，生产过剩和消费不足成为摆在资本主义生产面前的一个大问题。为了解决这一问题，资本

---

① 参见肖显静：《后现代生态科技观——从建设性的角度看》，30～39 页，北京，科学出版社，2003。

主义国家努力通过建构新的市场，通过广告、电视以及其他媒介宣传，通过广告系统、时尚系统、商品设计和产品包装等手段的应用，充分调动消费者所关注的文化意义、目标、价值、观念、理想等文化资源，并使商品同这种文化资源相结合，使商品成为能够强烈吸引消费者注意的负荷文化意义的象征符号，成为人生价值以及文化意义的展现者，成为我们消费的对象，让人们在消费它所代表的意义中来消费这种产品。正所谓："如果我们把产品当作物来消费，那么，通过广告我们消费它的意义"①。

这就是消费社会中消费的生产。它们刺激、引导并培育着人们的社会态度和社会需求，控制着市场行为，刺激了人们的欲望，使人们的心理服从于它们的调节和控制；它们激发了人们对现状的不满以及对各种新产品的向往，培养了需求，生产了消费者，兜售了消费主义，产生了消费社会。此时的生产"已经不仅仅是产品的生产，而且同时也是消费欲望和消费激情的生产，是消费者的生产"；此时的社会"已经从传统的以'生产'（制造）为中心的社会转变到以'消费'（以及消费服务）为中心的社会"②。

这种消费的生产使得物品不仅是商品，而且还是"象征物"和"符号物"；不仅具有使用价值、交换价值，而且还有象征价值、符号价值。商品的符号象征性必然导致对商品的消费具有符号象征性。这种象征性表现在两个方面：一是消费符号，指的是消费过程实际上也是社会表现和社会交流的过程，借此消费就向社会观众传递了包括自己的地位、身份、个性、品位、情趣和认同，以此体现自己的社会地位。这一点随着消费社会的发展、消费主义的扩张体现得越来越明显。二是符号的消费，指在消费过程中，消费者除消费产品本身以外，还消费这些产品所象征和代表的意义、心情、美感、档次、情调和气氛，即对这些符号所代表的意义的消费。它体现在对商品符号的"意义"或"内涵"的消费。

消费的生产、商品的符号化以及商品消费的象征性使得消费社会中的消费价值与非消费社会中的消费价值具有完全不同的特征。在非消费社会中，商品的符号性以及象征意义不明显，商品的使用价值主要就是该商品的自然物质结构所具有的可供消费的功能。商品的消费价值是由它的使用价值决定的。这必然延长商品的使用时间，体现了商品消费的节约性，是一种节约性的消费。这与非消费社会中的商品生产的有限性相一致。而到了消费社会，情况就不一样了。"消费，

① Baudrillard, Jean. *Selected Writings*. Edited by Mark Poster. Cambridge: Polity Press, 1988. 10.

② 王宁：《消费社会学：一个分析的视角》，108页，北京，社会科学文献出版社，2001。

不只是一种满足物质欲求或满足胃内需要的行为，而且还是一种出于各种目的需要对象征物进行操纵的行为，所以，强调象征性的重要性就显得十分有必要。在生活层面上，消费是为了满足建构身份、建构自身以及建构与社会、他人的关系等一些目的；在社会层面上，消费是为了支撑体制、团体、机构等的存在与继续运作；在制度层面上，消费则是为了保证种种条件的再生产，而正是这些条件使得所有上述活动得以成为可能。"① 这必然导致人们对商品的消费不单纯是甚至主要不是由商品的使用价值决定，而是由商品的符号象征价值决定；所消费的不单纯是或主要不是商品的物理功能，而是它的符号象征意义。这些使得消费社会中的消费呈现异化状态：浪费、感性消费、炫耀性消费、过度消费。所有这一切又会不可避免地引发严重的资源危机和环境危机。

为了摆脱这一危机，就需要我们深入反思批判消费主义文化，建立可持续的消费文化。"一个社会如果承认并明确指出其非物质的需要，并找到非物质的方法来满足它们，那么这个社会将会只需要低得多的物质和能量产出，并且可以提供更高层次的人类满足。"②

3. 发展科技解决环境问题

科学是对自然的认识。它是以自然观作为预设前提的。有什么样的自然观预设，就有什么样的对自然的认识方法，也就有什么样的在认识自然的过程中对自然的作用方式，从而也就获得什么样的对自然的认识。将这样的认识应用到改造自然中去，就会产生什么样的环境保护结果。

着眼于可持续发展，就需要建构科学发展的哲学基础，指明技术发展的方向，创造有利于环保科技发展的社会环境，以解决环境危机。

本体论上，应该由自然的祛魅走向自然的返魅：量子力学、生态学等的发展显示了自然的有机整体性；动物行为学、动物心理学的研究表明，将主体性赋予动物有一定根据；复杂性科学的研究表明自然界的某些系统，如自组织系统具有目的性；玻姆的"隐秩序理论"以及人类起源学说等表明人与自然是不可分离的；等等。这种对自然的返魅有利于建立恰当的科学本体论基础，对于建立良好的人与自然之间的关系，具有重要的意义。

认识论上应该从天然自然走向大自然系统。实际上，对天然自然的正确认识，并不必然带来对天然自然的正确改造。这一改造活动的正确性获得首先在于

---

① ［英］Z. 鲍曼：《消费主义的欺骗性》，何佩群编译，载《中华读书报》，1998-06-17。

② ［美］唐奈勒·H·梅多斯等：《超越极限：正视全球性崩溃，展望可持续的未来》，224～225页，赵旭等译，上海，上海译文出版社，2001。

人类对天然自然、人工自然、人类社会的正确认识以及对这三者组成的大自然系统的正确认识，然后在于按此正确认识对三者进行改造。仅凭对天然自然的正确认识去改造大自然系统，注定会出现内在的障碍——认识对象与实践对象的不一致。这体现了人与自然的不可分离性以及自然事物之间的不可分离性。由此也要求我们大力发展一系列以生态环境问题为中心，以研究人与自然之间的关系、自然规律和社会规律相互作用的交叉学科。这类学科呈现生态化、人文化的特征。

方法论上应该从简单走向复杂，扬弃传统科学所遵循的简单性原则和还原论原则，代之以复杂性原则和整体性原则。不仅要研究自然的规律性的方面，还要研究自然的非规律性的方面——结果的展现；不仅要采取还原性原则，通过认识低层次的来认识高层次的，即研究向上的因果关系，还要采取整体性原则，通过高层次的研究来认识低层次的，即研究向下的因果关系；不仅要研究某些事物的外在表现，还要研究事物的经验性的方面，如动物的情感、智能等；不仅要研究自然的分门别类的规律，更要研究自然的系统性、整体性规律。

这就是说，科学的本体论、认识论、方法论是紧密关联的，而且这三者与环境保护以及人类的生存又是紧密关联的。正确完整认识自然的实践——科学和改造自然的实践——环境保护，都需要一种新的科学观和一种新的科学——科学革命，需要来一次自然观、认识论、方法论的变革。只有这种革命了的科技才能比较彻底地解决环境问题。

对于技术，传统的技术创新以经济增长为目的，因此它在促进经济增长的同时，有可能带来环境破坏。而环境技术创新在应用目标上，将经济发展和环境保护相统一；在生产过程中，与生态整体性的原则相符合；在应用过程中，体现非线性和循环性。因此，它具有系统性、整体性等后现代性的特征。可以说，生态化的技术体现了后现代技术的本质。

四、中国资源、环境的严重挑战

改革开放中的中国，以连年经济高速增长的强劲势头，吸引着全世界的极大关注。然而，很多人也在密切地关注，中国这种快速发展的势头能持续多久？中国靠什么赢得21世纪？的确，随着中国经济的高速增长，经济运行中一些深层次的问题，逐步暴露出来；中国的环境污染和生态破坏的速度虽然得到一定程度的遏制，但总体而言仍在继续恶化。中国的环境与发展面临着巨大的挑战，应采取什么对策呢？中国是在人口基数大、人均资源少、经济和科技水平都比较落后的条件下实现经济快速发展的，使本来就已经短缺的资源和脆弱的环境面临更大的压力。这就使中国处于既要发展经济又要合理使用资源和保护环境的两难选择之中。

1.《中国21世纪议程》（简称《议程》）对资源、环境问题的定位

中国是一个发展中国家，一方面，庞大的人口基数、有限的环境容量及严重的环境污染和资源短缺状况不允许我们走工业发达国家“先污染，后治理；先破坏，后保护”的老路；另一方面，薄弱的经济实力以及落后的科技水平和生产工艺设备也不允许我们实行发达国家现行的高投资、高消耗解决问题的模式。中国只能走一条花钱少、效果好的新途径——可持续的协调发展之路。关于这一点，全国已形成共识。1992年7月，国务院环境保护委员会决定组织编制《中国21世纪议程》，52个部门和300余名专家共同参与编制了这项议程。1994年3月25日，国务院第16次常务会议讨论通过了《中国21世纪议程——中国21世纪人口、环境与发展白皮书》。该议程从中国的基本国情出发，以可持续发展为其核心思想，将科技、经济、社会、资源与环境视为密不可分的以人为中心的综合系统，构筑了一个综合性的、长期的、渐进的可持续协调发展的战略框架和相应对策，是中国走向21世纪和争取美好未来的新起点。

目前关于“环境问题”一词的所指尚不统一，但当今社会面临的环境问题可划分为如下四种类型：

——环境污染。这是最早引起社会广泛关注的环境问题，也是西方国家在70年代初采取环境保护行动时所优先考虑解决的问题。它包括大气污染、水污染、工业废物与生活垃圾、噪声污染等。

——生态破坏。其主要表现是森林锐减、草原退化、水土流失和荒漠化，它是导致20世纪中叶以来自然灾害增多的主要原因。

——资源、能源问题。自然资源是人类环境的重要组成部分，资源、能源的过度消耗和浪费不仅造成了世界性的资源、能源危机，而且造成了严重的环境污染和生态破坏。

——全球性环境问题。它包括臭氧层破坏、全球气候变暖、生物多样性减少、危险废弃物越境转移等。

与以往不同的是，现在人们已不再单纯地就环境问题而论环境问题，人们已经认识到：环境问题是在发展的过程中产生的，也应该在发展的过程中解决。正是出于如何在发展的过程中解决环境问题的考虑，人们才提出了可持续发展思想。

中国的可持续发展战略，即《中国21世纪议程》，构筑了一个中国经济、社会、资源与环境协调发展的总体战略框架，环境问题被放在其中加以考虑，并且指出要在这一总体战略的实施中逐步解决环境问题。它共20章内容，可分为四大部分：第一部分涉及可持续发展总体战略；第二部分涉及社会可持续发展内容；第三部分涉及经济可持续发展内容；第四部分涉及资源与环境的合理利用与保护。

《议程》虽然从上述四个方面展开论述，但它始终从系统的观点出发，认为经济、社会、资源与环境相互之间密切联系构成一个大的系统，并且从整体的高度、从相互联系的角度分析问题、提出解决问题的对策。第一部分一开始即明确指出：中国的可持续发展战略包括经济的可持续发展、社会的可持续发展、资源与环境的合理利用与保护三个方面，其中，经济的可持续发展是前提条件，社会的可持续发展是目的，资源的可持续利用和良好的生态环境是基础。

按照《议程》，中国未来环境战略的核心是环境的外部化转向环境的内在化。《议程》指出：所谓发展是指经济、社会、资源与环境所构成的复合系统的整体发展，是三者的协调发展，环境问题必须在这一发展的过程中才能根本解决。谋求“在经济、社会发展的过程中解决中国的环境问题”，是贯穿《议程》的一个中心思想。这一思想的提出，既体现了联合国环境与发展大会的精神，也表明中国政府对环境问题产生根源的认识的深化，说明中国政府已找到了解决环境问题的正确途径。

《议程》的第四部分专门从环境保护的角度论述了中国解决环境问题的目标及对策，而第二、第三部分在论述经济的可持续发展、社会的可持续发展战略时都考虑到环境影响，强调了经济增长与环境、社会发展与环境之间的内在联系，并列出了在经济活动、社会活动的过程中解决环境问题的相应对策。

首先，在论述经济的可持续发展时，《议程》明确指出：对于像中国这样的发展中国家，可持续发展的前提是发展。要坚持经济建设为中心不动摇，但要转变经济增长的模式，依靠科技进步使经济增长模式向集约型、效益型转变，在保持经济快速增长的同时，保护好资源与环境基础。(1) 在当前由计划经济体制向市场经济体制转轨的过程中，要防止牺牲资源和环境而单纯追求经济高速增长的倾向，充分发挥市场对资源配置的基础性作用；对于市场失效的方面，必须加强政府的宏观调控作用，有效利用经济手段、法律手段和必要的行政手段，改变过去无偿使用环境并将环境成本转嫁给社会的做法。(2) 农业方面，提出要大力推广生态农业，建立大农业格局，并针对乡镇企业资源浪费大、污染严重的特点，提出要对其进行改造。(3) 工业方面，提出要转变过去那种单纯尾端污染控制的做法，实行生产全过程的污染控制，发展清洁技术、清洁生产和生产绿色产品。

(4) 能源生产和消费方面，提出要提高能源利用率，减少环境污染；推广少污染的煤炭开采技术和清洁煤技术；开发利用无污染或少污染的新能源和可再生能源。

其次，《议程》在论述社会的可持续发展战略时，同样强调了社会发展的各个领域与环境的密切联系。(1) 在人口方面，指出：人口规模庞大、素质低、结构不合理，居民消费取向不合理、结构单一，对中国的生态环境造成巨大的冲击和压力。提出要控制人口数量，提高人口素质，特别是提高公民的环保意识；改善消费结构，促进社会消费的多样化。(2) 在消除贫困方面，指出：对贫困地区而言，消除贫困与改善生态环境和合理利用资源是统一的整体或一个问题的两个方面，两者互为条件、互为前提。(3) 在卫生与健康方面，也注意到环境污染和公害所造成的危害。(4) 在减灾防灾方面，提出要减少人为的生态环境破坏诱发、加重的自然灾害。

可以看出，《议程》出台的各项政策、方案，无论是经济方面的，还是社会方面的，都侧重考虑到对资源的合理利用，对生态环境的保护。这在中国历史上还是第一次。我们不妨将《议程》中的各项政策称为“绿色政策”。

2. 中国资源和环境面临严重挑战

中国在发展进程中面临着很大的环境和资源压力，比较普遍和突出的问题有：

(1) 中国的自然资源状况有明显弱点。

——人均资源量少。中国现已超过13亿人口，占世界人口的1/5还多，且还在不断增加，21世纪中叶将达到15亿～16亿。庞大的人口必然造成人均资源的相对不足。目前，中国的人均淡水资源只有世界人均水平的1/4，人均耕地面积仅为1/3，人均矿产资源是1/2，人均森林面积不足1/6，人均草地面积不足1/2。另一方面，中国的人均资源消耗量却随着发展水平的提高在逐渐增加，生活垃圾堆积如山。越来越多的事实表明，人口的迅速增长加上不尽合理的消费形态（食物消费所占比重过大，文化等其他层次消费偏小），对有限的资源、能源、环境已构成巨大压力和冲击。中国的诸多环境问题都直接或间接地与中国庞大的人口有关。

——资源的时空分布不均衡。我国总量丰富的自然资源并不是均匀地分布在国土上，相反，受自然规律和自然条件的影响，这些资源的分布是很不平衡的，并且与生产力的分布不完全匹配，从而给这些资源的开发利用带来了一系列问题。80%的能源分布在占工业产值不到10%的西北部，其中煤炭资源主要集中在北方山西、陕西和内蒙古等少数几个省区，石油也主要在黑龙江、山东、河北、辽宁等省，而经济发达的南方除贵州外都严重缺乏化石燃料。水资源的分布则与之相反，81%的降水集中在占耕地面积36%的长江及其以南，而耕地面积占全国64%的黄淮海流域及其以北地区，水资源量只占19%，尤其在华北及胶东地区、辽宁省中南部、西北地区，缺水更为严重。不仅资源的空间分布不平衡，而且时间上的分布也不平衡。以降水为例，受季风气候的影响，我国大部分地区的降水都集中在夏季，尽管在许多地区有雨热同季的优势，但也容易出现洪水和干旱等灾害。

——低劣资源比例较高。我国地域广大，但山多田少，山地占国土面积的69%，比重超过其他任何人口众多的大国，而且土地瘠薄，中、低产田占耕地面积的80%；矿产资源虽然总量比较丰富，种类齐全，然而矿产丰歉不均（优势矿产多半用量不大，大宗矿产又多半储量不足），区域分布不平衡，贫矿、难选矿、综合矿和中小型矿多，因此，在现有的技术和经济条件下，可供开发利用的资源不足，而且采选耗能大，成为严重污染的先天因素；能源结构也有明显缺陷，目前煤炭在中国的能源中占76%左右，而石油、天然气的比例则较小。煤与石油、天然气、水电及其他形式的能源相比，是一种“肮脏”能源，随着燃煤释放出大量烟尘、有害物质和渣滓。中国城镇和工业区普遍存在的大气污染和酸雨现象，主要是燃煤引起的。

(2) 环境和生态破坏严重。如前所述，素质偏低的庞大人口和以煤为主的能源结构给中国的环境和生态带来了巨大的压力和严重污染。此外，以下两方面的原因也不可忽视：

其一是1958年～1976年间极左路线带来的环境生态问题。如在“大跃进”时期，盲目要求全国各地大搞小高炉和土高炉，把以土法炼铁为中心的大办钢铁群众运动看做发展中国钢铁工业的一个重要途径。为了大炼钢铁，全国几千万人找矿挖煤、砍树伐林，造成严重的生态破坏；“文化大革命”时期，在错误的指导思想和行为方式干扰下，中国的环境污染和生态破坏达到了触目惊心的程度：在工业建设方面，只强调数量和经济效益，忽视质量与布局，建成的大小工业项目，多数没有控制污染的措施，导致了资源、能源的大量浪费和严重的环境污染；在城市建设方面，城市规划废弛，建设布局混乱。在许多文化名城和旅游城市，如北京、苏州和杭州也建设了一批重污染型的工业，使城市污染问题更为尖锐；在农业上，片面强调“以粮为纲”，放弃经济作物，砍掉多种经营，以牺牲林业、牧业、渔业为代价发展粮食生产，毁牧、毁林、围湖造田、搞人造平原等现象屡见不鲜，破坏了粮食生产同其他经济作物相互依赖、相互促进的生态系统。据统计，全国水土流失面积新中国成立初期为116万平方千米，到这一时期已扩大到153万平方千米，约占国土面积的1/6；在无政府状态下，对野生珍稀动植物滥猎乱采成风，许多珍稀动植物处于濒危状态；另外，这一时期全国人口剧增，至1978年，全国人口已接近10亿，给资源和环境带来了巨大的冲击和压力。

其二是20世纪80年代以来乡镇企业等工业的超常发展给环境带来新压力。改革开放以来，我国乡镇企业蓬勃发展（1995年，乡镇企业产值占到了工业总产值的45%以上），它使农村生活水平得到显著改善，也使工商企业充满活力，但它带来的环境污染也不容忽视。从总体上讲，乡镇企业技术、设备落后，致使工业产品成品率低、工业生产的能耗及污染排放量高。1995年乡镇企业的污染物排放量占到全国工业污染物排放总量的30%，其增长速度高于同期全国工业污染物的增长速度，有的地区乡镇工业污染危害已十分严重。然而，乡镇企业的环境管理与治理能力却很差：在中国的乡镇企业中，平均每5个企业才有1名环保人员，每26个企业才有1名专职环保人员；环境影响评价审批制度执行率仅为22.7%。此外，乡镇企业数量多，分布广，污染类型复杂，这又加大了控制与治理的难度。我国其他大中型企业的整体经济技术与装备水平大多也不高，经济增长方式粗放，能源、资源耗费较高。例如，我国的能源平均利用率只有30%左右，而西方发达国家一般都在50%以上；12种主要原材料的物耗比发达国家高5倍～10倍，有的甚至高达百倍；钢材、木材、水泥的消耗强度，分别为发达国家的5倍～8倍、4倍～10倍、10倍～39倍，比印度也高出2.5倍、2.8倍和3.3倍。其他资源利用率亦很低。这种靠拼资源消耗的增长模式，不仅使经济增长缺乏后劲，而且，也带来了资源短缺、生态破坏和环境污染等不良后果。

(3) 资源和环境保护工作滞后。这主要表现在：

——资源和环保法制不健全。近年来，中国逐步加强了环境与发展方面的立法，初步形成了有关环境资源保护的法律体系框架，但仍很不完善：很多法律制度虽然在法律中有专门规定，可并无专门的执行法规与规章的具体规定，使其作用和效果受到限制和影响；没有制定环保机构的组织法规，环境管理机构的职权没有充分的法律保障；在法律体系上还有空白，如在有毒化学品、放射性等方面，尚未有相应的污染防治立法。中国目前正在建立社会主义市场经济体制，而原有的环境立法，大都与计划经济有密切联系，因而需要对现有的环境立法进行适当的清理、调整或修订。

——资金缺乏，再加上不重视经济手段对环境的积极保护作用，导致环保投资明显不足。在经济建设和社会发展中防止环境污染和破坏，需要付出很大的经济代价。美国在1970年～1982年间用于公害防治的费用达5 950亿美元（设备投资 3 250 亿美元，运转费 2 700 亿美元），日本购买公害防治设备的费用占到国民生产总值的 2%。中国在“七五”期间，在防止环境污染方面的投资大体占国民生产总值的 0.7%左右，年均约 100 亿人民币。“八五”期间投资比例提高到 0.85%～1%。21 世纪初，环保投资比例提高到 1.5%左右。在中国人均国民收入水平相当低的情况下，拿出这么多钱来保护环境，已经尽了极大的努力，但这些钱还远不够处理污水一项的费用。此外，长期以来，中国的环保主要依靠政府使用行政手段进行宏观调控，虽然也使用了一些经济手段，但存在不少问题：收费标准偏低，一些企业应交排污费低于治理污染的成本，导致这些企业宁愿缴纳排污费而不愿治理；应用范围不广，除排污收费制度已经在全国全面实行外，多数经济手段只是在局部地区使用；应用的对象面窄，目前主要是针对企业，而对第三产业和广大消费者则很少使用；执行不力，一些地方在排污费收费工作中存在着“协商收费”的做法，等等。

——环境教育起步晚，环保队伍的总体水平与事业要求尚有较大差距，广大公众资源和环境意识薄弱。在 20 世纪 50 年代、60 年代世界上掀起第一次环境问题高潮时，中国无动于衷。特别是，在极左和僵化思想影响下，把环境问题看成是资本主义的特有产物，认为社会主义不存在环境污染，因而采取一种隔岸观火、自我陶醉的消极态度，结果是丧失了时机，铸成了环境问题积重难返的局面。经过 20 多年的努力，我国环保教育事业有了较大发展，但还存在许多不尽如人意之处，主要表现在：一些环境专业的发展方向还不明确，专业布局不尽合理，人才供需不尽对口；缺乏科学、通用的普及教材和课外读物；师资培训工作没有跟上，学校环境教育开展得很不平衡，环境教育的总结检查工作不够；经费不足；部分环保部门与教委领导对环境教育重视不够，成人教育发展缓慢，社会环境教育的实效性也不高，还不能完全适应环保事业发展的需要。

（4）履行国际环境公约，与国际经济接轨给环保带来压力。环境问题已从人类的一般行为规则上升到社会经济和国际贸易领域必须关注的热点之一。全球环境问题正严重威胁着人类自身的生存和发展。我国已签署了多项国际环境公约。签约必须履约。据有关部门推算，有关国际的环境标准制度一项就将使我国减少 40 亿美元的创汇，国际保护臭氧层公约将使我国近 50 亿美元的产品出口受到影响。环境条件正成为控制贸易和投资的重要条件之一。经济与国际经济接轨，参与国际竞争，需要开发“绿色产品”，发展“绿色市场”。否则，将会出现国外产品都能进来，我国的产品出不去的严重局面。

不难看出，面对人口超载、资源短缺、环境污染和生态恶化加剧、经济发展整体水平较低，以及科学技术不够发达的特殊国情，中国的现代化建设必须坚持走经济、科技、社会、人口、资源与环境协调持续发展的道路。

3. 走中国特色的可持续发展之路

实现中国的可持续协调发展，是一项艰巨复杂而又伟大神圣的社会系统工程，它需要每一位公民的积极参与和关心支持。

（1）有效地控制人口数量，提高人口素质。

中国国情的最大特点之一，是人口超载、素质偏低。13亿总人口中有9亿农民，各类残疾人总数占全国人口总数的4.9%，全国文盲、半文盲数达1.8亿，人口老龄化日益严重，60岁以上的老龄人达到10%（1.3亿）。数量庞大、持续增长、素质低下的人口及其日益增长的物质文化需求，对我国的经济社会建设以及资源、环境造成了巨大的压力。为此，必须从以下三个方面采取措施：

——科学制定和切实执行与我国自然和经济承载力相适应的人口发展规划和政策控制；

——提高社会特别是落后地区的计划生育和优生优育手段；

——大力发展教育、文化、卫生事业，提高全民族的科学文化素质、思想道德素质和环境意识，以便把庞大的人口包袱转化为丰富的人力（智力）资源。

（2）发展科学技术，转变经济增长方式。

长期以来，我国实行的是粗放外延型增长方式，即在低技术组合的基础上靠资金、劳力的大量投入，靠资源、能源的高度消耗来实现经济的快速增长。这不但造成了自然资源的枯竭，而且加重了对生态环境的压力。这种发展模式从长远来看是难以为继的，必须从根本上加以改变，走内涵型、质量型、效益型、开放型的集约化发展新路。而要做到这一点，关键是要大力发展科学技术，全面落实科技是第一生产力思想和战略，这可以从以下几个方面努力：

——在全国建立有关可持续协调发展研究机构，开展有关进行可持续发展技术选择、风险评估、指标体系等方面的研究，形成一套成熟的可持续协调发展的评估系统和比较合理的可持续协调发展技术经济体系。

——加快发展绿色科技事业，积极引进、开发和推广应用技术，通过采用生产全过程控制污染技术来降低单位产值的材料和能源消耗，实现污染的最低限度排放。在能源、交通、原材料领域发展规模生产，推广应用节能、节水、节材和节约其他各种资源的技术。

——积极推进科技革命成果在工农生产中的广泛应用，以从根本上改革落后的生产技术基础。运用电子信息、自动化、生物工程、新材料、新能源等高新技术改造传统产业，使传统产业的生产技术和装备现代化。同时，加快高新技术发展及其产业化，以优化产业结构，提高经济效益、社会效益和生态效益。

——努力发展自然科学技术与社会科学技术（如社会管理技术等）相结合的大科学技术。实现可持续协调发展要研究和解决包括人类社会和地球环境这一极其巨大复杂系统中的许多难题，必须依靠与社会科学相联系的科学、与社会技术相结合的技术。因此，只有用与社会科学、社会技术相结合的大科技体系武装起来的生产力，才能有效地增强综合国力，提高具有国际竞争力的生产力。

（3）实行以经济增长为中心的社会全面发展。

社会作为一个系统，它的发展是全面的，包括经济、科技、政治、文化的发展以及作为这种发展综合反映的人的发展，其中经济发展是基础，是主题；科技发展是手段，是工具，它们为政治、文化及人的发展提供物质条件和智力支持。我们强调以经济建设为中心，无疑是正确的。但是，必须注意经济、科技、政治、文化等各个方面的相互协调和相对均衡，因为，社会 作为一个复杂巨系统，如果没有政治、文化诸方面与经济和科技协调发展，它将陷入无序和危机，因而也不会有经济的持续增长，在这方面我们必须认真吸取某些国家发展片面性的教训，现代化进程一开始就应当十分注意发展的全面性、协调性，把民主法制建设、精神文明建设提到更加突出的地位，这对建立公正、文明的社会环境，具有非常积极的意义。

（4）保护生态环境，实现资源的永续利用。

资源问题是一个重要的环境问题，自然资源的不合理开发利用是造成环境污染和生态破坏的重要原因。目前，中国在自然资源的开发利用中存在的问题主要有：资源开发强度大，后备资源不足；资源利用效率不高，浪费大且造成严重的环境污染。在社会主义市场经济体制下，中国传统的自然资源管理模式和法规体系必须进行相应的调整：

——建立和完善资源产权制度，实行资源所有权与使用权分离。按照资源有偿使用原则，国家作为自然资源的所有者对开发利用资源的企业和个人征收资源资产耗竭补偿费或资产占用费以及资源税。

——发挥市场对资源配置的基础性作用。国家鼓励建立资源市场；除一些稀缺资源进行特别管理之外，将允许在中央政府的指导和控制之下，进行资源开发经营权和使用权的交易；逐步取消不利于自然资源可持续利用和环境的资源价格政策，如低于成本的森林砍伐、矿产资源的无偿开采、水资源价格补贴以及能源价格补贴等政策。

——发展资源产业，补偿资源消耗。目前，中国在资源开发利用中，普遍存在的问题是补偿不足，更新积累投入过低。因此，要制定适当的政策，鼓励从事有关资源再生产活动，发展资源产业，包括育林业、草业、水产养殖业等。

——建立综合的资源环境与经济核算体系。传统的国民经济衡量指标不能反映出经济增长造成的生态破坏、环境恶化和资源代价。一个国家可以靠着过度消耗其自然资源和破坏其生态环境为代价，换取国内生产总值（GDP）的快速增长，但是这种增长丧失潜力、缺乏后劲，是不可持续的。因此，有必要改革完善现行经济核算体系，使其准确反映出发展中的资源环境代价。

——在自然资源管理决策中推行可持续发展影响评价（SDIA）制度。中国过去已推行了建设项目的环境影响评价制度，但在自然资源开发利用的决策中，还缺乏类似的制度。实施自然资源可持续发展影响评价，那些不利于自然资源可持续利用的政策将被取消，因而将会有助于保护可持续利用的资源基础。

第五章 科技时代的伦理建构

一、科技与伦理的内在统一

四百年前，科学开始了建制化的历程。直到20世纪上半叶，科学建制的主要目标是扩展确证无误的知识，科学规范的核心精神是保证科学知识的客观性，这种规范实质上是一种准伦理规范。随着科学的社会功能日益凸显，科学成为一种重要的社会分工，科学建制的总体目标转向为人类及其生存环境谋取最大的福利，为此，科学界展开了科学职业伦理的新建构。这种新的建构兼顾科学的求知和社会功能，并以客观公正性和公众利益优先作为其伦理原则，形成了一种内在于科学活动的新型伦理规范。

现代技术的迅猛发展使技术成为一种前所未有的强大力量。面对技术所带来的日益难以克服的负面效应，技术中性论受到了普遍的质疑。技术是一种负载价值的实践过程，因此，伦理制约应该成为技术的一种内在维度，主体对技术责任的履行应贯穿于技术的全过程。在技术—伦理实践之中，实现技术与社会伦理价值体系的良性互动和整合。

1. 科学的社会规范与伦理考量

科学的社会建制化始于17世纪。1645年，英国产生了“无形学院”，后来，在此基础上成立了皇家学会。学会成立时，著名科学家胡克为学会起草了章程。章程指出，皇家学会的任务是：靠实验来改进有关自然界诸事物的知识，以及一切有用的艺术、制造、机械实践、发动机和新发明。自此，科学成为一种有明确目标的社会建制。

胡克为科学建制所设立的目标，有两层含义。其一，科学应致力于扩展确证无误的知识；其二，科学应为生产实践服务。显然，前者是后者得以实现的前提，因此，科学建制的核心任务是扩展确证无误的知识。

随着科学建制化的发展，科学研究逐渐职业化和组织化，科学家和科学工作者也随之从其他社会角色中分化出来，成为一种特定的社会角色，集合为有形的或无形的科学共同体。这样，社会对科学建制的外部控制逐渐减弱，而科学建制内部的自治则逐渐加强，用以补偿外部控制的不足。

在科学建制内部形成的社会规范被称为科学的精神气质（ethos），是一种来自经验，又高于经验的理想类型（idea type），其合法性在于，它有利于实现（纯）科学活动所设定的求知目标。从功能上来讲，科学的社会规范具有内、外双重作用。一方面，它可以约束和调节科学共同体中科学工作者的行为；另一方面，它是科学共同体对外进行自我捍卫的原则。

当我们将科学建制放到社会情境中考察的时候，科学建制的职责不再仅是拓展确证无误的知识，其更为重要的目标是，为人类谋取更大的福利，且前者不得有悖后者之要求。因此，科学研究中的责任成为对科学进行全局性伦理考量的一个主要方面，而以社会责任为核心内容的科学工作者的职业伦理规范，也得以广泛地建构。

然而，具体的职业伦理准则往往局限于丰富而变动不居的科学实践活动的某一领域，因此，除了广泛深入地建构各种职业伦理准则，还需要在整体上确立对科学进行伦理考量的基本原则。无疑，这一整体性的基本原则，既是科学的社会规范的拓展，又是科学职业伦理准则的基准，因此，成为一种兼顾科学建制与全社会的目标的开放的规范框架。

虽然科学的社会规范是一种理想类型，但由于它能有效地服务于科学活动的目标——扩展确证无误的知识，因而成为科学建制内合法的自律规范，同时也是科学建制对外捍卫其自主权的出发点。值得指出的是，如同所有的社会规范一样，科学的社会规范是一种“应然”对“实然”的统摄。在现实的科学活动实践中，科学的社会规范不可避免地遭遇到科学建制内外两个方面的冲击和挑战，也作出了有力的回应。

外界对科学建制的自治权的破坏是容易解释的，因为科学建制可能与其他社会建制的目标发生冲突。纳粹德国的“反相对论公司”、苏联的“李森科事件”、中国对“资产阶级遗传学”的批判等，都是政治目标与科学目标相冲突的产物。尽管人们已经日益认清科学的重要性，类似的荒唐事件发生的可能性不大，但在科学与政治、军事、经济、文化等社会建制的互动与整合中，科学的自治权仍将受到各种形态的挑战。

科学的社会规范是科学建制与整个社会的基本契约，可以帮助人们认清来自科学建制外的危害和侵蚀的不合理性，并据此进行合理的自卫和反击。除了宗教和政治势力对科学的不合理干预和压制受到了科学精神气质的抗争外，打着科学旗号招摇撞骗的伪科学活动，也逐渐引起了科学界的重视。在美国，尤里·盖勒超心理学实验等一系列伪科学事件的真相被披露之后，科学共同体认识到了应用科学的社会规范进行自我捍卫的必要性。1975 年《人文学家》杂志印发了一篇题为《反对占星术》的宣言，192 位有影响的科学家（其中有 19 位诺贝尔奖获得者）在上面签了名，这立刻成为轰动世界的新闻。① 在中国，“2000 公里外改变水分子结构”、“预言澳星发射”和“邱氏鼠药案”等事件，使科学界发出了“维护科学尊严”的呼吁，政府则下发了《关于加强科学技术普及工作的若干意见》等文件。

在科学界，越轨行为大量存在，而且有上升趋势。在弄虚作假者中，无名的年轻学者有之，知名的学术权威者有之，甚至还有诺贝尔奖获得者，他们的行为已危及整个科学事业的发展。美国的物理学家密立根，由于测定电子电荷获 1923 年诺贝尔物理学奖。他去世后，研究者发现，他并未如他所保证的那样，公开了其全部数据，而是以某种理论为指导有选择地发表数据。虽然他依据的理论正确，并获成功，但是测量方法和结果都优于密立根的埃伦哈夫特，却由于一方面难以从理论上证明“存在非整数电荷”；另一方面，他全部发表的数据中的“坏”数据得不到密立根客观的旁证，而陷入精神崩溃。后来，科学家采用埃伦哈夫特的实验方法发现了存在分数电荷的证据。无疑，有选择地发表数据，是一种弄虚作假，对科学有潜在的巨大危害。

从主观上来讲，科学家作弊的动机主要是对名利的不当追求。科学发现的优先权之争，发表论文的数量的压力，科研经费的争取等因素都是导致弄虚作假行

① 参见［美］乔治·D·阿贝尔等：《科学与怪异》，206 页，上海，上海科技出版社，1989。

为的潜在诱因。而从客观上来讲，科学的社会规范的执行机制的乏力和名望、地位、权势等社会因素的干扰使科学界的弄虚作假行为屡屡得逞。

面对这种负面的上升趋势，应该认真思考有效的应对之策。科学的发展已进入大科学时代，科学研究的高投入、高风险和高回报，必然地使功利追求成为科学的重要目标。在坚持科学的社会规范的基本的同时，必须依据态势的变化改革科学的社会规范的实际运行机制。如果说在以求知为主要目标的时代，依靠科学的社会规范内化于科学家的意识中的“科学良心”和“超我”，可以起到有效的规范作用，那么，在功利和求知双重目标并行的大科学时代，除了诉诸科学家个体的道德自律，还必须强调外在的有力的规范结构的建构。只有当科学的社会规范内在于调节科学工作者行为的评审体制和社会法规与政策制度之中，并通过这些运行机制获得强制性时，才能有效地吓阻违规行为，同时使遵守规则者获得心态的平衡。

20 世纪 80 年代末，国际科学界对科研中的作伪问题十分关注，接连披露出一些科学家弄虚作假的案例，尤其是涉及世界著名科学家的“巴尔的摩案件”更是引起了科学界和整个社会的轰动。有鉴于此，1989 年初，美国成立了“科学求实办公室”（office of scientific Integrity）专门调查处理科学研究中的作假行为。1992 年，来自美国国家科学院、国家工程学院和国家医学研究院的 22 名专家，在曾任尼克松总统科学顾问的爱德华·E·戴维的主持下，进行了一次大规模调查，发表了题为《有辨别是非能力的科学：研究过程诚实性的保证》的报告，提出了建立非官方、非营利性的“科学诚实性顾问委员会”（SIAB）的建议。

科学界的这些主动的作为，为科学的社会规范内化于科技管理体制和社会法规制度，并形成有强制力的运行机制，开创了一个良好的开端。当然新的运行机制的建构，将是一项复杂而艰巨的工作，这不仅需要科学界改进同行评议、论文审查和重复实验等项工作，还需要社会对科学界的有力支持。

2. 科学的职业伦理与科研的伦理原则

科学建制发展的过程也是科学走向专业化和职业化的过程。直到 19 世纪，许多著名的科学家原本是业余科学家。例如，拉瓦锡是一个财税官员，焦耳曾是一个啤酒商。20 世纪初，爱因斯坦在创立狭义相对论时，还是瑞士伯尔尼专利局的职员。但时至今日，每年诺贝尔科学类奖项的得主无一不是职业的科学家。

科学作为一种社会分工所形成的职业，自然有其不可推卸的社会职责。社会作为科学建制的“恩主”，为其形成发展提供了财政保障和体制支持。教育体系的建立，科研机构的设置，奖励机制的构建，科技政策法规的确立等一系列的社会行为，使科学建制成为惟一有能力系统地从事知识创新，为社会发展提供知识储备的社会部门。鉴于此，科学建制的主要职责应是正确有效地行使继承、创造和传播实证科学知识，回馈社会的支持和信任。而这一职责的行使，不可避免地涉及职业伦理规范问题。

职业伦理规范是社会分工的产物，也是利益主体分立关系的表现。从社会分工来看，职业伦理规范是各种社会建制之间以及它们与整个社会之间的一种契约，其目的在于获得一种普遍性的相互信任。这种普遍性的相互信任无疑建立在普遍性的诚实和职业信用之上。从利益主体分立来看，职业伦理规范是各种利益关系的协调机制之一，它在利益纷争的主体之间，引入了以共生为诉求的均衡力量。

如果将科学的社会规范与科学的职业伦理规范进行比较，我们可以看到它们的区别和共同之处。科学的社会规范强调，科学的奋斗目标确定了科学的精神气质和科学工作的规范结构，科学的职业伦理规范则从分工和职责的行使这一角度引出科学的职业规范；前者对认知目标负责，后者对社会、雇主和公众负责。因此，如果说后者是伦理的，那么前者是准伦理的。由于科学的职业伦理规范已经将其认知目标分解到对各类利益主体的责任之中，便意味着科学建制的职责不再仅是拓展确证无误的知识，而是向着为人类社会及其生存环境谋取更大福利这一目标努力。在另一方面，我们可以看到，两者都是科学活动在不同发展阶段，因其活动性质而内生出的一种伦理诉求，这一诉求反映了社会化的科学实践活动的本质需求，体现了科学活动与伦理实践的内在统一。

在现代社会，科学工作者的职责是比较具体的。首先，科学工作者有责任不断地开展科学研究，搞好科学建制的管理和自治，向公众传播知识。其次，科学工作者有义务为其受雇单位（国家、大学、研究所、企业）进行有指向性的研究。从整个社会层面来讲，科学工作者应该高效率地利用社会为其配置的资源，多出研究成果，保持学术上的领先水平（至少要拥有理解和跟踪先进水平的认知能力）。显然，这些具体的职责都应服务于职业化的科学建制的总体目标——为人类及其生存环境谋取更大的福利。为此，科学界展开了科学职业伦理规范的构建。

1949 年 9 月，国际学会联合会第五次大会通过了《科学家宪章》，其中关于科学家义务的规定有以下 6 条：（1）要保持诚实、高尚、协作精神；（2）要严格检查自己所从事工作的意义和目的，受雇时须了解工作的目的，弄清有关道义的问题；（3）用最有益于全人类的方法促进科学的发展，要尽可能地发挥科学家的影响以防其误用；（4）要在科学研究的目的、方法和精神上协助国民和政府的教育，不要使它们拖累科学的发挥；（5）促进国际科学合作，为维护世界和平、为世界公民精神作出贡献；（6）重视和发展科学技术所具有的人性价值。

五十多年前制定的这些规范，是在反思原子武器、日本法西斯和纳粹的人体实验等科学的非人道运用的基础上产生的。在科学目的日趋功利的今天，其价值和意义更加彰显，它已成为制定各种具体的科学职业伦理准则和基础。

在具体的科学职业伦理准则的制定过程中，科学研究的过程和后果得到了更为深入的考量，许多专业学会都制定了十分详尽的职业伦理准则，对科学家与社会、雇主、接受科学试验的人、公众和同业的关系作出了极其具体的规定。这些规定所传达的一个重要信息是，科学研究的自由不是绝对的，科学活动须遵守一定的游戏规则。

但是，仅有这些由众多的专业联合会制定的各类职业伦理准则是不够的。科学研究作为一种拓展人类知识新疆域的活动，较其他任何职业活动更具有变动性。一套具体的静态准则，不可能总是有效地为新涌现的个案提供伦理立场。科学研究者需要一种“实践的明智”，需要一种分析科学活动的伦理冲突的实质的能力。这种能力来自科学工作者对科学活动中应坚守的伦理精神的理解，而这一伦理精神应该是科学的职业伦理准则所遵循的原则。惟有明确了这些原则，才可能使职业伦理准则具有动态的适用性，成为一种有效的规范。

科学活动的基本伦理原则是什么？它应该是对科学的社会规范的伦理拓展。我们知道，鉴于科学的社会规范的目标是拓展确证无误的知识，它强调科学研究的认知客观性和科学知识的公有性。科学活动的基本伦理原则的目标是增进人类的福利，拓展认知在符合这一目标的前提下，成为一个重要的子目标。这是一个从认知视角向伦理视角转换的过程，通过这一转换，认知客观性拓展为客观公正性，知识的公有性拓展为公众利益的优先性，由此产生了科学活动的两大基本伦理原则。

科学活动的客观公正性强调，科学活动应排除偏见，避免不公正，这既是认知进步的需要，也是人道主义的要求。从表面上来看，客观性与公正性有时候是矛盾的。例如，心理学家在研究智商（IQ）时发现，即使是在没有偏见的测试中，黑人也由于某种原因比白人的智商低。在这种情况下，研究者应该如实公布测试结果吗？显然，如果研究者不作任何背景说明，“客观”地公布研究结果，将会导致某种不公正。这是否意味着研究者应“修正”结果以规避不公正呢？答案是否定的，因为它明显违背了科学研究应坚持的客观性。

正确的解决办法应该是，将客观性与公正性统一起来。在上一个例子中，研究者一方面应该客观地公布测试数据，另一方面还必须对相关背景作出客观公正的分析，从而避免和尽可能减少公众对结果的误解和误用。

通过对客观性和公正性的整合的讨论，我们看到，客观公正性作为科学活动的基本原则，反映了科学和伦理的内在统一。如果说客观性所强调的是确保认知过程中信念的真实性，那么客观公正性则在此基础上，进一步凸显科学活动中涉及的人的行为的公正性。这一原则要求，在研究过程中，研究者要保持客观公正，使研究的风险得到公平合理的分担；在研究结果形成之后，要审慎地发布传播和推广运用，尽可能避免不公正的后果。总之，研究者不仅要对知识和信念的客观真实性负责，更要为这些知识和信念的正确传播和公正使用负责。

公众利益优先性原则是科学活动的另一项基本原则。这条原则的出发点是，科学应该是一项增进人类公共福利和生存环境的可持续性的事业。一切严重危害当代人和后代人的公共福利，有损环境的可持续性的科学活动都是不道德的。这一原则是对科学活动中的各种行为进行伦理甄别的最高原则。根据这一原则，可以对某项研究发出暂时或永久的“禁令”。反过来，也可以用这条原则反观设置某些“禁区”的合理性。

依据公众利益优秀性原则，在科学研究中，科学家首先要对研究中的个人（如接受试验者）和研究成果的运用可能影响到的公众的利益负责。如果将科学工作者当作第一者，科学工作者的雇主（大学、企业、研究所等）作为第二者，那么这些个人和公众可称为第三者，而这些第三者的利益应该优先于前二者，至少不能为了前二者的利益而严重损害第三者的利益。

为此，首先科学工作者应向有关个人和公众客观公正和全面地传播有关知识，保障他们的知情权，使其具有实际参与决策（决定）的能力。其次，要对知识的垄断作出合乎公众利益的限制，避免企业等利益集团利用投资，控制科学研究，独享研究成果这一公共资源。再次，当第二者或其他研究者的目的将严重损害相关个人和公众利益的时候，科学研究者有义务向有关人群乃至全社会发出警示（whistle blowing）。

如果我们将科学视为一项为公众福利而创造、传播和运用确证知识的社会性事业，那么，客观公正性和公众利益的优先性两项基本原则，应该是科学活动中的一种内在约束。对于以科学为职业的人来说，它们应该是各种科学职业伦理准则的真髓，体现了科学职业的精神实质。在科学家工作者的职业训练之中，对这两条原则的领悟无疑是不可或缺的。而值得进一步指出的是，这一领悟过程应该伴随着科学工作者的研究经历不断地丰富和加深，通过与实践的结合，逐渐内化为他们的职业素养中重要的有机成分。这样一来，由客观公正性和公众利益优先性两条原则构建了一种兼顾科学建制和全社会的目标的开放的规范框架。这种框架的构建意味深长地向人们昭示着科学的伦理和内在一致性。

3. 技术的价值负载与道德反省

技术是负载价值的。在现实的技术活动中，存在着复杂的社会利益和价值冲突，为了实现技术变迁与社会伦理价值体系之间的良性互动，一方面，技术主体要自觉地使其受到伦理价值体系的制约，另一方面，伦理价值体系也应该成为一种随着技术发展而调适和变更的开放体系。

（1）技术的价值负载

在有关技术的哲学思考中，曾流行一时的观念是雅斯贝尔斯对技术所作的工具性和人类学解释：（a）技术是实现目的的手段；（b）技术是人的行动。这种观念认为："技术仅是一种手段，它本身并无善恶。一切取决于人从中造出什么，它为什么目的而服务于人，人将其置于什么条件之下。"

由于这种观念把技术与技术的运用后果割裂开来，从这种技术工具论或价值中立论的立场出发，需要规范的只是利用技术手段所要实现的目的和实际达到的后果；换言之，对于技术这种人类行为，一般的伦理准则即可对之加以规范，无需特殊的伦理考量。

然而，有关技术的哲学、历史、社会学等方面的进一步研究表明，技术与技术的运用和后果并非绝对分立，技术本身是负载价值的。有关技术非价值中立的讨论主要来自两个方面：技术决定论和社会建构论。

技术决定论认为，技术是一种自律的力量，即技术按自身的逻辑前进，"技术命令"支配着社会和文化的发展，技术是社会变迁的主导力量。培根和孔德的专家治国论，埃吕尔的技术自主论，丹尼尔·贝尔的"非意识形态化"、马尔库塞的"技术理性"和海德格尔的"座架"等都是技术决定论的具体表现。

技术决定论调强技术的价值独立性，甚至将现代技术视为一种自主地控制事物和人的抽象力量。埃吕尔指出："技术的特点在于它拒绝温情的道德判断。技术绝不接受在道德和非道德运用之间的区分。相反，它旨在创造一种完全独立的技术道德。"

对此，乐观主义的技术决定论者认为，科学是对自然实体逐步逼真的描述，技术作为科学的应用，沿着与科学进步相类似的逻辑体现了效率和技术合理性的不断攀升，因而由科技进步所带来的更多的可能性和更高的效率，反映了一种类似于生命进化的客观自然趋势。由此，技术进步应该是人性进化的标准，而一切由科技进步所导致的负面影响（包括各种形式的异化）将为新的科技进步所弥补，科技发展最终将促成道德伦理体系的新陈代谢。

悲观主义的技术决定论者则认为，现代技术在本质上有一种非人道的价值取向。海德格尔认为，现代技术的最大危险是人们仅用工具理性去展示事物和人，使世界未被技术方式展示的其他内在价值和意义受到遮蔽；如果现代技术仍作为世界的惟一展示方式存在下去，道德对技术的控制也只能治标而不能治本。悲观论者对技术进行了浪漫主义和意识形态式的批判，呼吁人们反思技术的本质，认清技术对人和事物的绝对控制，以寻找对现代技术的超越。因此，与乐观论者相反，悲观论者完全否定了现代技术具有的独特价值取向。

与技术决定论的立场相对应，技术的社会建构论认为，技术发展根植于特定的社会情境，技术的演进由群体利益、文化选择、价值取向和权力格局等社会因素决定，其所持立场为社会决定论，又称情境论（Contextualism）。技术的社会建构论强调了人在支配和控制技术方面的主体性地位和责任。显然，在现实的社会情境中，技术的行为主体是有具体的价值取向和利益诉求的具体人群。进一步的研究显示，技术行为主体的价值和利益的分立，一方面，可能使某项具体的技术成为相关社会群体价值妥协和利益平衡的结果；另一方面，也可能使某项技术成为处于优势的相关社会群体所追求的东西。从技术的整体和长远发展来看，各项技术的相关社会群体之间价值和利益的分立，使技术决策成为一种分立性的行为，因其往往不顾及整体和长远后果，加剧了由主体认知局限性和其他复杂性因素造成的技术后果的多向性、复杂性和难以预测性。

虽然技术决定论和社会建构论对于技术所负载的价值有不同的看法，但它们分别从两方面揭示了技术的价值负载：(a) 技术具有其相对的价值独立性，这种相对独立性不仅表现为技术对客观自然规律的遵循，还表现在技术活动对可操作性、有效性、效率等特定价值取向的追求，而这些独特的价值取向对于社会文化价值具有动态的重构作用；(b) 技术是包括科技文化传统在内的整体社会文化发展的产物，技术的发展速度、规模和方向，不仅取决于客观自然规律，还动态地体现了现实的社会利益格局和价值取向。如果对这两个互补的方面加以综合，我们将看到，所谓技术的价值负载，实质上是内在于技术的独特的价值取向与内化于技术中的社会文化价值取向和权力利益格局互动整合的结果。

(2) 对技术的道德反思

由于技术负载价值，而且它所负载的价值是社会因素与科技因素渗透融合的产物，技术不再只是一种抽象的工具、社会文化的一种表现形式或一种神秘的自主性力量。有鉴于此，我们应该对技术作进一步的道德反思。

下面，我们透过技术的价值负载来分析一下技术的客观基础、运行特征和核心理念的道德意蕴。

一般来讲，现代技术的客观基础来自科学理论对客观经验世界的摹写式描述，由此，所谓技术的内在逻辑和独特价值也取得了绝对自主的合法性。然而，问题的关键在于，科学理论所揭示的实在是科学共同体的科学活动所建构的实在，而非客观实在本身。这意味着：(a) 科学理论是尝试性的建构活动的产物；(b) 科学理论是科学共同体的主体际共识。由于主体及其所处情境 (context) 也必然地影响到技术的客观基础，所以并不存在一种所谓技术变迁的自然轨道 (natural trajectories)，而所谓技术独特的价值取向，不可能也不应该成为一种单独存在的自主性的“技术命令”，更不应该仅以技术进步作为人性进化的标准。

现代技术的客观基础的主体际建构性和技术活动的价值负载及其复杂性表明，技术从本质上来讲是一种伴随着风险的不确定性的活动。在现代技术运行过程中，技术人员与其说是把握了知识的应用者，不如说是处在人类知识限度的边缘的抉择者。因此，技术绝不仅仅意味着科学的运用，面对技术固有的不确定性，科技工作者需要综合考量科技和社会文化因素，方能确定可接受的风险水平。其中，伦理因素的考虑无疑是一个重要的方面。可接受的风险水平怎样决定？用什么标准？谁来确定这个标准？都是技术实践中必须解答的难题。

站在一个相对中性的立场，可以认为，技术的核心理念是“设计”和“创新”。纵观现代科技发展的历程，不难看到，如果说近现代科学把世界带进了实验室，现代技术则反过来把实验室引进到世界之中，最后，世界成为总体的实验室，科学之“眼”和技术之“手”将世界建构为一个人工世界。

从积极的意义上来讲，设计是人类最为重要的创造性活动之一。设计行为贯穿于一切技术活动的始终，甚至已经深刻地影响到了人的心理（如行为控制技术）和生理（如基因工程）活动。由于设计是一种目的性的、有时间和资源限制的活动，完美的设计是不存在的。

在现实的设计活动中，所使用的主要方法是所谓模型方法。模型方法的主旨是通过简化抽取相关的影响因子，以有效地实现设计目的。值得注意的是，简化的主要目的往往是保证制造的便利，而非揭示事实的规律，并且简化模型在很多情况下就实现技术指标而言是卓然有效的。但很显然，基于模型方法与简化因子基础之上的技术指标，是技术的不确定性的重要根源之一；同时，在模型式设计中，社会价值伦理因素往往被视为无关宏旨的因子而略去。而更加意味深长的是，诸如世界是一座精确的时钟之类的机械隐喻，和人脑犹如电脑之类的信息隐喻，已经以一种时代性观念的形式渗透到了我们日常的思维方式之中。

创新是经济化和社会化的技术体系的主要发展动力。技术创新是一种广义的设计，涉及新产品、新生产方法、新市场、新原料、新的组织管理形式等诸方面。我们注意到，不论是传统的技术创新线性模型，还是流行的链环模型，所关注的主要是研究开发体制、经济环境、市场需求和组织形式等产业和经济因素，而社会伦理价值和社会文化倾向或受到忽视，或仅被看做一种不甚重要的外部因素。

在现代技术发展的很长一个阶段，占主导地位的指导思想是技术中性论和乐观主义的技术决定论。因此，技术设计和创新主体或者只关注技术的正面效应，或者仅将技术视为工具，只是等到技术的负面后果成为严峻事实的时候，才考虑对其加以伦理制约。许多具有政治、经济和军事目的的技术活动则往往只顾及其利益和目标，绝少顾及其伦理意蕴。当技术的恶性负面效应迫使人们对其加以伦理制约时，结果常常近乎徒劳——旧的“坏”技术难以克服，新的“坏”技术层出不穷，伦理价值体系似乎始终在被动退让——好一幅技术发展的虚无主义图景。20 世纪以来，核危机、全球问题等恶性现象，以及“先制造，后销毁”，“先污染，后治理”，“先破坏，后保护”之类的现实对策，都反映了这种思路的局限性。

著名思想家弗洛姆曾对现代技术发展的两个坏的指导原则提出质疑。这两个原则是，(a)“凡是技术上能够做的事情都应该做”，(b)“追求最大的效率与产出”。显然，第一个原则迫使人们在伦理价值上作无原则的退让，第二个原则可能使人沦为总体的社会效率机器的丧失个性的部件。由此可见，为了使技术服务于造福人类及生存环境这一最高的善，从根本上摆脱这两个坏的原则，必须从技术的设计和创新阶段开始，将伦理因素作为一种直接的重要影响因子加以考量，进而使道德伦理制约成为技术的内在维度之一。20 世纪 70 年代以后兴起的环境工程、工业生态化、并行工程、学科际多因素技术评估等新的技术实践都反映了技术伦理制约内在化的趋势。

(3) 走向技术与社会伦理体系的良性互动

通过对技术价值负载及其过程的反思，我们看到，技术过程与伦理价值选择具有高度的关联性，而且，在有关价值的考量与选择中，与技术相关的主体起着不可替代的作用。因此，从技术与伦理关系的角度，可以将技术活动视为技术相关主体的统一的技术—伦理实践过程。由于技术—伦理实践是由技术和伦理价值两种因素构成的异质性实践，两种因素的良性互动，对于实现其实践目标——造福人类及其生存环境，显得尤为重要。

在技术发展历程中，除了政治经济、军事等显见的社会因素外，许多隐含的社会伦理价值因素，例如，群体利益分配、文化选择、价值取向、权力格局和伦理冲突等，一直以来发挥着重要影响。但是与显见的社会因素相比较，科技工作者、科技管理决策者以及公众对其重要性的认识较为模糊，未达成明确的共识。

这样一来，造成了多重危害：科技工作者和管理决策者较少直接主动考量伦理价值因素；科技工作者和管理决策者有意或无意地忽视伦理价值因素时，公众不能对其价值取向作出评判；某项技术中的价值选择的受益者乐于维持共识不明的现状……事实上，人们对技术的不了解，与其说是对技术因素的无知，不如说是技术所隐含的价值因素未得到公开明确揭示的结果。因此，为了促成技术与社会伦理价值体系之间的互动，首先必须充分地公开揭示和追问技术过程中所隐含的伦理价值因素。

其次，在技术—伦理这一异质性实践中，技术的相关社会群体不仅应充分考虑技术过程中的伦理价值因素，使技术内在地接受社会伦理价值体系的制约，而且还应该在深刻地领悟其中的伦理精神的基础上，主动地和创造性地构建新的社会伦理价值体系。这种新体系，既应秉承原有的普遍性的伦理精神，又应使伦理体系及其精神实质随技术—伦理实践领域的拓展而拓展，从而使它成为一种可随技术变迁而调适和变更的开放的框架。

技术主体在技术—伦理实践中的主动性和创造性，实质上体现了技术主体对技术的责任。技术是人的实践形式，而人是我们所在的世界上惟一为其行为承担责任的生物，所以，在技术—伦理实践中，核心的伦理精神不只是信念或良心，责任是更为重要的伦理精神。前者强调行为者的内在动机，后者则强调行为者应时刻关注行为可能的多方面效果，并及时采取恰当的行动。

由于现代科技具有高度分化又高度综合的特征，为了有效地履行责任，技术的相关主体必须诉诸文化际和学科际的努力。这种努力的一个重要表现是，使技术从构想和设计阶段开始就尽可能地考虑到更多的影响因子。舒马赫主张的“中间技术”运动和西方国家的技术评估活动，都是这种努力的现实体现。

最后，值得强调的是，技术的加速变迁与社会伦理价值体系的巨大惯性之间的矛盾，往往使技术与伦理价值体系之间的互动陷入一种两难困境。一方面，新技术，尤其是一些革命性的，可能对人类社会带来深远影响的技术的出现，常常会带来伦理上的巨大恐慌；另一方面，如果绝对禁止这些新技术，我们又可能丧失许多为人类带来巨大福利的新机遇，甚至与新的发展趋势失之交臂。显然，除了某些极端违背人性的技术及其运用应受到禁止之外，对于大多数具有伦理震撼性的新技术，较为明智的方法是引入一种伦理“软着陆”机制。

所谓新技术的伦理“软着陆”机制，就是新技术与社会伦理价值体系之间的缓冲机制。这个机制主要包括两个方面：其一，社会公众对新的或可能出现的技术所涉及的伦理价值问题进行广泛、深入、具体的讨论，使支持方、反对方和持审慎态度者的立场及其前提充分地展现在公众面前，然后，通过层层深入的讨论和磋商，对新技术在伦理上可接受的条件形成一定程度的共识；其二，科技工作者和管理决策者，尽可能客观、公正、负责任地向公众揭示新技术的潜在风险，并且自觉地运用伦理价值规范及其伦理精神制约其研究活动。

在现实的技术活动中，新技术的伦理“软着陆”机制已得到较为普遍的运用。各国相继成立了生命伦理审查委员会，在一些新技术领域，科技工作者还提出了暂停研究的原则。这些实践虽不能彻底解决新技术与社会伦理价值体系的冲突，但的确起到了良好的缓冲作用。例如，1974 年美国科学家曾建议，暂停重组 DNA 研究，直到国际会议制订出适当的安全措施为止。尽管重组 DNA 研究旋即得到了恢复，但这次暂停引起了科技共同体和公众对此问题的关注，进而对其利弊得失作了全面的权衡，并制定了研究准则，而这对重组 DNA 研究的长远发展是有利的。无疑，这是技术与社会伦理价值体系的良性互动的一个成功的案例，它对我们实现新技术（如克隆技术）的伦理“软着陆”实践具有重要的启发意义。

二、道德抉择的必要性与重要性

科技巨大的双刃剑效应迫使人们建构起开放性的科技伦理框架，并在科技伦理实践中作出恰当的道德抉择，使科技发展既有利于人类社会和生态环境的可持续存在与可持续发展，又能让科技成果得到公正合理的分配。只有全社会都能充分享有科技进步带来的福祉，人类的生活质量才能得到真正的提升。

人生的意义问题总是在价值观念体系与现实生活的冲突之中寻求解答。在科技时代中，科技发展带来的现实生活的骤变，对相对静态的价值观念体系形成了越来越强烈的冲击；物质文明的极大丰富，使得如何在此物欲横流的时代安顿个体的生命，成为每个现代人必须面对的问题。

1. 科技运行的公正与效率问题

在认识到科技已是人类社会发展不可或缺的活动的前提下，科技运行的公正与效率问题成为科技伦理抉择的首要问题。从总体上来讲，发展科技是人类的必由之路，但是，鉴于科技活动应以全人类及环境的福祉为优先目标的伦理原则，科技发展的内容、形式、速度和规模都必须考虑到公正与公平。

所谓公正或公平，又称为正义，原意指“应得的赏罚”（desert）。一般地，我们可以把公正狭义地理解为分配公正，它的涵义是指社会利益和社会负担的合理分配。对于科技发展来讲，成本、风险与效益的合理分配日益成为科技伦理抉择的重要方面。同时，由于知识与信息是理解科技过程的关键性因素，而不同阶层在知识素养和理解新知识的能力方面存在着现实的差异（“知沟”），知识与信息传播中的公正问题已经成为人们关注的热点。为此，科技运行应该强调两个方面，其一是科技活动中利益分配的公正，其二是知识和信息分配的公正，前者是显见的，后者则是实现实质性公正的保障。

从广义上来讲，公正不仅包括分配的公正，而且还包括交往的公正（亚里士多德曾将公正分为分配的公正和交往的公正）。所谓交往的公正，本意指在非自愿性的交往中获得与损失的中道，即交往前后所得相等。在以自然经济为主的社会里，人的交往方式比较简单，交往面也不广，容易对交往过程是否公正作出较明确的判断；而且，公正的标准常常由等级观念体系决定。近代以来，随着科技的发展和工业化、民主化潮流的出现，主体的交往范围在共同体内外、社会中、文化际和人与自然间出现了全方位的拓展。与此同时，交往方式也发生了革命性的变化。人以技术为中介的关系与人以自然为中介的关系成为一种重要的关系范畴，与此相关联，人与技术和人与自然的准交往关系也逐渐为人们所重视。在此情况下，如何重新界定交往的公正、避免普遍的不公平和异化，是一个全新的课题。

由于人们生活在当下的现实之中，必须考虑当前实践活动的效率，因而，对公正与效率的关系的合理处置成为现实道德抉择的一个重要部分。我们认为，首先，必须坚持基本的公正，惟其如此，效率的追求才能保持在伦理的底线之上；其次，科技时代没有静态永恒的公正，人们只能在动态的科技实践活动与社会发展中不断地寻求相对合理的公正，判断其合理性的标准是，公正的实现不仅不妨碍科技发展，而且还使科技的成果得到了最佳的利用。这两点应该作为现实科技运行的努力方向。

（1）科技活动中利益分配的公正性

科技活动中涉及的利益分配问题主要包括，科技活动的成本、效益和风险分配的公正和科技成果分享中的公正两个方面。

科技活动的成本、效益和风险分配的公正是科技决策者和科技人员经常需要面对的道德抉择。从经济的角度来讲，由于大科学时代的科技活动具有高投入、高风险和高回报的特点，科技活动往往需要高昂的成本，科技活动一旦失败，就会使投资者或纳税人受到巨大的利益损失。因此，科技活动是一项风险共担、利益共享的事业。作为科技决策者和科技人员，其职责在于，认真论证、谨慎运作，力争使科技活动收到良好的效益，实现投资者的利益目标。

伦理视角关注的焦点是，世俗的经济利益制约机制和以解决现实经济利益纠纷为主要目标的法律机制所难以规范的利益与风险分配。从伦理的角度来讲，首先，任何科技活动对社会资源的利用都必须考虑其目的的合法性，即巨大成本的花费是否具有正面的社会价值，是否有利于公众。其次，任何科技活动都是具有风险的，除了经济和财产方面的风险外，伦理视角更关注科技对人的身体、精神与生活质量可能造成的危害。伦理视角不仅从总体上关注这种危害，而且更从具体的层面关注危害的分配。以汽车工业的发展为例，伦理视角更加关注的是，盲目的发展战略和不当的技术标准对公共环境和某些族群（如骑车者）的危害。此外，伦理视角下对效益的关注，主要集中于对现实利益分配的合理性的质疑。这其中既包括对分配方式的审视，也有对分配中效益和风险的承担比例的反观。

科技成本、效益和风险分配的公正是一个实践性很强的问题。一方面，需要引入一种民主的决策机制，使一般的相关利益群体与个人能够参与分配过程；另一方面，需要科技决策者和科技人员树立一种正义感，并在每一项决策与每一个重大科技行为中，将公众利益放在首位。在具体的情况下，每一个决策者和科技人员都有义务冲破眼前与局部利益的制约，放弃不合伦理的科技行为，向公众说明事实真相。同时，这个问题也是一个十分复杂的问题，往往需要多次判断和多学科与多层面的广泛而深入的探讨，特别应该充分考量科技活动的长远后果，要将未来世代的利益与风险承担作为一个重要的方面加以考虑。

科技成果分享的公正性问题是当代科技伦理实践所面临的另一个难题。这个问题表现在两个方面，其一是科技发展对不同人群的发展所带来的新机会的不平等；其二是科技进步所带来的新的便捷与福利在不同社会族群间的分配的不公正。

总的来讲，科技发展可能使全社会的学习、工作和生活方式发生革命性的变化，每个人都有可能获得新的发展机遇，使生活质量得到提高。但是，由于个体间存在先天和现实生活境遇的差异，新科技的发展往往更有利于那些具有资本和教育优势的人，而且这种差异有日趋扩大的趋势。特别是随着信息技术的发展和知识经济时代的来临，简单劳动者和复杂劳动者的发展机会之间的差距越来越大，甚至大有将人们划分为有知识者和无知识者的趋势。这个问题表明，教育权已成为人的生存与发展权的重要组成部分，全体公众享受基本教育和继续教育的权利必然地成为社会发展的重大举措。

科技进步虽然在总体上提高了全体公众的福利和生活质量，但是由于资源占有和社会地位的差异，科技发展所带来的成果在不同的族群间的分配往往是极不公平的。这个问题在医疗保健领域尤为明显。20 世纪 60 年代，肾透析技术刚刚在美国出现时，要求透析的病人远远超出了透析设备的处理能力，此时“谁应该活下去”成了一个新的伦理难题。如今，随着器官移植技术的成熟，在有限的供体难以满足需求的情况下，“谁应该接受移植”又成为一个难题?

这是一个十分复杂的问题。一方面，先进科技的应用必然花费大量的社会资源，因此，科技服务应该是有偿或适当盈利的。但是，这样一来，大多数难以承受高昂费用的人无法享受科技的新成果，而且，将有限的公共资源为少数人谋福利是欠公正的。另一方面，除非完全将现有的公共福利体制改变为按需分配的体制，任何试图无差别地对待每个公众的构想都只能是空想。

坦率地讲，如同所有的领域一样，科技活动中的利益分配的不公正将永远存在下去，完全公正的乌托邦是不存在的。伦理的作用是有限的，当然也是重要的。伦理反思和呼吁的作用在于，使人们正视这些不公正的现象，在一项科技进步出现之后，认真思考可能出现的不平等，找到尽可能减少不平等的可行性举措。惟有通过长期不懈的努力，才有可能使人类随着文明程度的提升，更加自觉地防范可能出现的利益分配的不公正。

（2）知识和信息传播中的公正

现代科技日趋专业化，即使是同一个领域的专家，也不易对某些新的科技进展作出准确的评议。因此，外界对许多新的科技过程与科技成果所负载的真实价值的理解和评价，只能基于有关研究者向公众所作传达或传播的信息。这样一来，科技共同体在知识与信息的社会传播机制中，实质上处于一种缺乏监督的绝对权威地位，由此导致了科技知识和信息传播中的公正性问题。下面分析几个案例。

案例1:“医患”模式的延伸与知情同意权

从某种角度来讲，科技时代中科技工作者与公众的关系模式可以视为“医患”模式的延伸，或者说“医患”关系是科技工作者与公众关系的典型形式。这种关系模式的特点是，责任方处于主导地位，权利方处于被动地位，并且权利方对关系过程的理解取决于责任方的信息传达。因为任何科技活动都可能负载有各种相关群体的价值取向，这些价值负载往往隐含于技术目标的设定和技术指标的制定之中，包括利益的追求和风险的界定等与公众利益休戚相关的因素。由于许多科技活动的开展与每一项科技成果的应用，直接或间接地影响到部分或全体社会公众的利益，科技工作者有义务将这些信息无偏见地传达给社会公众，反过来，为了有效防范反伦理的科技行为，社会公众也应该有知情同意的权利。特别是在一些科学试验（如人体医学试验）和有潜在巨大风险的技术应用中，科技人员和决策者有义务向相关公众说明其中的实际情况（效益与风险分配等），让他们作出抉择或参与决策。

但是，在现实的科技伦理实践中，知识与信息的传达和知情同意权的实现往往十分复杂。首先，科技工作者不是利益无涉的行为主体，在有关的信息表达里，他们可能会有意掩饰其利益诉求。其次，科技人员对知识与信息的传达和社会公众的理解之间常常有一定的差距，有时甚至会出现严重的误解。此外，在不同的政治和文化传统中，人们对知情同意权的认识存在着很大的差异。例如，一项拟在坦桑尼亚进行的孕妇艾滋病感染情况的研究，由于坦政府坚持不能将取血的原因和检测结果通知研究对象，而项目资助者耶鲁大学的伦理审查委员会则坚持个人知情同意，最终该研究只得取消。

值得指出的是，不论是无偏见的信息表达，还是知情同意权的实现，其目的都不是为了寻求形式上的公正。为了实现实质上的公正，信息表达和知情同意权的具体实现形式必须依据现实情况采取恰当的方式，判断其恰当性的标准是它是否符合公众的利益。

案例 2：科技共同体、公众、传媒和决策者在信息传播中的责任

科技知识与信息传播机制，应该在科技共同体、公众、传媒和决策者的共同作用下运行。

科技共同体的责任包括：(a) 对公众的责任。科技共同体不仅要向公众传播与科技过程有关的知识，而且还应该从社会利益和价值的角度向公众解释科技活动的意义，并认真听取公众的意见。(b) 科技共同体要接受传媒的监督。(c) 科技共同体要向有关决策者传达尽可能准确和详细的信息，并介绍他们在利益和价值方面的考量。

公众的责任是以其道德敏感性深刻反思科技活动的利益和价值负载。鉴于科技活动所负载的价值，从不同角度反映了包括科技决策者、科技人员与一般公众的利益与价值追求，这种反思既是对科技活动中的反伦理倾向进行批判的过程，也是对公众自身的旨趣和流行的社会价值取向的自我批判。

传媒的理想作用是无偏见地传播科技信息，正确地引导公众监督科技共同体的行为和决策者的决策过程。但是，鉴于传媒与现实利益的纠结，传媒本身的立场实际上应该成为追问的对象。

决策者的作用是十分关键的。虽然决策者往往从特定的角度（如国家利益、集团利益及自身利益等）考虑问题，但是他们应该尽可能地使其目标合乎公正。因此，他们应该要求科技共同体提供全面准确的信息，并且有责任转而向公众正式解释有关科技活动的意义，慎重地告之其中潜在的风险。他们还应认真听取公众及传媒的呼声，组织各方就风险的界定、利益与风险的共享与分担等问题达成共识。

案例 3：利益驱动下的伪科技传播及其危害

在现实的科技传播活动中，广泛存在着利益驱动下的伪科技传播行为。从传播学的角度来看，伪科技传播的实质是，利用公众的迫切需求和某些非理性诉求，误导欠缺科技素养的公众。因此，伪科技传播行为大多发生在科技进步尚不能满足公众需求的领域。

在中国，伪科技传播行为频频发生。尤其是在医学和保健领域，由于缺乏对大众媒体传播科技信息的监管机制，给许多伪科技传播行为提供了方便。

在伪科技传播活动中，最为恶劣的是某些科技工作者的参与。著名的个案是当代化学家鲍林曾对维生素的功效作过夸大其词的宣传。值得指出的是，在现实中，这种科技人员参与的伪科技传播行为的欺骗性和危害性更大。在中国，除了经济利益因素外，发生这类事件的一个重要原因是一直没有建立合理的科技权威机制。所谓科技权威机制是指，一方面，社会应该切实确立科技人员的权威地位，形成尊重权威的社会意识；另一方面，科技人员应该充分意识到作为权威的责任，从专业学习和职业训练阶段开始，就时刻注重道德敏感性和伦理素质方面的修养。

伪科技传播行为的危害是明显的。首先，伪科技传播行为造成了社会资源巨大浪费，危及公众的财产、健康和生命安全。其次，它损害了科学的尊严和权威，也损害了科学与科技工作者的社会形象，甚至使科技沦为现代迷信的工具，影响了公众崇尚科学的风气的形成。对于生产力水平与公众科技素养都亟待提高的中国来说，反科学和伪科技传播行为的危害尤为严重，若不能及时校正，整个社会可能为此付出十分高昂的代价。

2. 道德抉择中如何兼顾公正与效率

在现实的社会生活中，公正与效率经常发生冲突。公正强调人们应当得到的权利，效率则关注现实活动目标的实现。科技活动中的道德抉择，必须解决如何兼顾公正与效率这个问题。我们认为，首先，科技的迅猛发展已经使科技活动影响到每一个公众的切身利益，科技活动一定要坚持基本的分配公正与交往公正，而事实上，基本的公正既是效率合法性的前提，也是长期效率的保障；其次，公正是相对于具体的社会情境而言的，不存在绝对的公正，由于必要的效率关系到全体公众及环境的福祉，公正的实现不应该妨碍效率的合理提升，它应在推进社会发展的同时，更深入地展现公正的内涵，以实现更大的公正。

(1) 基本公正的实现与效率

溯望近代以来的科技与社会发展历程，是一个科技加速创新和社会加速变迁的过程。起初，科技被人们誉为文明之花和新时代的救世主，但是，随着原子武器、纳粹人体试验、伦敦烟雾事件、冷战、石油危机、基因重组技术、切尔诺贝利事件、温室效应、臭氧层空洞、"多利"与"深蓝"的相继出现，越来越多的人开始关注科技活动所负载的价值伦理倾向，反思现实科技行为的公正性。这些关注和反思的重要功能之一是促使基本公正的实现。所谓基本公正的前提是每个人都有不可剥夺的生存与发展的权利（虽然这种权利要受到具体社会条件的制约，但它应该是具有普遍性的人权的重要组成部分）。在此基础上，基本公正可分为基本的分配公正和交往公正。

基本的分配公正是指，科技进步与社会的整体发展不应该危及个体与特定族群的基本的生存与发展的需要，不同的利益集团和个体应该合理地分担科技活动所涉及的成本、风险与效益，对于因科技活动而处于相对不利地位的个人与族群，社会应给予适当的帮助和补偿。基本分配公正的实现是一个十分复杂的过程。它的基本实现途径是，在不同利益与价值追求的个人与团体间的对话的基础上，达成有普遍约束力的分配与补偿原则。这些原则实质上是一种最低限度的规范，我们可以称之为底线原则，它反映了在当前时代所处的文明程度下，面对科技活动中复杂的利益分配行为，不同伦理观念和道德水准的人群的伦理共识。

基本的交往公正强调，在变动不居的科技时代中，主体间和主体与技术、环境间的交往应该具有基本的合理性。科技时代主体间以技术或自然（我们也可以称它们为人工自然或天然自然）为中介的交往日渐成为主要的社会交往形式，主体通过技术或自然中介而相互影响，但是，相互作用的双方对交往的影响力往往是不平衡的。例如，用户虽然可以通过购买科技产品与服务来影响科技活动（"需要是发明之母"），但现代社会中的"需要"常常是媒体广告的诱导所至，科技产品与服务的垄断经营，使用户处于被主导的地位。而在当代人与未来世代的关系中，未来世代显然处于绝对的被动境地。主体间交往的基本公正就是要求科技活动应确保劣势群体的基本的生存与发展权。并且，它尤其关注交往中个体和特定族群的价值追求的自我实现 。也就是说，科技的发展应该使每个人或族群都能在社会中找到自身的位置。由于现代价值观念体系是不断变化的动态系统，要实现主体间的交往公正，仅有对个人或族群的价值体系的尊重是远远不够的，社会应该给每个个体和族群尽可能多的发展的机遇，通过正确的引导使他们主动地不断更新观念，参与到社会价值观念的动态整合进程之中。例如，在知识经济时代来临之际，蓝领、白领和金领阶层如何在社会交往实践中实现各自的价值将成为一个日益重要的问题。

主体与技术和自然环境的交往，不能完全用主体间以技术或自然为中介的交往来概括，也不可能从所谓的摆脱“巨机器（Megamachine)”或谋求“自然的返魅（reenchantment)”等抽象或超验的反思中作出合理的定位。事实上，技术与自然已经成为人的“无机身体”，主体与它们间的交往公正应该建立在对技术和自然环境的价值的现实考量之上。主体与技术的基本交往公正的现实判准是，在价值观念与基本的生存与发展需求方面，消除了人与技术的尖锐对立。实现这一基本公正的前提是，在充分揭示技术所负载的价值的基础上，展开人与技术间的“对话”。这既是对技术的伦理意蕴的追问，又是主体对自身价值取向的合理性的反思，只有通过这种追问与反思，才可能摆正技术在人的生活世界中的位置。主体与自然间基本的交往公正要求，主体的行为不应该危及整体自然系统的保存。为此，主体应该考虑到自然的复杂性与人的理论建构和技术实践能力的有限性，对自然持一种谦卑与博爱的态度，承认自然的“固有价值”和保存与演进的“权利”。

在科技活动中，只有确保上述基本公正的实现，才可能合理地分配科技成果，使个体和族群在科技社会中找到自身的位置，使主体和技术与自然相协调而成为有机的发展整体，最终使科技进步基本符合其为人类及其环境谋福利的根本宗旨。同时，基本公正的实现，也是科技运行的基本条件及其长期效率的保障。在科技成果分配极不公正，人与人、人与技术和环境尖锐对立的情况下，科技是不可能长期有效率地运行下去的。

(2) 科技活动中的公正与效率的关系

在科技活动中，公正的实现必须考虑现实活动目标的效率。我们的基本观点是，公正应该是科技发展的内在目标的有机组成部分，公正的实现应该与效率的追求相统一。效率的实现要以基本公正为条件，反过来，没有合理效率的“公正”不仅是不现实的，而且是有悖公正的。因此，应该实现的公正首先是可以实现的公正，而可以实现的公正应该是有合理效率的公正。具体科技活动中公正与效率所追求的目标是有差距的，但这种差距不应该大到难以弥合，如果出现了这种情形，就需要对两者的目标作一定的调适，使两者可能统一于科技活动的总体目标体系之中。

公正是相对于具体的社会发展进程而言的，公正的社会指标要受到社会发展水平的制约。主要的制约因素包括科技与生产力发展水平、公众的科技文化素养、政府与决策者的见识、社会的民主意识、传媒的监督作用等。在不同的社会环境中，对科技活动的公正性的关注方面是有所不同的。在发达国家，科技运行本身的制度结构和分配公正问题已经成为社会关注的焦点，例如，环保等领域中已经形成了强有力的公众监督机制，对垄断集团的不公正行为产生了一定的制约作用。在发展中国家，所面临的主要还是发展生产力、提高生产效率的问题，并且效率的高低直接影响到提高公众福利这一基本公正的实现。此外，发展中国家还面临着由于科技文化水平落后的困境。在中国，科学精神远未深入人心，反对显失公正的伪科技行为尚是一项长期的工作。

由于不存在绝对的公正，激进的方式在很多情况下并不利于公正的真正实现。首先，原教旨主义式的狂热是不可取的。任何公正的实现都只能是对现实存在的不公正的有限改善，完全拒斥科技文明的卢德主义（Ludditism）是不明智的。其次，以寻求公正为目标的公共政策应该是渐进的和有弹性的。决策者必须考量到现实的不公平是有其根源的，从根源上寻找问题的解决方案。例如，在环境保护方面，经济增长方式从粗放型向集约型的转化，应该有一个缓冲的阶段，“堵”与“疏”并举，方能达到目的。

合理的效率追求常常有助于实现整体的更大的公正，社会一方面应该鼓励这种追求，另一方面又要设法防范对基本公正的明显违背。

我们认为，公正的实现不应该阻碍科技的正常发展，对科技活动的公正性的判别不同于宗教裁判。由于科技活动所负载的价值及其公正性问题，只有通过具体的科技实践的发展才会逐渐地显现出来，除了明显地违反人道主义的科技活动应该受到禁止外，对大多数有争议的科技活动，应该采取追踪的方法，动态地讨论其中涉及的公正性和其他伦理问题。鉴于社会对科技发展的迫切需求与科技活动中所存在的竞争性，发展中国家往往必须采取效率优先、兼顾公平的策略。对于他们来说，无论怎样高明的发展战略，都是有一定代价的，这是必须正视的事实。于是，问题的关键是如何使这些代价尽量不违背基本的公正。

罗尔斯的正义论对我们思考科技活动中的公正与效率问题具有一定的启发意义。他认为，处于最不利地位的人所受到的不平等和处于最有利地位的人在利益上的适当让渡（给前者），可以得到以下合理性论证：处于最不利地位的人，知道他们从身受的不平等中获得了最大的好处，如果减少不平等，他们反而受害更甚；处于最有利地位的人，也意识到他们的损失会因为处于最不利地位的人的合作而得到补偿，如果没有这种合作，他们享有的相对特权反会受到威胁。因此，科技的正常运行需要建立一种柔性的机制，给处于最不利地位者以适当的补偿，以确保基本公正的实现。

在保证基本公正的前提下，科技活动应该优先考虑效率，然后适当地引入新的（非基本）公正性考量。特别应该指出的是，在任何对效率的合理追求的活动中，都必须体现对创新者或有突出贡献者的激励，这不仅是对效率的促进，也是应该实现的公正。可以说，在任何社会条件下，“激励”都应该放在“补偿”之前。然而，所谓应得的“激励”与“补偿”又都是社会协商的结果。这种协商应该是经常性的，其作用在于寻求新的相对合理的公正。例如，知识产权制度将发明权界定为一种有时限的垄断权利，在知识快速更新的知识经济时代，知识产权垄断时限的长短，必然会引起与知识分配的公正性有关的讨论。由此可见，在理想的情况下，效率与公正可以有机地统一于科技活动之中，并且相互促进。这应该成为现实科技活动中对公正的追求是否合理与可行的实践判准。

3. 物欲横流时代的生命安顿问题

近代以来，科技革命与产业革命相互促进，人类社会的物质文明得到了空前的发展。利用抽象的理论和实证方法，人实现了对自然过程的部分揭示与控制，主体的价值得以充分的彰显。但与此同时，科技与物质利益联姻的局限性也日渐暴露。科技成为人们追逐物质利益的有效手段之后，科技发展逐渐打破了传统的价值信念体系，使人类进入了快速变迁的世俗化时代。在世俗化的科技社会中，一方面，社会的发展使人可以享有更多的物质利益，使生活方式的选择成为可能，但面对强大的社会技术系统人却越来越感到无力，出现了人的自我实现与物化的两难困境；另一方面，伴随科技活动的全球化进程，科技活动的风险已经上升为一种高后果风险（High-consequence risks）—— 会对极大量人口造成普遍性后果的风险，层出不穷的危机（如核危机、生态危机）使得人的生活处于极端的不确定状况。显然，在缓解这些困境与问题的努力中，伦理考量是一个尤为重要的方面，我们必须通过普遍性的伦理基础的重建和伦理精神的不断揭示与拓新，为身处物欲横流时代的人们找寻到安身立命之所。

（1）人的自我实现与物化的两难困境

人生的最高境界是实现自我的价值（当然，这些价值至少不应该是反社会或反伦理的）。在前现代社会中，个体的价值追求大多被框定在信仰与传统价值信念体系内，个人的行为权利往往由各种各样的禁忌划定其范围，人的行为模式和生活方式是规定性的程式，因而大多数人的自我实现是被动性的。通过对自然过程的揭示和控制，科技活动以实证经验动摇了传统信念体系的事实基础，传统的禁忌一个个地被打破。其中，最具深远影响的是，人们不再讳言对物质利益的追求，这可以说是任何一个传统社会向现代社会转型的重要标志。

当人们将自我实现的主要目标从服从神的意志或践履伦常的义务中转向物欲的追求之时，科技的发展为人提供了越来越多的物质享受和便捷。于是，人对物质的追求与科技相互促进，使世界成为一个物质化的世界，同时，也使人生的价值与意义的追求带上了浓重的物化色彩。例如，代表资本主义精神的新教伦理主张，人通过勤奋的工作而成为上帝的选民。

由于社会以创造财富的能力作为衡量个人人生价值的主要标准，使人陷入了自我实现与物化的两难困境，英国当代社会学家安东尼·吉登斯称之为个人化相对于商品化的经验的困境。商品化的消费模式的盛行与媒体广告的推波助澜，使个体对个人自主性、自我界定、真实的生活或个人完善的需求，都变成了占有和消费市场所提供商品的需求。特别是媒体不断地在向公众呈现“每一个人所渴望的”生活方式，使自我认同与自我实现成为对市场标准的效仿，这显然完全地背离了自我实现的初衷。

物化影响到自我实现的两个重要方面——交往和人生意义。随着科技的发展，人的交往面呈现出加速拓展的趋势，人与人之间的关系模式也发生了重大变化。传统社会生活中占主导地位的亲密关系已经让位于交易过程中的纯粹关系(Pure relationship)。在日益增多的交往行为中，交往的自由原则常常为利益原则所取代。在人生意义问题上，一方面，生命科学的发展继冲破神创论之后，将其对生命物质的控制能力推向了基因层面，有关人生意义的超验解释受到了空前的挑战；另一方面，生活在物欲横流、充满变数的现代社会中的芸芸众生，比以往任何时代都更需要终极关怀。

(2) 科技的高后果风险与生活的不确定性

在上述自我实现与物化的两难困境中，个人对物质利益的占有在许多情况下既是盲目的又是无力的。如果说盲目性根源于市场体系和商品化，那么，个人产生无力感的主要原因在于，社会生活已经完全依赖于庞大的技术系统和技术化的社会运行体制。特别是在利益驱动下加速创新的科学技术，以其高后果风险，使个人生活处于高度不确定的状况，个人的盲目感与无力感加剧。

社会生活对技术系统和技术化的社会运行体制的依赖，主要表现为科学知识对信仰（信念）与常识的冲击和专家系统对个人生活的决定性影响。

在传统社会中，人们依靠信仰（信念）或常识对日常事务作出决策。由于信仰（信念）内在于文化之中，常识也往往是直观素朴的经验，因此人对个人事物的决策至少在形式上是较独立的行为。而科技对自然过程的揭示，实际上宣告了信仰（信念）或常识作为行动依据的不合法性。在科技社会中，理性判断的前提之一是尽可能地避免各种先入为主的成见，因而，信仰（信念）与直观素朴的经验被排除在决策依据之外，受到“存封”。这种“存封”无疑是理性的进步，例如医学和心理学的发展使人们认识到精神病是可以医治的，从而根本改变了精神病人的命运。但是，另一些情况下，对信仰（信念）与直观素朴的经验的“存封”，反而导致了决策依据的争端。最突出的例子是科技对“生”的揭示。如果将人生命的起点定义为受精，则所有的胚胎试验都是对生命的戕害，这是不现实的；但如果将生命起点定义于受精后某一时间，则这类定义实际上没有必然的依据。

科技社会中，个人对专家系统的依赖是无所不在的。个人与专家系统的关系可以用信任与承诺来概括。值得指出的是，这种信任是由无知和缺乏信息导致的，因而难免成为实质上的盲目信任；而所谓专家的承诺往往是难以监督的，故本应该受到质疑。在现实生活中，专家经常以十分肯定的口吻指导公众（公众也更愿意听到完全肯定的指示），这与科技活动固有的不确定性是相违背的。显然，造成这种现象的主要原因是专家总有其利益本位。尽管如此，专家系统的不确定性还是在许多具体的指导活动中显现了出来。最明显的表现是专家意见的不一致，这往往使盲信的公众更加不知所措。

然而，科技时代人的生活所面临的最大的现实困境是科技活动可能引发的高后果风险，它使人的生活变得极端地不确定。由于科技活动所依据的理论具有不确定性，加之利益价值因素的负载，使处于持续和加速创新态势的科技活动总是伴随有越来越大的风险，这种风险在经济与科技全球一体化的情势下，将可能导致广泛而深远的后果。对于一般的公众，真正使他们感到焦虑的不是科技已经造成的巨大负面影响，而是这种风险越来越大、风险的可能后果越来越广泛和深远、克服风险越来越困难。

科技的发展已经使风险成为我们生活的时代必须面对的因素。作为一般的公众，他们只能被动地接受某项科技活动的风险概率这一既定事实，而风险事实上早已被设计于技术之中。对于公众而言，风险的设计意味着他们将承受双重的风险。其一是利益集团的核心层和他们雇佣的专家在风险评估中只考虑到自己的利益本位（往往是暂时与局部的），无视广大公众的利益；其二是风险评估本身的不完善可能潜藏有恶性的后果。

20世纪以来，相继出现的核危机、生态危机使人们逐渐意识到科技的高后果风险，同时也意识到这种风险是个人的力量所无法克服的，因而难免陷入对个人与人类生存前景的深度忧虑。而技术化的社会运行体系早已对这种忧虑作出了“可操作性”的处置——建立保险制度，试图在利益层面使风险为社会所接受。但是，此类处理对于公众的焦虑感而言只不过是一种形式化的遮掩，事实上它使现代公众更深刻地体味到科技时代的高后果风险的残酷性，而不得不接受由此产生的极端不确定的生活。

三、科技实践中的伦理与道德重建

1. 商谈伦理与伦理基础的反思性重建

伦理的发生与演进有两个基本前提，其一是人具有社会性，其二是人在不断地反思自己的行为。由于人具有社会性，人们就必须寻求使社会有效运行的普遍规范；而当原有规范方式失灵时，人们又会通过反思重建规范。在这两种前提的作用下，人类社会得以建立一种价值与伦理的回复机制。

面对物欲横流的现时代，价值与道德重建的可能性成为人们关注的焦点。恰如唐文学家李观所言："孔子之言满天下，孔子之道未尝行。"从古到今，人的生存状态与道德状况一直都不理想，但人类社会仍然延续至今，这其中的重要原因是，的确存在着一种客观的伦理中道。所谓伦理的中道，不会自身凸现出来，需要人在伦理实践中去体悟和发现。为了寻求伦理的中道，我们要反对伦理独断主义与伦理相对主义两种倾向。传统伦理体系将伦理中道视为亘古不变的伦常规范，实质上是一种简单化的处置。古往今来太多以伦常信念之名行反伦理之实的情形告诉人们，这种简单化的处置，往往仅以维护社会既得利益为目的，不是对个体的真正关照。另一方面，虽然伦理规范的合法性与有效性和具体境遇相关联，但伦理相对主义的立场因其潜在的反社会态度而完全不可取。

伦理中道的基础应该是通过对话与反思所建立的原则，其作用在于，使社会成为每个人都有可能在其中实现自我的集合体。在通过对话建构伦理基础这一问题上，哈贝马斯的"商谈伦理学"（die Diskuisethik）作出了富有启发意义的探讨。哈贝马斯把商谈伦理学的基本原则称为"普遍化原则"：每个有效的规范，在不经强制地被普遍遵循的过程中，必须导致满足一切有关人的意趋和为一切有关人所接受的结果。他从伦理普遍主义的立场出发指出："每一个一般地参加论证的人，原则上都能在行动规范的可接受性上达到同样的判断。"这就涉及了商谈伦理学的可操作性问题。为此，哈贝马斯又提出了"商谈伦理原则"：只要一切有关的人能参加一种实践的商谈，每个有效的规范就将会得到他们的赞成。

商谈伦理有助于人们合理地界定相关主体的权利与责任。主体的权利可分为消极权利（不为的权利）和积极权利（为的权利），两种权利的实现都会影响到其他主体的利益，商谈和妥协是十分必要的。例如，在公共卫生资源的分配方面，所依据的伦理原则应该是在商谈基础上为各方所接受的。商谈伦理的另一项目标是明确责任，它包括承诺与监督两个方面。不论将社会视为自由个体的联合，还是以社群（Community）作为社会的本位，每个利益主体都应该对社会有所承诺并接受相应的监督。商谈既是对承诺内容的合理性的探讨，也是对践履情况的核查。

商谈伦理所达成的普遍共识是最基本的伦理诉求，即底线伦理。尽管如此，这种努力仍然可以大大降低社会生活的不确定性。首先商谈的范围可以不断扩大，全球性的商谈行为将促成全球普遍伦理的建构。其次，所谓最基本的伦理诉求也将随着商谈的深入得到扩充与完善。

由于参与商谈的主体有不同的价值与利益取向，商谈所达成的伦理底线往往难免有局限性。为此，还应该对伦理基础进行反思性重建。这种反思性重建发端于建设性的社会批判意识，尤其体现了知识分子的社会责任。所谓社会批判是对流行或将要来临的社会价值观念的局限性的批判，而建设性的社会批判则进一步通过针对性的主张来校正流行观念的局限性。伦理基础的反思性重建的关键是寻求观念上的互补与制衡，即当社会生活中流行某种伦理价值取向时，知识阶层有责任揭示其局限性并提出与之相抗衡的价值观。当前，从大而化之的角度来讲，存在两种互补的基本伦理（政治）立场：自由主义和社群主义（Communitarianism）。自由主义强调个人的权利，认为一旦每个人能够充分自由地实现其个人价值，个人所在的群体的价值和公共的利益会随之自动实现。社群主义是在批判以罗尔斯为代表的新自由主义过程中发展起来的，它强调普遍的善与公共利益，认为只有公共利益的实现才能使个人利益得到充分的实现。又如，在生态伦理领域，人类中心主义与生态中心主义之争就是伦理基础的反思性重建的表现。

显然，只有将商谈伦理与伦理基础的反思性重建相结合，才能形成价值与伦理的回复机制。所谓的价值与伦理回复机制包括两个层面，其一是我们在第一节曾论述过的伦理缓冲机制，其二是价值与伦理立场的转向机制。伦理缓冲机制试图通过对技术负载的伦理价值的揭示和讨论使技术有规范地发展，价值与伦理立场的转向则发端于对伦理基础的反思性重建。从科技社会层出不穷的危机和生活的极端不确定性，我们看到价值与伦理立场的超越性转向是必须的，当然又是艰难的。值得指出的是，短期内实现彻底转向是不可能的，但从观念制衡的角度来看，更多的人能够意识到转向的必要性本身就是一种巨大的进步。

2. 开放性的伦理体系与伦理精神的创新

科技活动不仅是一种知识和物质创新活动，也是一种开拓性的伦理实践。鉴于科技的迅猛发展使传统静态伦理体系的弊端日益凸现，我们应该建构一种开放性的伦理体系以应对科技伦理实践中大量涌现出的伦理问题。在开放性的伦理体系的建构过程中，一个至关重要的方面是，我们不仅要在伦理实践中不断提高道德敏感性，揭示出新的伦理问题，还要善于从新的伦理境遇和问题中创造性地生发出新的伦理精神，为身处变动不居的科技时代的主体找到应变之道。

科技实践的发展使科技伦理不断展现出新的向度，科技伦理体系也因此出现了开放性的趋势。与传统的静态伦理体系相比较，开放性的科技伦理体系有三个新的特点。

其一，开放性的科技伦理体系是一种实践伦理体系。开放性的科技伦理体系所涉及的许多概念和范畴与具体的科技实践相关联，甚至关涉到某个具体的案例。我们可以将新的科技伦理体系的建构与科学哲学的发展作一个类比，目前的科技伦理研究中生命伦理、工程伦理和生态伦理的影响最大，类似于科学哲学中物理学范式的影响。我们可以看到不同的科技伦理领域的研究范式又是各有特色的，生命伦理侧重于普遍性规范的建构、规范的政策化、伦理审查与临床案例分析，工程伦理关注伦理法典的建设和规范的法规化，生态伦理则注重伦理对象的拓展和对人与自然关系的反思。正是这些领域的深入探讨和相互促进，使科技伦理研究的广度和深度随着科技实践的发展而得到了迅速的拓展。

其二，开放性的科技伦理体系十分注重规范的动态建构。开放性科技伦理体系的规范建构活动不谋求毕其功于一役，而是不断跟踪科技实践的发展态势，动态地修正有关规范体系。因而，开放性的科技伦理体系不仅关注规范，而且更关注建构规范的活动，并不断寻求合理的建构方法和程序。

其三，开放性的科技伦理体系具有较大的灵活性和较强的可行性。开放性的科技伦理体系，一方面通过法规化、制度化等手段使伦理规范结构化，形成实际的制约效力，另一方面，在新的科技伦理实践中，又强调道德敏感性的培养和伦理精神的贯彻与拓新。此外，开放性的科技伦理体系不试图作宗教裁判式的判断，而是力求通过适当的知识与信息传播机制和商谈活动缓解科技实践引起的伦理价值危机。

科技发展及其社会后果是人的物质创造力量对象化的产物，但是这种力量不一定符合人应然的本质需求，即并不必然是人的本质力量。所谓人应然的本质需求可以理解为广义的伦理需求，人的本质力量应该是满足广义伦理需求的力量。也就是说，人的物质创造力量要反映人的本质需求并成为人的本质力量，必须受到伦理的制约，伦理应该是科技实践的一个内在维度。

这种广义的伦理需求不是先验的信念框架，而是一个实践的范畴。由于伦理情境在实践过程中渐次凸现，伦理规范体系应该建立在对伦理实践的理解和把握之上。这种理解和把握实际上是一个能动的创造过程，其中最重要的方面是伦理精神的创造性发现，我们可称之为伦理精神的创新。正是科技进步在加速地拓展着伦理的新领域和向度，促使人们从急剧变迁的实践方式中创造性地发现新的伦理精神。

科技伦理精神的创新可分为四个方面。

其一是现实性考量，即从新的科技实践方式和科技进步所拓殖的新的生活形式中，寻求实现“善”和“正义”的新的精神内涵。从大的方面来讲，由于现代科技的主要目标已从求知拓展为生产应用，现代科技职业伦理所应坚持的伦理精神，也相应从“追求客观性”扩展为“坚持客观公正性”和“公众利益优先”。就具体的科技实践领域而言，人们可以通过实践体悟到伦理精神更精细的内涵。

其二是前瞻性考量。显然，这是为了适应科技加速和持续创新的发展态势。当前，特别是生命科学技术与信息科学技术的发展和知识经济的出现，将可能使人的生存方式发生巨大的变化，在这种情势下，对伦理精神不断作出前瞻性考量显得尤为必要。

其三是反思性考量。首先，我们应该对科技的工具理性作出反思，在寻求科学精神与人文精神的融合的基础上，明确科技伦理精神中所应体现的人与技术的关系。其次，科技伦理精神的创建应该建立在对人与自然的关系的深刻反思的基础上。

其四是可行性考量。即伦理精神的创新的主要目的之一，是在复杂的科技伦理情势中，帮助人们更为确切和全面地作出伦理判断。因此，可行性是伦理精神创新所必须考量的问题。

值得指出的是，伦理精神的创新具有超越性，但并不是对原有伦理精神的简单否定。所谓超越性，是指伦理精神所规范的领域或层次随着科技实践的发展出现了根本性的变化，必须扬弃原有的伦理精神体系。在很多情况下，原有的伦理精神被并入新伦理精神。因此，伦理精神的创新既有对以往伦理精神的突破，也有对原有伦理精神的继承。

回顾科技伦理实践的发展，我们可以看到已经出现了许多伦理精神的创新。科技的高后果风险使责任的履行成为伦理精神的核心，导致了从信念伦理向责任伦理的转向；科技的发展导致了伦理距离的延伸，使人看到了人与技术和人与自然关系的误区，创造性地提出了克服工具理性的局限性，尊重自然的价值、建立“大地伦理”和“走出人类中心主义”等新的伦理价值观念。在这些伦理精神的创新过程中，人们是在反观科技所负载利益和价值的合理性，由于这些利益和价值是由人赋予的，所以，实际上又是人的自我反思。因此，科技伦理精神的创新，将使科技社会中的人找到体现人的本质力量的价值和伦理精神，进而使人们在物欲横流的现代科技社会中拥有安身立命之所。

3. 科技实践中伦理问题的延伸

科技时代涌现出了许多我们必须面对的新的伦理问题，其中，既有已有伦理问题的延伸，也有传统与现实的冲突。由此，现代科技可以视为正在进行之中的开拓性的社会伦理试验。

人类正是通过行为才形成人的存在方式，并且把它逐渐向自己展示出来。法国哲学家和科学家让·拉特利尔在谈到科学技术对伦理的影响时指出：科学技术的发展不仅造成越来越多地需要提出新规范的情势，而且还使新的行为更加合理、有效，应当尽可能地阐明任何确实存在于上述情势中的事物所涉及的关键问题、由此可预见的后果，以及对人类存在的潜在影响。

站在人类伦理实践发展史的角度，我们看到，现代科技活动所引发和遭遇的诸多伦理问题是人类伦理实践的必然延伸。从本质上来讲，伦理行为应该是人的自由意志选择的结果，而自由意志的有效行使，取决于主体对行为过程及其后果的知晓和控制能力；换言之，伦理行为应该是一种以自由意志为前提，由选择机制和责任能力共同决定的责任行为。然而，传统与近代社会的伦理实践尚未充分展示这一本质特性。在传统社会中，社会生活以静态的等级伦常为主要关系特征，主体的知识和技能限于相对不变的共识性常识和经验，传统伦理主要面对的是建立在权威（神圣的或世俗的）与信念基础上的道义性的纲常理念。近代以降，资本主义和市场经济的发展，西方社会在权利的实现、自由意志的表达、利益的公正分配等方面进行了开放性的伦理反思和实践，从不同的角度建构了道义论、目的论、德性论、自然律论等伦理标尺，形成了较为完整的伦理规范体系。但是，由于人类交往实践的复杂性和主体活动后果的深远性尚未充分显现，真正的自由意志基础上的责任意识没有得到应有的重视。

现代科技的发展使人类交往实践日渐复杂，同时，也使主体活动后果的深远性愈益凸现；结果，迫使人们放弃技术价值中立论和盲目的技术乐观主义，进而认识到日益增长的巨大科技力量所担负的巨大责任。惟有在认清科技行为的巨大责任之后，我们才能洞悉已有伦理向度在科技时代的延伸，正视传统与现实的冲突，实现科技共同体内、科技时代的社会中、文化际以及人与自然之间的各种关系的合理定位。

(1) 从个人伦理向集团伦理和集体伦理的延伸

我们生活的时代比以往更为复杂，其中的重要原因之一是科学技术以难以逆料的态势向前发展，并渗透于我们生活的各个层面。科技活动如同一场社会伦理试验，使人类伦理实践充分地显现了其所应具有的动态性和开放性。而在此人类伦理实践的新进程中，对科技行为的巨大责任的界定已成为既有伦理问题向前延伸的主要线索。

现代科技活动已经发展成为一种与产业化紧密相连的集团行为，集团中的个人的行为正当与否，已经很难简单地运用针对个人行为的伦理准则加以规范。无疑，集团伦理是由现代科技发展引发的社会分工的产物。在一定程度上，作为第一生产力的现代科技所具有的高度分化和高度综合的特征，决定了科技活动中分属不同利益集团的人的行为，必须兼顾个人、集团和社会的利益，必须突出个人与集团对社会的基本责任。利益集团中的个人，担当了较以往更多的社会角色，不同的角色应有的职责和责任往往会发生冲突。在上述案例中，雇员对雇主的职责与他对社会公众的责任发生了难以回避的矛盾。如何合理解决这些冲突，协调不同的职责和责任，使集团伦理成为个人伦理的必然延伸。

所谓集体伦理，意指科技发展使人类社会中的个体行为既高度独立又高度相关，为此必须建构一种与传统的集体伦理有别的新型集体伦理。传统社会中，由于个体行为的影响范围是有限的，传统集体伦理的指向往往只是局部利益。“国家兴亡，匹夫有责”之类的格言，常常是在危难之际激励人们履行对集体的义务，而平常的点滴行为中，传统集体伦理也只注重规范有直接当下影响的行为，因此，传统的集体伦理是一种局域性的集体伦理。然而，科技发展所带来的四海一家的情势，则促使人们进一步发展一种具有大同世界胸襟的新型集体伦理。这种新型的集体伦理有两个重要方面，其一是对公共物品（public goods）（环境、资源、知识等）的合理与有序的利用，克服所谓“公共牧场的悲哀”；其二是充分重视个体“微不足道”的不良行为（如私家车的尾气排放）可能导致的累积性恶果，真正地从整个人类及自然环境的角度规范每个人的行为。新型的集体伦理将更加强调人类普遍共识基础上的共同行动，只有这样，才可能实现整体的永续发展。

（2）从信念伦理向责任伦理的延伸

在趋于静态的传统社会中，人们习惯上将伦理问题归结为某种信念体系。例如，“不应撒谎”、“对雇主要忠诚”等。这种信念化的伦理之所以在传统社会中有效，是由于在简单的传统社会生活中，人所需履行的责任十分有限。在古代中国，只要遵循所谓“五伦”，即可修身、齐家、治国、平天下。于是，传统伦理有一种将责任信念化，以简化道德教化程式的倾向。当然，伦理信念间的矛盾在传统伦理中也是存在的，如“忠孝不能两全”之类的慨叹即反映了此种冲突。但是，在科技推动下快速变迁的现代社会中，责任意识必须从后台走向前台，取代既不对前提作出反思，又不考量适用范围的伦理信念。也就是说，责任伦理不仅强调用主体的责任来论证伦理规范的合理性，而且还进一步从责任的恰当履行出发，界定具体情势中不同层面的责任的先后排序。从信念伦理向责任伦理的延伸，一方面，反映了科技时代伦理问题复杂化的趋势；另一方面，也标志人类伦理反思与实践的新进步。对信念伦理的扬弃与责任伦理的开创表明，人类不再天真地认为，只要在行为中贯彻某种绝对善的信念，就可以使行为符合道德。纷繁复杂的现代社会生活使人们认识到，信念伦理实际上是人们对其理论理性能力的高估，常常导致对实践理性的忽视，这种高估和忽视还进一步表现为，伦理仅成为伦理学家或哲人圣贤的伦理，具有自由意志的实践主体的选择与责任未得到应有的正视。

在科技活动的相关行为主体中，科技人员具有与难以逆料的巨大的科技力量相伴随的重大社会责任。对此，西方责任伦理学大师尤纳斯（Hans Jonas，1903—1993）认为应该强调“责任与谦逊”。他指出，由于科技行为对人和大自然的长远和整体影响很难为人全面了解和预见，存在一种“责任的绝对命令”（the imperative of responsibility），这种“责任的绝对命令”又呼唤一种新的谦逊。所谓新的谦逊，与以往人们因为力量弱小而需保持的谦逊不同，其原因在于，科技力量是如此的巨大，以至人类行为的力量远远超出了实践主体的预见和评判能力。有鉴于此，科技行为更需要一种责任意识。在上述案例中，我们可以用责任意识去衡量相关人员的行为，这较以至善的信念作标准更为明确具体。在上一节中，我们曾指出，科技职业的伦理原则，应该在原有的“科学的精神气质”中加入责任意识。

（3）从自律伦理向结构伦理的延伸

传统社会的伦理秩序建设的最高目标是实现个体的自律，事实上这是一个难以单独实现的目标。在现代社会中，科技革命使社会分工日趋复杂，也使个人行为的影响层面多元化，后果更为深远。在此情形下，传统的以自律为目标的伦理规范体系必须进一步发展为一种有强制力的社会化结构体系。在上述案例中，自律式的伦理规范对飞机公司的管理层和老板是不起作用的，他们甚至还会利用已有的结构化规范体系的漏洞，为其行为辩护。由此可见，在以科技创新为先导的加速变迁的现代社会，伦理体系建构的结构化延伸的实质是，将一种负反馈机制引入伦理体系之中，迫使行为主体调整其行为，这实际上有助于行为主体的伦理自律。而且，这种结构化的体系无疑应该是一个动态与开放的体系，惟其如此方可适应情势的变化，保持其有效性。一些人文学者或许会对伦理结构化中的“控制”思想提出异议，但是我们可以看到，如果说伦理自律是个体的自我控制，那么结构伦理可以视为群体的自我调控，只要结构化的伦理反映的是基于该群体自由意志之上的责任和选择，从自律伦理向结构伦理的延伸就是一个自然而非异化的过程，它显然是人类活动的社会化进程不断深入的结果。

(4) 从近距离伦理向远距离伦理的延伸

在传统社会中，伦理准则规范体系主要以直接当下为适用范围，所涉及的大多是人与人之间的直接关系，故可称之为近距离伦理。上述案例中，受到有关主体的行为影响的“第三者”已经远远超越了传统的交往范围，有关行为主体与“第三者”是一种以技术为中介的远距离的伦理关系。由此，我们不难看到，科技的发展已经使主体的交往方式发生了根本性的变革，传统的主体间直接的近距离伦理关系随之在时间和空间两个向度上出现了延伸。在时间上，未来世代的权利和当代人的责任已经成为人们反思科技与未来的重大命题；在空间上，为了克服全球问题，一方面，人们正在寻求全球文化价值观念的整合，希图构建一种普遍性伦理，另一方面，人们日渐意识到，人不仅仅对人自身有义务，而且对生活于其中的生物圈和大自然也有保护的义务。伦理关系在距离上新的延伸，带来了诸如可持续发展、动物的权利和环境的价值等许多观念上的革命，尽管有些观念尚待讨论，但它们确是科技时代主体行为能力不断拓展的必然产物。

(5) 从被动性责任向主动性责任的延伸

培根说，知识就是力量。“力量”一词，英文为“Power”，又可译作“权力”。事实上，科技活动的行为主体的确掌握着一种巨大的权力，而且这种力量是一把双刃剑，影响到人类当前和未来的生存与发展。一个建立在理性之上的社会，必须对如此巨大的权力作出合理的限制，使相关群体和个人的权利得到保障。为此，科技人员必须履行其应尽的义务与责任。这样一来，在科技人员与其他群体的权利与义务关系中，科技人员既居于主导地位，又处于被监督的境地，这也给科技伦理体系的建构提出了新的难题。值得指出的是，传统伦理体系中，义务与责任往往是被动的，如“不得偷盗”、“不得妨碍他人”之类；而科技人员的义务和责任则更多地涉及“应该造福人类与自然环境”之类主动性的要求。反过来，其他群体则有权要求科技为他们带来更多的福祉——更好的教育与保健，更安全与便捷的技术。以医疗技术的进步为例，每个人都有权利得到最先进技术的救治，在公共卫生资源有限的情况下，医务人员如何恰当行使权利、履行其责任，成为传统社会所未有的伦理问题。从某种角度来讲，这是科技发展对人权的促进所带来的新的伦理问题。

科技发展的一个关键性问题是安全。所谓安全，实质上意味着“可接受的风险”，因此如何确定这种可接受的风险成为问题的焦点。在理性的社会中，管理者（政府、组织）、执行者（科研机构、企业）和监督者（媒体、群众组织）应该形成一种良性互动，才能既规避科技可能造成的负面影响，又促使科技进一步为人类造福，换言之，使科技人员不仅能够履行其被动性责任，还能够履行其主动性责任。这种互动机制的建构显然应列入政策性的考量之中，在科技政策中，公众与监督者的知晓权、科技活动可接受的风险、成本与效益、科技成果的公正分配等都是需要合理界定的。

4. 传统与现实冲突的焦点

科技活动作为一种社会伦理试验不仅使已有的伦理问题得到了空前拓展，而且还引发了传统伦理与科技发展的现实之间的诸多冲突。近 30 年来，在西方社会中，一些新的科技进展，诸如原子武器、生殖技术、基因技术、信息技术等，导致了尤为尖锐的伦理争执；同时，日益严重的全球问题，诸如人口、资源、环境危机等，全面地揭示了近现代科技活动的负面效应，进一步向人们展现了科技活动所负载的价值与传统伦理价值体系间的剧烈冲突。其中既有观念间的纠结，也有观念与现实利益的复杂矛盾，从中我们可以看到科技时代人类伦理实践的动态图景。

（1）科技活动与传统价值观念间的冲突

这是一个十分复杂的问题，在此，我们主要分析两类冲突。其一是所谓科技活动对自然的操纵和对“自然秩序”的破坏。这是对科技活动的一种尤为强烈的否定性批评，但又有很多界定不明之处。持这一态度的人可称之为自然律论者，他们认为人只能顺应自然，不应为了人的目的有意识的改变自然的原初过程，任何对自然过程的干预都是在破坏“自然秩序”。这显然是一种宗教或准宗教理念，由于所谓“自然秩序”只有在神创论的语境中才有意义，而他们所应接受的现实情形是，早在人类的祖先直立行走之时，“自然秩序”即开始被打破，任何人都不可能完全遵循“自然秩序”，故其原教旨主义式的立场是难以贯彻到底的。如果说基因重组技术是对自然的操纵，那么拯救了亿万生命的抗生素技术是不是对自然的操纵，说得更远一点，烹调技术是否干预了人的自然生理过程呢？因此，这种评判本身是没有实证依据的，但是，这并非意味着它没有理论与现实意义。至少，它表达了人们普遍存在的对科技活动给社会生活所带来的不确定性的疑虑。如果说科技活动是在有意识地变更自然过程的话，科技工作者必须确保科技活动尽可能少地危害人类的生存和生态环境，要做到这一点，每一项对自然过程的重大改变工作都应该万分慎重，因而，自然律论者所持的评判立场是具有重要的监督意义的。

其二，科技的发展使一些绝对化的伦理原则之间的冲突更为彰显。以有关生命的伦理原则为例，我们时常会遇到两个原则，一个是“每个人都有不可剥夺之生存权”，另一个是“人应该有尊严地活着”。在传统社会中，它们似乎是两条绝对性原则，但是，随着医疗技术的进步，出现了有关安乐死的争论，其中一个重要的方面即是，医务人员与许多备受病痛折磨的垂危病人在这两条原则间难作抉择。此类新的冲突表明，在科技进步推动社会加速变迁的时代背景下，静态的和绝对化的传统观念体系的自洽性，正在受到前所未有的冲击；同时，道义论、目的论（功利主义）、自然律论等传统伦理学理论的分野已难以一以贯之地应对不断发展的伦理实践。

（2）传统的价值观念模式与科技时代复杂的伦理现实间的冲突

对于科技发展与传统价值观念体系间的冲突来讲，由于事实总会随着情势的变化不断得到澄清，人们可以通过对观念前提的反思和对实际情况的深入讨论，在某种共识之上，使冲突实现一定程度的缓冲。而真正纠结不清的，是科技伦理实践中传统的价值观念模式与充满利益考量的复杂伦理现实之间的冲突。值得指出的是，冲突中所涉及的观念不仅有传统的价值观，还包括伴随着现代科技社会发展产生的新的价值观念。

1986年，美国一家收养代理处准备安置一个两个月大的女婴，由于她的母亲患有亨廷顿（Huntington）病（一种进行性的、不可逆转的神经疾患），收养者提出，如果她也将患此病，他们就不愿收养她。为此，代理处请基因专家检查女婴的基因，以判断她是否迟早会患此病。此时，基因专家处入两难的伦理困境之中：一方面，收养者有权知道实情，其要求似乎是公正的；另一方面，如果女婴确实要得此遗传病，从伦理的角度来讲，不应该在她无法自我决定是否揭示其基因之前，剥夺她的这种隐私权，她也许像许多严重遗传病患者一样，不愿在注定要患的病出现之前知道这件事。

科技对世界的深入探索与揭示，扩大了主体行为的可能性空间，也加大主体间发生利益冲突的可能性。现代科技伦理现实的复杂性的一个重要表现是，不同利益主体可以找到为各自利益辩护的价值观念。在此情况下，不论是传统的价值观念，还是新的价值观念，如果它们是基于以抽象化、绝对化为特征的传统静态价值观念模式发展出来的观念体系，就有可能与某些相关主体的现实利益发生冲突。在这个案例中，所涉及的矛盾在很大程度上是由传统的价值观念模式造成的。在传统的价值观念模式中，养父母的知情权和女婴的隐私权往往被孤立起来考虑，正是由于价值观念的绝对化和孤立化，导致了反映部分相关主体的现实利益的价值观念与其他相关主体的现实利益间的矛盾。类似的情况还有很多，例如，保险公司是否应该要求投保人进行基因检查，以预测其寿命或患遗传性疾病的概率？这些问题往往会迫使人们在十分具体的利益情境中，考量价值观念的利益局限性和实现条件。如果我们抽象地想像一家公司是否应该要求雇员进行基因检查时，实际上是脱离实际的空想。在现实中，我们遇到的情形将是十分具体的，航空公司应不应该检查飞行员的基因，以判断他（她）有无罹患精神疾病的可能？

科技文明的确给人类社会带来了许多新的价值观念，为更新价值观念体系创造了条件，但是，如果我们仍然将价值观念视为一种绝对化、静态化、孤立化乃至神圣化的抽象理念，而看不到任何价值理念都是相对的、有条件的，则所谓新的价值体系本质上还是传统的模式，难免因价值体系自身的不完善和界定不明与复杂的伦理现实产生冲突。一个典型的现象是，现代西方社会在其传统价值基础上发展出一种所谓的“主动性”权利的理念。以生命权为例，以往主要强调任何人都无权危害他人的生命，故称之为“被动性”权利；随着科技的发展，这种权利开始演变为一种“主动性”的权利，即每个人都有权享有最好的医疗并尽可能地延长其生命。此观念有时可能与现实的利益分配产生巨大矛盾，而难以实现。解决简单化的传统价值观念模式与复杂的负载利益的伦理现实间的矛盾的关键在于，我们必须走出传统模式，以动态的、开放的眼光去看待价值观念，在具体的情境中赋予它们可变化的意含；换言之，在具体的利益格局中，为不同利益主体辩护的价值观念，不应是绝对不变的理念，而应该相互制约并达成妥协。

四、科技伦理学研究的转向和新向度

科技与伦理的内在统一表明，科技伦理实践是科技实践的有机组成部分。因此，一方面，科技伦理学致力于规范性研究，并使其成为科技实践的结构性要素，另一方面，既有的科技伦理准则已经难以规范由新技术造成的社会价值伦理冲突，需通过向描述性研究的转向分析和解决科技伦理实践中出现的特定性冲突。

现代科技可以视为正在进行之中的开拓性的社会伦理试验。随着现代科技的加速发展，科技伦理实践所涉及的层面已经从科技共同体的内外分野，拓展到了社会中、文化际和人与自然之间等各个新的向度。

1. 规范性研究及其结构化

科技伦理学有两个互补的研究方向：规范性研究和描述性研究。前者强调伦理准则的构建和应用，后者则注重伦理事实的描述和分析。

规范性研究的研究进路是应用规范伦理学的理论、原则和规范体系，建构一般性的科技伦理原则，以确证与科技活动相关的道德义务判断和道德价值判断。科技伦理原则的建构往往是十分具体的，而且已经成为各类科技活动的职业伦理的基础。

早期科技伦理学的研究大多属于规范性研究，因而被视为应用规范伦理学的一个重要分支。规范伦理学认为，应用伦理学应该建立在规范伦理学的道德原则、规范体系之上，道德判断的确证过程，是一个由伦理学理论推出伦理原则、由伦理原则推及伦理规范、再由伦理规范确证道德判断的演绎过程。在科技伦理学研究中，常用的伦理学理论有道义论、目的论（功利主义等）、德性论和自然律论。虽然它们的出发点有许多不可通约的差异，但由于这些理论从不同的道德生活观念中发展而来，分别把握了丰富多彩的道德生活的某些方面，因而，在具有可操作性的伦理原则、规范体系中，伦理的原则和规范往往来自不同的伦理学理论。

科技伦理学的规范性研究有三种常见的研究思路，其一是直接从道义论、目的论等伦理学理论的基本立场出发，判断科技行为的正当性和善恶；其二是仅将科技伦理作为一般性的应用伦理，其前提依据是普通规范伦理学；其三是研究者先针对具体的科技活动和相关问题进行伦理原则、规范体系的建构，再以此规范该领域的科技行为。

第一种思路多见于对新的科技行为的合伦理性的讨论。在缺乏相应的原则和规范的情况下，从道义论和目的论等立场，反思新的科技行为的潜在动机、预见其可能后果，显然是十分必要的。虽然这些立场具有不可通约性，但是惟有通过不同立场的论争，方可达至广为接受的妥协，使规范的标准具有普遍性，使规范活动成为一致的行动。另一方面，这种思路也有其固有的缺陷。首先是道义论、目的论、自然律论时常各执己见，有绝对化倾向。例如，在生命伦理问题上，自然律论者坚持不应操纵自然的观点，反对一切对生命物质基础的探究，认为应该禁止任何对自然生命过程的人为干预。其次，此思路有简单化和静止化的倾向。传统的伦理学理论往往试图通过一次性的伦理评判作出不可变更的结论，而实际上，具有极大不确定性的科技活动，不论就其动机或结果而言，都无法由这样简单和静止性的评判作出恰当道德义务判断和道德价值判断。

第二种思路较第一种思路的精致之处在于，其前提是一种系统化的原则、规范体系。在普通规范伦理学中，W. 弗兰克纳综合目的论和道义论的优长，提出了名为“混合义务论”的伦理原则、规范体系。该体系由两条原则和若干规范组成。两条原则分别是善行（beneficence）原则和公正（justice）原则。另一个有影响的伦理原则、规范体系是J.P. 蒂洛提出的较完整的人道主义规范体系。该体系由生命价值原则、善良（或正确）原则、公正（或公平）原则、说实话（或诚实）原则和个人自由或平等原则等五条原则组成。我们可以看到，上述原则、规范体系的最大特点是，它们都是具有普遍性的伦理价值理念，而普通规范伦理学正是试图运用它们来回应现实社会生活中的伦理问题。实质上，尽管这项工作受到了各种形式的伦理相对主义的冲击，但因其最终目标是建构一种可应用的全球性普遍伦理，反映了人类伦理实践的发展趋势，其积极作用应予以肯定。从很大程度上来讲，正是近现代科学技术的发展加速了人类共同体的整合进程。作为第一生产力的科学技术，在创造出前所未有的物质和精神财富的同时，也引发了盘根错节的全球性问题，为了解决这些问题，必须诉诸以普遍伦理为价值基础、具有全球约束力的行为规范体系。所以，沿着这种思路有助于将科技伦理的义务判断和价值判断建立在人类共同体的基本道德共识之上。

在生命伦理学、环境伦理学、工程伦理学等科技伦理学领域，第三种思路更为常见。例如，在生命伦理学研究中，比彻姆和丘卓斯提出了四条现已为人们广泛运用的生命伦理学原则：自主（autonomy）、不伤害（nonmaleficence）、善行（beneficence）和公正（justice）。在有关“克隆人”的讨论中，有学者从自然律论中推出“自我保存”和“自我发展”两条原则，从义务论（道义论）推出“自由意志”原则，从德行论（德性论）中导出“能力卓越化”和“关系和谐化”两条原则，由此共推出了五个“判准”来检讨“复制人”的伦理问题。显然，具体的科技活动领域中的伦理原则，较普通规范伦理学所建构的原则更具有针对性，或者说，前者是后者的拓展与深化。

由于科学技术日益影响到人类社会的发展和人类未来的命运，将伦理规范引入科技活动，具有十分重要的现实意义。首先，它不仅有助于科技工作者树立一种良好的社会形象，而且还促使科技人员在科技活动中时刻意识到其社会伦理职责。其次，有关科技伦理规范的讨论，一方面，能够引起社会公众对科技活动涉及的伦理问题的关注；另一方面，在广泛讨论的基础上，可能形成一种柔性的制约机制，作为与科技活动相关的法律和政策制约机制的必要补充。另外，值得指出的是，科技活动具有的普遍性科学基础和科技的全球化趋势，使科技伦理规范具有普遍伦理的意味；面对愈益严重的全球性问题，在人类主体对价值准则与行为规范所达成的共识中，科技伦理规范将成为全球性普遍伦理的重要方面，同时，它又可以作为一种有效的文化际整合工具，用以加速普遍伦理的建构。

为了使科技伦理原则切实起到规范和制约作用，规范性研究的进一步目标是使科技伦理成为科技活动的结构性要素，为此，一些应用伦理学家提出了“结构伦理”的观念。这种结构化的努力首先表现为大量的职业伦理法典（ethics codes）的制定，科技职业伦理法典的学习，已成为发达国家科技职业素质训练的重要组成部分。这些法典的目标和功能相近，都强调科技工作者应具有客观公正的职业态度，将公众的利益放在首位。例如，美国消费工程师协会（American Association of Cost Engineers）的伦理法典的导言指出，为了保持和提升工程师的职业荣誉与尊严，坚持高伦理水准，工程师应该：（a）诚实、公正，以奉献精神为雇主、顾客和公众服务；（b）为提高职业能力，树立职业声誉而奋斗；（c）应用知识和技能增进人类的幸福。层次和领域各异的伦理法典的一个重要特征是，越是小的或共同成分多的共同体，其伦理法典越具体而详尽；反过来，较大或共同成分少的共同体的伦理法典则较简单和宽泛，这使得科技伦理法典更兼具可操作性和灵活性。

科技伦理规范结构化的第二种表现是科技伦理审查委员会的成立。专业的科技伦理审查委员会的出现，使针对科技行为的伦理评判成为一项贯穿于科技活动全过程的有组织的常规性工作。科技伦理审查委员会的责任是，根据某项科技活动应该遵循的伦理原则和执行办法，对有关的科技行为进行独立的伦理审查和核准，并且对伦理原则的贯彻情况进行持续监督，以确保整个科技活动符合伦理原则的要求。可见，科技伦理审查委员会既是科技伦理原则的解释机构，又是实际执行伦理规范的功能性组织。值得指出的是，为了保证科技伦理审查委员会的解释和执行工作的客观公正性，各种专业科技伦理委员会的成员不仅有专业科技人员，还包括伦理学家、律师、宗教人士以及代表社区文化价值观的非专业人士；在许多情况下，还应注意合理的性别和种族比例；在具体的审查个案中，应考虑吸纳相关利益群体的代表作为成员；委员会的成员应定期轮换。目前，生命科技伦理审查委员会的发展尤为迅速，这显然与生命科学技术直接关系到人类的生命过程有关。在美国，大多数医院都成立了伦理审查委员会。1997 年，克隆羊“多利”事件披露不久，美国总统克林顿即下令成立了一个国家生命伦理顾问委员会（NBAC），探讨有关克隆人类所引起的伦理及法律问题。在我国，有关生命伦理审查的机构也已经出现，如北京大学于 1994 年成立了“药物临床试验道德委员会”。

科技伦理规范结构化的另一个重要方面是使科技伦理原则内在于调节科技行为的政策、法规之中的努力。只有当科技伦理原则由此而获得强制性的地位之后，才能减少科技活动中不负责任的行为和只顾眼前与局部利益的决策，并从根本上避免遵守道德规范者受损，而不道德者渔利的不合理现象。

在政策方面，出现了规范科技活动的国际伦理指南和政府伦理指南。以生物医学技术为例，世界卫生组织（WHO）和国际医学委员会（CIOMS）于1982年和1993年分别联合制定了《人体生物医学研究国际指南》和《人体研究国际伦理指南》，明确规定了人体研究的基本伦理学原则及其执行方法。在基因治疗出现以前，许多国家的政府已制定了有关基因治疗的伦理指南。在美国，人体基因治疗的政府审批程序相当复杂，研究者必须事先回答如下问题：(a) 为什么该病适合于基因治疗？(b) 该治疗能治愈这种病还是仅仅缓解之？(c) 有替代疗法吗？效果如何？(d) DNA技术细节和选用载体。(e) 如何确保新基因的适当插入和调节使其在病人体内成功表达？(f) 在非人灵长类是否做过类似实验？

在法规方面，许多国家制定了一些以规避技术风险与保障科技的人道主义应用为目标的科技法规，立法的重点涉及生命科学技术、计算机与信息技术等新兴科技领域。目前，这类立法出现了法律化和国际化态势。在生物技术领域，1976年，美国国立卫生研究院颁布了《重组DNA分子研究准则》；1986年，联合国经合组织通过了《国际生物技术产业化准则》；1989年德国率先通过了世界上第一部《基因工程法》；1990年，英国颁布了《人类受精和胚胎法》。在信息技术方面，从20世纪60年代后期起，美、澳等30多个国家，依照各自的实际情况，制定了相应的计算机安全法规，或对原有的刑事法规进行了修改或补充。1987年，美国颁布了《计算机安全法》，次年，著名的"莫里斯案件"成为依据该法审理的第一宗计算机犯罪案件。1991年，国际信息处理联合会（IFIP）下设计算机安全法律工作组，在加拿大召开了首届世界计算机安全法律大会。1997年3月，联合国经合组织批准了允许立法机构监控因特网的计划。

2. 特定冲突与描述性研究

科技伦理规范体系的广泛建构及其结构化，固然能使人们系统地对科技活动作出道德判断，以有效地规范科技行为。但是，现代科技的加速创新及其向人类社会生活的全方位渗透，提出了必须寻求一种动态的研究进路的要求。一方面，规范性研究固有的相对静止化的特征，使得规范性研究及其结构化体系显现出了时间滞后问题。由于科技伦理规范体系时常处于相对滞后状态，在相应的伦理原则、政策指南和法规出台之前，新兴科技所造成的社会问题就可能以成为难以改变的事实。这样一来，极易产生合乎已有伦理规范（法规）但不道德的情形，甚至会导致一些科技行为主体借过时的规范体系规避道义责任，形成一种有组织的不负责任的不良倾向。另一方面，科技活动的价值负载和利益纠结，已使得科技伦理冲突成为相对抽象和简单化的规范性研究难以解决的特定冲突。而所谓特定冲突，往往涉及诸多二难处境，根据已有的规范或同一原则体系的不同排序常会推出相互矛盾的判断，并且，难以通过一次性判断合理解决冲突。由此可见，为了适应飞速发展的现代科技，科技伦理研究必须寻求一种动态的研究进路。

这种动态的研究进路即是描述性的科技伦理研究。描述性伦理研究的出现，使科技伦理学发生了从应用规范伦理向实践伦理的转向。描述性伦理研究所运用的案例研究等微观经验分析方法，使科技伦理研究得以动态地关注由科技创新引发的伦理问题，进而使其成为与具体科技活动相关的实践活动。这一转向还意味着，规范和准则的建构是一项长期的工作，与其说这些规范和准则是伦理学家思辨的产物，不如说它们是科技实践中不断显现，并为科技活动的相关群体所领悟的共识。因此，科技伦理的规范结构及其精神实质将随着科技实践的发展不断地显现，并被揭示出新的内涵。

描述性伦理研究的传统可以追溯到亚里士多德的实践哲学。描述性伦理研究认为，社会生活经验及道德感受具有多向性，道德判断应建立在经验事实的基础之上。因此，其研究传统不倾向于将复杂的道德现象简单地归结为几种基本类型，并对规范性伦理研究过高的理论目标及其普适性准则持怀疑态度。与规范性研究的归纳一演绎思路不同，描述性研究致力于对现象的描述和分析，因而，描述性研究不以准则为导向，而是以现象和问题为导向的研究。

描述性的科技伦理研究，将伦理判断建立在对科技行为所涉及的科技和社会因素的综合分析、评估之上。这种综合性分析评估包括相互渗透的三个方面：技术风险一效益分析、社会利益格局分析、文化价值分析。前两方面侧重外在物质价值分析，后一方面侧重于内在精神价值分析。

技术风险一效益分析是对科技行为潜在的风险和效益的预测和评估，其目的在于确保所采用技术的安全性和受益性，并使其占有的公共资源趋于合理化。

社会利益格局分析主要研究由科技活动引起的不同利益主体的利益分配和再分配。这些利益主体既包括科技人员、投资者、消费者等与科技行为直接相关的个人和群体，也包括全社会中其他与该科技行为间接相关的利益主体，甚至还应包括未来世代可能出现的相关利益主体。社会利益格局分析的目的是，在技术风险一效益分析的基础上，确保科技活动所带来的福利得到合理公正的分配。

文化价值分析可分为价值观念冲突分析和价值观念传播分析。价值观念冲突分析主要研讨：(a) 科技活动所揭示的事实和可能性对原有文化价值观念的影响，以及原有文化价值观念对科技新成果和科技发展带来的新的可能性的态度；(b) 基于新发现和新的可能性而产生的新的价值观念与原有价值观念之间的互动；(c) 具体的科技行为中，工具理性与人文价值理性之间的冲突和互补共存的可能性。价值观念传播分析探讨与公众对科技的理解相关的价值观念的传播机制，及其对伦理立场的影响。由于公众对科技知识、科学精神和科技对社会的影响的理解，直接影响到他们对科技行为的伦理判断。价值观念传播分析的目的是，通过剖析具体科技价值观念的现实传播模式，透视观念传播对公众的科技伦理判断的影响机制，进而寻求使公众较全面理解现实科技活动的科技观念传播机制，从根本上促使公众作出更具合理性的科技伦理判断。

描述性的科技伦理研究的主要研究方法是案例研究等微观经验分析方法。上述综合性分析中所涉及的科技的价值负载和科技与社会的互动对科技伦理价值观念的影响等基本立场，都在微观的科技行为分析中得到了具体的展开。正是微观经验分析方法的运用，使科技伦理学研究出现了从应用规范伦理学向实践伦理学的转向。显然，这一转向的主要诱因在于，人们逐渐认识到，无论是伦理学理论或是伦理学原则，都难以通过所谓的规范的应用，单独解决现实生活中的二难伦理问题。

实质上，这是一种研究范式的转换，通过这种转换，科技伦理研究干预现实科技行为的能力获得了极大的提高。由于微观经验分析既可以在不同层面上研究同一问题，又可将一个问题分解到不同层面进行研究，研究者可通过描述性研究立体地建构出对伦理事实的认识，从而，避免了总体性研究中通行的多数原则对“部分”和“少数”的忽视，这使得科技伦理研究能够密切地关注现实道德生活中由科技创新活动引发的新问题、新趋势，动态地透视科技社会加速变革中的人的价值取向、道德标准等方面的新需求、新变化。

描述性研究的兴起与科技伦理研究的实践转向，使科技伦理反思成为一种内化于科技实践的动态活动。这一新的转换，绝不是对传统的规范性研究的彻底否定，相反，它不论对描述性研究还是规范性研究都提出了更高的要求。对于描述性研究来讲，其目标应调整为，在透视伦理现实的基础上，将伦理反思转化为一种结构化、常规性的动态实践。为此，描述性研究的首要任务是向全社会揭示科技活动中的伦理过程，使公众充分正视伦理因素内在于科技活动的现实，进而调动和培养其道德敏感性；然后，再通过不同利益主体间的讨论和对话，达成妥协和共识。对于规范性研究来说，需要复兴亚里士多德的“实践的明智”，强调规范体系的建构是一项经常性的工作。为此，应建立一种开放性的动态的伦理规范框架，突出伦理规范体系应有的不断创新的特征。此外，还应注意到，由于每一具体的问题都有其独特性，伦理规范的应用包含着一系列创造性的要素和过程。

总之，科技伦理研究的实践转向的目标是，建构一种与具体问题相联系的伦理研究模式，以实现一种适时适地与特定条件相关的实践合理性。显然，对这种实践合理性的认识，是一个需要实践主体发挥主动性和创造性的实践过程。科技活动作为人类最富有创造性的物质实践，同时也是一个不断创造新的伦理价值和其他精神观念的过程，新的实践理性一般不会直白地凸现，而往往只是潜藏于各种形式的价值冲突的背后，这就需要相关的主体不断地去描述事实，去揭示实质，去发现合理的秩序，去创建有效的规范结构。有鉴于此，规范性研究与描述性研究应成为互补的两个方面，惟其如此，才能发挥规范性研究和描述性研究的优长，最终建构出既简单、明晰，又具体、灵活的科技伦理体系。

3. 不同层面的科技伦理问题

现代科技的发展已使科技成为人类社会及其环境中的一种无所不在的因素，科技伦理所涉及的层面也因此得到不断拓展：科技共同体内的伦理问题、科技社会中的人际伦理问题、科技时代文化际伦理问题、科技背景下人与自然的伦理关系问题，展现了科技伦理的新向度。

（1）科技共同体内的伦理问题

科技共同体作为科技行为的主体，其行为对整个社会和环境具有直接和深远的影响。在传统社会中，科技共同体内成员的伦理关系，是依靠科学的精神气质和科学家的荣誉感来维系的；现代社会经济发展与科技进步之间的互动，已使得功利的因素从内外两个方面对科技共同体产生了巨大的压力，同时，政治与文化价值因素也不时影响到科技共同体内成员的行为。在此背景下，更加凸显了科技共同体内伦理自治的重要性。

科技共同体在科技时代中的特殊地位决定了其成员必须为其科技行为承担较传统社会更多的道德责任。这种道德责任要求，科技时代的科技共同体成员应该在科学的规范结构的基础上，进一步坚持客观公正性和公众利益优先的伦理原则，以人类及其环境的福祉作为他们的最高诉求；在任何势力面前都要坚持真理；不因任何的诱惑而作伪或滥用科技手段；认真地思考每一项科技活动的价值意含与可能的社会后果；审慎地进行可能具有不明确的深远影响的科技活动。

科技共同体内成员的频繁违规现象，迫使科技共同体建构起制度化、法规化的结构化的伦理体系。学术规范的确立及其运行机制的完善是学术规范国际化和本土化的两个重要方面。不当的名利追求所导致的剽窃行为、作伪行为和社会化的伪科学活动应该是学术规范防范的重点。

此外，科技共同体内成员间的伦理问题还有许多以往受到忽视或重新受到关注的方面。例如，女性在科技共同体中应有的地位与作用，知识经济时代知识产权的再定位及其合理性等。这表明科技共同体内的伦理问题将随着科技伦理实践的深入不断向前发展。

（2）科技社会中的人际伦理问题

科技给人类社会生活带来的便捷、舒适和全新的生活方式，使人们将现代社会称为科技社会。近代以来，科技活动主要以工业化的形式在世界各国渐次展开，观念、制度与技术的加速创新成为现代社会的基本特征，人类社会出现了世俗化、科学化和民主化的时代潮流。我们应该看到：(a) 由于缺乏对科技加速物质生产效应的反思，人类社会被拖入了盲目扩大生产和高消费的恶性循环之中，这显然是全球性生态危机的主要诱因。(b) 由于传统的价值判断受到科学实证思维模式的冲击，社会价值体系出现了世俗化的趋势，但是在打破了原有价值体系之后，现代社会尚未建构起能够取代传统伦理价值体系功能的新体系，因此出现了多层面的价值危机。其中，有许多问题是由科技发展提供的新的可能性导致的，如避孕手段的出现和生殖技术的发展在一定程度上引发了性关系、婚姻和家庭问题的复杂化与社会性危机。(c) 工业化使现代社会成为一种高度技术化和组织化且为人难以控制的世界，究竟是技术、组织在为人服务，还是人已异化为它们的奴隶？这是现代人的最大困惑之一。此外，工业化现代社会生产标准化的思维模式已经渗透到人们物质乃至精神生活的所有方面，人的个性有被这种结构化、系统化的划一的形式吞噬的危险。(d) 社会的知识化和专业分工趋势与社会生活民主化的潮流成为矛盾的两个方面，知识社会中知识的可共享性和知识垄断之间的矛盾日益加剧，知识分子的地位和作用成为一个敏感的话题。其中，知识分子的专业权威性在伦理判断中的决定性影响如何与社会应对他们采取的监督相互协调，是一个尤为复杂的问题，而这个问题显然是与不同社会中的传统和现实相关的。在西方，已经有条件讨论弱智者的权利和社会对他们的关怀；而在中国，正确树立知识分子的权威性还是一桩需要努力为之的工作。(e) 随着现代信息技术的发展，人类的交往方式正在发生日新月异的变化，电视、电话、计算机网络的相继出现使地球成为一个小小的村落，人们尚未理清大众传媒操纵舆论的是非曲直，就开始面对电脑网络空间中的虚拟现实，全球网络化的前景迫使人们反思新的数字化生存方式下社会结构的嬗变和人际关系的演进，广域性、虚拟性、匿名性和随机性的网际交往中的行为规范，已成为科技伦理实践的新问题。

(3) 科技时代文化际伦理问题

科技时代的文化际伦理问题至少包括三个层面，其一是不同科技文化传统间的伦理冲突，其二是先进国家向后发国家的科技转移中的伦理困境，其三是科技文化体系与其他文化体系之间的伦理争执和协调。

所谓科技文化间的伦理冲突，是指在不同的社会文化环境中，原生性的科技文化传统已经融入人们的日常生活方式与价值伦理观念之中，伴随着现代世界文化的互动和整合进程，伦理问题必然地成为科技文化际冲突的一个重要方面。具体来讲，导致不同科技文化传统间的伦理冲突的主要原因在于，现代科技文化的主流方向是发端于古希腊文明的西方科学文化，这使得非西方科学文化的价值定位成为一个敏感的话题。

在不同的科技文化传统中，不仅有不同的思维模式与宇宙图景，而且其社会成员对科技价值的认识也是不尽相同的。中国近代以来的“西学中体”之类的主张、中医地位的几番起落和思想先驱们的科玄论战都反映了这种冲突和矛盾，时至今日，群众性的气功活动、周易预测的神话说明这种冲突远未了结。这种冲突表面上似乎是有关思维方式孰优孰劣的争执，实质上是对科技价值的迥异认识。另一个值得关注的现象是，在东方社会逐渐西化的同时，西方对其科技文化传统和东方文化的态度，似乎发生了一种所谓后现代转向。其原因是西方科技文化的弊端日渐显现，生态危机等全球问题引起了人们对科技文化价值的怀疑，人们转而评判科技的异化，并希图借助非西方科技文化中的整体性思维方式、对人的关怀和与自然和谐相处等异质性文化养分，寻求文化的突破和创新。显然，我们不能由于西方的态度的某种转向而抱残守缺，应学习西方文化的批判和创新精神，找到适合我们发展现状的科技文化战略。

由于西方先进国家率先引入了科技与经济相结合的互动创新机制，其科技和生产水平成为后发国家的追赶目标，因此，出现了广泛的科技转移活动。如果说先进国家的科技经济发展是一个渐进的过程的话，那么，后发国家的科技经济发展则是在外部压力下的一种激变。在科技引进过程中，传统生活方式与伦理价值观念同输入的西方式工业文明往往会发生尖锐的对立，伊朗在接受西方工业文明之后又对其全盘否定的原因便在此。而事实上，在这种对立的背后还有更深层的经济和文化矛盾。由于西方工业文明建立在对个人和利益集团的利益追求之上，所以，大多数科技转移活动都伴随着经济支配行为和文化殖民动机。所谓全球经济一体化，在很大程度上是先进国家将低层次的产业移向后发国家以实现产业结构升级的过程。由于先进国家利用科技转移中的优势地位掠夺后发国家的自然资源和优秀人才，并将环境恶果转嫁给后发国家，常常使后发国家处于一种两难的境地。为了解决这种冲突，后发国家一方面应该有选择的引进和消化吸收先进国家的技术，并使先进科技中所蕴涵的文化价值与本国的文化价值实现开放的良性互动，最终形成国际化与本土化相结合的科技文化价值体系；另一方面，要为科技转移的公正性向先进国家提出呼吁，促成较为公正的科技转移环境的形成；此外，更重要的是，后发国家要以实际行动尽可能抵制先进国家在科技转移中的不正当要求，使科学技术真正成为本国物质和文化建设机制中的有机环节。

科技文化在整个文化价值体系中占据着重要的地位，它与其他子文化价值体系之间存在着许多冲突。科技作为一种物质和精神力量与政治和宗教发生了千丝万缕的联系。在科技与政治的交汇处，既有两者相互促进的美满姻缘，也有一厢情愿的强制包办。不管这种结合是什么形式，都必须考虑到人类的福祉与资源和环境的保护，都不能违背自然规律，都应该注意社会资源和科技成果的合理的、公正的分配，只有这样，才能走出科技统治论和片面政治化的误区。在科技与宗教的冲突处，科技的力量已经使宗教裁判所的时代一去不复返了，但是，科技并非万能，实证和分析方法对精神世界和价值判断几乎无能为力，物欲横流的现代社会不仅需要对自然真实过程的揭示，而且还需要对人的终极关怀。因此，现代社会需要一种新的“宗教”，它一方面应该摆脱原教旨主义的影响，成为一种与其他子文化价值体系兼容的价值体系；另一方面，它又应该是一种异常坚定的信念体系，指引人们的心灵在纷繁芜杂变化万端的世界中处变不惊，成为人们永恒的安身立命之所。

总之，我们的世界对于不同的文化价值传统具有不同的意含，科技发展的不平衡可能会加剧不同科技文化价值体系间的冲突，但是科技文化的普遍性因素决定了科技发展必须走全球化和本土化相结合的道路；科技文化与其他子文化体系分别阐释了世界的部分真理，任何绝对化或原教旨主义之类的做法都是不明智的，它们之间应该相协调而演进，所以，我们需要的是文化际的对话和协作，子文化体系间的互补与协调，学科际的合作、讨论与共识。

(4) 科技背景下人与自然的伦理关系问题

这实际上是对人与自然再定位的问题。回顾人与自然的关系，大致经历过三个阶段。第一个阶段是人类顺从和完全依附于自然的阶段，此时，人们惧怕和崇拜自然，受到自然的支配。第二个阶段是人类利用科技手段改造和利用自然的阶段，似乎实现了所谓从奴隶向主人转变，人有意成为自然的主宰。现在，人们正试图步入第三个阶段，以实现人与自然的可持续生存和可持续发展，至此，人与自然的伦理关系将升华到一个新境界。

从历史发展的角度来看，这三个阶段是一个合乎逻辑的发展过程。人们总的来说只能从其实践经验和教训中看到未来的发展方向，并且任何发展道路的选择都只能是一个摸索的过程，都要受到具体的人类生存境遇的制约。我们必须考虑的一个前提是，自人类出现以来，一直受到人口和资源的双重压力，如果不引入新的创新，人类将因收益递减律而陷入周期性的危机。因此，我们应该看到，从第一阶段向第二阶段的过渡具有某种必然性，任何关于人类可以停留在“田园牧歌式”的中世纪的假想都是不切实际的。

如果说从第一阶段到第二阶段是人与自然关系的一种进步，那么其主要方面是科技发展和经济制度创新所带来的物质生产方式的进步。而这种进步是以牺牲资源和环境为代价的，因而有很大的局限性。

从第二阶段向第三阶段的过渡，是人类社会迫于严峻的现实而不得不作出的抉择。也就是说，不论是在观念层面还是在对策和行动方面，人类社会都必须形成全面清醒的共识和共同行动的决心。为了真正走上人与自然相协调的可持续发展的道路，我们应该对人与自然的伦理关系进行明确的再定位。人与自然的伦理关系应该包括人在自然中的自我定位和人以自然为中介的社会关系两个方面。

由于全球生态环境的保护和人类社会的可持续生存与可持续发展，必然涉及对现实多元利益主体的规范与协调，人们在理智地确立了自身在自然中的位置，并拟定了全球普遍伦理的框架之后，必然要使这种共识体现于主体的行为原则与主体间的社会伦理准则之中。对此，欧共体委员会前主席雅克·德洛尔指出，为了确立人和自然的新型关系，我们要重新确定人对自然、对后代、对社会的责任。所谓对自然的责任，意味着我们应该学会尊重自然本身，而不是单纯地让自然满足我们的需要。对后代的责任意指我们只是向子孙借土地，要考虑我们的行为可能对后代构成的威胁。对社会的责任是指，全球发展很不平衡，财富分配极不公正，其中的重要原因是资源分配的不合理，但是自然资源和环境是属于全球的，任何利益主体在谋求自身利益时要顾及对他人的责任。

为了实现人与自然关系的新的升华，最终需要全球性的共同行动。我们应该建立新的国际伦理关系准则，借助国际性和区域性的法规政策使新的伦理准则具有强制性。在全球参与为实现人与自然环境的可持续生存和可持续发展而努力的过程中，国际公正是一个难以回避的问题。

第六章

科学发现与科学证明

人类在创造自身生存条件的生产活动中，为了能够反作用于自然界，首先必须发现自然的奥秘，认识自然界的规律性，并因此获得自由。对科学认识活动的分析表明：问题是科学研究的始点；科学认识具有不同的层次，需要厘清科学辩护（证明）与科学发现之间的关系；直觉、灵感与机遇在科学创造活动中具有特殊的作用；应当在程式化的追求与随心所欲之间寻求互补。

一、科学研究中的问题

1. 科学认识的经验层次与理论层次

科学的认识与其他领域的认识一样，是一系列由低级到高级、由简单到复杂、由个别到一般、由不知到知、由经验到理论的过程。在科学认识过程的各个阶段应用各种认识方法，以解决主体与客体、人与自然界的矛盾，这些方法统称为科学方法。

科学方法是从科学认识过程中总结出来的规则、规律，它们是具有普遍性的东西。按其普遍性的程度，可以把科学的认识和方法区分为三个阶次：第一个阶次是各门科学所特有的认识和方法，例如，物理学中对太阳的化学元素的研究使用光谱分析法；在化学中，对化学反应速度的研究使用催化剂以加速化学反应的催化方法；生物学中对细胞结构的研究使用显微分析方法等等。第二个阶次是整个自然科学的认识和方法，例如，认识自然界必须使用的实验方法、数学方法、系统方法等等，它们是整个自然科学的认识和方法中最普遍的。第三个阶次是自然科学、社会科学和思维科学普遍适用的方法，是着重从世界观、认识论和方法论上来论述的。我们这里主要是阐述属于第二阶次的方法，即整个自然科学普遍适用的方法。它一方面是对第一阶次上的科学方法的概括和总结，另一方面又是以第三阶次上的哲学观点和方法为基础，因而是后者的一个组成部分。

自然科学的认识论和方法论，是人类对自然界的认识活动的规则和规律的概括，并以一定的哲学作为它的理论基础和出发点。人们的认识活动是一种社会实践活动，在实践的基础上产生和发展的认识过程包括感性认识和理性认识这两个既互相区别、又互相联系的阶段。认识的真理性只能是通过实践来检验，由实践到认识，又由认识到实践，如此循环往复，这是认识前进运动的螺旋形式。对此，列宁曾作出深刻的概括，他说："从生动的直观到抽象的思维，并从抽象的思维到实践，这就是认识真理、认识客观实在的辩证的途径。"[①] 根据这个观点，在科学认识中存在着两个基本阶段，一个是感性认识阶段，属于经验层次；另一个是理性认识阶段，属于理论层次。相应地，在科学方法中也区分两种基本方法，一种是经验认识的方法，另一种是理论认识的方法。

当科学认识处在经验认识层次时，研究者直接同被研究的自然现象或自然过程相联系，同所使用的研究工具、仪器、设备等相联系。这是科学认识的源泉和基础，因为，只有通过认识主体和认识客体的相互联系和相互作用，才能获得关于客体的第一手的事实材料。这时候，研究者使用科学的观察、实验和模拟等方法，然后对所获得的结果进行描述和初步的分类。这些取得事实材料的方法和对事实材料进行初步加工和整理的方法，都属于经验层次的认识方法。

当科学认识处在理论认识层次时，研究者并不直接同被研究的自然现象或自然过程相联系，也不直接使用仪器和设备等物质手段，而是对经验认识提供的、经过初步加工和整理的事实材料，进一步地加以分析、综合和概括。这是科学抽象，是经验认识和理论认识过渡的中间环节。然后在科学抽象的基础上，把经验

---

① 列宁：《哲学笔记》，181 页。

材料进一步加工提炼为系统的理论。最后，提出检验理论的实验思想，制定检验理论的实验设计，这些从经验材料建立科学理论的方法都属于理论层次的认识方法。

需要指出，科学认识中的经验层次和理性阶段之间的对立和区别并没有固定的和绝对的意义，它们只具有相对意义。随着科学认识的发展，科学理论越来越抽象，离开日常的经验越来越远，经验认识和理论认识之间便越来越互相渗透、互相依赖、互相转换。一方面，任何一种经验，如果没有与之相关的概念、定律和理论，就不可能认识它的本质、把它上升为科学理论，这就是说，在人们的经验中往往渗透着理论；另一方面，任何一个理论，无论它多么抽象，归根结底，来源于实践，并和客观的自然事物、现象或过程相联系，因而是有经验内容的。所以，经验认识和理论认识之间的区别总是相对于认识的历史发展过程的阶段性而言的。同一个认识，对于较低的层次来说是理论认识，而对于较高的层次来说则是经验认识。例如，医生对于X光照片的认识，对于日常的观察来说，是理论认识，因为其中要以原子物理学、人体解剖学和病理学的理论认识为前提、为依据；但是，对于已经学习过上述科学理论的医生来说，他观察X光照片后作出的结论，则是经验的判断。

在一个十分复杂的科学认识过程中，经验认识和理论认识之间的关系是错综复杂的；在科学认识的感性阶段中，一般说来，以经验认识方法为主，但是，也往往使用理论的认识方法。例如，进行一项实验时，在实验课题的选择，实验程序的设计、操作，对实验结果的分析等一系列过程中，要同时用到比较、分析、综合、归纳和演绎等方法。在科学知识的理性阶段中，一般说来，以理论认识方法为主，但是，在建立一个理论时，也需要随时用观察和实验的方法来检验、修正理论。

最后，需要强调指出，科学研究是一种生产知识的社会活动，尤其在现代科学研究中，科学家已不再是个人单独研究，而是以集体协作的方式进行研究。科学家的思想、观点不仅受已有的科学理论的影响，而且受社会上的哲学思潮等意识形态方面的影响。同时，由于科学在社会中的地位和作用越来越突出，它已经成为社会进步的一个异常重要的因素。因此，完全有必要从整个社会的角度来探讨科学认识，更深刻地认清科学的本质。

2. 科学研究始于问题

科学研究是从问题开始的。

科学问题一经提出，科学家就会通过猜测去寻求解答，或是发现新的事实，或是引入新的解释性理论，或是引入新的概念。科学问题的解答没有机械的、固定的、普遍有效的规则，它是主动、活跃、丰富多彩的探索，甚至对同一个问题可能有不同的提法，多种不同的答案可能同时存在而相互竞赛。科学认识的过程就是一个不断地提出问题、解决问题的永续过程。旧的问题解决了，新的问题又会被提出，通过不断地提出问题和解决问题，科学家对世界的解释越来越具有合理性和完备性。

科学问题是指一定时代的科学家在特定的知识背景下提出的关于科学认识和科学实践中需要解决而又尚未解决的问题。它包括一定的求解目标和应答域，但尚无确定的答案。

科学问题是特定时代的产物。时代所提供的知识背景决定着科学问题的内涵深度和解答途径。同一问题，在不同的事实和经验背景下，其内涵深度是不同的。如针对遗传的奥妙这一个古老的科学问题，19 世纪末魏斯曼思考的是“种质”问题，20 世纪初摩尔根讨论出的是“基因”问题，20 世纪 50 年代沃森和克里克则提出生物大分子 DNA 的结构问题。背景知识还制约着解决问题的途径。有些问题受目前认识和经验水平的限制，其求解目标和应答域尚不明确，这些问题还不能称为科学问题。

科学问题蕴涵着问题的指向、研究目标和求解的应答域。科学问题从形式上可以分解为以下三种主要类型：

（1）“是什么”的问题，这类问题要求对研究对象识别或判定，一般具有“x 是什么?”的语句形式，如“原子是什么?”“遗传基因是什么?”“在显微镜下所观察到的某个斑驳陆离的图案是什么?”……

（2）“为什么”的问题，这类问题要求回答现象的原因或行为的目的，是一种寻求解释性的问题，例如：“为什么牛有四个胃?”“苹果为什么会落地?”……

（3）“怎么样”的问题，这类问题要求描述所研究的对象或对象系统的状态或过程，是一种描述性的问题，如“太阳系的结构是怎样的?”“铁元素的原子量有多大?”……

一般把问题所指向的研究对象，称为“问题的指向”。第一类问题的指向是自然界的某种可观察的实体或现象，第二类问题指向现象的原因，第三类问题指向对象或对象系统的状态或过程。

问题通常以疑问句的形式来表述。逻辑学家对疑问句的研究发现，疑问句在逻辑特征上不同于一般的陈述句。首先，任何疑问句都有一个或多个预设，即知识或经验背景。其次，不同的疑问句的答案有不同的类型。对于“是什么”的问题，回答是一个存在语句，即存在什么或不存在什么。对于“怎么样”的问题，回答是一个或取语句，即一个事态或另一个事态。对于“为什么”的问题的答案类型，逻辑学家之间还有不少争论，但一般来说对这类问题的回答要包括一种对因果关系机制的描述。因此，并不是任何表面上的疑问句都构成问题，要区分真实问题与虚假问题。如果问题的预设是真实的，则问题的提法是正确的；如果问题的预设是虚假的，那么问题的提法是错误的。永动机问题即“如何制造一部永动机”的问题就是一个虚假问题，因为能量守恒定律表明制造永动机的预设是假的。

科学问题不仅包含了问题的指向和与特定的疑问词相联系的义项，而且还包含了问题的“求解应答域”。应答域指在问题的论述中所确定的域限，并假定所提出问题的解必定在这个领域中。尽管这种预设是一种猜测，是可错的，但在实际的科学探索过程中，它却能起到定向和指导作用。预设的应答域可以排除许多因素，能对解决问题提供明确的方向。若问题只有求解目标而没有一定的应答域，其求解范围可能是一个无所限定的全域，这样的问题就不能构成科学的问题。维纳在 1948 年提出的关于信息论如何发展的问题就是如此。他明确指出：“我们必须发展一个关于信息量的统计理论。在这个理论中，单位信息量就是对于具有相等概念的二中择一的事物作单一选择时，所传递出去的信息。”维纳在这里提出了一个需要探索的科学问题，问题的目标是发展一个关于信息量的统计理论。问题的应答域是应用统计理论和单位信息量的基本概念。

必须看到的是，若一个问题的应答域是错误的，即问题的解不在所设定的应答域之内，这将会使科学家劳而无功。两千多年来，许多数学家为直接证明欧氏几何中的第五公设耗尽心血，但一无所获。直到 19 世纪初，俄国数学家罗巴切夫斯基等提出反问题，即第五公设不可证明，改变了应答域和问题的目标，采用反证法，创立了非欧几何，这一科学问题才取得突破性的进展。科学问题的应答域的设立是否合理，直接决定问题是否有解。

科学研究活动是创造性地探索活动，科学研究要从观察和搜集经验材料和科学事实开始，但科学家真正富有创造性地研究活动却是在从提出问题开始的。证伪主义的科学哲学家波普尔曾经明确指出：科学研究开始于问题而不是开始于观察。尽管通过科学观察可以引出问题，但科学观察必定是在问题和预期的理论目标指导下进行的，漫无目标的观察是不存在的。

严格地说，“科学研究活动始于问题”中的“问题”应该是“科学问题”，因为没有明确指向、没有确定应答域的问题无从立即下手研究，但这类问题对科学技术研究的开展并非毫无意义。如果坚持对它思考，在一定条件下它是有可能转化为科学问题的。据爱因斯坦回忆，他在 16 岁时就思考过“假如一个人跟随光一起跑会看到什么”的问题。但最初这一问题只能算简单问题，只有当他把这一问题与伽利略变换、麦克斯韦电磁理论联系起来思考时，这个问题才具有了科学问题的意义，并最终导致了狭义相对论的创立。

需要指出的是，“科学研究活动始于问题”与“认识以实践为基础”并不矛盾。前者着眼于科学技术研究的程序，是从方法论提出的命题；后者着眼于认识的来源，是从认识论提出的命题。二者层次不同，实质是统一的。作为认识的一般过程，实践是认识的基础，科学理论归根结底产生于科学实践和生产实践，但作为认识的局部或个人的研究过程，情况就复杂多了。认识过程的每一步既是终点又是起点，科学问题既包含先前实践的认识的成果，又预示着进一步实践和认识的方向。“科学研究活动始于问题”并未否定“认识以实践为基础”，而是把一般的认识论原则在科学研究过程中具体化了。

3. 科学问题的提出

爱因斯坦指出：“提出一个问题往往比解决一个问题更重要。因为解决问题也许仅仅是一个数学上或实验上的技能而已，而提出新的问题，新的可能性，从新的角度去看旧的问题，却需要有创造性的想像力，而且标志着科学的真正进步。”[①] 发现、提出和形成一个有重要价值的问题，本身就是一个了不起的科学成就。善于提出科学问题是科学家最重要的素质。牛顿曾在他的《光学》中提出了31个尚需研究的问题，德国数学家希尔伯特1900年提出了23个对20世纪数学发展产生了巨大的影响的数学问题。爱因斯坦在几乎无人注意的惯性质量等于引力质量这一事实中发现了深刻的问题，创立了广义相对论。

当代美国科学哲学家劳丹曾把科学问题划分为经验问题和概念问题两大类。人们对所考察的自然事物感到新奇或企图进行解释就构成经验问题。经验问题可分为：(1) 未解决的问题，即未被任何理论恰当解决的问题；(2) 已解决的问题，即被同一领域中所有理论都认为解决了的问题；(3) 反常问题，即未被某一理论解决，但被同一领域中其他理论解决了的问题。一般说来，未解决的问题只能算是潜在的问题，当存在适当的理论和足够的实验条件来判定这个问题时，它才转化为实际问题。反常问题对某些理论的威胁最大，更容易引起一些卓越科学家的关注。概念问题分内部概念问题和外部概念问题两种：内部概念问题是由理论内部的逻辑矛盾产生的问题；外部概念问题是指同一领域中不同理论的矛盾或理论与外部的哲学、文化观念等的不一致产生的问题，如科学家关于“时空”、“因果性”、“实在”等概念的争论就属外部概念问题。

首先，从逻辑上讲，任何真正的问题都是在一定的背景知识之下提出的。背

---

① ［美］爱因斯坦、［美］英费尔德：《物理学的进化》，66页，上海，上海科学出版社，1962。

景知识是科学家解释所观测到的现象和形成对未来的预期的依据。所有作为背景的科学理论都是假说，是试探性地对经验现象的解释和预言。当原有的理论不能解释新的现象、新的事实时，就产生了需要探讨的问题。电子的发现与传统的原子不可分的理论之间的矛盾，水星近日点进动与牛顿理论之间的矛盾等皆属此类。

其次，寻求经验事实之间的联系并给出统一解释，既是科学活动的基本目标，也是科学问题产生的最基本的途径和科学理论或假说建立的最基本的出发点。科学理论或假说的最基本、最直接的目的就是要寻求一定范围内的经验事实的联系和统一的解释。例如，各种化学元素以前曾经被一个个地孤立地发现和研究。但进入19世纪以后，当时所发现的化学元素已60多种，并且还在不断地增长。这时科学家就提出问题，各种化学元素之间是否存在某种内在联系吗？如何揭示各种化学元素之间的内在联系呢？普劳特、段柏莱、尚古都、纽兰兹、门捷列夫等科学家相继围绕着这个重大课题进行研究，最终提出元素周期律。

再者，理论内部存在的逻辑悖论或佯谬可能引出重大的科学问题。任何一个科学知识体系应当在逻辑上是无矛盾的，这是对科学知识的基本要求。科学知识体系的逻辑问题或者表现为逻辑上的跳跃或推理上的不严密，表面上的“逻辑结论”实际上并不能真正从前提中导出；或者表现为一种理论在逻辑上不能自洽，从同一组前提出发，却导出了相互矛盾的命题，从而造成科学中的所谓“佯谬”或“悖论”。一种理论或一个概念，如果从中推出逻辑矛盾，那就表明其中存在需要进一步探讨的问题。数学中的无穷小悖论、罗素悖论，物理学、天文学中的双生子佯谬、引力佯谬等都是如此。悖论或佯谬往往蕴涵着重要的科学问题，它们的解决常引起科学理论的突破性进展。狭义相对论出现的背景是经典物理学在以太问题上陷入困境，其实质在于爱因斯坦发现电磁学方程在伽利略变换中不具有协变性，从而暴露出电磁理论与经典时空观的矛盾。爱因斯坦追问：我们以真空中的光速C追随一条光线运动，会有什么样的情况出现呢？根据牛顿力学，以光速随光线运动的人会看到停滞不前的电磁场，但是根据麦克斯韦理论，不可能有停滞不前的电磁场存在。按照爱因斯坦的说法，这个悖论已经包含着狭义相对论的萌芽。

不仅如此，根据科学知识体系的逻辑一致性的要求，科学家甚至要在不同学科的理论体系之间寻求逻辑统一性，并进而发现不同学科的理论体系之间存在的矛盾和冲突，提出更具有普遍性的科学问题。19世纪确立起来的生物进化论和热力学在各自的学科范围内都能够揭示相当广泛的现象，是相对严密的理论体系，但科学家们进一步研究发现，这两种理论的基本原理很难在逻辑上统一起来。热力学第二定律表明，任何孤立系统的熵都将趋向于极大，而系统的熵与系统的组织状态密切相关，熵增加意味着系统的无序化程度加剧和系统组织程度的减弱，无疑，热力学理论提供的世界时间箭头是一个不断衰退的时间箭头。然而进化论所揭示的世界时间箭头却是一个不断进化的时间箭头。这两者如何统一？热力学第二定律和进化论如何统一？甚至物理世界和生命世界的途径如何统一等，就成了科学家必须加以解决的理论问题。20 世纪 70 年代，普利高津针对这些科学问题提出了著名的耗散结构理论，并因此在 1979 年荣获了诺贝尔化学奖。

一般而言，科学问题产生于对无知的憎恨。无知是精神的一种状态，是相对于背景知识而言的。对无知的认识也是一种知识，苏格拉底说，“我知道我一无所知”，而孔子则说：“知之为知之，不知为不知。是知也。”如果一个问题是科学上目前根本无法解决的，它就属于无知问题。例如，宇宙学中的“奥尔伯斯佯谬”，又叫夜黑问题，即“夜晚的天空为什么是黑的？”夜空暗淡无光，这大概是最古老的原始人就知道的简单事实。但夜空为什么暗淡无光？奥尔伯斯认识到事实上我们对这一问题是无知的，因为根据当时的背景知识，可以假定恒星是或多或少地均匀地分布于宇宙空间的。这样，如果以地球为中心以足够大的 R 为半径，设想一个大的空间球体，那么，位于这个空间球体中的恒星数目应当与 R^3 成正比。而按照光学理论，每个恒星射来的光亮的强度都服从平方反比定律，因而地球上所得到的每个恒星的光亮强度的平均效果与 $1/R^2$ 成正比。如此说来，来自这个球形空间内的恒星光的总强度应与 R 成正比。而如果宇宙是无限的，而且按照一个合理的假定，星际空间对光的吸收微不足道，那夜空应当被照耀得比1 000个太阳还要明亮。① 这就是“奥尔伯斯佯谬”，至今无法解释。

4. 解决科学问题的基本途径

一般来说，大多数科学问题是复杂的，要有效地解决科学问题，首先必须对科学问题进行分解。剑桥大学的爱尔兰生理学家巴克罗夫特认为，在研究工作中，最重要的就是要把问题化为最简单的要素，然后用直接的方法找出答案。牛顿在他的名著《光学》和《自然哲学的数学原理》中，分别提出了几十个“问题”，这些问题实际上是对光学和力学中许多重大问题的进一步分解，在很长时间内是后代科学家们的研究指南。

对科学问题的分解，常常会发现其中所蕴涵的深层次问题。当代美国的著名物理学家伽莫夫，曾经这样评论过伽利略关于单摆的研究和他对于问题深入分解的能力：伽利略在教堂做弥撒的时候，受蜡架摆动的启发，进一步的实验终于使他发现了单摆的周期与振幅无关，与垂挂的重物的重量无关。然而“为什么单摆

① 参见胡志强、肖显静：《科学理性方法》，62～63 页，北京，科学出版社，2002。

的周期与振幅无关，即与摆动幅度的大小无关?”“为什么重的石头和轻的石头系在同一绳子的一端时，是以同样的周期摆动呢?”伽利略一直没有解决第一个问题，因为这需要微积分的知识，而这几乎在一个世纪之后才由牛顿发明出来。他也没有解决第二问题，这个问题要等到爱因斯坦关于广义相对论的研究问世才能解决。但是，他对这两个问题的系统提出无疑是有很大贡献的，虽然他没有足够的能力和知识解答这两个问题。

对科学问题的解决，可以总结出三条基本途径：

(1) 通过进一步获取事实来问答问题。获取事实并不是要求我们漫无边际地搜罗材料，而是要求从背景知识出发，根据问题的指向和预期的应答域，利用已知的普遍原理、定律去设计合适的实验和观察，从而取得我们所需要的解答。例如，针对 17 世纪和 18 世纪物理学界争论不休的光波动说和微粒说孰是孰非的问题，19 世纪的物理学家将其引申为一个事实问题，即“光在空气中传播的速度大还是在水中的传播速度大?”根据所提问题，只要能够制作出有效的仪器，确定出实际观测的方法，就能通过对事实的认定来解决这个理论问题。

科学家共同体的常规工作就是扩大对事实的认识范围，提高对事实精确性的认识，并为此制造出一个又一个复杂的仪器，设计了一个又一个精巧的实验。牛顿的《原理》出版以后 100 年间，测定万有引力常数问题成为科学家们注目的焦点，使得许多科学家投入了大量的才华在这个问题上面。

(2) 通过引入新的假说来解答问题。在整个中世纪，关于血液运动流行的理论是盖仑学说。盖仑认为，血液在肝脏中形成，然后由静脉将一部分输送到全身，另一部分流入右心室，通过左右心室之间的孔道流到左心室，再经动脉流到全身，即是说血液只能来回流动。16 世纪英国医生哈维通过放血实验，知道一头牛或猪的全身血液不过 10 公斤左右，他估计人体内的血液也不会太多。少量的血液在人体内如何不断地运行的呢？他猜想人的每一个心室大约能容纳 2 英两血液，在每次心跳中心室排出的血液大约也为 2 英两，若每分钟心跳 72 次，则在一小时内每一个心室将排出8 640英两的血液，合 245 公斤，相当于 4 个普通人的体重。这样一系列问题产生了：这么多血液流到哪儿去了？为什么没有把人体胀破？这么多的血液又来自何处？人能在一小时内制造这么多的血液吗？……盖仑的学说是无法回答这些问题的。哈维通过进一步的实验，并在总结塞尔维的肺循环理论的基础上，依据老师法布里奇的静脉瓣膜的发现提出假说：血液在人体内是循环流动的，其流动的道路是：静脉——右心房——右心室——肺动脉——左心房——左心室——主动脉——静脉。这个假说中虽然仍有一些问题解释不清，如血液是如何从动脉流到静脉去的，后来列文虎克等人在显微镜下发现了毛细血管才解决了这个问题，但血液循环假说的提出的确使当时医学界面对的大多数问题得到了解决。

（3）通过引入新的概念解决问题。不管以何种形式提出来的反常问题，都是针对已有的理论和原则，特别是针对其中的基本概念的。因此，当反常问题久久得不到解决，对原有的主导理论中基本概念产生怀疑时，往往需要引入新的概念。狭义相对论与广义相对论事实上就是通过引入相对于经典物理学的新的概念来消解困扰经典物理学的理论难题而建立起来的。这些概念虽然与牛顿物理学的概念使用了同样的名词，但它们的含义却是不同的。后者中所说的能量和质量两者互不相干，而前者所说的能量和质量则可以相互对应；后者所说的时空是绝对的，而前者所说的时空则是相对的，即时空的特性既依赖于物体运动相对速度（狭义相对论），也依赖于物体质量的大小与分布状况（广义相对论）。这些新的概念的引入，揭示了更具有普遍性的解释性规律，从而超越原有理论的局限性，很好地找到经典物理学难题的解决办法。

二、证明的逻辑与发现的逻辑

当代关于科学方法的主要争议是：究竟着眼于对科学的结果（知识）作静态分析，还是着眼于对科学的过程（发现）作动态把握。用科学哲学的专门术语来说，这就是所谓辩护和发现的问题。

1. 证明的逻辑基础

差不多直到 20 世纪 50 年代末，西方大多数科学哲学家还认为，科学哲学或科学方法论的任务，应当是分析和证明业已形成的科学知识；至于这种知识的起源和科学发现的过程，则应当是心理学家、社会学家所研究的问题，因为科学发现是跟科学家的个人心理特征以及相应的社会环境因素联系在一起的。

科学哲学家赖欣巴哈在《科学哲学的兴起》中明确地表示："对于发现的行为是无法进行逻辑分析的；可以根据其建造一架'发现机器'，并能使这架机器取天才的创造功能而代之的逻辑规则是没有的。但是，解释科学发现也并非逻辑家的任务；他所能做的只是分析所遇事实与显示给他的理论（据说这理论可以解释这些事实）之间的关系。换言之，逻辑所涉及的只是证明的前后关系。"①

① ［美］赖欣巴哈：《科学哲学的兴起》，178～179 页，北京，商务印书馆，1983。

经验论的科学哲学家比较强调归纳推论的作用，一般认为，归纳推论是一套根据事实、由猜测引导到发现上去的发现逻辑。但逻辑经验主义者仍然坚持，归纳推论是在一种证明的要求中被完成的，因此它也是证明的逻辑。通过猜测而发现其理论的科学家，要到他看见他的猜测为事实所证明之后，才把他的发现呈示给别人，因此，他的着眼点不只是事实可从他的理论中推导出来，而且还是事实使他的理论有可能成立并促使他的理论预言以后的观察事实。归纳推论并非用来发现理论，而是通过观察事实来证明理论的正确性。

持这种立场的科学哲学家，显然认为发现的逻辑及产生新观念的逻辑方法是不存在的，每个发现都含有一种非理性的因素、一种创造性的知觉。爱因斯坦在谈到探索那些高度普遍的定律时说，从这些定律可通过演绎获得世界的图景，但通向这些定律的逻辑通路是不存在的，只能凭借那种建立在对经验对象的理性偏爱基础上的直觉才能达到。

因此，正统的科学哲学是对某种科学陈述的辩护。这种陈述可称为假定，一个假定是一个我们虽然不知道是否为真、但作为是真的来对待的陈述。当然，选定这个假定而不是那个，标准是什么，在辩护是如何贯彻这个标准，就形成了不同的科学哲学观点和流派。

逻辑实证主义的中心问题——知识的经验论证问题——就是为完成辩护的任务而设立的。经验证实是它的原则，为了贯彻这个原则，必须寻找一条从理论还原为经验的通道，于是求助于对陈述的逻辑分析，利用数理逻辑的成果对所有的知识命题进行逻辑分析，以揭示这些命题的经验基础。命题的意义是通过逻辑分析澄清的。具体说有下面三个主要观点：

(1) 所有有意义的认识陈述或者是分析的（不然就是自相矛盾的）、或者是经验的。逻辑和数学命题是分析的，实证科学的命题大多数是经验的。前者实际上是以某种方式使用语言的决定，提供用以判断对或错的法则。后者才真正是有意义的，可以为人们提供有关经验世界的知识。

(2) 所有有意义的经验陈述，原则上可以用经验来证实，也只能用经验来证实。换言之，经验命题不可能单独由某些分析前提演绎出来，必定要诉诸某种直接经验的手段。

(3) 所有有意义的经验陈述都能归结为中立的直接观察语句。观察语句最重要的哲学用途就在于能够以它来证明经验陈述的真或伪，从而讨论知识基础的结构问题。

经验原则、证实理论和还原分析方法，这些都是逻辑实证主义的真髓，是现代经验论的核心。其中的根本点，是把直接观察和观察语言作为互相竞争的理论的取舍标准。辩护就是看理论的确证度有多大，看它在多大程度上能过接受直接观察的检验，看它的命题能否通过逻辑分析归结为观察语句。

当然，证明的逻辑并不只一种，辩护可以是多种多样的。例如波普尔认为辩护并不是以证实性而是以证伪性为标准，相应地，证明的逻辑就不是归纳推理而是演绎推理。所有以辩护为宗旨的科学哲学的共同之处在于它们都认为发现过程是不能做逻辑分析的。

2. 对发现逻辑的关注

关于科学发现的逻辑，即科学发现的逻辑是可能的吗？一直是科学家和科学哲学家争论的焦点。这其中隐含着对科学发现逻辑的不同理解。一般认为，研究科学发现逻辑的任务是亚里士多德在《分析后篇》中提出来的，即研究概念最初是怎样形成的和理论最初是如何生成的。以研究科学知识的创造方式为核心，这就是科学发现逻辑最初的明确观念。事实上，在近代科学发展的过程中，有许多重要的哲学家和科学家，如培根、笛卡尔、波义耳、洛克、莱布尼茨和牛顿都相信可以确定某些导致科学发现的规则。其中，强调经验归纳的一派认为，科学发现的逻辑就是归纳逻辑，而主张理论推演的一派则认为是演绎逻辑。

19 世纪中叶及其之后的一段时间里，科学哲学家们开始将科学理论的发现与证明严格地区分开来，并将科学哲学的研究任务限制于仅对已形成的科学理论、概念或语言做逻辑分析。此后科学哲学家们相当普遍地把逻辑属性狭隘地理解为符号系统的可演算性。维特根斯坦认为逻辑就是关于形式和推理的学说，罗素则强调科学哲学化的最高目标就是寻找可能代替相应实体的那种逻辑结构，总之，多数的科学哲学家迷恋于命题之间的形式可推演性，而把科学发现问题视为非理性化的问题置于视野之外。

从 20 世纪 60 年代开始，人们对科学发现逻辑的兴趣开始缓慢而稳步地增长，研究科学发现问题的论著迅速增加。一些哲学家、心理学家、人工智能专家和神经生物学家从各自不同的研究领域出发着手对科学发现问题进行有益的探索。

1958 年，美籍英国科学哲学家 N. 汉森在《发现的模式》一书中着重对科学发现逻辑进行了研究。他对假说—演绎（H－D）法和归纳法同时提出尖锐的批评。“物理学家很少是通过枚举和概括可观察事物而发现定律的。然而，H－D 法也是有问题的。倘若认为 H－D 法是对物理实践的描述，那么它就使人走入歧途。物理学家不是从假说开始，而是从资料出发的。当定律纳入 H－D 系统的时候，真正独创的物理学思维就结束了。从假说推衍出来观察陈述的这一平淡的过程，只是在物理学家看到假说至少能解释要求解释的初始资料后才出现的。仅当讨论一个已完成的研究报告的论据时，或者为了理解实验者或工程师是怎样发展理论物理学家的假说，H－D法才是有用的……归纳的观点正确地提出定律是从资料推论而来的，但他却错误地提出定律不过是这些资料的概括，而不是它必须是的东西，即对资料的解释。”①

汉森确信存在发现逻辑，并寻找科学家构思和产生新思想时所遵从的逻辑方法。他说：“假说的最初提出常常是一件理性的工作。它不像传记作家或科学家们说的那样如此经常地受直觉、洞察力、预感或其他无法估量的作用的影响。H－D法的信奉者常常认为假说的开端只具有心理学意义而不屑一顾，要不然就宣称它只有天才的领域而不是逻辑的领域。他们错了，倘若通过假说的预言而确定假说具有逻辑，那么假说的构想也同样具有逻辑。要形成加速度或万有引力的概念，的确需要天才……但是，这并不意味着对这些概念的思考是不合理的或非理性的。”②

在此基础上，汉森对逻辑实证主义只限于考察科学研究的结果而不注意借以提出假说、定律和理论的推理方法提出了批评。他认为，科学哲学不应只限于研究科学认识业已取得的成果，它可以也应当对认识过程的一切阶段，因而也包括对新的科学思想、科学假说和科学理论的产生阶段加以研究。美国哲学家、逻辑学家皮尔士曾用“逆推”这一术语来表示导致发现的系统过程，汉森重新使用这一术语，并细致地解释了引导开普勒发现行星的椭圆新轨道的逆推道路。他指出，科学理论并不是通过对经验材料直接归纳概括建立起来的，恰当地说，这些材料只是被用于提出一些可能在某种程度上具有真实性的假说。在具体的科学发现过程中，科学家寻找的是一套恰当的概念体系——概念的模式，并依此使各种经验材料都可能得到明白的理解。但同时，汉森并不排斥发现受理性支配的观点，相反，他强调要对科学研究初始阶段所运用的那些前提、方式和方法作理性分析。科学家在研究之初，必定要跟现有理论概念所容纳不了的事实打交道，而这些事实又正是他们力求解释清楚的。假说或新提出来的理论就是这种解释的一种初步尝试。

汉森写道：“物理学理论提供了一些使经验材料在其框架内成为易于理解的模式，这些模式乃是概念的格式塔。理论不是由所观察到的有关现象的各个片断堆砌而成的，它还使人们有可能去进一步察觉一些现象……理论把现象安排成有条理的体系。这些体系是按反向程序，即以逆推方式排列起来的。理论是作为显

① ［美］N. 汉森：《发现的模式》，76～77页，北京，中国国际广播出版社，1988。

② 同上书，77～78页。

露前提所必然会得出的结论总和出现的。物理学家从所观察到的现象属性，力图找出一种能获得基本理论概念的合理方法，借助这些概念，那些现象属性就可以得到切实可靠的解释。”① 他认为，假说或理论的最初提出往往是合理的，并不经常受到直觉、顿悟、预感或其他无法估量因素的影响。如果通过预言的实现而确立的假说有逻辑的话，则在构想假说之时这种逻辑也存在。

汉森曾具体地提出溯因推理的形成：

(1) 一些意外的令人吃惊的现象 P1，P2，P3……被遇到；

(2) 找到一个假说 H，它能对 P1，P2，P3……的原因做出解释；

(3) 因此有理由提出假说 H。

许多学者对汉森所阐明的发现逻辑——逆推——做了发挥，并试图把具有某种明确目的的科学探索活动看做逆推过程，建立有关逆推程序的一般理论。

以“复活发现逻辑”为己任的美国科学哲学家拉里·劳丹从概念分析入手，认为赖欣巴哈的“发现的前后关系”和“证明的前后关系”这一传统的两分法并不科学，因为它不仅无法从时序上恰当地表述出一个概念从产生到接受的真实过程，而且它也使发现的性质不明确以及证明包含的内容过宽。为此，他从“发现的前后关系”中独立出理论的初步评价、检验和修正这一部分内容，即所谓“追求的前后关系”，将传统的两分法变为三分法，即发现的前后关系、追求的前后关系和证明的前后关系，进而将发现的前后关系看做“理论最初如何被发明”这一“尤里卡（Euveka）时刻”。他说：“我将把发现狭义地解释为‘尤里卡时刻’，即一个新思想或概念最初萌生的时刻。并且我将把发现逻辑看做一套规则或原则，根据这些规则或原则可以产生新的发现。”② 他认为，发现的逻辑应当能够用来发现深刻理论（概念），它是与争鸣逻辑相独立的，这种逻辑应是一种算法或一套可行的规则，而不仅是其中包含个别的逻辑因素。

著名美国科学家、经济学家、哲学家 H. 西蒙曾着眼于探索科学发现的逻辑机制问题，他在《科学发现有逻辑吗?》一文中具体阐述了所谓的“科学发现规范理论”。他指出，发现的逻辑是判断发现过程的一组规范标准。使用“逻辑”这一术语，意指这些规范可从科学活动的目标中导出。具体说，规范依赖于下述条件命题：“如果过程 X 对达到目标 Y 是有效的，那么，它就应具有性质 A、B、

---

① 转引自刘大椿：《科学技术哲学导论》，104 页，北京，中国人民大学出版社，2000。

② 转引自严湘桃、石义斌、韦振仕：《科学发现观的演进》，255～256 页，杭州，浙江科学技术出版社，1998。

C。"[①] 例如，当我们谈论弈棋制胜的逻辑时，其意义就是：下棋者为了达到将死对方的王的目标，必须运用策略去发现并评价指向这目标的步骤。棋书中就有关于这些发现和评价过程的规范的陈述。其中之一是：在棋手的机动性大于对手的情况下，他应当考虑达到直接攻击对方王的位置的步骤。这种规范陈述的有效性依赖于下述前提：当一个棋手具有较大机动性时，直接攻击对方王的位置通常是将死对方的最好方法。

发现过程是从特殊事实到以某种方式从中归纳出来的一般定律，检验发现的过程则是从定律到从中演绎出来的特殊事实的预测。因此得出结论：普遍的演绎逻辑提供了有关定律检验（尤其是定律证伪）的规范理论的形式基础；而有关定律发现的规范理论则被认为需要归纳逻辑作为其基础。有人担心，如果情况是这样的话，发现过程就是归纳过程，发现的规范理论因而会遇到归纳逻辑所具有的困难——结论的不确定性和归纳本身的逻辑悖论。但是，情况并非如此，发现过程中并没有所谓归纳问题，因为只有当人试图把发现的模式外推时，才会引起归纳问题的困难。定律的发现仅仅意味着在已被观察的数据中找出模式，至于模式能否继续适合于被观察的新数据，这将在检验定律的过程中判定，而不是在发现它的过程中判定。所以，发现过程中并没有归纳问题，倒是证明（检验）过程中会遇到归纳问题。

3. 由问题激发的创造过程及其突破

科学发现是科学创造力的同义词，而创造力意味着创造性思维，因此可以说纯粹经验的发现是不存在的，只可能有包含着先于经验事实的假定成分在内的发现过程。科学发现是由这些假定构成的。首先是通过创造性思维过程形成假定，当然，所有这些假定随后都要经受经验的检验或反驳。假定的形成是科学发现的关键，对假定形成过程的分析，将揭示出创造过程的要素。

每一个发现都是由客观存在的问题这一情况引起的，问题是发现的第一要素。发现从正在探索和解决的问题的成果中得到；有时，从一个问题又发现另外一个全新的问题，由此而可能导致全新的发现。发现是从问题开始的，重要的是你所要关心的问题，你应对问题入迷，走进问题，好像和问题不能分离。

当问题萦绕于心的时候，就开始了一个可称之为"主观模拟"的过程，科学家主观地模拟他周围的事物——现实的或想像的。他把自己的注意力集中在一种给定的现象情境中，尝试主观模拟这一情况来获取一种内部的表达形式，首先是现象本身，而后是现象来源等。例如，物理学家在思考一个他所关心的现象时，

---

① ［美］H. 西蒙：《科学发现有逻辑吗?》，载《自然科学哲学问题丛刊》，1984（3）。

时常或多或少把自己与一个电子或一个粒子划上等号，追问如果他就是粒子或电子该怎么办。这一模拟过程可以变成某种词语来表达，但通常不需要这样做，实际上是由非词语的表达形式开始的。简言之，创造过程首先由问题激发，问题调动了全部内在的思维活力，意识和下意识都被召唤来解决这一问题，科学家自身也被主观地投射到某种现象情境中，这种主观的模拟过程有可能获得一种内在的表达形式，从而找到问题解决的关键。因此，成功的主观模拟是科学创造的又一基本要素。由问题激发的创造过程，其突破是通过打开想像的大门发掘下意识而获取的。把这个复杂的包含下意识创造性活动的过程叫做主观模拟过程，是颇为恰当的。下一步就是把这一模拟文字化，确切地说是符号化，即用科学的语言把已经蕴涵于心中的发现描述出来，从而得到真正的科学假定。它是对问题的一个可能解决，并且具有科学家共同体可以理解的形式。符号化也是创造过程不可或缺的要素，它使创造确立下来。

发现过程不是平缓的、渐进的，它采取跳跃的形式，其中有一个突变，这个突变就叫创造。创造行为从思维突然被转变的角度来看是一种方向的改变，往往起初是不完善的，带有这样或那样的缺点。不过，人们不应当对最初的跳跃提出苛求，而应当感谢它给我们指出了新的方向。没有人说世界上第一架飞机是最好的飞机，但最好的飞机设计师绝不会嘲笑而只会感激莱特兄弟的创造。

在科学发现的过程中，勇气是最可宝贵的。不但在产生新设想时需要大胆，在把设想应用到各种新情况、特别是与设想对立的情况中时，更需要大胆。创造性不仅仅是维护自己的假定，而且要无情地反驳自己的假定。这样它才可能成为问题的一个真正的解答。

发现是奇特的，是意料之外的事情。对发现者而言，发现驳倒了他曾经接受或推测过的某些东西。一个人在着手创造以前需要一种解放。1928 年，爱因斯坦在柏林曾说，如果他没有读过休谟的著作，他或许不敢推翻牛顿的基本假设。休谟的著作提倡一种怀疑精神，怀疑精神有助于使爱因斯坦离开教条主义的轨道。创造者常常需要从习惯性思维的框框中解放出来。人们都有创造性的潜在能力，但也有一种保守倾向。有人考察动物行为时发现，动物既会对新事物表示畏惧，也会被新事物吸引，可以把这两种行为分别叫做憎新趋向和趋新趋向。创造性强的人，趋新趋向似乎特别强烈。

不过，人们总是在有了一个更好的概念以后才放弃现有概念的，否则就不叫创造，只能叫紊乱。在生物进化过程中，不仅有突变，而且有雷同的复制，复制多次后偶然才出现突变。如果生物总在突变，任何有利的东西转瞬就会得而复失。一个开创新风格的作曲家，多处重复的是前人的风格，只是在个别但很关键的地方做了改变。任何时候都和别人不一样的人是不可能有创造性的，最有创造性的一定是在复制和突破之间达到最有利平衡的人。

4. 收敛性思维与发散性思维、传统与创新的互补

无论对于科学的活动还是对于科学的反思，创造性都是一个极其重要而又十分敏感的问题。创造性对于科学工作者的思维素质提出了复杂的要求，这种要求可以简单概括为：在收敛性思维与发散性思维之间形成必要的张力，即达到某种适当的平衡。

发散性思维是指科学思维中具有高度思想活跃和思想开放的性格的思维。科学中大多数新理论和新发现并不仅仅是对现有知识的量的增添，而更主要是在不同层次上质的改变。为了得到新理论和新发现，科学家必须经常调整他过去的思维模式和行为习惯，放弃从前坚持的信念，重新估价科学实践中的许多因素。如果没有发散性思维，没有高度思想活跃和思想开放的性格，就不可能有科学的突破，也很少可能有科学的进步。

收敛性思维是指科学思维中建立在传统一致基础上、受到一系列规范约束的思维。仅有发散性思维也谈不到真正的科学发现。科学思维还需要一种与之互补的素质：收敛性思维。科学家为了完成自己的工作，必然受到一系列思想上和操作上的约束，科学活动的基础牢固地建立在从科学传统中继承下来的一致意见上。如果没有收敛思维的严格训练，常规的研究或解题活动就不可能进行，在这种情况下，当然也谈不上任何创新。

美国科学哲学家库恩强调，全部科学工作具有某种发散性特征，在科学发展最重大事件的核心中都有很大的发散性；同时他又认为，某种收敛式思维也同发散式思维一样，是科学进步所必不可少的。这两种思维形式既然不可避免地处于矛盾之中，那么，在它们之间保持一种必要的张力，正是成功地从事科学研究所必要的首要条件之一。

收敛思维与发散思维的统一，在某种意义上可转化为科学研究中传统与创新的统一。科学研究必须牢固地扎根于当代科学的传统中，这种传统是由严格的科学教育所给定的。自然科学教育不同于其他领域，它完全是通过教科书进行的，各个专业的大学生从专门为他们写的教科书中获得该学科的主旨和概念结构，并按一定的程序学习该学科特有的技巧。通过教科书，向未来的专业工作者提供一个解题的规范，然后要求学生自己用理论推导或实验操作进行解题练习，这些问题无论在方法上还是在实质上都十分接近于教科书上相应章节给以引导的题目。这是在科学中维持一种传统的有效方法，再也没有其他办法能更好地产生这样的“精神定向”作用了。

但是，几乎所有人都同意，虽然学生必须从学习大量已知的东西开始，但教育应当给予他们比单纯掌握已有知识更多得多的东西，这就是一种面向未来的态度，一种做好准备探求未知领域的创新精神。他们必须学会提出、识别和评价尚未给出明确答案的问题，必须获得一些方法作为武器，必须具有一种怀疑的审慎眼光，不抱偏见，对新事物、新现象极其敏感，大胆地提出前人未曾设想过的意见。

传统和创新是科学发现的两个相互补充的方面。常规研究是一种遵循传统的、高度收敛的思维活动，这种研究总是在科学传统的范围内进行，试图调整现有理论或现有观察，使之越来越趋于一致。常规研究的魅力在于阐述的困难，而不在于工作中的意外性。常规研究的关键是释疑，而不是革新，人们所集中注意的疑点，恰恰是在现有科学传统范围中能够表达和解决的。只有到已有的规范——传统已容纳不下新的研究成果，出现了反常或危机的时候，传统的方法与信念才开始动摇，最后终于被抛弃，由新的规范取而代之。但是，科学传统的革命转换，相对来说是比较罕见的。而且，收敛式研究的持续阶段，正是实现革命转换必不可少的准备。科学研究只有牢固地扎根于当代科学传统之中，才能打破旧传统而获得创新。在一个明确规定的根深蒂固的传统范围内进行研究，比那种没有收敛标准的研究更能打破传统，因为任何其他的研究都不可能像这样通过长期集中注意而找到困难所在。识别和估价反常的深度，是以能否深刻地了解已有科学传统为转移的。

当托马斯·扬在 19 世纪初向光的微粒说提出挑战的时候，牛顿的光学研究仍是这方面根深蒂固的传统，托马斯·扬对此是熟悉的。但光的干涉和衍射等现象在依赖传统的研究中遇到了困难，正是传统不可克服的困难，才使托马斯·扬转而提出波动说。即使波动说，也不能说是绝对反传统的，因为早在牛顿同时代，以惠更斯为代表，就有波动说的传统了。可以说，托马斯·扬恢复和发展了一个更早的传统而代替了延续到他那个时代的占据统治地位的现实传统。从这个角度来看，他的创新工作同样具有收敛性。

简言之，科学发现过程中富有创造性的科学家，一般都是从遵循传统开始的，他把现有理论传统作为一种暂时接受的试探性假说，如无不恰当就可用做研究的起点。如果碰到麻烦、出现问题，他就得依靠自己的创造力去克服疑点。科学家需要彻底依附于一种传统，但突破性的成功又在于与之决裂。现有的传统给所遇到的难题以意义，难题的解决反过来却可能提示出新传统，并且最后导致对旧传统的否定。

5. 言传知识与意会知识、知道如何与知道是何

发现的逻辑和证明的逻辑，在某种意义上就是罗素所说的熟而知之者和述而知之者。人们曾长期认为，发现是心理学研究的对象，只是辩护才是科学哲学——方法论应该关注的。这是一种偏见。英国科学哲学家M. 波兰尼认为，人类的知识分为两类。通常被说成知识的东西，即用书面语言、图表或数学公式表达的东西，只是其中的一种，即言传知识；而非系统阐述的知识，例如我们对正在做的某事所具有的知识，是另一种形式的知识，叫做意会知识。波兰尼认为，意会知识实际上是一切知识的主要源泉，但意会知识像是我们个人的行为，缺少言传知识所具有的公共性和客观性。所以，言传知识和意会知识分别表现为概念化活动和体验的活动。

言传知识显然重要的原因是，只要大脑在不借助于语言的情况下工作，即使成年人也看不出比动物高明多少。言传知识具有清晰的逻辑特征，它使我们可以对之进行批判性思考。但是，在知识的获得过程中，起决定性作用的不是可言喻的逻辑操作的功能，而是头脑的意会能力。所谓意会，就是理解。精神的意会作用是理解的过程，对词语和其他符号的理解又是意会过程。词能传递信息，一系列代数符号能构成数学演绎，一张地图能表示出一个地区的地形；但是无论词、符号还是地图，都不能说是传达对它们本身的理解。虽然可以用最易使人理解其信息的形式来表达，但对信息载体所传递的信息的理解，总还有赖于接受者的智慧。只能说，向接收人提供的是陈述，而接收人是借助于理解行为，是借助于本身的意会作用，才获得知识的。

意会知识的最大特点在于它不脱离认识主体，人的身心是达到意会的工具，因此又可以把它称为个体知识。认知者对知识形成的参与，长期以来只是作为缺陷而容忍的，但它实际上是我们认识能力的向导和主人。从总的看，意会知识比言传知识更为基本，人们能够知道的比他所能说出来的东西多得多。言传知识，也只有通过意会才能被深刻理解。意会知识既是诀窍，也是认识的中心动作，因为理解包含并最终依赖通过成功地实践而获得的领悟。我们认识一副面孔，却不能确切地说出我们是依据什么特征认出它的。了解一个人的内心也是这样：一个人的内心只能全面地、通过专注于外在表现的不能详细说明的细节来认识。广而言之，发现的逻辑虽然不能用语言充分表达出来，但发现的过程作为一种意会过程，常常迸发出极大的创造性。因此，方法论研究应当把发现纳入自己的视野。这是一个困难而有意义的任务。

1949年，英国哲学家赖尔在《心的概念》一书中，提出了区别两类知识范畴的一种有用的分法：知道如何（knowing how）与知道是何（knowing that），这种分法可以很好地说明发现和辩护的关系。

知道是何，是一种可以明确表述的知识，证明的逻辑就属于这种知识，常以劝告、程序和常识规则的形式出现，目的是对科学活动过程作出明白无误的解释。正如一个建筑师，必须具备住宅建筑在材料、结构、设计规范、施工程序诸方面的有关要求一样。

知道如何，则是一种无法明确表述的知识，认知者心里明白，但讲不出来。发现的逻辑属于这种知识。尽管说不确切，却肯定存在，它是在科学活动中体验到的。正如建筑师的诀窍来自规划、设计和建筑许许多多房屋的经验，来自对规则的巧妙领悟以及实践中的偶然激发。

知道是何与知道如何的区别，也相当于文艺评论家与作家、表演艺术家的区别。文艺评论家懂得创作的规律、规则，能够引经据典，对应当怎样刻画人物形象、布局作品结构有他们自己的一番想法。他们的知识能够明确地表达出来。显然，没有这些知识，是无法进行文学、艺术创造的，它们是文艺创作和文艺欣赏共通的东西。但是，文艺评论毕竟与创作不一样，作家、艺术家的实际创造活动还须某种无法表达的诀窍，否则，他们不能有震撼人心的力量，只能称其为艺匠。作家、艺术家知道如何去创作，他的创作诀窍渗透在他的作品的形成过程中，他自己也说不清他是怎样创造的。这种知识不能通过言语来传递，它们是只能意会、不可言传的东西，又是实实在在起作用的东西。

证明的逻辑经过长期研究已经比较成熟了，虽然从方法论的角度来看，众说纷纭，并没有完全统一的结论。研究和了解证明的逻辑，可以帮助人们宏观地把握科学活动，特别是对其过程和真理给出明确的解释。但是，人们切不可忘记，在实际科学活动中，更为重要的是发现的逻辑，从某种意义上来说，辩护之所以有价值，就在于它能帮助人们把握发现。

应当清醒地看到，知道是何终究依赖于知道如何，尽管后者说不太清楚，人们感知、估计和评述大千世界的能力，取决于起码的诀窍。创造性越强，作出的发现越多，科学活动越有成效，才可能由自己或别人从中得出可以言传的知识。因此，知道如何要先于知道是何。

还应清醒地看到，知道是何并非在任何情况下必不可少。人们并不是非学语法、词法就不能说话、写文章。相反，若想真正熟练地进行操作，就得把规则、劝告及指导加以内化和“遗忘”。按诀窍行事即使不是不假思索的，所作的思索也是不自觉的。从事科学活动，不能把主要精力集中在规则和明确的步骤上。没有一个伟大的科学发现是按现成的方法或程序作出的。因此，轻视辩护或拘泥于辩护都是不恰当的；既不能天马行空，也不能按图索骥。

6. 发现与辩护间的真正区别

随着研究的深入，人们懂得，发现和辩护间的区别是含混不清的，并不像乍一看那么分明。从原则上说，发现涉及科学理论和假说的起源、创造、发生和发明。它是主观的，与文化因素、心理构成、社会背景有关，属于心理学和社会学的课题，只适合于描述性研究。辩护则涉及科学理论和假说的评价、检验、维护、成功及确认。它是客观的、规范的。它决定什么应该被接受，属于科学哲学（认识论和方法论）的课题。但在实际研究中，发现并不仅仅是心理事件，至少部分还是辩护，因为只有已经被辩护了的东西才是发现，所以发现应当包含在辩护中。

真正的区别在于猜测、假设的或然性与理论的可接受性之间。

猜测表示最初的思索，这可以不要理由，逻辑对于猜测不是必要的。德国化学家凯库勒关于苯环结构的梦并没有什么明确的理由。最初的思索先于或然性和可接受性，往往既无或然性更无可接受性。发现来自猜测，猜测不一定是发现，甚至多数猜测根本不成其为发现。因此，猜测或最初的思索在逻辑上是与或然性推理、与辩护有别的。猜测不属于科学哲学，是典型的个人思维心理学的课题。

假设的或然性是指有好的理由支持一个假设，但它尚未被检验。这是值得进一步考察的猜测，虽然并不一定能被接受。考察这个假设而不是另一个假设往往是合乎情理的，因为它在检验之前就有几分合理性了。有关这种或然性推理的规律应当是可寻的，它们就构成所谓“发现的逻辑”。今天，许多学者也把它们归入科学哲学（方法论）研究的范围。

理论的可接受性或理论的确认，这就是辩护。科学家们相信，假设通过经验检验，被确认是真的，是经验的证实使假设具有可接受性。当然，支持假设可接受的还有逻辑的丰富性、可扩展性、多重关联、简单性和因果性等等。这些原则都以经验确证作基础，但不归结为经验确证，它们具有相对独立性。

或然性先于可接受性。好的理由支持或然性，肯定将有利于可接受性。但给或然性以根据的东西可能不足以给可接受性以根据，可接受性更为严格，要求的东西更多。或然性的一个强的甚至结论性的理由，对于接受而言，可能既不足够强，也不具有结论性。当然，这种差别只是程度上的，或然性的理由和可接受性的理由之间不存在基本的区别。

发现和辩护之间没有一道鸿沟，而且它们正在逐渐接近。除了最初的思索——猜测尚游离开科学逻辑之外，或然性和可接受性都是可分析的。支持或然性发现的东西，也是支持或然性的辩护，因此，一切真正的发现是辩护。当前科学哲学发展的一个重要趋势是，既探讨证明的逻辑，也探讨发现的逻辑；确切地说，是把或然性的发现纳入辩护的轨道，或扩展传统的辩护的范围，让证明的逻辑也浸入发现的逻辑的地盘。发现和辩护可以看做同一件事，它们之间只有程度的差别。至于最初的思索——猜测，暂时还被看做主要与心理学、社会学有关的，它只是发现的肇始。

三、直觉、灵感与机遇

在科学发现或者一般地说在科学创造活动中，直觉思维和灵感状态起着特殊重要的作用，人们应当注意，究竟怎样恰当地处理逻辑与直觉的关系、自觉地激发灵感、让头脑做好充分的准备以便随时抓住机遇。

1. 直觉思维

科学认识过程仅仅从逻辑认识的角度是无法充分说明的。发现表现为思维的飞跃，这种特有的创造性认识形式，不同于用逻辑形式固定下来的那种习惯的思维方式，在心理学中称之为无意识认识或下意识认识。

所谓无意识或下意识，彭加勒曾把它的构成要素比拟为某种“原子”，它们在脑力工作开始之前处于静止状态，仿佛固着在“墙上”；当最初的有意识的工作驱使注意力集中于所研究的问题时，这些“原子”便从“墙上”下来，开始运动。即使意识休息了，无意识的思维过程也不休息。“下意识的原子”不停地工作，直到得出某种解决办法。

有意识的努力和下意识的作用，相互之间有如下关系：在科学发现的过程中，有意识的努力给下意识一个寻找问题答案的参考范围；下意识则从知识积累的材料中、从个人以往和现在的经验中，选择某种可用概念的结合；然后，把下意识的想法交给有意识的见解去鉴定，如果证明它们是有用的就保留下来，要不然就自行消失。下意识活动的主要特点是联想，它是不受控制的，因而有可能提出完全出乎意料的思想。

在科学发现中，下意识活动的主要形式是直觉，创造过程达到高潮时产生的特殊体验是灵感。直觉这种思维形式和灵感这种情绪体验常常相伴随而出现。可以把直觉理解为思维推论的缩减性，就是说，人们在直觉中，思维采用了逻辑推论进程的缩减性，忽略了推论的全过程，但把握住了个别的、最重要的环节，特别是最终结论。

在科学活动中，逻辑思维是基本的。然而，一旦原有的理论无法解释新发现的事实时，光凭逻辑推论就不够了。这时，直觉思维便成为科学活动舞台上的主角。爱因斯坦对直觉一直给予极高的评价，他认为科学发现的道路首先是直觉的而不是逻辑的。“要通向这些定律，并没有逻辑的道路；只有通过那种以对经验的共鸣的理解为依据的直觉，才能得到这些定律。”① 事实上，绝大多数科学发现，都来源于直觉的猜测。

直觉思维区别于逻辑思维的重要特征，在于它那种直接把握的思维方式。在直觉思维过程中，跳过了许多中间步骤，作出了许多省略，它是从总体上进行识别和猜想，一下子得出结论。看上去，直觉思维很自由，没有任何逻辑的“格”约束它，反倒表现为逻辑的中断。逻辑思维则更多地表现为渐进的发展。从量变到质变的普遍发展规律来看，直觉的顿悟就是在长期沉思的基础上，经过量的积累，在某个关节点上引起了质的飞跃。

德国化学家凯库勒长期研究结构化学，试图揭开有机物中碳原子之间是如何结合的谜底，可惜，久而不得其解。后来，据说是在梦中，看见蛇咬住自己的尾巴，突然达到创造的高潮，才终于发现苯环结构。这个发现彻底革新了有机化学。根据凯库勒本人的叙述：“事情进行得不顺时，我的心想着别的事了！我把坐椅转向炉边，进入半睡眠状态。原子在我眼前飞动：长长的队伍，变化多姿，靠近了。连结起来了，一个个扭动着回转着，像蛇一样。看，那是什么？一条蛇咬住了自己的尾巴，在我眼前轻蔑地旋转。我如从电掣中惊醒。那晚我为这个假说的结果工作了整夜。”凯库勒没有对发现过程的实质作出分析，但是对发现时的心理状态进行了细致的描述。科学发现既要经过长时间的准备和严密的逻辑思考，也有一时的顿悟和戏剧性的突破。

概言之，直觉思维是人脑对客观世界及其关系的一种非常迅速的识别和猜想。它不是分析性的、按部就班的逻辑推理，而是从整体上作出的直接把握。所谓顿悟，很好地概括了它的特点。在直觉思维的情况下，人们不仅利用概念，而且利用模型和形象。大脑中长期储存的各种“潜知”都被调动出来，它们不一定按逻辑的通道进行组合，即用一种出乎意料的形式造成新的联系，用以补充事实和逻辑链条中的不足。由于提供了缺环，往往导致创造性的结论。

虽然直觉是难以预期的，但直觉思维需要一定的主客观条件。这些条件是：有一个能解决的问题，问题的解决已经具备了相当的客观条件，研究者顽强地探求问题的答案，并且经历了一段紧张的思考。机遇常常在此基础上起着触媒的作用，使人们在探索中产生新的联想，打开新的思路，从而实现某种顿悟。由于直觉以凝缩的形式包含了以往社会的和人的认识发展成果，因此，它归根结底是实

---

① 《爱因斯坦文集》，第1卷，102页。

践的产物，是持久探索的结果。以凯库勒发现苯环结构为例，产生灵感，实现顿悟，并不像表面显示的那样，完全是不可理解的梦境。我们可以约略分析当时的主客观条件。那是一个有机化学理论已经兴起，正处于大发展的阶段，凯库勒本人思考苯的结构也有 12 年之久。还有两件事值得注意：一是他在大学学习过建筑，建筑艺术中空间结构美的熏陶，不会不给他对分子结构的研究带来影响；二是他年轻时当过法庭陪审员，曾经对某一刑事案件中出现的首尾相接的蛇形手镯产生过深刻印象。当时，这些蛇形手镯是作为有关炼金术案件的物证提出来的。可见多年来积淀下来的所有这些“潜知”，最终统统被调动出来，才形成梦中那个环形的蛇，与苯的结构联系起来，达到顿悟式的突破。

还需注意，尽管直觉思维不同于逻辑思维，但在科学理论的创造和发展中，两者之间存在着一种互为补充的关系。在直觉的创造以前，人们总是在前人铺就的逻辑大道上行走。一旦逻辑通道阻塞了，产生了已有知识难以解释的矛盾，在逻辑的中断中才会出现直觉的识别和猜测。

由直觉得到的知识，还要进行逻辑的加工和整理。直觉的结果本身，只是某种揣测，它们的正确性应当通过尔后的研究来验证。验证包含两个方面，首先是从揣测引至逻辑结果，进一步还要把这些逻辑结果跟科学事实相对照，并把它纳入一个完整的理论体系。直觉的毛坯不能作为科学成品。如果不进行逻辑处理，原封不动地把直觉思维产生的思想火花呈现于世，即使这是可能的，也不会有说服力。严密的科学要求人们把他的成果用准确的语言、文字、公式、图形表示出来，构成系统知识。凯库勒在他梦醒后的那天晚上，余下的时间全用在逻辑的加工和整理上了。他报告于世的是苯的结构式，而不是梦中飞舞的咬住自己尾巴的蛇。

2. 自觉地激发灵感

既然肯定了直觉的作用，接下来的问题是如何利用和产生直觉思维。由于直觉的非逻辑性，人们常常分析直觉的孪生兄弟——灵感，通过了解灵感，在科学活动中自觉地激发灵感，产生直觉，获取创造性科学成果。

多数人并不否认灵感的存在，因为灵感是一种心理状态，是人们能够体验到的。但对于灵感是怎样产生的，有不同的看法。说灵感纯粹产自天才，这是不正确的。长期的艰苦劳动和执拗探索，是产生灵感、获得成功的基础。伟大的美国发明家爱迪生说，发明是百分之一的灵感加上百分之九十九的血汗。甚至可以进一步说，若没有百分之九十九的血汗，就根本不可能产生百分之一的灵感。作出科学发现，不能不对问题的解决怀抱强烈的愿望。他要翻来覆去地考虑问题的各个方面，掌握与该问题有关的各种资料。惟其如此，才可能不失时机地抓住那些富有启发的东西，产生灵感，成为匠心独具的发现者。

应当强调，灵感产生的前提条件，就是科学家执著于创造性地解决问题。对要解决的问题，他已经做了非常充分的准备，强烈地期望有所突破。由于对该问题挥之不去，驱之不散，长期思索的结果，大脑建立了许多暂时联系，一旦受到某种刺激，就如同打开电钮一样，豁然贯通。所以，灵感是长期艰巨劳动的结果，正如俗话所说：积之于平日，得之于顷刻。或者如词中所写：众里寻他千百度，蓦然回首，那人却在灯火阑珊处。

俄国画家列宾说得好，灵感是对艰苦劳动的奖赏。凯库勒发现苯环结构，不但应归功于炉边的灵感，而且应归功于那之前的长期思索。事情一直进行得不顺利，也就是创造的过程非常曲折、艰苦。不进行艰苦的探索而把成功的希望寄托在心血来潮、灵机一动上面，那无异于缘木求鱼、守株待兔。19 世纪著名的俄国民主主义者赫尔岑说：在科学上除了汗流满面，是没有其他获得知识的方法的；热情也罢，幻想也罢，渴望也罢，却不能代替劳动。

灵感产生时，注意力处于高度集中状态。这时，人们的所有活动都集中在自己的创造对象上，仿佛要汇聚起全身心所有的精神力量去解决所提出的任务。由于注意力高度集中，其余的东西，几乎都忘记了，甚至可以达到忘我的程度。难怪当牛顿专心致志研究问题时，竟把怀表当作鸡蛋放进锅里。这与作家的情况很相似，据说陀思妥耶夫斯基创作的时候，无论吃饭、睡觉以及和别人谈话，都在考虑作品，除了构思，另外干了些什么，自己全然没有知觉似的。

容易想见，摆脱分散注意力的各种干扰，尤其是不为私生活的烦恼所困，对于灵感的产生是非常必要的。焦虑不安、悲观失望、情绪波动，都会降低智力活动的水平。心胸开阔、乐观开朗，则可以促使人们浮想联翩、创造精神旺盛、高效率地思考问题；灵感在这种心理状态中最可能出现。

琴弦不能绷得太紧，否则就会声音发木。在紧张工作一段时间之后，悠游闲适，暂时放下工作，或者把精力主动转移到其他活动上去，善于这样调剂是有助于灵感产生的。注意力集中不等于死碰硬拼。文武之道，一张一弛。有弛方能有张。荷兰出生的化学家范特霍夫是首届诺贝尔化学奖获得者。他不但能专心致志地搞科学研究，而且酷爱自然，喜欢旅行、登山等各种运动。他在柏林居住期间，一直亲自经营郊外牧场，与科学研究并行不悖，以此作为科学研究的有益调节。获得诺贝尔奖以后，他仍然每天清晨驾着马车挨家挨户为居民送鲜奶。心理学的研究表明，灵感属于无意识活动范畴，它的进行和转化为意识活动，需借助一定的心理条件。如果长期循着一条单调的思路，精神特别容易疲劳，大脑这部机器就会运转失灵，难以找到问题的症结。拉普拉斯曾经介绍下述屡试不爽的经验：对于非常复杂的问题，搁置几天不去想它，一旦重新拣起来，你就会发现它突然变容易了。

灵感是突发的、飞跃式的。灵感出现在大脑高度激发状态，高潮为时很短暂，瞬息即过。科学家对问题长期进行探索，智力活动在出其不意的一刹那——在散步中、在看电影时、在闲谈中产生飞跃，于是智慧从蓄积中骤然爆发，问题便迎刃而解。灵感出现之前，智力活动处于高度的受激状态，此时，或因外界的某一刺激，或因某种联想，突然间科学家的各种能力得以充分发挥，智力水平超出平时一大截，记忆储存的材料立即重新组合，思路畅通了，科学认识便提高到一个崭新阶段。

对于瞬息即逝的灵感，必须设法及时抓住，牢记在心，不要让思想的火花白白浪费了。许多科学家都养成了随时携带纸笔的好习惯，记下闪过脑际的每一个有独到见解的念头。爱迪生习惯于记下他所想到的每一个新意念，不管它当时似乎多么卑微。他一生获得专利发明有 1 328 项，这与他善于抓住灵感是分不开的。爱因斯坦有一次在朋友家里吃饭，与主人讨论问题，忽然来了灵感，他拿起钢笔，在口袋里找纸，而没有找到，就在主人家的新桌布上展开了公式。美国著名生理学家坎农说："当我准备演讲的时候，我就先写一个粗略的提纲，在这以后的几夜中，我常常会骤然醒来，涌入脑海的是与提纲有关的鲜明的例子、恰当的词句和新鲜的思想。我把纸墨放在手边，便于捕捉这些倏然即逝的思想，以免被淡忘。"

3. 机遇及其利用

大自然具有神奇的力量，它常常干出些令最深谋远虑的头脑出乎意料的事情。大自然提供的活生生的经验永远是科学发现的最生动的源泉。

大自然又是一本奇异的书，并非每个人都能从中看到同样的东西。它所隐含的奥秘只向那些懂得怎样追求它的人打开。

绝大部分划时代的发现，或多或少都是意外作出的。这很容易理解，因为那些确实开辟了新天地的发现，人们很难作出预见。这些发现常常违背当时流行的看法。它们在旧的知识框架中，在原有的科学范式中找不到相应的位置。人们在科学认识过程中，在进行观测和实验的时候，虽然自始至终受理论思维的指导，虽然从选题、实验设计、构思，一直到对获得的经验材料加工整理，都有明确的目的性和计划性，但是，这一切都不是绝对的，一旦出现与已有范式不相容的事实，就构成科学活动中的"偶然"：本来研究此一现象，却意外地发现了彼一现象；为某个问题所困扰、百思不得其解，却因为另一个意外的事件提供了有希望的线索而豁然开朗，开辟了发现的坦途。人们把观测和实验中导致发现的出乎意料的现象或事件，称为机遇。

机遇，按语义学上的解释，就是偶然的遭遇。但机遇是蕴涵着转化为必然条件的偶然。它们是客观的、不以人们的意志为转移的。科学认识本来要达到必然性，为什么客观上倒常常由偶然性起作用呢？原因有二：其一在于科学认识过程本身的复杂性，人们不可能完全循着一条预定的路线达到预期的目的。科学认识的目的性和意外性交织在一起，体现了主客观之间的相互作用和辩证统一。其二在于客观事物发展的必然性，总是通过偶然性来实现的。必然性通过偶然性为自己开辟道路，偶然性是必然性的表现形式，一旦条件具备，偶然的东西就转化为必然的东西了。

巴斯德曾经说："在观察的领域中，机遇只偏爱那种有准备的头脑。"科学发现有赖于机遇，却不能靠侥幸，不能凭运气去瞎碰。应当培养敏锐的洞察力，掌握丰富的准备知识，简单地说，就是要让你的头脑做好准备，对客观事件的进程和事件丰富多彩的现象时刻保持警觉，一俟机遇出现，就认出它，从中找到解决问题的线索。

认识了机遇在作出新发现中的重要作用，就应当正视它，辩证地看待它，并且认真研究机遇与发现之间的关系。理论预见或用理性指导观测和实验固然非常重要，但对大自然通过机遇偶然透露的信息，却不能等闲视之。在任何情况下，事件进程本身对于认识的增长都是决定性的。

当人们回溯那些导致伟大而深刻发现的机遇时，事实上已经阐明了机遇所具有的意义。但在发现之初，能认出机遇并把它抓住，却是很不容易的。在做前瞻性的研究时，应当作好准备，有意识地利用机遇。

——主动增加机遇的出现率。机遇固然是偶然的、意外的，但是，积极、勤勉、经常尝试新步骤的研究人员遇到这种偶然机会的次数要多得多。即使在机遇的领域，科学家也不是纯粹被动地起作用的。既然机遇是在观测实验中出现意外现象或事件，人们就有可能做一些事情，以便更频繁地碰到机遇。首先要尽可能多地从事实际观测和实验，让客观进程本身有透露意外信息的充足条件；其次，不要把自己的研究活动局限于传统的步骤，应当有出其不意的精神准备，主动去尝试新奇的步骤，这样，遭逢幸运"事故"的可能就最大。

——注意线索，保持对意外事物的警觉性。新发现常常是通过对细小线索的注意而取得的。要有敏锐的观察能力，在注意预期事物的同时，要保持对意外事物的警觉。从事科学发现，切忌把全副心思都放在自己的预想上，以至忽略或错过了与之无直接联系的别的东西。没有发现才能的人，往往不去注意或考虑那些意外之事，因而在不知不觉中放过了可能导致重大成果的偶然"事故"——他们很少有机遇，只会遇到莫名其妙的怪事。反之，对机遇所提供的线索十分敏感、非常注意，并对那些看来有希望的线索深入研究，这才是富有创造力的表现。达尔文具有一种捕捉例外情况的特殊天性。很多人在遇到表面上微不足道又与当前的研究没有关系的事情时，几乎不自觉地以一种未经认真考虑的解释将它忽略过去。达尔文却能抓住这些事情，并以此作为起点。保持对意外事物的警觉性，就有可能走上科学发现的道路。

——善于解释线索。观测实验中的机遇，严格地说，只能提供线索，并不能真正解决问题。成功的科学家善于抓住有希望的线索不放，追根究底，弄清真相，作出科学解释，这才是真正的科学发现，也是发现的更重要、最困难的方面。有时，机遇提供的线索，重要性十分明显；有时，只是微不足道的小事，只有造诣很深的人，他的头脑已装满了各种准备材料，才能看到这些小事的意义所在。大部分机遇是属于后一种情况，因而解释线索是特别重要的。这是从偶然性上升到必然性的过程。1928 年，英国细菌学家弗莱明正在进行葡萄球菌器皿培养，实验过程中需要多次开启器皿，以至培养物受到污染。弗莱明和许多同行都注意到霉菌抑制葡萄球菌菌落的现象。但是，许多人认为这并没有什么了不起。弗莱明过人之处在于，他认为这种现象可能具有重大意义。其后，他发现了杀死细菌的真菌——青霉菌。后来，英国生物化学家弗洛里发明了大规模生产青霉素的方法，使人类的医疗水平提高到一个新阶段。弗莱明的发现不仅得力于机遇，而且得力于具有敏锐的判断力，善于解释线索，能够抓住别人放过的机会。

——具有坚持的胆识。利用机遇作出新发现，还有最后、最难的一关。这就是人们对新观念的抵制心理和社会上的落后势力的阻挠。要认识一件新事物的真实意义是非常困难的。詹纳发明牛痘接种法预防天花，起因也是机遇：他注意到挤牛奶的女工一般都不受天花感染，即感染过牛痘的人可以对天花免疫。这是当时许多医生熟视无睹的现象，但他们不愿意也不敢认真对待这一事实，当然更不能设想用牛痘接种法来预防天花。但是詹纳暗自努力，他 30 岁结婚，生下儿子后，给儿子接种牛痘，并证明了这个孩子后来对天花免疫。他试着就这个题目写了一篇论文，但被退了回来。直到 47 岁时（1796 年），才第一次成功地为许多人接种了牛痘。1798 年，他出版著名的《探究》，其中报告了约 23 个或因牛痘接种、或因自然感染牛痘而对天花免疫的病例。在这以后，牛痘接种法才得到普遍的采用并在全世界推广。詹纳成功的秘诀主要是凭借胆识来接受一个免疫的革命设想，并凭借想像来认识其潜在的重要意义。

四、程式化的追求与随心所欲

1. 两个互相矛盾的基本目标

杰出的科学家能够自觉地认识科学方法的基础、模式和限度。科学方法的合理性以科学是理性事业的信念为前提，但是，科学是合理的吗？它怎样成为合理的？这正是亟待解决的最重要的科学基础问题，它决定着科学方法论研究的方向。当代的研究进展告诉我们，在这个问题上的答案是一个两难的悖论。最大的困难在于，人们对科学及其方法的追求有两个互斥的基本目标，一个是基础性和程式化方面的追求，另一个是摆脱任何先验预设和固定方法程式束缚的倾向。把这两方面的考虑结合起来，也就是说，要做到既随心所欲，又不逾矩。

科学的巨大进步和威力在当今世界形成了科学是理性事业的信念。但是，几十年来，在科学与方法的基本问题即科学的合理性问题上，形成了两条明显对立的路线，一条是预设主义，一条是相对主义。目前，人们只能期望通过它们之间的某种互补作用而找到出路。

（1）预设主义

经验主义的预设主义是对科学合理性问题的传统解决办法，它的宗旨是预设两个前提来为科学辩护，其一是以经验为合理性的最终目标，其二是以逻辑为合理性的基本形式。

首先，预设主义相信所有的科学理论必定依据于经验，正因为与经验相联系，科学词汇才可能有意义，科学命题才具有可接受性。为了清楚地表明这一点，他们将“理论词汇”和“观察词汇”区分开来，把“观察词汇”当作其意义毫无疑问地加以使用，并想方设法在“观察词汇”的基础上对“理论词汇”予以解释。

预设主义的另一个基本特点是逻辑主义。在他们看来，科学方法论给出了一切理论都应具备的、永久不变的公理结构。具体的理论会产生或消亡，它的内容会变化，但科学方法论所把握的是科学中不变的本性——任何可能理论的结构或形式。

预设主义的上述两个特征叠加起来，就构成了那种在科学界家喻户晓、影响深远的科学合理性标准：科学真理的最终标准、科学命题的意义所在，非经验莫属；同时，应当用一种合乎逻辑的形式或结构体系，把科学中所有的陈述组织起来。这条预设主义的解决科学合理性问题的路线，用可证实性预设了意义的标准，用逻辑规律预设了科学陈述的形式。

当然，在历史上，预设主义有各种各样的表现形式。预设可以是关于世界的断言，这些断言作为经验研究的前提是必须被接受的；也可以是某种科学方法，一旦这种方法被发现，就所向披靡，必定能获得关于世界的知识；或者是某种推理规则，如演绎规则或归纳规则，它们决定推理的程序而不为任何推理结果所改变；或者是某些“元概念”，它们运用于科学中，但独立于实际科学内容，如“观察”、“证据”、“理论”、“解释”等。但不管已知的预设是什么，不管它们之间有多大的不同，预设主义的实质是，认为正是它们构成了人们称之为科学的东西，它们为科学合理性建构了作为进步标准的内核。

（2）相对主义

预设主义把视角投向科学中既成的方面和相对稳定的方面，给人们造成了一座科学大厦至少已经落成了框架的印象。但科学并不总安于谦谦君子的形象，它常常有出人意料的表现。科学的现代发展，对科学史的深入研究，为人们揭开了科学的另一极。在这一极，预设主义没有立锥之地，科学在本质上变动不居，以往的科学合理性标准都成为建立在沙滩上、海涛一冲就可能坍塌的小屋。与预设主义唱反调的，主要是20世纪五六十年代兴起的、以科学历史主义为代表的相对主义。

相对主义在分析近代、现代科学革命时发现，事实往往与预设主义断言的相反。例如，并不是“观察词汇”决定“理论词汇”的意义，反而没有理论就不可能有观察；再者，科学理论在一定程度上总是要受先验的世界观、形而上学支配的。他们认为，科学中从来没有一个单一的、包罗万象的表征科学特征的方法，科学的发展和变化不仅导致对世界的新的理解，而且也导致方法、推理规则、科学概念以至元科学概念的改变。对一个理论而言，证实或检验并不是那么重要的，惟有在一个理论消耗尽了它的潜能以后，它才会被取代。因此，科学的发展，并非已被证实的东西的逐渐积累，而是以一个科学共同体的世界观的根本变革为核心的科学革命。

相对主义还发现，任何形式的东西都不是绝对的、不可改变的，包括科学陈述的逻辑特征、科学理论的逻辑结构，概莫能外。他们认为，在科学中真正重要的不是形式而是内容。研究的重点应当放在科学理论本身是怎样产生、发展、变化上面，放在它们是在什么社会文化条件下产生、发展、变化上面。逻辑的静态分析应该让位给历史的动态分析，预设主义应该为某种相对性范畴所取代。

相对主义对预设主义倾向的讨伐有时候也是对科学合理性本身的否定。美国科学哲学家费耶阿本德曾经用非常极端的形式试图表明，并不存在什么简单而可靠的规则和标准可以作为科学和理性的本质部分。任何规则，不管多么抽象和美妙，在事实上都经常被违反，并且不可能不被违反。费耶阿本德认为，促进科学发展与捍卫规则和标准，二者不可兼得。为了说明这个论点，他详尽分析了哥白尼革命中伽利略的研究方法和宣传策略，以此为案例考查理性成果与非理性手段之间的交织关系。他强调：一方面，并无理由脱离开特定的问题去事先规定什么适用于一切场合的规则和标准；任何以不变应万变的规则，在无限多样的科学活动中，都必定显得苍白和空洞；事实上，为了获得成功，科学家可以任意选择规则。另一方面，科学中划时代的发现必然自觉或不自觉地打破看似显然的方法论规则，因此，违反规则是科学进步所必需的；在任何场合都要把具体的境况和条件摆在第一位，一旦脱离了这种境况和条件，规则不但将失去意义，而且会成为新的科学研究的绊脚石。

作为彻底的相对主义者，费耶阿本德不仅试图从内部打破科学的僵化和教条，而且决心从外部打破科学的沙文主义。他不认为科学是某种鹤立鸡群的理性事业，相反，他认为科学不过是人类诸多传统中的一个传统，它与其他的传统（包括神话）从地位上来说是平等的。科学凌驾一切的优越性不是靠论证而是靠假定提供的。科学至上也许可以看做科学作为历史上一种解放力量胜利的结果，然而一旦造成科学至上的局面，则科学将不再至上，反会变成某种新的教条而退化。如果人们想理解自然，就必须使用所有的观念、所有的方法，而不管它们是否是科学的。不仅在科学内部不存在合理性的规则，而且在科学和非科学之间也根本不可能划一条可以区分合理与不合理的界限。于是，相对主义把科学方法论的研究带到了另一个极端：反对方法。

（3）互斥两极的互补性

由预设主义为一端，先验地确立科学合理性及其标准，由相对主义为另一端，先验地排除科学合理性及其标准，它们反映了在合理性问题上截然不同的立场。这两极间的争辩，使情况暴露得非常清楚，从而在当前科学哲学研究领域造成了动荡和重组。

在科学合理性问题上，有两个基本情况是不容忽视的。第一，科学的变化和创新是无所不在的，它们比单纯发现新事实、比简单更替有关世界的信念要深刻得多。很难确定一个作为普适的仲裁者的科学合理性或科学进步标准，标准本身如同科学事业也是变化的。第二，在人类的实践中，科学确实在进步，现代科学的主张确实比过去的要好，这是一个给人印象深刻的事实；尽管科学并非万能，但科学在大多数人心目中毕竟更具合理性、更有资格被称为理性事业，这也是无可否认的。

上述两个共存的基本情况明显地具有互斥性。它们各自为对方设定了界限和障碍，以至如果任何人固守某个确定的预设的标准，他必定行之不远；而如果任何人放弃科学是进步事业的信念、否定科学合理性，他又必定与人类的实践相左。看来，出路应当从这互斥两极的互补性中去寻找。例如，“可观察性”一向是科学的基本原则，但它也不是绝对的。例如，在微观粒子世界中，人们一旦进入夸克理论领域，在理论上就需要假定“夸克”在原则上是不可观察的。显然，在这里就只好舍弃与之矛盾的“可观察性”基本原则，惟有这样才能保留夸克理论。然而，如果人们在整个科学活动中完全不再顾及“可观察性”原则，不设计与夸克理论有关的各种可观察实验，那也无法把夸克理论坚持和发展下去。这就是说，在微观领域的深入探究中，作为传统科学方法论基本原则之一的“可观察性”，与夸克理论关于“夸克”原则上不可观察的基本假设是互补的。①

一般而言，尽管在科学发展的某个阶段，被当作合理的科学理论、方法、问题、解释、考虑等，与另一阶段被当作合理的科学理论、方法、问题、解释、考虑等极不相同，但常常有联结两套不同标准的发展链条，通过这些链条可以找出这两者之间的合理演化。只要有这种起联结作用的链条，我们就可以谈论科学方法的合理根据以及科学发展的合理性和进步。当然，这并不意味着有不变的科学合理性标准，它只是把科学及其方法的研究推到一个更高的层次。总之，人们有可能在预设主义和相对主义之间，不但正视其互斥性，而且发现其互补性。

2. 程式化追求的里程碑

方法论研究的基本目标之一，是为科学认识活动建立相对稳定的工具系统。从思维方式的角度而言，则要求形成某种行之有效的、有约束力的定式或框架。为了顺利地到达彼岸，人们应当有所遵循、有所依赖、有所借鉴。在这个意义上，方法愈是程式化，愈易于掌握，愈能够发挥作用。这个目标，用培根表述得比较极端的话说就是：“我给科学发现所提供的途径并不为聪明才智留下多少活动余地，而是把一切机智和理智差不多摆在平等的位置上。因为正像画一条直线和一个正圆形一样，如果只是用手来画，那就很要依靠手的稳健和训练，但是如果是用直尺和圆规来画，那就很少依靠这个，或者根本就不依靠它了。对我们的方法来说，也恰好是这样。”②

用圆规必然可以划出真正的圆，任何人只要会用圆规都能办到这件事。这个

① 夸克：现代物理学假定，构成原子的基本粒子，又是由更为基本的元素形成的，它们叫做夸克。

② 转引自北京大学哲学系外国哲学史教研室编译：《十六—十八世纪西欧各国哲学》，22 页，北京，商务印书馆，1975。

简单的道理类比用于方法论研究，就是企图找到某种如圆规一样的思维工具，以及某种如作图步骤一样的思维程序。假定这样的企图能够实现，方法论的遗留问题就所剩无几了。

当然，在科学研究的实践中，这种一劳永逸、适用于每一个人每一个课题的方法是不存在的。但这不等于说，程式化的努力在方法论中毫无意义。事实上，人类一直在成功地把越来越多的东西纳入程式化处理轨道，以便让自己的思维从中摆脱出来，解决那些至少在现在尚不能程式化的任务。

回顾历史，我们可以看到在方法论研究领域几个像里程碑那样屹立着的成就。

(1) 亚里士多德的科学方法论

亚里士多德对科学程序、科学解释和科学结构提供了一套完整的论述。关于科学程序，他认为是从观察上升到一般原理，然后再返回到观察。即科学研究应该从被解释的现象中归纳出解释性原理，然后再从这些原理演绎出关于事件、性质和现象的陈述。关于科学解释，他认为是从表面现象的知识过渡到原因性的知识，其完成以现象陈述能从解释性原理中演绎出来为标志。为了避免解释中的无穷倒退或恶性循环，前提必须真实，比结论更为人所知，并且无须演绎地证明。关于科学结构，他把科学看做通过演绎组织起来的一组陈述，逻辑原理处于一切证明的最高层次。因此知识体系是一个宝塔型有序结构，从作为公理的第一原理和方法（逻辑原理）开始，然后是普遍程度愈来愈小的定理。作为亚里士多德科学方法论关键的显然是演绎逻辑，他的主要逻辑著作《工具论》对三段论法和一些重要的逻辑规律作了比较透彻的研究，为建立一种程式化的思维和推理准则——形式逻辑奠定了基础。

(2) 归纳逻辑的深入研究

公元1600年前后，弗·培根在科学方法论领域一反亚里士多德的正统地位，把程式化的方向转向科学发现的程序，导致了归纳逻辑的深入研究。培根主张逐渐上升的科学程序。他说："寻求和发展公理的道路只有两条，也只能有两条，一条是从感觉和特殊事物飞到最普遍的公理，把这些原理看成固定和不变的真理。这条道路是现在流行的。另一条道路是从感觉和特殊事物把公理引申出来，然后不断地逐渐上升，最后才能达到最普遍的公理。这是真正的道路，但是还没有试过。"① 两条道路的差别在于，前者是从感觉和特殊事物"飞到"普遍原理，

① 转引自北京大学哲学系外国哲学史教研室编译：《十六—十八世纪西欧各国哲学》，10页，北京，商务印书馆，1975。

后者则是“逐渐上升”；前者对于归纳的机制不甚了了，后者试图提出一种真正的科学归纳法。所以培根说：“我们只有根据一种正当的上升阶梯和连续不断的步骤，从特殊的事例上升到较低的公理，然后上升到一个比一个高的中间公理，最后上升到最普遍的公理，我们才可能对科学抱着好的希望。”培根本人向后人推荐的归纳程式是一种不同于枚举归纳法与例证表，试图通过查阅存在表、缺乏表和程度表，利用排除归纳程序，逐步排除外在的、偶然的联系，提取事物之间内在的、本质的联系。由培根开创的归纳逻辑研究，在19世纪由英国逻辑学家约翰·穆勒完成，穆勒提出了称之为“穆勒五法”的归纳格，认为科学理论是依赖这些归纳格（特定程式）才得以发现和证明的。

（3）现代归纳主义

20世纪正统的科学方法论思想是一种现代归纳主义观点，认为只有经验才能给我们提供关于世界的可靠知识，只有通过数学与逻辑寻求到的知识才可能精确。他们广泛运用符号逻辑作为推理和表达的工具，其中包括数理逻辑、归纳逻辑、概率逻辑。建立一种现代程式方法的努力成为科学哲学不可分割的部分。

正如赖欣巴哈所强调的，归纳逻辑虽不能直接作为发现的方法，却对科学发现有辩护作用。所以归纳逻辑是一种证明方法，归纳推理应当被理解为一种概率演算，用确证度来衡量命题的真实程度。这样，方法论问题就被程式化为一种概率逻辑。

但是，这种正统的现代归纳主义的程式化努力遇到的困难超过了当初的想像，首先是实际可行性问题，也就是理论上有关确证度的计算方法如何运用于实际理论求解的问题；其次是归纳逻辑的前提——可证实性原则——是否成立、发现与证明是否截然可分等理论问题。上述困难导致了这种努力的衰落。

由现代逻辑学发展带来的物化成果，即由程式化努力和电子学进展结合的产物——电子计算机，在另一种意义上提供了思维程式化的可能。人类在思维领域程式化的努力，其最初成果表现为古典逻辑，后来表现为所谓科学逻辑，这些都是与方法论直接联系着的。与此同时，符号逻辑不仅逐渐成为一门真正的数学分支，而且成为机器思维的前提和形式。以数理逻辑为代表的现代逻辑不但运用于理论研究和科学方法论研究，而且运用于智能机器人——它不是我们人类的大脑，却能帮助我们思维。因而，人工智能可以看做方法论领域中程式化努力的崭新阶段。

（4）智能机器人的成功与困惑

随着电子计算机从第一代发展到第五代，人类思维程式化的努力已经获得了惊人的成果。把专家的知识分成事实和规则，以适当的形式存入计算机，可建立起知识库，形成专家系统。这种专家系统应用于科学检验、医疗诊断和军事等方面，效果十分显著。

程式化已经取得的成果固然给人深刻的印象，但它的可能前景却使人困惑。作为人类思维工具的机器思维是否能超越作为工具的职能而达到人的智能的水平？如果答案是肯定的，那么，从正面来说，人类通过某种程式化的努力，终于可找到一种具有自主性的方法——智能机器人，它具有类似人的创造性，人类可以借助它达到自己的目的。从反面来说，人类这种程式化的巨大努力，不仅可能给自己提供一种有效的帮助思维的方法，而且可能成为人类的对手，反过来和人类激烈竞争，一改人类把它作为自己工具的初衷。

尽管对于智能机器人的前景现在仍然众说纷纭；尽管在方法论研究中，程式化努力的意义不可低估（因为人类自身的思维活动也依照一定的程式，我们称之为思维模式），但与人类主体分离的程式是否可能真正具有自主性，自古至今，多数人是抱怀疑态度的。思维模式在特定的实践方式和文化背景下形成，形成后相对稳定，其变化需要相当长的时间和相应的条件；但人类的思维模式与人类思维的某种程式化产物有所不同，因为人类能够学习，在丰富的社会生活中，实践方式和文化背景又是必然变化的，人类将调整和改变自己的思维模式。

可以把人工智能看做方法问题上程式化努力的顶峰。这种努力一直是方法论研究中的主流，尽管多数人对它的限度都持有清醒的保留。

3. 摆脱固定方法程式的束缚

然而，有关方法的程式化努力，不应当限制人类认识的无限可能性；换句话说，为了创造性地提出和完成新的认识任务，要求人们能够自觉地摆脱某种固定方法程式的束缚，这是方法论研究的另一个基本目标。

（1）方法论中的“机会主义”

一位法国哲学家说过，真正聪明的人，是能在头脑中同时容纳两种不同观点的人。对于方法，也必须破除那种封建式的从一而终的迂腐观念。善于解决问题的人，总是能在不同的方法间为自己保留必要的选择余地，时刻重建自己的思路。许多今天还被认为是错误的观念、行不通的方法，明天就可能变成正确的思路、有效的工具。在此一场合不适用的方法，换到彼一场合也许恰好派用场。因此，不要轻易对自己说：什么是绝对正确的，什么是完全错误的；不要成为某种方法程式的俘虏，作茧自缚。方法不过是达到目的手段，它是为一定的认识任务服务的。在我们的思想中，应当允许互补的观点、方法、程式同时并存，重要的是善于比较和作具体的取舍。

20 世纪的科学巨人爱因斯坦把这种不受制于固定思想和方法程式的态度戏

称为“机会主义”，他自己一生的思想和工作恰恰具有这种特点：敢于正视矛盾的、互斥的两个极端，善于在它们之间保持必要的张力，由此而获益匪浅。关于这个特点，爱因斯坦有一段精彩的论述：“寻求一个明确体系的认识论者，一旦他要力求贯彻这样的体系，他就会倾向于按照他的体系的意义来解释科学的思想内容，同时排斥那些不适合于他的体系的东西。然而，科学家对认识论体系的追求却没有可能走得那么远。他感激地接受认识论的概念分析；但是，经验事实给他规定的外部条件，不允许他在构造他的概念世界时过分拘泥于一种认识论体系。因而，从一个有体系的认识论者看来，他必定像一个肆无忌惮的机会主义者：就他力求描述一个独立于知觉作用以外的世界而论，他像一个实在论者；就他把概念和理论看成是人的精神的自由发明（不能从经验所给的东西中逻辑地推导出来）而论，他像一个唯心论者；就他认为他的概念和理论只有在它们对感觉经验之间的关系提供出逻辑表示的限度内才能站得住脚而论，他像一个实证论者；就他认为逻辑简单性的观点是他的研究工作所不可缺少的一个有效工具而论，他甚至还可以像一个柏拉图主义者或毕达哥拉斯主义者。”①

研究表明，具有创造个性的人在思维过程中和常人有所不同，例如爱因斯坦，在思想和行动中往往表现各种相互对立的特征。正如美国科学史家霍耳顿所说：物理学（乃至一般科学）在表面上看来像铁板一块，但是在平静的水面下，却是两股对立的潮流在激荡。平庸的科学家只置身于其中的一股潮流中，解决日常任务。卓越的科学家就不是这样，他像一个弄潮儿，同两股潮流互相撞击激起的波涛相搏击，从而作出惊人的壮举。

科学发现并无一定之规，常常要另辟蹊径。众所周知，数学史上，一代又一代的数学家曾经花费毕生的精力，试图证明欧几里得平行公理，结果都失败了。俄国数学家罗巴切夫斯基和匈牙利数学家波耶没有在这条路上继续走下去。他们设想平行公理根本就是不能证明的，改变欧氏平行公理，构造出新的自洽的几何体系，从而取得了远非证明一个命题所能比拟的成就。卓越的德国数学家希尔伯特也是因为突破已有的方法程式，解决了果尔丹问题。所谓果尔丹问题，是有关代数不变量的问题，它试图弄清楚对于各种多元奇次多项式来说，是否存在一组个数有限的不变量（叫做“基”），能把其他所有不变量表示成它们之间的简单关系。被人们誉为“不变量之王”的数学家果尔丹曾经证明，对于最简单的奇次多项式——二次型——这样一组基确实存在，他的证明方式就是用计算机把这组基构造出来。构造性证明程式在数学证明中是相当普遍的。但是，二次型的结果若

① 《爱因斯坦文集》，第1卷，480页。

要用构造性证明程式推广到较复杂的代数形式上去，问题就变得出奇的困难了，以至于数学家们苦苦思索了 20 年也未奏效。希尔伯特从这种窘境中脱颖而出，敏锐地看到一个一般性方法问题：难道非要遵循构造性证明程式把组基找出来，才算证明它们的存在吗？他换了另一种方式，先假定这组基不存在，然后推演下去得到矛盾，结果从反面证明了它们的存在性。这种方式用不着构造什么东西，只依靠逻辑的必然性。希尔伯特此举，不但证明了果尔丹问题，而且开创了现代数学中十分重要的纯粹存在性证明程式，对数学发展产生了巨大影响。

科学发明也常常是由于自觉采用与传统方法悖逆的方法来获得成功的。美国通用电气公司发明家库利奇，在发明钨丝灯泡时，关键就是成功地运用悖逆方法。在他之前，一般认为钨是脆弱金属，不可能拉制成丝。库利奇偏偏悖逆定见，致力于拉制钨丝的研究，不到一年，就将别人认为不可思议的脆弱金属拉制成丝，随即发明了钨丝灯泡，并一度垄断世界钨丝灯泡业。如果他拘泥于已有理论而放弃研究，怎么可能有这个发明呢？

（2）随心所欲的反规则

科学的发现和发明有如某种竞赛，为着竞赛的顺利进行，制定某些规则是必要的。但是，“犯规”的事情也是屡见不鲜的。美国科学哲学界的怪才 P. 费耶阿本德认为，不阻碍科学进步的惟一原理是：怎么都行。他说，我们要探究的世界主要是一个未知的实体，因此，我们必须使我们的选择保持开放。费耶阿本德提倡一种多元的方法论，反对把任何确定的方法、规则作为固定不变的和有绝对约束力的原理，用以指导科学事业。因为没有一种方法、一条规则能避免有朝一日在某个场合遭到破坏的厄运。固守某种方法程式，不但不能自然而然地得到满意的科学结论，而且迟早会阻碍人们有效地作出科学新发现。从这个意义上讲，反对方法——反对固守某种方法程式，正是科学方法论的一条重要原则。事实上，古代原子论的提出、近代哥白尼革命的发生、现代原子论的兴起以及量子观念的诞生，等等，都有这样一个前提：或者是那些思想家决定不再受某些“显而易见”的方法论规则的约束，或者是他们不知不觉地打破了这些规则。

费耶阿本德建议用反归纳来代替归纳。批判习以为常的概念和习惯的反映，第一步就要跳出这个圈子，或者发明一种新的概念系统。构筑这种系统，常常依赖于从科学外部，从宗教、神话以及从外行里汲取的想法。科学需要这种“非理性”支持方法。没有“混乱”，就没有知识。不经常“排除”理智，就没有进步。即使在科学内部，理智也不可能和不应被允许包罗一切，相反，经常应当有意识地压制和消除已有的理智，以便出现其他的动因。没有任何一条规则适用于所有的条件，没有任何一种动因可以诉诸于一切场合。费耶阿本德认为，意见的多样性是客观知识所必要的，鼓励多样性的方法也是与人道主义相容的惟一方法。

费耶阿本德强调，科学是一种自由的实践，理论上的无政府主义比主张按规律和秩序办事更为人道，更容易鼓励进步。一律性损害了科学的批判力，也危及着个人的自由发展。他说，认为科学能够并且应该按照固定的普遍规则进行，这种想法是不现实的、有害的、对科学不利的。首先是不现实的，因为它对人的才能及其发展条件持一种过分简单的观点；其次是有害的，因为坚持规则的努力只能提高我们的专业资格，却必定以牺牲人性为代价；最后是对科学不利的，因为它忽视了影响科学变革的复杂的外部和内部条件，使科学更不适应、更为教条。在费耶阿本德看来，所有的方法论都有它们的局限性，因此，留下惟一规则是：怎么都行！

费耶阿本德曾把他的上述原理称为“反规则”。对于方法论，他反对一切普遍性标准，以及作为普遍性标准的规则。他的意思是，一切方法和规则都有一定的适用范围，都不是普遍性标准。他的目的不是用另一套一般规则来代替一套这种规则。他的目的倒是让读者相信，一切方法论，甚至最明显不过的方法论都有其局限性。

费耶阿本德的非正统观点，提醒人们以更大的比例去关心科学发现的各个非理性方法论因素。他注意到，科学史上，证明标准常常禁止心理的、社会—经济—政治的和其他外部条件所引起的运动，而科学所以流传下来，却仅仅因为允许这些运动常在。科学是理性的事业，而所谓非理性的因素，如成见、激情、奇想、谬误、冥顽，却常常反对当时所谓的理性观点。但正是部分因为它们的为所欲为，却使科学之树得以长青、不断壮大。在这个意义上，费耶阿本德下面这句话是非常深刻的：“理性观点所以今天存在，只是因为理性过去曾被一度废弃。”

程式化的努力一直是方法论研究中的主流，但这种努力往往情不自禁地把某一阶段性的结果绝对化。需要一个有力的声音在维护程式化和突破程式之间保持必要的张力。人们可以责备费耶阿本德只是一个批判者，因为他没有太多的正面建树。这也许是正确的。不过，他的观点有助于我们形成一种互补的观念，领会到互相对立、互相排斥的理论和方法在一定条件下具有同一性。

科学方法与科学活动本身一样，是历史的，永远不会停留在某一水平上。恰当的态度是：善于学习已有的科学方法和方法论思想，但绝不要把任何一种方法和方法论思想绝对化。任何方法和方法论思想都有一定的作用，又有一定的适用范围和局限性，它们之间可以取长补短。

第七章 科学认识的经验基础

在科学认识中，最基本的认识方法是科学实验，即观察和实验，这是科学获得直接的、第一手材料的重要途径。当然，科学实验不仅使认识者具有实践的品格，而且使科学认识带有鲜明的辩证色彩。对经验认识层次的探讨还必须涉及对事实问题、归纳问题以及各种科学概括方法的认识论分析。

一、科学实验的意义、功能和结构

1. 科学实验的意义

科学实验具有一定的结构，对它的认识论分析有助于弄清实验中主体与客体的关系。而对科学实验在行为和功能方面的分析，将有助于弄清科学实验的特点，从而揭示实验之所以在科学认识中起决定作用的原因和机制。

科学认识的基础是什么？一般说来，社会实践是人类认识活动的基础，而生产活动是最基本的实践活动。所以，科学认识首先建立在生产实践的基础上。然而，人类的社会实践并不限于生产活动这种形式。随着近代资本主义生产方式的出现，科学实验逐渐从生产实践中分离出来，成为一种独立的社会实践形式。在现代科学认识中，科学实验具有愈来愈重大的作用，是科学认识活动的直接的、重要的基础。弄清楚科学实验在科学认识中的地位和作用，揭示它的基本特点，阐明它与理论思维的联系，对于自觉掌握科学认识方法有十分重要的意义。

实验是近现代科学最伟大的传统。离开实验传统，科学之树就丧失了壮大成长的肥沃土壤。当然，我们也强调理论思维，反对狭隘的经验主义。但重视理论思维有个必要前提，就是首先重视科学的观察和实验。作为科学家个人可以在研究工作中偏重理论或实验，一个什么都在行的全才是很罕见的。但无论从事哪方面的科学工作，如果不树立把自己的全部科学研究建立在实验结果基础上的思想，那是不可能有所发现的。

在资本主义社会以前，虽然也有零星的、局部的实验，但真正有系统的科学实验是在16世纪开始的。英国近代唯物主义的始祖弗兰西斯·培根首先把实验当作认识的一种方法，并使之理论化。随着资本主义生产方式的发展，实验从生产实践中分化出来，成为一项具有相对独立性的社会实践活动，从此，科学研究才有了最重要的手段，科学发展才奠定了直接的基础。

生产的发展和科学技术的进步，使科学实验的深度、广度以及手段、规模发生了深刻的变化。从培根设计定性实验到伽利略从事定量实验，说明科学家们已经把学者传统同工匠传统结合起来，在进行理论概括的同时，亲自动手实验。但实验的规模，在17世纪、18世纪还比较小。一直到19世纪初，当时最卓越的化学家柏齐里乌斯的实验室是他的厨房，在那里，化学和烹调一起进行。1817年，英国格拉斯哥大学建立第一个供教学用的化学实验室，1824年，李比希在德国吉森大学建立了另一个更出名的化学实验室，实验才成为科学家训练的必要组成部分。19世纪70年代，英国在剑桥大学建立了卡文迪许物理实验室，爱迪生在美国芝加哥主持建立了“发明工厂”（实验室），科学实验的规模有了突变。20世纪以来，科学实验进一步社会化，由小集团到国家、甚至国际的规模。例如美国为研究原子能所实行的曼哈顿计划，耗资42亿美元；西欧的核子研究中心实验室，集合了欧洲12个国家的人力和资金。今天的科学实验，已经成为千百万人参加的认识自然、改造自然的主要的社会实践活动形式之一。没有实验，就没有现代科学技术，更谈不上科学认识和科学发展。

理论不断改进要靠人们的想像力和创造力，但它基本的原动力是来自实验及其结果。原因很简单，要取得进展，总得扬弃一些旧的观念，产生一些新的思想。科学实验之所以重要，主要是因为它直接指向研究对象，对现象做经验的研究乃是我们获得有关外部世界一切知识的基础。认识世界归根结底要求我们用不同方式直接变革所感兴趣的对象。科学实验正是科学认识中特有的作用于研究对象的活动。它使人们积极干预事物和现象的进程，以便详细而精确地把握它们。一般人往往很难跳出传统观念的牢笼，也不可能凭空获得卓有成效的思想。实验所显示的发展道路是很新鲜的，在旧的思想方法和传统中是不可思议的，这样，它们就常常能提示更深刻更奥妙的观点，促进科学认识的发展。不奇怪，人们常把近代以来成熟的自然科学叫做实验科学。

科学实验之所以是科学认识的基础，一方面在于实验方法是证明和发展科学知识的有效手段，另一方面在于理论不断改进的原动力来自实验及其结果。

实验把感性认识和理性思维的特点在自身中有机地结合起来，因而具有直接现实性的品格，成为证明和发展科学知识的有效手段。也就是说，实验方法既是业已获得的知识真理性的标准，又是产生理论原理的基础。按照实践论的原则，科学认识的根本条件，首先必须是变革现实获取事实材料，然后才是对事实材料进行科学概括，最后再把带有经验性质的概括上升为理论。科学认识活动按这个顺序展开，表明科学认识是一个逐渐深化的过程，并且以科学实验为基础。

实验是科学认识活动的基础，这在科学认识中不但是个理论问题，而且是个实践问题。过去三百年间，科学、特别是物理学和生物学的伟大成就，是实验和理论密切结合的丰硕成果。这种成功，也为科学研究工作立下了一条极其严格的标准，就是：理论应当解释已知的实验结果，还应当预言今后可能得出的实验事实。在解释和预言中，一般都是拿理论导出的数字与实验中测定的数据相比较。如果解释或预言失败，理论就需要修正或被别的更能满足要求的理论取而代之。哪怕是有一个数字与实验不一致，尽管相差可能只是在小数点后第十几位，理论也需要改进。当然，对实验的要求也越来越精密，以启发和考验更深一层的理论。

2. 科学观察与科学实验

一般说来，人们通过感觉器官感受外部的各种刺激，形成对周围事物的印象，就是观察。或者说，把外界的自然信息通过感官输入到大脑，经过大脑的处理，形成对外界的感知，就是观察。然而，盲目的、被动的感受过程还不能称为科学的观察。后者是在一定的思想或理论指导下、有目的的、主动的观察。同时，科学的观察往往不是单纯地靠眼耳鼻舌身五官去感受自然界所给予的刺激，而要借助一定的科学仪器去考察、描述和确认某些自然现象的自然发生。总之，科学的观察方法（简称观察）是获得有关研究对象的感性材料的重要手段之一。在科学研究中，如果没有有关研究对象的第一手材料，就无法认识事物的本质和规律。观察的直接任务，正是为科学认识提供第一手资料。

观察的重要特点是在自然发生的条件下对自然现象进行研究，研究者一般是直接从感觉中获得被研究对象的信息。所谓自然发生的条件，就是说人们在观察时不干预自然现象，即使运用仪器，也可保证仪器不改变自然现象的基本形态和运动的原有进程。简言之，人们在自然观察中是直接地达到对自然现象的有目的的知觉。

尽管观察是在人们不能支配的自然条件下进行的，观察者不能改变对象，不能任意改变观察对象存在于其中的自然过程和条件，只能在大自然给他提供的那种形式下进行研究。但是，否认主体在观察中的能动作用，则是非常错误的。科学观察要求提出任务、作出假设并且导出能与观察结果相比较的各种推论；还要组织观察的实施，选择和充实仪器装置，记录观察结果等等。不能认为观察者在自然现象面前纯粹是被动的。

观察方法在科学认识活动中具有重要的作用。当对象的性质使人们一时难以达到实际作用于对象时，观察就比实验成为更加主要的方法。在天文学研究中，情况就是这样。此外，如果研究对象的特点要求避免外界干扰，观察也将作为主要的方法。例如，在许多心理学的研究中，为了取得对象对某种刺激所作反应的准确材料，需要诉诸各种技术手段以便不干扰对象，通过观察取得比较真实、比较客观的报道。爱因斯坦说："理论所以能够成立，其根据就在于它同大量的单个观察关联着，而理论的'真理性'也正在此。"①

在科学研究中怎样正确地使用观察方法呢？观察的目的既然是提供第一手的资料，以便根据这些资料作出正确的科学结论，那么，科学观察最基本的原则就是列宁所说的"观察的客观性"。坚持观察的客观性，就是要采取实事求是的态度，对事物进行周密的系统的全面观察和分析，不是实例，不是枝节之论，而是自在之物本身。

同观察的客观性相对立的是观察的主观性、片面性。主观片面的观察常常称作误观察和未观察。所谓误观察，就是在观察中，人不知不觉地把他固有经验和认识掺入到他的观察中去，把个人主观的东西当作客观存在的东西。此外，观测中的疏忽，也可能产生误差。所谓未观察，就是在观察中，只注意对象的某一方面或一部分，只看到与自己固有看法相吻合的东西，而对与自己固有看法相背离

① 《爱因斯坦文集》，第1卷，115页。

的东西视而不见，因而产生观察的片面性。

有这样一个例子，在德国哥廷根的一次心理学会议上，突然从门外冲进一人，后面有另一个紧追着，手里还拿着枪，两个人在会场里混战一场，最后响了一枪，又一起冲了出去。从进来到出去总共 20 秒钟。主席立即发下调查表，请所有与会者填写他们目击的经过。这件事是预先安排、经过排演并全部录了像的，当然与会者并不知道这是一次测验。在交上来的 40 篇观察报告中，只有一篇的错误少于 20％，有 14 篇错误在 20％～40％之间，有 15 篇错误超过 40％，特别值得一提的：在半数以上的报告中，10％或更多的细节纯属臆造。

这个例子生动地说明，误观察和未观察，也就是通常所说的错觉，或者观察的主观性、片面性，在观察中是很普遍的，当然，可以采取一系列措施，减少错觉的发生。例如，利用科学仪器可以延长我们的感官，提高分辨率，排除某些由于感官和头脑造成的错觉，使观察客观化。但是，任何科学仪器，都是由人制造和使用的，都只有一定适用范围和灵敏度，因此，利用仪器也不可能完全排除主观因素的影响。

在充分肯定观察作用的时候，要看到它的局限性。单凭观察所得的经验，是决不能充分证明必然性的。由于观察者在观察中原则上不能支配和控制对象，也就是说，他在观察范围内不能改变对象，他无法控制对象的发展进程，在有的情况下，他不可能无限制地重复观察，所以，观察这种科学认识的活动形式，在一定的意义上来说，局限性是难以避免的。恩格斯指出："必然性的证明是在人类活动中，在实验中，在劳动中"①。观察的不足将由实验来克服。依靠实验方法，并借助理论思维，才能达到"必然性的证明"。

实验是人们根据一定的研究目的，利用科学仪器设备，人为地控制或模拟自然现象，使自然过程或生产过程以纯粹、典型的形式表现出来，以便在有利的条件下进行观察、研究的一种方法。在科学实验时，研究者是在有意识地变革自然中去接受自然的信息。科学实验常常更有利于发挥人的主观能动性，以便揭示隐藏的自然奥秘。

实验与观察一样，都是科学认识的基本方法。它们相互依存，观察是实验的前提，实验是观察的发展。在现代科学认识中，实验往往与观察密不可分，表现出观察和实验相结合的整体化的趋势。这一点，在对微观客体的研究中特别明显。

但是，一般说来，实验方法比单纯的观察方法有明显的优点，它克服了单纯

---

① 恩格斯：《自然辩证法》，207 页。

观察的局限性。观察只能在自然发生的条件下进行，而实验是人为地去干预、控制所研究的对象。著名生理学家巴甫洛夫比较了实验同观察的各个特点，写道："实验好像是把各种现象拿在自己的手中，并时而把这一现象、时而把那一现象纳入实验的进程并在人为的组合中确定现象间的真实联系。换句话说，观察是搜集自然现象所提供的东西，而实验则是从自然现象中提取它所愿望的东西。"[①]例如，人们对"基本"粒子的研究，原则上可以采用两种方法。一种是通过观察来自宇宙空间的高能粒子流进行的。1931 年，美国物理学家安德森研究了宇宙射线簇射中高能电子在云室中产生的径迹。当他为了测量这些电子的速度而把云室放在强磁场中时，照片显示有一半电子向一个方向偏转，另一半电子向相反方向偏转，因此他发现了正电子，并获得 1936 年诺贝尔物理学奖。但是，由于大气层的屏蔽，许多种粒子被阻挡在外层空间，无法在地面观察，进一步的研究主要应靠另一种方法，即实验方法。这就是用高能加速器把带电粒子如电子、质子加速到很高速度，然后有意识地通过人为的干预——碰撞，产生大量新粒子和新现象，人们据此可以更有效地揭示微观世界的奥秘。事实上，自从美国物理学家劳伦斯发明回旋加速器以来，目前人类已经把基本粒子家族的数目增加到 300 种以上，劳伦斯也由于发明并改进回旋加速器而获得 1939 年诺贝尔物理学奖。正是实验本身的能动性质以及在实验过程中对事件自然进程的干涉，使得科学实验成为人类社会实践的一种基本形式。运用实验方法，意味着人们能动地借助于一些物质手段，作用于某个研究对象。在这个意义上，科学实验属于物质的实践活动范畴。但它有别于物质生产实践，它的主要任务不是物质生产，而是认识自然过程、发现自然规律。因此，用实验方法认识自然，是物质生产活动的一种特殊的准备，是为物质生产活动服务的精神生产活动。

实验时一般要作量的描述，即进行测量，也就是观测。多数观测都可归入实验的范畴，虽然习惯上常把观测称为观察。由于观测必定运用仪器将对象归入测量的体系，并且常常干预对象的实际进程，甚至人为地改变对象，所以，在科学研究中，大多数有意义的测量都不是自然观察的结果，而是实验观察的结果。

有一类实验不是对某些客体或自然现象本身进行实验观察，而是先设计与该客体或自然现象相似的模型，用它们模拟原型，通过对模型的实验来间接研究原型的性质和特点。它们叫模型实验。模型实验大大扩展了人们进行经验研究的可能性。这是一种间接的实验。

科学实验与科学观察一样，都是科学认识的基本活动。它们相互依存，观察

① 《巴甫洛夫选集》，115 页，北京，科学出版社，1955。

是实验的前提，实验是观察的发展。但是，一般说来，实验方法比单纯的观察方法有显著优点，它能克服单纯观察的局限性。科学实验这种科学活动形式的出现和广泛运用，导致了关于自然界的科学知识的迅速增长。只有到了对自然的研究开始广泛地运用科学的观察和实验手段的时候，自然科学才最终与神学、与自然哲学分道扬镳，成为真正的科学。

3. 科学实验的一般作用

一般来说，科学实验（包括观察和实验）最基本的作用，一是证明或反驳假说，二是提示新的理论。

在大多数情况下，观察或实验提供某种事实材料以加强或者反驳某一假说。这方面最著名的例子之一，是英国物理学家爱丁顿的日食观测。1916 年，爱因斯坦提出了广义相对论假说，根据这个假说，可预言光线在引力场中会发生弯曲效应。英国物理学家爱丁顿为了验证广义相对论，考虑到 1919 年 5 月 29 日发生日全食时，金牛座中的毕宿星团将在太阳附近，如果天气好，至少可以拍摄到 13 颗亮星，为此，爱丁顿就组织了一支观测队赴西非几内亚湾的普林西比岛进行观测（同时有另一支观测队赴南美观测）。结果测得光线经过太阳边缘发生了 1.61±0.30 秒的偏转，与爱因斯坦 1.7 秒的预言值非常吻合，确认了光线在引力场中具有弯曲效应。这个观测事实对广义相对论的确立起了重要作用。

观察和实验常常提供新鲜的事实材料，它们构成新假说或新理论的经验基础。这方面最突出的例子之一，是丹麦天文学家第谷对恒星和行星在天空位置 21 年的细致观察，其结果后来成为开普勒发现行星运动三定律的经验基础。观察和实验中出人意料的情况也不是罕见的。这方面影响最深远的发现之一是电磁原理了。1820 年，丹麦物理学家奥斯特在一次报告快结束时，偶然将导线平放并与磁针平，他惊奇地发现，一旦导线通电，磁针就改变位置。起初，他想磁针的运动也许是因为电流使导线变热而产生的空气流所引起的。为了检验这一点，他把一块硬纸板放在导线和磁针之间，以便阻挡电流。但是毫无变化。由于敏锐的洞察力，他反转了电流，发现磁针也向相反的方向偏转。这种效应屡试不爽，使他弄清了运动电荷与磁针之间有相互作用，磁针的指向与电流在导体中的流向有关，从而揭示出电和磁之间存在着必然的联系。奥斯特把这个发现送到法国杂志《化学与物理学年鉴》发表，使他称为“电磁学”的学科得以诞生，并为尔后法拉第发明电磁感应发电机开辟了道路。

无论在验证假说还是在导致新理论的情况中，科学实验毫无例外都是科学认识的源泉和真理性的标准。一旦人们从获取科学知识的全过程及认识论的广阔背景中去考察科学实验，就能比较充分地理解科学实验这种实践活动的实质和它的重要意义。科学实验对于科学认识的决定作用，从根本上说是来自于实践活动的本性。科学实验把感性认识和理性思维的特点结合起来，在实验过程中赋予理论假设直接现实性的品格，向人们提供无可置辩的事实，使人们据以判明理论假设的对错。这种力量当然是纯粹思辨望尘莫及的。

有人虽然承认实验能够作为知识的证明手段，却坚决否认实验还能够作为知识增长的源泉，甚至硬说实验只能提供实验者预先放入实验中的那些知识，实验不过是理性的奴仆。但是科学发展的事实驳倒了这些论断。实验证明或反驳某个理论推论的同时，总是进一步发展了人们的知识。同一个实验往往既能回答已有的问题，又能提出新问题。迈克尔逊一莫雷实验原是设计来测定地球是否相对以太运动的，后来却成了相对论的一个重要判定实验，这完全是实验设计者始料不及的。放射性现象的偶然发现，导致了原子科学的诞生，但法国物理学家贝克纳尔显然不是先具备有关铀原子放射性的知识或设想而去从事这种实验的，相反，是出乎意料的实验现象引导他作出了开创性的贡献。没有实验所揭示的新事实、新现象，任何天才的头脑也无法凭空建立一个新的理论体系。

尽管科学实验的作用极其重要，但人们把实验作为知识的证明手段时，不能把任何具体的实验结果偶像化，不能不加批判地盲目接受这些结果。切莫忘记，任何实验都必须把某些思想具体化，都是个别性的东西，只有使用外推法才能把实验结果运用到类似的其他客体上去。这就是说，在实验中，一般性的知识是通过个别性的东西得到检验的。例如，在医学研究中，某种药品的效用先在数量有限的一批动物身上反复进行实验研究，但实验结果可以外推，运用于其他动物乃至人类。这样做是允许的、必要的，否则，人们就无法发明和使用新药了。但也决不能在这类场合排除错的可能性。

对实验证明本身，也要看到它的相对性。每个实验设计都无法脱离技术和科学知识业已达到的水平，因而实验结果必定受条件的局限。其实，那些尔后被科学认识摒弃的理论假说，当时也是建立在一定的实验基础上的，并被认为是得到了这些实验的证明。例如，丹麦医学家菲比格曾经因为“发现致癌寄生虫”获得1926年诺贝尔生理学及医学奖，但是他对恶性肿瘤扩散的研究，后来被认为是完全错误的。菲比格偶然观察到老鼠胃前肿瘤中有一种不认识的螺旋虫，进一步的研究表明，别的老鼠吃了被这种虫感染的蟑螂后，虫在老鼠胃中发育为成虫，这些老鼠胃的前部就形成了肿瘤。在某些老鼠中，这种肿瘤具有癌的形态特征：它可以转移，有时还能传染给其他老鼠。这似乎提供了一个实验证据，说明癌是由寄生虫引起的。实际上，更精密的实验表明，癌是由病毒引起的。这件事成了诺贝尔奖授予工作中的一个著名失误。一般而言，实验只有在自身的发展过程中，才能成为不断发展着的知识的有效证明手段。

综上所述，科学实验乃是实践与理论的有机结合。实验的提出和进行本身不是目的，实验也不是仅仅在科学认识某一阶段起作用然后便退出舞台的次要角色。实验起着确定事实、验证假说、获取有待探索的新信息的作用，是解决科学认识任务的物质手段。当然，与一切人类活动一样，每一个具体的实验都是有条件的，因此，必须把实验对科学认识的决定作用看做一个过程。

4. 科学实验的主客体结构

与生产实践一样，科学实验也是人类基本的社会实践形式。实践不仅有普遍性的优点，而且有直接现实性的优点。科学实验是直接的、现实的主体和客体相互作用的活动，即在主体积极支配下的对象——工具活动。

在抽象的理论思维中，规律性是思辨地把违反规律性的偶然性清除干净的，而在实验中，规律性是从实践上感性地、具体地展现在人们眼前的。这是实验与理论认识形式之间的区别。实验的这个优点依赖于它的结构。

苏联学者什托夫将实验过程与生产过程加以比较，他写道："由于实验和生产劳动一样都是实践形式，所以毫不奇怪，在它们的重要组成部分之间有许多共同之处。无论在哪一种情况下都有：第一，活动对象（生产对象和实验研究对象）；第二，作用于对象的手段（劳动的手段和工具，实验手段——仪器和设备等等）；第三，有目的的活动（一种情况是劳动生产本身和实验研究过程本身；另一种情况是实验者的活动）。因此，任何劳动过程的简单成分都类似于它们的实验活动的成分。这些类似之处表明，实验作为实践的一种形式，是以它们最重要成分的相互联系为特征。"①

这就是说，在实验和生产这两种不同的实践活动中，客观上存在着结构上惊人的类似。实验可分为实验者及其活动、进行实验的手段（工具、仪器、实验装置等）、实验研究的客体三个组成部分。分析各个部分的相互关系，可清晰地把握实验活动中主体与客体的关系。

实验活动的主观方面即实验者的活动，是任何实验的首要组成部分。并不是任何实践活动都能说成是科学实验，究其原因，主要在主体方面。从事实验的主体是在进行一种特殊的理性活动，对现象作实验研究是以对现象作理性分析为前提的。英国物理学家卢瑟福是因为不满意他的老师汤姆逊那种西瓜式的原子模型，才决定用一种新的粒子当炮弹来轰击原子，以探索原子的内部结构。他设想，α 粒子在与原子的带电部分发生相互作用时，定会偏离原来的路径产生散

---

① ［苏］什托夫：《科学认识的方法论问题》，78～79 页，北京，知识出版社，1981。

射，这将揭示出原子内部电荷的分布情况。如果没有这种理性分析，当然不可能有任何实验。这类事实表明，在实验活动中，主体要把大脑这部机器开动起来，然后才谈得上对实验手段的利用。再则，实验的主体还必须具备一定的能力和水平，以便可能运用前人或同时代人通过创造性劳动所建立和积累起来的知识与技巧。在一切情况下，最重要的是实验者自己的创造性。明晰的观念、远见卓识、机敏顽强、观察力和想像力，这些对实验的成功都有不可低估的影响。

在讨论实验活动中实验者与对象、手段的关系时，应当把所有那些表征人的活动、能力、熟练程度、知识水平的特征称为实验活动中的主观方面。具体说来，有：人的感官对信息的接受能力；理论水平和逻辑思维能力；工作能力和熟练程度；恰当提出问题和表述实验结果的水平；实验者本身的活动。上述一切构成认识论的主体范畴。

实验活动的客观方面包括实验研究对象和实验手段。为什么把研究对象和手段统一在认识论的客体范畴之中？因为，不管它们是人造的还是大自然创造的，它们在实验活动中都是客观地存在着并且按照自然界的客观规律而运动着的物质过程。当然，实验手段与研究对象之间也有原则的区别，它们是实验活动中客体的不同成分，是物理上相互作用着的不同的物质层次。

把实验手段和研究对象统一在认识论的客体这一共同范畴中有很重要的意义。在解释量子力学中仪器对微观客体的干扰作用时，由于某些物理学家和哲学家力图把实验手段归属于实验活动的主观方面，所以当仪器带给原子客体不可忽视的干扰时，他们就会情不自禁地作出客体依赖于主体的不正确的结论。有的甚至说，是认识主体借助于仪器的帮助才创造了客体。这些论断显然夸大了在实验活动中的主体因素，把仪器的作用错误地解释为主体自身的活动。认识论的客体范畴把实验手段和研究对象包括在内，把仪器和微观客体之间的任何相互作用解释为完全客观的过程，解释成不论它们是人造的还是以自然形态存在的，都同样不依赖于主体。这种概括不仅阻塞了把唯心论运进量子力学解释的通道，而且打击了狭隘的机械论决定观；一旦人们认识了客体间（对象与工具间）的相互作用，也就认识了研究对象。当然，由于仪器在一定意义上成了被测现象不可分割的一部分，人们根据测不准关系，原则上要按照随机的方式而不是严格决定论的方式来认识研究对象。因为人们一开始就绝不可能准确地知道初始条件，所以不可能预言个别粒子的运动。但是，人们能够算出任何一个物质粒子将在给定的一部仪器中某处被发现的几率，即该粒子运动的趋势。

那么，又为什么把认识论的客体分为实验研究的客体和实验研究的手段两部分呢？因为，这两个部分虽然作为实验活动的客观方面是共同的，但在实验结构中的作用是不同的。请看下面的示意图：

- 实验活动
  - 主观方面——认识论主体——实验者——研究的主体
  - 客观方面——认识客体
    - 实验手段——研究的手段
    - 实验对象——研究的客体

实验研究的客体在认识论客体中是这样的一部分，认识活动的兴趣指向它，它受到装备有仪器的实验者即实验研究的主体的作用，目的是要揭示出隐藏于其中的规律性。实验者通过仪器装备即研究的手段来实现对它的作用，而它在实验活动中扮演下列角色：某个假说或理论所预言的现象；被分析或测量的对象；用以合成新物质的材料；被研究的属性的承担者。

仪器、设备、器械、实验装置和其他工具，都是实验研究的手段，借助于它们，研究的主体对研究的客体施加作用和影响，它们的基本功能就是帮助主体变革客体。这类似于劳动工具，工人借助劳动工具作用于劳动对象，加工它、改变它的形式。与直观的或简单的观察不同，人在实验活动中已经不是与被研究的对象直接打交道，他是通过仪器设备作用于对象，从而获取有关对象的信息。实验手段作为人对自然过程认识的能动关系上的媒介，有效地克服人的感官的生理局限性，使人们的感觉可以深入到事物的里层，扩展到微观粒子领域和遥远的宇宙天际。当代建立在强大科学技术手段（包括科学仪器）基础上的直接观测，正是把对象改造成人类便于感知的实体而促进了人类认识的。

与劳动工具一样，实验手段大大扩展了人类与周围世界相互作用的范围，深刻改变了这种作用的性质。人类正是通过特定的物质手段，变革自己的研究对象，以便在研究者和他的对象间发生自然状态下不可能发生的相互作用，从而揭示对象的本质。为了构成一个相互作用的链条，仪器是必不可少的，对仪器的要求也越来越高。在现代科学的许多实验活动中，人类都是依赖这种相互作用的链条，通过仪器才使难以了解的对象间接地变成感觉所可触及的东西，自然的奥秘也因此变得可以理解了。

二、科学实验的认识论反思

1. 科学实验在行为和功能方面的重要特点

(1) 实验中要求简化、纯化以至强化自然过程。

安德森发现正电子后，物理学家们便幻想有可能存在负质子。质子比电子重近两千倍，要产生负质子需要达到几十亿电子伏特的能量，因此开始了新一代粒子加速器的宏伟设计，以便能给核弹提供这么大的能量。加利福尼亚大学伯克利分校辐射实验室的“质子回旋加速器”达到了这一目标。1955 年，美国物理学家钱伯林、西格雷等人在 62 亿电子伏特的原子射弹轰击下，观察到了从靶中发射出的负质子。

观测靶子被轰击时形成负质子，有一个主要困难，就是必须把负质子从必然伴随着它一起产生的其他粒子中过滤出来。钱伯林、西格雷等人是借助一种复杂的由磁场、狭缝等等构成的“迷宫”法达到目的的。当靶中被轰击出的大量粒子通过“迷宫”时，只有负质子能穿过它到达终端。负质子的发现使钱伯林和西格雷获得了 1959 年的诺贝尔物理奖。

这是一个典型的实验，它表明科学实验的一个显著特点是简化、纯化以至强化自然过程，以便在人工条件下研究对象所具有的规律性。在自然状态下，往往有许多现象错综复杂地交织在一起，很不容易发现它们之间的真实关系。人们在实验过程中借助科学仪器、装备所提供的条件，排除自然过程中各种偶然的、次要的因素的干扰，人为地把被研究的对象同其他次要的附属的对象隔离开来，使它们的属性或联系以比较纯粹的形态呈现出来，因而能够比较容易和精确地发现对现象起支配作用的本质规律。马克思说：“物理学家是在自然过程表现得最确实、最少受干扰的地方观察自然过程的，或者，如有可能，是在保证过程以其纯粹形态进行的条件下从事实验的。”① 简化、纯化以至强化自然过程这一实验在行为和功能方面最重要的特征，保证人们能够在有意识地利用物质手段变革自然中认识自然。

纯粹的自然形态有时可以通过选择典型的对象而获取。生物遗传机制是个很复杂的自然过程，对于这个课题进行研究，对象的选择显然是非常重要的，甚至是决定性的。很早以前，就已发现遗传的物质基础是在性细胞的核中。20 世纪初，生物学家提出遗传特征的真正携带者是染色体，染色体呈线状结构，很容易着色。美国遗传学家摩尔根后来通过实验观察，确认了染色体在遗传中所起的作用。当细胞将要分裂时，每个染色体就纵长地分成两个子染色体，并在分裂时分离开来，这样分裂出的每个细胞与其母体细胞具有同样的染色体组合。另外，还有一种新的分裂，即性细胞成熟时发生的分裂，发生这种分裂时，染色体数目减少一半。在雌雄性细胞融合后，又重新产生双倍数目的染色体，然而这时每对染色体中的一半来自雄的性细胞，而另一半来自雌的性细胞。这个发现很好地说明

① 《马克思恩格斯选集》，2 版，第 2 卷，100 页，北京，人民出版社，1995。

了遗传机制，摩尔根因此获得1933年的诺贝尔生理学和医学奖。摩尔根从事这项实验研究，成功的重要因素是选择了果蝇这种非常恰当的研究材料。果蝇的细胞核仅含有四个染色体，而且能快速接连不断地产生新的子代（一个繁殖周期只需10天），很便于进行精确分析。选择这种典型材料，帮助摩尔根建立了现代遗传学。

有的实验过程中，要强化对某个研究对象的作用，使它处于某种极限状态中，从而显示出崭新的现象。当实验造成像超高真空、超高压、超强磁场、超高温、超低湿这样的特殊条件时，物质的自然变化过程就会向特定方向强化。1956年，两位美籍华人物理学家杨振宁和李政道根据理论上的考虑提出弱相互作用下宇称不守恒假说。为了检验李、杨假说，另一位美籍华人物理学家吴健雄做了一个直接的实验，以便确定中子的旋转方向与电子的发射方向之间是否存在着相关关系。实验的关键是把β衰变的放射性物质钴—60冷却到极低的温度（0.01°K），并置入一很强的磁场中。在这些条件下，热扰动实际上停止了，所有的原子都变得在同一方向取向，即沿着磁力线的方向取向。由于中子衰变时射出的电子总是优先沿着其自旋轴飞去，如果衰变中子是镜像对称的，即对中子旋转轴而言，原子有同样机会向两个方向发射电子，那么我们就会观测到有同样数目的电子飞向电磁铁的南极和北极。但是实验导致完全相反的结论，正如李、杨所预言的，所有的电子都沿同一方向飞行。这表明衰变中子并不是镜像对称的，即在弱相互作用下，宇称是不守恒的。这个结论和人们传统观念中的宇称守恒大相径庭。这种新局面使得基本粒子物理学领域中产生了很多重要的研究课题。

强化自然过程时，还可能产生自然过程中难以想像的情况，拓展人们对自然的认识。例如，人类关于物质状态的认识，千百年来只局限在固态、液态、气态这三态上。但是，在超高温条件下，核外电子的能量增大到一定的程度，电子便脱离其绕核运行的轨道，变成自由电子，原子核变成离子状态，于是物质处于由离子、电子及未经电离的中性粒子组成的等离子态。在超高压作用下，不但分子、原子间的自由空间被压缩变小了，而且当超高压达到一定程度时，电子壳层也发生巨大变化，甚至把电子压进到原子核里去，物质就变成了超固态。显然，上述成就把过去关于物质只有三态的认识大大推进了一步。这些成就的获得，都应归功于实验是在纯粹的形态下进行的。

（2）实验中经常通过各种形式实行模型化原则。

在科学实验中，人们常常建立对象系统的简化模型来研究真实的对象系统，从而获得有关对象系统的知识。许多认识或实际问题受客观条件限制，不能够或不便于对自然现象或对象进行直接试验。例如，地球上生命起源的进化过程，已经时过境迁，难以重现。有些工程、建筑设计，如果直接进行实验检验，则耗资巨大，实际上不可行。在诸如此类的情况下，人们往往采用模型实验的办法，先设计与该自然现象或过程（即原型）相似的模型，然后通过模型间接地研究原型的规律性。这就是维纳所说的，用一种结构上相类似的但又比较简单的模型，来取代所研究的世界的那一部分。

模型化原则是科学认识中的一条重要原则。没有模型，人们就很难对复杂的客体进行有效的研究。模型实验的功能是首先将对象在思维中简化，然后将实验的实际行为回推到对象中去。人们只要把握了模型，就能根据它和原型的类似认识原型。模型化有效地将自然状态下的对象转化为人工条件下的对象。

(3) 实验过程中必须具备可重复性。

确立一项科学发现，有一个基本要求，这就是实验的行为可以重复，实验的结果可以再现。简言之，实验的行为和功能在严格规定并加以控制的条件下，绝不会因人、因时、因地而异。科学活动为此立下了一个规矩：任何一个实验事实，至少也应该被另一位研究者重复实现，否则就不能确立。英国化学家普利斯特利 1774 年 8 月 1 日做了一个分解“水银灰”（汞的氧化物）的实验，他把透镜聚焦的阳光投射到“水银灰”上，分解出一种气体，比空气的助燃性能强许多倍。他把这种气体称作“脱燃素空气”。同年，普利斯特利去法国旅行，把这个发现告诉了法国化学家拉瓦锡。拉瓦锡不相信燃素说，别有见解，但动手重复了这个实验。通过分解氧化汞果然得到了普利斯特利所描述的助燃性能很强的气体，发现了氧气，并首创了氧化学说。

可重复性特点的意义，首先是体现实验过程在本质上是客观的物质过程。作为实践活动，它虽然离不开理性的指导，但却排除任何主观随意性的支配。为此，它常常显得十分严厉。例如，美国物理学家韦伯企图证实引力波的存在，从 1957 年开始，他设计和安装了一种可能接受引力波信号的探测天线，进行了十多年的观测。1969 年，韦伯宣称，他的仪器接收到了来自银河系中心的引力波信号。这项发现曾轰动一时，随后许多国家都成立了探测引力波的实验小组。但是，所有这些小组都没有收到任何引力波信号，所以韦伯的发现至今没有得到世界的承认。

可重复性特点在行为和功能方面，对实验的客观性和现实可行性作出了保证。这也是实验研究的基本要求和重要优点。自然条件下发生的现象，往往一去不复返，由于许多自然过程无法或难以重复，这就给观察研究带来了一定的局限性。在实验中，人们可以通过各种实验手段，使观察对象在任何时间任意多次地重复出现，因而便于人们进行深入地观测和比较，并对以往的实验结果加以核对。

2. 科学仪器与测量的认识作用

科学实验对科学认识的决定作用，不能不牵涉到仪器和测量的问题。

感官是人类通向外部世界的窗户，没有感官，当然就谈不上什么观察和实验了。但是，人的感官本身存在着一定的局限性。主要表现在感官的感觉阀有一定的界限，只能接受一定范围的自然信息。研究表明，人的视觉器官能够感受到的电磁波，通常在390毫微米～750毫微米之间，肉眼看不到紫外线、红外线、X射线等；在明视距离（25厘米）上的分辨力，也只能达到0.1毫米左右。听觉器官能够感受到的机械波频率范围是20赫兹～20 000赫兹，耳朵不能听到超声波，也分辨不出离得较远的手表的滴答声。一般而言，在感受范围之外，仍然存在物质世界的许多现象和过程，但它们却不能直接引起感官的感觉。可见，在生物进化过程中形成的人类感官本身，对于解决许多认识课题及实践提出的要求来说，是不能完全胜任的。

但是，感官的局限性并不意味着人类的认识能力有固定的界限。科学仪器弥补了人的生理感官的不足，帮助人类扩大和改进自己的感觉器官，大大丰富感性认识的内容。人们贴切地把科学仪器比做人的感官的延长。

科学仪器的作用首先在于它能帮助人们克服感官的局限，在广度和深度上极大地增强认识能力，使单靠感官观察不到的现象显示出来，单靠感官分辨不清的东西变得清晰，人的视野因而达到新的领域。例如，人类研究微观世界的结构，最早只能借助自己的眼睛进行观察，局限性是非常之大的。因此在1590年显微镜发明之前，人类看不见任何微观领域的现象，不知道有细胞，更没有分子或原子结构的直观图景。对于小于一般物体的结构，我们的眼力不够，必须借助科学仪器，才可能叩开微观领域的大门。否则，只好停留在思辨猜测的水平上。事实上，光学显微镜的发明导致了19世纪细胞的发现。不过，光学显微镜的分辨本领受到作为成像媒介的光线的限制，最高约为所用可见光线波长的一半，即2 000埃。与此相应的最高放大率为1 500倍左右。要研究更小的微观世界，就要借助新的观测手段。由于电子既有粒子性，又有波动性，当电子加速到100千伏时，其波长仅为0.037埃，是可见光的十万分之一左右。这说明用电子束来成像的显微镜，分辨率可大大提高。20世纪30年代，出现了电子显微镜。现在，电子显微镜的分辨本领已达到2埃～3埃，比光学显微镜高近千倍。不久前，在放大130万倍的条件下，人类已成功地拍摄了原子的照片，可以从照片上观察原子的外部形态了。芝加哥大学的物理学家还成功地拍摄了可以观察到原子运动的电影片，原子世界通过仪器的变革，在一定意义上对人类而言也成为“直观的”

了。从肉眼观察到利用电子显微镜，这个发展生动地说明，实验手段是人对自然认识的能动关系上的必不可少的媒介，利用实验手段可以最有效地克服人类感官的生理局限性，大大提高人类的观察能力。

科学仪器的作用还在于它们能帮助人们改善认识的质量，使获得的感性材料更加客观化、准确化。人的感觉往往易受主观因素的影响，科学仪器在一定程度上可以排除感官的错觉和主观因素的干扰。特别是因为仪器能够提供比较可靠的计量标准和准确的记录手段，这就使人们的观察不至限于定性的结果，而将得到更精细、更准确的定量知识。自然界各种物质运动形态的质和量是统一的，只有从数量上精确地把握它，才能深刻地认识它的质的规定性。通过改进科学仪器和实验技巧，提高测量精度，常常导致科学上的重大突破。德国物理学家普朗克导入能量子的概念，是从关于热辐射的精密的定量实验中得到的。在丁肇中发现J粒子以前，1970年美国布洛海文实验室就发现过与它有关的奇怪现象，但由于仪器精度不高，无法辨认出是不是由新的粒子所造成的。为了验证自己的设想，丁肇中用两年多时间特制了一架高分辨率的双臂质谱仪，依靠这台仪器，他才得以在1974年发现J粒子，打开一个新的基本粒子家族的大门。

科学仪器的运用，使科学实验从单纯凭借人的感官进行的直接观察，发展到间接观测阶段。这样，人的感官借助仪器或手段，间接地对自然现象进行考察、感知和描述，扩大了认识的可能性。但是，应该注意到间接观测也有一定的局限性。因为在间接观测中，在很大程度上取决于仪器的精度，而仪器的精度虽然是随着生产和科学的发展不断提高的，但不可能绝对精确。再则，精度再高的仪器也会出现误差，而误差的出现又会导致不准确的观测结果。更主要的是，间接观测不如直接观测那样，对所研究的对象具有感觉直接性——这是观察实验最重要的特性。因此，人们又在进一步努力，设法克服间接观测的缺陷。例如，在空间观测方面，人造卫星技术、特别是航天技术的迅猛发展，为在宇宙空间进行直接观测提供了新的可能性。现在，人们可以登上月亮进行实地观测，可以利用宇宙电视、借助安装在宇宙站的照相机进行摄影。可以期待，人类完全有可能亲自访问其他更遥远的天体。我们看到，人们由古代低水平的直接观测，经过运用仪器的间接观测，又回到了与古代不可同日而语的现代水平的直接观测了。这不是简单的复归，而是否定之否定。当代建立在强大科学技术手段（包括仪器）基础上的直接观测，乃是人类智力的奇勋。

在科学实验中，量的观察是很重要的。量的观察就是观测或测量，是对研究对象的一种定量描述。测量必须建立在对自然现象已经有了一定认识的基础上，与质的观察或定性描述是相辅相成的。随着科学的发展，测量的地位愈益重要，以至人们把现代科学中的观察称为观测，把定量分析实验作为最重要的实验类型。定量实验是科学进步的显著标志之一。在科学研究中，只有把所研究的东西测量出来并表示为一定的数学关系时，才能说对这个东西已有所认识。测量实验的重要性是无与伦比的。划时代的实验几乎都涉及普适常数或关系的测定，例如：普朗克本人估计 h 的数值为 6.5×10⁻27 尔格·秒。那之后，即使要测定小数的第二位也是非常困难的。中国物理学家叶企孙和他的合作者在 1921 年测得的这个数值，物理学界曾使用了 16 年之久。普朗克恒量 h 虽然小，却如物理学家金斯所说，意义是非常大的。因为“禁止发射任何小于 h 的辐射的量子论，实际上是禁止了除了具有特别大的能可供发射的那些原子以外的任何发射”，否则，“宇宙间的物质能量将会在十亿分之一秒的时间内全部变成为辐射”[①]。

测量在天文、生物、物理及工程技术等领域得到非常广泛的应用。在天文学中，人们通过各种仪器测量天体的位置、大小、运动轨道和周期等；在生物学中，常常进行各种定量分析，如运用测量分析各自波长的光以及温度、湿度、土质、肥料等因素对植物生长的影响；在物理学中，使用天平测量质量，使用温度计测量温度，使用钟表测量时间，等等。这些都是司空见惯，不可或缺的。在工程技术领域，无论设计还是施工，离开测量就进行不下去了。

测量的直接目标是获得关于现象的定量方面的信息。在比较简单的情况下，测量是通过观察将对象进行比较、对照而完成的。古代就是这样测定恒星光度的。但是，现代科学中严格意义下的测量，必须使用物质的研究手段——测量工具和仪器，在理论的指导下，对测量对象施以能动的作用，才有可能得到有价值的结果。关于现代测量已经建立起了专门的学科。

必须强调，测量结果中的常数，是人类对客观世界的量的反映，并不是客体的直观映象。现实世界中某些常数，诸如 π、e、光速 c、普朗克恒量 h 等等，虽然数值的确定有赖于具体的测量，但这些物理常数本身毫无例外是反映客观世界本质的规律，它们在被人认识后是普适的。还有些数字要通过计算求出，其形式取决于记数系统。也有表示心理知觉的数字，如 7±0.2。但是，无论如何，现实世界不是用数字构成的，而是由不同形状、大小的物质组成的。与其说它是定量关系，不如说它是拓扑结构。测量所获得的定量分析，不过是人类理解现实世界中拓扑结构的相互关系的替代办法。

选择和确定不变参数，是观察和实验得以进行的直接前提。特别是在实验中，对象系统具有不变参数是非常必要的。已有的科学知识，大都凝结成一些普

---

① ［美］卡约里：《物理学史》，298 页，呼和浩特，内蒙古人民出版社，1981。

适的常数，它们是定量研究的前提。这种情况在化学、物理学中表现得十分清楚。试想，如果没有原子量、化合价、阿伏伽德罗常数，没有热功当量、光速、普朗克恒量……怎么能设想有效的物理和化学实验？但是，这些普适常数本身也有个测定的问题，它们蕴涵着一些最重要的测量，通过这些测量，人们把对自然认识的关节点用量的形式确定下来。当所测出的常数与理论推导值很吻合时，就会给科学认识的发展以最有力的推动。

值得注意，作为定量方法的测量所揭示的却不仅是被测客体所具有的物理量值本身，更重要的还有隐藏在这一量值背后的“质”。测量只有通过在量上有限和在质上具有特殊规定性的操作过程，才能从量和质统一的意义上得以实现。当我们说测量是定性和定量的统一时，主要有下列考虑：

首先，从测量的预设前提看，物理测量是对某物的测量，它指向独立于认识主体的真实客体，如果不知道该客体是什么，那么测量也就没有意义，如果不知道怎样以数学术语去描述所涉及的背景，那么，物理属性就不可能确实被定义，测量也会落空。因此，测量不仅包括特定状态的观察，也包括对这种状态相应的准备知识，两者都需要对关涉到的对象有定性认识。

其次，从测量的操作过程看，它是由人针对真实对象的量的方面，在对世界的精确把握的过程中发展起来的，科学史对此提供了证据。在实践中，测量是一个复杂的、具有双重限制的经验和数学的组成物，是操作程序与理论的统一体。也就是说，测量既是科学认识的目的，又是科学认识的手段，测量方法本身与理论思维紧密相关。

最后，从测量的结果看，测量是定量描述的现实执行。通过测量，获得数据，这些数据不仅使我们可以发现事物的特征（定性），也可以使我们发现被观察对象量的变化（定量）。数据本身并不表示任何东西，但它的产生依赖理论的构建和测量的执行，它的意义也只有通过理论结合现实的图景加以解释和评价。因此，测量是对数字化的“质”和“量”的认识过程。

总之，测量不能停留在表面的定量层次上而与定性认识相脱离。定性认识使测量所得到的数据获得意义、具有目的性，而测量的定量结果又使对客体的认识臻于准确、富有说服力。

定量认识的核心就在于通过科学仪器来测定观察对象的各种数量关系、刻画对象的数量特征。因此可以说，正是观测或测量将理论和实践、经验认识和它的数学表达联系了起来。测量在科学认识过程中的重要作用可以概括为：

(1) 测量为运用数学概念和技术去研究自然提供了必要条件。它所获得的结果表述了一个数字与其给定对象之间的关系，利用此关系进行假设，再加上其他的关联，就可用来提出等式，进行预言。

（2）测量精练了科学结构。测量确立了不同表现形式的特定属性之间的度量顺序，使科学事件便于经受数学描述的检验，把物理学与数学联结了起来。因此，具有与经验关系结构同构或同形的数字集合的演算，能够让我们作出关于自然规则性或规律的简洁陈述。

（3）测量作为一种说明具有简洁性、准确性、普遍性和不变性。简洁性是说它所给出的数量信息，如果用其他方法表达，就需要更多得多的话语。准确性是说由数字定位的特定存在（如某物温度的连续变化），如果用其他方式，将无法准确规定。普遍性是说测量能够以数学的形式化语言去表达与它相关的事实，这种测量语言易于被一致地和普遍地理解。不变性意指测量是客观的而不是主观的，它构建了某种恒定的描述。

测量有赖于计量，计量的理论和技术则是随着科学技术的发展而发展的。例如，激光计量在20世纪60年代激光科学大大发展起来后才登上舞台。反过来，计量科学的进步又会有力地改变人类的认识水平。现代激光技术在测量中的应用，引起了精密计量的重大变革。激光频率及长度基准的确立，使更精确地测量一些物理量成为可能。激光测距仪测量地球和月球之间的距离，误差仅15厘米～30厘米。激光钟的准确度则是以若干万年差一秒来计算的。

随着现代科学的发展，测量已不仅仅着眼于提高精密度，而且对认识论提出了重大挑战。它还涉及哲学的基本问题。作为科学实验的特殊形式，测量是主体的对象——工具活动与理论活动的统一。测量离不开物质手段，这就存在着对被测客体的干扰。测量工具必定在某种程度上影响到被测客体及所得到的结果。在日常经验的世界中，人们在测量各种现象的性质时，不致对被测现象产生显著影响。例如，用安培计测量某电路的电流强度时，安培计对原电路的影响是很微小的，可以忽略不计，而且，在原则上人们可以精确考虑这个微量。但在原子尺度的世界里，人们无法忽略由于引用测量仪器而产生的干扰，因而不能保证测量结果所实际描述的恰好是测量装置不存在时所会有的情况。观测者及其仪器与被测现象间存在着绝对不可避免的相互作用，这就使现代科学的测量在认识论方面遇到极为复杂的难题。20世纪物理学最伟大的进展之一是量子力学的创立，它把人类对自然的认识深入到微观原子世界。量子力学创始人之一、德国物理学家海森堡提出的“测不准关系”表明，由于微观粒子的波粒二象性，原则上不可能同时精确地确定其位置和动量。测不准是必然的。为此，海森堡强调，人们必须能动地通过宏观仪器对微观客体的变革（他称之为不可控制的干扰）来认识微观客体；必须用数学术语补充日常生活中形成的用语（概念），来描述微观的世界的面貌。这些见解对于发展哲学的认识论是有启发性的。它表明了测量与认识的本质之间复杂的联系。在观测中，测量仪器对微观客体的确发生了不可忽视的干扰。对微观客体的观察，正是通过测量仪器对微观客体的干扰或它们之间相互作用的联系，才能揭示出微观客体的特性，进而认识微观客体本身。

3. 科学实验与理论思维的辩证关系

没有科学实验就没有近现代意义下的科学。但是，完全的科学认识不仅仅是实验，还必须提升为规律和理论。就是进行实验，也有与理论思维的关系问题。科学实验是离不开理论思维的，因为它是一种能动的变革对象的活动形式，因此，它必定是有目的、有组织、有预见性的。这就是说，实验必定要在某种思想或理论指导下进行。概而言之，贬低实验，科学认识将由于没有营养而枯萎，理论之树也没有根；忽视理论思维，实验就会因盲目而丧失力量。事实证明，科学实验的各个步骤，从实验目的的确定，到实验的构思和设计，再到实验结果的检验与评价，处处离不开理论思维。

这里，我们着重谈谈理论思维在实验的准备阶段和实验结果的解释阶段的重要作用。

英国著名科学家贝弗里奇到谈到实验的准备时指出："最有成就的实验家常常是这样的人：他们事先对课题加以周密思考，并将课题分成若干关键问题，然后，精心设计为这些问题提供答案的实验。一个关键性的实验能得出符合一种假说而不符合另一种假说的结果。"① 选好题，非具备雄厚的背景知识、善于抓住问题的关键不可。1900年，卢瑟福和索迪在研究来自钍化物的一种神秘的"射气"时，发现它能使邻近的气体电离，这种"射气"的放射力保持了几分钟并逐渐地消失。这两位造诣颇深的英国化学家很快由此受到启发：如果说钍射气能够自发地转变成其他的元素——气态氩，那么，毫无疑问，其他元素也会有自然的转变过程。这就是放射性物质衰变研究的开端。10年后索迪等人沿着这条道路找到了放射性衰减的规律。

实验构思也属于实验的准备阶段。实验实施前，科学家总是在自己脑中先形成一个如何实验、可能从实验结果中作出什么推理的初步想法。如果在这个阶段理论思维不发挥作用，实验是不可能顺利进行的。

历史上有许多著名的测定光速的实验，在它们上面都铭刻着理论思维的功绩。光速的测定问题是在伽利略派肯定光速有限的论断占上风之后，为许多科学家选择来实验研究的。光速特别大，不可能运用常规办法，因此需要借助理论思

---

① ［英］贝弗里奇：《科学研究的艺术》，12页，北京，科学出版社，1979。

维，提出切实可行的实验构思。总的路子有下述的两条：第一，用普通时钟测时，需要特别大的距离，而天文观测的特点是距离遥远，所以可以应用天文学原理去安排对光速的测量。第二，若要在短距离测量，则需要非常精密的计时装置，达到这一点是实验的关键。

最初一个多世纪，大多数科学家循第一条路子去制定测定光速的方案。他们留下了出色的构思，使后人至今赞叹不已。

19世纪以后，机械水平提高了，光学实验技术有了很大进步，大多数科学家开始沿着第二条思路，企图在实验室里用物理方法测定光速。当时虽然没有能测出几千万分之一秒的时钟，但运用理论思维作出了精巧的实验设计，找到了替代办法。1849年，法国科学家菲索设计了一个高速旋转的齿轮系统，他让光线通过齿轮两齿之间的空当，射到前方8.633千米外的镜面上，这束光反射后又回到齿轮。菲索设想，可将齿轮的转速调节到使光线恰好由紧邻的齿间通过，这时，齿轮系统相当于一个精密的时钟，由它相应的转速，可以推出转过一齿所需的时间，而它正是光线往返8.633千米所用的时间。在菲索实施的测量实验中，齿轮的齿数是720，恰好满足上述条件的转速是每秒12.61周。由此计算出的光速值虽然比后来求得的精确值大百分之几，但菲索的主意是卓绝的。后来，许多科学家改进菲索的构思，用旋转棱镜代替齿轮，取得了更为成功的结果。

总之，实验实施前的准备工作，包括选题的构思，既非常重要，也离不开理论思维。从认识论的角度而言，实验活动首先是把某种理性活动的成果物化为一定的物质形态，再从物质的客观运动中摄取具体的感性表象，进而上升为能够正确反映客观对象并把握对象本质的认识。实验准备就是为恰当而必要的物化准备理性前提，并努力实现理性前提的这种物化。

与准备阶段不相上下，在实验的解释阶段，即实验结果的处理、解释和理论概括阶段，也特别需要理论思维。

实验结果本身是客观的，为人们正确把握对象的客观规律性提供了认识基础。然而，实验结果本身却不会自在地呈现这种规律性，它必须经过人们的理性处理，从中提炼出所谓的实验事实，并对之进行恰当的解释，作为理论概括。所有这些必不可少的活动都离不开理论思维，它们都是渗透在实验之中或立足在实验事实基础之上的理性活动。

对实验结果本身进行分析处理，从中提炼出的所谓实验事实，其实就已经是一种理性概括的形式。实验事实所反映的不仅是客观的、不依赖于主体的实验结果（某种事件或现象），而且是客体与主体的相互作用，以及观测客体的条件和手段。如果只强调实验事实的客观性，以为科学家只是如实地记录他的观测结果，这些结果自然会导致正确的概括或原理，这种看法虽有其唯物主义的基本合理性，却未免把实验活动过分理想化和简单化了。例如，著名美国物理学家密立根曾在《物理学评论》上宣称，他是一个毫无偏见的观察者，只能不折不扣地报告全部实验结果。但是，他在做油滴实验（测定普朗克恒量）时，情况并非如此。人们发现他在当时实验记录上写了许多评论。某一天他写道："这几乎是完全正确的"，"这是迄今我得到的最好的结果"。另一天他的评论是："很糟，什么地方错了。"又一处写道："妙极了！发表！"这表明，密立根所做的正是和其他科学家在实验时所做的一样，即寻找他们想要得到的结果。当然，不能认为这种结果是主观随意的，但是，它却是用理性校正过的结果。科学家发表的实验事实，大都经过这种"去粗取精、去伪存真"的加工制作功夫，因此可以说，理论思维帮助科学家寻找实验事实，处理实验过程中很难避免的系统误差和偶然误差，分析结果中的主次和真伪，剔除假相，以达到实验事实更加接近客观实际、反映客观规律的目的。

对实验结果的解释和理论概括，尤其需要正确的理论思维。否则，即便走到了真理的面前，也很可能错过它。例如，早在1920年，卢瑟福在研究原子核的基础上曾经提出了可能存在一种质量与质子相近的中性粒子的假说。1932年，约里奥·居里夫妇在用α粒子轰击铍的实验中，发现一种很强的辐射，事实上已获得了中子，但他们未曾认真地对待过卢瑟福的中子假说，失去了抓住现象实质的契机，错误地把它解释为γ射线。相反，英国物理学家查德威克在卢瑟福领导下长期从事寻找中子的工作，立即把中子假说与新辐射联系起来。他设计了新的实验证明这种新辐射是由粒子组成的，这种粒子的质量与质子大致相同，但不带电荷，因而证实了卢瑟福的假说，发现了一种不带电的中性粒子——中子，荣获1935年诺贝尔物理学奖。约里奥·居里曾为此叹道："我真笨呀！"我们不能求全责备约里奥·居里，但可以从中得出结论：为了从实验资料、数据、事实导出科学定律或科学发现，正确的理论思维是至关重要的。

总之，科学实验把感性认识和理论思维的特点结合在自身中，它既是业已获得的知识的真理性的标准，又是产生新的理论和原理的基础。科学实验与理论思维的联系是辩证的：一方面实验必定受某些科学知识体系的支配，另一方面，它又产生更完善、更深刻的新的理论构成。在科学实验过程中，经验和抽象思维互相影响和渗透，抽象思维形式首先在科学实验的物化形式中体现出来，而为了得到符合客观对象的更全面、更高级的抽象，人们又要重新撇开一切感性的东西。后一过程我们将在下一章论及。

三、科学事实与科学规律

在科学认识的过程中，从经验层次过渡到理论层次，有一个必不可少的环节，这就是对科学事实进行概括。

科学实验的直接目的和结果，是积累作为理论知识基础的科学事实。依据事实建立起有坚实基础的理论，这是科学认识最重要的特点。但是，因此也提出了一些急需解决的问题，首先是有关科学事实的问题。什么是科学事实？事实概念在科学认识过程中的地位和作用究竟如何？科学事实与科学规律、科学理论的关系怎样？这些问题已经成为科学认识论的中心议题。不但需要把科学事实作为科学理论的基础，而且应当把对事实概念的分析置于科学的基础之上。

1. 事实问题

不可能离开事实问题与规律问题来谈论科学。事实概念很早就在科学认识论中占据首要地位。中世纪末期是近代自然科学的孕育期，当时最杰出的人物，13世纪英国哲学家罗吉尔·培根，对事实概念给予了特殊的关注。他认为，由于观察和实验可以为真理提供事实，因而观察和实验应被看做证明真理的惟一方法。罗吉尔·培根把归纳程序的成功归之于精确而广泛的事实知识。近代英国唯物主义的始祖弗兰西斯·培根进一步指出，实验科学最重要的特性之一，就是利用实验来增加事实知识。对于事实在科学认识中的重要性，著名生理学家巴甫洛夫说得好："在科学中要学会做笨重的工作，研究、比较和积累事实。不管鸟的翅膀怎样完善，它任何时候也不可能不依赖空气飞向高空。事实，就是科学家的空气，没有它你任何时候不可能飞起，没有它，你的'理论'就是枉费苦心。"①

科学哲学的一个重要派别——逻辑实证论，特别强调把事实作为自己的出发点。其主要代表之一、奥地利哲学家维特根斯坦写道："世界就是所发生的一切东西。世界是事实的总和，而不是物的总和。"② 维特根斯坦在事实和事物之间作了严格区分，强调世界是由发生着的事实组成的，事物依赖于事实。这种区分是有意义的，但是，维特根斯坦不把发生中的事实看做客观事物变化过程的反映，而把它说成感觉经验中给予主体的东西，事物反倒从属于这些主观经验了。

---

① 《巴甫洛夫选集》，31～32页，北京，科学出版社，1955。译文有少许变动。

② ［奥］维特根斯坦：《逻辑哲学论》，28页，北京，商务印书馆，1985。

唯物主义首先把事实解释为外部世界的事件、现象、过程，即客观事实，然后（并非不重要的）再仔细讨论客观事实和科学事实之间的联系和区别。这便是事实问题的认识论本质。

科学哲学中的所谓事实，特指某个单称命题，而且它是通过观察、实验等实践活动，借助于一定语言对特定事件、现象或过程的描述和判断。科学事实一般可以分为两类：一类是对客体与仪器之间相互作用结果的描述。例如，观测仪器上所记录和显示的数字、图像等；另一类是对观察实验所得结果的陈述和判断。

科学事实有极其重要的作用。首先，科学事实是形成科学概念、科学定律、科学原理，建立科学理论的基础；其次，科学事实是确证或反驳科学假说和科学理论的基本手段，是推进科学进步的动力之一。

2. 客观事实与科学事实

回避客观事实，只承认经验事实，固然是错误的。但是，在科学认识活动中，简单地把经验事实与客观事实等同起来，只强调它们的同一性，忽视它们之间的差异，也是不恰当的。

在科学认识活动中，常常在下述两种意义上使用事实概念。

本体论意义上的事实。首先，现象、事物和事件本身被称作事实。也就是把客观实在的现象、事件、事物本身称作事实。这也就是我们通常说的客观事实。

认识论意义上的事实。科学文献上的事实多具这种含义。事物本身固然是事实，人们关于事物的比较直接，比较确实的知识也叫事实。例如，1898 年 1 月 5 日在法国物理学家居里的实验记录上，关于 X 射线对铀的状态的影响写道："X 射线不改变铀的状态。"这是一个科学事实的陈述，在科学认识活动中经常这样使用事实概念。在这种意义上，事实作为某种特殊的经验陈述或判断，其中描述着被认识的事件和现象。科学方法论中把它标明为我们通常说的科学事实。

有些时候，事实还指谓不可驳倒的理论原理，例如，"过两点可以且只可以作一条直线这个事实"，这里就把"事实"作为理论原理的同义词了。人们可以用这些理论原理证明或驳倒某种东西，不过，因为我们主要是涉及作为理论基础的事实概念问题，所以把事实的上述意义主要看做语义学上的问题而加以排除。

剩下事实概念的两种主要含义：即客观事实和科学事实，后者有时也称作经验事实、实验事实。通常把事实解释为客观世界的事件、现象、过程，它们不以人的主观意志为转移，但能为意识所反映。这是一个基本前提，也是客观事实的基本含义。同时，辩证唯物主义又认为，人们不是照相式地反映事实，而是在实践中，在变革世界的过程中把握事实，这就是能动的反映论。科学事实当然不依赖于表达它的观念而存在，但以某种方式同理论联系着，同解释联系着。

科学事实与客观事实之间有很深刻的辩证关系。

第一，科学事实作为客观事实的反映，固然具有不依赖主观意识的客观实在性，但是，对科学事实的客观性，要作认真的分析。仅仅在作为客观事实的反映这个意义上，它的客观才是绝对的。面对具体的科学认识，我们应当分辨清楚：物质世界的事件、现象、过程，这些是客观事实；人们从观测和实验中所得到的映象，对观测实验结果作出的经验陈述或判断，这些是科学事实。科学事实是对客观事实的反映，两者具有同一性，但由于反映过程的复杂性，两者往往并不直接一致。

第二，就事实概念而言，这里同一件事情是从不同的关系上被考察的。当我们说到客观的事件或现象时，往往是对事实进行所谓“本体论”的考察，即在它们对其他事件或现象的关系上加以考察；而当我们把这些事件或现象称为科学事实时，我们对它是着眼于认识论的考察了。也就是在它们与认识主体的关系上、与在事实基础上创立的假说和理论的关系上加以考察。

第三，在科学认识活动中，事实也是认识的一种形式。科学事实反映的不仅是客观的、不依赖于主体的事件或现象，而且也同样反映它们与主体的客观的关系。科学事实是科学研究感兴趣的现象，它们被研究者借助于观测实验而发现并记录下来。

第四，科学认识活动从经验地收集事实开始，最终目的是建立能解释事实并预见新事实的理论。收集、积累、概括事实，这是科学认识系统化、理论化的必要前提。但是，客观的事件和现象会随着观测实验过程的结束而消失。怎样才能长期保存事实，把它们纳入科学认识的系统中并在理论上加工它们呢？这就需要对事实进行描述。能够保存事实并使之纳入科学构成的手段是语言。首先是自然语言，但更重要的是人工语言，即各种专门的科学语言。借助于语言可以表达陈述和判断。科学事实就是用语言记录有关客观事实的陈述或判断。科学事实的总和组成科学的描述。在科学认识中，描述作为在一定语言中对事实的表象，同时又是概括的基本形式。最初的概括，通过把所反映的事件、现象、过程纳入一定的概念系统而得到了实现。

第五，与客观事实不同，由于科学事实是某种经验的陈述或判断，所以允许对它作出某种评价或估计。在科学活动过程中，人们对客观事件、现象、过程的描述难以避免出现错误，并可能丧失重要信息。怎样才能辨明科学事实究竟与客观事实是否一致呢？这个问题非常复杂。原则上，我们可以要求对事实的描述必须是真实的，实际上，它们的真理性却只能依赖实践通过反复校正来实现。如果科学事实不仅是被检验着的，而且是被检验过的；不仅被检验过一次，而且被多次相互独立的实验所检验；在这个意义上，科学事实与客观事实就能说是一致的。

最后要指出，科学事实的经验性质并不是从它的内容而是从它的来源获得的。例如，关于零族元素——氦氖氩氪氙氡具有惰性这个论断，如果是从化学实验中得出的，我们涉及的就是科学事实。但是，同一个论断，如果是从原子的量子理论的正确原理中推导出来的，那么我们说的就不是一个事实概念，而是理论的推断了。科学事实是在经验上被确认的，理论推断则是在理论上合乎逻辑的。在这两种情况下，真理性都意味着陈述与现实的一致。不同在于，前者同实践直接联系，同确定它们真理性的经验方法直接联系；后者则是理论和理论思维的产物，它最后还须接受实践的检验。从认识论的观点来看，确定理论推断的真理性的途径比较复杂，它要以理论为中介，经过一系列逻辑推理，而确定科学事实的真理性则比较简单，它的真理性直接取决于观测实验的结果。然而，若从实施的角度来看，也许恰恰相反，获得逻辑的和数学的推断通常比进行复杂的、精密的实验容易得多。

3. 两类科学规律：必然规律与统计规律

按照逻辑和实践的顺序，在科学认识活动中，紧接着获取和积累科学事实的，是对科学事实进行科学概括，形成科学规律。

系统的科学观察旨在揭示自然界的某种重复性和规则性。科学规律即是尽可能精确地表达这些规则性陈述。如若一种规则性毫无例外地在所有时间和所有地方都被观察到，这就是必然规律的形式。有些规律断言一种规则性只以一定的概率出现，而不是在所有的场合下出现，这种规律就是统计规律。

必然规律在逻辑形式上，由“全称条件陈述”予以表达。对于所有的 x，如果 x 具有性质 P，则 x 也具有性质 Q。符号表示则为：

$$(x)\ (P_X \rightarrow Q_X)$$

单称形式的科学陈述，即是科学事实。几乎所有的科学知识都导源于对特殊事件的特殊观察所形成的单称陈述。一个全称陈述能否作为规律，除了由相应的单称陈述来验证，还依赖于背景知识，依赖于当时所接受的理论。如果它蕴涵于某个已被接受的理论，或者其推论与已知的背景知识相符合，那么它就可以称为规律。

并不是所有的科学规律都是必然的，有一类陈述的真只具有可能性，其陈述形式为：如果某种特定种类的条件 F 发生，那么另一特定种类的条件 G 可能发生，我们称之为统计规律或概率规律。

统计规律以相对频率表达事物之间或事物属性之间的“不变关系”。形式化表达为：

$$RF\ (Q,\ P)\ =r$$

式中 RF 表示相对频率。该统计规律是说，在一系列随机实验 P 的系列中，产物为 Q 的情况所占的比例几乎可以肯定地接近 r。统计规律表示了可重复的事物种类之间的定量关系，是某种产物 Q 及某类随机性过程 P 之间的定量关系。

必然规律与统计规律是科学陈述的两种形式，尽管两者有较大区别，但是，它们是互为补充的，它们为人们预言未知事实提供了运作前提，使科学认识成为可能。

四、归纳问题与归纳方法

科学认识中另一个迫切问题是所谓归纳问题。一般而言，科学事实并不是科学规律，从事实到规律的过渡也不是直接完成的。这里牵涉到对科学事实的概括也就是或然性推论问题。或然性推论在科学认识过程中起什么作用？或然性推论与必然性推论之间的关系如何？只有弄清了这些问题，才能对科学认识的辩证法有更深入的理解。

1. 归纳问题及其实质

从事实向规律和理论的过渡大致可分为知性认识和理性认识两个阶段。知性认识阶段主要是对科学事实进行分类、系统化并对它们加以分析和概括，使之上升为科学规律。相应的方法是所谓广义归纳法，包括科学归纳法、统计方法、类比方法等等或然性推论，简称归纳方法。理性认识阶段主要是在科学概括的基础上建立理论体系，以便反映客观世界普遍而必然的联系。

在借助归纳方法进行科学概括的问题上，以怎样看待归纳方法为焦点，历史上长期存在着激烈的争论。无论是穆勒的朴素的归纳主义，还是现代实证论者精致的归纳主义，都对经验事实作了唯心主义的理解，并且忽视理论思维在科学认识中的巨大作用。

实证主义者强调，归纳方法是惟一获得真正知识的方法，因为只有它直接和经验相联系，是对事实进行概括的方法。本来，近代西方经验论哲学强调认识和经验的联系，复兴和发展归纳方法，对科学的发展是起了很大推动作用的。但是，实证主义者强化了经验论趋势，把归纳方法捧到了天上，后来以归纳主义著称于世，引起了一系列的问题。

现代实证主义者则致力于科学理论的结构分析，并从这个角度来强调归纳法。他们认为，只有运用归纳方法，才能逐渐从记录事实的判断过渡到理论陈述。反之，理论陈述中的术语和概念必须能归结为可观察到的事实的陈述，才可视为是科学的，否则就是形而上学。这种夸大归纳方法意义的倾向也是片面的。在考察科学认识的一般方法时，认为任何一种方法（包括归纳法）已经穷尽了事情的本质方面，这是有悖科学认识的实际的，在理论上和实践上都是有害的。

但是，近年来在西方科学哲学中出现了一个反对传统归纳主义并对其进行批判的潮流。他们指出：观察依赖于理论，观察是易错的，归纳推理是不可靠的。正好和归纳主义唱了反调。在吸取其中的合理因素时应当指出，反归纳主义的结论常常是极其片面的。不错，观察依赖于理论，观察是易错的，但如果由此否认观测和实验是最基本的科学认识活动，否认实验结果能够提供科学知识赖以确立的可靠基础，那就把伽利略以来的实验科学最本质的精神抛弃了。

所谓归纳问题是个古老的哲学问题，休谟在《人性论》中首先发难，一直争论了几百年。归纳原理被认为是：如果大量的 A 在各种各样的条件下被观察到，而且如果所有这些被观察到的 A 都无例外地具有 B 性质，那么，所有 A 都有 B 性质。既然科学知识是用归纳法从观察陈述中推导出来的，很明显，归纳主义者就将面临下述问题：归纳原理如何能被证明是正确的？就是说，如果观察给我们提供了一组可靠的观察陈述作为出发点，为什么正是归纳推理导致可靠的、甚或是真正的科学知识呢？从逻辑上无法证明这个原理，因为有可能归纳论证的前提是真，而结论是假。从经验中是否能推导出归纳原理呢？人们可以列出很多归纳成功的例子，但用经验的方法来证明归纳原理无异循环论证。

休谟早在 18 世纪中期已经论证了对归纳的经验证明也是完全不能接受的。“意在证明归纳的论证是循环的，因为它运用的正是其正确性应该需要证明的那种归纳论证。这种证明的论证形式如下：

归纳原理在 X_1 场合成功地起作用。

归纳原理在 X_2 场合成功地起作用。

等等。

归纳原理总是起作用。

断言归纳原理正确性的全称陈述在这里是从一些记录这原理过去成功运用的单称陈述中推论出来的。所以这个论证是一个归纳论证，因而，不能用来证明归纳原理。我们不能用归纳来证明归纳。与归纳的证明联系在一起的这个困难传统上称之为‘归纳问题’。”

不错，归纳问题使归纳主义者陷入困境。归纳推理是不可靠的，把归纳法作为论证科学理论的惟一方法是片面的。实证论者试图把科学解释为能够根据已知证据确立为真的一组陈述，遇到了一个接一个的困难。但是，如果因此认为：归纳这种东西是不存在的，这就是说，由“经验证实了的”个别论点引出的理论结论在逻辑上都是不允许的，因而理论永远不是在经验上被证实的，这就陷入了另一个极端。归纳推理不可靠，无非是说，归纳推理得到的知识并不是必然的知识，但这并不能导出归纳方法无用论，更不能说明理论永远不可能得到经验的证实。“归纳问题”可以表明：归纳方法并不是科学认识的惟一方法，它有自己的作用范围，有自己的局限性。而正确的态度是：恰如其分地评价归纳方法，搞清其实质。

应当同时强调在科学认识活动中理论思维的重要作用，坚持把事实向理论的过渡进行到底。这是所谓归纳问题的实质。但是，辩证的认识论不否认归纳在科学认识活动中的相应地位，并且非常重视归纳方法与经验、与科学事实的直接联系。归纳在科学概括中的作用是科学认识论的重要组成部分。

2. 归纳方法与演绎方法

归纳方法和演绎方法究竟在什么意义上是不同的认识方法？

传统的说法是：归纳方法建立在从特殊到一般的推理基础上，演绎方法却是建立在从一般到特殊的推理基础上，所以归纳和演绎恰好是互相对立的两种认识方法。不能认为这个说法已能令人满意了，除非在很狭窄的范围，即传统的形式逻辑中，而且只限于简单枚举归纳。

作为经验认识方法的广义归纳，包括多种多样的形式，把它们统统表征为“从特殊到一般的推理”，未免遗漏太多。属于归纳方法的某些形式，例如直觉归纳法，一般地说并不是逻辑推理。另一些形式，例如类比，也不是从特殊到一般的过渡。再说，作为理论认识方法的演绎也不局限于从一般到特殊的推论。演绎方法的本质在于根据一定的逻辑规则，从前提中得出必然的结论。因此，演绎推理也可以是从一般到一般和从特殊到特殊的推理，还可以是无须用一般和特殊概念的推理，如命题的演算。充其量说，传统上所谓从一般到特殊与从特殊到一般的对立，只是在区分逻辑类型的意义上才大致适用。

在科学认识活动中，归纳方法应理解为概括由经验获得的事实，演绎方法则应理解为建立逻辑必然的知识体系。换言之，归纳方法和演绎方法是从认识的起源和发展过程的观点来看才迥然不同。归纳方法与概括和加工事实有关，并且总是以观测和实验的结果为根据。演绎方法则是要从一些作为原理的判断形式，推导出一个判断体系，推导程序完全依据所采用的逻辑系统的规则。因此，在科学认识论中，不要太拘泥于形式逻辑中关于归纳法和演绎法的对立，而要着重看到科学认识两个阶段的两类认识方法之间的区别。其中一类方法——归纳方法目的是确立科学认识基础的客观性，并由它得出合乎情理的、或然的推论；另一类方法——演绎方法目的是组织“现成的”知识，即从作为真理而被采用的前提中得出必然结论的方法。

或然性推论的目的在于探索事物的规律性，这是对在观测实验中得到的科学事实进行概括的恰当形式，也是科学认识中不可缺少的一个步骤，所以，忽视或然性推论、贬抑归纳方法的倾向是错误的。当然，在这之后，还要建立必然的本质的认识，它将通过假说在科学理论中得以实现，理论体系的建立主要靠必然性推论即演绎方法。把两个阶段结合起来，可以发现，由或然性推论得到科学概括，是从科学事实到科学规律和理论的桥梁。

3. 科学归纳法

科学归纳法是由培根倡导而由穆勒加以完善的。在科学归纳中，观察和实验起着特别重要的作用，实际上，科学归纳就是从实验事实中寻找因果联系的方法。科学实验是科学归纳的基础和必要条件。

通常将穆勒在《逻辑体系》中系统论述的“关于实验研究中的四种方法”叫科学归纳法。他实际上讲了五种方法，即契合法、差异法、契合差异并用法、剩余法和共变法，因此又叫“穆勒五法”。这些方法有一个共同的目的，即要在实验研究中探索因果联系。而因果联系是最重要的科学概括之一。

在实践中，“穆勒五法”像其他任何一般方法一样，很少孤立地出现。然而对思维形式的分析，仍要求把它们和整个科学认识过程分开，也要求把这些归纳形式本身分解成最基本的类型。认识论的研究应当利用这些成果，以便揭示科学认识过程中发现的规律和进行科学概括的一般途径。另一方面，认识论的研究又要注意“穆勒五法”之间的联系，说明它们在整个科学认识过程中的地位和作用。

“穆勒五法”是在科学归纳的实践中所形成的相对稳定的“格”。怎样对经验事实作出概括？“穆勒五法”提供了一些可能的思维形式。当然，不能把归纳“格”和演绎“格”等同看待。不要夸大了归纳程序的作用。掌握了归纳的“格”，不一定能作出归纳概括。

运用科学归纳法时，要注意下面两点：第一，正确地划出有关情况的范围。与被研究对象有关的情况出现之前或之后，有很多以至无数情况出现，如果不能正确地从中划出有关情况的范围，事实上将无法应用科学归纳法。同时，如果把根本无关的情况当作有关的情况，或者相反，就会作出错误的结论。第二，正确地分析有关的情况。否则，得出的结论是不可靠的。上述两点，显然不是科学归纳法本身所能解决的。要解决它们，必须根据已有的具体科学知识并且把这些知识正确地运用于当前所研究的场合。

科学归纳法的依据是个性的对立统一，个性中包含着共性，通过个性可以认识共性。"穆勒五法"就是通过不同方式的变化，为从个性中揭示共性创造条件。当然，个性中有些现象反映本质，有些则不反映本质，有些属性为全体所共有，有些属性只存在于部分对象中，所以，从个性中概括出来的结论不一定是事物的共性，也不一定抓住了事物的本质。因此，科学归纳法是事物的共性，也不一定抓住了事物的本质。因此，科学归纳法虽然是一种科学概括的方法，但往往不严密，属于或然性推论。

科学归纳法在科学认识中的重要作用，首先在于它是从经验事实中找出普遍特征的认识方法。而从科学事实中总结出一般规律，这是科学研究中初步的、基本的工作。科学史表明，大多数自然科学的经验定律和经验公式都是运用科学归纳法概括出来的。

科学归纳法在科学认识中的重要作用，还在于它对科学实验的指导意义。为了寻找因果联系，为了把实验安排得合理而有效，必须参照判明因果联系的科学归纳法安排一些重复性实验，以便考察实验条件与研究对象之间是否有同一关系；或者人为地改变某一条件，进行对照实验，以便考察实验条件与结果是否有差异关系、共变关系，等等。实验安排得当，才能以简明、确定的方式表现出事物的因果联系，提供可靠的科学事实。在这里，科学归纳法为合理安排实验提供了逻辑根据。

4. 大数现象与统计方法

随着大数现象愈来愈多地进入科学的视野，统计方法的重要性就显得愈益突出了。

所谓大数现象，即其变化发展具有几种不同可能性的随机现象。究竟哪一种可能成为现实，带有偶然性。大数现象绝非无规律可循，它遵循统计规律。现代科学非常重视研究大数现象，例如热力学中研究大量分子的运动，量子力学中研究大量微观粒子的行为。在现代自然科学领域，有许多重要的理论和规律具有概率性质，表现为统计规律。例如，放射性衰变是一种随机现象。任何一个原子究竟在什么时候衰变，完全是偶然的。但每一种放射性元素的原子在一定时间内具有独特的蜕变概率，人们称之为半衰期。镭 226 的半衰期是 1 620 年，钋 218 的半衰期是 3.05 分。意思是说，镭 226 的原子在 1 620 年内，钋 218 的原子在 3.05 分内，衰变概率都是 1/2；或者说，对于大量的镭 226 原子或钋 218 原子，在 1 620 年或 3.05 分钟后，有接近一半的原子核依然如故，其余的则由于放射性衰变而蜕变了。

研究大数现象，不能仅限于少数事件或现象，而必须涉及大量事件、现象的集合。因为在这类集合里，元素之间存在着相当大的差异，它们在一定的范围内按不同的方式表现出自己的属性。核外电子，可能表现为粒子，也可能表现为波。因此，对于大数现象，如果在研究时也像应用科学归纳法那样，把在个别情况下发现的某种属性外推到所有的情况，是肯定要犯错误的。大量现象有其特殊的总体规律性，为了研究大量现象，制定了新的分类、概括的方法，以便处理由计量得到的数据，从而对大量现象的总体规律作出估计。这些方法被称为统计方法。现在发展起了一门专门的数学分支概率论与数理统计，它是统计方法的基础理论。

统计方法包括统计事实的获取、样本的选取和统计推论的进行等几个方面。统计事实的获取和样本的选择，是统计推论的基本条件。为了推断大量现象的规律，首先要在对大量现象的集合深刻理解的基础上，收集、整理和分析大量的原始材料、数据，进而进行统计加工，求出所研究对象的频率、分布、各种平均量的离散量和偏差，等等。这些来自观测和实验的结果，是借助描述统计学所提供的各种方法构成统计事实的。可以说，统计事实本身也是一种科学概括。

我们研究的大量现象全体叫做总体。统计规律当然是总体的规律。但研究时常常从总体中抽取出一部分来，它们叫做样本，人们用这些样本来代表总体，以便通过对样本的研究，从样本具有某种属性和规律得出总体也具有这种属性和规律。统计学提供了各种选取样本的科学方法，一般来说，为了使样本更好地再现和表征总体，必须遵循下述两个要求。

(1) 代表性。样本应当看做总体的模型，这样，把样本的属性外推到总体才有依据。样本的代表性与它的数量和结构密切相关。样本的数量越大，就越能代表总体。不过，这个要求不能无止境扩大，否则，样本就会等于总体而失去实用意义。再者，太大的样本也会带来严重的可行性问题。样本还应当类似总体的结构。有时，用分层抽样的方法，把一个差异性很大的总体分为许多层，这样，每层中的差异性就小多了，从每层抽出的样本就能更好地代表该层的情况；把它们联合起来，就能较好地代表总体的情况了。

(2) 随机性。样本的选择应当是任意的、没有先入之见的。只有排除主观性、预谋性，才能保证样本的客观性。这个要求的合理性，由概率论的成果（尤其是大数定律）作了保证。

一旦选出代表性和随机性都很强的样本，并从中获取了足够的统计事实，就可以从样本具有某种属性和规律推出总体具有这种属性和规律了，这叫做统计推论。这种推论是由部分到全体的推论，是借助于概率统计学中的规则而实现的。

统计推理在本质上仍属于或然性推论，因为它的前提与结论之间只有或然性联系，它的结论所断言的范围（总体）超出了前提所断言的范围（样本）。同时，统计方法仍属于科学认识的经验层次，因为它是对从观察和实验中得来的原始材料和数据直接加工。但是，由于采用了概率统计方面的成果，统计推理是或然性推论的精确化的形式，它体现了归纳方法与演绎方法的某种统一，在现代科学认识中得到广泛的应用。

按机械决定论的观点，规律所表述的情况（属性、关系、发展方向等）是不变的、毫不例外的，对任一同质的事件或现象，都表现为同一的形态。但是，统计规律却只能作为占优势的趋势而出现，这种趋势无法在每一个单独的事件或现象中被观察到，只有通过对大量事件或现象的研究从整体上得以发现。

统计规律不同于以“纯粹的形态”表现的必然性，它所体现的是客观事物发展进程中偶然性与必然性的对立统一。偶然性，并不像过去人们习惯于理解的那样，是人们对原因无知的结果，而是客体本身具有的特性。必然性正是在大量偶然事件中占统治地位的趋势；必然性或规律性是通过大量的偶然性，通过偏离、涨落、个别的例外，而给自己开辟道路的。

大数现象有两种基本类型：一种由大量成员所组成，每个成员的变化发展结果都是“无规则的”、不确定的，人们只能探求整个集合的规律性，从整体上表征该集合的属性、特点、趋势；另一种由单个客体所组成，在特定的条件下，该客体的某种行为具有一定的潜在的可能性，人们可以借助在同样条件下重复大量次数的“实验”，求得客体该种行为得以实现的相对大小，以便对这种行为的可能性作出数量估计。对这两种类型的大数现象，都可以运用概率统计进行描述和处理，看出大势所趋，得到统计规律。

第一种类型的典型例子当推大量物质微粒的运动。例如，气体是由大量分子构成的，所有的分子都不停地做“无规则”运动，如果考察每一个别分子的运动状况，那么它在每一时刻都可能有种种不同的位置、不同的方向和不同的速度，它究竟处于何种状态是偶然的、不确定的。但是考察由这大量分子构成的总体——气体，考察该气体的宏观性质如温度、压强、体积等等，这些变量之间则呈现出一定的规律性。宏观量是微观量的统计平均结果，宏观规律体现了气体分子运动的统计规律。

掷骰子可以作为第二类大数现象的典型事例。掷一次骰子，具有六种潜在的可能性，掷得某一特定点（例如四点）的可能性有多大呢？单独进行一次“实验”——做一次投掷，无法解决这个问题。但如果投掷成上千上万次，即进行重复大量次数的“实验”，就可以发现，掷得某一特定点的次数，差不多占总投掷次数的六分之一。在这种情况下，统计的集合虽然不是实际存在的客体的集合，却是求得可能性数量估计的必要手段。统计规律预言了客体某种行为得以实现的相对大小，并成为它的概率量度。

概而言之，对于大数现象而言，客观规律的概率性质，使统计方法成为科学概括的有力工具。建立统计规律，常常是科学认识过程中不可或缺的重要步骤。

5. 类比方法

科学归纳法和统计方法都是从部分的知识向整体的知识的过渡。类比则是从一个客体或客体系统的知识向另一客体或客体系统的知识的过渡。

例如，现代宇宙学关于宇宙膨胀的假说，就用了类比方法。在声学中，当声源远离观察者运动时，声波的频率减小，这叫做多普勒效应。天文观测发现，在某些天体的化学元素的光谱中，光谱线同在地球上被观测到的这些元素的光谱线相比，移到了光谱的红端方面，这就是“红移”现象。这表明光波的频率减小了。与声波的多普勒效应相比，就可以作出天体在远离我们而去的推论。由于天文观测发现，从四面八方接收到的光波都有“红移”现象，于是作出了宇宙膨胀的假说。当然，在按照多普勒效应的类比来解释“红移”现象时，科学家是以光和声音在一系列特性上的同一本性为基础的。

类比推论可用公式表示如下：

根据 A 类对象具有 a，b，c，d 属性，B 类对象具有 $a'b'c'$ 属性

其中 a'，b'，c' 分别与 a，b，c 相同或相似

推论：B 类对象可能具有属性 d'（相似于 d）

类比方法是以两个对象之间的类似为基础的。通过对两个不同的对象进行比较，找出它们之间的相似点，然后以此为根据，把其中某一对象的有关知识或结论推移到另一对象中去。人们在运用类比方法的时候，不仅注意到两个对象某些属性的相似，而且更加注意到已知对象的各个属性之间的关系，把它们看做一般的东西，预感到另一对象各个属性之间也有同样的关系，借助于这个中介，来推论两个对象其他属性的相似。这就是说，从特殊过渡到新的特殊，是通过一般的东西作为中介而实现的。

两个对象可以根据不同层次上的类似进行类比：在结果层次上类似，这些结果将给出可供比较的系统；在引起这些结果的行为或功能层次上的类似；在结构层次上的类似，这样的结构保证满足一定的功能；在构成结构的材料或成分层次上的类似。

为了得到更可靠的结论，要求被比较的对象之间有更多的相似点。但是，相

应的，被比较的对象之间相似之点越多，类比的启示价值也越小。一个完全“准确的”模型因为等于原型就会丧失自己的意义。在运用类比推论时，既要考虑到对象之间的相似，也要求它们之间具有不同点。

提高类比的效能和可靠性的主要条件，是对类似的对象做详尽而广泛的研究。一般而言，为了正确有效地进行类比推论，常常采用下列办法：被比较的特征的数目应当尽可能多，以便在类比的对象之间看出相似之点；如果被比较的对象在本质方面具有共同性，那么，类比推论的可靠性也就越大，因此，应当尽可能找到被比较对象之间本质的相似点；应当尽可能做到使拿来比较的共同属性是这些对象最典型的属性，这些属性同需要研究的对象的特殊属性密切联系；被选择来进行比较的特征应当具有多样性，并且应当是任意地、随机地选择出来的。

类比是科学认识的重要方法。

第一，类比具有启发作用。科学认识犹如登山运动，是在已有的基础上一步一步试探地摸索前进的，每一步的试探和摸索都要以已有的进展作为立足点。类比就是立足在已有知识的基础上，对陌生的对象进行科学概括的试探方法。康德曾说：“每当理智缺乏可靠论证的思路时，类比这个方法往往能指引我们前进。”①

第二，类比不仅具有某种启发作用，还被当作思想具体化的手段。人们常常借助所思考的对象与其他类似对象之间的比较，使自己的思考内容明晰生动起来。伽利略用望远镜看到木星和四颗卫星以后，为了便于理解哥白尼的太阳系假说，曾经把太阳系与木卫系统类比，从卫星围绕木星旋转的图景，设想行星围绕太阳旋转。

第三，类比方法为模型实验提供了逻辑基础。类比通过对两个或两类对象的属性、程式或定量计算进行比较，作出它们之间在某些方面具有相似之点的结论。模型实验是以模型和原型之间的相似性为根据，对模型和原型进行类比。模型实验以类比这种方法作为逻辑根据，把模型上的实验结果回推到原型上去。模拟方法可以看做类比方法的特例和运用。

第四，类比方法在产品设计特别是仿生设计方面有突出的作用，例如，化工设计中采用的相似原理便是一种类比，它把一套设备所取得的数据，通过相似准数，类推到另一套设备上去，成为设计新设备的重要依据。在仿生设计中，用机械、物理、化学系统模仿生物系统，类比苍蝇的楫翅，研制出用于火箭和飞机导航的振动陀螺仪，类比蛙眼而制造出人造卫星跟踪系统等。

---

① ［德］康德：《宇宙发展史概论》，147页，上海，上海人民出版社，1972。

应当注意到，类比具有一定的局限性，类比推论常常是不可靠的。例如，法国天文家勒维列曾经成功地根据天王星轨道的摄动现象，预言并发现了海王星。后来，他又发现，水星轨道近日点的进动现象，在考虑了所有已知天体的摄动影响后，仍有无法解释的偏离，于是，勒维列把水星轨道的进动现象与天王星轨道的摄动现象进行类比，认为这可能又是一个未知行星的摄动结果。那以后，许多天文学家花费了几十年时间，寻找这颗猜想中的行星，有人还热情地将它命名为“火神星”。但最后大家不得不承认，这一行星根本是不存在的。爱因斯坦广义相对论建立以后，人们才知道水星近日点的进动原来是一种广义相对论效应。

类比推论之所以具有或然性，是因为事物之间的同一性提供了类比的根据，而差异性则限制了类比推论的可靠性。任何两个相似的对象之间，总有一定的差异，根据同一属性进行类比推论时，如果推出的属性正好体现了它们的差异性，类比推论就会发生错误。

还应看到，类比的逻辑根据是不充分的。类比有时能使人走上科学发现的道路，但对于证明判断和反驳判断来说是不中用的。相似属性和推出属性之间不一定有必然的联系，而类比推论是允许在不知道它们是否有必然联系的情况下进行的。因此，类比推论的正确与否、可靠性大小程度，它自身是无法确定的。类比是科学概括的手段，一定要和其他科学认识方法联系起来运用。使用得当，类比可以成为寻找假说、构造理论的有力工具。

第八章 科学认识的理论建构

现代科学积累了与日俱增的、数量庞大的经验材料，如何从经验层次的认识上升为理论层次的认识，是哲学家和科学家们十分关心的重大问题。理论建构需要科学抽象，需要辩证思维。科学的理论建构是以假说为中心，依靠经验材料，运用假说—演绎方法，并在实践中不断深化理论规律与经验规律的联系。

一、科学抽象与科学思维

对观测和实验中所获取的科学事实进行或然性推论以作出科学概括，这是科学认识中从感性认识向理性认识过渡的不可缺少的环节。但是，一般而言，这样的科学概括还只是整理关于现象的描述，概括出特殊的规律，并不能达到系统的理论的认识。科学认识还要以科学概括为媒介，深入到事物的本质中得到普遍的规律。简单地说，就是还要从知性认识上升到理性认识，以便完成从经验层次的认识向理论层次的认识的飞跃。

1. 理性认识的基本形式：科学抽象

列宁写道："物质的抽象，自然规律的抽象，价值的抽象等等，一句话，那一切科学的（正确的、郑重的、不是荒唐的）抽象，都更深刻、更正确、更完全地反映着自然。"[①] 通过科学抽象，人们才能就事物的内部联系对现象作出统一的科学的说明。

如果科学认识停留在对自然界外部现象的罗列和描述上，停留在若干特殊规律的概括和陈述上，就不能说它深刻地、正确地、完全地反映了自然。"认识是人对自然界的反映。但是，这并不是简单的、直接的、完全的反映，而是一系列的抽象过程，即概念、规律等等的构成、形成过程……"[②] 人们对事物本质的认识是通过一系列的抽象来完成的。所谓抽象，从词意来说是分离、排除或抽出，科学抽象就是抽出和排除事物非本质的次要因素，通过思维揭示其固有的本质特征。科学抽象的意义，总的说来，是达到关于事物本质的普遍的、系统的认识，即形成科学理论。只有达到了理论的认识，科学认识才算基本完成。

历史上曾经有一部分自然科学家认为，经验方法是自然科学惟一正确的方法，倾向用描述性科学反对解释性科学。这种观点对于冲破中世纪繁琐哲学对思想的束缚，对于反对从僵死的教条出发把复杂丰富的世界纳入某个先验体系的企图，是起了进步作用的。然而，随着科学认识的深入，整理和解释经验材料变得日渐重要时，经验方法的局限性就暴露出来了。应当既反对忽视经验基础的偏向，又反对忽视理论思维的偏向。在描述性科学与解释性科学之间，并没有一条不可逾越的鸿沟，如果看不到它们的联系，并自觉地创造条件来实现这个过渡，那是会阻碍科学发展的。

具体地说，科学抽象的意义包括下面几个方面。

第一，科学抽象通过对现象进行分析和鉴别，排除假相，确定真相，撇开事物外部的非本质的联系，可让事物内部的本质联系暴露出来，使人们的知识本质化。

现象和本质是对立而统一的哲学范畴。任何本质都要通过一定的现象表现出来，任何现象又都是从某一特定的方面表现出事物的本质。透过现象可以看到本质，但现象和本质是有矛盾的。马克思说：" 如果事物的表现形式和事物的本质

① 列宁：《哲学笔记》，181 页。

② 同上书，194 页。

会直接合而为一，一切科学就都成为多余的了"①。科学研究之所以必要，就在于本质有别于现象，它隐蔽在事物的内部，一般不会直观地呈现出来。而且，在事物中还存在歪曲地反映本质的现象，即假相。用经验方法是难以排除假相的。例如，太阳朝起暮落，这是人们习以为常的现象，很容易得到地球是太阳系的中心，太阳绕着地球旋转的假相。托勒密提出的"地心说"，就是以类似的一系列假相为根据的。人类曾经长期囿于假相，没有达到对太阳系本质的认识。哥白尼在人类长期观察天体运行现象所积累的大量材料基础上，通过科学的抽象，才排除假相的干扰，发现地球绕太阳旋转的秘密，揭示了事情的本质。此外，在两类不同事物之间也常常存在着虚假联系。例如，电闪之后总是继以雷鸣，有人据此就认为电闪是雷鸣的原因。其实，电闪是光现象，而雷鸣是声现象，它们都是空中的带电云放电时产生的现象。只有根据大气和电学知识的科学抽象，才能撇开事物外部的非本质的联系，发现它们的本质联系。

第二，人们对事物的认识是不断深化的过程，科学抽象通过区分基础的东西和派生的东西，由表及里，把决定事物性质的隐蔽的基础揭示出来，使人们的知识层次化。自然界的事物总是复杂的，具有众多的属性和关系，当它们反映在经验认识中时，并不能自在地显现出哪些是属于基础的东西，哪些则是由这些基础派生出来的东西。换言之，哪些是更深层次的事物性质，没有科学抽象是揭示不出来的。例如，通过实验，可以了解大量元素的物理、化学性质，测定每一种元素的原子量、化合价。然而，只有在理论思维过程中，才可能科学地抽象出，决定元素性质的基础是什么。门捷列夫发现的元素周期律告诉我们，是化学元素原子量的变化引起了化学元素性质的周期性变化，因而原子量是基础的东西，其他性质是派生的东西。在人们了解了原子结构以后，又找到了更为基础的东西，弄清楚是原子核中的质子数、中子数，以及原子核与核外电子的相互作用方式决定元素的化学性质。一般而言，派生的东西在感性上比较容易把握，基础的东西则比较隐蔽，如果不进行科学抽象并借助理论思维，是无法认识它的。科学认识不能停留在表象上，因为表象无法把握整个运动，而思维则能够并且应当把握整个运动。一旦科学抽象揭示、发掘出整个运动的隐蔽基础，就可能逻辑地对运动着的事物作出统一的科学说明。这个由表及里的过程，是形成层次化的知识结构的必由之路。

第三，科学抽象撇开次要过程、干扰因素和无关的内容，把事物的自然状态，即具体而复杂的表象形态变成纯粹形态，让其主要的发展过程充分在思想中

---

① 《马克思恩格斯全集》，中文1版，第25卷，923页，北京，人民出版社，1974。

显现出来，予以精细的研究，从而把握事物的基本规律，使人们的知识真实化。

现实世界中任何事物都具有一定的数量关系，但是研究纯粹量的关系，必须撇开事物的具体内容，抽象出一个数学公式。例如，自然界普遍存在瞬时变化率的问题：自由落体或圆周运动物体的瞬时速度、曲线的斜率、电流在时间 t 时的变化率等等。这些问题原分属不同的领域，有着很不相同的内容。但是，科学抽象可以撇开它们的具体内容，得到纯粹的量的关系，即函数 $y=f(x)$ 的导数。一旦人们将导数加以专门研究，又可以反过来用于各个不同的领域，精确地描述它们的具体过程。

2. 理想化方法

在一般实验研究中，不可能完全排除次要因素和外来干扰。而在理想化过程中，可以发挥逻辑思维的力量，经过高度抽象得到理想客体，把对象的主要矛盾或主要特征，以纯粹的理想化形式呈现出来，从而深刻地揭示自然过程的客观规律性。

恩格斯在《自然辩证法》中，曾经就卡诺研究蒸汽机的基本过程的方法，对理想化这种科学抽象形式进行了精辟的分析。卡诺提出，在理想情况下，热机循环是由两个等温过程和两个绝热过程组成的，这就撇开了工质温度的变化以及工质和外界热量交换等次要因素；又提出，理想循环是可逆的，这就略去了摩擦等不可逆的因素；还提出理想循环是封闭的，从而忽略掉真实热机工质在循环末了被系统抛弃、使循环非封闭的情况。经过这样的简化和纯化，就以纯粹的形态显露出热机的内部过程，尽管这样的理想循环是不可能真正实现的。恩格斯指出，卡诺"发现蒸汽机中的基本过程并不是以**纯粹的**形式出现，而是被各种各样的次要过程掩盖住了；于是他撇开了这些对主要过程无关紧要的次要情况而设计了一部理想的蒸汽机（或煤气机），的确，这样一部机器就象几何学上的线或面一样是决不可能制造出来的，但是它按照自己的方式起了象这些数学抽象所起的同样的作用：它表现纯粹的、独立的、真正的过程"①。

理想化方法在科学中的应用，主要包括建立理想模型和设计理想实验这两个方面。它们都是科学抽象的结果，前者表现为科学概念，后者表现为逻辑推理。前者就研究对象将客体理想化，例如，在力学中研究的是只有一定质量而没有形状和大小的"质点"，"质点"作为科学抽象出来的纯粹的研究对象，已不再是普通的物体，而是特殊的科学概念了；后者则就对象的发展将过程理想化。例如，伽利略在建立惯性定律时，设计了一个小球在斜面滚动的理想实验，他设想，如

① 恩格斯：《自然辩证法》，207 页。

果小球和斜面绝对光滑，可以完全消除摩擦，那么，小球从第一个斜面滚下再滚上第二个斜面时，它在第二个斜面所达到的高度与第一个斜面开始滚下的高度将完全相等，于是，可以推想，不论第二个斜面的斜度多么小，小球仍然要达到同样的高度；如果第二个斜面的斜度完全消除，那么，球从第一个斜面滚下来之后，将以恒定的速度在无限长的平面上永远不停地运动下去。当然，该实验的过程是纯粹的、假想的、不可能实现的，因为永远无法完全消除摩擦。但是，由此合乎逻辑地推想出的结论——惯性定律，却为近代物理学奠定了基础。

由科学抽象得到的理想模型，在现实世界中是找不到的东西，但不能说它是纯粹思维的创造。理想模型是对客观事物的一种近似的反映，它突出地反映了客观事物的某一主要矛盾或主要特征，完全地忽略了其他方面的矛盾和特征，因而使物质的规律具有比较简化的形式，使人们易于认识和掌握它们。

通过科学抽象设计的理想实验，虽然不是真实实验那样的物质实践活动，不能作为检验认识是否正确的标准，但也不是脱离实际的主观臆想。首先，它建立在真实实验的基础上，是对实际实验过程作出的更深入一层的抽象分析。其次，理想实验的推理过程是合乎逻辑规则的。因此，理想实验作为抽象思维的一种形式，可以加深人们对真实实验的理解，克服具体实验的局限，进一步揭示出客观现象和过程之间内在的逻辑联系。

3. 归纳和演绎的统一

科学抽象有赖于正确的思维方法。科学思维是一种非常复杂的活动，逻辑学（包括普通逻辑和辩证逻辑）专门研究思维的规律。科学认识论所强调的主要是科学思维必须遵循的基本原则，它们是：在逻辑上要求严密的逻辑性，达到归纳和演绎的统一；在方法上把握分析与综合这两种思维方法，善于把它们辩证地结合起来；在体系上使思想进程反映历史进程，实现逻辑和历史的一致。同时，在理论研究中，特别需要善于运用从抽象上升为具体的辩证方法。下面试分述之。

在科学抽象过程中，必须形成科学概念，提出科学假说，并且找到一些作为理论出发点的基本概念和基本假说，从它们出发，合乎逻辑地作出判断和推理，建立理论体系。正确地运用和表达科学概念，进行科学推理，必须遵守逻辑规则。自然科学在自己的发展过程中，逐渐形成了一种十分重要的传统，它要求科学思维有严密的逻辑性。爱因斯坦写道："科学家的目的是要得到关于自然界的一个逻辑上前后一贯的摹写。逻辑之对于他，有如比例和透视规律之对于画家一样。"①在科学史上，从天文学、数学、物理学到控制论、系统论，没有一个科学体系的

① 《爱因斯坦文集》，第1卷，301页。

建立，曾经违背过逻辑规则。

在理论层次的科学认识中，演绎推论有着特殊重要的意义。演绎推论是一种必然性推论。在推理的形式合乎逻辑的条件下，运用演绎推论从真实的前提中一定能得出真实的结论，这是演绎推论的根本特征。由此，可以导出演绎推论的几个主要作用。

首先，演绎推论揭示了前提和结论之间的逻辑联系，把某个领域的科学知识系统地结合成一个严密的体系，从而构成科学的解释性的基础。知识不再是零散的、孤立的，它在体系中逻辑地与基本概念、基本假说联系在一起。同时，一个命题的真实性，也可以在相关的体系中通过演绎推论予以证明或反驳。逻辑证明虽然是间接证明，不能作为真理性标准，但却是实践证明的不可缺少的辅助手段。常常，实践检验的并不是某个命题本身，而是该命题的逻辑推论。这个作用在一切用公理构造起来的理论体系中，表现得非常突出。整个欧几里得几何就是一个演绎推论的体系，经典力学以及相对论、量子力学也是演绎推论的体系。

其次，演绎推论不但是科学解释的基础，而且是作为科学预见的手段。把一般原理运用于研究对象作出的正确推论叫做科学预见。由于一般原理已被实践检验过，由此作出的演绎推论就是有科学根据的，可以作为新的观测和实验的出发点。例如，物理学家鲍利鉴于β衰变中有能量亏损现象，衰变放射出来的电子带走的能量小于原子核损失的能量，根据能量守恒原理，他在1931年作出推论预言在β衰变中有一种尚未发现的微小中性粒子带走了亏损的能量。费米把它命名为“中微子”。后来，1956年和1968年，人们间接和直接找到了中微子，终于确证了鲍利的科学预见。

在逻辑史上，曾经有过片面夸大或贬抑演绎法的倾向。中世纪经院哲学把演绎法看做认识的惟一工具，热中于繁琐论证，使演绎法成为完全脱离实际认识过程的空洞、枯槁的形式。以穆勒为代表的经验论者，又过分强调归纳的作用，把归纳法视为万能的认识方法，否认演绎法的积极意义。诸如此类的极端倾向都是错误的。恩格斯指出：“归纳和演绎，正如分析和综合一样，是必然相互联系着的。不应当牺牲一个而把另一个捧到天上去，应当把每一个都用到该用的地方，而要做到这一点，就只有注意它们的相互联系、它们的相互补充。”①

成熟的科学认识一般是以假说—演绎形式组织起来。假说—演绎形式就是归纳和演绎的统一。它坚持把科学理论看做一个统一的、完整的逻辑体系，强调科学认识应当是对自然的规律性的认识。但是，假说—演绎的形式又区别于单纯的

---

① 恩格斯：《自然辩证法》，206页。

哲学思辨和繁琐的逻辑游戏。它把理论体系的出发点与经验联系起来，不再从头脑中先验地得出原理，而要通过头脑从客观世界中得出原理。也就是说，需要从观察和实验中获取科学事实，作出科学概括，经过理论思维加工整理，抽象出以假说形式出现的结果，这个结果才是科学理论的出发点。科学认识的假说一演绎形式，在逻辑上深刻体现了归纳和演绎统一这个科学思维的基本原则。

4．分析与综合相结合

分析与综合是抽象思维的基本方法。分析把整体分解为部分，把复杂的事物分解为简单要素分别加以研究；综合则在思想中把对象的各个部分、各个方面和各种因素联结起来进行考虑。人们通过分析，对事物进行细致的考察，揭示它们的本质；通过综合，抓住事物在总体上的相互联结，从总体上把握它们的本质。在科学认识中，分析与综合辩证的结合，是科学思维的基本原则之一。

分析方法的应用，曾经使近代自然科学取得巨大进展。古代认识自然，主要限于笼统的直观，虽然也不乏天才的猜测，毕竟不能深入事物的内部，弄清它们的内部结构，掌握它们的基本特征。客观事物是复杂的，是各个部分、各种要素相互联结的整体。为了从总体上把握复杂事物的本质，就必须把它的各个部分、各种要素暂时地割裂开来，把被考察的因素从整体中抽取出来，暂时孤立，以便让它单独地起作用。分析也就是分析事物的各种矛盾，分析不同过程、不同阶段矛盾着的各个方面的特殊性。例如，为了搞清一个细胞里的化学反应历程，就需要把上千种单个反应环节逐一抽取出来，分别加以研究。为此，人们提取出有关的酶，将它和相应的反应物放在试管里，在细胞外重演这个反应环节，搞清这是如何进行的。当然，这不是随意地把联系着的整体加以机械分割，而是从整体的联系中来认识部分。

应当指出，分析总是从某种整体性出发，总是受关于对象的整体性认识支配的。因此可以说，任何分析同时都在进行着综合，或者说以综合为前提。单纯的分析方法是有局限性的，由于着眼于局部的研究，有可能将人的眼光限制在狭隘的领域；由于把相互联系的东西暂时割裂开来考察，也容易造成一种孤立、片面看问题的毛病。黑格尔曾经说：虽然肉也是由碳、氧等组成的，可是这些抽象的物质已经不是肉。分析确是必要，但还不是完全的思维方法。必须同时运用一种与分析相反的思维方法，即综合。例如，自然界的各种动物、植物、微生物组成一个统一的有机界，19 世纪以前，人们主要是收集材料，把各种生物区分开来，分别考察各个物种，而把各个物种之间的联系暂时舍弃。到了 19 世纪，关于各个物种的资料已经积累到一定程度，就不能仅仅停留在分门别类的考察上，而需要做综合工作了。这时，生物分类的序列就成了生物进化的阶梯，通过综合，那些在思想中割断的东西重新结合起来，整个生物界就呈现出一个由低级到高级的连续不断的进化过程。

综合不是对象各部分主观、随意的凑合，也不是各种因素的简单堆砌，而是按照它们之间的有机联系从总体上把握事物。综合不同于笼统的直观，它以分析为基础，抓住事物的本质，即抓住事物在总体上相互联结的矛盾特殊性，研究这一矛盾如何制约事物丰富多彩的属性，在事物的运动中展现出整体的特征。

科学抽象有赖于分析和综合这两种思维方法的结合。例如，力学是通过分析和综合发展起来的。力学现象往往是许多力作用的结果。首先需要把一个复杂的、受到多个力作用的运动分解为在单个力作用下的简单运动，并逐一地研究。经过这种分析才能搞清力和运动的关系，揭示力的本质是改变运动，而不像过去理解的那样，是产生运动。在种种力学分析的基础上，把有关各部分的力学现象的认识综合起来，牛顿得出了以三大定律为基本原理的力学体系，完成了科学史上第一次大综合。后来，马赫等人又对牛顿力学的基本概念进行新的分析，暴露了经典力学中诸如力、同时性等等概念的含混之处，相应作出了更加科学的规定，在这个基础上，爱因斯坦提出相对论，又完成了一次新的伟大综合。

尽管分析和综合在科学认识中相辅相成，但在科学研究的具体阶段和科学发展的不同时期，它们有主有次，作用是各不相同的。从具体研究来看，在探寻新的现象、新的事实时，以分析为主；在提出假说、建立理论时，以综合为主。从历史上看，在近代自然科学兴起的 17 世纪、18 世纪，人们侧重于对各种事物分门别类地考察，强调分析方法；进入 19 世纪以后，从收集材料阶段变成整理材料阶段，要求把各有关知识联结起来，进行系统的研究，因而重视综合方法。当代科学的特点是在高度分化的同时又趋向高度综合，在思维方法上，则非常需要把分析和综合辩证地结合起来。

5. 逻辑与历史的一致

逻辑和历史的一致是科学思维的重要原则。这个原则既带有规律的性质，也具有方法论意义。在唯物辩证法看来，所谓历史，是指事物发展的历史或认识发展的历史；所谓逻辑，是指人们运用概念进行思维的过程。逻辑与历史的一致，就是讲人们的逻辑思维过程（表现为知识的逻辑体系）是事物的历史发展过程或认识的历史发展过程的反映，是历史过程的缩影。

任何自然事物都有发展的历史，任何自然科学理论都是一种系统的逻辑体系。历史是第一性的，是认识的客观基础，逻辑体系不是任意创造的，而是对历史的东西的科学抽象。自然科学的逻辑反映着自然事物发展的逻辑，后者贯穿在自然事物发展的全部历史中，它就是自然史本身的必然性和规律性，因此，自然科学的逻辑与自然事物发展的历史在内容和实质上是一致的。例如，有机界的发展历史，是从碳氢化合物通过它的衍生物向生物大分子转化的过程。因而，有机化学首先叙述最简单的有机化合物——脂肪烃化合物，接着叙述它们如何经过一些特殊的有机化学反应衍生出整个碳氢化合物，再转化为它的衍生物。这些衍生物越来越复杂、越来越高级，直到向生物大分子转化，从而逐步形成具有严密逻辑体系的有机化学。当然，自然事物发展过程中有许多偶然的、次要的因素，自然科学的逻辑反映的只是自然史中的必然性和规律性，只是自然的逻辑，而不是自然的全部。它撇开了历史进程中的具体细节和大量次要的偶然因素，而在纯粹形态上去把握自然事物发展的内在必然性。因此，逻辑与历史只是本质上的一致，不是绝对的一致。正如恩格斯所说："历史从哪里开始，思想进程也应当从哪里开始，而思想进程的进一步发展不过是历史过程在抽象的、理论上前后一贯的形式上的反映；这种反映是经过修正的，然而是按照现实的历史过程本身的规律修正的，这时，每一个要素可以在它完全成熟而具有典型性的发展点上加以考察。"①

我们知道，人的胚胎发育过程是生物进化过程（或动物系统发育过程）的缩影。但是，生物进化经过了漫长的数以亿年计的岁月，而胚胎发育只要"十月怀胎"就能"一朝分娩"。人的胚胎发育只是重复了生物进化过程中的主要特征，在形态上、生理机能上、对环境条件的要求上，反映了动物系统发育过程中的一些必然的、主要的现象。在胚胎学上，重演律揭示了上述个体发育重复系统发育的客观规律。恩格斯曾经把逻辑和历史的一致与重演律加以类比，指出："在思维的历史中，某种概念或概念关系（肯定和否定，原因和结果，实体和变体）的发展和它在个别辩证论者头脑中的发展的关系，正如某一有机体在古生物学中的发展和它在胚胎学中（或者不如说在历史中和在个别胚胎中）的发展的关系一样。"② 这就是说，逻辑与历史的一致，还表现在个别人的认识发展过程同整个人类的认识发展过程的一致。个别人对客观事物的认识过程，是人类认识发展史的扼要的再现。对于科学思维来说，该原则在这种情况下所说的不是逻辑过程反映自然事物已经发生或正在发生的客观过程，而是反映人们认识的历史发展过程。逻辑过程是认识过程的抽象和理想化。例如，热力学体系，是由三条基本定律构成的，这个体系便概括地反映了热力学认识发展的历史。19 世纪 40 年代发现的热力学第一定律（能量守恒和转化定律），解决了热机所提供的机械能和所

① 《马克思恩格斯选集》，2 版，第 2 卷，43 页。

② 恩格斯：《自然辩证法》，200 页。

有用掉的热能的关系，并且把各种形态的能量用当量关系联系起来了。19 世纪 50 年代发现了热力学第二定律（封闭系统中熵恒增原理），揭示了热的过程进行方向的规律。此后，随着对热的本质的认识从宏观进入微观，建立了统计物理学。20 世纪初，又发现了热力学第三定律（绝对零度不能达到原理），使热力学体系进一步完善。热力学的逻辑体系，依次反映了人类对热的本质的认识逐步深化的历史过程。

逻辑与历史一致的原则，在科学思维中，特别是在科学理论体系的建立中有着重要意义。只有遵循历史的线索才能建立起有内在联系的逻辑体系。一门科学的逻辑体系应该体现这门科学所研究的对象的历史发展的线索；或者，应该反映人类对这门科学所研究的对象的认识发展的历史。也就是说，自然科学的逻辑体系，或者要与自然史一致，或者要与认识史一致。当然，逻辑的过程究竟按对象本身的历史发展的线索还是按人们对它的认识历史发展的线索来进行，并不是绝对的。实际情况可能很复杂。例如遗传学，长期以来是从孟德尔的遗传规律开始，进而论述连锁交换规律和染色理论，最后论述分子遗传学，这个逻辑体系与遗传学发展的历史大致吻合。近年来有些遗传学教程从遗传的物质基础——核酸的结构与功能开始，进而论述较低级的原核细胞生物（病毒等）的遗传规律，再论述较高级的真核细胞的遗传规律。这种逻辑体系就基本上和自然界遗传方式的进化过程相一致。

另一方面，只有遵循历史的线索才能更好地理解和把握一种相对成熟的科学体系。学习自然发展史，有助于建立辩证唯物主义的自然观。法国著名物理学家朗之万主张在自然科学教材的编写中体现历史的观点，科学定律的引进要反映认识发展的历史。爱因斯坦认为，对自己从事的研究课题，必须作系统的历史的考察。他写道："根据原始论文来追踪理论的形成过程却始终具有一种特殊的魅力；而且这样一种研究，比起通过许多同时代人的工作已完成的题目作出一种流畅的系统的叙述来，往往对于实质提供了一种更深刻的理解。"①

5. 从抽象上升到具体

对事物的认识从感性认识飞跃到理性认识，从经验层次上升到理论层次，需要经过长长一系列的科学认识过程。这个过程首先是从大量的经验材料出发，经过科学概括，建立某些局部的科学定律（经验定律或经验公式，如波义耳定律），这些定律或公式反映了这一类自然现象的某一侧面或特点，反映了其中某些规律性的东西。它们还只是一些"抽象的规定"。对这一系列的经验定律加以分析和

① 《爱因斯坦文集》，第 1 卷，177 页。

综合，从那些最基本的规定扩展到整体，把事物的各种联系在思维中完整地复制出来，即把事物作为整体在思维中再现出来，达到“思维的具体”（科学理论，如分子物理学）。到此，才能说一个科学认识过程的完结。

马克思在《〈政治经济学批判〉导言》中，对科学认识的基本过程作了非常精辟的阐述。他指出，由混沌的关于整体的表象出发，在分析中达到越来越简单的概念，越来越稀薄的抽象，直到作出一些最简单的规定，这是从“表象上的具体”或“感性上的具体”上升到“抽象的规定”，这里采用的方法叫知性分析法，是科学抽象的第一阶段（相当于我们前面说的科学概括阶段）。知性分析法是有局限性的。“抽象的规定”比起生动的感性具体来虽然从表面深入到内部，从现象深入到本质，但只能反映事物本质的某一方面，并没有达到对事物全面而具体的认识。在马克思看来，知性分析法出现在认识过程的一定阶段，只在一定范围内有效，一旦越出这个范围就会变成谬误。他认为，科学认识还要由上面的进程再回过头来，达到具有许多规定和关系的丰富的整体，即从“抽象的规定”上升到“思维中的具体”。马克思把这称为“从抽象上升到具体”的方法，或叫辩证的方法。只有这种方法才能达到具体的普遍性，才能反映事物的整体、本质和内在联系。这一过程是科学抽象的第二个阶段，即科学理论的建立阶段，只有完成了这个阶段，才算达到科学的理论认识层次。

从抽象上升到具体，是科学认识上升到理论层次的重要标志。“思维中的具体”是科学认识的结果，是被透彻地加以研究和被理解了的具体。它不同于“感性的具体”，不是向“感性的具体”的简单回复，而是思维掌握具体，把它当作“精神的具体”复制出来，达到具体和抽象的统一、客观现实内容和主观思维形式的统一。“思维中的具体”也不止于“抽象的规定”，而是许多规定的综合，是多样性的统一。当然，为了正确认识客观世界，必须以“感性的具体”作为我们认识现实的起点，充分占有材料，分析它的各种发展形式，形成各种“抽象的规定”。然而，认识不能停留在这一步，更不能把它绝对化，片面加以夸大，那样，可能走向经验主义的错误道路。我们强调从抽象上升到具体，是要求把关于事物最一般、最本质、最普遍的规定作为逻辑出发点，按照事物本身具有的各种本质联系，把它完整地在思维中再现出来，达到对事物完整的科学的认识即“思维中的具体”。例如，对光的认识，在感性认识阶段，人们感知到光的生动的表象，这时，光在人们的认识中是一个混沌的整体，即“感性上的具体”，人们不能就它的内部联系对光的各种现象作出科学解释。通过深入的分析研究，人们从整体上把光分解为各个部分，对光的波动性、量子性以及光的速度等等各种属性作出“抽象的规定”，这些规定分别反映了光的一个侧面，使人们逐步认识到光的各种质和量上的规定性，但还没有全面地反映光的本质。这时，对光的认识处在从感性认识向理性认识过渡的阶段，或者说处在理性认识的低级阶段（知性阶段）。再进一步，人们把光在各种质和量上的规定性，按其内部联系全面地进行综合。从光的微粒性和波动性这两个基本特性出发，人们认识到，光是电磁波，又是具有粒子性质的光子，揭示出光的波粒二象性。据此，可以从内部联系上对光的各种属性、关系作出统一的科学解释，形成关于光的相对完整的理论体系。通过这个体系把光的运动形态作为具体的总体在思维中再现出来。这就是“思维中的具体”，至此，才得到了关于光的理性认识，才达到了关于光的科学认识的理论层次。在这个过程中，具体既是认识的起点，又是认识的终点，从“感性上的具体”到“思维中的具体”，构成科学认识螺旋式的上升运动，其中的中介或桥梁就是“抽象的规定”。

二、科学假说与科学理论

1. 假说与理论

（1）假说是通向理论的必要环节。

科学认识的结果是科学理论，科学理论的建立有其特殊的思维形式——假说。假说为实现由“感性上的具体”到“抽象的规定”、再由“抽象的规定”到“思维中的具体”的提升提供了不可或缺的桥梁，是科学认识发展过程中的重要环节。

科学假说作为科学理论发展的思维形式，是人们根据已经掌握的科学原理和科学事实，对未知的自然现象及其规律性，经过一系列的思维过程，预先在自己头脑中作出的假定性解释。

科学假说是科学理论的可能方案。假说经实践检验，可以转化为理论；理论随着实践的发展又将接受新的假说的挑战；一旦经受检验，新的假说又转化为新的理论。假说与理论之间，没有一条不可逾越的界限。假说积极地作用于研究过程，导致新事实的积累、新思想的涌现和新知识的产生，从而达到可靠的理论。这个把理论方案转变为科学理论的过程，也就是达到真理认识的过程。

恩格斯在批评轻视理论思维倾向的归纳主义时，肯定了假说在理论建立过程中的作用，他说：“只要自然科学在思维着，它的发展形式就是**假说**。一个新的事实被观察到了，它使得过去用来说明和它同类的事实的方式不中用了。从这一瞬间起，就需要新的说明方式了——它最初仅仅以有限数量的事实和观察为基础。进一步的观察材料会使这些假说纯化，取消一些，修正一些，直到最后纯粹地构成定律。如果要等待构成定律的材料**纯粹化起来**，那末这就是在此以前要把运用思维的研究停下来，而定律也就永远不会出现。”①

假说之所以必要，是因为从个别的事实中，规律是不可能被直接看到的。不管事实积累有多少，本质跟现象总是具有质的差别。虽然第谷积累了丰富的天文观测事实，但并不能直接从中看到后来为开普勒发现的行星运动定律，更不能直接导出万有引力定律。可见，在理论形成之前，就要产生作为未来理论的前提或雏形的各种可能的方案和适当的思想。理论准备的这整个时期，从最初的推测，到建立依赖于某些推测的演绎体系，到对结果的实验检验，都可以称作假说形成和确立的过程。所以说假说是通向理论的必要环节。

（2）假说是科学性和假定性的辩证统一。

首先，假说是在事实和已有科学知识的土壤中生长的，它不但要以一定的实验材料和经验事实为基础，而且要以一定的科学知识作依据，经过一系列的科学论证才能提出。假说与主观臆测不同，同缺乏科学论证的简单猜测、随意幻想也有区别。它具有科学性的特点。例如，大陆漂移假说的提出，首先是因为下述地理发现：非洲西部的海岸线和南美东部的海岸线彼此吻合；同时，它们在地层、构造、古气候、古生物方面存在一致性。德国地球物理学家魏格纳依据已知的力学原理和上述地理发现，在1910年提出了大陆不是固定的，而是可以漂移的初步假定。1915年，魏格纳在《大陆和海洋的起源》一书中，依据地球物理学所揭示的地球内部结构、物理性质等规律，以及古气候学、古生物学、大地测量学等学科的材料，对大陆漂移的初步假定进行了广泛的科学论证。魏格纳设想，在三亿年前地球上只有一块大陆，即泛大陆，在它周围是一片广阔的海洋。大约在二亿年前，由于天体的引力和地球自转所产生的离心力，原始大陆分裂成若干块，像浮冰一样在水面上逐渐漂移、分开，形成今日的七大洲和四大洋。地球上的山脉也是大陆漂移的产物。纵贯南北美洲的落基山脉和安第斯山脉，就是美洲大陆向西漂移过程中，受到太平洋玄武岩底层的阻挡由大陆的前缘褶皱形成的。根据大地测量的结果，在最近二三十年间美洲与欧洲之间的距离有所增加，证明美洲大陆至今还在漂移之中。这一切表明，大陆漂移说是有一定科学性的。

但是，假说毕竟是假说，它还不是科学的真理，它的基本思想和主要部分是推想出来的，是否真实还有待于实践的检验，因而和确实可靠的理论不同。简言

---

① 恩格斯：《自然辩证法》，218页。

之，假说有一定的推测性，是一种思维中的现象，是对外界各种现象的猜测和推断。假说的假定性或推测性，意味着它是作为问题的可能回答之一而产生的。作为问题而表述出来的困难是建立新的理论的起点。这样，提出假说，除了要求发达的理论思维能力和足够丰富的知识素养以外，还要求具备在困难中发现问题症结的能力。解开这个疙瘩是解决其他许多问题的前提。科学假说并不是直接从科学事实中引申出来的，而是为了说明科学事实而发明出来的。它们是对正在研究的现象之间可能获得的各种联系的猜测，是对这些现象的本质的猜测。这种猜测需要巨大的创造性——科学的创造性。所以说，科学假定是科学性和假定性的辩证统一。从量子力学建立的历史可以看到，如果经典力学关于运动电荷的轨道将随着能量耗损连续变化的理论没有受到原子中的电子轨道具有稳定性这个观测事实的挑战，如果没有产生如何协调这两者之间的矛盾这一问题，那么，物理学家是不会作出量子假说的。

(3) 狭义与广义的假说。

在科学认识中，假说常常在下述两个意义上使用：作为个别的假设与作为判断系统的假设的总和。

在狭义上，假说是有着对象存在或它与其他对象具有本质联系的某种猜测性判断。瑞士物理学家鲍利在1931年发表的关于特殊粒子（后来费米命名为“中微子”）的推测，就是一个关于事物存在的假说。提出中微子存在的假说，目的在于对能量守恒定律某种表面上的不协调作出解释。当然，这个假说不仅仅是简单地对某种粒子存在这一事实加以确认，而且包含着它在β衰变过程中同其他粒子的本质联系的意见。但总的说来，中微子假说属于个别的假设。几乎每一个实验都需要这种假设来提示或引导。

在广义上，假说是指判断系统，其中一些是具有或然性质的原始前提，即狭义的假说，而另一些则是这些前提的演绎展开。例如，不仅光的波动本性的推测是假说，而且，从它引出的光在不同介质中的折射性质这个结果（斯涅尔定律）也是假说，甚至整个光的波动学说也是假说。后者是以光的波动本性的假设为前提，以逻辑的必然性演绎出来的。但是，在光的波动学说的真理性没有被实践证明以前，它仍然是或然性知识。它是作为理论可能方案之一的判断系统。

在科学认识的理论层次中，最有意义的假说是广义的假说，即作为判断系统、作为理论方案的假说。我们这里着重论述这种假说。

2. 科学假说成立的前提

假说成立的根本条件在于它能否接受实践的全面检验。实践检验对于假说是最高的裁判。但在科学认识过程中，允许也有必要根据科学实践的规律和能动反映论的认识论原理，规定一系列任何假说都应当满足的前提条件，以便剔除许多不适当的假说，而把精力集中于分析、验证真正有价值、有前途的假说，使这些假说获得科学假说的地位，有朝一日转化为理论。

下述前提，对于科学假说都是很必要的。

第一，科学假说应当符合科学世界观。这个要求，对于选择科学假说，淘汰不科学的假说起着准则的作用。它并不保证被选择的假说的真理性，但却无条件地从科学中排除毫无根据的迷信和虚妄的观念。例如，“宇宙第一推动力”假说和“生命永恒性”假说，这是与辩证唯物主义原理根本矛盾的，因而是不可能成立的。当然，这并不意味着，根据辩证唯物主义的规律，就能科学地解决某一假说的取舍，但辩证唯物主义确实能帮助我们分析，什么是不同科学假说间的竞争，什么是科学与唯心主义的斗争。

当然，作为准则的应当是真正的辩证唯物主义，而不是某些人的主观意愿，更不是某些人手中的棍子。当年李森科之流宣布遗传学说不符合辩证唯物主义，把遗传学实验室、研究所取消，把遗传学家投入集中营，这实际上是玷污辩证唯物主义，是不足为训的。辩证唯物主义无意于阻塞各种科学假说竞争、发展的道路，它的作用应当在于引导研究者的思想走上科学的轨道、走上按事物的客观本性概括事物发展规律的轨道。

第二，科学假说不应当与科学中普遍的、久经考验的规律和理论相矛盾。例如，现代科学拒绝研究任何永动机的方案，除非你首先能证明能量守恒定律不是普遍成立的。

当然，这个前提也不应当被绝对化，否则就会使知识的发展就此止步。理论具有继承性，也有适用的界限。当我们看到所提出的假说同某门科学已证明的原理相矛盾时，首先应当怀疑假说，对它进行严格的考察。但是，如果新的观测和实验事实不断加强假说，那就应当检查与假说矛盾的理论的可靠程度究竟怎样。在物理学史上，新假说指出旧理论局限性的例子是不胜枚举的。1911 年卢瑟福提出的原子类似太阳系结构的假说，与麦克斯韦和洛仑兹建立的古典电磁理论就有矛盾，结果却导致了电动力学原理的重大变化。

第三，科学假说不应当同已知的经过检验的事实相矛盾，并且必须尽力做到，假说不仅能解释个别事实，而且能解释一系列事实的总和。一般而言，如果已知事实中哪怕有一个已经确认的事实跟假说不相符合，假说就应当修改甚至被抛弃。假说首先就是为了解释这些事实才提出来的。例如，康德—拉普拉斯的星云假说在宇宙观上是有革命意义的，他们认为太阳系是从原始星云演化而来的，第一次把太阳系的产生看做一个发生发展的过程。但是，他们的假说无法解释太阳和行星之间被观察到的动量矩的分布问题，这个一开始就遇到的障碍以及后来陆续发展的事实，迫使太阳系起源的假说不断被修改。

当然，这一要求也不能绝对化。假说与已知事实矛盾，并非总是来源于假说方面的错误。科学史上有过这样的例子，为了确立假说，需要重新审查事实。通常被确认的事实，可能是错误的。当门捷列夫提出元素周期律并阐明了当时已知的大多数知识时，情况正是如此。当时明摆着若干已知元素的原子量不符合周期律，门捷列夫并没有因此觉得有必要修改周期律，他认为事实与规律之间的偏离应当由化学家确定原子量时的误差来说明。结果，对一系列元素原子量更加准确的重新测量，得出了与周期律一致的结果。

但是，千万不要动摇假说在总体上和本质上对已知事实的依赖关系。可以这样说，假说应当同准确的、已经被很好地检验过的事实相符合。假说的科学价值就决定于它在多大程度上能够解释所有已知事实以及——这一点是更根本的——预言新的至今还不知道的事实。

第四，科学假说应当是可检验的。如果一个假说不但无法在技术上接受观测和实验或一般实践的检验，而且在原则上也不可能被检验，那就不能称之为科学假说。例如，关于月球物质构成的假说，原则上总是可以检验的，人们开始是用许多间接方法，而当登月飞行之后，就最终在技术上实现了直接检验。关于速度为每秒 40 万千米的火箭行为的推测，原则上是不可能被检验的，因为根据物理学最基本的原理，物体运动超光速是不可能的。因此，至少在目前，没有人会认真对待这种推测，把它当作科学假说。再如，关于“电子”自身行为的假说，原则上也是不能被检验的，因为，首先，不存在不跟其他物质客体相互作用的东西；再说，一旦我们检验“电子”的行为，必定对电子的行为产生不可忽略的作用，那时，检验到的已经不是电子自身的行为了。

假说的可检验性同假说的演绎展开的可能性紧密地联系着。观测和实验所检验的往往不是假说本身，而是它们的推论，即从假说中逻辑推导出来的描述个别现象或事件的判断。例如爱丁顿在 1919 年日全食时的观测，所证实的就是广义相对论的一个推论，而不是广义相对论的基本假设本身。

可见，假说与其他前提条件（逻辑规则、科学定理、定律等）相结合，应当包括这样一种演绎推理的可能性，使其推理结果可以被检验。

第五，科学假说应当符合简单性原则，以便假说尽可能地简单，并能由少数几个原理或基本假说来解释一定领域内所有的已知事实。简单性原则之所以能作为假说成立的前提，是因为它反映了世界统一性的方法论要求。

哲学史上，奥卡姆的威廉曾经主张把简单性作为形成概念和建立理论的标准。他认为，应当淘汰多余的概念，在说明某类现象的两种理论中应当选择更简单的。所以，后来人们常称简单性原则为“奥卡姆的剃刀”。在现代科学认识中，简单性原则就是要求在假说体系中所包含的彼此独立的假设或公理最少。爱因斯坦认为，科学的伟大目标，就是“要从尽可能少的假说或者公理出发，通过逻辑的演绎，概括尽可能多的经验事实”①。

对于一定的对象领域，常常可以提出几种假说来加以解释。简单性原则可以帮助我们作出选择。例如，落体运动的运动曲线，在根据实验测得的结果描点后，可以用很多种方式把这些点联结起来，但其中以抛物线最为简单。所以伽利略说，如果已看出从相当高度开始下落的石头获得愈来愈大的速度增量，那么为什么不假定这样的增量是按最简单的、最容易理解的方式进行的?

当然，简单性是相对的。很难找到什么确定的数量指标（如基本假定的个数等等），利用它们就可以便当地衡量哪个假说更简单。简单性可以说是个美学原则，但更重要的是它应当和知识的真理性相一致。因此，一个满足简单性原则的假说，必须保证能经受住进一步的实践检验。同时，按简单性原则挑选出来的假说，当它从原来的领域过渡到更广泛的领域时，应当仍然是真实的，并可以归入到更普遍的假说体系中。

最后，建构的科学假说体系应当具有自洽性和相容性。所谓自洽性，是指科学假说内部的无矛盾性。如果一个假说体系内部不能自圆其说，存在矛盾命题，那么这个假说体系至少是要修正的。所谓相容性，指一个科学假说体系不仅要内部自洽，而且要与相关的背景知识相一致。背景知识，是指已经得到确证且为科学共同体所接受的科学理论。

科学假说体系，在逻辑上还要追求体系内部的完备性，即体系中的任何一个命题非真即假是可以判定的。然而自洽性与完备性这两种追求是不可能兼得的，1931年哥德尔提出的不完全性定理深刻阐明了这种困难关联。面对困难的选择，内在无矛盾性应放在建构理论体系的首位，然后尽其所能兼顾体系内部的完备性。从某种意义上讲，理论体系内部的不完备性正是推动科学理论前进的逻辑动力，它凸显理论体系具有内部开放性。它旨在化解理论的固有疆域，拓展新的理论空间。

3. 科学假说向科学理论转化的条件

假说向理论的转化是一个复杂的认识过程。假说是理论的可能方案，作为对现有知识的总括而产生的假说，积极地作用于研究过程，导致新事实的积累，扩

① 《爱因斯坦文集》，第1卷，262页。

大和加深现有的知识，引导人们提出新的思想，从而达到可靠的理论。这个把方案转变为理论的过程，也就是达到真理性认识的过程。

怎样才能判别假说已经转化为科学理论呢？归根到底，这有赖于各种实践活动，其中包括科学实验和生产实践。在实践中，如果假说满足下述两个条件，就可以认为假说已经转化为理论。

第一，把假说运用于实践，如果有愈来愈多的事实和这个假说相符合，并且没有任何已知事实与之矛盾，那么，就证明这个假说是客观规律的正确反映。这是假说转化为理论的首要标志。例如，牛顿的万有引力定律在刚提出时，只是一个假说。200 年来，它运用于实践，无往而不胜。17 世纪末，牛顿运用这个定律推断，既然秒摆长度愈接近赤道变得愈短，说明赤道处的引力比两极附近小，因而赤道半径大于极半径，可见地球是个两极较平、赤道凸出的扁球体。牛顿进而把引力定律用于状如扁球体的地球的运动，解释自古以来就知道的岁差现象。他指出，因为地球与其轨道平面（黄道面）成一倾斜角，所以作用在地球赤道鼓出部分的太阳引力，一定要引起地球的自转轴绕着垂直于黄道面的直线缓慢地转动，转动周期约 26 000 年。这个解释遭到当时天文学家的强烈反对，因为当时人们根据一些错误的测量认为，地球的形状应当是两极距离大于赤道直径的长球体。双方争执不下。为了解决这个争论，法国数学家德·莫泊图在 1730 年组织了一次探险，冒着遭遇狼群的很大危险，在芬兰北部的拉普兰测量北纬子午线一度的长度。他的测量说明，牛顿的观点是正确的。有趣的是，牛顿所计算的地球扁率是 1/230，比德·莫泊图的测量值 1/178 还更接近后来的精密测量。1798 年英国物理学家卡文迪许采用扭秤法较精确地测定了引力常数的值，从而直接证实了地面物体之间存在着万有引力。正因为万有引力定律在实践中取得了圆满的结果，成功解释了一个又一个的事实，并且没有遇到不可克服的矛盾（反例），所以它就从假说逐渐转化为理论。

第二，假说是否已转化为理论，除了解释性条件，还必须有预见性条件。如果由假说作出的科学预见得到实际的证实，那么，就标志着假说已经转化为理论。例如，在 20 世纪 40 年代初，关于有机体遗传的物质基础，有两种对立的假说。一种认为，蛋白质具有高度的特异性，因而主张蛋白质是遗传的物质基础；另一种认为，由于每个物种中核酸的含量和组成都十分稳定，因此主张核酸是遗传的物质基础。1944 年，加拿大生物学家艾弗里等设计了一组实验，从光滑型肺炎球菌里分离出纯的蛋白质和纯的脱氧核糖核酸，分别把它们加给粗糙型肺炎球菌，结果，只有后者能使粗糙型转变为光滑型。这是个判决性实验，它确定了遗传的物质基础是核酸而不是蛋白质。

拿假说能否预见未知事实与能否解释已知事实相较，前者是假说真理性的更有力的证明，当然更能作为假说是否转化为理论的鲜明标志。所谓判决性实验，就是在对立的两个假说之间，设计一个或一组观测或实验来证实哪一个具备预见性，或者更确切地说，证实哪一个不具备预见性。长期以来，科学家们相信，如果从一个假说作出的推断（预见）跟另一个假说作出的推断（预见）相抵触，实验结果支持其中的一个推断而否定另一个推断，那么就可以认为该实验在两个对立的假说中作出判决，其中一个便转化为理论。

不应当夸大判决性实验在假说转化为理论中的作用，正如同不要把假说向理论的转化绝对化一样。一般而言，判决性实验可以指望用来作为推翻某一种假说的手段，但不能指望推翻一个假说同时就能完全证明与之对立的另一个假说。巴斯德的实验推翻了自然发生的假说，但并没有成为生命永恒假说的证明。英国科学哲学家拉卡托斯曾经在科学史的研究中指出下述事实：判决性实验只是在数十年后才被认为是判决性的，水星近日点的反常行为作为牛顿纲领中许多尚未解决的困难之一已知有数十年，但是只有爱因斯坦更好地解释了它之后，才把一个暗淡的反常转化为一个对牛顿研究纲领的光辉“反驳”。英国物理学家托马斯·扬认为他 1801 年的双狭缝实验是在光学的微粒纲领和波动纲领之间的一个判决性实验；但是他的主张只是在很晚——即法国物理学家菲涅耳远为“进步地”发展了波动纲领，以及牛顿派不能同它的启发力匹敌这一点变得清楚之后——才得到承认的。这表明，相互竞争的假说往往经过长期的不平衡发展，直到其中一个假说明显地具有更大的启发力即预见性之时，事后来认识，最初的实验才能被称作判决性的。因此可以说，判决性实验之所以常被看做假说转化为理论的根据，是因为它恰当地成为假说预见性的标志。

如上所述，假说一旦经受实践检验，具备解释性和预见性，就可以转化为理论。然而，这种理论仍然是相对真理，理论随着实践的发展又将接受新的假说的挑战。假说和理论之间的转化是不会终结的。因此，尽管在原则上可以根据其真理性来区分假说和理论，但在假说和理论之间并没有一条不可逾越的界限。创造条件促成它们之间的转化，将推动科学认识向前发展。

三、科学理论的功能、结构与演化

由于理论系统地反映了对象的本质和规律，因此执行着两个最重要的功能——解释功能和预言功能。

1. 科学理论的解释功能

由假说转化而来的理论，是在一定历史条件下相对完成的东西，是科学认识的成熟形态。科学理论具有两个最基本的特点：一个特点是与实践检验相联系，就是具有客观真理性；一个特点是与形式结构相联系，就是构成严密的逻辑体系。用爱因斯坦的话来说，科学理论的基本特点或要求是："外部的证实"和"内在的完备"。这两个特点相互作用、相互补充，意味着科学理论系统地反映了客观事物的本质。科学理论两个最重要的功能——解释功能和预见功能就是由此而来的。

从形式上说，解释一个现象需要说明有关现象的描述是从定律和先行条件的陈述中合乎逻辑地得出来的；同样，解释一条定律需要说明该定律是从其他一些定律中合乎逻辑地得出来的。从内容上说，所谓解释，就是揭示存在事物的本质。理论是对现象本质的系统化的反映，当然，在它的原理、规律、论断中反映着现实的各种本质的联系。对某一客观事物的科学解释归结为对这些联系的全面分析，并在分析的基础上综合地再现所解释的客体。

组成本质内容的最重要的联系有三种：第一，因果关系。在必然性可以看成是绝对的条件下，这就是严格决定论的规律；而在随机现象中，必然性通过大量偶然性而存在时，是"统计的"或概率的规律。第二，结构功能关系。在这种关系中，系统的结构制约着它的属性和功能，而功能又是系统存在与系统行为合理的必要条件。第三，起源关系。它表明事物发展的过程、它们的发生、发展和转化。

根据本质关系的上述特点，可以建立相应的科学解释的类型。

（1）因果解释。这种解释试图找出制约某现象发生、某规律存在的原因，在形式上表现为某种还原的程序。经典科学理论大多数属于这种解释类型，由于牛顿力学的巨大成功，近代物理学的一个主要倾向就是，企图用运动学和动力学的规律来解释一切物理现象。拉普拉斯曾经表达过这样的信念，只要给定初始条件，那么过去和将来都是完全可以决定的。这是科学解释的主要类型之一，但毋庸讳言，如果把它夸大为惟一的解释类型，就要犯机械决定论的错误。

（2）概率解释。这种解释建立在必然性通过偶然性表现出来这一哲学结论的基础上，试图说明现象是根据怎样的统计规律而产生的。在这里，应当强调，解释的概率特征取决于客观存在的概率本质，而不是主观造成的。不能认为，概率解释是认识不完全的结果，恰恰相反，由于不确定性（偶然性）是这类事物本身的性质，因此，人们关于不确定的事物具有不确定性的系统知识，正是确定和完全的。例如，在量子力学中，波动方程在一定的外部条件下，对于涉及原子客体

（如电子）行为的概率给出确切的描述，这是一种概率解释，但绝不是假定的、真理性没有把握的解释。

(3) 结构解释。这是系统分析最重要的方面之一。结构解释在于阐明系统的结构，揭示系统各成分之间的联系，用结构来解释系统的某些属性、行为或结果。例如，在物理、化学中，常常通过揭示结晶、高分子、原子等的结构，来说明物质的许多物理、化学属性（如硬度、弹性、化学活性、原子价等等）。

(4) 功能解释。这也是系统分析的重要方面。把系统的某个因素（成分、器官）看做整个系统正常功能的必要条件，通过阐明由这个因素所实现的功能，帮助人们增加对系统总体的认识。例如，在商品生产中，对市场调节的分析，有助于揭示实现商品生产的必要条件。在生物学中，对氧气交换的分析，有助于揭示生命存在的必要条件。功能解释只是局部的、不完备的，通常要与其他类型的解释结合起来，才能在总体上得出令人满意的结果。

(5) 起源解释。这种解释在于揭示各种作用的总和如何使一个系统转变为时间上较晚的另一个系统，并且考察这个发展的各个基本阶段。把起源解释作为科学解释的一种独立类型，其根据是发展原则以及逻辑与历史一致的原则。例如恒星演化学说，是通过星际弥漫物质——星云——主序星——红巨星——白矮星——黑矮星系统之间的嬗替，阐明天体起源的规律性。这种解释类型，只有当对历史形态和具体历史条件的研究成为解释的必要成分时才有意义。

2. 科学理论的预见功能

科学解释提供了认识过去和现在，揭示已知事实的本质和从理论上领悟它们的可能性。科学解释标志着人类认识能力的大大提高。但是，解释并不是理论的惟一功能，如果科学认识只停留在对过去和现在的解释上面，只能说明已知的事实，那就很难理解为什么人类把科学当作自己行动的向导了。至少与解释功能同样重要，科学理论还具有另一个重要的功能：预见功能。

预见与解释是不可分割的，它们都是根据理论本身，也就是根据理论所揭示的规律性和本质联系，按照逻辑机制演绎出的结果。但是，作为解释，是从已知事实概括、抽象出理论，再从这个理论逻辑地推导出内容上适合于这些事实的判断；而作为预言，则是从该理论逻辑地推导出关于未知事实的结论，这些事实或者已经存在但不为人们所知，或者暂未存在，但应当和能够在将来发生。

科学预见提供了认识事物发展进程、预见最近和未来发展前景的可能性，是人类改造世界的思想基础。科学预见不同于经验推测。例如，人们在多年的经验中积累了一系列有关天气特征的知识，当然可以根据这些特征预言天气的变化。但是，这些预言中有许多是不可靠的。以日常经验和个别经验为基础的预言，其不可靠性根源于对现象本质的无知。根据现代气象科学进行的天气预报则完全不同。科学预见的可靠性和正确性，在可能范围内是由于理论揭示了对象本质的结果。科学预见要求准确地表达被预见现象发展的具体条件，要求善于运用逻辑的规律和规则、善于将数学计算运用于理论前提，并且要求对导出结果的现实可能性作出评估。

科学预见是科学理论能动作用最鲜明、最显著的表现之一，也是科学理论相对独立性最有特色的表现之一。在科学预见中显示出理论思维能够明显地超越认识的经验层次。科学预见对于人们的实践活动，对于在物质生产和社会发展领域中有效地控制复杂的系统，并对系统的进程进行监督，有着巨大的意义。

科学预见的类型类似于解释的各种类型，究竟属于哪种类型，取决于所采用的原始理论前提的本质和特点。当采用所谓严格决定论规律时，预见是足够精确的、单值的。像对日食和月食、人造卫星、宇宙飞船的运动等的预见就是如此。在采用统计或概率规律的情况下，预见也是概率性的。这时，精确而可靠地预言的不是事件本身（例如电子的行为），而是在给定时空间隔中它存在或发生的概率。当理论着眼于客体的结构特点时，人们可望预见的是客体的属性，等等。

科学理论的解释功能和预见功能的实现，使它成为变革现实世界的锐利武器。人类因此有可能自觉地控制自然界和社会的发展过程。当然，在理论的实际运用过程中，又将暴露出新的事实，产生新的问题，这又会导致科学认识在经验方法与理论方法之间又一轮相互作用。

3. 科学理论的结构

如果假说经受实践检验被证明具有解释性和预见性，它就转化为理论。假说与理论的本质差别，在于假说是未被实践证实的理论方案，而理论是被实践证明了的假说，在它被实践证实的那个界限内是可靠的、真实的知识。换言之，假说和理论在它们原始前提的真实性是否确定上是不同的。

但是，假说与理论的差别又是相对的。首先，理论还要发展，当它扩展到新的领域，或深入到对象的更深层次时，原来的理论又只具有推测的性质，需要在实践中借助它建立新的理论。此外，还有一个重要理由，就是作为理论方案的假说体系与理论在形式和逻辑结构上是完全相同的，而理论（和假说）与其他形态的可靠知识（如统计材料、经验事实）的区别也正是在结构上。下面着重考察科学理论（作为理论方案的假说也是一样）的结构。

“自然科学的成果是概念”[①]。理论是由概念组成的，概念就是决定它的思想

① 列宁：《哲学笔记》，290页。

内容的成分。各门科学都有自己一系列的科学概念。例如：几何学中有点、直线、平面、全等、相似、变换等；力学中有质点、路程、速度、力、质量、功、加速度等；化学中有元素、原子、化合、分解、价、键等；生物学中有物种、细胞、基因、遗传、变异等；控制论中有信息、系统、反馈等。每门科学中的原理、定理、定律，都是用有关的科学概念总结出来的。科学理论的完整体系就是由概念、与这些概念相应的判断，以及用逻辑推理得到的结论组成的。

反映理论成分（即概念和相应的判断、推论）之间的关系的总和，是理论的结构。理论的结构特点在于，理论所由构成的那些概念和判断并不是按照任意的或外在的次序排列的，而是在逻辑上严整的、连贯的系统。换言之，理论的概念和判断相互存在着逻辑联系，借助于逻辑的规律和法则可以从一些判断中获得另一些判断。理论的概念和判断之间的逻辑关系的总和组成了它的逻辑结构，这个结构大体上是演绎的。今天，科学理论通常被构造为假说—演绎体系。

运用构造性语言作为科学知识的模型，这是科学史上最重要的成果，也是方法论中最重要的课题——至少就知识的形式方面而言，这种估价是不过分的。

演绎理论是构造性语言的一种特殊形式。从句法学的角度来看，演绎语言是不考虑符号之外意义的某种符号组合，称之为演绎体系。已经得到解释的演绎体系就是演绎理论。

一个演绎体系通常由三个部分组成：第一，基础词汇（即基本符号手段的总和）；第二，给定语言所使用的逻辑手段；第三，通过逻辑手段而从基础词汇得出的体系。长期以来，演绎体系（首先是公理化理论）被认为是一种构组科学知识的最完美、最高级的形式。对经验知识来说，演绎体系转变为假说—演绎结构。科学知识的发展就在于从不完善的、具体的理论转化为假说—演绎理论。

理论的逻辑结构带有演绎的性质，不是偶然的。借助演绎规则，可以保证从少量真实的前提进到大量新的、逻辑必然的推论。由此建立的理论具有条理性、连续性和充分的科学严格性。采用演绎结构使人们有可能最大限度地发挥理论思维的作用、缩小为深入研究新的理论所必需的经验材料的范围。由于演绎推论的可靠性，避免了总是要借助观测和实验来检验每一个单个命题真实性的必要，这就明显加快了理论知识的发展，并使它的运用在实践上变得更加有效和可靠。

随着近代科学的兴起，伽利略提出了用观测实验和数学方法相结合来研究自然界的方法。他不仅认为物理学原理必须来自观测和实验并接受实践的检验，而且认为物理学的研究应当寻求量的公理，由此研究物体是怎样运动的，用数学关系定量地表示出物体运动的规律。将力学实验与数学方法相结合，导致了第一个完整的科学理论体系——牛顿力学体系的建立。伽利略的实验—数学方法，蕴涵着两个重要的认识论原则：第一，科学认识必须建立在观测和实验的基础上；第二，科学认识不应当是零散的事实堆砌，它们之间必须有确定的、必然的逻辑联系，这些联系要力求用数学公式定量地表达出来。

上述原则，现在已经更好地体现在理论的假说—演绎结构中。所谓假说—演绎方法，就是在深入研究对象系统的基础上，根据观测和实验积累的科学事实，经过理论思维加工创造，提出作为理论基本前提的假说（基本概念和基本判断），再以假说为科学理论的出发点，逻辑地演绎出各种推论，构成一个理论体系。这意味着，在理论体系中，是从一些被看做原始的真实判断中，逻辑地推演出所有其他的真实判断。当然，这种演绎方法不是什么用一些概念“产生”另一些概念的思辨方法，也不是“概念的自我发展”，而是根据逻辑学的规则和法则，推导出该理论的一切判断。例如，爱因斯坦狭义相对论的基本假定有两条：相对性原理和光速不变原理，这两条原理决定了不同系统之间的变换要运用洛仑兹公式。在洛仑兹变换下，电磁定律和力学定律都是协变的，可以逻辑地从基本假设中推演出来。

很明显，基本假设的真理性，并不能由逻辑结构本身来保证，它必须在体系之外，通过观测和实验才能确立。当然，寻找原始的理论前提也不是一件容易的事，这实际上就是提出基本假设的过程，尔后，再用演绎法从基本假设导出各种推论，构造整个理论的逻辑体系。基本假设凝结着比较直接的经验认识，可以说是一种抽象，这种抽象在进一步的理论活动中，又转化为具体的科学理论。从经验到基本假设，是从具体到抽象；从基本假设到理论，则是从抽象上升到具体。后者是个“思维中的具体”，它把所考察的对象系统当作一个精神上的具体再现出来，使我们达到对事物完整的科学认识。

当然，完全符合无矛盾性和完备性要求的科学理论的演绎结构是某种理想。所谓成熟的精密科学在理论上接近于这种思想，例如经典力学、相对论、量子力学。但是，即使在这些典型的精密科学中，也一再发生着使理论偏离理想的情况。在大多数科学理论中，除了演绎结构的成分，除了对结论的严格的逻辑推导，还可以看到归纳概括的成分，看到被系统化了的事实材料，看到被加工过的实验材料等等，它们并非总能完全纳入到理论的演绎体系之中。由于科学是不断发展的，新的事实和发现有的尚没有纳入现存的理论体系，有的还可能与现存的理论体系矛盾，这就提出了修正甚至改变理论的逻辑结构的要求。

4. 假说—演绎方法模型的演化

(1) 亚里士多德的归纳—演绎程序。

系统研究假说—演绎方法的学者首推亚里士多德。亚里士多德主张，科学家应该从要解释的现象中归纳出解释性原理，然后再从包含这些原理的前提中，演绎出关于现象的陈述。他的归纳—演绎程序如下：

$$\underset{(1')}{\overset{(1)}{\text{观察}}}\ \underset{\text{演绎}}{\overset{\text{归纳}}{\rightleftharpoons}}\ (2)\ \text{解释性原理}$$

按照这个程序，科学研究应当从有关某些事件发生或某些性质同进度存在的知识开始，从中归纳出解释性原理。但是，只有当关于这些事件或性质的陈述能从解释性原理中演绎出来时，科学解释才算完成了。因此，科学解释实际上是从关于某个事实的知识 (1)，通过解释性原理 (2)，过渡到关于这个事实的原因的知识 (1′)。显然，归纳—演绎程序把偶然的知识转化为必然的知识。

(2) 罗吉尔·培根的归纳—演绎图式。

中世纪的英国经验论经院哲学家罗吉尔·培根，对假说—演绎模型的发展作出了重要贡献。他建议把研究的第三阶段加在亚里士多德的归纳—演绎程序上。在研究的第三阶段，归纳出的原理要接受进一步的经验检验。亚里士多德满足于演绎出关于作为研究出发点的同一现象的陈述，罗吉尔·培根则要求演绎出新的能与经验耦合的事实。经过他的修正，亚里士多德的归纳—演绎图式变为：

$$\underset{(3)}{\overset{(1)}{\text{观察}}}\ \underset{\text{演绎}}{\overset{\text{归纳}}{\rightleftharpoons}}\ (2)\ \text{解释性原理}$$

这就是说，从观察知识 (1) 归纳出的解释性原理 (2)，将演绎出新的与观察 (3) 耦合的知识。新知识实际上是某种理论预见。

(3) 假说—演绎模型的确立。

假说—演绎模型在近代科学史上的完善过程，是与牛顿创立力学体系的工作一道进行的。这一工作的实质是用一个与经验联系的公理体系来组织科学知识，具体说，可分为下述几个方面。

首先，提出一个公理系统。公理系统是通过演绎（特别是数学关系）组织起来的公理、定义和定理体系。牛顿力学体系就是以三定律为公理的公理体系，其中用公设的形式规定了诸如“匀速直线运动”、“运动变化”、“外力”、“作用”、“反作用”等等术语之间的恒常关系（数学公式）。这个公理体系本身是自洽的，全部定理都必须由公理逻辑地推导出来，而公理本身均为初始的基本假说。

其次，规定一个把公理体系的命题与观测结果相关起来的程序。抽象的体系在具体场合必须获得恰当的物理解释，所以，牛顿又要求公理体系与物理世界中的事件联系起来。他自己建立这种联系的方法，是选择“对应规则”，把绝对空间—时间间隔的陈述转换为受测空间—时间间隔的陈述。

再次，确证用经验解释的公理体系中的演绎结果。例如，天体系统和地球上的物体系统，都是与牛顿力学体系（公理体系）相联系的物理世界，也可以说它们是牛顿力学体系的经验解释。

（4）现代假说—演绎模型。

20世纪以来，假说—演绎结构作为最重要的演绎模型，形成方法论研究的焦点之一。对它的机制和实质，认识也在不断深化。

现在，最为流行的演绎模型可用图示如下：

$$P\cdots\cdots H\propto O_C\rightarrow H_C$$

其意义是，某项研究从解决一个问题（P）问题，通过非逻辑的或者直觉的猜测——所谓智力突变（……），导出一个假说（H），由此推演出（$\propto$）必然的可观察的检验陈述（O_C），然后，如果这些陈述被证明是正确的，就归纳出（$\rightarrow$）被确证的结论（H_C）。

这里强调的是科学研究必须从解释或解决出现的难题开始，否则就无法前进一步。研究者是从有关问题的内容和已经掌握了的知识出发，提出试探性的解释，当这些解释作为命题被阐述时，它们便被叫做假说。假说用以指导我们整理事实。

研究始于问题，而不是始于观察和实验，这是演绎模型的关键。美国著名科学哲学家亨普尔更加明确地主张，鼓舞研究的不只是问题，而就是假说本身。他认为，收集全部有关的事实，这个“有关”的对象，如果仅指问题，意义仍是模糊的；经验事实只有参照给定的假说，才能从逻辑上判断其是“有关”还是“无关”。因此，演绎模型的关键，进一步说在于研究者以假说的形式对问题所作的试探性答案。试探性的假说对于指导科学研究是必需的，它决定在科学研究指出的问题上应该收集什么事实材料，它是演绎模式的出发点。

（5）波普的演绎模型。

波普就此发表的意见更为极端。他认为，理论先于观察和实验，并且仅仅在这个意义上，观察和实验对于理论问题才是不可少的。在每次观察前，总是先有一个问题或者假说，不论你管它叫什么，总之，它是我们所关心的，是理论或者推理的东西。所以，观察乃是有选择的观察，要以某个选择原则作为先决条件。

波普的演绎模型甚至把一般演绎模型中最后的归纳确证过程去掉了，他的著名图式如下：

$$P_1 —— TT \quad EE —— P_2$$

这里 P_1 表示问题，TT 表示试验性理论，EE 表示消除错误，P_2 表示新的问题。与前述演绎图式相比，波普的图式实质上是删去了最后一步：

$$P \cdots\cdots H \propto O_C$$

按照这个图式，整个程序由两种类型的尝试构成，一种尝试是猜测出假说 H，另一种尝试是演绎出观察命题 O_C 来试图对假说加以否证。前者是直觉的突变，后者是演绎出来的论据。

很明显，这种演绎模型有两个特征。首先是反归纳主义的倾向，它强调科学发现不是来自对事实的归纳。波普主张，每次观察都有期望或假说居先，尤其需要期望，因为它能给出一个有意义的观察范围。科学绝不是从零开始的。实际上，假说必定先于观察；我们有潜在的先天的知识，它处于潜在的期望中，在我们从事积极的探索时，通常由于我们反作用于它而使之活化。一切知识都是某些先天知识的变态，因而不存在重复性的归纳。第二个特征是间断论的观点。它认为发现的过程并非单一的逻辑过程，而可分为两个不连续的思考阶段。第一步是非逻辑的或者直觉的，属于发现阶段；第二步是逻辑的或理论的重构，属于证明阶段。

5. 科学理论在实践中发展

和世界上任何事物一样，科学认识是一个永恒发展的过程，它的成果——理论，也不是一成不变的。任何科学理论，不论怎样成功，也只能是相对完成的体系。这就决定任何一个科学理论必定在实践中不断向前发展。

理论发展的结果是新理论的诞生。20 世纪初，人们的认识深入到原子领域。英国物理学家汤姆逊在 1904 年提出了原子均匀结构模型，这是最早的一个有影响的原子结构理论。1911 年，汤姆逊的学生卢瑟福根据 α 粒子散射实验的事实，否定了原子均匀结构模型，提出了原子有核结构模型，后来又获得许多新的实验验证。但是，根据经典电磁学理论，卢瑟福的模型解释不了原子的稳定性和原子线状光谱的实验事实。于是，1913 年，玻尔又把普朗克的“量子化”概念引进卢瑟福的原子有核模型，突破了经典理论，从而建立起能说明上述实验事实的原子结构的量子化轨道理论。这就把原子结构的理论提高到一个新的阶段。

新的理论是在实践需要下应运而生的。就理论和实践的关系而言，一个新的理论必须满足以下三个条件才能确立。

第一，新理论一定要能解释旧理论不能解释的自然现象；换言之，新理论必须能解决旧理论导致危机的各种问题。理论是科学认识的结果，是在科学实践中产生并服务于实践的，如果原有理论所向披靡，没有出现问题，就不会开始新的研究，也不会有新的理论。当然，一个新理论要成立，首先必须能解释旧理论已经解释的自然现象，也就是能把原有理论已经取得的成果继承下来，否则，这个新理论肯定在实践中是通不过的。但这一点只是新理论确立的不言而喻的前提，因为新理论的出现主要是为了解决旧理论与实践的矛盾，所以，最重要的是新理论必须解释旧理论不能解释的自然现象，才能经得起实践的检验。

第二，新理论必须在认识的深刻性和量的精确性方面大大优于旧理论，换言之，新理论应以更普遍的形式出现，并且在旧理论得到确认的领域把后者作为自己的特例或极限形式。旧理论之所以被取代，主要在于它的历史局限性，它是比较局部、比较片面的认识。新理论必须以比较深刻、比较精确、比较全面的认识去代替原有的认识。但这不等于彻底抛弃过去的科学成果，而是在原有理论成果上的发展。物理学家约瑟夫·阿盖西在谈到新旧理论的关系时说："对任何新提出的理论，人们可以提出两个公认的、方法论的要求，它应该产生终于要代替它的理论，而把后者作为一个结果或第一次逼近，同时也作为一个特例。第一个要求无非是等于要求新理论解释以前的理论所取得的成功。第二个要求相当于要求新理论是更一般的和可独立检验的。"①

阿盖西的观点，实际上是玻尔对应原理的另一种表述。对应原理是玻尔关于氢原子理论（1913 年）的一个公理。为了说明观察到的氢光谱，玻尔提出，氢的电子只能存在于某些稳定的轨道上，这些轨道的角动量是由下述公式给定的：

$$mvr = nh/2\pi$$

其中 m 是电子质量，v 是速度，r 是轨道半径，h 是普朗克常数，n 为正整数。从一个稳定轨道到另一个稳定轨道的跃迁伴随着能量的发射和吸收（例如，从 $n=3$ 到 $n=2$ 的跃迁产生巴尔末系第一级光谱线）。对应原理规定，当 n 趋于无限和电子不再受约束时，电子服从经典电动力学的定律。

后来，玻尔为他的氢原子理论的成功所鼓舞，坚决主张普遍化形式的对应原理是量子力学理论可接受性的标准。根据玻尔的观点，无论什么形式的量子域理

---

① ［英］约瑟夫·阿盖西：《在微观和宏观之间》，见［美］洛西：《科学哲学历史导论》，196 页，武汉，华中工学院出版社，1982。

论，它必定以渐近线的形式与经典理论已经证明是适用的那个领域的经典电动力学相一致。

把对应原理作为可接受性标准，是用类推的办法，从具体的理论实践导出新理论接替旧理论的一般条件，如：

(1) 新理论比旧理论具有更丰富的检验内容；

(2) 新理论在旧理论得到充分确认的那个领域以渐近线的形式与之一致（旧理论是新理论的近似或极限形式）。

在近现代科学理论的发展中，由于实践的要求，新理论产生并把旧理论作为自己特例的情况比比皆是，最著名的如爱因斯坦相对论把牛顿力学作为自己在低速领域和一般尺度空间上的近似。

第三，新理论必须能预见旧理论无法预见的自然现象，换言之，新理论在实践中有更大的预见性。能够解释已知的自然现象，仅仅是理论功能的一个方面；能够预见尚未观察到，但通过科学实践的发展将来一定能够观察到的自然现象，这是理论功能的另一个不可或缺的方面。新理论的确立，往往得力于它在实践中展示了更大的预见性能力。爱因斯坦相对论之所以取代牛顿力学，与它作出了许多后来得到验证的预见有关，而这些预见在牛顿力学中是不可想像的，例如狭义相对论预言的时间膨胀效应（即运动的时钟比静止的时钟走得慢这种效应）。1971 年，两个美国人把四台原子钟放在高速喷气飞机上绕地球一周，返回地面后，与静止在地面的原子钟比较，在扣除地球引力场产生的钟慢效应后，结果与狭义相对论的预言大致相符。

四、经验规律与理论规律

科学的理论建构中，最关键的问题是经验规律与理论规律之间的过渡。既要善于区分这两类规律，又要把握它们的内在联系，通过从经验规律向理论规律的提升与从理论规律到经验规律的还原，深化科学认识。

1. 可观察性与两类规律

(1)“可观察性”的意义。

经验规律与理论规律的分水岭，在于规律的可观察性与不可观察性。

“可观察性”一词意指人们日常经验中可以直接观察的任何现象的特点，经验规律就是关于可观察现象的规律。问题是，对可观察的说法，普通人、科学家与哲学家的看法是相同的吗?“可观察性”在现代科学中的含义究竟如何?

首先,一般来说,随着科学的发展,“可观察”的内容和方式也发生了很大的变化。尽管人们可以用通常习惯的方式、直接用感官去觉察事物的状态,但是在现代的科学观察中,已经加入了一些数学方法和仪器设备作为观察的辅助手段。有些哲学家争辩说,电流强度一旦超过安全系数就无法真正观察到,因为人们无法用自己的感官去觉察。当安培计给出电流强度的准确量度时,电流强度并没有直接被人察觉到,而是从辅助的观察仪器中读出来的。但物理学家仍然认为,它们是一种可以观察到的经验。

其次,对于“可观察”的现象,还有一个实验设计参与观察的问题。但是正如人们所要求的那样,尽管近代物理学的实验需要安排原子客体源等一些设备,但其观察结果的表现仍然同我们日常生活中所观察的现象属于同一类型。如果缺乏这种类型的特征,其可观察性就很难被接受了。物理学家玻尔在论述可观察现象的时候认为,就是原子和原子物理学中的可观察现象也应当用日常用语因而也就可用牛顿物理学的语言来描述。

再次,“可观察”的现象与“不可观察”的现象之间的界限是模糊的。我们知道对现象的观察依赖感性知觉,依赖实际测量,但有时也依赖实验与各种客体、事件和过程的相互作用来确定。但是在这个过程中,数学工具的应用、各种实验仪器及其数据和标准的使用,就会带来“可观察”与“不可观察”的界限模糊性。当一个人通过普通显微镜观察某种东西时,他还可以说是运用感官直接感知。但是当他用电子显微镜时还是感官的直接感知吗?当人们看到一束原子客体(比如电子)射到一个有两条狭缝的门上,波穿过两条狭缝之后互相干涉,在挡住波的去路并涂有氧化锌的屏上出现闪烁点的数目时,人们可以推算闪烁在屏上一定区域出现的几率。那么这样的观察结果还算不算是一种“可观察”的现象的结果呢?一般来说,物理学家往往是在非常广泛的意义上讲到可观察的东西,而哲学家对此则常常要求较严格。这样就最终出现了一个问题,即“可观察”与“不可观察”是从属于一个不断发展变化的历程中,这个历程被卡尔纳普称作一个认识过程的“连续统”。

存在着一个连续统,它开始于直接的观察,并深入到极为复杂、间接的观察方法。明显地,不可以横过这个连续统画出一条界限分明的线,这是一个程度的问题。区分开可观察和不可观察的界限是高度任意的。

(2) 经验规律与可观察性。

经验规律的最大特征就在于它的实际可观察性,或者称为实际的可确证性。一般把经验的规律看做一种经验的概括,它表示这些规律是通过对观察和测量结果的概括而获得的。这种经验的概括不仅仅是简单的定性规律，它也包括某些定量规律。例如欧姆定律，气体的压力、体积和温度的定律，都是如此。对某些事物，科学家进行反复测定，从中找出或发现了一些规律，于是这种规律性就表述成一个定律。当然这个定律要在不断的观察中接受检验，看其是否错误、是否应当修改。这些规律可以用来解释观察到的现象，同时由于规律性的描述，它也可以预言未来的可观察的事件。如果我们考虑到“可观察性”的特征，可以把经验规律看做它所表述的语言内涵可以直接用感官来观察或者可以用极为简单的仪器与技术给予测量。

对于经验规律而言，它的来源是经验的概括，并且表现出一种定律的形式。实际上经验规律还有另一个来源，那就是有许多经验规律是由理论规律“派生”出来。即一种理论规律导致了一些经验规律的问世，并在一定意义上成为人们检验理论规律的一个手段。

(3) 理论规律与不可观察性。

理论规律作为与经验规律相区别的一种规律，在它与经验规律的比较中，可以发现如下几个特点：

第一，理论规律一般是表述为抽象的语言，借助某些科学家创造的概念来表述规律，如原子、电子、质子等等。有的学者称理论规律是运用概念表述的抽象规律。

第二，理论规律的词语不涉及可观察的东西，换句话说，理论规律所表述的内容是不能用简单的、直接的方法来测量的规律。

第三，理论规律不是观察现象的直接概括或总结。换句话说，理论规律与经验规律的来源有根本差异。经验规律直接来源观察的经验总结，而理论规律却不是观察现象之后的一种人为的总结或者称为人为直接抽象。

就观察现象的“可观察”与“不可观察”的分界而言，我们曾指出它们之间的模糊性，但是在实际操作中我们认定理论规律涉及不可观察的东西，而经验规律涉及可观察的东西，这是否会带来混乱呢？应当说这是不会发生的，因为在对一个事物是否可观察的分析中，不仅在实际操作中区别很大，而且一个科学家共同体对这类区分早有一种共识。我们所表述的可观察与不可观察的困难不会在此发生。例如，物理学中，对一个大尺度的静态场，它从其中一点到另一点并不变化。物理学家们认为它是一个可观察的现象，因为可以用比较简单的仪器来测量它。与此相比较，如果这个场在很小的距离内从一点到另一点之间是变化的，或者说它在时间上变化很迅速，比如每秒变化几十亿次，则它不能用简单的仪器和技术加以测量。物理学家们将会认为这样的场是无法观察的。物理学家们一般把数量在极小的空间间隔内和时间间隔内发生变化，以至它不能用简单的仪器和技术来测量的事件称为微观事件。微观过程包含着极小的时空间隔过程，因此关于这类微观过程的理论规律涉及不可观察的东西。

当然，对于那些数量在空间距离足够大或者时间间隔足够大的范围内保持不变的所谓客观事件，一般来说比较多的是可观察的事件，有时人们就把宏观过程与微观过程分别看做可观察事件和不可观察事件。

2. 理论规律获得的途径及其构造的普适性

（1）理论规律获得的途径。

对于经验规律的获得，可以认为是物理学家（或者其他科学家）观察了自然界的某种事物，经反复地测量、比较，发现其中的一种规律性，于是以一种归纳性的概括来描述这个规则性。例如，对大气的压力、体积和温度这样的现象，就可以直接地、反复地用比较简单的方法来测量，于是这些测量就最终被表述为一种规律。

作为比较，我们可以寻找理论规律获得的途径。以气体为例，我们可以利用经验反复地测量、检验气体的压力、体积和温度的变化，并且把这些经验概括成一个规律——经验规律。那么，我们的测量、检验怎么会得出“分子”这一个概念呢？因为我们看不见分子，测量不到分子，“分子”这个词绝对不会是观察的结果。换句话说，就是无论你对观察进行什么样的概括，它也不会出现或产生分子过程的理论。“分子”一词是人为的概念创造，有关分子的理论也是一种抽象意义上的创造。尽管这些创造与观察、测量有关系，但它绝不是观察、测量经验的直接结果。

可以说，理论规律不是作为经验或事实的概括而被陈述出来的，而是被作为一种假说的形式被创造性地陈述出来的。当然这类创造性的假说要接受类似检验经验定律的方式而被检验。从这种假说中导出它蕴涵的某些经验定律，这些经验定律作为假说的一种特定表现形式接受事实观察的检验（当然有些时候，从理论中导出的经验规律已经被很好地确证了）。无论被导出的经验规律在潜在的检验中是被确证还是被否证，这种导出经验规律的检验，实际上就是对理论规律的一种检验（确证或否证）。

理论规律是不可观察的规律，但是当科学家提出理论规律时，这个理论规律却应当可以导出多种多样的经验规律，而这些经验规律则应当可以解释已经观察到的事实，同时还可以预言尚未观察到的事实。于是，在经验规律得到观察检验的时候，理论规律也间接地得到观察的检验。理论规律与经验规律发生的关系，很像经验规律与个别事实发生的关系。与此相类似，理论规律可以解释已经形成的经验规律（因为理论规律以此为基础构成），并且可以导出新的经验定律。当然，值得说明的是，一个经验规律可以由个别事实的观察来作证明，但是对一个理论规律而言，与经验规律相类似的观察不可能出现，因为理论规律中所指称的实体是不可观察的。对理论规律的确证，只能转而依赖它导出的经验规律的确证。

（2）理论规律构造的普适性。

作为理论规律而言，如果导出的经验规律间的联系越少，那么说明这个理论的解释力量就越强。当一个理论规律导出的新的经验规律被用新的检验确证了，那就是说，这个理论使预言的新的经验规律成立。这种语言作为假说的方式被人们理解和承认，则这个理论也就被人们理解和承认——即这个理论被确立了。当然，这个经验规律的确证，它只是为这个理论提供了间接的确证。一个规律（无论是经验规律还是理论规律）的任何确证都只能是部分的，不存在完全和绝对的确证。

从理论规律的不可观察性及它与导出经验规律之间的关系，我们可以知道，一个新理论的创立的最高价值就在于它对新经验规律的预言性。如果一个新的理论系统，它只能解释已知的经验规律，而不能导出新的经验规律，那么它只能是原有理论的一个逻辑等价理论。尽管新理论有其表现的新颖性、优点性，但它不会超越原有理论的价值。例如，爱因斯坦的相对论，它的价值不在于它的简明、优美，而在于它巨大的预言能力。相对论导出的经验规律成功地解释了水星近日点的进动，并且预言了光线在太阳附近会由于巨大吸力作用而发生弯曲。这个预言在日全食时的观测中被证实了。

对于理论规律与导出的经验规律而言，它们并不是简单的从一个经验规律形成了一个理论规律，然后由这个理论规律导出这个经验规律的循环。我们这里且不讨论理论规律形成的原因和方式，只就理论规律的构造而言，它都具有很大的普适性——即科学家提出的理论规律都具有比较普遍的意义，而且从这个理论规律中可以导出多种多样的经验规律去供人们检验。理论提出新规律的能力越大，它的预言能力就越强。例如，牛顿的万有引力定律，就是一个具有普遍意义的理论规定。它可以小到用两个有限距离的物体来检验导出的具体经验规律，大到用天体间的相互作用来检验导出的具体经验规律。理论规律的重要意义就在于它导出的经验规律对事实的解释能力和对未来事实的预言能力。

3. 从理论规律导出新的经验规律

（1）提出一种将理论词语与可观察词语联结起来的规则集合。

当讨论和分析理论规律和经验规律时，我们说，一个理论规律是不可观察的，但它可以通过导出的经验规律来间接地观察和确证。这里存在一个问题，那就是，理论规律是怎样以及通过什么方式导出经验规律的呢？

从分析理论规律与经验规律的差异可知，理论规律运用概念性的理论词语，而经验规律却只含有可观察词语，一个概念性的理论词语是无法直接演绎出观察性词语的。

例如，我们分析 19 世纪气体分子的某些理论规律。这些理论规律描述单位气体体积分子的数目、分子运动的速度等。当时人们猜想气体分子就像小球一样在无摩擦的状态进行完全的弹性碰撞。在这里理论规律只涉及分子的行为，可是人们对分子的行为只是一种凭借宏观规律的猜测，而所谓的分子是看不见的。理论规律只含理论词语，如何才能从这些理论规律中演绎出关于气体压力和温度的可观察性质的规律？显然，如果不给出其他的方法和方式，气体的可观察性质的规律是无法从理论规律中推导出来的。

这里实际上就提出一种将理论词语与可观察词语联结起来的规则集合。没有这个规则集合，理论规律就无法演绎出可观察的经验规律，而这一点又是必然完成的一项工作。例如，在气体分子理论规律中，我们建立起这样一个规则："气体的温度（可用温度计测量是可观察的）与它们的分子的平均动能成正比。"这个规则将理论词语中不可观察的分子动能与一个可观察的气体温度联起来。显然，由这个规则，使理论规律演绎出一个可观察的经验规律。

在科学的发展中，科学家和哲学家都承认这种规则存在的意义，并经常讨论它们的一些性质。对于这样的规则一些学者给出了不同的名称，卡尔纳普称它为"对应规则"；布里兹曼称它为"操作规则"；R. 坎贝尔称它是"字典"（本书采用卡尔纳普的说法，称为对应规则）。

（2）数学实体与物理学理论体系的联系与差异。

对于理论规律，有的学者还经常把它称为一种数学符号表述的实体，例如有的学者把理论物理就称为数学实体，并以此说明这些实体之间能用数学工具表示关联。但是，作为理论规律与经验规律的对应规则，我们必须清楚数学符号及其体系与物理学理论体系的差异。

数学是一个自洽的公理化体系，数学的任何一个公理系统中，由它本身的独立性、协调性、完备性建立起来的逻辑关系，完全不用与现实世界相关就形成一个独立的演绎系统。在这个系统的每一个概念都可以在逻辑基础上定义，它不用与可观察的现实世界联系起来。然而物理学不行，不能用纯数学来说明"电子"、"温度、"压力"这些词。

在物理学和其他的自然科学中，一个理论体系不能像数学那样独立于现实世界之外，例如“电子”、“分子”等等词语，必须将它们用某些词联结到可观察现象上加以解释，而这些对应规则是数学符号无法胜任的。

运用对应规则从理论规律导出经验规律，具有开放性和无终结性这两个特点。

所谓开放性，是指把理论规律用对应规则解释成可观察的经验规律，这种解释必然会是不完备的。正由于它是不完备的，所以就可以不断地补充对应规则，形成了对应规则不断增长的开放性。例如，19 世纪的物理学由于经典力学与电磁学已经建立，经过好几十年，基本定律方面相对地没有多大的变化，物理学的基础理论仍然如此。但是由于测量数量的新程序不断地被提出来，所以新的对应规则就不断地增长起来。

所谓无终结性，是指理论规律的对应规则的解释是不会一次性完结的。也就是说，对理论词的解释会由于新的对应规则的增加而增加，这些对应规则不会也不能对一个理论词语提供一个最终、明确的解释。因为理论词项不是观察词项，只要它不变成可观察词语的一部分，那么它就存在着新对应规则给予解释的可能性。可以说，只要不出现不相容的或与理论规律不一致的对应规则，那么随着不断的发展，总会有新的对应规则出现。事实上，目前科学发展的历史也表明，对应规则的增长及对理论词语不断解释的修正正是科学发展的一个过程。

对于理论规律而言，不断地出现新的对应规则，不断地有理论词语演绎为一个可观察的事实，这正是理论规律的生命和价值所在。

（3）运用对应规则把理论词语转化演绎为可观察词语。

对应规则作为联结理论规律不可观察词语与经验规律可观察词语的特殊桥梁，在理论规律的发展和确证方面发挥着极大的作用。在一定意义上甚至可以认为如果没有对应规则的存在，那么理论规律就会成为无人问津的毫无用处的假说。作为科学理论规律及其对应规则的建立，牛顿物理学展示了人类历史上第一个综合的系统理论。它的万有引力、质量的概念、光线理论性质等等，都是不可观察的理论概念。作为理论，牛顿物理学表现了人类智慧的伟大预言力和深刻的洞察力。人类从未把天上的物体运动和苹果落到地上这样两个看来毫无联系的事情放在一起思考。牛顿的万有引力作为一个理论定律成功地解释了苹果落地和行星运行的规律。借助对应规则，物理学家也成功地在实验中测得了两个物体之间的引力。

下面我们通过两个实际案例进一步考察对应规则是如何把理论词转化演绎为可观察词语的。

案例 1：气体动力学

在气体动力论中，理论规律描述说，气体微粒就像一些小球，具有相同的质量，在气体温度恒定时，具有相同的速度（后来的波耳兹曼—麦克斯韦分布表示，分子处于某个速度范围都有一定的概率）。但是作为实际经验和观察，谁也没有观察过分子，不知道一个分子的质量，也不知道在一定的温度和压力下一立方厘米的气体有多少分子。可以说这些理论规律是无法观察的，但是当有关的数量被表示成一定的参数写入规律时，这个建立起来的数学方程就为对应规则的确立奠定了基础。对应规则把理论词与可观察现象联结起来，从而使人们可以间接地确定这些参数的值，这样就可能导出经验规律。其中一个对应规则把分子的平均动能与气体的温度联系起来。另一个对应规则把气体的压力与分子在禁闭着器壁上的碰撞联结起来。这个对应规则可借助压力计把宏观上测量的压力用分子统计力学的术语表述出来。第三个对应规则是把分子的质量（不可观察词语）与气体总重量（可观察词语，例如用秤量）联结起来。这个对应规则表示：气体的总质量 M 是分子质量 m 的总和。

由于有这样一些对应规则，使得从理论导出的经验规律成为可检验的。于是人们就可以知道当体积不变和温度上升时气体压力如何，也可以推测出容器的边缘被敲击产生声波是什么原因，等等。对应规则使人们可以验证经验规律，同时也是间接地检验理论规律。这种理论规律借助对应规则，既对已有的经验定律给予解释，同时又导出许多新的经验规律供人们检验。

典型案例 2：电磁学理论预言新经验规律

电磁学理论是英国物理学家法拉第和麦克斯韦提出来的。这个理论表示电荷在磁场中的行为。麦克斯韦描述电磁场的微分方程组预设的是某种分立的微小物体，它具有未知的性质，能携带一个电荷或一个磁极（直到电磁学提出很久之后电子的概念才出现）。对于这个理论，当然无法观察，但是它借助对应规则导出了人们熟知的电磁定律。

麦克斯韦方程有一个参数 C，按照理论模型，电磁场中一个扰动以具有速度 C 的波传播。实验表明 C 的值接近每秒 3×10^{10} 厘米。由于这与光的速度相同，物理学家怀疑光是否就是电磁振荡传播的特殊情况。不久之后证明，麦克斯韦的理论对光学规律（折射、在不同介质中的速度等等）给出了解释。更有说服力的是，德国物理学家赫兹大约在 1890 年证明了光是一种电磁振荡，并且是一种极高频率波的传播。赫兹由电磁理论开始的实验，最后发现了无线电波（当时被称为赫兹波）。后来，当人们发现射线时，物理学家就猜想Z射线可能也是电磁波，后来这个猜想得到证实。所有这一切，都是在麦克斯韦理论规律的基础，由对应规则导出的新的经验规律所获得的成果。

随着科学的发展，随着某种理论规律的对应规则的增加，理论规律的解释能力越来越扩大。而且，这种变化使科学向着统一的方向发展。例如，麦克斯韦的电磁学理论使物理学向着统一迈进了一大步，原有的光实际上只是电磁学理论的一部分。当然，试图把整个物理学用一种理论统一起来，在目前看还有许多困难，但是它至少在一定意义上预示了理论发展的一种趋势。

理论规律的提出，再加上对应规则的确立，使理论规律能够对原有的经验规律进行解释并且对新经验规律作出预言。这种理论规律的提出以及对应规则的确立，往往表现出一种天才般的创造性。但是，无论作为天才般的想像，还是作为一种预言式的构想，一种理论规律的提出，必然辅之以连接理论与可观察现象的对应规则，否则，这种理论规律就只能是一种假说而成不了科学的理论。

第九章 数学方法与系统科学方法

当代科学技术哲学的重要进展，不仅见诸一般科学哲学和技术哲学领域，而且表现在数学哲学和系统哲学的研究中。数学和系统科学的发展为认识论和方法论开辟了新的思路。数学的方法论意义愈来愈普遍。系统科学更是提供了一种新思维方式，建立在系统科学基础上的系统方法则获得了一般的方法论功能，用来把握和解决各种理论与实际问题。

一、数学方法与模型化原则

1. 数学的方法论意义

理论与方法是一致的。一般而言，科学理论的解释和预见功能，便是理论在人们认识过程中最重要的方法论功能。作为对自然认识的结晶，科学理论是人类改造世界的有力工具。

由于理论研究的对象和性质不同，各种理论在科学认识中的具体方法论作用又是千差万别的。例如，各门科学的特殊研究方法，往往是和该学科的某种理论相联系，并建立在这种理论基础上的。在天文学中，常常利用天体光谱线的红移理论，来测定天体在视方向的运动速度；在地质学中，常常利用古生物化石来确定相应的地层的年代；等等。其共同特点在于，研究方法直接依据相应的规律性的知识，即该对象领域的理论。掌握方法不仅要求了解怎样和在哪里使用它们，而且还要求理解它们的理论基础。

对于科学认识具有普遍意义的，是那些可以提供一般研究方法的科学理论。各门科学不可或缺的一般研究方法，牵涉到最古老的科学之一——数学。数学在理论上迅猛发展，反过来作为方法在几乎所有其他的科学领域中得到了广泛的、深入的应用。

数学是人类最早发展起来的科学之一。客观存在的一切事物都是质和量的统一体，因此，量的规定性具有普遍的意义。数学正是专门研究量的科学。它撇开客观对象的其他一切特性，只抽取各种量、量的变化以及量之间的关系，在抽象的纯粹的形态上加以研究。数学理论不仅刻画出客观世界量的规律，而且总结出各种在量之间进行推导和演算的方法。

任何一种数学理论（几何学、微积分、群论等），本身都是用演绎方法建立的系统，因此，数学理论是获得演绎推论的现成手段，是科学知识发展的形式，是解决具体科学课题的公式。数学方法原则上适用于一切科学，因为已有的客体，无论用什么样的方法去研究，它们都具有量的规定性，对于量的规定性的研究必须运用数学。但是，运用数学方法的程度和意义在不同科学中是不尽相同的。如果某门科学用它所特有的方法预先进行了对现象的大量研究，那么，数学就将有机地进入到这门科学中。因此，对数学的运用程度，也是一门科学成熟的标志。当某门科学找到了相应的数学手段来表述自己概念的相互联系时，就证明它达到了更高的逻辑水平和理论水平，达到了更有效的解释和预见的可能性。马克思认为，科学只有当它能够成功地运用数学时，才达到了完善的地步。

对于科学研究来说，数学的方法论意义主要有：

（1）数学为科学研究提供了一种简洁精确的形式化语言，提供了一种抽象思维的工具。

在数学中，对概念的表述，对定理的逻辑推导和证明，对量的关系的比较或演算，都是在某种规则的符号系统中、运用着一套形式化的数学语言进行的。数学语言在形式上简明扼要，成为科学内容的重要表达方式。例如，可以用向量表示力的方向和大小，用函数表示不同因素之间的依赖关系，用导数表示各种量的变化率，用微分方程表示运动量之间的关系，等等。许多自然科学定律，都是用简明的数学公式表示的。在电动力学中，著名的麦克斯韦偏微分方程组，就概括地描述了经典电磁理论的全部基本定律。进入微观领域，量子力学中的基本关系，在海森堡那儿是用矩阵形式、在薛定谔那儿则是用波函数形式来描写的。它们的出发点及所利用的数学工具完全不同，前者从粒子出发，运用代数方法，后者从波动出发，运用微分方程。但后来，薛定谔发现两种力学是完全等价的，可以通过数学变换从一个理论转换到另一个理论，这表明它们实质上是同一个理论。可见，如果熟悉数学语言的符号和公式，科学知识借以表达的数学语言就会告诉我们有关现实的具体内容和规律，对符号或公式的这种或那种解释，就使人们得到很有价值的结论。

运用数学语言，还可以在观测和实验的基础上，提炼数学模型。数学模型本身是一个抽象的数学系统，通过某种数学推导和演算，往往有助于揭示复杂现象的内在联系，使理论研究顺利开展。而且，数学语言的运用，大大提高了对象的抽象化程度，可以帮助人们进入和把握超出感性经验之外的客观世界。例如，引力场这样的对象，如果没有非欧几何语言的描述，是很难把握的。数学独具的抽象能力，使它成为一种思想工具，借助它，人们才有可能深入到事物的本质。

(2) 数学方法，特别是公理方法，为整理和发展已有的知识、建立科学的理论体系，提供了有效的手段。

众所周知，数学中的命题、公式都要严格地从逻辑上加以证明后才能够确立，数学的推论必须遵循逻辑法则，以保证从某一前提出发导出的结论在逻辑上准确无误。数学的这些特点，使它成为建立理论体系的现成手段。这方面，最有意义的是公理方法。数学中的公理方法是希腊数学家欧几里得首创的。他在总结几何学知识时，运用亚里士多德的演绎逻辑，选取少数原始概念和不需证明的几何命题，作为定义、公理、公设，使之成为全部几何学的出发点和逻辑依据。欧几里得按照这种公理化结构，撰写了著名的《几何原本》。这在几何学发展史上是一个里程碑，在方法上则开公理方法的先河，影响极为深远。在数学中，在力学、物理学中，起而仿效的比比皆是。例如，牛顿就是用公理方法，从运动三定律和万有引力定律出发，按照数学的逻辑推理，把力学的其余定律逐个地推导出来。他的《自然哲学的数学原理》(1687 年) 便是历史上第一个完整的力学体系。当一门科学积累了相当丰富的理论成果、需要按照逻辑顺序加以综合整理、使之上升为一种理论体系时，公理方法的作用是特别明显的。用公理方法把某个领域的知识组织成一个演绎的逻辑体系，这成了自然科学研究的基本方法。

公理方法是假说—演绎方法的数学形式。一个公理体系不但是已有知识的系统化总结，而且本身又将成为新的科学研究的起点。通过对研究体系内部逻辑矛盾的分析，引入新的公理，往往导致理论在原有基础上获得新的发展。例如，对欧几里得第五公设的研究，最终表明，平行公理只适用于一般尺度空间。如果引入与之相反的公理，在数学上可以建立自洽的非欧几何理论。由此产生的新的空间观念，可以恰当地描述大尺度空间的物理结构。新的假说体现为新的公理，新的演绎体系刻画出新的理论成果。

19世纪末，德国数学家希尔伯特对欧几里得几何公理体系进行了深入的研究，把公理方法推进到一个新的水平，提出了关于公理体系的三个重要问题：无矛盾性、独立性和完备性，产生了形式化的公理方法。人们通过公理化方法，研究了各种可能的数学结构，为现实世界提供了各种可能的数学模型。这些模型成为建立新的物理理论的有效手段。现在，随着数理逻辑的发展，公理方法本身也成了科学研究的对象。数学逻辑用数学方法研究推理过程，不但使公理方法向着更加形式化和精确化的方向发展，而且把逻辑推理形式加以公理化、符号化，为电子计算机模拟人脑的某些思维过程提供了理论依据。

(3) 数学为科学研究提供了定量分析和理论计算的手段。

把实验方法和数学方法结合起来，这是伽利略对科学方法论最伟大的贡献。从那以后，力学、物理学都迅速发展为“精密科学”。一门科学从定性描述进入定量分析和理论计算，这一步标志着这门科学已经达到比较成熟的水平。在生物学中，著名的基因遗传学说之所以不同于以往对遗传现象的描述，主要因为它是根据两两具有不同性状的个体杂交实验所获得的大量数据，进行数理统计推导出来的。在现代科学研究中，如果没有定量分析和理论计算，理论研究是走不远的。而电子计算机的问世，使过去由于计算复杂无法解决的数学课题有了解决的可能，这就为一大批新兴科学的产生和发展准备了必要条件。原子能的研究和开发，空间技术的发展，大型工程的设计，如果不进行周密的理论分析与数值计算，不但不能达到预期的目的，反而可能造成巨大的损失和灾难。

定量分析和理论计算，有时能导致重大的科学发现和预见。例如，勒维列和亚当斯结合数学的推导和计算，预言了海王星的存在。爱因斯坦在相对论中，通过数学方法而获得的质能关系式，预示了原子能一旦释放出来，可能具有多大的威力。在量的方面所进行的细致研究，为揭示事物的本质提供了有力的手段。

数学的分析和计算方法本身可以抽象出来，作为数学理论进行独立研究。这样，某种成熟的数学形式（如方程式），常常可以用来表达一个新的、过去不知道的现象领域的规律，作为假设的数学公式而加以运用。这就是说，先进行抽象的数学分析和计算，再找它的现实原型。这种方法在现代科学中具有巨大的启发作用。当然，这些数学公式可能根据新的对象领域的条件而加以改变，它的符号也获得另一种解释。在描述电场中电子行为的量子力学中，著名的波动方程就是用这种方法由薛定谔发现的。

数学方法在现代科学中的启发作用如此之大，以至它常常成为理论研究的主要武器之一，而不是像过去那样，仅仅作为简单的辅助手段。

2. 科学研究中的模型化原则

科学研究的一个重要思想，是通过各种形式实行的模型化原则，通过建立对象系统的简化模型来研究真实的对象系统，从而获得有关对象系统的知识。

现实研究中，往往受客观的条件限制，不可能或不允许对某些自然现象进行直接试验。例如，有的自然过程时过境迁、无法再现（像地球上生命的起源和进化过程）；有的范围广大、变幻莫测，各种因素互相交叉，十分复杂（如大气环流）；有的工程、建筑鉴于安全原因，不允许直接进行试验，或者直接试验耗资巨大（如水库、电力系统），在此情况下，人们可以采用模型实验的办法，先设计与该自然现象或过程（即原型）相似的模型，用它们模拟原型，通过对模型的实验间接研究原型的规律性。模拟自然过程从而揭示自然规律，是直接实验研究之外间接实验研究的共同特点。

根据模型和原型之间相似关系的性质，可以把模型方法分为物理模拟和数学模拟两大类。前者以模型与原型之间的物理相似为基础，后者以模型与原型之间的数学形式相似为基础。所谓物理相似，是指物理量的相似，即所有的矢量（如力、速度、加速度等）在方向上相对应、在数值上成比例，所有的标量（如密度、温度等）在空间分布和时间间隔上相应成比例。在这种情况下，模型和原型之间只有大小比例的不同，其物理过程的本质是一样的，物理模拟中最典型的例子之一是美国科学家米勒在 1953 年设计的一个别出心裁的实验。米勒把一个特制的玻璃仪器抽成真空，再用 130℃高温消毒 18 小时，然后通入 CH（甲烷）、NH_3（氨）、H_2O（水）、H_2（氢）。又模仿原始地球闪电的自然条件，连续进行火花放电八昼夜。最后在完全无生命的系统中，得到了多种氨基酸和其他有机物，其中有四种氨基酸与天然蛋白质中的氨基酸（甘氨酸、丙氨酸、谷氨酸和天冬氨酸）相同。米勒的实验为我们提供了几十亿年前的原始地球上合成有机物的生动图景，有力地支持了“生命起源必然是通过化学的途径实现的”观点。很明显，今天如果要在自然状态下观察生命起源的过程，那完全是不可想像的。

数学模拟可以用在两种本质不相同的物理过程上，只要它们遵循同样形式的数学规律。这里也有一个生动的例子。如果我们要研究某地区地下水渗流情况，当然不可能把地表掀掉来进行观测。这时，就要用到哲学思维了。自然界的统一性显示在关于各种现象领域的微分程式的“惊人的类似”中。流体力学表明，水头 h（高度）的方程与电学中电势 u 的方程具有完全相似的数学形式，即三维拉普拉斯方程。因此，可以用数学模拟的方法，以电场模型来代替按一定比例缩小的渗流区域，在实验室内用一套相应的电路装置来模拟地下水的运动。借助于电拟试验，就能通过电势方程的解而找出水头方程的解。例如，可以根据电拟试验中所测得的电位值，绘制出等电位线，由此就可推出渗流场中的等水位线。

模型化原则是科学认识中的一条重要原则。没有模型，人们就很难对复杂的客体进行有效的研究。模型研究首先将对象在思维中简化，然后，将模型的行为回推到对象中去。人们只要把握了模型，就能根据它与原型的类似来认识原型。模型化有效地将自然状态下的对象转变为人工条件下的对象。

二、系统观思维方式与系统科学体系

1. 系统观思维方式的兴起

20 世纪初发生的物理学革命，以及 20 世纪中叶风靡全球的系统科学潮流，从整体上导致了机械观的衰落和系统观的兴起。这是当代认识论中最重要的变化之一。

现代科学思维方式是以系统观为主导的。那些以分析特定类型的系统为己任的新兴学科和分支得到异乎寻常的快速发展；在许多学科中都涌现出这类研究方向，并且成为当代科学发展的前沿。简单浏览一下各个领域，就会得到极为深刻的印象：系统科学成为主导科学，系统观已经成为主要的思维方式。

生物学早就试图把自己研究的客体（活机体）看做系统。生命系统被定义为自组织系统，是核酸和蛋白质等化学大分子简单累积的结果，只有当以核酸为主的遗传体系和以蛋白质为主的代谢体系之间出现了耦联作用，多分子体系内部建立了信息传递、控制和调节的新关系时，才能出现新陈代谢、自我繁殖、生长发育以及遗传变异等生命特征。近年来，美国科学家米勒更把生命系统范畴的意义推广，通过考察这些不同层次生命系统的异同，试图发现一般生命系统的发展规律，统一用物能和信息的传输加以描述和解释。这种对生命系统的研究方式，为生命世界的统一性问题提供了一种可供讨论的理论模型。

在心理学中，系统思维方式也较早得以广泛采用。格式塔心理学所讲的“完形”的心理系统的转换，直接影响了美国著名科学哲学家库恩，启发他提出在科学发展中规范的嬗替作用的模式。另一个美国科学家奎因提出的所谓“整体性科学观”，也与此有关。虽然他曾经是逻辑实证主义者，但他反对还原论的经验证实原则，主张具有经验意义的单位不应该是句子，而是科学的整体，这提示了当代科学哲学发展的一个主要动向：由逻辑实证主义向实用主义回归。著名瑞士心理学家皮亚杰的“发生认识论”，阐述的也是有关智力在不断建构过程中系统发展的观点，他借助于儿童心理学研究的成果，类比说明在认识发生问题上，认识的外源因素与认识的内源因素的双向作用。格局或结构是人类认识事物的基础，通过同化和调节这两种适应外界刺激的形式，新的格局得以建立起来。建构理论以这种“被建立的”和谐取代了传统的宇宙与思维之间“先定的”和谐。

自然科学的基础学科——物理学更没有置身于系统运动之外。近来有关微观物理学所谓基本粒子构造的夸克理论，提供了具有深刻启发意义的崭新思路。根据这种理论，自然界中的物质不能被最终还原为某个实体，而必须通过自我的一贯性被理解为其部分遵循下述要求：各组成部分应与其整体相一致。这种观点一方面构成了对于传统的物理学研究精神的激进背离，另一方面，这种观点也是对把物质世界视为相互联系的网络的观点的登峰造极。夸克理论不仅放弃了基本物质建筑构件的观念，而且采纳了根本拒绝基础实体存在的观点，宇宙被视为动态的相互联系的事件的网络，网络上没有任何一个组成部分的性质是根本的，一个部分的性质总是服从于其他部分，它们相互关联的一致性决定着整个网络的结构。

随着物理学研究从孤立系统到开放系统、从平衡态到非平衡态、从线性系统到非线性系统的发展，出现了像耗散结构理论和协同学这样的物理学前沿学科，这些新兴学科不仅是传统物理学领域（例如热力学领域）的突破，而且本身就是一种研究一般复杂系统的系统理论。耗散结构理论讨论的是一个远离平衡的开放系统，在非线性反常涨落作用下形成稳定有序结构的条件；协同学则研究系统要素之间的联合作用如何超出各自要素的模式，产生系统的宏观模式，以作为适用于物理、生物、社会及认识等系统的一般系统理论，为各种类型的系统从无序到有序的自组织转变建立一套数学模型。

在数学中，对结构的系统分析首先同集合论、抽象代数、数理逻辑的发展相联系。署名为布尔巴基的现代法国数学学派，在使现代数学知识的基本数学结构系统化方面，进行规模宏大的尝试。他们认为，全部数学基于三种母结构：代数结构、序结构和拓扑结构。他们在30余卷的《数学原本》中，把一些理论的基本概念细加剖析、整理归纳，从而把每个理论放在整个结构系统的适当位置上。70年代初，法国数学家托姆出版《结构稳定性和形态发生学》一书，提出突变理论，一时风靡世界。托姆用微分拓扑的方法分析曲面的奇点，并进行分类。他考察由不超过 4 个自变量的函数决定的曲面，用局部微分同胚的方法分析奇点周围的性质，共得出 7 种基本类型，给人们展现了用数学模型描述质变过程的可能。值得强调的是，突变理论的核心思想是有关系统的结构稳定性问题，突变理论对质变方式的研究是系统控制理论的延伸。

以上所述表明，不仅系统科学作为主导理论已经渗入到当代各门学科的研究领域，而且系统观作为既适用于研究客观世界、又适用于研究人类认识的重要工具，已经成为现代科学思维方式的主导因素。

2. 系统观的基本特点

为着叙述的方便，可以把系统观的基本特点归结为组织性、过程性和或然性。

(1) 组织性。

通常用的是整体性这一概念，组织性可以看做整体性的实质，是足以恰当揭示系统观本质的范畴。

系统观用相互联系和整体的观点来看待世界。系统一旦集合成整体，其特性便不能为部分的特性之总和。强调整体性也就是强调有机性。任何有机体都是组织起来的系统，从最小的细菌到人类。一切系统都在某种意义上像有机体一样具有组织性，它们特定的结构，来源于其组织的相互作用和相互依赖。系统的活动牵涉到一个交往的过程——这就是在众多的部分之间发出同时的、互相依存的活动。系统一旦拆开成为孤立的元件，无论是物质的，还是理论上的，系统特性就消失了。虽然我们能弄清楚系统中的任何元件，但整体在本质上不等于元件之和。

组织性是系统观的核心。它的意义包括：不可还原性、自我保持性、变异革新性和层次性。

第一，不可还原性。系统是这样的整体，它并不是各部分的简单总和。以最简单的情况——由两个相互交流的部分组成的系统为例，这个系统已经具备某种定型的结构，表现出超越各部分性质简单相加的新性质，因而不能还原为两个部分。两个朋友和两个恋人并不能分解为各自对对方的友谊或爱情，此外，还有他们的友谊或爱情，这是超出他们俩的某种东西。又如辩证法，按照柏拉图的说法，通过互相质问和对答，两个人就更能接近真理；他们当中的任何一个，通过自己的单独努力，都不可能达到这种程度。论辩的结果，不仅是两个人的知识加在一起，并且形成了原来他们俩谁也不知道的知识。

群体的行为往往取决于群体的结构，而不取决于群体成员的个性。群体的性质不可能还原成它的各个成员的性质，也不可能还原成它的成员的性质再加上成员之间关系的性质。由于它是某种特定的群体，它就表现出它作为群体所具有的那种特征。即使它所有的成员都换了，它也能保持这些特征，因而我们仍然可以把它作为那类群体来研究。

第二，自我保持性。任何孤立（封闭）系统，随着其内部储存的可用于其组成部分组织化的能量一旦消耗尽，系统就相应地走向解体。这是自然界最基本的规律之一。但存在着不遵守这条法则的例外，而且这种例外在封闭系统内部就能找到。就其整体而言，封闭系统肯定在走向衰败，但它的某些部分却在损害其余部分的情况下逐渐增加组织化的程度。

一个自我保持和自我修复的系统，维持着一种稳定状态。它不断从外界吸取能量，以保持各部分之间的关系，使其组织性不致因衰败而丧失。这种具有自我保持性的系统必定是开放的，它持续不断地吸收和排出物质、能量、信息，同时经历着在其各部分中缓慢发生的不可避免的变换。

生物体在自身内部保持的也是一种相对稳定状态，这种状态很像上满发条的手表所处的状态，它有启动一切必要过程的力量。跟手表不一样，生物体不是靠别人，而是自己使自己保持在上满发条的状态，从而抵挡住事物走向衰败的总趋势。它之所以能做到这一点，是因为吸收了组织化程度颇高的能量，然后分解它们，利用释放出来的能量维持自己、生长发育。而它所排除出的组织化程度大大降低了能量，又可能为另一种生物所吸收，促成能量的再循环，维持另一梯级的稳定状态。

第三，变异革新性。系统不仅维持自己已有的组织性，以保持现状，而且随时有可能产生革新或变异，以实现进化。尽管变异在哪里产生，在哪个时刻产生，这是偶然的，但是变异必定会产生，可能是成功的也可能是不成功的，却必然会涌现出来。持续的发展显示出，那些成功的革新性变异得到了优化，而那些不怎么成功的则被排除掉。在这个过程中，混乱逐渐减少，慢慢浮现出清晰可辨的秩序。

自然界具有多样性。虽然任何封闭系统都满足熵增原理，但它容许局部区域熵值减小而其他地方熵值普遍增大这种情况出现。由此将发展出无数的形式，发展出多种多样的行为构型和组织结构，并且从偶然产生的这些形式、行为构型和组织结构中进行选择。进化是有计划的，但不是一种预定性计划。这计划指示出总的方向，剩下的则让机遇来起作用。

第四，层次性。组织性的维持和发展，有赖于一个连续的等级结构。美国著名管理学家赫伯特·西蒙已经从数学上证明，从已有的等级结构的组成部分再向上发展出更高一个层次的系统要快得多，而如果从拥有同样数目元件的非等级结构系统出发，则要慢得多。复杂系统都是按等级结构组织起来的，容易存活下来的正是那些按等级结构组织起来的系统。因为当等级系统解体时，它们变成较低层次上的若干子系统，所有的组织结构并不因此就全部瓦解；相反，当非等级系统发生动荡时，它们就松散开，分解成基本的组成部分——若干元件。

就生物体的细胞而言，它们是由分子、晶体和一种更复杂的亚细胞有机组织构成的复合等级结构，而且，细胞本身也不是独立自主地存活着，它们又构成生物体。生命就是这样一个多层次的复杂的组织结构。

总之，组织性是系统观的灵魂、注意的焦点。着眼于对象内部可能存在的组织性，从方法论发展的角度来看，它至少和牛顿以后着眼于对象的可还原性具有同样的普遍意义。组织性同某些无机物、一切有机物以及大多数社会事物都有关系。通过组织性这个观念，我们可以揭示出包括人在内的诸多事物都有的特点，可能解决依靠还原原则无法解决的问题。

例如，从组织性的角度来看，生命与非生命之间传统分明的界限并不如想像的那么容易辨认。人们很难确定把病毒归入哪一类：当它同宿主生物机体连在一起的时候，它的行为跟一个有生命的东西是一样的——它从环境摄取物质，排出自己产生的废物，甚至自我复制；可是，一旦它离开这种机体，它只呈现出一种复杂结晶体的特征。更重要的是，许多我们一向认为无生命的东西，却表现出与有生命的东西类似的组织性，因而在研究中我们可以把它们作为一类对象来寻找它们共同的规律。例如，蜡烛的火苗在能量和物质的流动中保持自己的特有的形态，瀑布、风暴中心、城市、生态体系、民族以至国家，它们的行为也都有这种特点，因此我们可以把它们都说成是有生命的东西，虽然有些人暂时还不太习惯。

组织性是与还原性互补的。这种互补作用最突出地表现在生命科学的研究中。恩格斯有一句名言：生命的起源必然是通过化学的途径实现的。已有的物理、化学定律，是生物学发展的必要条件，于是发展起了包括生物学、量子生物化学等一系列的生物学分支，这些研究的基本方向是遵循还原原则的。但无论这方面的工作多么深入，仍不足以完全解释发生在机体中的复杂的相互作用，因而必须提出新的定律——不是关于“生命力”的定律，那不过是用神秘主义的漂亮外衣遮蔽的机械观，而是关于那种复杂的相互作用的整体的组织性定律。

（2）过程性。

也就是系统的动态性或历时性。系统不是静态的死结构，它必然随着时间流动而演化，大至星系，小至亚原子，都有一个产生和消灭的过程，都经历着实在的历史。所以，系统的思想是过程的思想，它的形式不是僵死的结构，而是基本过程的既易变又稳定的显现。

有机体的形成，根本不同于建筑材料的联结、堆积，也不同于在一个精确的程序过程中的产品制造。生命中虽然有处于次要地位的机器式的活动，因而还原论对有机体的描述是有用的，但有必要检视一下有机体与机器的不同点，它们的第一个显著区别是，机器是组装的，而有机体是发育的。这个基本的不同点要求我们用偏重过程的观点去理解有机体。与机器的活动由其结构决定相反，有机体器官的结构是由过程决定的。例如，不可能静态描绘出细胞的确切图画，只有把细胞看做反映系统动态的组织过程才能理解。

有机体与机器的另一个重要区别是，机器的组装是预定的、精确的，它将依循着一连串的因果链条而运动，满足决定性规律的组成成分的外形可以在某个范围内变化。事实上，没有两个完全相同的有机体，虽然它们表现出一定的规律和动作类型。秩序是通过协调局部、给变化以灵活性而得到的，这个灵活性是有机体适应环境的保证。这表明，有机体具有一种非线性的联系，它的活动受着循环性的信息流所引导，也就是所谓反馈环路。当有机体这种系统出故障时，问题很难归结为一个起始原因。它是由那些可以通过反馈环路而放大的、多方向的因素而引起的。

系统观的自组织原则也表现为过程性或动态性。高度的不平衡是自组织所绝对必需的，自组织系统的稳定性是十足动态的，一定不能跟平衡相混淆。它维护这个整体的结构，而不管部分的替换和连续不断变化。人的机体就是这样，除脑的细胞外，我们的几年间要换掉我们所有的细胞，但即使经过很长一段时间，我们还是能够辨认我们过去的熟人。这就是自组织系统的动态稳定性。

（3）或然性。

即概率统计性，是一种与严格决定性相对立的特点。在量子理论中，每一事件并不总是具有非常确定的原因。电子轨道的跃迁，或者亚原子粒子的解体，可以是自然而然发生的，没有任何一个事件引起它。放射性元素的衰变就是非常有说服力的例子。我们不能预料哪些原子会蜕变，如何蜕变，我们只能预料发生蜕变的或然率。这并不意味着，原子事件的发生完全是随意的，而只是表明它们并不是由某些原因必然产生的。一般而言，人们只能根据概率统计方法，掌握大多数现象的变化趋势，至于个别特定现象的变化，则认为它们遵从偶然性。

严格决定性是机械观思维方式的主要特点。在严格决定性理论中，所有的概念和联系都被认为属于同一层次中的东西，都可以精确表述它们之间的关系。整个世界，无论巨细，乃是一部如同钟表一般的机器。但是，微观现象和其他大数现象的规律性不能按经典的严格决定性模式来加以分析，这种认识是科学的极其重要的进展，并在原则上提出了一种新的逻辑要求：对它们来说，机械观的严格决定性思维方式是有很大的局限性的，因此需要用概率统计性作为其逻辑本质的模式来进行描述。正如著名物理学家约尔旦所说："的确，在镭原子巨大集合中，蜕变的平均过程却是必然的预先决定好了的。但这里的自然规律是一种统计规律；这种规律对单个情形没有作出任何规定。现代物理学的这种奇特的论点，即认为我们不可能用任何办法说出单个原子何时会发生蜕变，根本就不应该归咎于我们知识的不完备，而是按照自然规律，决定论具有客观的不完备性。"①

概率统计性思维方式的重要意义，还在于它为研究某个整体内部的层次性提供了严密的科学方法。统计规律可以刻画整体的趋向，但是不能严格决定整体中个别因素的状况。层次思想赋予有关理论体系以一定的内在灵活性，人们因而有可能揭示相当复杂的系统的结构和功能。控制论中的"黑箱"概念，就是把具有同样反馈作用的不同客体当作同态的东西来研究，但它们的内部在实际上可能是完全不同质的。

或然性的观念造成了有利于自然科学方法向社会科学渗透的态势。经济科学在20世纪中叶以来急剧而有成效地向模型化、定量化方向演化，大大得益于事物本质上具有或然性这种认识。对于复杂的社会经济系统的考察，无论是宏观模型还是微观模型，都不可能完全采用严格决定性的数学方法，但是概率统计方法却为经济科学的定量发展打开了闸门。

从严格决定性到概率统计性的转变，意味着单个的、精确的函数关系不再是完美标志，因而新的数学工具，如群、不变性和对称性等观念不断上升，它们为解决复杂客体系统的定量问题提供了可能。有些系统的不确定性不仅仅是随机性，而且是模糊性。模糊数学使一部分模糊系统数学化、形式化，从而得以用概率统计性的数学工具加以描述。这种工具特别为不易定量处理的经济和社会系统的研究开辟了新路。

3. 系统科学体系的结构

系统科学是一种根据系统概念、系统的性质和关系，把现有的发现有机地组织起来的模型。② 系统科学的产生和迅速发展是20世纪的重大事件，它们为系统思想提供了坚实的科学基础，使现代系统成为人们认识世界和改造世界的富有成效的新工具。系统科学是一个有层次的科学群，它们各有自己的特殊内容，但又构成相互联系的知识体系。

---

① ［德］约尔旦：《现代物理学意义》，载联邦德国《总汇》杂志，1977（1）。

② 参见［美］拉兹洛：《用系统的观点看世界》，15页，北京，中国社会科学出版社，1985。

半个世纪以来，系统工程、运筹学、一般系统论、电子计算机与控制论、信息论等新兴学科逐步形成和完善；近 20 年间，耗散结构理论、协同学、突变论、超循环理论、生命系统论等非平衡自组织理论又逐步产生和发展。它们大都经历了一个从经典理论到现代理论的进化过程，在不同层次、不同领域取得了极其丰硕的成果。特别是由于社会和生产发展的需要，系统工程与各个系统科学分支理论相互渗透、相互结合，得到广泛的应用，发挥了很大的效益。例如，在 20 世纪 60 年代和 70 年代，系统工程与工程控制论中的大系统理论共同运用于从技术系统到社会系统的广泛领域，对社会生产和社会管理的变革起到了关键作用。人们公认，一种不同于传统科学技术的系统科学正在形成。

但是，由于系统科学作为一个独立的学科群还很年轻，对于什么是系统科学、系统科学怎样构成一个学科体系以及它具有什么学科性质等，在理解上是有所不同的。同时，术语的用法也相当含混。但上述问题关系到系统观和系统的基础，因而有必要加以恰当地把握。

（1）贝塔朗菲关于系统科学体系的设想。

一般系统论的创始人贝塔朗菲在他的重要理论著作《一般系统论——基础、发展、应用》中，对系统科学的各个方面有精辟的论述，实际上提出了一个有关系统科学体系的设想。他认为，系统科学是一个总称，它包括下面三个主要方面。

第一个方面是有关系统的科学，“即探索各种科学（例如物理、生物、心理学、社会科学）中的‘系统’的理论和科学”①。贝塔朗菲针对古典科学的分析方法，指出仅仅把整体还原为它的元素是不够的，还需要探索宇宙中各个系统的性质和特征。此外，还存在一般性问题，如“系统”所共有的对应性和同形性。为处理这些问题发展出许多新的概念、模型和数学，如动态系统理论、控制论、自动装置理论，以及用集论、网络理论、图论作工具的系统分析等。

第二个方面是系统技术，“即现代技术和社会产生的问题，包括两个方面：计算机、自动调节机械等的‘硬件’和新的理论成果及学科的‘软件’”②。由于现代技术和社会很复杂，传统的方法和手段已经不够用了，需要用系统的方法来解决“系统”中有关大量“变量”的相互关系的问题。这也适用于产业、商业和战备之类的目标。技术上的要求导致出现新概念和新学科，例如信息论、对策

---

① ［比］L. 贝塔朗菲：《一般系统论——基础、发展、应用》，9 页，北京，社会科学文献出版社，1987。

② 同上。

论、回路理论与排队论等。

第三个方面是系统哲学，“即由于将‘系统’作为一个新的科学范例引进以后（与古典科学的分析、机械、单向因果关系的范例不同），思想和世界观要重新定向”[①]。系统哲学包括三个部分：一是“系统”本体论——说明“系统”是什么意思，各种系统在被考究的各个不同层次上是怎样实现的等。二是“系统”认识论——与古典科学中运用分解为组成要素的分析方法以及线性因果关系的基本范畴相比，对许多变量组织成的整体的考察要求有新的范畴：相互作用、处理、自组织、目的论等，还有认识论、数学模型与技术带来的许多问题。三是“系统”的价值论——涉及人和世界的关系即所谓价值，由于现实是一个有组织的整体的递进体系，因而在物理世界与人类社会、自然科学与人文科学之间应该能够架起桥梁。

贝塔朗菲设想的是一个包括哲学、科学、技术在内的系统科学体系，尽管此说比较笼统，细节方面比较模糊，并且混同了哲学和科学，但他的思想是很有启发力的。

（2）钱学森对系统科学体系的设想。

国内对系统科学的理解也不尽相同，有人主张一种金字塔形的系统科学体系，其底部是实际应用的系统技术、系统分析和系统方法，向上第二个层次是解决复杂大系统课题的系统工程，第三个层次是系统理论的分论，如控制论、信息论、大系统理论等，第四个层次是一般系统论，顶端第五个层次是系统哲学。

我国科学家钱学森十分重视系统科学体系的研究。他把系统科学看成是与自然科学、社会科学、数学科学、思维科学、人体科学、艺术科学、军事科学等相平行的一个学科门类或学科群。他把科学体系分成四个台阶：哲学、基础科学、技术科学、工程技术。系统科学体系也包括这四个台阶的内容。最基础的是系统的工程技术层次——各门系统工程、通讯技术、自动化技术；其上是系统的技术科学层次——控制论、信息论、运筹学；再上是系统的基础科学层次——这是把运筹学和控制论、信息论结合起来的理论，即系统学；最上层还有一个哲学层次，即系统观——这是系统科学与马克思主义哲学之间的桥梁，是关于系统的一般哲学、方法论观点。

钱学森关于系统科学的设想在逻辑上是比较清晰的，而且与他的科学体系的总体思想一致。存在的困难是，现在并没有一门公认成熟的作为系统的基础科学层次的系统学，而设想中的系统学的许多内容，事实上已经渗透在各个具体的系

① ［比］L. 贝塔朗菲：《一般系统论——基础、发展、应用》，10页。

统理论中。眼下看来，与其花大力气去构造一门足以成为系统科学基础理论的系统学，不如一方面致力于系统哲学或系统观的探讨，另一方面参照已有的科学将各个主要是作为技术科学的具体系统理论进行分类。这样，可以认为系统科学包括以下三个层面。

——系统哲学或系统观。这是有关系统的基本要领或范畴、基本规律或原则、基本观点或信念的知识体系。贝塔朗菲的一般系统论，似应看做属于这个层面。它不同于一般哲学，因为它时刻不离开具体的系统理论；它也不同于具体的系统理论，因为它尚没有精确化、数学化和实证化。

——系统理论。这是有关系统的专门学科或具体理论，可以大致分为四种类型：控制论及其分支、信息论及其分支、运筹学及其分支、以各传统学科为背景的系统理论。例如控制论，既包括维纳创立的经典控制论，也包括它后来发展出的各个分支：工程控制论、生物控制论、神经控制论、经济控制论、社会控制论等等。信息论中既有申农创立的通信的数学理论，又有它在工程技术方面应用所形成的分支：信号理论、编码理论、检测判决与估计理论、噪声理论、滤波器理论、抗干扰理论、图像识别理论等等。运筹学是第二次世界大战后发展起来的决策方法，实质上是一种应用数学，它的分支包括线性规划、博弈论、排队论、非线性规划、动态规划、图论、库存论、决策论等等。至于以各传统学科为背景的系统理论则分几种：突变论、模糊系统理论、一般数学系统理论，是以数学为背景；耗散结构理论、协同学，是物理科学为背景；一般生命系统理论、超循环理论，是以生命科学为背景，等等。总的说来，系统理论是形形色色，不胜枚举的，但它们有一个共同性，即都是以系统为对象，并形成为可以定量化的科学理论。

——系统工程。这属于工程技术，是组织管理的技术，用于解决工程活动的全过程，并且具有普遍适用性。系统工程是系统科学的应用学科，它以系统为对象，把要组织和管理的事物，通过系统理论的运用，转化为某种系统模型，进而求得最优化的结果。值得特别指出的是，系统工程作为组织管理的技术，其关键在于把传统的组织管理工作总结成科学技术，并使之定量化，以便能够运用数学方法和一系列系统理论。另外，系统工程是一大类工程技术的总称而不是单一的一个学科，因而它可以广泛运用于武器系统、军事指挥系统、空间技术系统、能源系统、水利系统、交通系统、通信系统、农业发展系统、科学研究系统和社会管理系统等，发挥日益增大的效益。

4. 系统科学的特殊性质

系统科学与传统科学不同，传统科学研究的是各个特定的物质系统：天体系统、非生命的物质系统、生命系统、社会系统等等，系统科学不研究特定形态的具体系统，而是撇开系统的个体形态，研究一般的系统，研究有关系统的思想、理论和应用。系统科学具有下述特殊性质：

（1）横向科学的性质。

系统科学的概念、范畴是从自然与社会各领域中抽象、概括出来的，是在各门自然科学的基础上，撇开各类系统的具体内容，研究所有这些系统的一致性和同型性，揭示系统结构的规定、类型和规律。所以，与物理、化学、生物学这些学科不同，系统科学不着眼于自然界（或社会）某一物质运动形式，而具有横向科学的性质。它虽然没有哲学那样高的普遍性，但能够从某一侧面揭示客观世界和人类知识中具有共同性的东西。

（2）行为科学的性质。

系统科学本质上是研究事物的功能行为的，它并不把对象作为纯粹的实体，研究其质的构成及变化原因，而是在对象的发展过程中动态地研究它的功能行为。研究对象是什么，它并不很在意，但对象在怎样做，却是它非常关心的。再则，系统科学在考察各类系统时，特别注意在人参与的条件下如何变更系统的结构，形成有利于人的系统功能的条件，因而系统科学在一定程度上还具有人为科学的性质。

（3）方法论性质。

系统观作为一种思维方式，系统工程作为一大类组织管理的技术，直接具有方法论的意义。各个具体的系统理论，实质上也都是关于方法的理论，这些理论中所包含的方法，如控制论中的反馈控制方法，信息论中的信息方法，运筹学中的各种数学工具，都是作为一种思维方法而提出的，都带有一般方法论的性质。

系统科学所提供的一整套概念和范畴，如系统、信息、熵、控制、反馈、组织、自组织、稳态、涨落等，是人们对系统中各种关系认识的结晶，是对系统各方面的本质所作的概括和反映。这些系统科学的范畴，是人们认识和掌握自然和社会之网的网上纽结。人们正是运用它们来认识对象所具有的系统性质，从而提供把握或变革对象的科学思路与合理途径。

三、系统科学基本范畴的方法论功能

科学的成果是概念范畴，特别是范畴，它们不仅起着科学理论之网上的纽结的作用，而且发挥重要的方法论功能。系统科学具有一些基本的、最能反映其科学特征的理论范畴，诸如系统、信息、控制、组织，它们是蕴涵着方法论意义的元概念。在系统科学理论和范畴的基础上形成了系统方法的基本思路。

1. 系统

目前，很少有几个概念像系统这样已经普及到一切科学领域和人类社会生活之中。"系统"范畴是人们在长期社会实践中形成的一个基本概念。古希腊的哲学家就已使用"系统"概念，从词源上讲，它的拉丁语"systema"由接头词"共同"和动词"给以位置"结合而成，是表示群、集合等意义的抽象名词。按照 Webster 辞典，英文"system"意为"有组织的和被组织化的全体"。

但是，系统概念真正作为科学概念而进入科学领域，是 20 世纪 20 年代后的事。在 40 年代，美国工程设计中应用了这一概念。如今人们常把极其复杂的研究和管理对象称为"系统"，它是由相互依赖的若干部分结合成的具有特定功能的有机整体，当然，它本身又是它所属的一个更大系统的组成部分。

总而言之，系统是由两个以上的要素（部分、环节）组成的整体。单个要素不能构成系统。作为构成系统要素的事物可以是单个事物，也可以是一群事物组成的小系统。同时，系统的各要素之间、要素与整体之间、整体与环境之间存在着一定的有机联系，从而在系统的内部和外部形成一定的结构和秩序。环境也是系统所从属的更大的系统。

系统的性质虽然首先取决于要素，有什么样的要素，便有什么样的系统；但是，更取决于要素的结构，在一个动态结构的系统中，这种结构的功能是直接由要素之间的协调作用体现出来的。优质的要素如果协调得不好，整体结构则不佳；反之，稍差质量的要素如果配合得当，却可以形成优异的结构。

可见，在系统的定义中，谓项既是一定的集合，又是一定的关系。把系统定义为集合，是说系统包含系统元素的功能、属性或性质；把系统定义为关系，是说系统是在集合诸元素的基础上所确定的一种关系。所以，系统的定义有下述对偶的两个：其一，系统是客体的集合，在此集合上实现着带有固有性质的确定关系；其二，系统是客体的集合，这些客体具备预先确定的性质，这些性质包含它们之间固定的关系。① 这两个定义是互补的。

在系统研究中通常要借助某产物（物、能或信息）的输出。但它不可能无中生有。也就是说，对于输出必有输入经过处理才能得到。输出是处理的结果，代表系统的目的，处理是使输入变为输出的一种活动，是由系统承担的。输入、处

① 参见［苏］A. 乌约莫夫：《系统方式和一般系统论》，116 页，长春，吉林人民出版社，1983。

理、输出是组成系统的三个基本环节，若再加上反馈就可构成一个完备的系统。

“系统”概念是系统科学中最基本的范畴，或元概念。由于它非常抽象因而被赋予不同的解释。在这方面不必强求一律。然而系统对外表现的整体性和内部具备的组织性（或等级性、层次性），应当在各种解释或描述中被遵循。

2. 信息

现代通信理论是系统科学的一项重要发展，信息理论和信息范畴是其中的硕果。所谓通信就是两个系统之间传递信息，由信源发出信息，通过信道传送信息，再由信宿获取信息，这就构成通信系统。信息作为一个科学概念是 1948 年由美国科学家申农首先在通信领域中提出的，他创立的信息论是一门应用概率论与数理统计方法研究信息处理和信息传递的科学。它主要研究信息的获取、变换、传输、处理等问题，以解决通信技术的编码和抗干扰等问题。申农把信息看做不确定性减少的量，即两次不确定性之差，用符号表示为：

$$I=S(Q\mid X)-S(Q-X')$$

其中 I 代表信息，Q 表示对某件事的疑问，S 表示不确定性，X 与 X' 分别为收到消息前后关于 Q 的知识。

举例说，如果消息的内容是收信人已知的，那收信人收到消息后就不会引起知识的变化（$X=X'$），不确定性没有减少或消除，收信人也没有得到任何信息（$I=0$）；反之，如果收信人事先并不知道消息的内容，那么收到消息后就引起收信人知识的变化，不确定性就有所减少甚至被消除，所以信息就是减少或消除收信人的某种不确定性。通信系统的框图如图 9—1 所示：

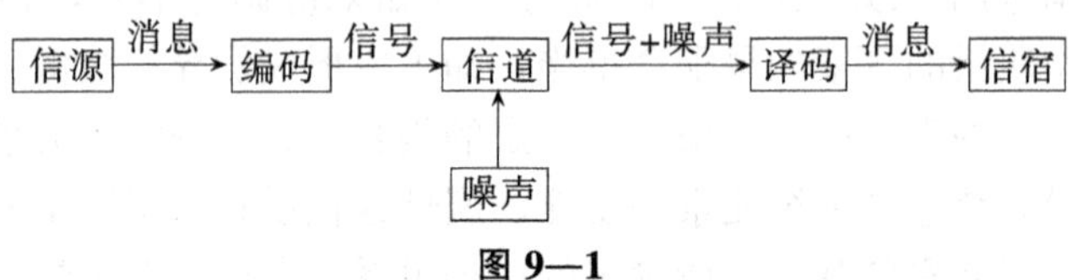

图 9—1

围绕上述框图，我们将能够比较一般地理解信息这个概念。首先，信源是信息的来源，即信息源。当信源发出信息时，是以某种符号（文字、图像等）或某种信号（光、电信号等）表现出来，人们把它们称为消息，消息载荷着信息，叫做信息的载体。所以这里有个编码问题，即把消息变换成信号，所谓码，是按照一定规则排列起来的序列，这些符号的编排过程就是编码过程。消息经过编码成为适于在信道中传输的最佳信号序列。其次，信道是信息的传输通道，是传输信息的媒质。信道的关键问题是信道的容量，就是说，要求以最大的速率传送最大的信息量。信息的传递过程，一般还包含信息的存贮过程。例如邮寄信件，这是信息传输过程，但需发信人把信息用文字写在纸上，信纸也就成为存贮信息的载体。所以信道不仅承担信息的传输任务而且担负着信息的存贮任务。在传输过程中还有个噪声问题，因为在许多情况下，实际上接收到的消息与发送出的消息之间常有差别，它们是由噪声干扰所造成的。噪声干扰会影响通信效果，造成信息的某些失真，所以需要研究它的规律并设法排除它。最后是信宿，即信息的接收者，它可以是人，也可以是机器。但在到达信宿时，信号又必须翻译，复制成消息，即把信号翻译成文字、图像等，这就是译码。译码过程恰与编码相反，译码就是编码的反变换。

申农所提出的这一通信系统模型可以推广到一切信息系统。例如，雷达这种遥测系统，从信息论的角度看也是一个信息系统，其信源是空间某一目标物，电磁波发送和反射所通过的自由空间就是信道，雷达的荧光屏则是信宿。其他诸如管理系统、人类的认识和实践也都可以利用信息范畴模型化为信息系统。

从哲学上分析，信息反映着事物的差异，是系统有序性和组织程度的度量。信息不同于物质也不同于能量，它是事物运动状态和关于事物运动状态的知识。在现代社会，信息是最重要的资源，因为物质材料使目的系统具有形体，能量使之具有活力，信息则使之具有灵魂。信息这种资源的储量是无限的，因而具有无限开发的可能性；它还可以被无限分享，也就是能不断增殖；同时，它又是开发和驾驭其他资源（材料、能源）的主导要素。信息之所以如此宝贵，因为它是负熵，是有序化的条件。有序化无论对于生命还是对于社会都是决定性的。

3. 控制

控制是与系统的有目的性行为相联系的一个范畴。事物的发展具有不确定性，或者说有各种各样的可能性。控制就是在多种可能性中，根据特定的目的选择某种行为，改变条件，使事物沿着某种确定的方向发展，也就是让某种特定的可能性得以实现，达到特定的目的。

目的这一概念，传统上是与人的活动、人的意识和人的自觉能动性联系在一起的，但是，当控制论的创始人维纳把目的范畴引入控制论时，他对它作了新的解释。使目的概念的外延拓宽，既可以用来说明通过调节自己行为的生物系统的目的性，也可以用于描述一般非生物系统的类似人所具有的目的性行为，从结构上看，生物系统和技术系统都具有反馈回路，表现在功能上它们都具有自动调节与控制的功能。这表明上述两类按传统观点截然不同的系统之间具有统一性，它们都是由于反馈而使得一个控制过程得以趋近其目标、达到目的。所以，“一切有目的的行为都可以看做需要负反馈的行为”[①]。控制论中应用的目的概念，表明了一切控制系统活动的性质，它同时又是控制系统反馈调节效应的一种表述。换言之，在控制论中，一切具有反馈调节的行为都被看做控制系统有目的的行为，因而可以用同样的模型来处理人、动物和自动机器的目的性行为。在这些极不相同的系统中，存在着本质上相同的控制过程。

在控制论中，反馈是一个中心概念。所谓反馈，就是将输出回输到原系统中去，从而影响再输出。反馈可分为正反馈和负反馈。如果目标值与输出值的差值愈变愈大，离目标愈来愈远，这就是正反馈。例如，原子弹的引爆装置中，裂变的链式反应就是一种正反馈过程，当用慢中子碰撞铀时，所放出的能量和中子就越来越大、越来越多。反之，如果目标值与输出值的差值是越来越小而趋近于零，这就是负反馈。它的特点就是检出偏差，纠正偏差，以达到目标。从古代的“掌舵术”到近代的导航与操舵装置，都是负反馈的控制系统。不难理解，为什么维纳用“掌舵人”（cybernetics）来命名“控制论”这一学科。

反馈在控制中的作用表明，控制是一个获取、加工和使用信息的过程。信息在控制过程中的作用表现在两个方面：一方面，必须根据各种有关信息才能编制出使系统与外界环境保持平衡状态的各种指令；另一方面，系统在运行中会遇到干扰，使之偏离目标，这时就要求掌握干扰信息或系统状态信息，并将它们转换成抵消或纠正偏差的控制指令，以保证系统目的的实现。简言之，控制就是将所获得的信息按控制的目的进行加工，再作用于（即传输给）被控制的目的。控制包含两部分：一是决策，即确定系统状态变化的轨道（确定目标和实现目标的途径），二是调节，即用调节的办法使系统的运动保持在这一轨道上。

虽然控制系统只是有自动调节特性的系统的一个特例，但它是应用最广泛的一种系统模型。控制范畴的重要性因而是显而易见的。控制论是控制系统的理论，它的基础是系统内部、系统与环境之间的通信联系（信息交换），以及系统对于环境的功能控制（反馈）。在生物学和其他基础学科中，控制论模型常常通过框图和流程图来描述调节机构的形式结构。这样，调节结构就可由输入输出所表现的功能来认识，不必非要弄清楚实际的机构。由于这个特点，同一个控制论设计就可用于流体动力、电力、生理学等各种各样的系统。

4. 组织

组织是与系统秩序相联系的范畴，组织既是一个确定的结构，又是一种有方

---

① ［美］维纳：《行为、目的和目的论》，见《控制论哲学的问题译文集》，第1辑，4页，北京，商务印书馆，1965。

向的过程。组织不同于机械论的世界，按照机械观，任何事物都是可以分解为它的组成部分的。而且，热力学第二定律认为有序的破坏是事物发展的一般方向。现代科学表明，不能不考虑一类新的对象和过程，这就是组织。生物体是组织，社会集团也是组织，一切具有确定联系的事物都是组织。所谓组织过程就是从混乱无序发展到秩序的过程，是一个建立确定联系的过程。

组织具有整体、生长、变异、递阶秩序、支配、控制、竞争等等特征。这些概念是普通物理学所没有的，但它们在现代系统理论中得到处理，在系统的数学模型中被定义，并且可能从一般假设出发，演绎出具体理论用于特殊情况。例如，米勒的一般生命系统理论就探讨了一切活着的具体系统——从阿米巴到联合国——所具有的跨层次的形式一致性。各层次的生命系统，为了生存和传种必须进行一些关键性过程。这些过程分为19种，每种过程都由一组结构单元来承担。这样，任何生命系统基本上都包含有19个关键子系统，正是它们体现了生命系统中最重要的跨层次的形式一致性。米勒把这19个子系统分为三组：物能与信息处理子系统（2个）、物能处理子系统（8个）、信息处理子系统（9个）。他同时把生命系统分为七个层次：细胞、器官、生物体、群体、组织、社会以及超国家系统。将上述两者综合，米勒就设计出一个共有133（7×19）格的生命系统的层次——子系统表，从而给包括生物界和人类社会的整个生命系统发展过程提出了一个基本的理论框架。

组织过程与信息过程是密不可分的，一个系统必须获得一定的信息才能组织起来。生物体之所能组织成一个协调的整体，是因为生物体内各个细胞、器官之间能够通过神经、体液、经络以及其他各种通道互相传递信息，也能够与环境互相传递信息。现代社会叫做信息社会，它的组织程度是古代社会无可比拟的，如果没有各种信息过程——电报、电话、电视、报纸、广播、邮政、交通等，整个社会就会迅速解体。所以，一个系统组织程度的度量跟信息量是一致的。

世界上有各种各样的组织过程，其中一种是在一组事物或变量之间的自动发生的，不需要这组事物或变量以外的力量进行干预，它们称为自组织过程。换言之，自组织不是按系统内部或外部的指令完成的，而是根据事物运动变化的规律和特定条件完成的。例如，天体、太阳系、地球、生命“四大起源”，都是自组织过程。当代产生的各种非平衡非组织理论，具有一个共同点，就是试图解决有序与无序相互转化的机制与条件与这个普遍性问题，并回答，一个混乱无序的系统，在什么条件下，通过什么方式，会形成有序状态。自组织过程大大深化了组织这个概念，因为在传统思维中，组织都是依靠外界干预、或者说按照特定的指令来形成特定的结构或功能，自组织系统提供了例外。研究它们的规律性，有助于我们充分利用对象系统的内在因素，把我们所要达到的目标与系统固有的建立秩序的能力协调起来。

四、系统科学方法的基本思路和运作要点

1. 系统科学方法的基本思路

系统科学方法是在系统思想统率下，建立在系统科学概念、理论和技术基础上的现代科学方法。它具有广泛的应用性和较高的精确度，为科学研究开辟了新的可能。

系统科学方法最重要的意义是为科学知识数学化提供了中间过渡模式，加大了各门科学数量化的进程。数学研究的是世界的空间形式和数量关系，数学为现实对象的处理提供了理论和方法。但是，在现实对象的研究中应用数学是要有一定条件的，这就是数学形式化，或数学化。换言之，为了使数学方法适用于现实的对象，必须使后者表现为数学对象的形式，系统科学有一套使其研究对象数学化的方法，例如物理学把对象简化为质点来处理。一般而言，在非生命科学中，运用直观方法就可以使现实对象数学化，也就是可以直接用数学对象来模拟所研究的对象，但在人文科学、社会科学的研究中，在复杂对象的处理中，要把现实对象直接数学化就很困难了。这时，在现实对象和数学对象之间必须有一个中间环节。系统科学方法恰好能够提供这种中间环节，用各种系统模式给所研究的现实对象进行数学描述。系统科学方法把对象看做系统，确定它们的结构，从而引进数学和数学语言，使之适用于现实对象，对之进行深入研究。所以，系统科学方法是现代科学数量化的前提和途径。

2. 系统科学方法的运作要点

在运用系统科学方法研究和解决问题时，为了成功地实施系统思想的统率作用和有效地利用系统科学的成果，需要特别注意下述三个要点：问题系统的恰当选定、模型的建立、系统科学理论和技术（包括数学工具）的应用。

在复杂的研究对象中，几乎任何事物都是与其他事物相互联系着的。系统观的思维方式，其优越性就是把所要研究的对象理解为一个从周围环境中划分出来的整体，同时，它作为整体又与周围环境互相影响。这个整体包括许多从属的分系统，这些从属的分系统之间不是线性地相互作用，而是在整体中受到其他从属分系统的制约，构成多重相互作用。在实际处理对象时，既要考虑事物之间的普

遍联系，又要把对象这个特定系统相对确定下来，这是很不容易的。如何恰当地划分所要考虑系统的边界，用确定它的边界范围来鉴定它的要素和组成部分，这是运用系统科学方法首先面临的问题。人们只能解决恰当提出的课题，所以应当在恰当确定的边界内进行分析，并且不能企图对系统内影响整体的所有问题都加以处理，而只能对在整体中起重要作用的基本要素进行分析，找出主要矛盾，解决主要矛盾。对系统外的因素所施加的影响则应加注意，特别是对那些在控制范围内的因素更要调查清楚。在选定问题系统时，一定要明确目的，只有通过对目的的全面了解，才能以系统的观点确定所期望达到的目标，也才能缩小范围，考虑有哪些真正可供选择的方案来达到我们的目标。

第二个要点是模型化。模型是就原型而言的，在科学研究中，它是对实体的特征和变化规律的一种定量的抽象表述。系统科学方法的关键是建立系统模型，即依据对系统的内部结构和外部环境的分析，按照系统的目标，用一种数学的或逻辑的表示式，从整体上反映系统的主要组成部分和各部分的相互作用、系统与环境的相互关系；这是一种运用系统观和有关系统科学的理论和技术建立模型的模拟手段。系统模型能在所要研究的主题范围内更普遍、更集中、更深刻地描述实体的特征，这种抽象表述兼具精确性和简单性两方面的要求，它反映了人们对实体认识的深化。在系统科学方法中多采用数学模型，但它们往往是特殊的数学模型，以便既适于对实体作系统模拟，又适于对模型作抽象的数学处理。所以，系统的常用模型本身就是系统科学中研究的重要课题，并且形成了许多重要分支学科。在今天，诸如结构模型、网络模型、状态空间模型、系统动力学模型、线性规划模型、计划评审技术模型、投入产出模型、经济计量模型等，都在运筹学和其他系统科学分支中得到专门研究，自身也成为比较成熟的理论内容。

构造和应用各种系统模型，有些共同的步骤可供遵循，它们可以表示为图9—2：

所列的七个基本步骤是：

(1) 确定问题并使之公式化。包括弄清并确定问题，对构成问题的诸因素进行系统分析，明确目标及确定效能。

(2) 构造模型。即找出问题诸因素的相互关系，并用数学形式表示出来，这样的模型应该能够反映实际系统主要的本质特征。

(3) 拟制计算方案。为便于应用模型解决实际问题，需要拟制多个备选的计算方案，以便通过对模型进行的数学计算，评价方案优劣，找出可行方案。

(4) 编制计算机程序。目的是把模型公式及计算方案编制成可用计算机处理的程序。

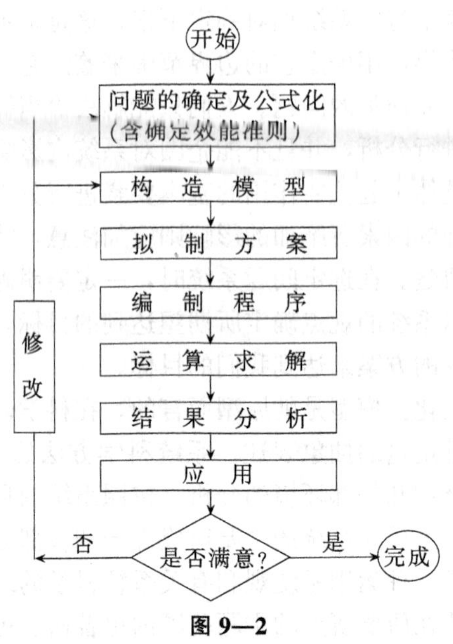

图 9—2

（5）运算求解。将数据输入编制好程序的计算机，进行运算试验及求解，得出计算结果。

（6）结果分析。应由构造模型者和使用模型者共同进行，以判定计算是否有用，是否需要重新计算。

（7）实施及反馈。模型经计算分析，若判定结果有效，则可提供用户广泛使用。若在使用过程中有问题，则有必要对模型加以修改。

模型化过程，有如代数中列方程这个环节对于解应用题的意义。一旦方程正确列出，人们就可以将方程进行纯粹的数学处理得出方程的解。列方程就是将应用题中的关系模型化为含有未知数的等式，解方程事实上只是对方程而不是直接对原应用题本身进行运算，因而可以运用一般化的方程求解规则——这是代数学研究解决的问题。方程的解如果符合原应用题的题意，于是问题解毕。同样，系统模型按数学以及系统科学的理论和技术得到的结果如果适于原型，所提出的问题也就解决了。

这样，我们就达到了运用系统科学方法的第三个要点：必须掌握和善于运用系统科学的理论和技术。系统科学方法之所以具有普遍意义并且不同于古代的思辨方法，其重要原因就在于它给人们提供了精确处理的理论和技术，为问题的数学化解决创造了条件。为什么我们要称之为建立在系统科学基础上的方法？目的就是强调它不仅是一种新的思维方式，而且提出了解决问题的新的工具和手段。

3. 系统科学方法的种类

系统科学方法的种类很多，而且还在不断发展，为了进一步说明上述三个要点，我们简单剖析一下几种最常用的系统科学方法：信息分析方法、功能模拟方法、黑箱辨识方法、反馈控制方法、整体优化方法。

（1）信息分析方法。

信息分析方法是现代通信理论、控制论、自动化技术、电子计算机技术的综合运用。它运用的信息理论，把研究对象抽象为信息及其变换过程，通过信息的获取、传输、加工、处理、利用、反馈等过程，来揭示对象的本质和规律，进而认识对象和改造对象。前述信息范畴时介绍的信息分析方法的框图，可以简要地说明该方法的基本步骤和思路，但在每一步骤中都有专门的理论和技术可供运用，当然，至此就进入了特殊的专业领域。

（2）功能模拟方法。

系统内部各要素相互联系和作用的方式或秩序称为系统的结构。相应地，系统与外部环境相互联系和作用过程的秩序和能力称为系统的功能。结构与功能分别说明了系统的内部作用和外部作用。功能既受到环境的制约，又受到系统内部结构的制约，这表明功能对于结构具有相对独立性和绝对依赖性两重关系。结构和功能之间的上述关系启发人们设计出一种用结构简单功能系统来模拟结构复杂的功能系统的方法，这种用另一种结构模仿原型功能的方法，叫做功能模拟方法。

采用功能模拟方法，可不拘泥于模型在结构上与原型相似，关键在于尽量与原型在功能上相似。例如，为了解决电子计算机图像识别能力差这个问题，美国电子中心贝尔电话公司在 1975 年专门成立了大脑研究室，试图设计出能够模拟人和动物大脑的新型计算机。这个工作是相当复杂和困难的，但它的确为人们提供了新的思路，从那时以来有了很大的进展。一般来说，采用功能模拟方法，首先要系统研究原型的功能，掌握其主要内容。其次，要选择并确立与原型功能相似的恰当的模型，在它们之间建立起一定的功能同型关系。最后，进行模拟试验，一旦成功，就可用该模型来说明原型。

功能模拟方法反映了控制论这一学科的特点和抽象化水平，它是行为这一基本概念在方法论中的体现。从控制论的观点来看，在两个系统之间导致原型—模型关系的最重要的相似性是行为上的相似性，它不仅撇开了组成系统的元素的不同本质，而且还撇开了这些元素用以相互联结的具体方式、它们的实在结构。功能模拟要模拟的是行为特征，因此这种模型必然是一种变化的、运动的模型。但是，功能模拟又不满足于行为的相似性，它还试图从模型的行为得出关于客体结构的知识。它虽然超越了只有认识了结构才能认识功能这种简单的机械论的认识方法，但并不排除功能同保证这些功能的结构之间的内在联系。所以，通过功能模拟，常常得到非常深刻的有关结构的知识。

(3) 黑箱辨识方法。

黑箱概念是控制论专家艾什比引进的一个核心概念，它所指的是这样一个系统，我们只能得到它的输入值和输出值，而不知其内部结构，换言之，对于黑箱，我们只知其行为，并有可能仅根据其外部性质的研究来对它进行判断。系统科学、特别是控制论提供了一种认识这种黑箱的方法，其步骤是：

首先，建立观察者和黑箱之间的耦合系统，即是让观察者对黑箱施以影响，让黑箱对他和他的记录仪器作出反应，在两者之间形成一个有反馈的关系。这样，不仅黑箱是研究对象，而且观察者和它的关系也成为研究的对象。

其次，有选择地规定黑箱的输入和相应地所要观测的输出，并且把上述规定数量化和形式化。再采用一个长篇登记表，记下输入和输出的一系列对应状态，得到一串含两个分量（输入、输出）的矢量表。

最后，就很长的登记表寻找规律，即发现性态重复出现的情况，由此写出其标准表达式，并推导出黑箱所具有的内部联系。

由于性态不能惟一地决定联系，因此，由上述步骤所导出的联系一般不是同构的而是同态的。同态的模型虽然不能严格等价于黑箱内的实在结构关系，但它具有重要的认识价值。艾什比认为："在研究生物方面的系统时，我们就有理由，而且也不得不存心把所有可能分辨的状态都分辨清楚，而且存心地把一个能动系统换成它的同态系统而只研究后者。"① 这就是说，如果研究的系统足够复杂，人们就得打消要掌握整个系统的雄心，把自己的目的限于得到一种部分的了解。

黑箱方法是系统辨识的理论基础。系统辨识要解决如何建立动态系统数学模型的问题，而它采用的主要方法是先测出输入、输出数据，然后通过这些数据确定系统的结构与参数，从而求得定量描述系统的数学模型。这是一种实验观测与理论分析相结合的方法。

(4) 反馈控制方法。

在实际过程中，往往采用反馈手段对系统进行调节，这就是反馈控制方法。该方法要由控制器、执行机构、控制对象和反馈装置等四个部分构成一个系统，并利用信息技术对之不断调整，使之达到某种特定的状态。

反馈控制的周围环境必定是随机的。如果对所进行的外部过程完全地规定了

---

① ［美］艾什比：《控制论导论》，106页，北京，科学出版社，1965。

细节，就不需要获得情报性信息，也就不存在反馈的需要了。反馈控制使系统过程具有有目的的方向性，而且是通过校正最初的作用来保证随机环境中的这种方向性。一切控制行为，都可以看做采用反馈控制完成的，无论是恒温设施、自动导航设备、人—机系统，还是生命系统、人的行为。这种方法突破线性因果关系，采用双向因果链的循环圈来调整机器和人的行为，使控制得以实现。

（5）整体优化方法。

整体优化，就是从系统总体的立场出发，通过自然选择或人为的技术手段，综合地掌握系统内部之间以及系统与外界环境之间的关系，使系统达到最佳状态并费力最小，即最优化。

整体优化是系统优化的核心。一般来说，对于大而复杂的、多目标的系统，总是首先把它分解为一组相关联的子系统，求得各子系统局部的最优化，然后由上级系统通过所能支配的协调变量来影响下级系统，在整体目标的指导下，协调各子系统的目标，达到整体的最优解。可见，整体优化方法要求根据已确定的目标，在整体效益最优的原则下，处理好局部与整体、眼前与长远的关系。

整体优化方法的程序，包括系统的模型化、最优化分析和系统综合评价。

在处理大系统时，由于不能直接将系统整体作为最优化的研究对象，因而要将这个大系统适当分解为几个分系统，先对分解后的各个分系统运用数学方法进行抽象化，从而构成模型，作出定量分析，求得它们各自的最优解。然后再通过相互之间联系，加以适当协调和整顿，保证各分系统之间不出现矛盾，在全面规划的基础上力图使整个系统实现最优化。

最优化分析是根据模型来求得系统目标的最优解，通常是求极值。在系统科学中，已经建立起许多成熟的理论和技术来完成这项工作。由于所研究的对象的复杂性，因而在最优化技术方面，具有相当的难度。但是，高速电子计算机的飞速发展，使人们有可能求解大量的方程式，对数学模型求出满意的解答，因而为实现系统的最优化提供了有效的工具。

系统的综合评价是利用价值概念来评定一个系统或不同系统之间的优劣。在解决综合评价问题时，要利用模型和各种资料，用技术经济的观点对比种种可行方案，权衡各方案的利弊得失。为此，要确定一些主要目标，一般常归结为性能、进度、成本、可靠性、维修性、寿命、动力消耗和重量等主要指标。为了作出有实际效果的评价，必须建立这些目标的定量数值，确定对这些目标有影响的参数，以便进一步调整；同时还应分析每一目标在特定任务下所具有的地位，对每一目标给予的评价系数作出权衡，从而求出系统的综合评价值，再依靠它对各种不同方案进行比较，确定最优方案。

第十章 技术和工程的概念基础

在人类同自然界的斗争中，技术是劳动手段的体系。英国工业革命完成以后，世界各民族的传统文化的差别逐渐缩小并朝着统一的技术文明发展，这个趋势是显而易见的。因此，大多数人的牢固信念是人类只要解决好科学与技术及工业的关系，依靠把新技术投入生产活动中所获得丰富的物质资料，就可以导致社会文明的进步。但是，眼下技术化的世界是人类自己创造的，人类对它却又如此陌生。人们只有揭示出技术的本质，才能更加有效地控制和驾驭我们的世界。

技术创新是现代经济增长的关键，而经济活动中的内在需求又是创新的基本前提。重要的是把握需求拉力与技术推力的辩证法，并且详细考察企业中的创新活动，它的动机、结构与组织，把企业真正当作技术创新的主体。特别应当注意高科技企业与高科技创新的机制。

一、技术的定义、要素与结构

1. 技术哲学研究的缘起和发展

对技术的本质进行的哲学探讨始于欧洲。1877年德国的E. 卡普用人类学的术语写了《技术哲学纲要》一书，这是公认的系统地论述技术哲学的第一部著作。他在这本书里，把技术看做人类同自然的一种联系，技术发明是创造力的物质具体化，技术活动是器官的投影，手是所有人工制品的模型、原始的工具。例如，他解释说榔头就是模仿握紧拳头的手臂。并且，他对潜在的技术持乐观的态度，认为技术是文化、道德、知识进步和人类“自我挽救”的手段。1897年法国的A. 埃斯比纳斯出版了《技术的起源》，在这部著作中，他论及了技术的历史发展和它与文化的关系，还分析了法国理性传统中的机器问题。这两本书开了把技术作为对象来研究的先河。然而，由于技术被认为是以直观经验、诀窍为基础的实践活动，竟一直未受到哲学家的应有注意，以至发生了这种怪现象，技术是人类活动的一个专门领域，可很少有人对它作深入概括的研究。B. 吉尔在他1977年主编的《技术史》一书的结尾中说：“技术是思想史的重要组成部分，但人们在很长一段时间内却忽略了这一点。”①

在德国，F. 戴沙沃写了《技术哲学》（1927年）一书，相应于康德的三个王国，提出技术创造是处于规律（经验科学）、法秩序（伦理实践）、美（对美及符合目的之物的批判力）三个王国之外的第四王国——热情。在现象背后的“物自体世界”，是为人类精神所贯通的。技术在理念指导下，根据一定的目的和方法，借助第四王国而使理念物化，因此，技术包含着精神因素。他由此开创了工程科学派。在他之外的主要学派是：以M. 海德格尔为代表的存在主义派；以A. 格伦为代表的社会人类学派；以H. 马尔库塞和J. 哈贝马斯为代表的法兰克福的批判理论派。

法国的技术哲学继承了他们的先行者埃斯比纳斯的研究传统，从技术的发展、技术与文化的关系方面出发，对现代技术的广泛渗透性和劳动问题、有机界与技术机械的区别、设计和制造技术产品的功能原理与认识论的关系等问题进行了研究。其中J. 埃吕尔在1954年所著的《技术社会》一书在欧美影响较大，他

---

① B. Gille（Ed.），*Histoire des Techn'qugs*，Paris，1977，p. 1475.

认为，现代技术已经囊括一切，使人们生活在技术环境中而不像以往那样仅仅是生活在自然界中，人们的心理状态完全为技术价值所统治。技术使人类摆脱了时空的某些限制，但并没有使人获得自由。他的这种观点被《不列颠百科全书》当作“权威”观点收进了“技术”词条。

对未来社会的管理，激起美国人对技术问题进行研究的兴趣。在散见的各种文献中，他们研究较多的问题是：技术与价值、技术评价、技术发展的政治问题等等。P. 杜宾主编的8卷本《哲学与技术研究》，收录了1977年至1982年各次学术会议的论文，1983年他和F. 拉普主编了《技术与哲学》论文集，围绕着以上问题进行了探讨。

马克思把技术作为劳动过程的要素，认为技术是人和自然的中介，因而把它们归结为工具、机器和装置这些机械性的劳动资料。马克思还提到其中有理性因素，但这一点往往被人忽视。受马克思技术思想的影响，苏联《大百科全书》关于技术的条目倾向于“手段说”，即技术是“为实现生产过程和为社会的非生产需要服务而创造的人类活动手段的总和”，“生产技术是技术手段的主要部分”，而“生产技术中的最积极部分是机器”①。苏联和东欧的学者按照历史唯物主义有关劳动与生产过程的基本观点，围绕着“科学技术革命”的中心概念做了一些工作。1967年46位捷克学者在布拉格出版了《十字路口的文明》一书，对社会主义国家的科学技术革命进行了较全面的分析，提出了发展生产力的非正统方针，要求对政治、经济体制进行重大改革。1968年苏联出兵捷克后，苏联和捷克的研究机构合写的《人—科学—技术》（1973年）把科学技术革命的本质定义为“以科学为先导的当代生产力的根本性变革”，认为“科学技术革命只有在社会主义条件下才能完全实现和充分利用”②。

1932年，日本的一些年轻的哲学家、科学家、工程技术专家在物理学家冈邦雄、哲学家三枝博音和户坂润的倡导下，创建了宣传马克思主义思想的群众性学术团体“唯物论研究会”。他们吸取了德国“技术哲学”的研究成果，努力从马克思主义立场探讨技术的本质和规律等问题。他们将德国的技术哲学意译为用日语汉字表述的“技术论”，因此，日本的“技术论”即“技术哲学”。户坂润提出技术是生产手段的组织或者生产手段的体系的“手段体系说”，武谷三男和星野芳郎则提出技术是人们在实践中对客观规律性有意识的应用的“应用说”。

现代技术是以科学为基础的动态过程，在技术活动中既有理性因素，也有非

---

① ［苏］G. 苏赫尔金等：《技术》，载《科学与哲学》，1980（5），133～134页。

② *Man-Science-Technology*. Moscow/Prague，1973，P46.

理性因素。因此人们也就很难在定义的基础上，像科学哲学那样去揭示技术的逻辑。但是，技术与科学、认识论、形而上学、伦理学、文化和社会的联系都十分密切，加之对技术进行哲学研究缺乏根深蒂固的传统，所以关于技术哲学的体系，人们从各自的角度提出了一些不同的见解。

当代技术哲学家 M. 邦格认为，技术哲学的使命是要弄清以下几个问题：(1) 技术知识与科学知识有哪些共同特性？前者独有哪些特性？(2) 在本体论上，如何区分人工产品与自然客体？(3) 如何区分技术预见与科学预见？(4) 经验规则、技术规程与科学定律有什么关系？(5) 什么是技术的价值体系和伦理规范？(6) 什么是技术与现代文化的其他分支的概念关系？

著名德国哲学家海德格尔则把技术看做“命运”，看做人们无法客观地对待的东西。要研究这类对个人和整个人类的生存有重大意义的问题，还缺少一个十分明确的概念框架。

技术哲学起步很晚。然而，技术绝不是非哲学的，更不是反哲学的，技术接受了这样一个哲学原理，即认为我们能通过经验和理性获得对现实的某些认识，然后去变革现实。技术是现代化社会的一个重要构成因素，对技术所产生的一些问题我们不能视而不见。虽然目前对技术哲学的研究好像只是提出了一些问题，并未有博大精深而又全面的结果问世，但是它给人们提出了研究方向和研究领域，这是一个重要的开端。

2. 技术的定义

技术一词出自希腊文 techne（工艺、技能）与 logos（词、讲话）的组合，意思是对造型艺术和应用技术进行论述。17 世纪，当它在英国首次出现时，仅指各种应用技艺。1760 年以蒸汽机为标志的产业革命爆发后，技术涉及工具、机器及其使用方法和过程，其含义远比古希腊时要深刻得多。作为那个时代的思想家狄德罗，在其主编的《百科全书》中，第一次对技术下了一个理性的定义：所谓技术就是为了完成某种特定目标而协调动作的方法、手段和规则的完整体系。他抓住了产业革命初期技术的特征，在当时来说这个定义是完整的。

《不列颠百科全书》把 1879 年 10 月 21 日定为现代技术的诞生日，这一天，爱迪生在他创立的技术研究实验室中成功地进行了电照明实验。以科学为基础的现代技术，不仅仅与工具、机器及其使用方法和过程相联系，而且与科学、发明、自然、社会、人和历史紧密地联系起来。简单、直接地定义无法反映现代技术的本质，对技术的定义就呈现出“诸子百家”的局面。概括来说有两种类型，一是狭义定义，二是广义定义，

(1) 狭义定义。

戴沙沃在1956年的著作《关于技术的争论》中把技术定义为："技术是通过有目的的形式和对自然资源的加工，而从理念得到的现实。"[①] 他所注重的是"目的"和技术中的精神因素。

R.麦基在《什么是技术》（1978年）一文中指出，应把技术看成同科学、艺术、宗教、体育一样，是人类活动的一种形式，这种活动是一种具有创造性的、能制造物质产品和改造物质对象的、以扩大人类的可能性范围为目的的、以知识为基础的、利用资源的、讲究方法的、受到社会文化环境影响并由其实践者的精神状况来说明的活动。

G.罗波尔从一般系统论的原则出发，区分了技术的三个方面：自然方面（科学、工程学、生态学）；个人与人类方面（人类学、生理学、心理学和美学）；社会方面（经济学、社会学、政治学和历史学）。他提出应当用一种跨学科的研究方法将这些方面统一起来。

C.米切姆的论文《技术的类型》（1978年）则从功能的角度提出了技术的四种方式：作为对象的技术（装置、工具、机器）；作为知识的技术（技能、规划、理论）；作为过程的技术（发明、设计、制造和使用）；作为意志的技术（意愿、动机、需要、设想）。他把意志因素也包括在内，就把技术同文化所限定的评价方面联系起来了。

以上所列举的四种定义方法，无论是理性的、活动的、系统的，还是功能的，出发点都是技术包括具体的人造物品，它们是通过工程方法创造和使用的；表达了这样一种共同的思想：技术是在创造性构思的基础上为了满足个人和社会需要而创造出来的，它们是具有实现特定目标的功能、最终起改造世界作用的一切工具和方法。

（2）广义定义。

广泛的定义把技术扩展到任何讲究方法的有效活动。

M.邦格在论文《技术的哲学输入和哲学输出》（1979年）中把技术划分为四个方面：

①物质性技术：物理的（民用的、电气的、核的和空间工程的）技术，化学工程的、生物化学的（药物学的）、生物学的（农学的、医学的）技术；

②社会性技术：心理学的（教育的、心理学的、精神病学的）、社会心理学的（工业的、商业的和战争的心理学的）、社会学的（政治学的、法律学的、城市规划的）、经济学的（管理科学的、运筹学的）、战争的（军事科学的）技术；

① F. Rapp，*Analytical Philosophy of Technology*. Boston，1981，p. 34.

③概念性技术：计算机科学；

④普遍性技术：自动化理论、信息论、线性系统论、控制论、最优化理论等。

由此，他把技术定义为：按照某种有价值的实践目的来控制、改造自然和社会的事物及过程并受到科学方法制约的知识总和。他所采取的这种广义定义法，是想要说明技术的广泛渗透性，但其实质仍是工程学的，不同于以下的定义。

埃吕尔在他的《技术社会》这部著作中，把技术定义为："在一切人类活动领域中通过理性得到的（就特定发展状况来说）、具有绝对有效性的各种方法的整体。"① 埃吕尔认为，技术和工艺学所指的是一种广泛的、多样的、无所不在的总体，它们处于现代文化的中心，包括了人们所做事物中有重大价值的部分。H.马尔库塞在其著作《单向度的人》（1964年）中则较为明确地指出：文化、政治和经济以技术为中介融为一个无所不在的总体，它吞没和拒斥一切别的东西。他们都坚持技术的"整体性"，认为广义定义不仅是正确描述问题。他们着重指出现代技术的统治地位主要是为了批判，埃吕尔从文化的角度，马尔库塞则从"解放的"政治的角度来阐述他们的批判观点。

广义定义的目的是：人们不要把目光紧紧地盯在工程学的研究上，而忽视技术更广泛的问题和现实影响。但埃吕尔等人的广义定义并不能保证人们正确地理解技术以及技术的社会政治意义，相反，邦格的以及那些狭义定义倒是更接近技术的原意。技术的工程学方面和广义的社会方面是相互关联的，广义定义指出了现代技术无所不包的性质，启发人们对技术的研究不必仅仅局限于工程学方面的问题，技术的社会意义也是重要的方面。

（3）对技术本质的理解。

技术的多重性因素决定了给它下一个定义是很难的，因为没有公认的理论基础和方法。但定义技术对于深刻理解技术本质又是必不可少的，因此几乎每个研究技术哲学的人都要对这一问题做出回答。

首先必须明确技术的范畴。米切姆说，技术的基本范畴是活动过程，而人类的活动一般分为两类，即制造活动和行为活动，技术过程只能指前者，即劳动过程。

其次必须明确技术的目的。波普尔认为，技术的目的是控制和掌握世界，技术过程是人类的意志向世界转移的过程。马克思也将人对自然的能动关系，人的生活的直接生产过程，作为技术定义的基本前提。

---

① J. Ellul, *The Technological Society*. New York, 1964, p. 183.

基于上述理解，可以认为技术的本质就是人类在利用自然、改造自然的劳动过程中所掌握的各种活动方式、手段和方法的总和。这种理解概括了技术的基本特征，体现了技术是人与自然中介这个马克思主义的思想。技术的本质决定了它具有双重属性，其自然属性表现在任何技术都必须符合自然规律，其社会属性则表现在技术的产生、发展和应用要受社会条件的制约。

3. 工程学传统与人文主义传统

在技术哲学的孕育和发展过程中，逐步形成了风格迥异的两大研究传统。米切姆把它们概括为工程学的技术哲学传统与人文主义的技术哲学传统；E. 舒尔曼则把它们概括为实证论传统与超越论传统。这两种区分本质上是一致的，只是名称有所不同罢了。

两种传统的技术哲学像一对孪生子那样孕育的，但在子宫中就表现出相当程度的兄弟竞争。“技术哲学（philosophy of technology）”可以意味着两种十分不同的东西。当“of technology（属于技术的）”被认为是主语的所有格，表明技术是主体或作用者时，技术哲学就是技术专家或工程师精心创立一种技术的哲学（technological philosophy）的尝试。当“of technology（关于技术的）”被看做宾语的所有格，表示技术是被论及的客体时，技术哲学就是指人文学者认真地把技术当作专门反思主题的一种努力。第一个孩子倾向于亲技术，第二个孩子则对技术持批判态度。①

各种有关技术的哲学观的确大相径庭。不过，我们可以在超越论与实证论之间作出一种整体的划分。这种划分在哲学意义上有其价值。对超越论者来说，自由是压倒一切的。在日常经验前后的自由或是他们哲学的源泉或是其方向，或者二者兼有。对实证论者来说，哲学的根基就是日常经验；他们的出发点是技术本身的可能性。②

以往人们对技术哲学问题的研究多是分立进行的。从表面上看，这是形成狭义技术视野与广义技术视野，以及工程学传统与人文主义传统的直接原因。然而，追根溯源，技术哲学的这两种学术传统却导源于科学精神与人文精神之间的对立。简言之，工程学传统或实证论传统体现的是科学精神，人文主义传统或超越论传统所彰显的则是人文精神，两者在价值观念、基本信念上是根本对立的。

技术哲学的这两种学术传统之间的差异是多方面的，其中技术概念界定上的

① 参见［美］卡尔·米切姆：《技术哲学概论》，1页，天津，天津科学技术出版社，1999。

② 参见［美］E. 舒尔曼：《科技文明与人类未来——在哲学深层的挑战》，3页，北京，东方出版社，1995。

分歧最为根本。不同知识背景、价值观念、精神追求的主体，对技术现象的认识和概括往往出入较多，分歧较大。至今关于技术的不同定义有数百种之多，大致可以归入关于技术的狭义界定与广义界定两大类。技术界定上的这一基本差异，进而形成了狭义技术视野与广义技术视野。一般而言，工程学传统或实证论者多持狭义技术定义，认为人外在于技术，可以创造、操纵和驾驭技术，而不受技术之约束；而人文主义传统或超越论者多倾向于广义技术定义，认为人是技术系统难以分离的构成要素，总是被纳入种种技术系统之中，受外在的技术模式或节奏调制。

技术哲学的两种学术传统之间的分野，主要体现在研究重心上的差异。简而言之，工程学传统或实证论传统，注重对技术哲学内部问题的研究和技术运行机理的探究。它“把人在人世间的技术活动方式看做了解其他各种人类思想和行为的范式”①，“在技术中看出了对人类力量的确认和对文化进步的保证”②。而人文主义传统或超越论传统，则侧重于对技术哲学外部问题的研究和技术价值的评判。它“用非技术的或超技术的观点解释技术的意义”③，“觉察了人类与技术之间的冲突，他们确信技术危及人类自由”④，认为“人的本质不是制造，而是发现或解释”⑤。可见，这两种学术传统呈现在我们面前的是研究范式或内涵各异的理论形态。

抽象地说，工程学传统或实证论者对技术问题的研究虽然精细、具体，但视野过窄。他们对技术现象的概括是不全面的，往往无视社会领域、文化领域和思维领域的技术存在，无视智能技术形态或充当技术单元或子系统的人的作用；缺少对众多技术形态统一基础的深入探究，在理论上多是不完备、不彻底、不深刻的。而人文主义传统或超越论者，虽然长于对技术价值尤其是技术负效应或奴役性的全面而深刻的评判，但短于对技术本质、技术体系结构以及技术效应发生机理等问题的精细分析和深入研究，在理论上多不够深入、扎实、细致。这些也是技术哲学理论发育不成熟的具体体现。

4. 技术的基本要素及其分类

在谈到技术要素时，有人认为，凡是影响技术发展的因素都应算做技术的要素。这样一来，什么政治、经济、文化、宗教等因素都可算做技术要素了。但这

① ［美］卡尔·米切姆：《技术哲学概论》，17页。

② ［美］E. 舒尔曼：《科技文明与人类未来——在哲学深层的挑战》，3页。

③ ［美］卡尔·米切姆：《技术哲学概论》，17页。

④ ［美］E. 舒尔曼：《科技文明与人类未来——在哲学深层的挑战》，3页。

⑤ ［美］卡尔·米切姆：《技术哲学概论》，20页。

种分法是欠妥的。埃吕尔说，在使用技术系统一词时，他并不排除其他因素（如政治、经济等），技术不是一个封闭系统。但首先应该明确，要素与因素不同。因素能够影响技术的发展，但这只是它成为技术要素的一个必要条件，并不是充分条件。在现代社会中，对技术发展影响最大的，莫过于科学了，但科学并没有成为技术结构中的一个独立成分，因而它也不能成为技术的基本要素。只有能够成为技术基本结构中独立成分的因素，才能成为技术的要素，这就是技术要素得以成立的充分必要条件。凡是具备这个条件的，如经验、技能、工具、机器、知识等，这些任何生产过程、任何专业技术都共同具有的基本构成因素，才是技术的基本要素。政治、经济、文化等因素，虽然它们也能直接或间接地影响技术的发展，但它们并不是任何生产过程中的基本成分，也不是任何专业技术中的独立因素，因此并不能成为技术结构的要素，或者只能算做技术的外部要素。当然，在形成一个技术的社会大系统时，它们作为技术社会系统的要素还是当之无愧的。

可以将技术要素按其表现形态分为三类：

（1）经验形态的技术要素。它主要是指经验、技能这些主观性的技术要素。经验、技能是最基本的技术表现形态。一般说来，经验是人们在长期实践中的体验，而这种体验主要是在生产过程中，以生产方式为基础，在劳动过程中所表现出来的主体活动能力。它包括技巧、诀窍等实际知识，是人们在生产中的主要活动方式。经验、技能在不同历史时期所表现的形式也不尽相同，如古代以手工操作为基础的经验技能，近代以机器操作为基础的经验技能，现代以技术知识为基础的经验技能，这三种形式的经验技能代表了人类在利用自然和改造自然的过程中，主体活动能力或方式的不同发展阶段。

（2）实体形态的技术要素。它主要指以生产工具为主要标志的客观性技术要素。米切姆曾将实体技术按主动性和被动性加以区分，前者是以技术手段为标志的“活技术”，后者则是以技术成果或技术对象为象征的“死技术”[①]。如果我们把实体技术理解为生产手段的话，那它既包括活技术，也包括死技术，而以代表技术手段的生产工具等活技术为主。死技术与活技术的区分是相对的。马克思说：“一个使用价值究竟表现为原料、劳动资料还是产品，完全取决于它在劳动过程中所起的特定的作用，取决于它在劳动过程中所处的地位，随着地位的改变，这些规定也就改变。”但尽管如此，他还是强调活技术的重要性，因为，“机

---

① ［美］卡尔·米切姆：《技术哲学》，见［美］保罗·杜尔宾主编：《科学、技术、医学文化导论》，322页，纽约，自由出版社，1980。

器不在劳动过程中服务就没有用”，因此“活劳动必须抓住这些东西，使它们由死复生”①。

与经验技能相类似，技术手段的范畴也是与技术发展的一定阶段相互对应的。实体技术也可以按不同历史时期分为手工工具、机器装置、自控装置等三种表现形式，不同形式的实体技术表现了人类利用自然、改造自然的物质手段的不同发展阶段。

(3) 知识形态的技术要素。它主要是指以技术知识为象征的主体化技术要素。一提到知识，人们就认为技术是科学的应用，但只是一个方面，技术不仅是科学的应用，远在科学原理产生以前，人类就已经开始运用技术了。一般说来，技术知识应当是人类在劳动过程中所掌握的技术经验和理论，即技术知识也有两种表现形式，一种是经验知识，一种是理论知识。米切姆认为，古代的知识技术是具有描述性规律的技能、准则，而现代的知识技术是技术规则和理论。可以认为，经验技术知识就是关于生产过程和操作方法规范化的描述或记载，而理论技术知识则是关于生产过程和操作方法的机制或规律性的阐述。不同形式的技术知识表现了人类利用、改造自然的认识能力的不同发展阶段。

经验技术、实体技术和知识技术这三种类型的技术要素之间具有一定的相互关系，主要是：

第一，独立性与相关性。技术三要素之间是相互联系的。远古弓箭的发明就需要丰富的经验和发达的智力，近代工匠的经验技能又促进了机器的发展和知识的积累，现代技术理论也大量物化成机器设备并培养了新型的劳动者。同时，它们之间又是相互独立的。工具代替不了经验，知识也代替不了技能。现代化的企业设备先进、仪器精良，但这些企业的工人未必就会弃经验技能于不顾而只会按电钮。新毕业的大学生可能精通于技术理论，但老工程师的经验知识却令其望尘莫及。中国古代工匠的经验技能及其经验知识在世界上可谓首屈一指，可是标志近代技术革命开端的工具变革并没有出现于东方世界。英国人首先为电力技术的发展点燃了星星之火，但其燎原之势却出现在德国和美洲大地。历史的经验告诉我们，忽视实体技术、经验技术和知识技术三种技术要素之间既独立又相关的对立统一关系，就会贻误技术发展的时机。

第二，互补性与主导性。技术要素之间在技术活动中还常常表现出有机的整体性功能，体现出一种互补性与主导性结合的特点。

互补性是指在技术结构内部，各类技术要素之间存在着互补机制，其中任何

① 《马克思恩格斯全集》，中文1版，第23卷，207～208页。

技术要素的变化都可能影响并牵动其他要素的变化。互补性机制保证了技术结构的整体协调。但是三类技术要素的发展是不平衡的，在一定时期某种技术要素处于矛盾的主导地位，它的发展规定或制约其他技术要素的发展变化，这就是这种技术要素的主导性功能。主导性技术要素具有触发型放大作用。如我国农业技术结构在改革开放初期是属于经验主导型技术结构，如果那时我们偏激地强调农业机械化，其结果只能劳民伤财，收效甚微。相反，只要抓住主导要素，根据现实的生产力水平，实行农业生产责任制等措施，就可能收到事半功倍的效果。

第三，自稳性与变异性。某个技术要素在受到其他技术要素的干扰时，它具有抗干扰的能力，这就是技术要素的自稳性。近代技术革命使机械工具对原有手工经验技能产生了威胁，但后者并不因此就退出生产领域，而是在一定时期与前者并存。如英国在1850年已有22.4万台机械织布机，但在5年后也还有5万多名手织工人，正像吕贝尔特在《工业化史》中所说，大多数手工业都表明，它们具有生命力，能度过危机。

但技术要素的自稳性是相对的，在一定条件下，它们会相互转化。经验的积累会转化为技术知识，同样，在某一历史阶段属于知识水平的东西也会变成为经验性的技能。在20世纪70年代的非洲，汽车驾驶员是最高级的技术人员，因为他们掌握着最高级的“技术知识”，但今天这些知识对于日本以及大多数的欧美国家来说，已经纯粹属于技能性的操作了。由此可见，在技术要素的发展过程中，自稳性与变异性是有机联系在一起的。

5. 技术体系的结构类型与技术世界的梯级结构

技术结构是由相互联系和相互作用的技术要素组成的有机整体。由于对技术本质的不同理解，哲学家们建构了由不同技术要素组成的技术结构。

法国技术哲学家埃吕尔把技术定义为在一切人类活动领域中，通过理性活动而具有的绝对有效的各种方法的总体。他认为这种具有理性特征的技术实质上是技艺或技能，是一种社会技术，因而建立的技术系统是一个类似于技术社会的概念，即技术系统是由技术现象和技术进步形成的。

与埃吕尔的技术系统相比，美国技术哲学家米切姆的技术模式似乎更符合技术结构的含义。他针对技术本质的多样性，把技术分为实体技术、过程技术、知识技术和意志技术，在这种技术分类的基础上，形成了自己的技术模式。

户坂润在“手段体系说”的基础上，把技术作为生产力的一个要素，作为主体的劳动手段和客体的劳动手段在劳动过程中的统一。他把技术看做主观的存在方式——观念的技术（技能、智能）和客观的存在方式——物质的技术（工具、机器）这样一个统一体。

星野芳郎认为目的和符合目的自然规律是技术的主要因素，并把生产工程放在技术体系的中心位置，在八个工程部门（即采掘、材料、机械、建筑、交通、通信、控制、动力）之间建立了有机的联系，形成了自己独特的技术体系。

苏联系统论专家瓦·尼·萨多夫斯基把技术系统定义为由制造使用机器的人及其劳动过程和许多外部条件所组成的复杂结构。斯米尔诺夫则更为明确地提出主体—技术手段—客体的技术系统概念。

但是，对技术结构的研究，从深度和广度上来说是不够的，尽管我们的时代是技术的时代，尽管许多学者对技术进行了大量的研究，但是对技术结构的研究还是很贫乏、很有限的。有必要在理解技术本质与要素的基础上，建构恰当的技术结构的类型，促进对技术结构的理论研究。所谓技术结构，就是由经验形态、实体形态和知识形态等三种技术要素组成的有机整体。任何时代、任何国家或地区的技术结构都是由这三种技术要素组成的，但是在不同时期，不同形态的技术要素相互结合却形成了不同的技术结构，按照技术要素在技术结构中的地位和作用，我们可以将其划分为以下三种类型：

（1）经验型技术结构。就是由经验知识、手工工具和手工性经验技能等技术要素形态组成的，而且以手工性经验技能为主导要素的技术结构。

（2）实体型技术结构。就是由机器、机械性经验技能和半经验、半理论的技术知识等要素形态组成的，而且以机器等技术手段为主导要素的技术结构。

（3）知识型技术结构。就是由理论知识、自控装置和知识性经验技能等要素形态组成的，而且以技术知识为主导要素的技术结构。

历史上，技术经历了一个从简单到复杂、由低级到高级、由单一领域到多维领域的发展历程。伴随着科学的兴起与技术的发展，技术世界自下而上逐步分化出了基础技术、专业技术与工程技术的梯级结构。

从科学技术体系逻辑结构看，科学主要执行着认识世界的职能，技术则肩负着改造世界的职能。科学研究实现的是从实践到认识的飞跃，技术创新实现的则是从认识到实践的第二次飞跃。在现代科学技术一体化进程中，科学活动逐步从单纯的基础研究领域，扩展到了应用研究和开发研究领域。技术的应用与开发活动开始作为科学的对象，被纳入科学研究领域。作为知识体系的科学，也随之分化为基础科学、技术科学和工程科学三个层次。科学的发展开始走到了技术发展的前面，对技术创新起着规范和指导作用。在科学发展的推动下，技术世界在原有工程技术、专业技术层次的基础上，进一步分化出了基础技术层次。技术世界的基础技术、专业技术和工程技术层次，与科学领域的基础科学、技术科学和工程科学层次彼此照应。

从逻辑演进的角度看，技术问题的提出与技术创新思路的演进，是沿着从目的到手段的顺序展开的；而技术系统的建构与主体目的的实现，则是沿着从手段到目的、由局部到整体的次序推进的。如此就形成了由目的到手段转化推演的多簇链条。例如，要实现往来于河流两岸的目的，就并存着泅渡、架设桥梁、建造船只、开挖河底地下隧道等多种技术途径，其中的每一条途径又有许多种具体的实现方式。单就架桥途径而言，要建设桥梁（目的），就必须在河流中设立桥墩、预制构件等（手段）而要在河流中设立桥墩（目的），就必须在河流中构筑围堰、排水、开挖河床等（手段）……如此就形成了一个辐射状的立体族系。

从宏观上看，技术世界形成了一个以人类需求或目的为核心的立体辐射状网络结构。在技术世界建构过程中，围绕着众多人类目的的实现，往往在纵向上形成了多簇技术族系，如运输技术族系、建筑技术族系、通讯技术族系、安全技术族系等。这些技术族系的一端与主体需求相连，另一端与科学、经验认识等领域相接。沿着从需求指向认识活动的方向，依次形成了工程技术、专业技术与基础技术的梯级结构。同时，不同族系之间在横向上也彼此贯通、相互联系。而且愈靠近基础技术一端，技术族系之间的联系也就越紧密，它们共同植根于人类理智创造与认识活动之中。处于动态发展之中的技术世界，在横向上形成了众多技术族系并立，在纵向上同根同源，错综交织，融为一体的立体网络状结构。

注意，人也被编织进这一巨型网络之中。人既是这一技术之网的设计者和编织者，同时又是这一网络的构成单元或编织材料。由于在现实生活中，人同时扮演各种社会角色，参与处理多种事务，因而往往以多条纽带形式被编入这一巨型网络之中。可见，作为其中的一个纽结，人常常是多条纽带的交汇点，为多条网线所牵动。同蜘蛛和蜘蛛网之间的关系一样，人与技术世界不可分离。“网中人”依赖技术之网而生活，也为技术之网所束缚，而且这张无形的巨大技术之网将愈来愈细密、愈来愈结实。事实上，就像地球上的水圈、大气圈、岩石圈、生物圈一样，技术世界构成了人类赖以生存和发展的“技术圈”。

在技术世界的演化历程中，基础技术与专业技术层次是从生产实践活动中分化出来的，并为现实目的的实现服务。基础科学是基础技术发展的源泉，往往会开辟出全新的技术领域。基础技术就是对科学发现、原理、规律中所蕴涵的技术可能性探索的结果，是围绕技术原理的摸索与探究展开的，处于科学向技术转化的基础环节。原创性、原理性、原型性等是基础技术的基本特征。专业技术处于基础技术层次向工程技术层次转化的中间环节，是技术专业化发展的产物。随着技术形态的复杂化与技术创新模式的转换，技术应用过程中的许多基础性、共同性问题，开始从中分离出来，成为技术科学的研究对象。技术科学的研究有助于新技术途径的探寻，并使探寻活动方向明确、途径便捷、效率更高。围绕着这些基础性、共同性问题的解决，而发展起来的专业技术层次，表现出专业性、单元性、分析性与纵向推进性等基本特征，是建构实用的工程技术形态的直接基础。

工程技术就是在社会实践活动中广泛应用的各种实用技术形态。它处于技术世界体系结构的顶端，与工程科学关系密切。工程科学以各类工程实践活动中的普遍性问题为研究对象，综合运用基础科学、技术科学、经济科学、管理科学等学科的理论与方法，直接服务于各种目的性活动。实用技术以解决现实问题为目标，以众多基础技术与专业技术为内在支撑，以多项人工物技术形态为建构单元，往往表现为多项单元性技术成果的综合与集成。成套性、实用性、综合性与横向拓展是工程技术的基本特征。如三峡工程的设计与施工，就综合了地质勘查、水文、建筑、气象、航运、考古、运输、电力、施工管理、移民搬迁等几十项先进的成熟技术。由于工程实践问题的紧迫性，以及对技术形态可靠性、经济性的要求，实用技术形态中所综合或集成的技术，多是相关专业技术领域或工程技术领域的成熟技术。工程技术活动中某些环节一时难以解决的细节问题，会转移到专业技术领域，成为专业技术发展的重要方向。如2003年初，在突如其来的SARS病毒打击下，现有的生物学实验技术、医疗技术、卫生防疫、社会应急与动员等相关技术体系的弊端开始暴露出来，成为近期相关专业技术开发的重点。

二、技术发明与工程技术方法

技术发明与工程技术活动是在科学认识的基础上，人们利用客观规律变革和控制客观事物的实践活动，具有不可替代的作用。这里首先对技术发明与工程技术活动的含义与特点、基本形式与环节及其方法进行探讨。

1. 技术发明的过程与方法

已行与未行或已能与未能之间的矛盾，是技术开发活动的基本矛盾。这一矛盾的解决过程就是技术发明过程。

（1）技术发明过程。技术发明或创新是解决技术问题、孕育新技术形态的基本形式，也是推动技术世界演进的动力源泉。技术发明泛指创造新事物或新方法的活动。从本意上说，这里的“新事物”或“新方法”是就整个人类社会而言的。因此，只有世界“首创”或“领先”的技术成果才算得上真正的发明。形态从无到有，效率由低到高，功能由弱到强，一直是技术进步的基本方向。由于技术发展的历史局限性，任何具体技术形态的效率与功能总是有限的，不可能一劳永逸地满足不断发展着的主体需求。这就形成了新技术目标与原有技术系统功能之间的矛盾。植根于科学研究领域的技术创新活动可以拓展技术可能性空间，创造出效率更高、功能更强的新技术系统，逐步实现新技术目标，使这一矛盾逐步得到解决。

随着社会需求的发展，原有技术系统的功能往往难以实现新的技术目标，需要对技术系统不断进行改进。技术改进属技术二次创新范畴。它是在不改变基本技术原理的前提下，针对制约技术系统功能扩展或效率提高的约束技术要素的解除，而展开的技术创新过程，是技术一次创新过程的继续和完善。[①] 这一过程多从技术方案设计环节开始，重新走完上述技术创新过程的后续环节。其中，局部技术单元的更迭，又会引发技术系统结构的"连锁反应"与一系列适应性调整。从长过程、大趋势来看，技术改进是在技术原理框架内进行的再创造过程，往往由多轮小幅度技术创造活动构成，直至接近原有技术原理所容许的功能与效率极限。此后的技术创新活动将转入在新技术原理基础上的新一轮技术一次创新。

(2) 技术发明方法。技术发明是创造性思维活动的结果，因此，创造性思维方法是技术发明方法的主体，广泛适用于技术发明过程的各个环节。由于技术发明对象的新颖性、创造突破的不确定性、应用的灵活性、应用主体或场合的个性特色等因素的影响，目前，技术实践活动中应用的上百种发明方法的经验性突出，适用场合不一，效果差异明显，难以纳入统一的方法论模式。事实上，并不存在实现技术发明的固定程序，也不存在必然导致技术发明的普遍有效的方法，但是，共性寓于个性之中，众多技术发明方法中也包含着一些共有特征。从方法论角度审视这些发明方法，从中可以概括出三个方面的方法论特点：

一是创造性思维演进的一般程序。英国心理学家沃勒斯（G. Wallas）把创造性思维过程划分为四个阶段。他认为思维过程是有步骤地推进的，呈现出前后一贯性和明显有序的阶段性特征。(a) 准备期，主要是围绕研究问题进行前期准备，如收集有关资料，了解前人的工作，积累必要的知识等。(b) 酝酿期，主要是利用已有的知识和方法，探求解决问题的途径，苦思冥想。然而，苦思、久思不得其解。(c) 豁朗期，在酝酿成熟的基础上，在某个偶然因素的刺激下，突然灵感爆发、直觉闪现，创造性的新思想、新观念和新方法突然涌现。这一阶段在创造过程中具有关键性的意义。(d) 验证期，对由灵感突发而来的新思想、新

① 参见王伯鲁：《约束技术与企业技术进步方向》，载《科研管理》，1997 (3)。

概念和新方法，进行理性分析和逻辑判断，以及实验的证实、验证和修正。

二是逻辑方法与非逻辑方法的综合应用。技术发明活动是逻辑思维与非逻辑思维交替推进、螺旋式递进的过程。在逻辑方法走不通的地方，往往需要非逻辑方法开辟新的通路；而当非逻辑方法打开通路后，逻辑方法又必须及时跟进与整理，在已行与未行的“鸿沟”上架起“逻辑的桥梁”。非逻辑思维所取得的成果，最终都要通过逻辑思维加工整理，以逻辑形式表达和交流，纳入人类技术知识体系之中。因此，一个足以完成技术创造过程的发明方法，必定是逻辑方法与非逻辑方法的辩证统一和综合应用。

三是发散性思维与收敛性思维的优化组合。发散性思维是指在解决问题时，思维从仅有的信息中尽可能扩展开去，朝着众多方向去探寻各种不同的方法、途径和答案。由于它不受已经确立的方式、方法、规则或范围等约束，往往能因此出现一些奇思妙想，所以也称作“求异思维”或“开放式思维”。发散性思维的主要特征是流畅性、变通性和独特性。收敛性思维是指思维能尽可能利用已有的知识和经验，把众多的信息逐步引导到条理化的逻辑系列中去，从所接受的信息中产生逻辑结论。这种集中型的思维也被称为“求同思维”或“封闭思维”。

在技术发明过程中，发散性思维与收敛性思维反复交替、相辅相成、各司其职、缺一不可，二者的优化组合与有机融合是创造性思维的共同特征。只有集中精力和思维收敛，才能在技术实践活动中发现问题、选准目标，为在各种方向探索解决问题途径的发散思维奠定基础。同时，思维只有沿着多种渠道尽可能地发散开来，才可能捕捉到有助于解决问题的信息和思路，搜索到实现目标的手段，为更有效地聚焦所解决问题的收敛思维创造条件。收敛与发散相互依存，相得益彰。收敛和发散的层次越高、轮次越多，越有可能产生出具有独特性的新观念和新构想。它们的结合有助于技术发明的成功。

技术发明的常用方法有列举法、分合法、设问法、智力激励法、形态矩阵法、输入—输出法、联想组合法、移植构思法等几十种之多。这些方法各具特点，各有各的适用范围，在技术发明活动中，应根据问题情境灵活选择和应用。

2. 技术预测方法、技术方案构思方法

技术预测与技术方案构思是技术开发过程中的重要环节，对这两个环节及其方法的认识，是对技术发明过程及其方法认识的具体化。

（1）技术预测方法。预测是以事物间的齐一性与普遍联系性为基础，根据事物历史、现实及其所处环境，寻求事物发展的规律性，并借此预先推测事物未来发展过程或状态的一种科学认识活动。从本质上说，预测是在把握事物历史与现实的基础上，以事物发展规律为依据，对事物未来发展的一种超前性思维模拟。

所谓技术预测，就是根据科学技术发展的一般规律，对技术在未来发展的状态、趋势、动向、成果及其影响的预见和推测。

技术预测涉及的领域和对象广泛，对社会各个领域技术需求发展和变化趋势的预测；对各个专业领域技术开发活动的发展趋向、可能成果及其效益和影响的预测；对某一技术领域的发展趋势及其可能出现突破的预测；对总体技术发展趋势及其带头技术的预测等，都是技术预测的具体表现。可以按不同的依据，对技术预测进行分类。根据技术预测的范围和领域的不同，可区分为世界性的技术预测、国家性的技术预测、地区性的技术预测，以及行业性和单位性的技术预测；根据技术预测结果的性质，可划分为定性的技术预测和定量的技术预测；根据构成技术系统的单元或层次，可划分为技术的基础理论发展预测、技术原理突破预测和技术产品更新预测；根据所处技术发明过程的环节，可划分为技术需求预测、技术设计预测、技术试验预测、技术应用预测等类型。

科学的预测应该使主观的逻辑推演符合预测对象客观逻辑的发展进程。时间上的超前性是预测的基本特征和困难所在。现实的技术预测总是在具体的边界条件和初始条件下，遵循惯性原则、类推原则、相关性原则和概率性推断原则等经验性原则展开的。由于技术发展的复杂性、特殊性，以及预测者所掌握信息的不充分性等原因，预测的经验色彩浓厚，准确性较差，其科学性有待于进一步提高。随着技术预测方法的不断完善和推广，目前已经形成了近百种具体预测方法。这些方法大致可归结为类比性预测、归纳性预测和演绎性预测三种基本类型。

第一，类比性预测方法。如果在两个技术形态之间存在着许多相似性，那么就可以根据一个技术形态的发展，类比推演出另一个技术系形态的发展趋势。从类推中所得出的结论，称为类比预测。其中，作为类比参照系的技术形态为已知，叫先导事件。在技术预测中，人们常以发达国家或地区的先进技术，或者历史上的相似技术为先导事件。如以美、苏登月技术作为先导事件，类比预测我国登月技术的发展。类比推理是类比预测方法的逻辑基础，类比推理的或然性是影响类比预测准确性的根源。事实上，由于影响技术发展因素众多，同一技术在不同社会条件下的发展轨迹不可能完全相同，至于不同技术在不同地域或历史时期的发展差异就更大。

第二，归纳性预测方法。从关于同一技术发展的若干个别预测中，概括出比较全面的未来发展趋势。归纳推理是归纳性预测方法的逻辑原型，共性寓于个性之中的哲学原理是该方法的哲学基础。由于技术预测的不完全归纳性，以及作为归纳基础的个别预测判断的主观性等原因，归纳性预测结果也是或然的。专家集体预测法或德尔菲预测法就是一种典型的归纳性预测方法。为了提高预测结果的准确性，除认真筛选被征询的对象，增加材料的全面性和可靠性外，还应该尽可能增加征询专家数量以及搜集专家意见的轮次。

第三，演绎性预测方法。根据技术预测对象的历史和现状资料，建构一个恰当的数学模型，或绘制出它的发展趋势曲线，从中推演出该技术的未来发展特征。趋势外推法、计算机模拟方法等都是常用的演绎性预测方法。这类方法是依据一定的规则或原理而进行的演绎推理。事物之间的普遍联系以及发展惯性是它的理论依据。但是，由于事物联系和发展的复杂性，预测对象的历史和现状中所包含的信息是有限的，据此所建构的数学模型及其所绘制的曲线，与事物的真实发展轨迹常常难以拟合。因此，这类方法往往也存在着较大误差。

(2) 技术方案构思方法。技术方案是关于实现技术目标的途径、方式和程序的总体构想。如果技术发明的起点是技术原理，终点是技术产品，那么联结两者的纽带就是技术方案。在技术开发过程中，技术方案把技术目标与技术原理结合起来，使技术目标明朗化，技术原理具体化，并为技术研制和试验提供具体指导。它不仅考虑了目标在原理上的可实现性，而且也考虑了实现目标的具体条件、途径、环节、程序和效果。因此，技术方案的构思是一个技术再创造过程。

与技术原理相比，技术方案的鲜明特点是具体性和综合性。技术方案是围绕着特定而具体的目标展开的，是一个有机统一的整体系统，主要包括下列分支系统：一是技术方案实现的“目标—功能”系统。二是技术方案据以实现其目标和功能的技术原理系统。三是技术方案据以实现其技术原理的动作系统。四是技术方案据以实现其运动或动作的物质承担者的机构或构件系统。其中，每一个分支系统又可相应地划分为若干层次的子系统。因此，技术方案是一种结构复杂、层次重叠的整体系统。

技术方案的构思是创造性思维的过程，是人们充分发挥创造性思维能力和作用的领域，具有突出的探索性和创新性。通过各种途径和方式获得设计思想是进行技术再创造的重要环节。在此过程中，不运用逻辑思维无疑是不可想像的，但灵感、直觉和形象思维在其中也起着重要的作用。因此，技术方案的构思没有固定的模式和程序。然而，人们在技术发明实践中创造和积累的许多经验依然有启发作用。技术方案的具体构思方法多种多样，数量有三百种之多，大致可以归结为三大类：

第一，塑造理想技术对象。技术研制总要构造理想对象，即性能最优的技术对象。这种对象在现实中尽管不一定能完全实现，但却能为方案设计提供新思路。缺点列举法和希望点列举法就能起到这种作用。缺点列举法的要点是通过列举现有技术或现有技术方案的各种缺陷和不足，逐一进行分析，寻求克服或弥补它们的各种可能途径，以构思技术方案。这种方法通过“还有什么缺点需要改善?”的思考原则，使技术对象不断趋向理想化。希望点列举法的要点是从人们的愿望出发，通过列举技术发明希望达到之点，即应该达到的技术状态、技术目标、技术水平等，然后深入具体分析，寻求达到每一希望点的可能途径，以构思技术方案。这种方法通过“如果能如何将该多好”的思考原则，使技术对象不断趋于理想状态。

第二，变换思维方向。技术方案的设计带有一定的规范性，而设计思路的酝酿却应灵活多样。从对立、变换、联想中获得启发，找出消除技术对象的缺点，达到某些希望点的路径。逆向思考、类推思考、联想思考、等价变换思考等都具有这种作用。逆向思考是在“两极相通”中进行思考，即当一个问题感到很难解决时，从反方向进行研究。它是在“为什么一定要是这样而不应该是那样”的思考原则指导下产生新的设想。类推思考相当于科学研究中的类比方法，即在前提准确而数据不足的情况下，进行带有归纳性质的推理。联想思考是一种极少约束的创造性思考方法，通过相似联想、对比联想和接近联想等方式形成新构思。等价变换思考以不同技术手段能等价地达到同一技术目的为前提，通过对原有技术的等价变换发明一种新的技术方式。它既能等价地完成原有技术的任务，又能超越其局限性。

第三，团队内部的相互激励。智力激励是指通过资料、信息的交流与反馈，激发研究人员的创造活力，把易于忽视或未曾想到的方案雏形纳入被选择行列，作为方案设计中可考虑的思路。智力激励法、群辩法等都属于这一类。智力激励法是美国著名创造工程学家奥斯本提倡的一种方法。它围绕一个明确议题，邀请10名左右与该议题有关的专家座谈，自由讨论，相互启发，让创造性设想产生连锁反应，激励出更多的设想，以供决策者进行综合和选择。群辩法是美国心理学家戈登提出的另一种启发式集体讨论方法。它与智力激励法的不同之处在于并不要求与会者围绕一个主题，而是由会议主持者以提问和提供材料的方式，启发和引导与会者围绕某个问题进行讨论，使问题逐渐明朗化。在讨论中，主持者要运用各种方法引导与会者对所讨论问题实现某种转换，获取对该问题的深刻理解或有关的创造性思想。

3. 工程技术的设计方法、试验方法、评价方法

技术方案构思只是关于实现技术目标的途径、方式和程序的总体构想，难于直接付诸实施，还必须进行工程技术设计。工程技术设计是一项细致而又复杂的工作，包括总体设计、初步设计、详细设计和工作图设计等环节。从一定意义上说，技术方法论主要就是设计方法论。

（1）工程设计方法。工程技术设计就是应用设计理论和方法，把人们头脑中的技术方案构思规范化、定量化，并把它们以标准的技术图纸及其说明书的形式表示出来的技术活动。一般而言，设计是在思维中塑造创造物，模拟与完善制造工艺流程，为人工物及其制造过程预先建构方案、图样、模型的创造性活动。随着技术的发展尤其是技术系统的复杂化、标准化，事先的技术设计已成为必不可少的环节。“今天，众多领域中最为明显的事实之一就是设计变得极为重要。我们从一种基本上是围绕如何掌握制造技艺来进行思考的技术，过渡到了一种对程序设计及使程序尽可能合理化进行思考的技术。”① 设计总是运用文字或图像符号、实物模型或观念形象等抽象形态，替代现实技术单元“出场”；在技术工作原理的基础上进行观念运作，创造性地建构虚拟技术系统，并对其运行进行模拟、预测、修正和评估。作为一个创造性思维过程，设计技术形态的构思与设计，是一个技术性与艺术性统一，逻辑思维与非逻辑思维并行的过程。设计者总是围绕目的的实现，调动以往所积累起来的经验、知识、技术、艺术等多种资源，出主意、想办法，探求实现目的的技术原理；进而在思维中把多种技术单元综合、组织到一个目的性活动序列之中，最终形成一个可以实际建构和运行的实施方案。

工程技术设计在技术研究和开发中起着重要的作用。它决定了生产什么样的产品（包括性能、寿命、效益等）以及如何进行生产（包括生产的工艺流程、施工过程、制造方法等）。技术统计资料表明，产品生产成本的75％～80％是由技术设计环节决定的。从反面看，错误的设计一旦付诸实施，将会酿成灾难性的后果，被称为“思维灾害”。一般说来，产品制造和使用不当出现的问题，具有局部性和偶然性，可采取一定的措施加以避免或予以补救，但因设计本身存在缺陷而出现的“思维灾害”，则是带有根本性、全局性的问题，后患无穷。

工程技术设计方法是在漫长的社会实践活动中孕育和发展起来的，最优化与可靠性是它的基本原则。近代以前，没有独立的技术设计，实践活动与设计活动浑然一体，同步展开。经验丰富、技术娴熟的生产者既是设计者，又是实践者。他们虽然设计和制造过众多合乎科学原理的物品，但主要是依靠直觉和经验，并在多次尝试的基础上才逐步摸索出来的。近代产业革命把独立的技术设计推到了前台，形成了三阶段设计方法：即初步设计（方案设计）、技术设计和施工设计。其中，方案设计占据重要地位。它是技术方案构思的具体化，通常是根据任务的

---

① ［法］R. 舍普：《技术帝国》，12页，北京，三联书店，1999。

技术要求，在经验式、模仿式方法的基础上提出设计的初步轮廓，然后再逐步细化。现代设计是技术科学与工程科学发展的直接产物，是技术原理的具体贯彻和智能技术的凝聚过程，已形成了一套严密的设计规范体系。现代设计方法的主要特征是动态设计、优化设计和计算机辅助设计。

与设计方法的演进相应，设计中的思维策略也在不断演进。初期的思维策略以"尝试—错误"为特征，即不断尝试，不断修改错误，直到得出满意的结果。然而，这种方式所付出的代价是巨大的。为此，技术设计中逐步把背景理论作为启发性知识进行启发式搜索。在启发式搜索中，首先要划出"问题空间"，即目标状态与现实状态之间的差距大约涉及哪些因素，在什么范围内有望解决。进而引入"助发现模式"，即先查行之有效的方法，再进行"选择性"搜索。三段论设计实际上已体现了这种策略，动态设计与优化设计更是如此。

(2) 试验方法。技术试验是指在技术方案构思、设计和实施过程中，为了确认和提高技术成果的功能效用或技术经济水平，在人为地干预和控制的条件下，对技术对象进行分析和考查的一种实践活动和研究方法。技术试验处于从技术方案到现实技术形态的中介或桥梁地位，是检验、修正和完善技术构思与设计的重要手段。它关系到技术系统的质量、功能和水平，是技术发明方法论的重要内容之一。

技术试验在技术发明过程中的地位，与科学实验在科学研究过程中的地位相当，存在着许多相似之处。首先，与科学观察相比，技术试验具有科学实验的某些特点，两者都不是在自然发展的条件下，而是在人为控制和干预的条件下进行的。其次，与科学实验相比，技术试验又具有自身的特点。实验的研究对象是自然客体，试验的研究对象只是人工创造物，包括人们拟定的规划、设计和研制出的机器设备等。实验主要表现为从客观到主观、从实践到理论的认识过程；试验则是从主观到客观，从理论向实践的转化过程。实验是为了揭示自然事物、现象和过程的本质与规律，创立相应的科学理论；试验是为了探索科学理论实际应用的条件、途径和形式，以取得新的技术发明。再次，尽管技术试验同实际应用的关系比科学实验更密切，但也只是实际应用的预备阶段，为实际应用奠定试验与试制的基础。技术试验是试探性与验证性的统一，往往能为技术的推广应用开辟出新的途径。

试验在技术活动中是必不可少的，在技术开发的各个阶段都需要试验。试验可以为技术构思、工程设计和样品试制提供事实根据，验证它们的科学性和可行性，发现在设计制造中的缺陷，改善工艺和产品。工程技术对象十分复杂，影响因素众多，有的在常态下特征或缺陷不易显现，有的造价昂贵。只有在设计过程中运用巧妙的试验来强化或模拟对象，才能形成技术制造或控制的最佳方案。例如，在设计制造新型飞机或轮船、兴建大型水利工程、推广农作物新品种等过程中，就有风洞试验、样机试验、水工模型试验和大田试验等。

技术试验过程大致可分为试验准备、试验操作和试验数据的分析处理三个基本阶段。其中，试验的构思设计居于核心地位。试验设计不仅要明确试验的目的、任务、内容和类型，选配相应的测试仪器，而且要确定恰当的试验步骤和试验方法，力求对所处理的因素进行合理的安排，从而用较少的试验次数、最低的人力、物力、财力消耗，实现预期的结果。在技术试验过程中，当试验的题目、内容和要求确定以后，也就相应地限定了试验的方法和类型。不同的试验题目、内容和性质，要求不同的试验方法或类型。即使同一个复杂的试验项目，试验步骤和阶段不同，往往也需要运用不同的试验方法。因此，应根据试验项目的具体特点、步骤和阶段，选取不同类型的试验方法。

(3) 技术评价方法。技术开发是一个在众多因素影响下的复杂过程，自始至终都贯穿着评价活动。在项目立项、目标拟定、原理构思、方案设计、研制、试验以及成果鉴定的各个环节，都需要从价值角度审视技术活动，都应考虑由于采用或者限制某项技术而引起的社会后果，以便从中选择适当的技术方案。随着技术发展速度的加快和技术系统功能的扩大，技术评价越来越受到社会重视，成为决策科学或政策科学的重要内容。

技术评价是对技术是否可能、可行的真理性评价，以及技术是否合意、正当的价值性评价。在真理性评价中，只要事实材料翔实且受到尊重，得出趋同结论并不困难。而在价值性评价中，由于价值和利益的多元化，往往并存着各具差异的价值准则和权重。在价值观念没有得到协调或未经整合的情况下，得出趋同结论非常困难甚至不可能。因此，技术评估不仅是技术性很强的价值评判过程，而且也包含着复杂的价值冲突和协调。需要通过信息沟通和充分协商机制，才能找到各类价值主体广泛接受的技术目标，最终确定以大多数人利益为基础的技术方案。

由于技术评价主体、评价角度与评价对象的不同，现实的技术评价有多种多样。一般地说，技术评价过程中体现出如下特点：一是全面性。在技术评价过程中，应把技术对象置于社会大系统之中，不仅要评价技术内部的关系，而且要综合评价技术在经济、政治、心理、生态等方面的多重效应。既要重视技术所带来的利益，又要关注它所造成的消极影响。二是有序性。应沿着技术效应衍生链条延伸的方向，从技术的直接后果追踪到“后果的后果”等多级效应。三是跨学科性。技术评估涉及技术应用的广泛社会后果和政策选择等学科领域。因此，应有多学科领域的专家参加，对技术进行多角度、全方位的立体式评价。四是客观性。技术评估应努力摆脱有关利益集团的影响，做到以科学分析为依据，以总体利益为目标，以便得出客观公正的结论。五是质疑性。技术评估的实质在于对技术后果进行质疑和批判，充分预测其可能产生的且不易预料的负效应，充分估计这些负效应能否消除及其所付出的代价，以便在较为可靠的预测分析基础上进行选择，对全人类包括子孙后代负责。

三、技术是人与世界实践关系的中介

人一开始就是技术的人，社会一开始就是技术的社会。技术是人与客观世界实践关系的中介，在人类目的性活动过程中发挥着不可替代的作用。

1. 技术在实践活动中的地位与建构

作为主体目的性活动的序列或方式，技术的基本功能就在于支持主体目的的实现。在现实生活中，主体的具体目的千姿百态，因而实现这些目的的具体技术形态的属性或功能之间千差万别。不存在属性与功能凝固不变，而又能实现各种目的的“万能”技术系统。随着主体目的的发展变化，人们总会选择或建构起具有不同属性或功能的个别技术系统。当主体目的指向生产活动时，所建构起来的技术形态就表现出生产力属性或功能；当主体目的指向军事活动时，所建构起来的技术形态就表现出克敌制胜的属性或功能；当主体目的指向健康领域时，相应的技术形态就表现出治病救人、延年益寿的属性或功能；等等。可以说，有多少种人类活动目的，就有多少种技术形态或技术功能。

以往人们只关注技术的生产力属性，而忽视它的其他属性和功能，这一认识是片面的。把技术的其他属性归结为生产力，并通过生产力与生产关系、经济基础与上层建筑的社会基本矛盾运动机理，直接或间接地推动社会系统各个领域的发展，从而显现出它的多方面、多层次社会功能。[①] 这是以往人们认识技术功能的基本格式。在技术生产力视野中，生产力属性是最根本的，技术的其他属性都是派生的，都可以归约为生产力属性。技术生产力观点的破绽就在于，难于诠释技术在现实生活中所展现出来的种种功能。例如，把先进的军事技术装备投入战争，可以摧毁敌方军事力量，甚至经济与民用设施。在这一过程中，技术所显现

① 参见吴士续等编写：《自然辩证法概论》，293 页，北京，高等教育出版社，1989。

出来的破坏属性是与生产力属性直接背离的。技术的生产力属性或功能，与技术的其他属性或功能处于同一个层次上，其间虽有联系与转化，但难于归并或通约。因此，仅仅看到技术的生产力属性或功能是片面的、不充分的。

技术是实践活动展开的基础，处于主体与客观世界的中介地位，支持着实践目的的有效实现。实践是人类活动的基本方式，是以变革和改造客观世界为内容的目的性活动。因此，技术活动与实践活动合二而一，密不可分。实践活动的展开过程，同时也是技术形态的建构或应用过程；反过来，技术形态的建构与应用过程，也是实践活动的重要形式。辩证唯物主义认为，实践是主观见之于客观的能动性活动，处于主体与客体的中介地位，是联结主体与客体的桥梁。从技术与实践的天然联系角度出发，不难理解，作为主体目的性活动的序列或方式，技术也是联结主体与客体的桥梁。其实，实践并非人类目的性活动的惟一形式，也未囊括所有的人类目的性活动形态。因此，技术概念的外延又超出了实践范围，在人类活动中处于更为基础的地位。这也是技术之所以具有广泛社会文化功能的原因。

事实上，技术系统与技术世界就是按照社会实践的需要建构起来的。技术不仅是按一种内在的技术逻辑发展的，而且也是由创造和使用它的社会条件所决定的；具体技术的发展路径并不是惟一的，在建构和使用新技术过程的各个环节，都涉及在不同技术可能性中的一系列选择。目的性活动是孕育和塑造新技术的温床。我们不否认技术发展的规律性与内在逻辑，但更应当看到社会文化因素在技术创新与选择过程中的调制作用。社会实践需要是建构技术系统的出发点，也是选择和应用技术形态的根本性因素。技术的发展根植于特定的社会环境，社会实践发展的格局与走向决定着技术的演进轨迹。

2. 仪器工具系统的形成

在社会实践发展的推动下，人们建构和积累起了众多技术形态，形成了技术世界的仪器工具系统。所谓仪器工具系统是指人们在认识和实践活动中，创造和使用的物质技术手段体系。仪器工具系统主要表现为物化技术形态，是主体认识和实践目的展开的技术基础。无论当初的技术建构活动多么简单，但都是人类经验、智慧及其理论研究成果的凝聚与物化。仪器工具系统与客体对象之间的相互作用，逐步取代了主体与客体对象之间的直接相互作用，从而使人对客观事物的认识和实践活动，由直接方式变为间接方式。人类目的的实现越来越取决于所建构和拥有的仪器工具系统的数量和质量。

人类在认识和改造客观世界的过程中，可供利用的最直接、最基本的手段，当然只能是自身的肢体、感觉器官和大脑。然而，作为自然界的一个普通物种，人类的生物机体或天赋本能却存在着许多局限性。如眼睛没有老鹰敏锐，鼻子不及猎犬灵敏，双腿没有羚羊迅速，体力抵不过老虎，寿命赶不上乌龟，等等。单凭人体器官本身所具有的功能，远不能达到科学地认识和改造世界的目的。这就迫使人们不得不创造出各种物质技术形态，提高认识与实践能力，推进其需求的实现和发展。

目的性活动是经过理性设计，并在主体意志控制下指向客体的对象性活动。目的性活动在时间上体现为一个诸环节或阶段相继展开的过程，在空间中形成了一个各相关因素相互依存的有机结构。技术就是内在于目的性活动之中的这种稳定而有序的时空结构。目的性活动中所运用的工具、设备及其组合方式、操作程序等因素之间的差异，就形成了不同的技术形态。在现实的目的性活动中，不同的主体会选择或创造出不同的技术形态，不同的行动目标或客体对象客观上也要求不同的技术形态。这也是推动技术形态繁衍的动因。作为主体的创造物与目的性活动的灵魂，仪器工具系统一经创立，就会脱离创立者而获得客观独立性，成为人类文明的组成部分。认识和实践活动总是有目的、有计划地推进的，是人类目的性活动的基本形式。“认识什么?”“如何认识?”“做什么?”“如何做?”这些始终是认识和实践活动展开的轴心。前者是认识和实践目的的体现，后者则是认识和实践手段的体现。从广义技术的观点看，“如何认识”与“如何做”本质上就是一个技术问题。正是这类问题的不断涌现刺激着技术进步，从而使主体目的性活动成为孕育和催生仪器工具系统的温床。

仪器工具系统与语言符号系统是人类进化发展的两大成果，前者是以实物形态存在的人类活动的物质基础，后者是以观念或知识形态存在的人类活动工具。人们为了一定目的而创造出来的仪器工具系统，具有相对的独立性，可以被纳入认识和实践活动之中，建构起各种具体技术形态。作为主客体之间的中介，仪器工具系统已经取代了主客体之间原始的直接相互作用方式。日趋复杂、精密的仪器工具系统弥补了人类躯体的先天缺陷，扩大了人类认识和实践的范围。“工欲善其事，必先利其器”，在人类目的性活动过程中，仪器工具系统发挥着愈来愈重要的作用。

第一，在认识活动之中，感觉器官的自然缺陷妨碍了人们对客观事物的认识。具备观测、分析、运算等多种功能的仪器工具系统，就是人们在漫长的认识活动中创造出来的。它放大或延长了人的感觉器官功能，克服了人类感官的各种“感觉阈”的局限，扩大了接收、记录和加工客体信息的能力。仪器工具系统作为感觉器官延长，在深度和广度上推进了认识的发展。仪器工具系统通过引进客观的计量标准，将感官难以把握的客体属性转变为可以精确量度的数量关系，弥补了人类器官接收和传递客体信息精度上的不足。同时，仪器工具系统还能放大或延长人的大脑功能，帮助人们加工处理各种信息，部分地代替人的脑力劳动，提高思维效率。现代认识活动给人类提供了非常丰富的巨量信息资料，这就要求人们的智力（计算、记忆、分析能力）也相应地发展起来。以计算机技术为核心的信息技术就是在这一背景下产生的。人工智能技术的发展必将极大地提高人的思维能力，推进对客观世界认识的发展。

第二，在实践活动中，人类天赋本能的局限性限制了人类对客观世界的改造。仪器工具系统放大或延长了人类肢体与器官的功能，扩大了对客观事物加工、改造的深度和广度，提高了实践活动能力。产业技术系统就是典型的仪器工具系统，它是人们在生产实践活动中逐步建构起来的。产业技术的发展逐步取代了人对劳动对象的直接干预，简约了生产过程中的躯体动作。工作机可视为手或躯体动作的投影，动力机可视为肌肉系统的投影，传输机可看做肩膀、腿脚或手的延伸，控制机可作为大脑或神经系统的投影。产业技术系统的开发极大地扩大了社会生产能力，增加了产品种类，提高了产品质量和生产活动的效率。

技术的快速发展，使以技术为支点的人类认识和实践能力远远超过了人的天赋本能。正是依靠它的智慧与创造力，依靠技术途径与仪器工具系统的支持，人类才超越了自然物种的限制。以技术创新与推广应用为基础的人的新进化，不仅弥补了人类天赋本能方面的种种欠缺，而且也使人类的后天才能迅速提升，日渐成为一种技术“超人”和自然界的“霸主”。如射电望远镜把人类的视界延伸到河外星系，电子显微镜又使人的视力深入到分子层次；运载火箭把人的奔跑速度提高到每秒十几千米，把人的抛射力扩大到几十吨；遥感探测技术使人们能感知上万米深的地下矿藏，预测几天乃至几年后的天气变化；火星探测器把人的触角延伸到了火星表面；等等。这些才能都是自然界中任何一个物种所望尘莫及的。

3. 技术是人与自然的桥梁和纽带

动物只能依靠躯体器官的天赋本能生存，而人类除了本能外还创造出了技术形态。技术是人们建构起来的目的性活动的序列或方式，表现为通达客观世界的桥梁，或人与客观世界连接的纽带。外在的物化技术体系的合目的性运行是人赋予和受人调控的。以本能为基础，以求生存为核心的动物生活模式是封闭的、停滞的。即使有缓慢的进化，也是依靠种群的基因突变、环境的选择与遗传等自然因素的作用进行的。而以技术为基础，以生存与发展为内容的人类活动模式却是开放的、发展的。除谋求满足生存的生理需求外，人类还表现出谋求物质文化生活质量提高，生活内容不断丰富的发展特征。

从哲学层面看，在人类改造客观世界的目的性活动过程中，并存着主体客体化与客体主体化的双向运动。一方面，主体把自己的本质力量对象化，按照自己的需求与意志塑造世界，消除了客体片面的客观性，这就是主体客体化；另一方面，主体把客体的属性、规律内化为自己的本质力量，充实和发展自己的体力和智力，消除了主体的片面主观性，这就是客体主体化。主体客体化与客体主体化是技术世界建构的哲学基础。在这种双向互动的过程中，主体会不断创造出相对稳定的目的性活动序列，推动技术世界的建构。

从技术的角度看，所有技术形态都是人类目的性活动的产物，都是围绕人类生存与发展问题展开的，都直接或间接地与人类社会需求的实现过程相关联。技术活动的展开就是人们依靠智能与动作技能，控制或操纵物化技术体系，实现各自目的的过程。技术是连接人与自然的桥梁和纽带，技术世界是人的无机身体。从技术在现实生活中所发挥的作用中，都可以还原出人的肢体器官原型或追溯到人类需求根源。与动物的本能性活动模式相比，技术形态可视为人的体外器官或肢体。它以变形或放大的形式发挥着这些肢体与器官的原型功能，支持着人的生存与发展，已成为人类安身立命之根本。技术系统的运行故障就像疾病一样，常常使人感觉不适，二者在心理上的感受几乎没有多大差别。例如，交通阻塞或汽车故障就像腿脚受伤一样，使人感到行动困难；电话失灵就像喉咙或舌头生病一样，使人感到表达或交流不便；等等。在现实生活中，一个人或一团体拥有的技术形态越多、效率与层次越高，他们生存与发展的条件也就越优越。

广义技术世界就是由人类所创造出来的种种技术形态所构成的体系。它既是人类文明的重要组成部分，又是建构人类文明大厦的脚手架。如果说单个技术形态有如人的肢体或器官，那么技术世界就好像是人的无机身体。它以放大的形态再现或替换着人体器官的功能，支持着主体目的的实现。正是依靠技术的武装与技术世界的支持，人类才日益进化为本领超群的物种，成为自然界的真正统治者。

四、技术的社会建构与发展动力

1. 技术的社会形成：选择、调节和支持

虽然技术的发展有自身内在的规律性，但任何具体技术形态的开发或运行都表现为社会活动，都是在一定时代的社会场景中展开的，总要受到社会系统及其构成要素的影响。这就是技术发展的外部因素。盛行于欧洲的“技术的社会塑造

理论”（The Social Shaping of Technology），就是基于对这一因素的深入研究而形成的。社会需求是推动科学技术发展的原动力。在技术发展过程中，社会因素的作用集中表现在对技术开发活动的选择、调节和支持等层面。

“技术的社会塑造理论”（The Social Shaping of Technology，简称 SST）十分强调技术是由社会因素塑造的，将科学和技术看做社会活动的领域，它们受社会力量的作用，并经受社会分析。技术的发展根植于特定的社会环境，社会的不同群体的利益、文化上的选择、价值上的取向和权力的格局等都决定着技术的轨迹和状况。或者说，我们的体制——我们的习惯、价值、组织、思想的风俗——都是强有力的力量，它们以独特的方式塑造了我们的技术。

SST 主要有三种理论方法：第一种是社会建构主义方法。它认为某一种设计或人工制造物的成功很难说是一个简单的技术问题，而是成型（pattern）或形成（shape）于特定的选择环境。技术和技术实践是在社会建构和谈判中被建造起来的，这经常被看做由各种参与者的社会利益驱动的过程，因此特别关心冲突的利益群体是如何达到问题的解决的。

第二种是系统论方法。该方法很大程度上源于技术史学家托马斯·休斯，用“系统”术语描述大型技术系统生长过程的努力。休斯在研究电力发展过程中认识到两种情况：(1) 公用事业公司、研究实验室、投资银行等多种社会要素相互作用构成复合系统，而这种系统应该成为分析的真正焦点；(2) 系统建造者并不承认技术与科学以及技术、政治和社会之间的传统区分，认为这种区分会妨碍对技术变化过程的理解。这种方法注重于对不同的因素之间的相互作用进行分析，这些因素包括物质的人工制品、制度和他们的环境，然后提供技术的、社会的、经济的和政治方面的整合性，并使宏观的和微观的分析联系起来。

第三种是操作子网络理论方法。迈克尔·卡隆用一个高度抽象的词“操作子”（actors）定义科学技术和其操作子世界，即各种要素在结合为网络的同时也塑造了网络。卡隆相信，根本就没有什么外部的和内部的（即社会的/技术的）二元区分。

这三种方法的共同点就是，要深入看看一直被视为“黑箱”的技术的“内幕”，都认为技术不仅仅是由自然因素确定的，都主张技术只有同广泛的社会因素建立了联系才能消除人们对它的质疑，并能够被稳定地把握。①

(1) 社会选择作用。同自然环境变迁对物种进化的选择作用相似，社会发展

① 参见肖峰：《技术发展的社会形成——一种关联中国实践的 SST 研究》，24～25 页，北京，人民出版社，1992。

对技术进步也存在着选择作用。也就是说，只有具备满足社会需求，功能较强，效率较高，操作简便等特点的技术形态，才能得到开发和推广应用；反之，就不会为社会所开发和采用，或者将被逐步淘汰。社会选择作用是立体的、全方位的，体现在技术发生、发展和消亡过程的各个环节。从这个意义上说，一部技术史就是一部人类技术创新与社会选择的历史。

从技术发生角度看，无论是作为有目的、有计划的技术开发活动的产物，还是作为机遇或非理性思维的创造物，技术在萌发之初就受到了社会选择的作用。且不论来自银行贷款、政府或社会基金支持、同行专家评议、市场潜力诱导等方面的社会选择，单就技术开发者而言，技术开发的立项就是在发展预测的基础上确立的。不仅要考虑技术原理上的可能性、功能或效率上的优越性，而且还要考虑该技术的开发成本、市场前景等因素。表面上看，这些考虑是技术开发者个体对该技术价值的理性审视。其实，技术开发者本身就是社会体系的构成部分，其知识背景、思维方式、价值观念等都是在社会化进程中由社会赋予的，它们对技术项目的审查可视为社会选择的转化形态。至于源于机遇或非理性思维的技术创造，尽管在萌发之前很少受社会选择的影响，但一旦该技术构思或技术形态被确认，就必须接受开发者的理性审查与社会选择。

从技术开发或推广应用角度看，技术形态总是在社会场景中开发和应用的，社会对技术开发的支持以及对技术形态的应用过程，就是社会对技术的选择过程。技术功能、技术效率、技术价格或运行成本是影响社会选择的重要因素。一般来说，除个别功能奇特的技术形态外，在同一技术族系中，往往并存着功能相似的多种技术形态，这就形成了社会选择的空间。技术应用者总是从各自需求、经济与技术状况出发，选择适用的或性能与价格比最高的技术形态，这就形成了各种技术形态的市场空间。经济与技术指标越优异的技术形态，就越容易为社会所选择，其市场空间也就越大，反之就越小。当然，技术的市场空间并不是凝固不变的，随着技术的进步与社会的发展，原有的先进技术将逐步蜕化为落后技术，其市场空间也会随之萎缩。

从技术消亡角度看，技术世界的发展过程就是新技术的不断涌现与旧技术的不断消亡。在技术进步的推动下，先进的新技术形态不断涌现，落后的旧技术形态逐步淘汰，这一过程也是社会选择的结果。一般地说，新技术形态都是经济与技术指标优良的技术形态，否则在投入开发之前就会被选择掉。在同一技术族系中，由于功能上的相似性，各技术形态之间可以相互替代。因此，出于社会竞争、经济收益、未来发展等方面的考虑，人们总是倾向于选择经济与技术指标优越的新技术形态。如此，新技术形态的市场空间就越来越大，传统技术形态的市场空间就越来越小，以至于从技术世界中消亡。

(2) 社会调节作用。社会调节是指社会对技术发展的方向、速度、规模等方面的塑造作用。社会对技术发展的调节作用，就在于保证社会的技术结构与社会需求结构相适应。这种宏观调节和控制，包括通过一系列具体的导向和选择机制而完成的自发过程，还包括采取某些自觉的手段对技术发展施加的干预和影响。就整个社会而言，这种干预和影响通常是由国家和政府来进行的。社会通过立法、行政规划、人事组织、税收、信贷、教育、奖励、价值导向等机制或途径，对技术开发或应用部门的人、财、物的存量和流量进行调控，从而达到对技术发展的调节。

社会对技术发展的调节作用体现在技术发展的多个层面，首先，表现在对技术发展方向的调节。技术的发展实质上是对于社会需求的响应，随着社会的不断进步，社会需求结构也随之扩张。不断增长的社会物质文化需求引导着技术发展的方向。这种导向作用体现为社会对某些技术发展方向的扶植和激励或者阻挠和抑制。社会按需求不仅调节着对技术发展的各种资源投入，而且以需求为核心对技术成果进行评价。如此，技术开发者的主观动机就被纳入到实现社会需求的轨道上。

其次，还表现在对技术发展速度的调节。社会是在内外多重因素的作用下发展的，不同时刻、场合下的社会形势与社会需求各具特点，对技术发展的轻重缓急等要求也不尽相同。例如，战争年代迫切需要军事技术的快速发展，和平时期则需要经济的持续增长；农业地区要求农业技术的优先发展，畜牧业地区对畜牧业技术的发展更为迫切；等等。在这种情况下，社会往往会采取多项措施，促使人、财、物等社会因素向该技术领域流动，从而促进该领域技术的快速发展。例如，在冷战时期，苏联将 2/3 的科研人员投入到军事技术领域，在促进军事技术快速发展的同时，也导致了社会技术发展的失衡。技术研究工作满足社会需求的程度，决定了社会所能对它提供支持的程度以及技术成果在社会中推广应用的程度，因而也就决定了该技术领域未来发展的速度和限度。

再次，表现在对技术发展规模的调节。与对技术发展方向、速度的调节相关联，社会要求技术的发展应当与社会需求规模及其发展变化相适应。在社会现实生活中，社会需求不仅形成了一个种类结构，而且还表现为一个数量结构。因此，技术的发展既要与社会需求种类结构及其发展相适应，也要与社会需求数量结构及其发展相适应。就后者而言，这就要求不同种类的技术应具有不同的发展规模，这也是社会调节的重要内容。国家和政府应从社会需求数量结构及其发展态势出发，通过上述种种社会途径或机制，对技术发展的规模进行调节。

(3) 社会支持作用。作为主体目的性活动的序列或方式，技术从属于社会主体的目的和意志，并按社会需求的变化而发展。今天的技术开发已经从生产实践活动中分立出来，形成了一个相对独立的社会部门。作为社会大系统中的一个子系统，其外围就是它的社会支持系统。技术开发活动既推动着社会的发展，同时，又离不开社会所提供的开发经费、科学技术信息、试验技术装备和技术人才等层面的支持。社会对技术发展的支持作用主要体现在以下几个方面：

经济支持系统：现代技术开发项目普遍具有高投入、高风险的时代特征，这就要求必须有大量的资金投入。除了技术开发者自有资金的先期投入外，还需要来自政府财政、社会基金、银行、风险投资公司等渠道的资金支持。

信息支持系统：技术开发总是在继承前人、借鉴他人成果的基础上展开的。这些成果主要来自于前人留下的图书资料、专利文献、实物资料，以及当今技术开发者之间的情报交流。所以，文献情报部门是技术开发的重要支撑条件，应当建立相对独立的综合性社会文献情报机构。

试验技术装备支持系统：随着技术开发难度的提高，试验技术装备越来越复杂，试验分工也越来越细密。造价昂贵的试验技术设备，如果只为某一专门机构和个别课题服务，就会形成巨大的浪费。于是，面向社会的试验技术设备及其人员，逐步分化发展为相对独立的试验中心、测试中心、计算中心等组织机构，为社会的技术开发提供试验技术装备支持。

教育支持系统：技术开发活动需要大量的高素质技术人才，有赖于教育系统提供的人才支持。教育不仅为技术开发培养后备力量，而且通过提高国民的科学文化素质来提高全社会的科学技术能力，推进技术成果的传播、消化、吸收和应用。

尽管技术有其自身发展的内在逻辑或自我生长机制，但是社会支持系统的作用也不容忽视。作为技术开发的外部因素，社会支持系统在某种程度上甚至决定着技术开发进程。这也是“技术的社会塑造理论”的立足点。

2. 新目标与旧技术形态功能之间的矛盾

任何时代的技术都处于发展变化之中，引起技术变革的直接动力又来源于技术内部的基本矛盾，即技术目标与技术功能之间的矛盾。社会需要是推动技术发展的原动力。社会日益增长的物质文化需要，只有通过新技术目标设定的途径，才能转化为推动技术发展的力量。技术目标是社会需求的技术表达形式，是对技术发展方向和技术系统功能所作的设定。一般地说，技术目标是由技术的性能指标、经济与社会效益指标、环境影响指标等一系列指标构成的一个层级结构体系。

由于任何已有技术形态都有其经济性、安全性、可靠性、适用性以及功能与效率等方面的极限，往往难以满足实现不断翻新的社会需要。如此，在人类新需求与现有的技术形态功能之间，就必然会经常产生矛盾。这种新的技术目的和原有技术功能的矛盾就构成技术发展内在的直接动力。就现有技术形态而言，虽然它具有实现某一类目的的功能，但是其功能或效率总是有限的，不可能一劳永逸地满足不断发展的社会物质文化需求。随着社会物质文化需求的发展，现有技术形态的功能或效率往往难以满足快速或大规模地实现众多社会需求的愿望。这就要求人们必须创建新的技术形态，或者对现有技术形态进行改进，拓展其功能或提高其效率。

矛盾是事物发展的根本动力，新目标与旧技术形态之间的矛盾是推动技术发展的根本动力。新目的源于人类欲望的膨胀和不满足的本性，是这一矛盾的主要方面，并随着社会物质文化需求的发展而变化；而现有技术形态的结构与功能往往相对稳定，多属于这一矛盾的次要方面。技术目标与技术功能的矛盾不断产生又不断解决，在它们之间从不平衡到平衡，又到新的不平衡的过程中，我们不能只把技术目标看成是惟一积极的主动因素，而把技术功能看成总是消极的被动因素。事实上，在一定条件下，技术形态的发展又具有相对独立性，反过来也会推动和唤起新的技术目标的设定。

应当强调的是，除过这一基本矛盾外，在技术发展过程中还存在着技术规范与技术试验等多种矛盾形式。同时，社会生活中的种种矛盾也会反映到技术层面上，并通过技术途径得到解决。这也是推动技术发展的重要力量。例如，黑客对网络的攻击促进了网络安全技术的发展；反过来，网络安全技术的发展也刺激着黑客攻击技术的提高。盗版者对软件、音像制品、书籍等的盗窃与复制，促进了防伪、加密以及相关法律制度等反盗版技术的发展；同样，反盗版技术的发展也刺激着盗版技术的提高。

技术创新活动是主体智慧或主观能动性的具体表现。它会不断创造出效率更高、功能更强的新技术形态，逐步满足实现新目的的需求，使这一矛盾得到暂时解决。但由于技术创新活动的历史局限性，一时的技术创新不可能使这一对矛盾得到彻底解决。此后，在认识和实践发展的推动下，又会产生出其他新目的，形成新一轮的矛盾形态。正是这一矛盾的不断产生与不断解决，滚动或螺旋式地推动着技术的持续发展。

3. 社会竞争与科学研究的推动作用

竞争是在法律、道德的规范下，在广阔的社会领域展开的生存和发展资源的争夺，是社会生活的本质特征，是社会发展的内在动力。“两极分化，优胜劣汰”

是竞争的残酷现实。在关系到生死存亡和切身利益的竞争压力下，人们往往会通过各种方式增强竞争实力。引进或开发新技术愈来愈成为增强竞争实力的主要途径，优先拥有先进技术，就意味着掌握了竞争的主动权。英国学者 E. F. 舒马赫为发展中国家所设想的“中间技术”道路，虽然是美好的，但却是不现实的。对于落后国家或地区而言，中间技术可能是暂时适用的，短期内也许是有效的，但在竞争的社会环境中，它必将一直处于劣势地位，会被不断地边缘化。因此，追求先进技术的社会共识与价值取向，会促使人、财、物等社会资源向技术开发领域汇集，从而刺激和推动着技术创新活动，这是促进技术发展的重要外部动力。如市场竞争推动着产业技术的发展，商业竞争促进着营销技术的创新，军事竞争推动着军事技术的迅速变革，等等。

应当指出的是，由于技术对增强社会竞争力的基础性作用，技术尤其是自然技术开发领域的竞争，开始成为社会竞争的核心或焦点。谁拥有先进技术，谁就掌握了所属竞争领域的主动权，谁就能赢得竞争的全面胜利。因此，社会竞争向技术领域的转移与集中，必然会加大技术开发的投入力度，加快技术创新的速度。这也是现代技术发展的重要社会特征。当然，竞争是相对于合作而言的，没有合作也就无所谓竞争。强调竞争对技术进步的推动作用，并不否认合作对技术进步的重要意义。事实上，许多重大技术创新项目都是通过合作机制完成的，甚至大型技术系统的运行也必须以广泛的社会合作为前提。

技术创新是以解决“如何做”问题为核心的。从逻辑上看，认识是实践活动的基础，“如何做”问题是以“是什么”、“为什么”、“怎么样”等问题的解决为前提的。而后者正是科学研究的主要内容。马克斯·韦伯在论及资本主义发展的基础时指出：“初看上去，资本主义的独特的近代西方形态一直受到各种技术可能性的发展的强烈影响。其理智性在今天从根本上依赖于最为重要的技术因素的可靠性。然而，这在根本上意味着它依赖于现代科学，特别是以数学和精确的理性实验为基础的自然科学的特点。”① 进入现代以来，科学研究对技术开发的作用日益突出。可以说科学是技术的直接基础，科学研究成果规范和指导着技术的发展。这就是所谓的技术科学化趋势。当然，这里的科学既包括自然科学，也包括人文社会科学、思维科学等。

从历史角度看，科学诞生之前的技术创新活动，主要是在经验知识的引导下摸索的。经验知识是科学理论的初级形态，其发展主要来自实践活动的长期积累。由于经验知识的零散性、不可靠性，以及交流难度大等原因，因而对技术发

① ［德］马克斯·韦伯：《新教伦理与资本主义精神》，13 页，上海，上海三联书店，1996。

展的指导作用十分有限。科学的分化发展，改变了技术发展的经验摸索方式，成为技术创新的主要源泉。科学理论向技术实践转化，对技术创新起着规范和指导作用；技术按照科学理论来创造，减少了技术创新过程中的盲目性。在现实生活中，由于人类不同活动领域的复杂程度以及相关学科发展的不平衡性，科学对这些领域的规范和指导作用的程度也各不相同。一般来说，科学研究越深入，学科分化发展越细密，对相关领域技术创新活动的指导作用就越明显，反之就越微弱。正是基于这一认识，我们说科学研究是推动技术发展的重要力量。

总之，外因通过内因起作用。外部环境因素只有通过向技术内部矛盾转化的途径，才能真正促进技术的发展。从自然科学理论作用来说，它只有通过技术试验转化为新的技术原理，或通过指导技术发明活动等途径，才能促进技术的发展。而对于社会竞争等因素来说，也只有转化为解决技术内部矛盾的技术创新活动（如技术调研、技术试验、技术设计等），或渗透到这种技术创新活动过程之中，才能真正地把技术的发展不断地推向前进。

4. 技术世界相干性的作用

对技术发展动力的剖析可以从多角度、多层面展开。从技术世界角度出发，技术世界内部的相干性也是技术发展的驱动力。如前所述，技术世界是一个分层次的、立体的、网络状的、开放的巨型系统，其中各技术形态之间存在着相互依存、相互转化的复杂作用机制。任何新技术形态的建构总是在技术世界中展开的，技术世界丰富的技术资源，以及纵横交错的复杂相互作用机制是新技术形态成长的“沃土”。

技术世界的相干性体现在技术开发活动的多个层面。首先，表现在技术试验与技术规范之间的矛盾运动。技术规范是已有技术成果的集成，包括技术原理、技术发明的构想方案与设计思路、技术模型与技术产品，以及人们在技术发明过程中所遵循的模式和法则等。技术试验是指尝试和验证技术设计可行性的种种试验活动，包括揭示科学理论实际应用的条件、途径和方式，确立新技术原理的试验，验证技术发明的构想方案或设计思路可行性程度的试验，技术模型或样机性能试验，以及技术形态的综合性试验等形式。在技术规范和技术试验的矛盾运动中，一方面，技术规范指导着技术试验的设计和进行，制约着技术试验的内容和方向；另一方面，技术试验又是技术规范产生和发展的实践基础。在技术发展进程中，技术试验是指向未知或未行领域的实践活动，处于经常性的变化之中，刺激和带动着技术规范的发展。特别是当技术试验揭示出科学成果应用的新条件、新途径或新方式，确立了超出原有技术规范的新技术原理时，也就提供了在这个基础上取得新技术发明，实现新的技术突破的可能和机会，甚至会导致技术体系的革命性变革。

其次，表现在不同领域或专业技术形态之间的矛盾。在技术世界内部，各技术领域之间的发展速度或进程是不一致的，这就是技术发展的不平衡性。优先发展的技术领域会通过技术形态之间的联系，辐射和带动后发展技术领域的发展；基础技术的创新会推进专业技术、工程技术的发展；技术单元的革新会导致高层次技术形态的发展；等等。事实上，技术世界内部的相干性总是相互的，在上述同一作用的方向上，也并存着相反方向的作用。即后发展技术领域对先发展技术领域的约束、刺激等性质的作用。同时，即使在某一具体技术形态内部，构成该技术形态的材料、零件、部件、结构等技术单元之间，也存在着复杂的相互依存、相互协作关系。

再次，技术世界的相干性、渗透性还体现在具体技术形态的建构过程之中。任何技术形态的建构总离不开技术世界的支持。即使最单纯的元器件的开发，也需要工艺流程技术、试验操作技术平台等相关技术形态的支持。具体技术形态或者以其他技术领域成果为技术单元，或者以其他技术形态为建构的支撑条件、参考系甚至触发媒介。这些技术形态的发展会通过多种渠道、多种形式，刺激和带动所建构技术系统的发展。也正是由于技术形态之间这种联系，某一技术形态尤其是低层次技术形态的创新或变革，会通过这种复杂的非线性相互作用网络，引起相关技术形态结构的变革与适应性调整，带动相关技术形态的发展。

总之，只有技术的内部矛盾因素与技术的外部环境因素的有机结合与辩证统一，才能真正构成技术不断发展的现实的推动力量。上述三个层面的基本动力构成了技术发展的动力体系，“外推内驱”是它发展的动力机制。其中，新目标与旧技术形态功能之间的矛盾属内部因素，后两个层面属外部因素。这三种动力之间并非相互独立的，而是彼此交织在一起的。新目的与旧技术形态之间的矛盾是技术发展的基本矛盾；技术世界内部的相干性是这一矛盾运动的方式和解决的根本途径。科学研究的推动作用是科学理论方法论功能的展现，是解决新目的与旧技术形态矛盾的现实基础，社会竞争是解决这一基本矛盾的社会方式。技术形态之间的相互作用是技术发展的现实轨迹，是新技术形态建构的直接基础。在具体技术形态的建构过程中，这三个层面的动力往往展现为不同的作用方式，循着其内在联系和相互作用机制，推动着技术创新与技术世界的结构变迁。

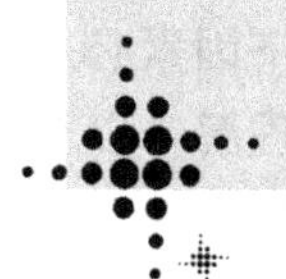

第十一章 技术创新的理论与实践

技术创新是技术成果在商业上的首次成功应用。技术创新包含技术成果的商业化和产业化，是技术进步的基本途径。原始创新和继承创新是当前我国科技界和产业界关注的焦点所在，国家创新系统是市场经济构架下企业从事技术创新活动的基础性环境。企业是技术创新的主体，企业家是名副其实的创新者。有效的技术创新激励机制是影响企业技术创新活动持续实现的重要因素。

需要详细考察企业中的创新活动，它的动机、结构与组织，把企业真正当作技术创新的主体。特别应当注意高技术产业与高技术创新的机制。

一、技术进步、技术开发和技术转移

社会化大生产的发展，为技术进步提供了客观需要，而随着科学技术功能的日益增强，技术进步问题也愈来愈引起人们的重视。

在过去，人们曾把自然资源、资本和劳动力等经济因素作为经济发展的惟一决定力量，但近年来人们已经认识到，科学技术等非经济因素在一个国家的经济增长中也具有同样的，甚至是更重要的意义。因为后一种因素往往决定着前一种因素在创造经济增值中的综合效益。所以，在现代工业的发展过程中，经济因素必须依赖于非经济因素这一事实使人们对技术进步的作用有了新的认识和理解，以至于目前世界上许多国家都把技术进步问题作为一项重大的国策来加以研究。

1. 技术进步与技术开发

什么是技术进步？从技术本身的进化角度讲，技术进步应该是指技术的研究与发展（research & development of technology）及其取得的成果，它包括基础性技术研究、应用性技术研究和发展性技术研究这样三个方面或层次的问题。

所谓基础性技术研究，实质就是技术原理的发现或基于原理性的技术发明，简称技术发明。例如美国的约瑟夫逊博士在 1962 年提出的“约瑟夫逊效应”，即用电磁场控制在极低温度下产生的超传导现象，就是一种技术的发现。根据这个原理制作的“约瑟夫逊元件”，可以使它保持通常状态或处于超导状态，从而起到像晶体管一样的作用，此元件即可称作技术发明。像约瑟夫逊效应及元件这样的技术发现和发明都属于基础性的技术研究范畴，它们对技术发展具有放大效应，会引发出该领域乃至其他领域的技术变革，是应用性研究及发展性研究的基础。

应用性技术研究是在技术发明的基础上使其逐步发展、完善，进入更加实用化的阶段。美国贝尔电话研究所发现了半导体的电流放大原理，并发明了替代电子管的晶体管。但从晶体管到集成电路，乃至从装有1 000个以上晶体管、自身具有完整功能单元这样的大规模集成电路，发展到装有 10 万至 100 万个晶体管的集成度更高的超大规模集成电路，却是经过了若干次应用性技术研究才得以实现的。应用性技术研究处于技术进步全过程的中间层次，它以其技术原理的整体性不变与基础性研究相区别，又以其技术功能的局部性变革使某一技术的发展显示出阶段性。

发展性技术研究是对现有成熟技术的改进提高，如改进产品的形状和质量，开发产品的性能和用途，以适应各种需求。这类研究是大量的、广泛的，国外统计资料表明，在技术研究中，大约有 50%～60%是属于此类型的。日本在这方面进行了卓有成效的开发，如在微型化的录像机、超薄型的电视机、小型化的汽车等微型化的技术发展方面都是首屈一指的。发展性技术研究有别于前两种研究之处在于其技术原理和功能基本不变，但其产品结构或形状的某些变革、性能或用途的某些增强，不仅可以延长其技术产品的生命期，同时也提高了技术的经济效益，因此它是一种比较实用的技术研究形式。

但是，如果把基础性、应用性和发展性这些关于技术的研究形式看做技术进步的基本过程，那么，人们通常所说的技术开发却是指与技术发明（Technology Invention）这种基本研究相区别的技术革新或技术创新（Technology Innovation）。它是指在原有技术的基础上，人们依据一定的技术原理和社会需要，有计划、有目的地进行应用研究和生产发展的技术开发活动。这种开发主要表现为元件产品和工艺设备等实体形态的技术创新，它既包括研制新元件、新产品、新工艺、新设备这样的应用性技术研究，也包括对原有元件产品、工艺设备进行革新和改造这样的发展性技术研究。技术发明等基础性研究能力强，必然会对技术创新等应用发展性研究产生积极的影响。但技术创新活动并非一定要建立在技术发明的基础上，只要对生产要素进行重组便可。

2. 技术开发的特点

狭义技术开发即技术创新的特点主要是：

（1）一体化。技术开发主要是利用知识形态或经验形态的技术要素，对元件产品和工艺设备等实体形态的技术要素进行创新的活动，它的这种性质要求技术开发活动必须一体化。一体化表现在两个方面：一是在企业外部，产、学、研形成一体化。企业要进行技术开发，仅靠自己的力量是不够的，还必须和大学、研究所建立广泛的联系，从人才、信息等各个技术环节上相互依托，使大学、研究所的技术开发课题有企业作为基础、后盾，使企业的技术开发项目有科研机构的协助指导，这样既有助于技术开发的顺利实现，又保证了技术开发的水平不至于太低。技术开发一体化的第二个方面，表现在企业内部，即技术开发部门与生产现场及质量管理和销售部门形成一体化。日本技术开发的长处就在于这种开发、设计与生产现场的出色结合。他们在汽车、家用电器、照相机等新产品的开发过程中，往往根据生产及管理销售部门的意见进行设计，使新技术的开发，从设计、生产到管理销售等环节都能协调一致地进行工作，保证了技术开发的顺利实施。

（2）国际化。由于不同国家间的技术互补性有利于技术开发，而技术开发又需要追求大规模的经济性，这样就导致了技术开发主体的国际化。它也表现在两个方面：一是国际地区性机构的作用或国家间的技术开发合作趋势正逐渐加强。欧洲共同体首脑会议的重要议题之一就是讨论技术开发的有关项目，如关于研究开发的总体政策，欧洲研究开发组织的效率化，研究开发资源的有效利用，调整盟国间的技术政策，推进技术开发和技术进步的社会影响等。国际共同开发的实例更是比比皆是，以航空为例，就有英法合作研究开发的协和超音速飞机，美日意合作开发的波音767，日英合作开发的XJB航空发动机等。技术开发主体国际化的另一表现是技术开发机构的多国籍化，即跨国公司技术开发的崛起。20世纪60年代以前，跨国公司一般都是通过投资来推进国际产业的重新组合，现在则是通过技术开发来进行多国间的产业合作。目前许多跨国公司都有自己的中央研究所作为技术开发研究的中心，发展其世界性的技术战略，并将它作为经营战略的中心，保持和强化国际竞争能力。跨国公司的技术开发战略主要表现在三个方面：一是在世界范围内调配和利用包括智力在内的研究开发资源；二是以世界为对象的研究开发目标；三是通过技术开发控制世界市场。现在世界技术输出中约有50%是美国跨国公司开发输出的。

(3) 连续性与阶段性的统一。技术发展的连续性使技术开发成为一个过程(如电子技术的发展)，其突变性又使开发过程分为若干关节点，即分阶段进行(如从晶体管——集成电路——大规模集成电路——超大规模集成电路)。

一般来讲，进入稳定期（两个关节点之间）的技术其连续性较好，因此技术开发的目标明确，途径清楚。如超大规模集成电路，提高其集成度的方向是很明确的，这就是把集成在一块硅片上的晶体管等零件，由1万、10万增加到几百万。为此所需要的技术开发途径就必须将电路的宽度由数微米降到1微米，再进一步减到1微米以下。

但另一方面，技术发展从原来的关节点到新关节点之间的变化速度很快，技术开发的阶段间歇日趋缩短，因此就要技术开发具有敏锐性。以随机存取存储器的开发为例，从1K存储器到4K、16K，其存储容量增加到4倍所需时间仅两年而已。而从64K向256K、向1兆K的随机存取存储器的发展速度则快，这就要求我们的技术开发应具有一定的提前量，在进行某种产品生产时，迅速捕捉下一代的开发目标，在产品元件的计划开发、开发设计、试验生产等环节上形成既分阶段、又能持续的开发能力。

(4) 技术开发经费的差异性。一般地说，三种形式的技术开发经费的比率是有较大差异性的，基础性开发、应用性开发、发展性开发三者的大致比例是1∶10∶100。当然，这种比率也因国家和地区的技术经济状况不同而不同，如日本的基础性开发经费为5.2%，应用性开发经费为21.8%，发展性开发经费为73.0%。技术开发经费的差异性对技术开发主体是有影响的。由于基础性开发所需投资少，它主要依靠技术知识和人才来完成技术发现和技术发明，因此这类开发通常是由科研院所、大学或小型高技术企业来完成的。而应用性和发展性开发使技术进入实用化阶段，需要不断投入大量经费添置设备、增加人员，以及开拓应用领域和产品市场，所以这两种开发的主体只能是技术力量强、资金雄厚的大型企业，或由产、学、研形成的技术共同体。

技术开发经费的差异性还表现在不同产业上，如果按技术开发经费占产品销售额的比率计算，电子和医药产业最高，约占6%～10%，机电产业为3%～5%，化学产业为2%～3%，钢铁材料最低，为1%左右，根据这个标准，各种产业中的工厂企业如果技术开发效率差别不大的话，那么最低也要保持与其他企业同样的开发投资水平，否则就可能在市场的产品竞争中落伍。

当然，由于不同产业在各个国家中的地位不同，所以各产业在不同国家的开发经费总额中所占比率也是有差异的。在航天、航空工业的技术开发上，美国与日本形成了鲜明的对照。美国开发总投资的近1/4投向航天技术，其费用大致相当于日本全部产业开发费用的总和。而日本由于航空航天部门不是一个独立的产业，只附属于重工机电企业，因此连单独的统计也没有，估计在3%～4%左右。正是由于存在这样差别悬殊的技术开发投资，所以日美两国在航天技术上存在着巨大的差距。

(5) 技术开发时间的差异性。据统计，大部分技术开发需要2年～10年的时间。工厂企业开发部门从事的发展性开发属于短期开发，一般需要2年～3年，主要是为降低成本、提高而进行的现有技术的改进。应用性技术开发属于中期开发，大概需要5年左右，如应用电子技术开发出电子手表以替换齿轮机构的手表就属于此类。基础性开发由于是技术原理的发现和新技术的发明，所以需要的时间可能较长，为8年～10年。

了解了上述技术开发时间的差异性，对于各类开发主体在从事不同形式的技术开发时，制定开发规划，掌握开发进度，评价开发效果是大有裨益的。

(6) 风险性。技术开发是一项风险性活动，国外统计资料表明，技术开发通常只有2/3的成功率，如果说某项开发中止或冻结，即标明该项开发失败了。在技术开发过程中，风险以多种形式出现在开发的各个阶段。首先是选题风险，如开发项目选错了，开发的产品卖不出去，就意味着想法破产了。还有开发战略风险。开发战略一般有两种：一是以现有技术为中心，加强已有市场或开辟新市场；二是通过开发新技术、新功能，去替换以前的技术和产品从而开拓新市场。在后一项开发战略中，虽然包括所谓的产品多方向化，但是以新技术争取新市场的开发战略具有更大的风险。许多开发事例表明，以新技术一下子跳入新市场者多数是要失败的。所以产品开发最好要以现有技术为中心，制定长期战略，按阶段进行，这样风险较小，容易成功。

在进行技术开发时，产生风险的原因是多种多样的：没有充分掌握技术开发范围的专门知识及相关知识；在出现异常时，事先制定的代替方案应变能力差；

技术开发的信息来源不足或以偏赅全；开发成本投资过多，无力追加；等等。如果对上述风险因素处理不当的话，技术开发就可能半路夭折。

在技术开发过程中，应尽量避免较大的风险出现。但是否风险较小的技术开发就一定可行呢？也未必。因为技术开发的最终目标不仅是实现技术上的进步，同时还要追求经济上的效益，如果以技术开发投资与利润的比值为标准，那么衡量技术开发的可行性不能以利润/投资＝1为临界点，因这样无利可图，事倍功半。如果我们把税金支付、利润留成、股东分红等因素考虑进去的话，那么技术开发的临界点应是利润/投资＝2.5。如果再进一步考虑各种风险因素，那么此比率还应增大。国外一些企业在技术开发时，一般是利润/投资＝3～7时才肯从事该项开发，以增强技术开发的成功率。

3. 技术开发与创造力

技术开发是一个综合性的创造过程，它既包括独创力的发挥，也含有创造力的应用。日本野村研究所主任研究员森谷正规曾将技术开发分为五个阶段，即改良提高型技术开发，应用型产品技术开发，尖端技术的开发，未来技术的开发和革新原理的发现发明。实际上这五个阶段基本囊括了三种形式的技术研究。他认为，发挥创造力的问题在这五个阶段都是存在的，只不过表现形式不同。在基础性技术研究方面的创造力属于“哥伦布型”，它是“对未知原理的发现和发明，是完全独创的成果，是划时代的创造力”。但在应用性技术研究方面也存在一种创造力，森谷正规把它叫做“植树直已型”，因为植树直已曾孤身一人坐狗拉雪橇走到北极，这是一次伟大的探险，但这和哥伦布发现新大陆不同，因为这种创造力是“在已知原理的指导下”目标明确的探索。在发展性技术研究方面存在的创造力叫做“三浦雄一郎型”，三浦雄一郎是从珠穆朗玛峰上一口气滑下来的，从滑雪技术上说，能滑雪的人很多，但关键“是看谁先干”，所以这是一种率先性的探索。①

也许有人会提出疑问，上面的论述是否模糊了创造力的界说，因为所谓创造力是向未知的挑战，像应用性和发展性的技术开发研究有许多是属于原理已知的技术，这不能说是创造力的发挥。或者说，基础性的技术研究可以认为是独创(originality)，即在未知领域和未知对象中产生新的东西，而应用性和发展性的技术开发研究可以认为是创造（creativity)，即不管是未知已知，只要创造出新的东西就行。这样的说法不是没有道理。如果我们说基础性的技术研究多是独创力的发挥，那么后两种形式的技术开发研究则主要是创造力的结果，独创与创造

① 参见［日］森谷正规：《技术强国日本的战略》，1、20页，北京，科学技术文献出版社，1985。

这两个概念确实是有些区别的，而且由此产生的整体创造力的强弱将直接影响技术开发的方向。

以美国和日本为例，在1965年以来的重大技术发现和发明中，日本是一片空白，基本上由美国包揽了。这表明日本在基础性技术研究上的独创力的确是比较贫困的。但在技术开发研究上，即在已知原理而技术高度困难，在发挥开拓新领域型的创造力上，日本已经取得了不少成就。在重大革新性技术成果中，美国只占28％，而日本占51％。另外，通过日美两国在集成电路方面的技术实力对比，我们也可以看到，虽然两国在开发项目的数量上平分秋色，但美国比较擅长于计划、设计这些技术开发过程的前半部分，而日本则是在生产、制造这些技术开发过程的后半部分领先，这也表明了整体创造力的强弱对技术开发过程方向性的影响。

但不能仅以是否依靠自己的力量进行技术开发这个标准来区分独创与创造，因为在现代社会中，很多技术上的成果究竟是独创还是创造，这样的问题是很难说清的。像新兴的尖端技术，各国都在努力开发研究，已经不能证实谁是技术独创国，谁是技术引进国。在过去，我们可以毫无疑问地指出：喷气式客机和原子能发电起源于英国，尼龙和晶体管起源于美国，但现在很难说超大规模集成电路、光通信和智能机器人究竟产生在哪个国家。像近年的超导技术开发，中日美俄等国几乎同时取得重大突破，谁是独创、谁是创造，这个问题很难回答。所以，独创与创造这两个概念有时并不是泾渭分明的，关键是看我们如何去理解它。

另外，技术开发的方向不仅与创造力有关，还受其他许多因素影响。日本的独创型技术开发较少，这固然与日本民族不太擅长基础性的技术研究有关，但另一方面，它也与日本在这方面的开发投资逐渐减少有关。据统计，日本从1965年到1978年间，基础性技术研究经费从30.3％减少到13.7％，而技术开发经费则从69.7％上升到86.3％，所以出现技术基础研究实力较弱，而应用和发展能力较强的现象。

还有，我们也不能从“日本的历史是一部模仿的历史”，就断定“日本势必缺乏独创性”。的确，在第二次世界大战后，日本吸收了欧美的技术，然后加以改造提高，这已成为日本技术开发的主要模式，但这不是造成日本在基础性技术研究方面独创力贫乏的直接原因，因为“创造力是受供需规律严重影响的”。一个国家只有在对发挥创造性产生强烈需求时，才会产生出创造力。从科学技术的历史看，许多国家都是靠技术引进这种发展战略才得以后来居上的，日本也不例外。在1970年以前，它从欧美引进了大量的先进技术，采取了“引进、消化、吸收、创新”的技术政策，使日本迅速赶上欧美等发达国家，成为世界上首屈一指的技术大国。正是在这种形势下，它才产生了发挥创造力的真正需要。因为现在它差不多已经吸收了欧美所能提供的全部技术，日本第一次面临着别无其他选择，只有依靠自己来创造新技术的局面了。也就是说，现在是日本需要在基础性开发研究方面发挥独创力的时候了。

4. 技术转移及其方式

对技术转移的理论研究是建立在传播理论基础上的，因为技术转移也就是技术传播过程。1904 年，法国学者 G. 泰特首次用模仿理论研究社会的进展，他用自然的类推法则来考察社会现象的类似性和差异性，探索社会现象的模仿机理，提出了关于通信渠道和过程的 S 型传播曲线。20 世纪 40 年代，美国的通信研究取得了很大的进展，产生了“二级传播理论”，即通过中介的非直接传播。50 年代，信息论迅速地发展起来，又进一步促进了传播理论的研究。

从 60 年代开始，系统地研究技术革新传播的理论已经成为专门领域。在美国的经济学中，重点是研究工业技术的传播，如美国学者曼斯菲尔德阐明了技术革新的传播速度与下列因素有关：企业规模；由新技术利用带来的期望利润；企业增长率；企业的效益水平；企业经营者的年龄；企业的流动性；企业的利益动向等等。

60 年代后期至今，作为国际性的研究课题，技术转移变成国家和地区经济发展战略的重要内容。1968 年在经济合作和发展组织（OECD）科学技术部会议上，提出了“技术级差”的概念，讨论了造成发达国家之间技术级差的原因以及缩小技术级差的政策。1964 年在第一届联合国贸易开发会议上，首次提出了“技术转移”问题，讨论如何将发达国家的技术向发展中国家转移。1972 年第三届联合国贸易开发会议研究了技术转移的主要渠道和机制，以及技术转移的费用。1973 年在国际经济学会召开的国际会议上，提出了经济增长中科学技术的合作问题，对技术转移的研究采用了经济学方法。然而，这些研究的重点都放在形成具体政策上，并没有产生严格的理论。

日本中央大学经济系教授斋藤优，于 1979 年出版了专著《技术转移论》，阐述了技术转移理论的谱系和方法论，指出这个谱系包括许多理论，因而应当采用跨学科的方法，其中“关系过程”或“因果过程”的分析尤为重要。他还指出，在分析有利于经济发展的技术的国际转移时，应当从两方面讨论：一是传播理论的国际推广，在国际性转移中，最初的提供和采用过程，是在两国不同的技术传播机制中进行的，因而要分析各国的传播机构及国际性技术转移的渠道；二是以国际间的经济关系为出发点，把技术看做生产要素，而技术转移则是生产要素的国际流动。在此基础上，斋藤优系统地提出了产业移植的理论。

我国近年来也开始注意技术转移的理论研究。一些学者通过东方（主要是中国，还有近现代日本）与西方（欧洲，还有近现代美国）之间技术发明和转移情况的统计分析，得出技术转移所用的平均时间随着历史的进展在不断缩短的结论，远古要上千年，近代要百十年，现代只要几年，总的呈现出一种加速运动状态，即技术转移加速律。还有一些学者指出，由于经济和社会发展的不平衡，在国内自然形成了一种经济、技术发展的梯度分布：内地、边远一些少数民族地区，资源十分丰富，但是技术力量薄弱，资金不充足，开发较缓慢，相当多的地区仍在“传统技术”的水平上，经济落后；大部分地区处于“中间技术”水平；一部分地区具备了“先进技术”，经济力量雄厚。国内技术应当通过技术服务、成果转让、补偿贸易、合资经营、联合公司等方式，实现技术的梯度转移，即“先进技术”向“中间技术”地带和“传统技术”地带转移。

技术转移是动态的历史现象。在技术发展中，技术之间存在着相互依存的关系，技术在社会生产的部门结构中具有相关性，技术要素在技术体系中的结合是协调统一的，这就使技术转移沿着某种方向、通过某种渠道、采用某种过程进行，即表现为技术转移的不同方式。

(1) 技术纵向转移。

人类社会征服自然和改造自然的历史，也就是技术产生、发展和演化的历史，同时也是技术转移的历史。概而言之，在人类文明的最早期阶段，人们使用简单的生产工具，刀耕火种、捕鱼狩猎是最基本的生产技术。进入奴隶社会和封建社会以后，人们逐渐学会了播种、炼铁，随之产生了农业技术和原始工匠技术。产业革命以后，特别是工业近代化的完成，使近代工业技术代替了农业技术和原始工匠技术的核心地位。70 年代以后，以电子计算机和自动化为标志的现代技术，正在国民经济的各个部门中发挥重要作用；信息技术成为科学技术和经济生产最有前途的领域，它带来了新的技术革命。

(2) 技术要素的转移。

从技术转移的角度来看，技术包括人、机械设备和情报信息三种要素，这三种要素的一定结合，表现为一定的技术形态。所谓技术转移，就是这三种要素的转移，就是这三种要素结合而成的技术形态的转移。机械设备的转移，实际上是直接引进生产力，尤其引进成套设备，见效很快。人的因素的转移、智力引进是现代技术转移中一本万利的事情。美国战后实行智力引进的开放政策，五六十年代从国外移入科学家、工程师、医生达 22 万人，不仅有力地促进了科学技术和国民经济的发展，并且节约教育投资 150 亿～200 亿美元。技术情报信息在现代技术中的作用更加重要，它可以促进对现有技术要素的结合方式加以适当变更，以制造出新技术。

技术转移的基本类型主要有三种：①通过机械装置、建筑工程、成套设备等形态进行的转移，可称为实物形态转移；②通过专利、技术保密、基础设计等形态进行的转移，可称为信息型转移；③通过科技人才流动进行的转移，可称为能力型转移。

(3) 产业的移植。

日本教授斋藤优在1979年系统地提出了产业移植理论。他区分了两种技术转移：国际间的转移和国内的转移。在他看来，国际间的技术转移涉及技术提供国和技术引进国的各种政治、经济、宗教和民族的关系，因此，技术转移在某种程度上也是经济要素、社会制度、政治要素、文化环境的发展和变化。同样，国内的技术转移也要涉及部门、企业之间的各种关系。所以，从经济学出发，技术是生产要素，而技术转移是生产要素的流动。

技术革新分为工艺型和产品型两种，它们都是通过技术转移而被接受、改进、应用和推广的。产业移植通常是产品型的技术转移。从历史上看，新产品作为生长中的产业而出现，并取代传统产业成为主导产业，然后又可能被随后出现的更新的产品所取代。在工业化初期，纺织工业是主导产业。随着工业化向纵深发展，主导产业转向原材料和机械工业，进而向重化学工业发展。在工业化的历史进程中，发达国家向不发达国家进行产业移植。产业移植促进了技术的国际传播，缩短了技术差距。

技术转移从战略角度上看，就要研究技术的选择问题。以实物形态体现的技术主要从发达国家流向发展中国家。1963年英国学者舒马赫提出了中间技术概念。他认为，在创造必要的就业机会方面，最有效的技术转移应当适合发展中国家的实际经济水平，因此引进技术不能超过技术的吸收能力。后来，又有人提出了适用技术和累进技术的概念，它们分别从不同角度说明了产业移植的条件和特殊性。

5. 技术转移的经济效果和战略选择

马克思曾经说，整个生产过程不是劳动者的直接技巧，而是科学在技术上的应用。在这里，“科学在技术上的应用”是指科学向技术转移，它的后继环节是技术向生产的转移，最后才能取得经济效果。技术转移在这种链式反应中，起了极为重要的作用。技术转移的实质是技术转化为直接、现实的生产力，改变人类生产方式的过程。从经济学角度上看：技术转移是新技术流向生产过程，使建立在原有技术水平上的生产力要素发生变化，造成生产要素在不平衡状态下趋向平衡的流动，提高了经济水平和生产水平，甚至可能形成规模庞大的产业革命。技术转移也需要一定的经济基础，斋藤优称之为“经济诱因”。他指出，所谓现代化技术，都要花费巨额的研究经费，才能构成资本密集型技术和知识密集型技术。所以，技术转移要想成功，就必须筹措巨额的资金，拥有许多技术转移的专家以及相应的广大市场。

日本是利用技术转移迅速提高经济实力最有效的国家之一。斋藤优的另一部著作《日本企业成长的技术战略》论述了日本技术转移的经验和政策。明治维新以前，技术转移几乎都是古老的交易品和贡品，以珍贵物品和所谓文明物品为中心；从明治维新开始的工业化时期，以引进动力、无机化学技术、采矿技术和纺织机械技术为主；重工业化时期，引进的技术都与交通机械和动力的发展密切相关，它们是推动工业化前进的重要基础。第二次世界大战以前，日本的技术引进处于基础时期，第二次世界大战以后，是成功时期。从 1950 年到 1975 年，日本引进外国的先进技术达25 800件，花费了约2 000亿美元，是世界上引进技术最多的国家。在短短的 25 年内，日本把全世界半个世纪所发明的大部分技术成果据为己有，使主要工业产品的数量和质量达到世界先进水平。

日本技术转移的经验是：第一，技术转移的选择要从现实的历史条件和国内外条件出发，使必要的资源消耗和技术吸收能力相适应；第二，技术转移的现代化可用技术转移时间这个指标来衡量，转移离现代越近，所用的时间也越短；第三，产业移植的形式是多种多样的，要保持它们之间的平衡和协调；第四，对引进的技术要进行加工、吸收和改造，以适于自己的技术体系；第五，要通过技术教育、技术交流和技术立法等手段，使转移的技术在产业中固定下来。

为了保证技术转移的顺利进行，并且取得经济效果，应当实现几个良性循环：在经济结构上建立科学—技术—生产的联合体；在技术分布上实行沿海与内地相结合全国合理分布的工业区；在企业管理上实行人—工具—环境的综合系统管理方法；在国外技术引进上实行引进—消化—配套生产的系统决策方针。从这一系列基本原则出发，调整、改革现有的组织机构和管理机构，加速实现技术转移，是历史给予我们的有益启示。

技术转移的形式多种多样，有企业之间的技术转移、行业之间的技术转移和国家之间的技术转移等，但无论哪种形式的技术转移，其实质都是技术开发成果从发生源向吸收源的转移过程。造成技术转移的原因，则在于技术发生源和技术吸收源之间存在着技术位差，即两者之间技术水平存在差距，这样就有可能使作为技术发生源的一方将技术开发的成果转移，输送出去，而作为技术吸收源的一方则利用技术转移，引进所需要的技术来促进自己的技术开发。

就技术发生源而言，技术开发本身不是目的，它除了要满足社会需要外，在很大程度上还是技术开发主体谋求经济收益的重要手段。在技术开发的竞争中，占有开发成果的企业或国家（即开发主体）通常要采取各种手段来维持其技术垄断地位，以获得最大的经济效益。一般来说，最能维持垄断地位的手段是商品输出，即出口作为技术开发成果的商品，因为此时尽管技术已物化在商品中出口到技术吸收源一方，但技术开发的水平不是简单就能从商品中提取出来的，这样就可以通过长期输出技术开发成果以谋取较大的经济收益。当持续一段时间以后，对方已初步了解了技术开发的基本状况，这时为利用当地生产要素的有利性以及提高技术开发成果的适应性并扩大当地的产品市场，作为技术开发发生源的一方就应用海外直接投资取代简单的商品输出，这样能获得更多的收益。此时技术是资金的附属品，技术吸收源对转移引进的技术是难以选择的。在当地生产持续一段时间后，作为技术吸收源的一方技术水平已明显提高，进一步提出了技术开发整体水平的转移要求，或者这时它们已接近了自主开发出类似产品的时候，在当地投资生产的效益就明显下降。所以从这时起，技术发生源就应当转移进行生产所需的技术开发的成套技术（包括专利、许可证等软件和生产设备等硬件）。只有在此时，真正含义的技术转移才开始进行，这就是作为发生源一方的技术开发主体的技术转移战略。

在技术开发之战中，作为技术吸收源一方应采取什么样的技术转移战略呢？技术吸收源之所以要利用技术转移引进所需的技术，一般有以下几种原因：一是本企业或本国的技术水平较低，无力进行开发；二是技术开发所需的资金耗费巨大，企业或国家负担不起；三是出于技术发展目标的选择，不愿要开发周期长、风险大的项目。而技术引进由于具有花费少、见效快的特点，所以被许多发展中国家采用。但根据实践的结果看，有些国家或企业的技术引进虽然也提高了自己的技术水平，但其副作用也是相当大的，即对引进技术产生了依赖性。这不仅抑制了其技术自主开发能力的发展，而且导致了重复引进的恶性膨胀。为了克服这种消极性，必须明确，衡量技术转移成功与否的标准，不是看其引进了多少技术开发成果，而必须是立足于技术主体开发能力和水平的发展提高。日本战后所采取的“引进、消化、吸收、创新”的技术战略，其主要形式是技术引进—改良提高—创新输出，是值得借鉴的成功经验。

另外，针对技术发生源一方技术转移的“三步曲”（即商品输出、资本输出和技术输出），作为技术吸收源一方的企业或国家最好采取“一步到位”的措施，即通过建立合资企业来实行“动态技术引进”。一般意义上的技术引进多是一次性的“静态引进”，这样做的结果难以追踪技术发生源的新技术开发。而动态引进可以利用合资的有效期，在几十年内，由技术发生源系统地、连续地提供先进技术的开发成果，使自己始终保持在较高的技术起点上，这样有利于今后提高自主技术开发的水平。

在技术发生源和吸收源之间存在着技术位差，它不仅是造成技术开发成果转移的基本条件，同时也是衡量转移双方技术相容性的一个尺度。如果技术发生源与吸收源二者的技术差距过小，也就是说二者具有相近的技术开发能力，那么它们之间就不存在技术转移的必要性。但如果二者间的技术位差过大，那么技术吸收源就难以消化吸收引进的技术开发成果，技术转移成功的可能性也不存在。所以在上述两个极端之间，应该选择一个可以促成技术转移的位差范围，使转移双方既存在一定的差距，同时吸收源又能消化吸收引进的技术。这就要求技术开发和转移的只能是对双方都“适用”的技术。

最后需要指出的是，在技术转移中，作为吸收源的一方只能在引进、消化吸收的基础上开发创新，这样有时候就难免要经历模仿过程。有人认为模仿缺乏创造性，是没有技术开发能力的表现，这种看法不太全面。首先应该看到，在所有的技术主体中，有独立开发创新能力的主体只是极少数，仅占 2.5%，而大部分都是技术开发主体的追随者，因此要在技术开发过程中排除模仿是不可能的。如美国的化工企业，除杜邦公司外，其余都比较落后，它们在相当一段时间内是德国（法本）和英国（帝国）公司开发出的新技术的模仿者和采用者。其次，应当承认，模仿能力也是测量一个技术主体综合开发的最好尺度。模仿战略的成功，与模仿所花费的时间有关，一般保持最高技术开发率的国家或企业，同时也是模仿所花时间最短的。日本的一些企业开发效率高，正是与它们能在较短的时间内，紧紧追随海外的技术进行模仿有关。再次，模仿与开发创新是相辅相成的。模仿手段不只是落后国家或企业的技术开发战略，在国际技术开发竞争中常用模仿战略的企业，在国内的开发竞争中是常常获胜的，我们对技术转移过程中的模仿手段不能一概而论。

二、市场经济架构下的技术创新

技术创新不同于技术发明，它主要是指技术成果在商业上的首次成功应用。技术创新包含技术成果的商业化和产业化，它是技术进步的基本形式。原始创新和集成创新是当前我国科技界和产业界关注的焦点所在，国家创新系统是市场经济构架下企业从事技术创新活动的环境。

1. 创新与技术创新

在技术创新论和经济学中，创新特指一种赋予资源以新的创造财富能力的活动。任何使现有资源的财富创造能力发生改变的行为和活动都可以称为创新。创新并非一个主意，只有创新的主意或构想寻找到新的商业用途之后才是真正的创新。创新可能改变资源的产出水平和利用效率，增加消费者对其所获资源的价值和满足程度，因而它是企业家或者创业家改变社会经济的有力杠杆。

1912 年，经济学家约瑟夫·熊彼特（J. A. Schumpeter）在《经济发展理论》中，首次将创新视为现代经济增长的核心，并将其定义为"生产函数的变动"①。1928 年，他在《资本主义的非稳定性》中首次提出创新是一个过程的概念，并在 1939 年出版的《商业周期》中全面地提出了创新的概念和理论。他认为，创新是生产要素和生产条件的新组合，是人们"用他们的智慧去改进生产方法和商业方法，也就是说……改进生产技术，占领新的市场，投入新的产品等"。"所谓创新，就是建立一种新的生产函数，也就是说，把一种从来没有过的关于生产要素和生产条件的'新组合'引入生产体系。"② 这种新组合包括以下内容：其一，采用一种新的产品或者一种产品的新的特性；其二，采用一种新的生产方法；其三，开辟一个新的市场；其四，控制原材料或制成品的一个新的供应来源；其五，实现任何一种工业的新的组织。总之，在生产体系中能够做到推陈出新就是一种创新。在熊彼特看来，创新概念不仅包括产品、工艺的创新，也包括市场、供应和组织的创新。

为了对创新的涵义有更明确的把握，熊彼特还将技术发明与技术创新加以区分，他说，"只要发明还没有得到实际上的应用，那么在经济上就是不起作用的。而实行任何改善并使之有效，这同它的发明是一个完全不同的任务，而且这个任务要求具有完全不同的才能。尽管企业家自然可能是发明家，就像他们可能是资本家一样，但他们之所以是发明家并不是由于他们的职能的性质，而只是由于一种偶然的巧合，反之亦然。此外，作为企业家的职能而要付诸实现的创新，也根本不一定必然是任何一种发明。因此，像许多作家那样强调发明这一因素，那是不适当的，并且还可能引起莫大的误解"③。

技术发明指的是完成一种设计构想、一种技术方案或一种新的改进了的装

---

① ［奥］约瑟夫·熊彼特：《经济发展理论》，290 页，北京，商务印书馆，1991。

② 同上书，73～74 页。

③ 同上书，99 页。

置、产品、工艺或系统的模型，它可以像萨弗里的蒸汽机那样是首创的，也可以像瓦特蒸汽机那样只不过是一种改进，总之，必须包含着新的构想或者新的技术设计方案。但是，技术发明仅仅只是一个构想或设计，它并不一定在商业上应用。它可以是一种创新，但不一定申请专利，也未必能带来适合市场的产品和服务。可是技术创新却是一个新想法或新的技术方案在商业上的实现，只有当新构想、新装置、新产品、新工艺或新系统第一次出现在商业交易中时，才算是一项技术创新。技术发明仅仅是一种技术活动，只考察技术的变动性，强调的是以技术解决问题；而技术创新则不仅包含技术活动，更关注技术方案的商业价值，强调的是以技术推动经济发展。

1951 年，经济学家索罗（S. C. Solo）在《在资本化过程中的创新：对熊彼特理论的评论》一文中对技术创新理论进行了较全面的研究，首次提出技术创新成立的两个条件，即新思想来源和以后阶段的实现发展。这种“两步论”被认为是技术创新概念界定研究上的一个里程碑。

几乎同时，美国当代著名的管理学家德鲁克将“创新”概念引入管理领域，提出赋予资源以新的创造财富能力的行为都属于创新活动。他认为，这样的创新活动有两种：一种是技术创新，它在为某种自然物找到了新的应用，并被赋予新的经济价值；另一种是社会创新，它创造一种新的管理机构、管理方式或管理手段，从而在资源配置中取得很大的经济价值与社会价值。技术创新必须以科学和技术为基础，而一些社会创新并不需要多少科学和技术。但社会创新的难度比技术创新的难度要大，其发挥的作用和影响也更大。他分析说，日本的成功完全来自于社会创新，从根本上说就是自 1867 年以来实行的门户开放政策。在他看来，“创新”与其说是一个技术性的词汇，不如说是一个经济学的或社会学的术语更为贴切。德鲁克所谓的社会创新，接近于我们现在所讲的组织创新。

简言之，技术创新是以技术成果的商业化为目的，与研究开发活动密切相关，向市场推出新产品和新服务的活动或过程。技术创新本质上是技术资源和产业资源整合配置的过程和结果。20 世纪 90 年代之后的技术创新活动表明，多数技术创新是在诸多创新主体，特别是研究型大学、高技术创业型企业以及在这些组织中，从事创新活动的技术专家和市场高手的相互作用的过程中实现的。个人电脑的设计、软件系统的开发和网络产品的创新等就是例证。

2. 原始创新与集成创新

原始创新和集成创新是当前我国科技界和产业界追求的主要创新目标，二者都是技术创新活动的具体表现形式。原始创新和集成创新对现代社会经济活动产生了深远的影响，具有十分重要的意义。

（1）原始创新

首先，就技术创新过程中技术变化的强度而言，原始创新是相对于改进创新而言的。一般而言，改进创新又称渐进性创新（incremental innovation），是指对现有技术进行局部性的改进而引起的渐进的、连续的创新。在现实的经济技术活动中，大量的创新是渐进性的。如对现有的彩色电视机进行改进，生产出屏幕更大、操作更方便、能收视更多频道的电视机。改进创新是在技术原理没有重大变化的情况下，基于市场需要而对现有产品所做的功能上的扩展和技术上的改进。如由火柴盒、包装箱发展起来的集装箱，由收音机发展起来的组合音响、“随身听”等。原始创新也称根本性创新（radical innovation），是指技术有重大突破的技术创新，它常常伴随着一系列渐进性的产品创新和工艺创新，并在一段时间内可能引起产业结构的变化。如美国贝尔电话公司发明的电话和半导体晶体管、美国无线电公司生产的电视机、得克萨斯仪器公司首先推出的集成电路、斯佩里兰德开发的电子计算机等。此外，杜邦公司和法本公司首创的人造橡胶、杜邦公司推出的尼龙和帝国化学公司生产出的聚乙烯这三项创新奠定了三大合成材料的基础，波音公司推出的喷气式发动机创造了“高速客车”空中飞行的奇迹。原始创新一般利用新的科学发现或原理，通过研究开发设计出全新产品。

其次，就企业技术创新战略而言，原始创新是相对于模仿创新而言。原始创新在企业技术创新战略中具体表现为领先战略，它主要依赖于技术上的突破和优势，技术突破的内生性是领先战略的最基本的特征。与之相对应，模仿战略或者跟随战略的技术来源以模仿、引进为主。长期以来，我国相当一部分产业技术和高技术领域的发展，主要立足于跟踪和引进国际上的先进技术，但面对加入世贸组织后国际技术和经济竞争的巨大挑战，我们必须改变以跟踪和模仿为主体的技术创新思路，重视和支持各类原始创新活动。

江泽民同志指出：“原始性创新孕育着科学技术质的变化和发展，是一个民族对人类文明进步作出贡献的重要体现，也是当今世界科技竞争的制高点。”① 原始创新已成为国家间科技乃至经济竞争成败的分水岭，成为决定国际产业分工的基础条件。如果没有自己的原始创新，一个民族就难以在科技和商业中找到自己的位置，也不可能有真正意义上属于自己的产品或产业。

（2）集成创新

集成创新（integration innovation）是就技术基础的复杂程度而言的，其核心在于“集成”。“集成”的本意是指“讲独立的若干部分加在一起，或者结合在

① 《江泽民论有中国特色社会主义（专题摘编）》，251页，北京，中央文献出版社，2002。

一起成为一个整体”，从管理学的角度看，集成是指一种创造性的融合过程，即在各要素的结合过程中注入创造性思维。[①] 一些研究者指出，集成是一种特定的技术资源围绕某个单一产品（或产品体系）逐渐体系化或“固化”的过程。在这一过程中，相关的技术资源“融合”于以专门设备和专用生产线、特定生产供应链、生产规则和管理体制为特征的生产体系，以获得最经济、最稳定和最可靠的产出效果。[②]

技术活动的真谛就在于组合和集成。一项技术发明就是把以前未结合的各类有效的构想和发明资源，用新的方式整合或拼凑起来；而且一项技术发明中包含的技术因子越多，技术因子的结合方式越出人意料，这项技术的创造性或原创性就越高。如集成电路和核导弹的发明。从某种程度上说，计算机至少是由三种技术组成的：视频播放，数据处理、记忆和存储，键盘和鼠标。此外，还需要软件来支持计算机的运行；一些外围设备，如打印机、扫描仪和复印机等，使计算机更好地满足用户的需要。所有这些组成部分还能被分解为更专业的技术。技术集成是一种通过对现有技术的结合与改造而进行的技术开发活动。日本的索尼、东芝等公司通过重视与其竞争对手的技术集成，来强化自己在电视和录像机设备方面的竞争力，结果获得了巨大创新收益。

技术创新的实现，不仅需要产品创新的相关知识，而且需要一些过程技术，如制造、营销、售后服务技术的支持。技术集成是技术商业化的必备条件，一项技术的商业化成功，即技术创新需要许多补充性技术。许多技术创新活动之所以没有成功，主要是因为缺乏相关的补充技术。“核心竞争力的形成不仅是一个创新过程，更是一个组织过程。使各种单项和分散的相关技术成果得到集成，其创新性以及由此确立的企业竞争优势和国家科技创新能力的意义，远远超过单项技术的突破。因此，我们更应当注重技术的集成创新，注重以产品和产业为中心实现各种技术集成。”[③]

3. 国家创新系统及其意义

随着高技术产业创新在国家竞争力中地位的增强，促进技术创新，加速科技成果产业化和商业化的竞争，也开始在国家层面上展开。在一定意义上，国家创新系统是针对市场经济构架下的市场失灵，而提出的一种调节整个国家资源来推

---

① 参见李宝山等：《集成管理——高科技时代的管理创新》，北京，中国人民大学出版社，1998。

② 参见陈向东等：《集成创新和模块创新——创新活动的战略性互补》，载《中国软科学》，2002(12)。

③ 徐冠华：《加强集成创新能力建设》，载《中国软科学》，2002 (12)。

进技术创新的新体制、新思路。

1987 年，英国经济学家弗里曼在研究日本案例时提出国家创新系统的概念。他指出，技术领先国从英国到德国、美国，再到日本，这种追赶、跨越是一种国家创新系统演变的结果。在现代社会中，虽然企业是创新的主要参与者，但由于创新所需要的要素日益增多和复杂化，许多创新并非仅靠企业自身就可以完成，还涉及政府、研发机构、中介组织、金融机构等，以及有助于创新的政策体系和制度框架。国家创新系统是"公共和私人部门中的机构网络，其活动和相互作用激发、引入、改变和扩散着新技术"①。

1993 年，美国经济学家纳尔逊在其主编的《国家创新系统》中指出，国家系统是指"一系列的制度，它们的相互作用决定了一国企业的创新能力"。这种制度不只是针对研究开发部门，它也包括企业、政府和大学等。1994 年，帕维蒂强调说，国家创新系统是"决定着一个国家内技术学习的方向和速度的国家制度、激励结构和竞争力"②。

1997 年，联合国经合组织在出版的《国家创新系统》中提出："创新是不同主体和机构间复杂的互相作用的结果。技术变革并不以一个完美的线性方式出现，而是系统内部各要素之间的互相作用和反馈的结果。这一系统的核心是企业，是企业组织生产和创新，获取外部知识的方式。外部知识的主要来源则是别的企业、公共或私有的研究机构、大学和中介组织。在这里，创新企业被假定为是在一个复杂的合作与竞争的企业和其他机构组成的复杂网络中间进行经营的，是建立在创新产品供应商与消费者之间一系列合资或密切联系的基础之上的。"因此，"国家创新系统是一组独特的机构，它们分别和联合地推进新技术的发展和扩散，提供政府形成和执行关于创新的政策的框架，是创造、储备和转移知识、技能和新技术的相互联系的机构的系统"。"国家创新系统可以定义公共和私人部门中的组织结构网络，这些部门的活动和相互作用决定着整个国家扩散知识和技术的能力，并影响着国家的创业业绩。"③

国家创新体系是由政府和社会各部门组成的一个组织和制度网络，它们的活动目的旨在推动技术创新。企业、科研机构、高校以及致力于技术和知识转移的中介机构是创新体系的主要因素，其中企业是创新体系的核心。国家创新体系的

---

① C. Freeman, *Technology Policy and Economics Performance: Lessons from Japan*, london: Frances Printer, 1987. 1.

② 王春法：《技术创新政策：理论基础与工具选择——美国和日本的比较研究》，94～95 页，北京，经济科学出版社，1998。

③ OECD: National Innovation System, 1997, p. 12.

概念具有以下几个层面的意义：

（1）单个企业深深根植于其所在国家的创新系统之中，国家创新系统制约着单个企业应对机会和挑战的技术选择范围，对单个企业的创新方向和创新活力具有深远的影响。波特和纳尔森等认为，跨国公司的核心能力及技术战略原则受到其母国创新条件的制约，因为即使是大型的跨国公司，也主要是在一个或两个国家内制定和发展执行创新战略所需的战略技能和专业知识。①

（2）国家创新体系的效率取决于以下两个方面：创新体系内各要素的构成在创新中的功能定位是否恰当，以及创新体系内各要素之间的联系是否广泛与密切。因此，一国推动技术创新活动的重要举措就是建设完善国家创新服务体系，搭建各创新要素互动交流的体制平台，特别是产学研创新体制平台。

（3）政府在企业技术创新活动中具有举足轻重的重要作用。

4. 企业作为技术创新的主体

企业是技术创新的主体，企业家是名副其实的创新者。企业技术创新活动是不同的创新参与者共同作用的结果，这些不同创新参与者分别担当创新活动中的不同角色，对整个创新活动的实现发挥着不同的作用。有效的技术创新激励机制是企业技术创新活动持续实现的重要因素。

技术创新涉及新思想和新发明的产生、产品设计、试制、生产、营销和市场化等一系列活动，涉及多个部门和组织，企业、大学、科研机构、中介组织和政府部门都是组成创新系统的重要部门。但在市场经济的条件下，企业却是真正的技术创新的主体。

首先，技术创新的本质在于实现技术构想的商业价值。作为一项与市场密切相关的技术研发活动，技术创新能给企业带来巨额的收益，企业会在市场机制的激励下持续地从事技术创新活动。企业作为技术创新的主体主要表现在，它正在成为技术创新活动的投资主体和研发主体，并且能够将研发成果迅速地转化为商业成果。在激烈的市场竞争中，许多主动地从事技术创新，并看准市场需求、注重顾客导向的企业，越来越感受到作为创新主体的现实迫切性和必要性。

其次，根据新古典学派的创新理论，技术创新是生产要素的重新组合。这种组合只有企业和企业家通过市场才能实现，这一作用是其他组织和个人无法替代的。创新者未必是发明家或科学家，但必定是一个企业家。创新者能够赏识一个技术方案的商业潜力，并创造出一个有效的资源整合计划和市场营销方案，并将

---

① 转引自［英］玖·笛德等：《创新管理——技术、市场与组织变革的集成》，55页，北京，清华大学出版社，2002。

这些方案转变成消费者欢迎的产品和服务。这与仅仅提出一个技术方案或发明设计的科学家和发明家所从事的工作是完全不同的。

再者，技术创新需要很多与产业有关的特定知识，它们是产业技术创新的基础。惟有企业家才能够将各种不确定的市场因素和技术因素有效整合，并予以现实化。因此，企业家是真正的创新主体。

更重要的，就现有的各种社会组织而言，只有企业具备实现技术创新活动所必需的组织体制。由于技术创新活动涉及研究与开发、生产制造和营销等多个必要的环节，并且各个环节相应的职能部门保持相对的稳定和必要的协调。这样严格的体制条件对一般的研究机构是不适合的，因为研究机构虽然有强大的研究和发展能力，但其生产制造能力、营销能力一般较为薄弱，难以开展全过程的技术创新工作。目前，除一些具有公益性的研究机构有保留的必要外，一般的独立研究所均需要改制成公司，或进入企业。即使是具有强大科研能力的研究机构，如果不能更多地面向市场，也无法长期承担纯粹的没有商业利益的研究与发展活动。因为当今真正的科学研究活动无不依赖于巨大的科研经费投入。著名的贝尔实验室最终改制为朗讯公司，我国努力推行的科研院所转制，都旨在强化企业作为技术创新主体、加速实现科技成果的商业转化，推进科技与经济持续发展。

由于企业一般都拥有研究与开发部门、生产制造部门和营销部门等基本职能部门，这些关键的职能部门之间的协调机制也相对健全，而且由于企业直面激烈的市场竞争，多数已确立起以用户为导向，重视和用户、供应商等之间进行知识交流和合作创新的企业战略。这就为企业及时有效地根据市场变化和技术变革等进行技术创新，提供了得天独厚的体制平台和企业文化环境。

在一定意义上，我国技术创新能力薄弱的主要原因在于企业制度和功能不完善。我国的绝大多数企业，特别是国有企业是从计划经济过来的，带有很强的计划生产的痕迹。它们对市场的关注不够，研究和发展能力不足，特别是在研究与发展的投入上难以与世界先进企业相匹敌；加之，许多企业（特别是大企业）的职能部门之间分割严重。因此，就总体而言，许多企业的技术创新和财富创造能力相对较弱。我国拥有自主知识产权的技术创新成果太少，原始创新和集成创新不足。所有这一切，都直接影响到我国产业竞争力和综合国力竞争的提高。

当然，这里说企业是创新的主体，并不等于说企业必须在技术创新活动中“单打独斗”。事实上，在以知识为基础的高技术产业中，高风险和高投入决定了合作的必要性。为了降低研究开发成本，分散风险，弥补技术、资金、人力等资源的不足，以及形成产品的技术标准，降低过度竞争等，企业必须积极寻求多方面的合作。这种合作表现在合作方式的日益多样化方面，既有传统的专利许可证制度、委托研究，也有合作开发、人员交流、设备共享，直至组织研究开发联合体等；还表现在合作伙伴的不断扩展上，即在技术开发过程中，就充分融合了用户的要求以及产品生产者对材料供应者的要求。因此，企业作为创新主体的作用还体现在企业对各种内外部创新资源的运筹和使用之中。

企业是技术创新的主体，但是在企业中，每个创新活动的参与者却承担着不同的任务，扮演着不同的角色。在企业的技术创新过程中，有一些角色起着关键性的作用，他们是创新组织高效运作所必不可少的。他们主要是：

（1）信息守门人。他们往往是科学家、工程师，也可能是具有技术背景、关注相关市场信息，并能有效地与从事技术工作的同事进行沟通的营销人员或企业家。信息守门人通常是懂技术、善交际的人物。这些人注意阅读技术文献和商业杂志，经常参加各类展示会，对竞争信息比较敏感，是创新组织与外界联系的纽带。即使在内外部信息系统比较发达的企业，信息守门人仍然发挥着很大的作用。

（2）创新倡导者。他们通常是比较有经验的、长期的项目领导者或企业家，具有创新精神，兴趣和活动范围广泛，善于将创新构思向他人宣传并使之接受。作为企业高层人员，他们能指导和帮助创新组织中的其他成员，并代表他们与高层领导对话，激励创新组织成员积极工作，使创新计划能够有条不紊地推进。一些经济学家指出，如果没有这类担当创新倡导者角色的高级人员的微妙的、常常是表面上看不到的帮助，许多创新项目将无法取得成功。

（3）创新构思者。他们通常是创造力旺盛的科学家或工程师，具有创新精神，并受过良好的技术教育，喜欢解决前沿技术问题，并能够在综合分析有关市场、技术生产等方面信息的基础上，提出解决挑战性技术难题的新方法或新产品构思。

（4）技术难题解决者。技术创新活动的有效实施，还需要能够解决大量设计和生产中的技术难题的核心技术骨干。他们不一定具有很高的创造力，但必须拥有较高的专业修养和技术能力，能够在技术上实现别人提出的一些创新构思，将这些创新构思变成富有“亮点”的技术原型、现实产品或服务。

（5）项目管理者。项目管理者的职能是对企业组织内部的创新活动进行计划和协调，他们应具有较高的技术水平和管理能力，对创新项目有深刻的了解，能够全面把握创新项目的整体运行状况，随时掌握市场需求变化和技术发展的新情况，对创新项目的费用和进度进行有效控制，并有能力在关键技术环节上做出正确决策。项目管理者还要善于与创新者进行沟通，善于对创新者进行激励，并解决创新过程中的各种矛盾和冲突。

创新组织中的上述5个角色是成功创新所必须具备的，但各个关键角色的相对重要性会随着项目的进展有所变化。有些角色只在创新过程的某个阶段重要，有些角色的重要性却贯穿创新的全过程。如果在创新过程的某个阶段缺少重要的关键角色，将会严重地影响创新成功的可能性。还有，企业创新组织内的有些人可能具有担当一个以上关键角色的技能、特征、爱好和机会。比如，信息守门人和创新构思者的角色，有时是由同一个人担任的，创新构思者也可能同时担当创新倡导者，而创新倡导者有时也会成为项目管理者。一个人担当多个关键角色，有利于保证项目的一致性和连贯性，在某些情况下，创新组织常常选择数量较少的多重角色担当者来实现创新目标；但在另外一些情况下，创新组织常常由多人来分担同一角色，以保证项目的顺利完成。

5. 企业技术创新的激励机制

企业技术创新的高风险和高回报并存的特点使得对创新的激励成为必要。对技术创新活动的激励可分为两个层次：即国家对企业技术创新活动的宏观激励和企业内部对技术创新活动的微观激励。这些激励主要包括产权激励、市场激励、企业激励和政府激励四个方面。

(1) 产权激励。它主要通过确立创新者与创新成果的所有权关系来推动技术创新活动的持续进行。所谓产权，是指一个社会所强制实施的选择一种经济品的权利。由于产权规定了创新者与创新成果的所有关系，这就使产权成为激励创新的一个重要制度保障。可以这样说，技术创新的层出不穷，在很大程度上归之于产权激励机制的不断完善。

产权包括有形资产产权与无形资产产权两种。有形资产产权是指对实物形态的物品的使用权，无形资产产权则指对非实物形态的信息、技术和知识等的处置权和拥有权。随着专利制度等知识产权制度的不断完善，企业通过技术创新获得收益的行为得到了强有力的激励。

专利制度是一种从产权角度对发明创新进行激励的制度，它以有效和充分保护专利权等知识产权为核心，使知识产权的激励机制得以充分发挥。美国总统林肯说，专利制度是“为天才之火添加利益的燃料”。专利制度明文规定，发明者对其发明产品有一定年限垄断权，这就排除了模仿者对创新者权益的侵犯。一些产业革命史的研究者假定说，如果没有专利制度，18世纪60年代英国的产业革命很可能难以发生。因为在当时的领先产业——棉纺织业中，许多发明，如水力纺纱机等都是在专利保护下做出的。一些研究者甚至说，没有专利权的激励，瓦特可能就不会对蒸汽机做出重大改进。

一般而言，技术创新活动主要体现为一种无形的知识，或者说一种生产某种创新产品或服务的方法或构想。它们通过创新产品或服务这些具体载体可以呈现出来，并为其他厂家通过正常或非正常的渠道或方式加以掌握。由于复制或者模仿这些技术、知识和方法要比创造这些技术、知识和方法容易得多，模仿者可以用较少的研制经费与创新者分享创新的收益。这就使技术创新的收益具有非独占性，并使不少企业滋生“搭便车”的机会主义想法，从而不利于技术创新活动的持续进行。经济学家诺斯说：“一套鼓励技术变化，提高创新的私人收益率使之接近社会收益率的激励机制，仅仅随着专利制度的建立才确立起来。”① 他认为，包括鼓励创新和随后工业化所需的种种诱因的产权结构，致使产业革命不是现代经济增长的原因，而是提高发展新技术和将它应用于生产过程的私人收益率的结果。

当然，任何制度设计有利也有弊。知识产权制度也不例外。日本学者富田彻男告诫过，初看起来知识产权是一种先进制度，然而实际却是一种既能促进也能延滞国家产业的制度。因此，人们在进行技术转移时既应积极利用这一制度，又应对其加以适当限制，做出全面考虑。中国目前正在大力关注于技术转移和技术开发，能否有效利用这一制度将是决定中国发展至关重要的一环，应当慎重利用这一必要制度。一方面，出于促进和保障技术进步和经济发展的客观需要，我们应遵行国际规范，建立和完善知识产权法律制度；但另一方面，我们的知识产权法律制度在向国际规范靠拢时，也要注意防止因过分保护发达国家的知识产权，而给本国的科技进步和经济发展造成的消极限制。

（2）市场激励。它主要通过市场竞争机制来实现对创新者的激励。许多研究者指出，市场和产权一样，也是一种实施费用低、效率高的激励制度。许多重大的技术创新活动首先发生在市场经济发达的资本主义国家，这并不是一种历史的偶然现象。美国的经济学家纳尔逊认为，是市场机制决定了资本主义国家技术进步的速度。

市场机制对技术创新的激励作用主要是：(a）市场机制将公平地决定技术创新者的利益回报，其前提是一个良好的知识产权体系。这一体系的有效作用是使企业从创新中获得垄断优势。尽管知识产权制度在创新利益保护方面的不完全性导致创新收益的非独占性。但在一个完善的市场经济体制下，创新者的回报主要体现为消费者对创新的接受程度，这本身就是一种最有效的创新激励方式。（b）市场机制可以消除由于技术创新的不确定性而产生的消极因素。它强制性地要求所有的企业直面消费者的现实需求，创造性地整合各种必要的生产要素和技术资

① 转引自柳卸林：《技术创新经济学》，157页，北京，中国经济出版社，1992。

源，为社会提供各类具有“卖点”的创新产品和服务。更重要的是，市场机制还通过企业之间的技术创新竞争来推动某个行业或者特定社会中的创新活动，这在不确定性很强的高技术产业领域中，无疑是一种很有效率的资源整合机制。数家企业从多个途径同时进行一项创新，可能形成一个竞争性的创新环境，并开发出各种互补性的技术，进而有利于技术创新活动尽早实现。所以，市场机制的作用不在于消除单个企业技术创新的不确定性，而在于从总体上消除创新的不确定性给整个产业系统带来的影响，使系统内技术创新的速度大大提高。

在我国，由于市场机制及其相应管理制度的不完善，各种创新资源的价值未能充分体现，结果使一些做出重大创新成果的科学家、发明家和企业家，以及其实现创新成果的企业得不到应有的创新激励和收益回报。我国拥有自主知识产权的创新产品不足，企业家和创新者资源不足，多数企业满足于引进、模仿和“盗版”别人的技术，就与优胜劣汰的市场竞争机制至今未能健全运行有关。因此，我国提高技术创新效率和能力的基本举措应放在市场机制的建设和完善之上，而不是放在由政府直接主导的各种各样的“计划”和“行动”上。产权明晰和市场机制，二者相辅相成，将打造一个良好的社会创新环境，并以各种方式激励企业的技术创新活动永续进行。

（3）政府激励。由于技术创新成果的公共产品特性和较强的“外部效应”或“外溢性”特点，市场机制引致的技术创新不一定就是社会发展最优化的技术创新。经济学家阿罗曾在1962年分析说，无论是完全竞争还是垄断结构下的创新，其创新水平都将低于社会最优水平。这就提出一个“市场失灵”或非市场激励的现实问题。就目前各国创新激励的实际运作来看，非市场激励主要表现为政府激励。

政府激励具体表现在：（a）政府给技术创新者以某种津贴。这是当今许多国家都在采用的创新经济手段，它包括税收优惠、关税优惠、创业信贷优惠等。我国为高科技产业化及高技术创新活动制定了各种各样的税收减免政策，并设立了各种各样的创业基金，其目的就在于激励各类技术创新的持续进行和蓬勃发展。（b）技术创新平台等基础设施建设。这包括促进基础研究活动的实验室建设，促进技术成果转化的中试基地建设，以及各类共性技术的研发技术条件和平台的建设，创新资源共享平台和数据的建设，各类教育培训机构的建设等。这些基础设施具有规模经济和公共产品的特点，市场机制无法提供这些各类技术创新活动所必需的基本条件。现实要求国家应从社会整体利益出发，加强这些技术设施的建设，以降低企业和企业家从事技术创新活动的风险和基础“门坎”。（c）政府对事关国家安全和社会经济长远发展利益的重大技术项目转化和关键产业进行引导性投资，以激活这些领域中的企业技术创新活动。(d) 通过政府采购强化技术创新成果的市场激励效应，持续稳定地推动产业和技术创新活动的进行。美国的微电子技术和电子计算机产业的技术创新，韩国产业领域的技术创新以及这些产业的发展都曾受益于政府的采购政策。(e) 设立风险投资基金和各类创新转化基金，鼓励企业和企业家大胆地进行各种技术创新活动。美国硅谷的技术创新活动层出不穷，高效运作的风险投资机制功不可没。我国政府目前正在通过设立政府主导的各类创业投资基金，积极探索适合国内高技术产业发展实情的风险投资机制。

(4) 企业内激励。企业内激励主要表现在两个方面：(a) 企业对做出技术创新成果的创新者给予股权等各种形式的物质激励和精神激励，将这些富有创新精神的科学家、发明家和企业家视为企业的人力资本，在各种利益分配上区别对待；(b) 企业为适应技术创新活动开展的需要，大胆进行各种组织结构调整，通过充分授权、弹性管理等方式激励企业员工的技术创新活动。如一些企业实行的内企业机制，允许企业员工在一定的时限内离开本职岗位，从事自己感兴趣的技术创新活动，并且可以利用企业的资金、设备和销售渠道等现有条件。

三、技术创新的动力与扩散

1. 关于创新的熊彼特假设

熊彼特是研究技术创新的鼻祖。但是，他的思想前后差异很大。在熊彼特早年的著作中，认为企业之所以甘冒引进新思想和克服旧障碍所必有的风险而从事技术创新，乃是因为期望获得技术上的垄断地位，并在垄断维持期间能享受高额利润。换句话说，技术创新“天然地”对企业有吸引力，技术垄断几乎总是意味着利润，因此只要有技术上的可能，任何企业都会去创新。这种思想被称为熊彼特假设Ⅰ。然而，在他后来的著作中，熊彼特更强调现有的垄断地位，他认为创新需要的资源如研究、发展和设计活动，其成本都是很昂贵的。在一个完全由小规模企业构成的完全竞争的市场中，创新将是风险极大的行动，甚至无异于一种自杀性行为，垄断资本和大寡头公司因而具有更大的创新动力，它们可以获得创新所必要的资源。这种思想则被称为熊彼特假设Ⅱ。

关于创新的起源，有几个核心问题。

第一，无论中心人物是企业家还是大厂商，只有在经济生活中引进了崭新的思想，崭新的产业部门才有可能诞生。技术，不管它是在经济系统以外还是在一个垄断竞争者的大型开发实验室中产生的，在熊彼特看来都是增长的主发动机。因此“技术推力”作为创新起源的一个假设在熊彼特思想中找到了很恰当的位置。

第二个问题至少由于熊彼特假设Ⅰ与熊彼特假设Ⅱ之间的明显矛盾显得很鲜明。更多更好的创新将会由许多企业家去进行，还是由少数大寡头产生出来呢？或者，换言之，刺激创新思想市场的结构是什么？

第三个问题与厂商的大小有关：刺激创新的最佳厂商规模是什么？

第四个问题的倡导权一般属于施穆克勒。他研究了19世纪上半叶到20世纪50年代美国铁路、炼油、农业和造纸工业等的投资、存量、就业和发明活动。就发明活动和需要来说，他采用的时间序列是资本品的专利和投资。施穆克勒发现，投资和专利的时间序列表现出高度的同步效应，投资序列往往趋向领先于专利序列，相反的可能性则较少。他还特别发现投资往往把经济的波动由低潮引向高潮。根据这一证据，施穆克勒认为通过外部事件来解释投资的波动比起用发明过程来更好。相反，发明活动的高涨也响应了需求的上涨。施穆克勒并不认为需求力量是发明和创新活动的惟一决定因素。他要做的就是设法纠正一种极端的不平衡，这种不平衡认为只有发明才能产生新的投资和新的经济活动。他用一把剪刀的两个刀锋来代表发明和需求这两个相互综合利用物的力量。然而，也许是因为他设法纠正极端的不平衡，他的著作主要强调需求力量方面。他被认为是创新需求理论的倡导者。

在科技推力与需求拉力之间的这种辩证关系是极其重要的，只有搞清了它，我们才能进一步搞清现代经济制度对现代科技的推动方式。

2. 需求拉力与技术推力

第二次世界大战期间，科学为技术发展作出了巨大的贡献。这些贡献（曼哈顿工程并不仅仅是惟一的代表）对第二次世界大战后研究和发展基金的可观增长起了不小的作用。紧接着战后的一段时期，许多决策者接受了只有纯科学才能产生一个自立的经济增长的信念。但是这一信念在20世纪60年代末和70年代初开始遇到挑战。当时开展了一系列以确定科学对技术发展和经济增长的影响程度的研究。经济增长的减慢（特别是在美国）为这些研究进一步提供了动力。当时需要的是深入分析厂商和产业内部的创新过程是如何发生的。这种类型的分析是不可能在已有的专业领域内进行的。新古典经济学派以一种隐含的方式讨论技术进步，以至几乎不可能理解两个不同的生产函数之间的转移是怎样发生的。在这一时期的创新研究中，一种更加实证的方法发展起来了。这些研究的主要特征之一是相信任何研究创新的大样本方法都可能揭示某些模式或普遍规律，以便有助于理解这一复杂过程，这可以称作是创新研究的自然史方面。

有关的研究对象各异，方法也不同。有的把创新视为各种事件的综合，有的却视其为一个连续的且具有阶段性的过程。有的采用统计方法，有的重视个案分析。有的研究一段长时间的活动，有的进行时间断面上的研究。对什么是“成功的”创新也有不同评价标准。因此不能指望对这些研究的结论作出直接的比较，然而人们一般都认为这些研究表明需要是创新过程的最重要的决定因素。一个强有力的证据是，各种不同的研究都表明，“了解用户的需要”和“良好的信息沟通与有效的合作”这两个因素与创新的成功紧密相联。

但是，对这一普遍结论也存在着反对意见。按照莫厄里和罗森堡的意见①，如果考虑到某些方法论上的缺陷和各种研究之间缺乏比较的情况，上述结论是站不住脚的。他们认为，正是有关“需要”的不严谨概念而不是关于需求的严格限定的狭义概念经常作为独立变量来运用，使得“需求拉力”和结论显得有那么回事。另外，在他们看来，在案例研究中，由于它们被歪曲地看做与任何经济成分无关的完全科学事件，所以技术推力的因素往往不可能被发现。在研究和发展已经组织化的世界中，这种事件是很少见的。概念上的这两种过滤往往有利于“需求拉力”结论的偏颇解释。

莫厄里和罗森堡根据自己对各种研究的批判分析得出的结论是：供应和需求都是创新成功的重要决定因素。他们指出，不仅供应和需求都很重要，技术和市场的配合对创新成功也是基本的。也许这不像是由高质量的研究队伍根据大量的研究得出的固有的结论。但是这些研究起码在两个方面为我们认识创新的过程作出了基础性贡献：第一，它们证明，创新是一个非常复杂的过程，因此不可能再进一步确定某一个因素，无论是科学还是用户需要也好，是创新的惟一的或基本的决定因素；第二，在这些研究中搜集到的大量实证材料，既是对现存经济理论的挑战，也为建立新理论提供了机会。需求拉力与技术推力的争论并没有为这些研究所解决，但是被提高到一个不同质的新水平，特别是在那些特定的产业部门、国际比较、贸易流通中的大量工作，还有明显地运用产生于熊彼特和施穆克勒的理论思想，已经得益于详尽、深入的需求拉力与技术推力的争论。

20 世纪 80 年代人们对这个问题进行了一些更深入的研究。可以得出结论说，至少在某些工业部门中，无论是技术推力还是需求拉力都没有系统地占据主

① Mowery D. & N. Rosenberg, “The Influence of Market Demand upon Innovation: a Critical Review of Some Recent Empirical Studies”. *Research Policy*, 1979 (8), pp. 102-153.

导地位，但是其中之一都可在该工业发展的不同阶段引导另一个。如果说可以作什么总结的话，那么在该工业部门发展的早期，技术推力要相对重要一些，而在产品周期的成熟期需求拉力的重要性就会越来越上升。

对“需求拉力”与“技术推力”问题的更深层次的研究，涉及熊彼特假设Ⅰ与熊彼特假设Ⅱ之间的区分。一个垄断的抑或完全竞争的市场是否更有益于创新？是大厂商还是小厂商更富于创新？这两个问题相似但并不重复：尽管垄断性市场中有更多的大厂商，但竞争性市场中也有较大的厂商。

如果技术创新“外生于”经济系统，如果技术推力而不是需求拉力起决定作用，那么竞争性的市场和小厂商就更倾向于创新，技术创新此时是以某种能带来产出和利润的“商品”的形式，公平地“呈现”在所有企业或厂商面前的。但是，如果技术创新“内生于”经济系统，如果需求拉力起决定作用，那么技术创新就更有可能“依赖于”集中型市场和大厂商的存在，因为在市场分散的条件下，任何一个小厂商开发新技术所获得的直接利益都是有限的，也更缺乏必要的资源。

但是，在理论上无法说明上述两种熊彼特的假设哪一种更有效，这促使许多人试图用经验方法去验证这两个问题。在绝大多数情况下，经验方法的验证是考察研究密集度的某种度量与市场集中或厂商规模的某种度量之间的统计相关形式。有许多困难使得这些经验检验在实施和解释上都复杂化。首先，不仅因为在系统化的基础上一般都得不到信息，而且能得到的信息也不总是符合被调查现象的有关范围。例如，一个厂商的研究努力可以用研究和发展的投入来代表，如研究和发展的人员或开支等。然而，来自于研究和发展以外的部门，如生产或市场，却没有被测定到，尽管有时候这方面的贡献很可能是非常重要的。

除了这些困难以外，用研究和发展的投入来测定一个厂商的研究密集度，也只有在研究结果与研究努力有联系时才合理。按照卡米恩和施瓦茨（1982 年）的看法，现有的发现似乎表明，研究结果与研究努力大体上接近于成比例。但是这方面的研究还是不成熟的，也没有作出肯定的结论。要确定所有创新的投入和产出极为困难。新产品的出现不那么容易同现有产品的边际修改区别开来。专利已经被用来作为创新活动产出的代表，然而，尽管有关它们的信息容易得到，有些问题仍然限制了它们作为创新产出指标的地位。例如，不同“质量”专利的可比性或者专利在不同行业中所起的作用大为不同。

在假设的相关关系的另一面，在测定市场集中和厂商规模方面遇到了大量的困难。在上面两种情况下，测定的方法都不止一种，但是它们的结果都不尽一致。例如，市场集中一般或者用比较商品的实际价格与完全竞争下的有效价格作为指数，或者基于市场结构的指数。严格地来说，第一种指数测定的是垄断力量而不是市场集中，而且它们不一定成比例。厂商规模可以用就业、营业额、固定资产等来测定，但是不同的测定有时可以导致分析结果大有差别。这方面研究解释的不确定性部分来自测量和定义上的困难。

还有一些解释上的困难是概念上的。例如，如果在研究和发展中真的存在着规模经济，那么大厂商只要把它的营业额以同样的百分比分配给研究和发展，就应该得到比小厂商更大的利益。这种经济活动的存在只在化学工业中有明显的证据，但是这个问题不能先验地予以否认。然而，最严肃的解释问题也许是由于这一事实：不同行业之间的研究和发展密集度的判别要比同一行业中厂商内部的差别大得多。这些发现使人产生了疑问：厂商规模、市场结构或技术机会究竟是不是这个问题的首要变量?

知道了这些不确定性的存在，对于从市场结构和创新之间关系的文献大都不能得出确切的结论，也就没什么可奇怪的了。惟一的例外是化学工业，有相当多的国际性证据表明，在市场结构和厂商规模上都有一个阈，低于这个阈，就没什么创新了。对于其他行业来说，结果矛盾更多，因而熊彼特的假设Ⅱ至今尚未得到肯定。关于厂商规模与创新活动之间的关系可以得出稍微清楚一些的结论。一致的看法是有一种倾向：研究和发展的密集度同厂商规模增长到一定程度然后就会下降。这意味着有一个中间的厂商规模，它代表了大厂商的优势与劣势之间的最佳妥协。然而，这种意见已受到了一些人的挑战。他们不接受这样的结论：超过一定的厂商规模后，研究和发展的密集度会下降；并对于反对熊彼特的假设Ⅱ提出了异议。于是关于厂商规模与创新之间关系的确切结论在现存的经验研究文献中也没有得到。

确实，我们相信现有的混乱是这些分析所采用的理论框架本身的不足所致(因而答案不能以较多的经验工作为基础)。许多研究表明了技术变量在行业之间的差别，例如，研究和发展的开支或专利率的差别，与同一行业内厂商之间的差别相比，如果不是更有分量，也是同样重要的。因为，各行业各自的技术机会在程度上是各不相同的，技术机会较多的行业往往显示出较高的研究密集度和较大程度的技术进步。

总之，各方面的研究表明，要在技术推力和需要拉力之间作出最终裁决是极其困难的，毋宁说，二者之间存在复杂的辩证关系，间接地折射出经济与科技之间的辩证法。有关创新的动力、机制与扩散模式研究的一个共同结论是，需求各因素对于成功的创新的影响可以是十分巨大的。换言之，现代企业，特别是大企业，在“经济—科技”的相互作用中起着相当大的作用，具有能动性、主动性和相对独立性。因此，我们必须详细考察企业中的创新活动，它的动机、结构与组织。由此入手，进一步考察企业间创新的扩散，从而说明现代经济体制对科技进步的推动方式，表明科技是经济系统的内生变量。

3. 创新的扩散模式与科技成果商品化

迄今对描述过的技术创新的分析主要与创新的起源有关。但是，如果具体技术演进的模式和约束的发生，在技术本身已经成熟时出现，那么，很显然，一项技术的起源和扩散就不能完全从分析上加以分开。成熟的过程必然意味着边界的扩散，该边界限制随后的演进。因此还有必要考察技术创新的扩散理论。

创新的扩散不仅使生产率提高并从创新中获得其他好处，而且向创新本身的潜在使用者和制造者传播有关其实施的信息。尽管有证据清楚地表明：起源和扩散这两个阶段是相互作用的，但还是可以从分析上把它们区分开。其中，主要的是关心创新而不是扩散。我们从最著名的和传统的“传染模型”谈起。

一种流行病是通过健康个体同感染者接触而传递的。随着疾病的传播，带菌者的数目不断增加，扩散的速度也不断加快，直到健康个体的数目所剩甚少时，蔓延的速度才不得不下降。在技术创新的扩散中，其扩散的是有关创新本身的信息。在一项创新尚未广泛采用之前，厂商关于创新的信息如果有的话也是微乎其微的，因此要冒很大的风险。随着更多的厂商采用这项创新，提供给潜在采用者的信息基础就增大了，同创新有关的风险也相应减少。扩散的速度不断增长。随着采用这项创新的厂商比例增加，潜在的采用者数目又会减少。因为最后剩下的潜在采用者不大可能是最先进的厂商，扩散的速度就会逐渐地减少直至这一过程终止。

传染模型不但有理论上的依据，而且也得到大量实证研究的支持，迄今一直被用来说明各种情况。尽管传染模型取得毫无疑问的成功，但是它也遭到了批评，值得注意。许多人指出，这一模型的许多基础在概念上是不适当的。例如采用者的环境假定是均一的，采用者之间惟一可能的差别是先进与否。因此，采用者被典型地假定为包括“先驱”、“早期仿造者”和“落后者”的分布。传染模型没有考虑到采用某个创新的合理性和利润率对于不同的采用者可能是不同的；采用一项创新对于在某个时期具体的厂商可能是有利可图的，而对于在后来时间的另一个厂商来说，必须在不同的环境下经营才能有利可图。这两个厂商在不同时间里采用这项创新将是同样合理的，而它们之间的真正差别只是各自的经营条件。

除了均一以外，采用者的环境在传染模型中也是静态的：潜在的采用者人数和扩散的创新都假定，在扩散周期的开始和结尾都一样。另一方面，理论和经验两个方面的证据表明，许多创新在扩散的过程中经过了相当大的变化，这些变化既可以增加潜在采用者的数目，反过来，也会导致创新本身随后的修改。

对于传染模型的另一个重要批评是，它只考虑了扩散过程中的采用者或需求方面。然而，如果要想扩散得以完全进行下去，就必须对采用者和供给者双方都有利可图。针对传染模型的这些缺陷，已经提出了一些其他模型，如 S. 戴维斯的模型引入了厂商间的差别；J. S. 梅特卡夫的模型则考虑了供给方面。

技术创新的扩散，在正常情形下是通过市场机制来实现的，因而涉及技术成果的交易问题，并且需要普遍认可的交易机制。普遍的交易机制不仅是技术创新的扩散所要求的，反过来也规范、推动这种扩散。在规范的交易机制中，技术垄断一方面以对垄断者有利可图的方式被合法化，固定下来，与此同时又使得其他的需求者可以获得它。例如有关专利的规定和法律，保护了专利人的利益，也强制性地在以下两个方面有利于专利人之外的需要者：第一，专利人必须详细公开技术细节，这样其他的需要者可以充分地考虑是否真正需要这种技术，也可以在公开的技术的基础上对其进行改进，从而大大加快技术创新的速度；第二，当专利人之外的需要者要求实施该项专利时，除非专利人本人已在从事类似的、可以替代的实施项目，否则必须同意，并按相应的法规收取利益而不能“漫天要价”。这种强制性实施避免了垄断性大企业对专利的保护性搁置（以免侵害自己现有的市场垄断地位），因此推动了技术创新的扩散。

普遍交易机制的建立，在有利于企业间技术扩散的同时，也有利于技术创新从非企业开发主体向企业的扩散。非企业开发主体包括大学、科研机构、独立的研究所、军事部门等。这些机构内的开发活动，在传统观点看来是“外生”于经济系统的，实际情况差不多也是如此。一旦建立了普遍的交易机制，非企业开发主体在实施其创新活动之前，才有可能依据现有的交易规范推测未来创新成果的交易收益。创新从一开始便可以被置于经济的考虑之下，使之至少是部分地具有了“内生”的性质。这在没有现存的、普遍交易机制时，是很难做到的。

一般地说，建立交易机制也就是使科技成果商品化。以此为核心组织起一系列法规，如有关专利的法规，关于知识产权的法规，以及关于技术合同的法规等。不过，最重要的还是建立一种制度，可以评价特定技术创新成果的价值。目前国际上对具体行业、产业的各种性质的成果，都有各自的评价方法，但宏观地、一般地对科技商品的价值进行评价，这样的工作还没有人做过。

人们对“科技成果”一词常常有多种宽泛的使用。首先，某一最终产品——即直接满足需求的消费品——常被称为科技成果。例如人们会说某某录像机是一项“科技成果”。其次，许多科学技术创造的资本品——例如一条先进的生产录像机的生产线——也被称为科技成果。再次，尚未物化、完全处于知识形态的科技发明、发现——如一张关于新型录像机的设计图纸——也被称为科技成果。事实上，除最后一类是纯粹的科技成果外，前两类“科技成果”中都包含有非科技成分。科技成果并不直接就是该项产品、该条流水线，而是“凝结”在该产品、该流水线中。在通常的经济生活中，人们转让“科技成果”时，往往以“凝结”的科技成果为价值依据。所以，也有必要分析它们的价值。而对最终产品中蕴涵的科技成果的价值，一般是应用余值法解决的。

四、创新的风险性与企业家精神

1. 高技术创新的高风险性

必须看到，经济体制对科技进步的作用力是双向的。一方面，经济体制内在地产生着促进科技创新的动力；另一方面，经济体制中必然存在的风险又限制了经济主体进行技术创新的热情。竞争与风险的相互关系，是科技与经济关系中充满辩证意味的一个环节。

高技术是建立在最新科技成就基础之上的技术，实现高技术创新需要高科技人才。开发高技术产品常常需要跨学科的知识，只有那些具有高技术知识的科学家和工程师等学者型人才才能胜任此工作。高技术产品生产所需的技术水平也较高。另外，高技术创新企业家也必须具备高科技知识和高科技管理才能。因而，高技术创新所需人才素质是极高的，人才是实现高技术创新的基本保障。

任何规模、层次的技术创新，都需要一定数额的资金投入，用于添置、更新、改造设备和设施，购买原材料进行生产、技术开发研究工作以及市场销售等。高技术创新所需资金投入往往更大。各国政府、企业也常常投入巨额资金用于高技术及产品开发。高技术产品的试制和生产更需要巨额资金。因而，高技术产品成本一般较高。

高技术创新成功的可能性远比一般创新低。据美国曼斯菲尔德 1981 年的一项统计，在高技术项目中，只有 60％的研究与开发计划在技术上获得成功，其中只有 30％能推向市场，在推向市场的产品中仅有 12％是有利可图的。这说明高技术创新的风险极大，风险主要包括技术、市场两方面。

技术风险主要来自有关的不确定性，包括：

——技术上成功的不确定性。一项高技术能否按照预期的目标实现应达到的功能，这在研制之前和研制过程中是不能确定的，因技术上失败而中断创新的例子很多。

——产品生产和售后服务的不确定性。产品开发出来如果不能进行成功的生产，仍不能完成创新过程。工艺能力、材料供应、零部件配套及设施供应能力等都会影响产品的生产。产品生产出来以后，能否提供快速、高效的售后服务也将影响产品的销售和生产。

——技术效果的不确定性。一项高技术产品即使能成功地开发、生产，在事先也难以确定其效果。例如，有的技术有副作用，有的会造成环境污染等。

——技术寿命的不确定性。由于高技术产品变化迅速、周期短，因此极易被更新的高技术产品代替，而且替代时间难以确定。

市场风险主要是由高技术产品市场的潜在性引起的，包括：

——难以确定市场的接受能力。高技术产品是全新的产品，顾客在产品推出后不易及时了解其性能而往往持观望态度或作出错误判断，对市场能否接受及有多大容量难以作出准确估计。

——难以确定市场接受的时间。高技术产品的推出时间与诱导出需要的时间有一时间滞后，这一时滞如过长将导致企业开发新产品的资金难以回收。

——难以确定竞争能力。高技术产品常常面临激烈的市场竞争，如果产品的成本过高将影响其竞争力；生产高技术产品的往往是小企业，它们缺乏强大的销售系统，在竞争中能否占领市场、能占领多大份额，在事先也难以确定。

高技术创新的上述特点使得其动力机制不能简单地纳入通常的“科技推力与需求拉力”模式。政府在推动高技术创新方面有难以替代的地位，如进行产业规划、提供优惠经济政策、建设高技术开发区、建立高技术创新部门和协调高技术创新的职能部门等。然而，不能忽视的是高技术创新动力机制的另一极：独特的高技术企业家精神。

企业家并不是普通的企业管理者，他是技术创新的组织者，对技术创新作出决策。熊彼特认为，企业家的职能就是创新。美国经济学家阿罗认为，有充分的理由相信，企业家个人才能甚至比企业作为一个组织的作用还要大。

企业家以下述四种精神素质对高技术创新起着重要的激励作用。

(1) 创新精神。

企业家的创新精神反映了市场经济的本质要求，是促进企业发展的原动力。企业家时时刻刻都处在充满机遇和风险的环境中，只有不断地进行创新，才能以“奇”制胜，使企业永葆长盛不衰的势头。

熊彼特最早研究企业家精神。他认为，企业家应该是有信心、有胆量、有组织能力的创新者，企业家的任务就是“创造性的破坏”，就是永不安于现状，不断地打破常规。美国管理学家德鲁克给企业家精神的定义是：企业家始终要求变革，对变革作出反应，从变革中利用机会。他把创新和变革联系了起来，创新必然导致变革，而变革的结果则是创新。

（2）追求卓越精神。

美国管理学家劳伦斯·米勒在《美国企业精神》一书中指出：卓越并非一种成就，而是一种精神。这一精神掌握了一个人或一个企业的生命和灵魂，它是一个永无休止的学习过程，本身就带有满足感。追求卓越是一种永不满足的追求出类拔萃的进取精神，从而推动企业家大胆开拓，不断创新。

（3）冒险精神。

冒险精神也是企业家的一种精神素质，体现了企业家求新求变、不断创新的心态、永攀高峰的事业追求和强烈的竞争意识。风险是现代市场的基本特征。市场的多变性、开放性使企业家的活动充满了曲折和风险。企业家需要在没有成功把握的情况下进行决策，这就是冒险。风险为企业家的成功提供了机会，又为他们的失败埋下了陷阱。企业领导只有把风险视为压力并转化为冒险精神，充分利用风险机制，才能真正成为企业家。

（4）求实精神。

所谓求实，也即实事求是，用日本经营大师松下幸之助的话来说，就是内心不存在任何偏见，它是一种不被自己的利害关系、自己的感情、知识以及成见所束缚的实事求是看待事物的精神。真正做到实事求是绝不是轻而易举的，它涉及一个人的思想、知识、道德、心理等多方面的素质修养。企业家的求实就是要了解市场、技术、企业等事物的真实状态，据此作出正确的创新决策。

求实精神要求把企业的创新目标和实际行动结合起来，通过制定有效的措施，使创新设想转化为现实。因此，企业家必须是一位务实派和一位实干家。

2. 企业家精神

值得指出的是，技术等方面的变革仅仅是潜在的创新，只有通过企业家不断寻求变化、利用变革，才能使之展开为现实的创新。熊彼特指出，企业家的工作就是创造性破坏。换言之，创新是企业家特有的工具，是一种赋予资源以新的创造财富能力的行为，企业家的职责就是进行创新。随着市场竞争的白热化，企业必须根据市场的变化而变化，企业的生存与发展越来越依赖于创造性变革和新的特殊能力的形成，缺乏企业家和企业家精神的企业将难以生存。为了创造新的市场价值，企业家必须依据企业的资源配置状况，采取灵活的创新战略，通过有所侧重的创新组合，获得最大的创新效益。

最能体现企业家精神的是在企业中建立一种激励创新的机制，并通过激励管理方式形成企业的创新文化。丰田公司宣称他们的员工每年提出大小200万个新构思，平均每个员工提出35项建议，其中85%以上被公司掌握。在这方面，最值得称道的是富有创新精神的美国3M公司。为了激励创新，美国的3M公司每年拿出年收入的6.5%作为研究开发经费，较其他公司平均多2倍。3M公司不仅鼓励工程师，而且鼓励每个人成为“产品冠军”。为了鼓励每个关心新产品构思的人，公司让他们做一些“家庭作业”，以发现可用于新产品开发的新知识，并对新产品的市场和获利性进行深入的探讨。为此，公司允许员工有15%的时间去做自己感兴趣的事情。一旦新产品的构思得到公司的支持，就可以建立一个新产品试验组。该组由来自公司的新产品研发部门、制造部门、销售部门、营销部门和法律部门的代表组成。每组由“执行冠军”领导，他负责训练试验组，并保护试验组免受官僚主义的干扰。如果研制出“式样健全的产品”，试验组就会一直工作下去，直到将新产品推向市场。如果产品失败了，试验组的成员仍回到原来的工作岗位上去。有些开发组反复3到4次才获得成功，有些开发组则十分顺利。3M公司深知，成千上万个新产品构思可能只成功一个，而一旦成功就有可能带来丰厚的回报。为3M带来了巨大利润的专利产品——利贴便条就是一个明显的例证。

对于创新和企业家精神，人们通常有一些误解。其一，人们常常将创新与风险、企业家精神与甘冒风险联系在一起，而实际上与不创新和没有企业家精神的人比起来，创新者和有企业家精神的人的风险相对要小得多。试想一下，在第二次世界大战之后的混乱时局中，像索尼那样的小公司的生存何其艰难，如果没有盛田昭夫的创新决策，索尼很有可能像泡沫一样销声匿迹，根本不可能成为世界级的大公司。在市场竞争的条件下，创新和企业家精神就是寻求新的发展机遇，不创新和缺乏企业家精神者只能坐以待毙。

其二，人们误以为创新和企业家精神只是与高科技有关的事情，与一般的企业和个人无关，这其实是莫大的误解。实际上，由于传统的产业的利润率逐渐下降，甚至降至贴现率以下，这就要求传统产业的经营者必须通过要素的巧妙重组提高效益。传统产业创新的成功事例不胜枚举，从可口可乐到麦当劳，从沃尔玛到迷你钢铁企业都是典型的范例。它们有的以市场创新为突破口，有的则通过新技术和管理方式的嫁接而略胜一筹。实际上，创新已经成为现代社会的一种常规活动，不同背景的人和组织都可以由此获得成功。创新不仅使创新者获得超常规的收益，还因知识的外溢等外部性使整个行业和社会受益。

特别值得强调的是，如果我们用科技含量将创新划分为低科技创新、中科技创新和高科技创新之类的序列，那么创新实际上是一种梯队式的活动，即处于金字塔塔尖的高科技创新，必须依靠较低层次的创新活动的支持。这是为什么呢？因为高科技创新活动一方面需要大量的投资，另一方面高科技创新对就业率的贡献往往是负面的（尤其是在初期）。试想，如果没有传统领域的大量创新活动，一方面既难以克服发展高科技的巨额投资所导致的资本短缺，也无法为高科技创新提供更多的资金，另一方面也无法消化由高科技创新导致的就业问题。简言之，只有创新在全社会蔚然成风，高科技创新才可能有效地展开。

3. 创造性的模仿和学习

产业竞争中的领导者为了占据市场或产业的领导地位，实现对市场和产业的控制，往往甘冒风险，带头发起“自食其子”式的颠覆性创新。同时，具有创新能力的各类企业也不断地启动大大小小的创新。而真正使得各种创新连接为一个整体，带动产业或市场全面发展的是竞争者之间的模仿、学习和追赶。

一般的创新理论往往从产品的生命周期出发假定：由于技术极限和模仿者的跟进，创新在增值阶段之后会进入收益递减阶段。由此容易产生的一种误解是，模仿仅仅是一种搭便车行为，而实际上模仿与创新是一种相反相成的关系。如果说创新的目的在于垄断，那么模仿则意味着竞争机制的引入。在经济活动中，尽管有专利制度保护创新，模仿依然大量存在的，也是一种常见的谋利策略。除了简单的模仿和仿冒之外，管理大师德鲁克认为存在一种有价值的模仿，他称之为创造性模仿（最早由哈佛商学院的 Theodore Levitt 所创）。从字面上看，创造性与模仿相互矛盾，但它却是一种重要的创新战略。

所谓创造性模仿是指当一种创新刚刚出现之时积极跟进，抓住其有待改进和完善之处，以获取巨大利益甚至占据市场、领导行业。创造性模仿之所以存在的合理性在于，第一个创新者的首创不一定尽善尽美。值得指出的是，这里所说的尽善尽美不是指技术上的无懈可击，而指对市场和行业的绝对控制能力。也就是说，任何创新从一开始绝不可能对其市场发展有一种完备的认识。典型的例子是，1877 年，爱迪生发明留声机后，并不知道他的市场用途，为此，他专门发表了一篇文章，详细地构想了留声机的 10 大用途，以证明它是一个对公众有用的物品；70 多年后，美国人发明磁带收录机时也遇到了类似的困惑，有人专为此著书名曰《磁带录音机的 999 种用途》。尤其值得指出的是，创造性模仿在高技术领域往往更具针对性，除了技术的市场前景高度不确定之外，最显著的原因在于高技术的创新者大多以技术为中心，而不是以市场为中心。

虽然创造性的模仿者利用了他人的创新，但往往使创新更加完善，并能够创造新的市场价值，实质上可视为创新的发展和延续。当某种创新最初进入市场时，产品特性、产品与服务的市场划分等与市场定位有关的因素并未明晰。创造性模仿的积极意义在于，创造性模仿完全受市场驱动，以市场为中心，从客户的角度来看待产品和服务，而这往往是首创者所缺乏的。因此，尽管创造性的模仿者并未发明一项产品或服务，但由于他们能够发现其市场构想中的缺陷，完善甚至改写其市场定位，创造性的模仿者经常能够获得巨大的利益回报。总之，创造性模仿是对市场需求的灵活把握，它促进了整个行业通过创造性的想像寻求或制造新的市场需求。

一个创造性模仿的例子是品牌镇痛剂泰诺（Tylenol)。泰诺所含的成分醋氨酚多年来一直被用作镇痛剂，其药效类似阿司匹林。近年来，醋氨酚被确认为一种安全的镇痛剂，而且醋氨酚因没有阿司匹林具有的抗炎和血凝作用，其副作用更小。醋氨酚成为非处方药之后，第一个进入市场的醋氨酚品牌产品主要强调它能够免除服用阿司匹林所致的副作用，并在市场上获得了巨大的成功。推出泰诺品牌的模仿者意识到，这一创新的成功之处是取代阿司匹林，使阿司匹林仅局限于需要抗炎和血凝作用的市场。因此，他们对泰诺的市场形象定位是安全和“万能”镇痛药，并在短短的一两年间就占领了市场。

颇耐人寻味的是，许多行业的领军企业和市场的控制者也常常通过模仿保持其优势。最典型的例子是我们前面介绍过的 IBM。20 世纪至四十年代 IBM 就从事计算机的研制，并曾在世界上最早制造出高级计算机，这一事实之所以很少为历史书籍提及，是因为它在完成研制工作的同时发现宾夕法尼亚州立大学的 ENIAC 更具商业前景，便果断地放弃了自己的设计，转而采用竞争对手的方案。1953 年，IBM 生产的 ENIAC 面世，立即成为多功能商用计算机的标准。进入 80 年代，IBM 再次运用创造性模仿战略，改进了苹果机不重视客户对软件的需要的缺陷，并开发出更多的销售渠道，结果在 PC 机领域取代了苹果公司在 PC 领域的领导地位，成为销售量最大的品牌和行业标准的制定者。由此可见，创造性模仿与创新的并存使创新不断受到挑战，产业竞争的局面更为复杂多变。

然而，创造性的模仿也是有条件的，即需要有一个快速成长的市场。创造性的模仿获得成功的关键不是抢夺创新者的客户，而是在创新者的基础上创建新的需求，这也是一个充满风险的过程。其中最大的危险有二，其一是模仿流于平庸，其二是对失去市场价值的创新进行不合时宜的模仿。

与创新紧密相关的另一项活动是学习。学习是提高人类活动效率、降低活动成本的最有效的活动，学习能力是人类最为重要的能力。学习反映了创新过程的积累性。任何创新，都有一个知识的形成、积淀、扩散和共享的过程，没有这些积累，就不可能形成具有竞争力的创新能力。

20 世纪 50 年代以来，关于学习与创新的研究有两个重大成果。其一是阿罗的“干中学”，即人们可以在创新活动中不断总结经验，通过掌握技术诀窍（know-how）提高创新的效率。其二是日本的野中和竹内有关群体知识转换和共享的研究，即通过群化（socialization）、外化（externalization）、综合化（combination）、内化（internalization）等过程实现隐性（隐含）知识和显性（明确）知识、个人知识与群体知识的转化和团体知识共享。这两个方面综合起来表明，学习是个体和团体积累与共享技术诀窍的必由之路。

从某种角度上讲，创新就是广义的技术诀窍（技术、管理、市场）的积累过程，创新对于知识和学习能力的要求越来越高，学习已经成为创新战略的一部分。就创新战略而言，学习包括内部学习和外部学习两个方面。其中，内部学习包括从研究开发中学习、从试验中学习、从生产中学习、从失败中学习、从项目中学习、向公司内其他部门学习，外部学习包括向供应商学习、向主要用户学习、通过横向合作学习、向竞争者学习、向科技基础学习、向文化学习、向逆向工程学习、通过服务学习等。

鉴于学习对于创新的极端重要性，成功的模仿者往往从学习入手，而学习的重点又是创新者在创新活动中积累的隐含知识。所谓隐含知识不单是简单的经验，而是对理论和实践知识的综合。由于它是运行于现实创新活动的潜在的知识流，如果不进行参与式的学习是无法掌握的。日本和韩国的模仿战略的成功在很大程度上取决于他们对于隐含知识的参与式学习的重视。以韩国现代公司为例，为了获取汽车开发技术，现代公司接洽了 5 个国家 26 家企业，分别派员工到这些企业实地培训，以掌握车型设计、冲压、铸造锻造、发动机等方面的隐含知识，并及时地将工程师派往供应商处接受培训。

隐含知识的掌握不仅是成功模仿的关键，也是实现从模仿者到创新者的转换的必要环节。在半导体研发过程中，韩国三星公司获得成功的关键也是重视对隐含知识的学习和积累。1983 年，为了开发 64k 动态存储器，三星公司直接在硅谷设立了研发工作站，从斯坦福等名校聘请了 5 名具有在 IBM 等知名公司从事半导体开发经验的韩裔电子工程博士，在韩国国内则设立了一个由两名韩裔美籍科学家和曾在国际供应商处接受培训的工程师组成的特别工作小组。通过这些拥有较高的隐含知识水平的工作团队的努力，仅用 6 个月就完成了开发任务。此后，三星又采取这种双工作队的办法成功开发了 256k 和 1M 等大容量的动态存储器。通过不断的学习和积累，三星积累起自己的隐含知识和明确知识，创新能力迅速提升，在 1995 年竟领先美日两国制造出 256M 动态存储器，实现了从模仿到创新者的转换，成为动态存储器行业的领先者。

第十二章 社会科学的哲学反思

随着知识与技术的进步，社会科学以及人文学科迅速发展并走向科学前沿，是当代科学发展的重要趋势。作为人类知识体系相对独立的组成部分，社会科学和人文学科既具有一般科学的共性，又表现出不同于自然科学的特殊性。这里简要地就社会科学和人文学科的界定、社会科学的活动与方法等问题，以当代的视野作一个概括性的阐述。

一、社会科学和人文学科的界定

相对于自然科学而言，近代以来社会科学显现出发育的滞后性、学科边界的模糊性、发展的非规范性、体系结构的复杂性等特点；人文学科虽然非常古老，但也受到惟科学主义的巨大冲击，至今在许多基本问题上尚未取得共识。其中最重要的有关社会科学和人文学科的界定问题，就仁智各见，莫衷一是，需要予以梳理。为方便计，当我们相对于自然科学讲到社会科学和人文学科时，就统称人文社会科学，或简称文科。

1. 人文社会科学的历史发生

人与动物的分野是以意识的出现与主客体的分化为开端的，这也是认识与实践活动展开的前提。不过在漫长的史前时期，由于人类智力提升缓慢，加之社会生产力水平低下，生产与生活规模狭小，先民们对自然、社会以及自身的认识狭隘、肤浅，长期停留在感性经验层次，所积累起来的知识大多直接源于生产与生活经验。如关于日月星辰运行周期、所猎取动物的生活习性、人的生老病死、图腾崇拜与祭祀仪式等方面的知识。这些知识主要是通过血缘氏族公社内部的世代口头传承方式积累起来的，多是零散的、常识性的、经验性的感性认识成果，其中包含着日后众多学科的萌芽。

在原始社会末期，随着社会生产力水平的提高，逐步出现了物质生活资料的剩余，为脑力劳动与体力劳动的分工创造了条件。进入阶级社会以来，脑力劳动者群体的形成加快了人类对客观世界的认识进程，尤其是文字符号的发明使认识活动发生了质变，改变了以往知识的记录与交流方式，使知识流量与总量累积速度明显加快。一般认为，“人文学科起源于西塞罗提出的培养雄辩家的教育纲领，而后成为古典教育的基本纲领，而后又转变成中世纪基督教的基础教育”①。这一时期产生了许多著述与文艺作品，形成了天文、历法、力学、医学、军事、哲学、历史、文学等较为系统的具体知识体系，出现了近代自然科学与人文社会科学的学科雏形。其中，人文学科与自然科学的个别门类发育相对成熟。作为人类精神表现的组成部分，早期的自然科学也带有浓厚的人文学科色彩。必须指出，这些早期知识与我们今天所理解的知识之间尚有较大差异：

——成熟程度不同。前者在深度与广度上远远落后于后者，知识的系统性、理论性、科学性程度相对较低。

——学科内容与边界不同。前者往往是多门知识浑然一体，尚未完全分化。如古代哲学对客观世界采取一种百科全书式的研究，蕴涵着许多学科的萌芽；天文学中既有天象规律的体察，又有占卜吉凶，指导日常生活的神秘规则等。

——研究方法不同。前者多以直观、猜测、思辨为主，后者多以实验、假说、经验归纳、数理演绎为主。

经过以基督教文化为主体的漫长中世纪，资本主义生产方式开始在欧洲萌发。为了推翻封建主义的生产关系，新兴的资产阶级在政治、经济、思想文化等

① 《简明大不列颠百科全书》，761 页，北京，中国大百科全书出版社，1986。

领域向落后的封建贵族势力发起了全面进攻。他们首先在古希腊、古罗马文化中找到了反对宗教神学和封建统治的武器，在思想文化领域掀起了以复兴古典文化为标志的“文艺复兴”运动。文艺复兴运动高扬“人文主义”旗帜，提倡人性，反对神性；崇尚理性，反对神启；鼓吹个性解放和自由平等，反对中世纪的禁欲主义、蒙昧主义。这就极大地促进了以人自身为核心的人文学科的分化发展。与此同时，自然科学各学科相继从自然哲学中分化独立出来，进入了全面快速发展时期，并且为认识人文社会现象提供了新的模式、方法和工具。19 世纪中叶以来，研究具体社会运动的经济学、政治学、社会学等社会科学门类相继发育成熟，又从哲学及其他人文学科中分离出来，取得了独立的学科地位。除国家研究院和大学提供的少数职位外，人文学者与社会科学家的职业角色的社会分化逐步加快，人文社会科学研究的社会建制开始形成。至此，人文学科、自然科学、社会科学相互促进、彼此交织的大科学体系开始形成。

中国是世界上最早由奴隶制发展到封建制的国家，长达两千多年的封建社会一直奉行重农抑商，重道轻器，重文轻技，贵德贱艺的基本国策，因而，以农业文明为基础的封建文化的伦理特质明显，蕴涵着丰厚深邃的人文思想。“人文”一词最早见于《易经》：“文明以止，人文也。观乎天文，以察时变；观乎人文，以化成天下。”早在春秋时代就形成了文史哲浑然一体的学术传统，人文学科相对发达，带有鲜明的民族特色，处于古代文化的核心地位。然而，作为一门统一性学科的名称，“人文学科”是 20 世纪初才从英文翻译过来的，此后这一称谓才为学术界所认同。这一状况是与古代科学技术的被压抑地位和社会科学发育迟缓密切相关，从而使先哲们难以意识到人文学科与其他知识门类之间的差异。虽然明初以前，我国科学技术一直走在世界前列，形成了农学、医学、天文学、算学等自然科学体系，产生了指南针、造纸术、印刷术、火药等技术发明，为人类文明做出了巨大贡献。但古代科学技术一直处于文化支流地位，近代以来陷于停滞，日渐衰落。严格意义上的近代社会科学与自然科学基本上是从西方移植的。西学东渐始于明末清初欧洲传教士在我国的文化传播活动，后受清朝闭关锁国政策影响和古代人文传统的抑制，中西文化交流受阻。西方社会科学从清末严复等人的译介才开始大量引入，加上派往欧、美、日等地留学生的归国传扬，更由于五四新文化运动的推动，现代社会科学逐步在我国发展起来。

2. 在概念界定上的推敲

作为相对独立的知识体系，人文社会科学是一个界定模糊、争议颇多的基本概念，其中涉及对认识活动、科学划界标准与知识分类等基本理论问题的理解。

（1）对科学概念的两种理解

吴鹏森等概括指出："现在世界各国对科学的理解大体上有两种：一是英美的科学概念，认为科学应是具有高度的逻辑严密性的实证知识体系，它必须同时满足如下两个条件：(a) 具有尽可能严密的逻辑性，最好是能公理化；能运用数学模型，并且要有一个能自圆其说的理论体系。(b) 能够直接接受观察和实验的检验。二是德国的科学概念，认为科学就是指一切体系化的知识。人们对事物进行系统的研究后形成了比较完整的知识体系，不管它是否体现出像自然科学那样的规律性，都应该属于科学的范畴。按照英美的理解，只有自然科学属于严格意义上的科学，社会科学勉强可以算科学，而人文方面则不能看成是科学。因此，英美等国把所有的学科分为三类：自然科学、社会科学和人文学。人文学只能是学问，是一门学科，不能称之为科学。但按德国的理解，则人文科学也应当属于科学。德国人把所有科学只分为两类：自然科学和精神科学（文化科学）。显然，这里的精神科学或文化科学包括我们现在所说的社会科学和人文科学。"[①] 吴本人倾向于德国传统的理解，认为人文社会科学由人文科学与社会科学构成，人文科学是以人类的精神世界及其积淀的精神文化为对象的科学。

魏镛认为："关于人类知识的区分，有很多不同的分类法。最普通的分法是把人类知识分成四类：即以物理现象为研究对象的物理科学，以生物和生命现象为研究对象的生物科学，以人和人类社会为研究对象的社会科学，和以人类的信仰、情感、道德和美感为研究对象的人文学。在以上四类知识中，人文学通常都只当作一种学科，而不当作一种科学。因为人文学科中的宗教、哲学、艺术、音乐、戏剧、文学等学问都是包含很浓厚的主观性的成分，着重于评价性的叙述和特殊性的表现。"[②] 这是一种以认识对象特点为依据的划分方式，它将我们所理解的自然科学一分为二，物理科学就是无机的自然科学，生物科学就是有机的自然科学；而将我们所理解的人文社会科学也一分为二，社会科学可当作科学，人文学只是学科类概念，并不当作一种科学。魏的知识划分及对人文学科的理解与英美传统接近。上述英美传统与德国传统以及吴、魏二人的看法是这一问题上的主流观点，其分歧主要集中在对人文学科的理解上。

(2) 人文学科还是人文科学

人文学科的英文词 humanities 源出于拉丁文 humanists，意即人性、教养。原指与人类利益有关的学问，如对拉丁文、希腊文、古典文学的研究，后泛指对社会现象和文化艺术的研究。而人文科学的德文词 Geisteswissenschaften 的意思

① 吴鹏森、房列曙：《人文社会科学基础》，1 页，上海，上海人民出版社，2000。

② 王云五：《云五社会科学大词典》（第一册），37 页，台湾，商务印书馆，1973。

既包括社会科学，也包括人文学科，相当于我们通常所理解的人文社会科学。① 在我国翻译的西方文献中，英文 humanities 一词有时被翻译成人文科学，有时也被翻译为人文学科，即使在同一段落中，这两种译法也常常并行。这表明在译者心目中人文学科与人文科学是同义词，可以不加区别的混同使用。

可以认为，人文学科与人文科学都以人类精神生活为研究对象，都是对人类思想、文化、价值和精神表现的探究，目的在于为人类构建一个意义世界和精神家园，使心灵和生命有所归依。在汉语言中，“人文学科”与“人文科学”的词源意义是有区别的，前者直接就是人类精神文化活动所形成的知识体系，如音乐、美术、戏剧、宗教、诗歌、神话、语言等作品以及创作规范与技能等方面的知识。后者则是关于人类生存意义和价值的体验与思考，是对人类精神文化现象的本质、内在联系、社会功能、发展规律等方面的认识成果的系统化、理论化，如音乐学、美术学、戏剧学、宗教学、文学、神话学、语言学等。实际上，前者（人文学科）形成于先，后者（人文科学）发展在后；前者是后者展开的基础，后者是前者的深化，二者虽各有侧重，但也很难截然区分。

但须指出，用“人文学科”还是用“人文科学”来称呼这一知识集合体，并非只是文字游戏，而是涉及如何看待和评价这一知识形态的重大问题。“人文学科”的称谓一方面侧重于这一知识体系的特殊性与传统形态，与科学各异其趣；另一方面认为该知识体系发育虽历史悠久，却仍不成熟，与“科学”标准尚有较大差距。不过，我们今天在使用这一称谓时，应看到这一知识体系的科学化趋势。“人文科学”的称谓则侧重于这一知识体系的最新发展和某些学科的相对成熟性，认为该知识体系的发育日渐成熟，已具备了“科学知识”的基本特征。但人们在这样使用这一称谓时，应注意“科学”一词已经比习见的意义更泛化了。

从该领域知识发育整体看，我们倾向使用“人文学科”称谓。因为，在使用这一称谓时，不应忽视该知识体系发展的历史状况。目前这一知识体系的发展，与一般公认的“科学”标准（可检验性、解释性、内在完备性、预见性）尚有较大差距。而且，该知识领域还有一些重要的不能以“科学”来涵盖的特点，这些特点是古老而常新的，也是永远不会消失的。以“人文学科”称之，比较严谨，也比较切合目前该学科群的发展实际。

（3）人文学科与社会科学

社会科学是研究社会现象的科学。19 世纪下半叶以来，人们仿效自然科学模式，借鉴自然科学方法，研究日趋复杂的社会现象，形成了政治学、经济学、

---

① 参见尤西林：《人文学科及其现代意义》，16 页，西安，陕西人民教育出版社，1996。

社会学、法学、教育学等现代意义上的社会科学。社会科学从多侧面、多视角对人类社会进行分门别类的研究，力图通过对人类社会的结构、机制、变迁、动因等层面的深入研究，把握社会本质和发展规律，更好地建设和管理社会。与“人文学科”相比，社会科学的科学性较强；而与自然科学相比，社会科学的科学性较弱。人文学科、社会科学、自然科学三大知识领域的科学性依此递增。

无法把人文学科与社会科学截然分开。人一开始就是社会的人，人类精神文化活动就是在社会场景中展开的，本身就是一种社会现象；同时，社会现象又源于人类精神活动的创造。人文现象与社会现象都是由人、人的活动以及活动的产物构成的，这就是人类社会生活的内在统一性。人文学科与社会科学的研究对象是同一个社会生活整体，它们从不同的侧面以各自不同的方式反映同一社会生活，因而，相互补充、相互渗透、相互影响。正是这种水乳交融的紧密联系，构成了二者内在的亲缘性与统一性，成为人文学科与社会科学一体化的客观基础。

在这个问题上，皮亚杰有很深刻的见解：“在人们通常所称的‘社会科学’与‘人文科学’之间不可能做出任何本质上的区别，因为显而易见，社会现象取决于人的一切特征，其中包括心理生理过程。反过来说，人文科学在这方面或那方面也都是社会性的。只有当人们能够在人的身上分辨出哪些是属于他生活的特定社会的东西，哪些是构成普遍人性的东西时，这种区分才有意义……没有任何东西能阻止人们接受这样的观点，即‘人性’还带有从属于特定社会的要求，以至人们越来越倾向于不再在所谓社会科学与所谓‘人文’科学之间作任何区分了。”①

正因为如此，现在人们往往把相对于自然科学而言的知识领域，即人文学科与社会科学统称为人文社会科学，有时也简称为社会科学。这里的“人文社会科学”是在承认人文现象与社会现象、人文学科与社会科学之间差异的前提下学科融合的产物，这一趋势充分体现了学科综合的时代特征。

(4) 人文社会科学与哲学社会科学

应当指出，在我国现实生活中，学术界多用“人文社会科学”一词，而行政管理部门多用“哲学社会科学”一词，二者可以通用。毋庸讳言，有时这二者间的差异并非只是字面上的，而是表现在内涵的取舍上。“哲学社会科学”的称谓是基于哲学的抽象性、统摄性和基础地位，把哲学从两类科学认识即自然科学和社会科学中抽取出来。这里一般设定，哲学是关于世界观的学说，是高度抽象的意识形态，对人类认识和实践活动具有规范和指导作用，与社会科学研究关系更

① ［瑞士］让·皮亚杰：《人文科学认识论》，1页，北京，中央编译出版社，1999。

是特别密切。因此，将“哲学”与“社会科学”并行并统称为“哲学社会科学”。但应看到，社会科学并不能涵盖人文学科，哲学学科本身的涵盖面也是较窄的，一般不包括除哲学之外的其他人文学科。相对而言，人文社会科学的外延则较宽泛，可以涵盖除自然科学之外的所有知识门类，哲学作为它的一个子集也被纳入其中，学问探究的色彩较浓。

3. 从与自然科学比较的角度看

社会科学和人文学科是相对于自然科学而言的知识体系。当然，两者都是对客观事物的本质、发展规律的揭示，相互渗透、相互转化，具有内在相关性、相似性和统一性。其发展趋势将如马克思所说：“自然科学往后将包括关于人的科学，正象关于人的科学包括自然科学一样：这将是**一门**科学。”① 但根源于人类精神活动与社会活动的特殊性，社会科学和人文学科具有与自然科学不同的特点，这也是应该仔细分析的，两者之间的差异有助于了解它们的特点。

——从研究对象角度看。人文社会现象与自然现象、技术现象的差异是造成人文社会科学与自然科学差异的根源。自然现象具有不依赖于主体而存在和发展的客观性和普遍性，科学研究活动中的主客体界线分明，具有较强的实证性。即使涉及人，也是把人作为没有意志的客体看待的，如医学、心理学、人类学视野中的人。而人文社会科学的研究对象具有主观自为性和个别性，其中充满复杂的随机因素的作用，不具备重复性；研究对象本身又是由有意志、有目的和有学习能力的人的活动构成的，涉及变量众多、关系复杂，贯穿着人的主观因素和自觉目的，认识活动中的主客体界线模糊。即使涉及自然物，也是用以再现社会关系与人类精神。如诗人眼中的玫瑰花表示爱情，经济学家眼中的商品体现着劳动价值、生产关系等。自然科学的研究对象大多与时代背景无直接关系，而人文社会科学的研究对象与时代发展息息相关，多带有强烈的时代背景色彩。只有把研究对象置于具体时代背景之中，才能揭示研究对象的本质。总之，与自然现象和技术现象的自在性、同质性、确定性、价值中立性、客观性等特点相比，人文社会现象具有人为性、异质性、不确定性、价值与事实的统一性、主客相关性等特点，从而形成了人文社会科学的诸多特色。

——从研究方法角度看。自然科学是以实证、说明为主导的理性方法，而人文学科更多地使用内省、想像、体验、直觉等非理性方法。“(自然）科学和人文学科可以互相补充，因为它们在探究和解释世界的方式上存在根本区别，它们属于不同的思维能力，使用不同的概念，并用不同的语言形式进行表达。科学是理

① 《马克思恩格斯全集》，中文1版，第42卷，128页，北京，人民出版社，1979。

性的产物，使用事实、规律、原因等概念，并通过客观语言沟通信息；人文学科是想像的产物，使用现象与实在、命运与自由意志等概念并用感情性和目的性的语言表达。"[①] 人文社会世界的主体性、个别性、独特性、丰富性特征，要求认识主体具备把握意义世界的主观感悟能力，而这种能力的形成与个体的生活经历、生命体验密切相关，人文社会科学的认识活动因而带有个体性与差异性特点。因此，一些哲学家认为解释学能够提供适合人文社会科学的客观性的方法论。"(自然）科学和人文学科的区别在于其分析和解释的方向；科学从多样性和特殊性走向统一性、一致性、简单性和必然性；相反，人文学科则突出独特性、意外性、复杂性和创造性。"[②]

——从研究手段角度看。自然科学通常使用实验手段，在人为控制条件下，使研究对象得到简化、纯化和强化，使对象的属性及其变化过程重复出现，从而观察和认识研究对象，达到客观统一的认识。而人文社会科学很难使用实验方法，即使社会科学研究中采用的"试验"、"试点"，也总是随时间、地点和具体对象而改变，很难做到研究对象的简化和纯化，也不可能使研究对象的属性重复出现，与自然科学研究中的实验大相径庭。此外，数学方法是自然科学研究中普遍使用的基本方法。但由于人文社会科学现象的复杂性，至今只有经济学、社会学等个别社会科学门类，采用数学方法作为辅助研究手段。至于人文现象，更难以量化和纳入数学模型，很少有采用数学方法进行研究的成功案例。

——从研究目的角度看。自然科学主要是在认识论框架下展开的，目的在于揭示自然界的本质与物质运动的规律，追求认识的真理性，试图规范和指导改造自然的实践活动，造福人类。工具理性维度构成自然科学的核心，价值理性维度多在自然科学视野之外。人文社会科学主要是在价值论框架下展开的，目的在于通过对人类文化与社会本质、发展规律的研究，丰富人类精神世界，提升生活质量，指导改造社会的实践活动，兼具工具理性与价值理性。人文社会科学不仅有助于营造一个促进经济与社会发展的和谐环境，而且注重探讨与人类生存、发展、幸福有关的价值与意义。"如果人文科学想要求得自身的生存，它们就必须关心价值。这种关心是人文科学与自然科学的最明显的区别。"[③]

——从学科属性角度看。自然科学具有客观性和真理性，忽视价值判断，可为任何阶级、民族和国家服务。自然科学内部不同学派之间的争论，多是基于认

① 《简明大不列颠百科全书》，760 页。

② 同上。

③ 范景中：《艺术与人文科学》，见《贡布里希文选》，15 页，杭州，浙江摄影出版社，1989。

识差异上的学术争论，一般不涉及阶级偏见。而在人文社会科学活动中，认识者往往既是认知主体，又是被认知的客体。作为主体，他能认识客体与自己；作为客体，他是人生意义的产生者、民族文化的承担者、社会活动的参与者、自我认识的历史存在。人文社会科学是真理性、价值性与艺术性的统一，多属社会意识形态，往往程度不一地打上阶级或民族的烙印，难以毫无差别地为一切阶级、民族和国家服务。因此，人文社会科学比自然科学更多地受到统治阶级的干预和控制。正如贝尔纳所说："社会科学的落后主要不是由于研究对象具有一些内在差别或仅仅是复杂性，而是由于统治集团的强大的社会压力在阻止着对社会基本问题进行认真的研究。"① 人文社会科学工作者总是从属于一定的阶级、民族和国家等利益集团，与人文社会现象之间存在着或多或少的利害关系，研究成果往往渗透着各自的知识背景、价值观、民族文化传统，带有阶级倾向性。如历史的"辉格"解释等。这也就是为什么世界上只有一种物理学、化学、天文学，却并存着多种哲学、历史学、法学的原因。

此外，自然科学的时效性较弱，继承性较强；人文社会科学的时效性较强，继承性较弱。自然科学体现的是一种以探索、求实、批判、创新为核心的科学精神；人文社会科学体现的是以追求真善美等崇高的价值理想为核心，以人的自由和全面发展为终极目的的人文精神。如此等等。总之，人文社会科学与自然科学在许多方面都存在着差异，这里远未穷尽它们之间的差别，正是这些差异使人文社会科学成为与自然科学相区别的相对独立的知识体系。

二、文科的基本功能

人文社会科学属社会的思想意识和上层建筑，是社会经济基础和政治制度的直接反映。除了直接从事精神生产，为社会提供精神产品外，人文社会科学还通过人文精神、科学精神广泛影响人类行为与社会生活，规范和指导社会实践活动，表现为社会的思想意识对社会存在的反作用。人文社会科学的功能，即它在人类认识与实践活动中所发挥的独特的认识功能与社会功能，是自然科学不可替代的。在这个问题上，应避免盲目夸大人文社会科学功能的"万能论"，也要克服贬低其作用的"无用论"。

---

① ［英］贝尔纳：《历史上的科学》，549页，北京，科学出版社，1959。

1. 真理性与价值性的统一

真理性与价值性的统一是人文社会科学的基本特征，剖析真理性与价值性及其相互关系，是认识人文社会科学功能的基础。

人文社会现象是事实与价值的对立统一，人文社会科学研究是科学认识活动与自觉价值评价活动的内在统一。作为一种认识活动，人文社会科学体现出探究人文社会世界本来面目、追求真理的特征，标志着人文社会科学的客观性与合规律性。这就是人文社会科学研究的认识论框架。同时，人文社会科学的研究对象、研究者又涉及价值与价值评判问题，研究者一方面揭示、预估和衡量研究对象的价值，另一方面又独立创造价值或参与价值生成和实现。因此，作为一种价值评价活动，人文社会科学研究体现出追求价值最大化、评价合理性的特征，标志着人文社会科学的主体性与合目的性。这就是人文社会科学研究的价值论框架。人文社会科学研究是在认识论框架与价值论框架里展开的，提高认识的真理度与评价的合理度是人文社会科学的发展目标，从而形成了人文社会科学的真理尺度与价值尺度。

作为人文社会科学的基本特征，真理性与价值性的对立统一要求我们在研究过程中，应首先自觉区分事实与价值、事实判断与价值判断、认识问题与价值问题，分别在认识论框架与价值论框架里进行研究，并分别运用真理尺度与价值尺度加以衡量。学术研究中的许多争论就是由于混淆了这两类问题、两个框架、两把尺度造成的。近年来，史学界对李鸿章历史地位的争论就是一例。这是一个价值论问题，应该用价值尺度来评判，没有绝对的答案，而只有合理与否，取决于评价主体及其场域。

但是，真理性与价值性是人文社会科学研究中并存的两种性质，它们在实践中是对立统一的，这就要求我们摒弃传统的二元对立的思维方式，在认识论框架与价值论框架间保持必要的张力，既追求认识的真理度，又追求评价的合理度。例如，人文社会科学的科学性与意识形态性问题就是真理性与价值性的具体表现。过分强调人文社会科学的意识形态性，而阉割它的科学性，必然导致人文社会科学的扭曲和畸形。忽视人文社会科学领域所具有的意识形态性，也可能造成人们思想上的混乱，在实践中产生有害的影响。

应当指出，人文社会科学的价值性或意识形态性是不可避免的，它对人文社会科学的影响具有两面性。一般而言，先进的阶级代表着社会发展方向，是推动人文社会科学发展的积极力量，有助于增强人文社会科学的科学性；反之，落后的阶级则束缚着人文社会科学的发展，不利于人文社会科学科学性的增强。但从人文社会科学的发展趋势看，意识形态性不可避免地会带来局限性。正如贝尔纳所言，"简言之，社会科学的落后和空洞无物，是由于这个凌驾一切的原因：在所有的阶级社会中，社会科学无可避免地都是腐朽性的。不首先承认这一事实，关于人类社会的真正的科学就不可能存在。在阶级没有被消灭以前，这样的科学也不可能充分地被人应用"①。

由于人文社会世界是不断发展的，认识主体也是不断更新的，因而，人文社会科学必然不断发展。人文社会科学的科学性将不断增强，意识形态性将逐步弱化，但真理性与价值性的矛盾是不会消失的。人文社会科学的继承将主要是在真理尺度上展开的，是对前人科学认识成果的继承，构成人文社会科学中相对稳定的部分。人文社会科学的批判则主要是在价值尺度上展开的，是对前人价值观念与评价结论的扬弃，成为人文社会科学中流动的部分。这也就是为什么先秦时期和古希腊时代的著作今天仍在探讨的道理。人文社会科学的历史性决定着它必须与时俱进、开拓创新，必然回溯传统、批判继承。

2. 认识功能

人文社会科学是对人文社会世界认识成果的理论化和系统化，它所揭示的人文社会现象的本质、规律等知识，有助于丰富人们的思想，开阔眼界，改进思维方式，提高认识能力。人文社会科学的认识功能集中体现在对人文社会世界的描述、解释与预见等方面。

（1）描述功能

描述就是运用人文社会科学的专业术语，对研究对象进行客观真实的描述和说明，把研究对象的图景"复制"到主观世界中，建构起研究对象的"模型"。描述是一个理论体系的基本功能，它所要实现的是回答人文社会世界"是什么"的认识目标，这是认识活动的基本任务，也是认识深化与实践操作的基础。从认识发展过程来看，描述是认识成果的总结和表述，可以发生在认识活动的不同阶段。从描述手段看，可以是自然语言，也可以是人工语言，还可以是图表、音像等多媒体技术手段。

按照人文社会科学研究对象的不同，描述可大致分为静态描述与动态描述两大类。所谓静态描述，主要是指对处于相对稳定状态的人文社会科学研究对象的时代背景、外部联系、构成要素、结构特点等方面的细致说明，力图使人们清晰、完整地把握研究对象。所谓动态描述，是指对处于发展变化之中的人文社会科学研究对象的发生与演化过程、运行机理、影响因素、社会后果的详尽说明，使人们对研究对象的来龙去脉有一个清晰的认识。静态描述是动态描述的基础，

---

① ［英］贝尔纳：《历史上的科学》，554 页。

动态描述是静态描述的展开形态。

客观、真实、准确地描述研究对象，是人文社会科学研究的理想境界，但在具体研究中实现起来却非常困难。其原因有三：一是描述源于观察、体验、分析等主体认识活动，而这些活动总是与主体的知识背景、价值观念、生活阅历有关，其中必然渗透着主观因素。二是描述所使用的概念、方法、规范等依赖于一定的理论体系，不同理论体系对同一研究对象的描述往往不同，从而使描述带有明显的理论痕迹，难于通约和统一。三是许多研究对象本身就是主观感受或体验(如美感、梦境等)，语言等描述手段又有局限性，不同的人会有不同的描述，即使同一个人对同一现象在不同场景下的描述往往也有出入。正是由于这些因素的综合影响，使人文社会科学描述的主观色彩浓厚，从而导致人文社会科学交流与统一的困难。

(2) 解释与批判功能

解释是理论的主要功能之一。解释功能是指认识主体对人文社会世界意义的揭示和阐释，是对人文社会现象的价值、作用、效应的理解和把握。解释功能所要回答的是人文社会世界“是什么”和“为什么”的问题，答疑释惑，将人文社会现象纳入主体认识框架。解释功能是人文社会科学认识功能的拓展和延伸。

人文社会科学解释与自然科学解释不同，“自然的实体可以从外部得到解释，但人类不仅是自然的一部分，而且也是自己的文化、动机和选择的产物，因此在这些方面就要求一种完全不同的分析和解释。”① 解释学方法是人文社会科学的基本方法，意义不是世界自发的派生物，需有主体有意识地对世界阐释才会呈现。对历史、文化、思想等人文社会现象的解释，在很大程度上表现为对已有文本的理解。

解释不仅是解释者对外在的人文社会现象的认知，而且还是解释者从各自独特视角出发，借助想像、体验、理解进入人的精神世界，对文本意义的再创造与再挖掘，即在意义阐释中创造，在意义创造中阐释。这个认识和把握文本意义的过程，本质上是精神生命的自我实现和自我超越。我国古代人文学科素有“作注”、“释义”的学术传统，本质上就是对文本意义的创造性理解与阐释。解释者的知识结构、时代背景以及文本自身的歧义性等都给文本的创造性阐释留下了空间。“在解释和理论之间争论的背景下，创造性这个难以对付的问题也出现了……就创造性的想像设立了一场语义学变革的形式而言，隐喻也构成了这些有限研究方法中的一种。以延伸到自然语言的多义性中去为代价，想像在词语的水

---

① 《简明大不列颠百科全书》，761 页。

平上给意义创造出了新的外型。”[①] 因此，解释不可避免地渗入解释者个人的情绪、愿望等精神因素，由解释而生成的知识、意义、价值等都带有主观成分。

对现实世界进行合理地审视与批判是人文社会科学的重要功能。批判就是对是非曲直与真假善恶的评判，是对理论观点、社会现实、文化传统的建设性审查，力求观念地建构完美的人文社会科学和实际地建构更加美好的社会现实。现实生活往往具有局限性与不合理性，需要人文社会科学旗帜鲜明地加以批判，追寻和建构理想的新生活，改造社会现实。事实上，现实世界只是客观世界发展变化的多种可能性中的一种，没有成为现实性的各种可能性，只是由于外部条件的限制而成为非现实性。只要具备一定的条件，它们也是可以转化为现实性的。如果我们只囿于多种可能性之一的现实性，就排除了其他可能性。人文社会科学的批判就是试图发掘蕴涵在现实性中的多种可能性，从中探寻改造现实的有效途径，成为社会历史实践的一个内在组成部分。同时，与自在的自然客体不同，人文社会世界表现为一种自为的客观性，其中渗透着主体意志与目的性，是主体参与设计和塑造的处于形成之中的客观实在。人文社会科学通过对人文社会世界的历史与现实意义的阐释与批判，总结利弊得失，探求创造未来美好生活的可能模式。应当指出，在人文社会科学解释与批判过程中，应力求实现人文社会科学的合理性与真理性的内在统一。

（3）预见功能

预测是依据事物发展规律，从事物发展现状与环境条件出发，预先推测事物未来发展状况的认识活动。预见性是理论超越性的具体体现，是衡量理论科学性的关键指标。人是目的性活动的动物。“最蹩脚的建筑师从一开始就比最灵巧的蜜蜂高明的地方，是他在用蜂蜡建筑蜂房以前，已经在自己的头脑中把它建成了。”[②] 制定规划和行动方案是人类实践活动的基本特征，而规划的制定又是以对未来的预测为前提的。人文社会科学是千百年来人类认识自身与社会发展成果的结晶，其中所揭示的人类精神世界与社会发展规律，是人们进行预测的理论依据。从事物历史与现状出发，对事物未来发展所进行的预测，勾画出了事物未来发展的各种可能趋势及其动态特性，把人们将要面临的可能境况和问题提前呈现到主体面前，为发展规划和行动方案提供科学依据。这就是预测的认识功能。

“预测就是做出关于一个系统发展的陈述，计划则试图通过对该系统的干预

① ［法］保罗·利科尔：《解释学与人文科学》，37页，石家庄，河北人民出版社，1987。

② 《马克思恩格斯全集》，中文1版，第23卷，202页，北京，人民出版社，1972。

而控制这种发展。在此，控制以目标为前提。”[①] 预测与规划设计是相互依存、相互制约的，两者共同构成了一个滚动推进的动态反馈回路。预测是规划设计的依据。预测的结果往往并非价值中立，主体按趋利避害原则，制定相应的对策和措施，促使事物朝有利于主体的方向发展。规划设计的实施所引起的事物现状的改变，成为对该事物发展进行再预测的新依据。再预测结果是对照检查和完善实施方案的主要手段，它与主体利益最大化目标之间的“目标差”，是修正原规划和实施方案的依据和出发点。随着人类实践能力的空前扩张，社会实践效应的预测与调控问题日渐突出，人文社会科学的预见功能日显重要。

科学的预测应该使主观的逻辑推演符合预测对象客观的逻辑发展过程。时间上的超前性是预测活动的基本特征和困难所在。目前，人文社会科学领域的众多预测方法多属经验性方法，从逻辑上大致可分为类比性预测、归纳性预测和演绎性预测三大类。在实际应用中，这些方法所依据的经验性原则有惯性原则、类推原则、相关性原则与概率推断原则等，其理论性与准确性都有待进一步提高。

人文社会科学与自然科学在预测的检验上也存在着重大差别。一般而言，自然科学的具体预测不会影响自然事物的发展进程，预测的准确性可通过事物的未来发展得到印证。如依据太阳系运行规律对日食、月食现象的预测等。而在人文社会科学领域，具体预测结论总与预测者所属利益集团存在着或多或少的价值关涉，这就促使他们创造和强化有利条件，削弱和抑制不利条件，从而改变了事物发展的原有进程和原预测的初始条件，使原预测的未来检验难以实现。如股市评论人从股市发展现状与现行经济政策出发，对股市走势的预测总会影响投资者的投资选择，从而使原预测的初始条件和边界条件发生改变，丧失了可验证性或可证伪性。波普把预测对被预测事件的影响称为“俄狄浦斯效应”[②]。只有突破单一的认识论范式，把人文社会科学预测的检验问题置于认识论框架与价值论框架之下，才能使这个问题得到完满解决。

3. 社会功能

人文社会科学的理论和方法为社会实践主体所掌握，运用于指导人类生活与社会实践活动，就会发挥出关怀人生，推进社会发展的积极作用。人文社会科学的社会功能的强弱主要取决于它掌握群众的广度和深度，集中体现在人类精神生活与社会发展两个层面，表现为文化功能、政治功能、社会管理功能、决策咨询功能。

---

① ［德］伊蕾娜·迪克：《社会政策的计划观点——目标的产生及转换》，29页，杭州，浙江人民出版社，1989。

② ［英］卡尔·波普：《历史决定论的贫困》，9页，北京，华夏出版社，1987。

(1) 文化功能

“人文”就是人的文化，就是人的认识能力与精神境界不断提升的过程。人文社会科学隶属于文化范畴，并构成整个社会文化的重要组成部分。人文社会科学主要表现为精神文化，它是人的本质力量的对象化，在社会生活中发挥着塑造人，推进思想文化建设的功能。

首先，人文社会科学是关于人文社会现象及其规律性的系统知识，自觉学习和运用这些知识，可以使人精神充实，心灵净化，视野开阔，提高解决人生问题、社会问题的能力。人文社会科学的思想、价值观念、行为规范等直接影响着人们的思想和行为，促使人们正确处理和驾驭同外部世界的关系，有效地适应时代和社会发展，完成人的社会化过程。

其次，人文社会科学还具有关怀人生，塑造健全人格的功能。人文社会科学就是在人类精神文化活动的基础上形成和发展起来的，它以创造和阐释人文社会世界的意义与价值为目标，具有社会启蒙作用。人文社会科学可以帮助人们破除迷信，解放思想，滋润心灵，启迪心智，提升精神境界，丰富精神生活。它还为人们提供价值观与理想信念的指导，帮助人们解决人生观问题，给人以终极关怀，抚慰和净化灵魂，安顿生命，为人类守护精神家园。同时，人文社会科学的发展过程就是文化教化、培育、塑造人的过程。文化是人格力量的重要内容和尺度，各种不同性质的文化以潜移默化的形式塑造人，造就不同的人格。读史使人明智，读诗使人灵秀，哲学使人聪慧，逻辑使人缜密，音乐使人高雅，伦理使人庄重，修辞使人善辩。人创造了文化，文化也造就了人本身。正是在这个意义上说，“人是人的作品，是文化，是历史的产物”[①]。此外，以想像、直觉等非逻辑思维方式为特征的人文学科，有助于平衡以逻辑思维方式为主导的理性思维的僵化，有效地提高人的观察力、理解力、想像力和创造力，促进人类思维和认识活动的全面健康发展。

再次，人文社会科学在思想文化建设方面发挥着作用。人文社会科学依靠理论的力量，以潜移默化的形式全方位提高整个民族的思想道德素质，帮助人们尤其是青少年树立正确的人生观和价值观。人文社会科学能够开阔人们的眼界，提高鉴别是非、善恶、美丑的能力，有助于激发人们追求高尚的道德情操和精神境界，规范人们的行为，形成良好的社会风尚。从另一方面看，人文社会科学是整个文化建设中的重要组成部分。一个民族人文社会科学素质的高低，在一定程度上折射着这个民族的精神风貌、文化水平、发展潜力。社会精神文化活动是人文

---

① ［德］费尔巴哈：《费尔巴哈哲学著作选集》，上卷，247页，北京，商务印书馆，1984。

社会科学的研究对象，反过来，人文社会科学尤其是其操作技术学科的发展，直接规范、指导和带动着社会文化事业的发展，丰富社会精神文化生活。如考古研究的开展直接带来博物馆的繁荣，学术研究与交流带动出版业的发展，等等。正是基于人文社会科学的这一文化功能，它的发展状况直接关涉到社会精神文明建设进程。

人文社会科学研究除揭示人文社会世界的本质与发展规律、生产知识外，还提升出人文精神与科学精神。“所谓‘人文精神’，正是从各门‘人文科学’中抽取出来的‘人文领域’的共同问题和核心方面——对人生意义的追求。”[①] 人文精神关注人的审美情感、道德理想、人格完整和终极关怀等文化价值。科学精神是人类在长期自然科学和社会科学活动中逐步形成和不断发展的一种主观精神状态。作为人文社会科学的最重要产物，人文精神与科学精神是整个人类文化的灵魂，它以追求真善美等价值理想为核心，以人的自由而全面发展为终极目的，在人类社会生活中发挥着不可估量的作用。

人文社会科学的具体成果总是在一定社会历史条件取得的，具有明显的时代性特征，不可能一劳永逸地解决各个时代的所有问题。在科学技术与物质文明高度发达的今天，技术、生产、消费等社会活动普遍异化。生活在物欲横流、充满变数的现代社会中的芸芸众生，比以往任何时代都需要终极关怀。科学技术文明是现代社会的基本特征。科学技术的发展在带来物质财富极大丰富的同时，却引发了一系列精神危机与社会危机。生活在危机与困境中的现代人呼唤着人文社会科学的全面复兴与快速发展，以便重建衰败的人类精神家园，安顿处于流离、迷惘之中的生命。

（2）政治功能

人文社会科学的政治功能主要是指人文社会科学的理论与方法在社会政治生活、军事斗争中发挥的作用与功效，通过对政治家、政治集团与社会各阶层的影响，服务于社会政治生活、军事斗争，为制定政治路线、方针和政策提供理论基础，指导政治活动，规范日常政治行为。

人文社会科学的政治功能突出地表现在社会革命时期，提供革命的指导思想和斗争方略。社会革命的实质是革命阶级推翻反动阶级的统治，对社会政治、经济和文化领域实行根本改造，用先进的社会制度代替腐朽的社会制度，解放生产力，促进社会进步。但是，“没有革命的理论，就不会有革命的运动”[②]。以社会

① 王晓明：《人文精神寻思录》，207页，上海，文汇出版社，1996。

② 《列宁选集》，第2版，第1卷，241页，北京，人民出版社，1972。

现实问题为研究对象的社会科学成果，可以从思想上武装先进阶级，为他们指明革命的方向，帮助他们制定革命的纲领、路线和步骤。卢梭的“社会契约论”对法国资产阶级革命的影响；孟德斯鸠的“三权分立”的法律思想对资本主义国家政体的建立；马克思主义对无产阶级革命和社会主义运动的贡献，都是人文社会科学政治功能的表现。同样，以人文社会科学成果为主体的体现先进阶级意志的先进文化，与体现反动阶级意志的落后文化之间的论争，是社会阶级斗争不可缺少的重要战线，体现出明显的政治功能。如以复兴古希腊、古罗马文化为标志的文艺复兴运动，本质上就是新兴资产阶级在思想文化领域反对封建主义的斗争。

在社会和平时期，人文社会科学表现出为统治阶级利益服务的政治功能。“统治阶级为着自身的利益，要让他们自己的成员和被统治的人都相信，使他们取得特权的社会秩序是神圣所制定且永远有效的。”① 人文社会科学各学科，以各自独特的方式为统治阶级的利益服务。它们一方面同反映旧社会制度的落后意识形态作斗争，另一方面又极力抵制为新社会制度呐喊的新意识形态。如政治学、法学直接维护现存的经济和政治制度；艺术则以优美的形式宣扬统治阶级的思想观点和价值观念；等等。

（3）社会管理功能

管理是社会分工的产物，是围绕主体行为目标，采取计划、组织、指挥、协调和控制等手段，把管理对象涉及的人、财、物诸因素的流转纳入一定程序，以提高活动效率的运作过程，广泛存在于社会生活的各个领域。长期以来，人们主要依靠实践经验从事管理活动，管理效率低下。20 世纪 40 年代以来，在科学管理的基础上形成的管理学，逐步实现了管理过程的科学化、技术化、职业化。管理学是人文社会科学与自然科学交叉的综合性学科群，一方面，因为它涉及物质、能量和信息的流动，必须遵循自然科学规律；另一方面，因为它是在社会领域展开的，又涉及人的心理与行为，是人文社会科学的研究对象。

作为在社会各领域展开的以人为核心的组织活动，管理涉及对复杂系统内外诸因素、关系的协调，需要综合运用多学科知识。人文社会科学与管理活动有很强的相关性，为管理学的发展提供着理论支持。一是应用基础学科与操作技术学科层次的专业性管理，需要掌握这些领域的专业基础知识，如经济管理需要有经济学知识，人事管理需要有人才学知识，教学管理需要有教育学知识等。通过向专业管理领域的渗透，人文社会科学的许多学科知识就转化为专业管理知识，从而实现社会管理职能；二是元科学、基础理论学科层次的管理理论问题的探讨，

① ［英］贝尔纳：《历史上的科学》，553 页。

往往需要借鉴哲学、心理学、社会学、伦理学、法学、人类学、行为科学等学科的理论与方法。人文社会科学的许多学科知识因此被纳入管理学范畴，进而通过指导管理实践活动，实现社会管理职能。

管理学这个以管理活动为研究对象的新兴学科门类，目前初步形成了以公共管理、工商管理等具体管理活动为划分依据的多级学科体系，出现了元科学、基础理论学科、应用基础学科、操作技术学科四个结构层次。管理学是在概括和总结管理实践经验的基础上形成和发展起来的，是关于管理活动的基本规律和一般方法的专业性理论。把管理理论运用于具体管理实践，必将促进管理工作的科学化，提高管理活动的效率。沿着从理论到实践的顺序，管理学各层次学科的实践指导功能趋于增强。

就经济活动领域而言，管理的目的在于实现人、财、物诸生产要素的最佳匹配，生产、分配、交换、消费过程的最佳运行，降低成本，提高经济效益。因此，经济学等相关人文社会科学学科通过上述途径向经济管理领域的渗透，不仅实现了经济管理功能，而且也派生出间接经济效益。正是从这个意义上说，管理是生产力，人文社会科学也是生产力。

（4）决策咨询功能

随着工业文明的兴起，社会化的大生产使社会关系日趋复杂，社会发展速度加快，生活的不确定性增加，从而使协调社会各方利益，确保社会平稳发展的社会政策的制定，以及影响国计民生的重大决策愈来愈困难。社会多处于迅速的变化之中，社会科学对某一种形势还来不及作出分析，该形势就已经转变为另一种新的不同的形势了。在现代社会中，单凭领导人个人智慧和实践经验已难以及时掌握错综复杂、千变万化的社会形势，也难以制定出考虑周全、科学严密、推进有序的社会政策与决策。事实上，社会政策的制定与重大决策是一项涉及面宽、影响因素众多、相互关系复杂的系统工程，需要借助人文社会科学的理论和方法，进行周密调研，科学论证，先期试点，反复修改。因此，人文社会科学在社会政策制定、决策、咨询等方面发挥着重要作用。

人文社会科学是社会政策制定和决策的理论基础。政策是指为实现一定的路线而制定的行动准则，所要解决是“如何做”的问题；决策是指做出的策略选择或决定，所要解决是“做什么”的问题。两者是同一过程的两个不同环节，“做什么”是“如何做”的前提；多种“如何做”的方案又依赖于“做什么”的选择。这一过程就是在社会实践中发现问题、分析问题、解决问题的过程，是涉及该问题历史、现实与未来的认识与实践滚动推进的过程。人文社会科学的理论与方法有助于人们观察分析复杂多变的社会现象，作出准确的判断和科学的决策。

观察渗透着理论，理论决定着我们能发现什么样的问题，规范着问题的分析与解决途径等。以人文社会世界为研究对象的人文社会科学，涉及人类社会的各个领域、各个层面，是在社会各领域及时发现问题，准确判断问题性质的理论依据。同时，人文社会科学的理论与方法为分析问题发生的原因、波及范围、影响因素的作用机理、未来发展趋势等提供了现成的分析工具，帮助政策制定者理清问题的来龙去脉。人文社会科学的应用研究和发展研究成果，可以直接应用于探求解决问题的方案和对策过程中，为社会政策制定和决策提供了系统的理论和方法，加快了决策科学化进程。

值得强调的是，具体社会问题总是多重因素错综复杂地纠结在一起，往往涉及许多社会领域，只有综合运用多学科知识，才有可能制定出切实有效的社会政策，作出科学的决策。人文社会科学对社会政策制定与决策过程的作用是通过两条途径实现的：一是通过政策制定者和决策人，把所掌握的人文社会科学知识运用于社会政策制定与决策过程之中；二是委托掌握人文社会科学理论与方法的“智囊团”、“政策研究室”或咨询机构，通过各学科专家的协同努力，完成社会政策制定与决策过程。随着社会政策制定与决策的频繁化、快速化、专业化发展，从政府部门、人文社会科学研究机构中逐步分化出了专门从事社会问题研究，提供政策制定与决策咨询的服务部门。由于社会科学家的本领可以被用来解决社会问题，增进社会的凝聚力与和谐，他们在政策制订过程中处于十分重要的地位。咨询服务部门属第三产业，不仅面向政府、政党和社会团体，而且面向社会各界尤其是产业界；咨询内容不仅涉及社会政策制定与决策，而且涉及发展战略、经营管理规划、工程方案论证、社会调查、市场预测、产品开发等社会各个领域，是人文社会科学决策咨询功能的又一种实现形式。

应当指出，人文社会科学的决策咨询功能多是潜在的、间接的，无视人文社会科学对社会发展的多重间接作用，在学术上是片面的，在实践上是近视的、急功近利的。还应当强调，人文社会科学对人类生活与社会发展的功能是多方面、多层次的，决策咨询功能远未穷尽它的作用，甚至不一定是它最主要的功能。

三、当下文科发展中的迫切问题

近年来，我国人文社会科学领域的确取得了许多重大进展，但也存在着许多不容忽视的问题。有必要从宏观上揭示目前人文社会科学发展过程存在的主要问题，展望人文社会科学的未来走势，以引导人文社会科学的健康发展。

1. 意识形态性与科学性问题

人文社会科学的科学性与意识形态性之间的矛盾源于其认识论与价值论的矛盾。与自然科学不同，人文社会科学的认识主体与客体对象是二位一体的，这从其诞生之日起就注定了其认识功能与价值功能不可避免的相互影响、相互作用。认识论上的人文社会科学，特别是社会科学，其认识方法的本质与自然科学并无大的不同；价值论上的人文社会科学则深深地烙上意识形态的痕迹。以为我们可以“滤清”一切意识形态的影响，追求所谓知识论上纯粹的人文社会科学，或者以为人文社会科学就是意识形态本身，根本不具任何科学品格，这两种极端的看法都没有能把握人文社会科学的真正本质。长期困扰我国人文社会科学研究的是，将人文社会科学的认识意义与价值意义混为一谈，导致“意识形态中心化”、“片面政治化、教条化”，给学界造成了相当严重的甚至灾难性的后果。因此，特别重要的是要区分人文社会科学的两重属性、两重功能，最终在认识论与价值论之间保持“必要的张力”。

(1) 作为意识形态的人文社会科学

“意识形态”(ideology) 作为社会意识的一部分是相对于“社会存在”而提出的概念，它是特定统治阶级基于自己特定的历史地位和根本利益，以理论形态表现出来的对现存社会关系（特别是经济和政治关系）的态度和观念的总和，它在本质上是统治阶级的自觉意识的理论表现。意识形态由经济基础所决定，是阶级意识、阶级利益以及相应的价值观念的反映，又为其存在进行合理性论证与辩护。作为人类精神与社会活动的自我反思，人文社会科学往往具有阶级倾向性，不能一视同仁地为一切阶级、一切政治制度同样有效地服务。正如列宁所说，“建筑在阶级斗争上的社会是不可能有‘公正的’社会科学的”[①]。

就研究主体而言，由于社会科学家本身也归属于一定的阶级或阶层。他们不像自然科学家那样，同研究对象之间无利益关系，而是同被研究对象相互作用、相互影响。他们按照本阶级的世界观、方法论解释社会现象。不同阶级的社会科学家对同一社会现象的解释往往具有阶级倾向性。

还应注意，人文社会科学作为社会意识形态往往比自然科学更容易被当作政治统治的工具，受到社会统治阶层的政治干预和控制，他们通过自己的政府，运用科研物质条件、舆论、法律以至强权达到其控制的目的，这就不能不强化意识形态性对社会科学体系构建的渗透。

---

① 《列宁选集》，3版，第2卷，309页，北京，人民出版社，1995。

现实中许多人文社会科学研究都是在一定的意识形态背景和氛围中展开的。其中政治意识形态的影响最为深刻。统治阶级关心的首先是其政治统治的问题，因此，他们总要把社会成员的一切思想和行为纳入到一定的政治规范之中，以政治权力为支撑，利用各种传媒手段将其统治合理化和广泛化。相应地，统治阶级的思想也就成了社会的统治思想，政治意识形态也成了一切阅读和理解的有意识或无意识的基本视野，作为一种评价规范和标准而影响着人文社会科学的研究。因此“科学无禁区”这个正确的命题，在人文社会科学领域里实行起来，比在自然科学领域里要困难得多。

但人文社会科学具有意识形态性，只是一般的抽象。具体到各门学科，则有意识形态程度的强弱之分。具体学科的对象越是触及国家机器的核心部位，其阶级性越强；越是远离国家机器的核心部位，其阶级性越弱。从这个角度，可以将人文社会科学的具体学科分为三个层次：一是意识形态性强的学科，如政治学、法学、政治经济学、伦理学、历史学、新闻学等；二是意识形态性较弱的学科，如管理学、教育学、应用经济学、人文地理学、民族学、人口学、人类学等；三是不具有意识形态性的学科，如语言学、考古学等。对具有意识形态性的学科，还应区别其理论体系和研究方法的区别。一般而言，理论体系有意识形态性和阶级倾向性，但其研究方法却可能是无阶级性的，如统计方法、数学模型等，可以为不同阶级的人文社会科学研究所共同使用。

（2）作为科学的人文社会科学

不能以人文社会科学具有意识形态性来怀疑和否定人文社会科学的科学性。要尊重人文社会科学的科学品格。人文社会科学是否具有科学性不能完全用自然科学的标准和方法来衡量，也不能用自然科学的典型特征来替代科学的特征。

人文社会科学作为科学的认知方式，追求的最高目标仍然是关于人及人类社会的客观规律，它通过从经济的、政治的、法律的角度对人类社会的组织结构、功能作用、稳定机制、变迁动因等进行分析，获得关于人类社会发展和运行的系统知识和理论，使人类更有效地管理社会生活；通过关注人的价值、精神、意义、情感等问题，为人类构建一个意义的世界，使人类的心灵有所安顿、有所归依，从而形成一种对社会发展起校正、平衡、弥补作用的人文精神力量。这是人文社会科学独特的科学品格。

人文社会科学在本质上既是求实的，又是创新的。作为人与社会求真关系的一种理论表现，既为人的活动制定了法则，规范和指引着人的活动，使人不断摆脱盲目、自发，走向理性和自觉，又为人的活动不断开拓着新天地，人文社会科学从理论上是人对外在世界的征服，是人的本质力量的公开揭露和展现。

在方法与逻辑方面，人文社会科学也采用科学化的方法。最首要的是依靠系统的观察，抽象出各种关系，形成各种假说和理论。随着科技的发展，人文社会科学研究方法也在不断地改进，日益广泛地运用定量化方法，如采用数学工具、统计、实验、模拟与模型方法等。在逻辑方面，任何成功的社会科学理论和体系，都建立在对“社会事实”的充分研究的基础上，都具有严密的逻辑性和完整的系统性，经得起社会实践的检验。

历史经验告诉我们，自然科学出问题往往只涉及局部领域，而社会科学一旦出问题就会迅速流布，甚至影响一个时代。因此，坚持人文社会科学的科学追求是负责任的表现，是历史进步所必需的。

当然，穷究科学性，必定会追问是否具有客观性。从终极意义上讲，自然科学也不是绝对客观的，科学观察渗透理论，这已为科学哲学所论证。因此，强调人文社会科学的客观性时，本身就蕴涵着一个“什么是人文社会科学的客观性”的问题。面对这一问题，我们其实是无法获得终极层面的解释的。自然科学的客观性决定于经验的证实，而经验证实具有独立于主体的客观性，但囿于经验的天生局限性，这种证实只能是有限的，其客观性也是相对的。回到具有二元属性的人文社会科学，就更无法做出准确回答。因为，我们既无法用自然科学的客观性来要求人文社会科学，又不能由人文社会科学自身来确立标准。

客观性终极标准的相对性并不意味不存在实际的客观性要求，人文社会科学不可能找到终极意义上的确定的客观性标准，并不妨碍人文社会科学特别是社会科学对客观性要求的逼近与追求。这个过程就是人文社会科学家超越个人主观限制，抗拒所在社会场域意识形态干扰的过程。

对中国人文社会科学来说，强调客观性是为了弘扬一种求真的学术精神和求实的学术作风。客观性要求的缺位会直接导致学术研究标准的混乱，导致人文社会科学跌落为一个什么人都可以任意胡说，没有对和错，又不必负任何责任的自由市场。

(3) 克服片面政治化和片面意识形态化

人文社会科学研究不能超越政治而绝对独立，但如果因此将其政治化，当成政治统治随心所欲的工具，则不利于促进人文社会科学的客观性和科学性。

历史上曾经有过这样的经历：研究经济体制，必须将市场与计划的问题定位于姓“资”和姓“社”的问题。研究历史，只能讲阶级斗争，只能讲农民战争对历史的推动作用。十一届三中全会以前，长期把阶级斗争绝对化，认为在人文社会科学中必须用阶级斗争的观点“观察一切，分析一切，解释一切”，不加区别地看待各门具体学科，完全违背求真的精神，以价值的纷争替代知识的争论，以现实的政治需要决定学术的真伪。

人文社会科学研究应该建构起自己的研究对象，而不是简单地将那些社会热中的现象作为其研究的当然对象。布迪厄认为，人文社会科学中登峰造极的艺术便是“能在简朴的经验对象里考虑具有高度‘理论性’的关键问题”，而“当一种思维方式能够把在社会上不引人注目的现象建构成科学对象，或能从一个意想不到的新视角重新审视某个在社会上备受瞩目的话题时”，人文社会科学的强大变革力量就会凸显，其批判性与超越性就会张扬。①而简单地，甚至是有意地迎合，将自己的学术研究热点仅仅锁定在当下所谓热点、焦点，就会丧失人文社会科学所必须具备的批判性，既无法在求真中逼近客观性目标，又无法真正实现其应用的价值属性，仅仅成为迎合当下决策的舆论宣传工具。这种缺乏求真精神的“科学”研究，并不具备对政府决策的理性反思，也就无法最终为政府提供有价值的决策反馈，完全丧失了理论创新的可能。只有真正具有知识价值的人文社会科学成果才能使知识分子从站在远处的、捧场的旁观者变成近处持理性精神、批判态度的积极的政策设计者。

对人文社会科学来说，奠基于个人体验基础上的创作几乎完全是主观思考的结果，主观性恰恰是其存在的主要形式与意义。人文社会科学这种认识与价值的二位一体是制约其完全科学性的原因，也是使其区别于自然科学而能独立发展、壮大的重要因素。一方面需要一种求真精神追求人文社会科学的客观性，另一方面又必须正视其价值性属性，在实践中保持“必要的张力”。

2. 体制与运行问题

改革开放以来，中国人文社会科学进入了全面快速发展时期，与国际学术水准的差距逐步缩小，但是，在我国人文社会科学的发展过程中也暴露出了一系列体制与运行机制方面的弊端，它们程度不同地产生了消极影响。

（1）社会评价的不规范

社会承认是推动人文社会科学事业发展的动力源泉。人文社会科学满足社会需要的程度，是人文社会科学获得社会承认的基础。由于社会需要的发展与社会价值观念的变化，所以，不同时代对人文社会科学的社会评价往往不同。改革开放之前，人文社会科学主要是通过其政治功能获得社会承认的，而在功利主义占主导地位的当代社会价值观念视野中，人文社会科学难于获得应有的社会承认。目前，人文社会科学社会评价方面存在的问题主要表现在以下几个方面：

——社会评价指标体系不合理。人文社会科学在社会生活中发挥着多重社会

① 参见邓正来：《关于中国社会科学的思考》，11页，上海，三联书店，2000。

功能，实现着多种社会需要。但在以经济建设为中心的社会背景下，经济指标权重增大，经济价值开始成为社会评价的主要依据。人文社会科学经济功能的间接性使它在现行社会评价指标体系中处于不利地位，它所创造的其他社会价值权重降低甚至被忽视，难于得到社会全面公正的评价，以获得相应的社会承认。这是导致人文社会科学社会运行过程中诸问题的根源。

——奖励机制不健全。人文社会科学的社会评价主要是通过社会奖励形式实现的。由于人文社会科学经济功能的间接性，往往不为社会所重视。目前，我国尚无人文社会科学的国家级奖励项目，现行的部分省、部级人文社会科学奖励项目也多不正规，奖励额度低，间隔时间长，社会影响小。这与自然科学领域的国家自然科学奖、国家发明奖和国家科技进步奖，以及各省（部）、市等设立的各个级别的各类科学技术奖励规模难以相比。没有必要的社会奖励和社会承认，就难以形成人文社会科学发展的外部推动力。

——意识形态因素的片面影响。人文社会科学的意识形态属性与评价者的意识形态认同感，使人文社会科学的社会评价渗透着意识形态因素的影响，往往使评价活动失去客观公正性。这是导致评价结论分歧的根本原因。

（2）社会地位低下

近代以前，以文史哲为核心的传统人文学科是中国传统文化的精髓，社会地位很高。读书是跻身官宦阶层的主要途径，素有“朝为读书郎，暮登天子堂”之说，知识分子也以“修身、齐家、治国、平天下”为己任。清末民初以来，外来的西方人文社会科学与本土人文学科开始融合，逐步形成了具有中华民族特色的人文社会科学体系。随着科举制度的废除与人文社会科学的迅速分化，逐步出现了职业人文社会科学家的社会角色；人文社会科学原有的显赫政治光环也开始消退，逐渐获得了作为一类学问的社会地位。

改革开放以来，思想文化领域的拨乱反正、正本清源工作，推进了人文社会科学研究的恢复和健康发展。人文社会科学浓重的政治色彩渐渐消逝，畸形的意识形态功能开始弱化。然而，人文社会科学在普通民众甚至领导人心目中的本真形象却未确立起来，往往给人以沉浮不定的神秘形象。在急功近利的文化氛围与片面追求经济绩效的社会环境中，人文社会科学始终未获得应有的社会地位，主要表现在以下几个方面：一是许多人（其中不乏知识分子）仍然带着“文化大革命”偏见看待人文社会科学，无视其科学性和多重社会价值，把政治功能作为人文社会科学的惟一功能。他们对人文社会科学政治功能的理解也是片面的，往往与作为“整人”尤其是“整知识分子”的政治工具联系起来，敬而远之。二是许多人只从经济维度出发，片面看待人文社会科学。他们往往无视人文社会科学对经济发展的多重间接效应，更看不到它的其他社会功能。在这些人眼中只有眼前的直接经济效益，他们觉得人文社会科学只会夸夸其谈，远不及科学技术有用。三是人文社会科学与自然科学在目标、规范、功能、成熟程度等方面的分野，造成了两大知识体系之间的鸿沟与冲突。在以经济建设为中心的国内环境与以综合国力为核心的国际竞争环境中，自然科学的社会地位和作用远高于人文社会科学，因而也占有更多的社会资源。

（3）投入不足

急功近利的文化氛围与功利主义的社会价值观念，不仅造成了人文社会科学社会地位低下，而且由于经费投入短缺直接制约着人文社会科学事业的发展。从历史角度看，由于我国经济发展水平低下，国家财政拮据，又面临着巩固国防和消除贫困等更为紧迫的重大任务，在改革开放之前，投入不足还可以说是事出有因。然而，改革开放以来，我国经济持续快速增长，国家财力显著增强，但是对人文社会科学投入的增长却十分缓慢，远低于同期对自然科学投入的增长。一些人认为经济建设与自然科学研究的投入是刚性的，应当予以保证，而人文社会科学研究则伸缩性大，投入可以大大压缩。

对人文社会科学事业的投入大致可分为直接投入与间接投入两部分。直接投入是指用于人文社会科学研究的经费投入，间接投入则是指用于人文社会科学教育、图书情报、仪器设备等支持系统的投入。人文社会科学方面投入不足、社会支持力度不够的影响主要体现在以下几个方面：一是限制了研究工作的顺利展开和新兴研究领域的拓展，许多有重大学术价值的研究项目，都因研究经费不足而难于进行。二是制约着人文社会科学研究的仪器设备更新、图书资料采集、学术交流等工作环节的正常进行。三是大多数人文社会科学工作者的生活水平提高缓慢，收入属社会中等偏下水平，难于应对房改、医改、子女入学等多方面的经济压力，因而他们也难以全身心地投入学术研究。一些学科面临着巨大的生存压力。

（4）急功近利的片面市场化倾向

改革开放以前，我国人文社会科学事业是按计划经济体制运行的。各单位的研究项目、经费、基本建设等都列入计划，由各级财政全额拨款。改革开放以来，为了调动科研院所参与经济建设的积极性和减轻财政负担，国家对科研事业单位进行了一系列改革，减少了对科研院所的财政拨款，逐步把它们推向市场，使他们在服务于经济建设的过程中谋求生存与发展。现在来看，这一系列改革措施比较切合应用与开发型科研机构的实际，因而取得了明显的成效；但不完全符合基础研究尤其是人文社会科学基础研究的实际，产生了许多不容忽视的问题。

人文社会科学的经济功能多是间接的，因而研究机构大多难于实现市场化运作。减少财政支持力度，使它们难于开展正常的学术研究，反而挫伤了献身学术探索的积极性。这方面的问题主要体现在如下几个方面：

——不利于学科均衡地协调发展。市场机制虽有利于集中科研力量，解决经济与社会发展中的紧迫问题，但这些问题只是人文社会科学领域的一小部分，远非人文社会科学研究的所有领域。市场化运行机制的弊端在于形成了不公平的学科竞争态势，在促进人文社会科学应用性学科快速发展的同时，却抑制了其他学科的全面发展。以功利主义价值观为基础的这种市场选择，往往会产生社会资源配置上的"马太效应"，造成人文社会科学内部"显学"与"隐学"的分化，甚至淘汰某些"冷门"学科，不利于人文社会科学的学科建设与健康发展

——一些机构偏向单纯企业化运作。如出版社的企业化运作，使它们往往把经济效益作为首要目标，从而导致学术著作出版难，而迎合大众口味的畅销书甚至低级趣味读物大量印刷。学术刊物的"以刊养刊"，使许多刊物难以为继，被迫改版或停刊；许多刊物不得不向投稿人收取版面费，这不仅加重了研究者的经济负担，而且严重影响到刊物的学术水准。在这一企业化运行体制下，金钱成为许多出版社或学术刊物的"入场券"。有钱，低水平的论著也可以发表；没钱，高质量的论著也难以面世。

——学术队伍衰减，后备力量不足。人文社会科学特别是人文学科的投入不足与市场化的人才流动机制，直接影响着青年一代的职业选择，进而影响到学术队伍的未来发展。青年人尤其是优秀青年的价值取向与职业选择，决定着社会各行业的未来兴衰。近年来的高校扩招主要集中在理工科应用类专业，人文社会科学各专业除法、商等部分应用类热门专业外，报考的优秀青少年人才愈来愈少，人文基础学科门庭冷落。人文社会科学的学术队伍建设不仅滞后，而且其内部各学科之间又存在着严重的失衡现象。

3. 学术失范与规范重建问题

学术道德领域的违规和失范是当今必须正视的问题。在现实生活中，有些人弄虚作假，采取非法手段，利用假学历、假文凭、假论文骗取职称和学术地位，甚至走上了领导岗位；有些人或单位沽名钓誉，抄袭、剽窃他人研究成果；还有人热中于学术炒作与形象包装，采用不正当竞争手段影响评委，以获取课题经费、科研奖励、学位点；等等。这些严重的违规和失范现象带来的是虚假的学术繁荣，使有真才实学者难以获得应有的社会承认，而弄虚作假者扶摇直上，严重败坏了学风。

分析种种学术失范甚至腐败现象，不少行为人急功近利、以不诚实的态度对

待科学研究，以粗制滥造的作品污染读者的视听，以抄袭剽窃占用他人的研究成果，其实质在于将学术研究作为一种谋取私利的手段，将非学术的目的强加于学术活动之中，究其原因，主要有以下四点：

——在道德层面。学术研究主体的道德自律不够，学术共同体学术道德意识不足。且不说抄袭剽窃在法律上有侵犯他人著作权应追究法律责任的后果，就是粗制滥造游戏学术也是一种对待学术的极不严谨的态度，违反了从事科学研究应有的学术道德。就研究者而言，是科研道德自律不足，缺乏应有的严谨的治学精神和求实的研究态度；就学术共同体而言，则是没有建立良好的学术研究行为规范，没有形成良好的学术批评和舆论环境、健康公正的评价机制和有效的约束、监督机制。自律与他律之间没有达成互补而恶性发展。

——在思想层面。以世俗权力为中轴的意识形态依然起较大作用。“学而优则仕”的传统观念根深蒂固，以世俗权力为中轴的意识形态是人们行为的深层动因，尤其是人文社会科学研究方面，由于缺乏技术上的特征和器物成果的展示，也无法带来生产力上的直接改变，人文社会科学研究工作往往被定位为软任务，最好的出路在于步入仕途，而衡量的标准是什么呢？就要有不仅在质量上而且在数量上也占优势的科研成果，当二者不可兼得时，对“量”的追求便成了粗制滥造的动因。

——在学术评价层面。现行的学术评价制度是种种学术失范行为的“催长剂”。建立在科研成果的“量化”评价基础上的职称评审制度、课题申报制度、成果评审制度和各种评奖制度在客观上滋长了学术失范行为。如评职称、申报课题，主要看发表了多少论文、出了几本专著、编了几套教材、完成了几个课题、获得了什么奖励。“量”的优势真会转成“质”的优势吗？

——在社会大环境层面。任何科学研究都是在一定的社会大背景下进行的，人文社会科学研究也不例外。在当今社会转型时期，追求物质享受、拉关系、走后门、行贿受贿等社会问题突出，科研机构和研究部门也未能免俗，媚俗媚权的现象日趋严重，产生了学术政治化、官本位化、人情关系化、功利化等问题。

学术失范的影响是恶劣的，当务之急是要探讨如何重建学术规范、整饬学术道德。其实，每个学科根据自己学科的特点都有一定的规范。社会学、政治学、文学、艺术在知识创新方面均有各自的创作体例和思维模式，以贯彻各自的价值观念。但是，精神的、内在的学术规范并不能自然变成外在的行为约束，因此，既要加强人文社会科学工作者自身的道德自律，又要加强人文社会科学共同体的道德约束和监督。同时要依赖于学术评价、奖励制度的完善和发展，加强制度建设和相关的法律建设，加强对违规和失范现象的监控、预防和惩治。规范一旦确立，就要严格执行，严肃查处违规者；转变那种“家丑不外扬”的旧习惯，不手软，不护短，不找借口，不搞“下不为例”，使这些规范内化为科研人员的基本素质。

4. 国际化与本土化问题

正如全球化一样，人文社会科学的国际化同样也是一股不可抗拒的浪潮，成为其发展的重要走向。在走向国际化的过程中，中国人文社会科学既面临着与世界人文社会科学相融合的新问题，也面临着保持自身发展的独立品格的新挑战。

人文社会科学的国际化包含着两层意思：一是指人文社会科学的发展超越了一国的界限，成为世界人文社会科学的重要组成部分，具有与国际人文社会科学界对话的能力和地位，得到国际人文社会科学界的承认；二是中国的人文社会科学家能以全球的视角，从世界的高度，从整个人类实践的高度来反思中国的人文社会现象和问题，建构中国的人文社会科学理论，引导人们的价值追求。评价人文社会科学国际化程度的指标主要有：认识主体的国际化、认识客体的国际化、科研信息的国际化、研究行为的国际化、研究成果的国际化和人文社会科学研究的政策体制的国际化等。

（1）国际化问题

不应否认，中国人文社会科学的国际化程度近年来有了很大提高。从认识主体看，人文社会科学工作者现在已较容易获得支持到国外进行学术交流，参与国际合作研究项目和国际学术活动。从研究的客体或对象看，中国人文社会科学工作者所关注的问题与整个国际社会是一致的，如对全球化、网络安全与伦理、环境、生态与可持续发展问题的研究就取得了重要成果，获得了与国际同行对话和交流的能力，赢得了国际学界的认可。现代电子通讯和网络技术的普及也确确实实为人文社会科学研究带来了新的活力和助力。但国际化并不是完美无缺的。走向国际化的中国人文社会科学同样面临着国际化的陷阱，遭遇国际化的难题。

由于西方学术成就的广泛引进，我们现今所使用的理论与方法受其影响很深，尤其是在经济学、社会学、心理学、人类学、管理学等方面更是如此，我们的研究面临着这样的问题：我们所探讨的对象虽是中国社会与中国社会中的中国人，所采用的理论与方法却是西方的或西方式的。在日常生活中，我们是中国人，在从事研究工作时，我们却变成了西方人。我们有意无意地抑制自己中国式的思想观念与哲学取向，使其难以表现在研究的历程之中。

国际化意味着越来越多的国际交流与合作。但在国际合作研究中，由于议程的优先权多在对合作项目提供资助的外来机构和捐赠者一方，他们往往将研究的视角对准我们的问题，我们主要是协助对方研究本地的问题，难以获得真实全面的对方的实证材料，很难谈得上真正从比较的观点研究议题。

国际化提供了更多的机会接触和获取国外的著作，许多人文社会科学工作者如获至宝，如饥似渴地阅读外国作品，并以其作为提升课题研究的指标。对国外著作、学术信息的需求十分强烈，国内翻译和引进国外文章、著作的数量剧增；与此相反，大多数国内文章、著作却从未被翻译成英语或其他语言，难以得到国外同行的了解和研究，不能被纳入更广泛的学术讨论之中。

文化帝国主义是一种优势文化的心理态势，以本民族文化优于其他民族文化而对之加以排斥和否定，国际化加剧了这种优势心理。国际化网络旨在促进信息、资讯的国际流动，但实质是：网络语言主要是英语，英文的话语霸权充斥网络，其他国家和民族的语言面临着被淹没的危机；同时，网上的信息资源主要来自西方发达国家，其中 80％来自美国，这些国家利用其技术和资金的优势，输出各种信息资源，而信息的传播在文化上并非是中性的，发达国家在输出信息的同时也输出其文化倾向、价值观念和意识形态，张扬其话语霸权，这就是区别于军事帝国主义、政治帝国主义、经济帝国主义的文化帝国主义，发展中国家时时面对这些扑面而来的冲击，面临着接受西方文化观念与保持本土文化传统和价值观念的两难选择。

(2) 本土化问题

本土化（indigenization）又译为“本国化”、“本地化”或“民族化”。本土化的含义在于使某事物发生转变，适应本国、本地、本民族的情况，在本国、本地生长，具有本国、本地、本民族的特色或特征。中国人文社会科学的本土化主要是将西方人文社会科学的一般理论、概念和方法与中国的文化传统、价值观念和具体实践相结合，描述、解释和说明中国的人文现象和社会问题，预测中国社会的未来发展，形成自己的理论特色。

本土化的需求并非是中国特有的，它是在第二次世界大战以后美国以外的其他工业国组成的第二世界和包括中国在内的第三世界国家掀起的一种普遍的学术运动，其原因在于欧美发达工业国家，尤其是美国，在整个人文社会科学领域占据主导地位，其他国家在引进和移植应用外来理论时，常常发现这些理论具有文化的限定性，不适应本国的文化情境，难以应用于本国实践，故而倡导对外来理论进行重新反思。社会学是最先提出本土化取向的学科，在社会学变迁史上，本土化作为一种自觉的群体性的学术活动取向，率先出现于 20 世纪二三十年代的拉丁美洲（尤其是墨西哥）和中国的社会学界，主要是对具有浓厚西方文化特征的欧美社会学的反思。1953 年巴西社会学家拉莫斯在第二届拉美社会学家大会上首次提出本土化运动的主张，要求同仁们丢弃从发达世界运来的“罐装社会学”，建立适于解决拉美问题的学派。在中国，经过了80年代对西方学术成果的大量介绍、引进和学习之后，各个学科，如法学、人类学、经济学、心理学等，研究力量逐渐加强，也纷纷提出了本土化的发展要求，强调关注本国的社会现实、社会特性和文化传统，进行本土化的理论创新。在全球化时代，当西方发达国家利用其资金和技术优势大力推销其价值观念、意识形态和文化霸权时，本土化研究的意义日益凸显。

本土化的目的在于增进对本土社会的认识，解决本土的问题，增强理论在本土社会的应用度。当前中国人文社会科学的研究事实上存在着西方的话语霸权，这种话语霸权消解了中国问题本身的重要性，而凸现了西方社会关注的问题。“本土化”的关键还在于确立“中国问题”的主体意识，切实从中国的实际出发，建构出对中国人的行为及中国社会的组织运作具有确切解释力的人文社会科学理论，真正解决中国自己的问题。

本土化与国际化是人文社会科学研究的两个方面。从形式上看，本土化注重本土研究，国际化强调国际交流与研究对象的国际层次，追求理论、概念和方法的普遍性，二者走的是两条不同的路径，但二者并不矛盾。因为完全意义上的国际化研究形成的理论架构、概念系统、方法和研究结果具有文化的普遍意义，适用于描述和解释不同国家或地域的总体状况；但由于研究对象处于不同的地理和人文环境而具有特定的文化限定性，因此，就需要在特定文化背景中将具有文化普遍意义的研究的指导理论和概念具体化、可操作化，使之适合各个特定的文化。这时，本土化就要被强调。

四、问题意识和超越情怀

1. 矫正定位倒错，凸显问题意识

反思新中国成立以来我国人文社会科学的发展历程，不难看出，问题意识淡漠，运作性不强，是制约我国人文社会科学发展最突出的问题。

问题意识淡漠既有学科自身的原因，也有特定的政治根源和社会历史根源。基于这两方面的原因，一些人文社会科学工作者，至今不敢触及敏感的理论问题，更不敢涉足引起困惑的社会现实问题。他们的研究工作要么限于注释经典著作，在经典体系内兜圈子；要么仅仅为现行政策或政治理念作宣传。即使在人文社会科学的应用学科或工程学科中，也多是迎合长官意志，不敢越雷池一步；对问题却避重就轻，隔靴搔痒。虽然有一些视学术良心为生命、责任感强的学者不随波逐流，直面社会现实问题，大胆进行理论探索，可惜他们当时很难得到恰当的评价。

应当指出，问题是研究的起点，也是学科发展的生长点。对于人文社会科学，问题意识淡漠，脱离时代与社会现实，无异于切断了它们发展的源头，必将成为无源之水，无本之木，生命力将随之枯竭。

必须为凸显问题意识而矫正几个最严重的定位倒错。

（1）非体系本位意识

应当看到，人文社会科学各学科发展很不平衡，甚至有些学科发展状况不尽如人意。这其中既有人文社会科学自身局限性的作用，也有现行科研体制以及与此相关的一系列体制的弊端。而在这种种原因中，一个内在的、起着直接制约作用的因素是思维方式所存在的局限，是“体系本位意识”的消极作用。

由于体系本位意识的作用，人们往往更注重从学理的角度考虑学科的需要，也就是说，更容易并且更主要地是以一种较为封闭、静止的观念和较为狭窄的眼界来构思学术研究。在此过程中，关注的主要是概念、范畴、逻辑、体系以及学科本身的知识积累，而构成学科发展前提的活生生的社会现实则得不到应有的重视，甚至完全被忽略。在这种情况下，学术研究便难以从现实中发现问题、得到启迪、获得灵感，因而也难以与时俱进。

随着时间的推移和客观条件的变化，体系本位意识的负面影响逐渐显现出来。特别是当这种意识逐渐成为不自觉的集体“冲动”时，当这种意识导致为体系而体系、把体系当作学科建设的全部目的时，就会形成一种经院习气，束缚学科不断更新和发展，成为阻碍人文社会科学研究不断拓展和深入的因素。

当人们对一系列纷至沓来的新现象、新问题感到迷惑不解，需要理论提供一种有助于“解惑”的认识，而理论又回避推诿之时，理论研究的作用难免令人质疑。在这样的情况下，学科建设、理论研究也就得不到公众的认同、理解和支持，这也是人文社会科学长期遭到社会轻视的部分原因。

新时期所出现、形成的新问题，是很难完全纳入既成的知识和概念框架、以原有的理论体系来认识和解决的。这并不是说原有的理论体系对研究、解决这些问题不起任何作用，相反，无论问题如何“新颖”，都必须借助某些现有的概念、范畴和知识体系，只是不能停留于此。关键在于，不能学究式地面对问题，如果囿于体系本位意识，所提问题其实不需要解决，它们不构成真实的难题，因为提问的时候，答案已经有了，表面的热闹只是使学术讨论始终在一个圈子里打转。

（2）非功利主宰导向

市场经济鼓励人们追求个人利益。但是，在社会尚未建立良好约束机制的情况下，过分强调个人价值和个人利益，容易浮躁和急功近利，对迫切的规范化和本土化要求反而掉以轻心。

近期引人关注的学术界的弄虚作假、粗制滥造、抄袭剽窃、包装注水等现象，部分也是市场经济体制不完善在学术领域的表现。在短期利益驱动下，一些学人自律不足，随波逐流，求量不求质，不端行为频生，甚至成为金钱的奴隶。

然而，不能全怪学者个人，现有的学术激励制度、成果评价体系过于急功近利，工资、职称、奖励、房子及各种其他待遇都决定于科研成果的多寡。学术成为谋利的工具。急功近利的浮躁心态严重败坏了清正严明的学术风气，致使不少人从以往的“羞于言利”蜕变为“事必言利”，甚至把社会上走后门拉关系，请客送礼等套路引入科研成果的发表、鉴定、评奖和职称的评审之中，从而产生学风不正、学术腐败等问题。

科研管理本身是一门科学，但是现在的人文社会科学的管理，在相当一部分高校和研究机构，就是催促各个部门及个人每个季度和每年填一堆表格，统计谁、哪个部门发表了多少文章，获得了什么奖，争取到什么级别的课题和拿到多少课题费，再根据这些统计数字，通过一定的程序提升某人的职称，给予某部门更多的经费。长此以往，人文社会科学很难获得大的发展。

市场经济鼓励竞争，这对促进经济的发展确实功不可没。但是，科学研究工作不能等同于经济工作，虽然不能不言功利，但如果受功利主宰、成为功利的奴隶，势必走向歧途。特别是一些基础学科、重大理论课题等方面的研究，都需要研究者潜心钻研，甘坐冷板凳。人们除了在经济、政治利益驱动下无休止地开展各种功利性活动外，也需要没有功利目的地思考一些非功利意义的问题，实现一种对世界的精神上的把握。因此，在评估人文社会科学成果方面，不能简单地把工程计量方法搬到人文社会科学领域来。

(3) 去片面意识形态化

在人文社会科学与意识形态相互关系问题上存在两种片面观点：一是把两者相互混同，二是将两者截然对立。

人们常说马克思主义是意识形态，其实这种说法过于笼统。马克思主义的世界观和方法论、总的理论原则和思想体系是意识形态，而马克思主义的经济学、历史学、社会学则是科学，或是建立在牢固的科学基础之上。

经典作家强调社会科学首先是一种探索真理的认识活动，其首要标志应当是对科学性的追求，以及怎样努力排除非科学因素（包括反动阶级的意识形态）干扰的问题。马克思早就对研究主体的价值取向提出了要求：即真正的学者应当具有独立思维的品质，要有与干扰这种独立性的外界影响甚至反动势力进行斗争的勇气。马克思曾反问道：难道真理探讨者的首要任务不就是直奔真理，而不要东张西望吗?[①] 马克思认为："一个人如果力求使科学去**适应**不是从科学本身（不管这种科学如何错误）而是从**外部**引出的、与科学**无关的**、由**外在**利益支配的观点，我就说这种人'**卑鄙**'。"[②] 马克思称赞英国资产阶级经济学家大卫·李嘉图是客观的，他的客观性就在于如果科学要求他作出与他的阶级利益相对立的结论，那么他也能作出。这提醒我们：一定不要把简单的意识形态立场作为我们学术思想的预设，那结果很可能阻碍人们对学理问题的诚实探讨。

"文化大革命"时期把学术问题一概视为政治问题，把学术批评当成正确的批评错误的，政治上先进的批判政治上反动的，分不清学术和政治的界限，以这样的态度当然就难以开展正常的学术批评了。

总体上讲，人文社会科学有作为意识形态的一面，也有超越意识形态的一面。如果将其完全政治化、片面意识形态化，以价值评判代替知识争论，以一时的政治需要决定学术真伪，既严重影响学术的独立性，也使人文社会科学研究不敢、不能直接提出真正的问题，这是不利于学科健康发展的。

还应注意，新思想的孕育和成长，有赖于自由的学术空气；学者的创新精神离不开学术自由环境的滋养。囿于学术权威的观点和政治权威的权力，是不可能提出什么有价值的问题的，也无法发现现实中涌现出来的重大理论和实践问题。只有突破这些约束，树立创新的信心，问题意识才有真正建立的可能。

2. 恰当设问和应答

向问题意识的转变，要求在设问方式和应答方式两个方面都有相应的转变。

问题方式包括两个方面，一是设问方式或提出问题的方式，二是应答方式或回答问题的方式。提出有价值的问题和准确地回答问题都是创造性活动，既与当时社会历史条件和学科理论发展状况相关，也决定于学者本人的经验、学识水平、思想观念、判断力、想像力和创造力等因素。

（1）设问方式的转变

当前，在设问方式上的坚决转变是人文社会科学发展的当务之急。这种转变的取向，首先要围绕现实性、多元化和直接性来进行。

其一，现实性提问。

相比自然科学，人文社会科学的提问更多地受到现实需要的影响，包括物质

---

① 参见《马克思恩格斯全集》，中文1版，第1卷，6页，北京，人民出版社，1956。

② 《马克思恩格斯全集》，中文1版，第26卷（Ⅱ），126页，北京，人民出版社，1973。

生活、精神生活以及制度建设等多方面的需要。所以，现实性提问是人文社会科学最重要的提问方式。现代化的社会转型决定了社会生活不同寻常的纷繁复杂，迫切需要学术界做出迅速的、有力的和可操作性的回应。

要做到理解现实，一定要敢于走出书斋，突破已有的理论框架和教条的束缚。中国现代学术，特别是社会科学，多是移植西方知识体系，因而不能不注意西方理论与东方现实的差异和冲突，与现实相矛盾的理论必须根据现实来修正、调整和取舍，使之真正契合当代中国社会的需要，这就是所谓“知识本土化”问题。

人文社会科学是围绕“人”为中心建立起来的知识体系，民生问题是其题中应有之义。对民生的关注，既包括对人民物质生活的关注，也包括对人民精神文化生活的关注。

对民生的提问，有两个重要的思路：一是从细节问题入手，一是从个体生存状况入手。研究的细节化，避免宏大叙事，这是正在发生的当代学术转变的重要特征。关注个体生存状况，是透过社会制度、社会集团真正感同身受地理解现时代个体的命运，而不仅仅把个体作为某个集体的单位去化解。关注个体，既要承认人理性的一面，也要考虑其非理性一面，把人看成知情意统一的复合体。

改革是史无前例的变革，是“摸着石头过河”的创造性转变。随着改革的深入，各种新问题、新现象层出不穷，对它们的提问方式没有现成的经验可资借鉴。人文社会科学家应该高度关注人类一般的实际发展进程，并经常促进这种发展进程。所以，从改革进程中提出现实问题，是现实性设问方式的重要方面。

其二，多元化提问。

所谓多元化提问，是强调研究者应该以开放的心态对待不同的价值观念，从不同的角度出发来研究社会和人，创造性地提出问题。多元化提问是和标准化提问相对的。标准化提问拘泥于已有的教科书的立场，以立法者、裁判者和导师式的身份向社会发问，是作为真理掌握者而不是作为研究者来审视社会。作为研究者，既要弘扬主流标准，也需要从其他的观察角度来对标准观察进行补充。

在中国，每一个学科都有自己的教科书。并且，无论是理论表述上，还是篇章结构上，同一学科不同版本的教材基本上雷同。如果一个学科没有标准化的教科书，该学科就被认为没有完全建立起来。相应于标准化教材，中国的文科考试都有标准答案，甚至包括一些地方硕士研究生入学考试也是这样。可以说，中国的人文社会科学基本上是建立在一套标准的教科书知识体系之上的。

就设问方式而言，“唯教科书主义”的设问方式也被标准化，虽然表述上略有不同，但都“似曾相识”。不拘泥标准化设问方式，就必须突破教科书知识的限制，从不同的知识背景和价值观出发来提出问题。

当代全球化运动对以民族—国家为背景的范式提出了强烈的质疑，许多问题是整个世界和整个人类共同面临的问题。伴随着信息时代的到来，人类知识的形态、内容、传播和接受方式都发生了根本性的变化，任何文化隔绝都不再可能。但是，在频繁的国际交流与合作中，既不能忽略他人的观点，又不能盲目跟随他人而迷失自己。

在后工业社会，消费文化的崛起使高雅文化和经典文化受到了有力的挑战，一度被认为是高级精神产品的文化艺术变得越来越具有消费性和制作性。面对大众文化，相当一部分研究者缺乏深入的了解和真切的关注，而是采取无端批判的武断态度，一味称大众文化是媚俗的，流露出知识分子自命清高的精英立场。对大众文化的鄙视或者畏惧只能使自己日益孤立，与社会发展格格不入。突破精英文化的立场，可以从当下大众文化运动中提出许多有意义的问题。

其三，直接性提问。

所谓直接性提问，是与间接性提问相对的提问方式，要求提问的通俗性、精确性、尖锐性以及提出的问题要有真正的社会价值。

提问要通俗化，要让一般人能够明白和理解。人文社会科学各学科都有自己的概念、术语和范式，但是研究的问题都是与人相关的，也应该是一般人能够理解的。通俗性提问，可以让人直接了解到整个研究的价值和意义。

提问要精确，要让人准确地把握提问者的意图，不动辄搞什么“微言大义”。精确性要求提问者廓清自己提出的问题，消除其中的模糊和歧义。精确性往往与数字有关，要求对问题进行定量描述。比如，东南亚金融危机对中国经济的影响问题，如果能具体到某个数量级上，就更能给人以直观的印象。

提问要尖锐，能给人以警醒和震动。比如，当研究者设问：“农民和基层政府的对抗到底到了什么程度？这种对抗到底会不会引发大规模的社会动荡?”① 这种毫不回避的、尖锐的提问态度会起到振聋发聩的效果，引起社会极大的反响。

直接性提问往往收到很好的社会效果，而晦涩的问题则得不到多数人的理解、认同和共鸣。知识分子不敢直截了当地提出问题，相当一部分原因是人文社会科学研究片面意识形态化。但是，片面意识形态化不能完全归咎为学术受到意识形态的束缚，人文社会科学学者的素质也有问题，就是说，中国知识分子自身尚缺乏独立的品格、自由之精神（陈寅恪语）。

从自身素质来看，真正实现直接性提问方式的转变，知识分子还应该着力培

① 于建嵘：《农民有组织抗争及其政治风险》，载《战略与管理》，2003（3）。

养对人文社会现象的洞察力，这包括两个方面的素养：一是敏锐的眼光，一是批判的精神。即敏锐地感知社会现状和变迁，保持足够的社会责任感；时刻不忘学术批判、社会批判，透过现实迷雾，直指事物本质。

(2) 应答方式的创新

与设问方式的转变一样，应答方式的创新也是当下最为迫切的工作重点，而重中之重是应答的跨学科、可操作性和建设性。

其一，跨学科应答。

问题和学科究竟应该是一种什么关系？历史地看，问题的产生是先于学科的。问题诞生之后经历了一个从自在到被各学科整合最后又溢出现有学科架构的过程。

因此，以问题意识指导研究活动，要求研究者不能局限于某个纯粹的学科，而应该有跨越学科的眼光，在学科与非学科的两极张力中求得某种平衡。

一方面，学术研究必须借助研究者已有的学科知识，完全放弃学科知识的应答方式是不可能的。并且，无视前人的理论思考，往往最后会被发现并没有跳出前人的思考，甚至是一种盲目的重复性劳动。

另一方面，局限于已有学科来审视问题，会陷入“解释学循环”，以理解的前结构限定理解，阻碍应答方式上的创新。有论者认为：“突破学科化的思想学术方式，回到问题本身，以问题为中心组织当代学术思想。这种问题意识是大学学科建设走出经院化的关键。”①

进一步说，对那些不能整合进现有学科构架的新问题，必须有一种全新的审视方式。对这些问题，根据不同的学科知识从不同的侧面来研究是非常必要的。更应该围绕问题本身来组织和整合这些不同学科的回答，打破学科界限，融贯不同学科理论和方法，做出跨学科的应答，形成统一的、协调的知识，而不是片段式的拼凑。

跨学科的研究，一方面是人文社会科学内部各个学科之间的渗透和借鉴。社会科学指向人类活动在社会系统中的功能与意义，人文学科研究人的生存价值和意义，两者在理解人文社会现象中都不可或缺。另一方面是对自然科学的借鉴，一是思想、理论、概念的吸收，一是自然科学方法的引进。当下，计算机也开始在人文社会科学研究中发挥巨大的威力，简化对社会现象中众多数量关系的处理和分析，极大地提高了人文社会科学研究的精确性。

其二，可操作性应答。

---

① 余虹：《当代学术思想七人谈》，载《中华读书报》，2003—01—26。

知识性应答和可操作性应答是两种不同的回答问题的向度。可操作性应答是知识性应答的实际运用，是后者从观念向行动的转化。同时，可操作性应答也在知识性应答与社会实践之间建构了一座桥梁，把知识性应答放到丰富的社会实践中去检验和修正。两种应答方式互为补充，互相支持。

回答要具备可操作性，答案必须从定性向定量转化。任何事物都有质和量两方面的规定性，人文社会事实也不例外。人文社会科学认识既要揭示研究对象质的方面的规定性，也要揭示其量的方面的规定性。定量研究一般具有严密性和可靠性，可以得出可操作性的结论。

政策性研究，直指政策的实施，是典型的操作性研究。政策性应答，是尝试着以政府、政策的立场来看待研究对象，解决关系各种国计民生的问题。

从政策性研究的组织机构来看，专业咨询机构的出现、咨询产业化是一个重要的特征。许多国家都纷纷设立“思想库”之类的研究机构，为国家提供咨询服务，比如赫赫有名的兰德公司，已经成为美国研究国家安全和公共福利等重大综合性战略问题重要机构，值得中国学界借鉴。

社会技术的研究是近来新兴的问题，它认为存在一种和自然技术相对的社会技术，把人与人之间的关系、人群与人群的关系以及组织管理、社会管理等原本属于人文社会科学领域的问题看成一种技术现象，统摄在社会技术的范畴之下。它为增强人文社会科学应答方式的可操作性提供了新思路。

其三，建设性应答。

“在20世纪中国史中，一个显著而奇特的事是：彻底否定传统文化的思想与态度之出现与持续。”① 这与中国现代学术建立之初，就面临西方强势文明对传统的威胁和挤压不无关系。在亡国灭种的深刻危机之下，中国知识分子急切地希望富国强民，学术活动很自然地就被统摄于救亡图存的话语背景之下，抹上了浓厚的功利主义色彩。从1840年以来，较之于建设，中国知识分子在中国社会发展问题上，更加倾向于裂变和革命。

上述心态，反映到学术研究中，就是学术上普遍的破坏性思维方式。新中国成立以来相当长的时期中，人们习惯于从意识形态、阶级斗争和社会革命出发来研究问题，对西方理论、传统文化持一种全面批判、全面否定、全面破坏的态度。改革开放以来，救亡图存的诉求被民族复兴的号召所取代，但在学术上的破坏性的民族主义心态并没有完全放弃，这与学术界从彻底否定西方非马克思主义的理论转向一味追随西方最新理论的旨趣也是暗合的。两相映照，就使得当下中

① 林毓生：《中国传统的创造性转化》，50页，北京，三联书店，1988。

国学术界各种负面的思维方式、种种后“学”风靡一时，建设性地思考问题、回答问题的应答方式仍然被忽视。

“大批判”现象，是中国现代学术不成熟的表现。从问题的应答方式来分析，这种不成熟是不能妥善地处理破坏性应答与建设性应答之间的关系，自觉和不自觉地走极端的结果。针对这种情况，应该大力提倡建设性应答。

当然，建设性应答不等于掩盖问题、回避问题，不等于好好先生、一团和气。我们同样要倡导批判性思维。但是，批判不等于单纯破坏。“破”“立”结合的批判，包含建设性因素。

建设性应答，要破除情绪化和意气化，要求客观、冷静和实事求是的立场。建设性应答，要纠正片面地看待问题的习惯，要破除急功近利、追求轰动效应的心态。

建设性应答是直面现实、有所作为的回答方式。它既要回答为什么，也要回答怎么办，既要看到现象，又要提出对策。比如，面对国有企业产权不清、管理混乱，国有资产流失日益严重，一些人以为一句“体制问题”就回答了一切，而不致力于提出建设性的有关“怎么办”的可行、有效的方案。最后，在人文社会科学领域，“毕其功于一役”的激进、冒进想法是解决不了问题的。一蹴而就的应答方式只会蒙蔽我们的研究，耽误我们的时间，打击我们的信心。

3. 多元的价值追求

提倡问题意识，不能抱持急功近利的心态，而要张扬一种超越情怀。这就要求在咨政与怡情、建构与解构、学者人格与多元追求之间保持必要的张力。

（1）咨政与怡情

如果说咨政的取向主要是从物质的、功能的角度看人文社会科学，那么它在精神层面的意义可归结为怡情的追求。这种追求既表现为人文社会科学工作者在其创造性研究过程中陶冶情操、愉悦身心的效果，又表现为人文社会科学对民族文化素养、道德水平和精神境界的提升。

人文社会科学的咨政功能具有久远的历史渊源。从柏拉图的《理想国》开始，西方就传承着一种追求乌托邦的传统，经过中世纪的政教合一的神学时代，宗教思想对政治统治表现了深刻的影响力；在中国，儒家思想、“三纲五常”的观念则伴随着历代的君王走过几千年的政权更迭。人文社会科学的咨政功能在社会革命时期，表现为为革命提供指导思想和斗争方略。

随着社会的变迁，成长中的人文社会科学也在调整自己的取向。尤其是在科学化的历程中，随着政治意识形态在各个领域的淡化，人文社会科学的咨政功能更多地表现为政策支持和决策咨询的作用。

政策制定与决策依赖人文社会科学理论，反过来也推动后者的发展。着重运作的政策性研究进一步使人文社会科学从理论走向现实。研究覆盖许多与国家、社会有关的实际问题；通过对现存的社会问题的分析、研究和解释，可对现实各种紧张的社会关系起到一种缓解的作用。

现在，人文社会科学的咨政功能得到前所未有的张扬。但人文社会科学的研究同时要坚持自主性发展，按学科本身的特点和需要，科学地建构研究对象，防止那些“偷运进社会科学大门的社会问题”，并对人文社会科学家自己的研究过程和思考工具进行彻底的质疑。否则，如果人文社会科学研究的资源完全按照长官意志由行政来安排，形成“有奶就是娘”的局面，就会使人文社会科学家自觉或不自觉地成为利益所左右的“近视者”，损害他们所应该具有的自我批评和信息反馈能力，消解他们作为社会良心的作用。

特别要提防人文社会科学研究非怡情化的趋向。20 世纪 80 年代以来，随着后现代主义在国内的传播和走向市场经济的变革，一些人全盘接收了后现代主义思潮，热中于反基础主义、反本质主义和反理性主义的观点，怡情的追求也面临着种种边缘化的危机。最早的人文知识分子，就像知识社会学创始人曼海姆所称，是“自由漂浮者”——有着自由思想的特点，有着对国计民生的天然忧患和关怀意识，在沉沉黑夜中担当守更人的角色。但随着人文社会科学的建制化发展和知识分子角色的分化，人文知识分子已经从纯粹的单一的“守更人”角色分化为一系列以知识谋生的职业群体。很多人文学者和社会科学家转向市场经济的海洋，将知识资本和文化资本转化为经济收入和社会地位，淡化了作为思想者的社会精神向导的意识。如果人文学者完全被利益言说所左右，完全推行市场化的平面创作模式和思想方法，推销商业主义的审美霸权，就会失去人文社会科学本应具有的超越情怀！

（2）建构与解构

超越情怀的现实意义，一是在对问题的反思中，坚持一种实事求是的客观公正的态度；二是在对现实的批判中，寻求建设性的解答。

自古以来就形成的批判性思维的学术传统，是人文社会科学的意义所在，也是人文学科与社会科学得以世代传承、不断进步的基础。然而，在当下急功近利的语境中，某些人文学者开始忘掉原来对日常生活的反省和批判，使得知识层文化阐释和文化批判功能衰减，人文社会科学家自身的反思能力减弱，学术含金量降低。现实的利益驱动代替了真正的价值判断，出现了诸如心态浮躁、学问空疏、门户之见、论资排辈等弊端。这些都需要我们及时寻找应对之策，以推进真正的学术繁荣。

合理的批判和破坏是进步的，但是，将批判和破坏贯彻到底则难免犯偏激或虚无主义的错误。当下，关于现代性和后现代性的言说是学界的主导话语，而西方后现代主义思潮却将现代社会的危机归因于现代性，把现代性看成是造成现代社会一切弊端和一切矛盾冲突的根源，并从多个角度批判、消解和摧毁现代性。后现代主义思潮所表现出来的文化虚无、主体死亡、理想破灭、传统丧失、游戏人生的理论取向，从根本上否定了西方近代以来形成的崇尚理性与崇高的思想传统，是对现代性的彻底消解和破坏。应该看到，后现代主义的这种思想取向在现阶段对我国的文化建设和思想建设具有破坏性的一面，照搬后现代主义，后果将不堪设想。

批判的意义不限于破坏与解构，在学术领域，批判的目的既不是要否定、打倒权威，也不是要讨好权势，而旨在通过争鸣与辩论以更全面地了解问题，达到对事实与问题本身的合理化解释。在社会科学领域，还要寻求问题的解决方案，实实在在地解决问题，哪怕提出的方案并不一定是官方或既有权威所乐意接受的，这就是所谓的批判意味中的建设性。

从实践的维度看，作为提供关于社会知识和方法的社会科学，其建设性意义则更为感性具体。可以说，人文社会科学的建设性意义无论在理论还是在实践的向度都已是不争的事实，深层的问题在于人文社会科学的建设性效果何以可能？如何才能提高当下中国人文社会科学的建设性作用？

（3）学者人格与多元追求

中国人文知识分子自古就形成了有别于西方学者的人文传统，在西方同仁关注自然，探求宇宙的本源与发展规律，探求超越现象世界的客观的纯粹知识之时，中国的人文学者将关注的目光更多地投向了生活现实和人本身，在“人文”与“天道”契合的视野里，虚置彼岸，执著此岸，形成了独特的“文人精神”：一是深刻的忧患意识，二是对道德理想的探求和对社会道德秩序的建构与维系，三是具有强烈的政治抱负，关注政治、参与政治，置政治于学术之中。

中国的人文学者在历史上的作用是辉煌的。他们曾被塑造为一群超人，一群在人格上高于普通众生的精英，一群为知识、为某种价值和信念随时献身的文化英雄。而今，如同风吹云散，一切都在改变，包括曾经的得意与失意！也许可以这么说，中国的人文学者从未在历史的和平时期遭遇过如此深刻的失落，一种在政治与经济的热浪外、在科技英才激昂的凯歌中默然走向边缘化的失落。

人文学者作为社会分层中一个特殊的群体，也许是因社会及自身社会地位的变迁而失落，但在遭遇人文学科的困境之时，合乎情理的选择应是对学科走向及个人学术行为的反思，寻求走出困境的办法。

每一种选择都无法超越多元化的现实。多元化源于社会同质性的消解。在改革开放之前，我国传统的经济、政治与文化之间是一种高度同质的整合关系，计划经济、以阶级斗争为纲的政治与一元主义的文化，三者彼此协调。但在思想解放、改革开放之后，尤其是 20 世纪 90 年代以来，三者之间的这种同质整合关系在很大程度上被打破了，呈现了分裂状态。经济与政治、政治与文化、经济与文化之间并不总能相互支持与阐释。

多元化不是中国首创，而是全球发展的基本趋向。全球化导致的悖论在于，全球化一方面加剧了某种一体化，但同时也培育了多元化的可能。在全球性的资本扩张中，无法回避的是当地的社情和文化传统。

多元化之合法化呼唤的是对话与理解，是对异质性的宽容，是对绝对的单一的评判标准的反动。正确的选择应是对人文学者本身的重新反思和自我定位。摘下启蒙的帽子，更多地关注现实中具体的人和事。人文学者应成为关注并就社会问题发言的公共知识分子，而不仅仅是“象牙塔”里的学究。

对社会公共问题的关注意味着人文社会科学家要保持对社会的独立批判精神，在“出世”与“入世”之间保持必要的张力。不要绝对超然的“出世”，也不要无法自拔的“入世”；“入世”是基本的取向，“出世”是为了与问题保持距离。但跳出问题则是试图看清问题，以求对问题进行批判与超越。或许，在多元化合法化的今天，“出世”与“入世”的融合也是多元化追求的应有之义。

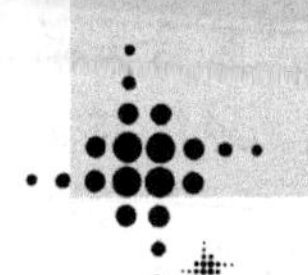

第十三章
科技革命与经济社会变革

科学技术所带来的巨大发展潜力和破坏力，资本主义和社会主义面临新科技革命挑战各自作出的抉择和调整，不仅在实践、而且在理论上酝酿了重大突破。科技的伟大作用主要是它作为经济内生变量并入生产过程、并入经济宏观运行。从科学革命到现代科技革命，标志着从思想革命到生产力革命的飞跃。科技的重要性用生产力标准来衡量是很清楚的，现代科技不仅制约社会发展阶段，而且引导社会文明的进步。知识经济时代的到来，是科技革命的重要进展，它所提出的挑战，需要我们作出积极的回应。

一、现代科技作为经济内生变量

1. 现代科技并入生产过程

“科技—生产—经济”统一体已经成为当代经济社会的重要建构。通过这种建构，科技生产力得以现实化，转化为现实的生产成果。这一建构重塑了当代社会，特别是重塑了社会生产方式，从而一般地改变了生产力的性质。当代的“生产力”已经从性质上截然有别于过去的“生产力”，这种性质上的改变是“科技—生产—经济”一体化的后果，又是“科学技术是第一生产力”命题得以成立的前提。这个一体化进程的显著标志便是科学技术成为经济系统的内生变量，首先是现代科技并入生产过程。

现代科技并入生产过程，一般地说，并入经济过程，是以生产方式本身的变革为切入点的。起初只表现为量的增长即生产效率的提高，最终促成了质的变革，从以劳动过程为核心的生产，过渡到倚重于科学技术的社会化大生产。科学技术在生产过程中无所不在，作用于劳动、资源和资本品等生产要素，也作用于经济运行中的其他要素，如需求要素、管理要素、信息要素等。离开了现代科技，现代生产过程和经济过程都将失去支柱而崩溃。

对于现代科技导致的“生产”自身性质的变革，美国社会学家阿·托夫勒认为：事实上，“生产”既不自工厂始，也不以工厂终。因此，最新的经济生产模式把生产过程往上游和下游两方面延伸——向前延伸到售后服务，甚至还会超越这一点，而达到产品用过后在生态环境中安全处理的问题。还可以把生产的定义向后延伸，包括诸如培训职工、提供孩子日托及其他服务之类的责任。生产甚至在工人未到达办公地点前便已开始。①

这对我们习惯的“生产力”理解无疑是一个冲击。但马克思本人从未将劳动者、劳动工具和劳动对象列为生产力的三要素，只说过它们是劳动过程的三要素。事实上，马克思在多处文献中曾表述过他对“生产”概念的相当宽泛的理解，例如，在1857—1858年经济学手稿中的《政治经济学批判》导言中，他从三个层次分析了消费之同一于生产。首先，消费生产人自己的身体，当然这一意义上的生产“是与原来意义上的生产根本不同的”。其次，“只是在消费中产品才成为现实的产品”。不仅如此，“消费创造出还是在主观形式上的生产对象。没有需要，就没有生产。而消费则把需要再生产出来”。最后，“消费完成生产行为”。在同一篇文献中，马克思还把分配——“(1) 生产工具的分配，(2) 社会成员在各类生产之间的分配”——也列为“构成生产的一个要素”，乃至“交换当然也就当作生产的要素包含在生产之内”。

如果注意到马克思所处的是工业化进程之中的时代，就不能不为他的穿透历史的洞见所折服。今天，后工业时代的来临更迫切地要求丰富生产力的涵义。一句话，一体化的生产过程拒绝了那种把“生产”看成仅仅与劳动过程相联系的观

---

① 参见［美］阿·托夫勒：《力量转移》，108页，北京，新华出版社，1991。

点，这种传统观点使许多人不承认科学技术已是直接生产力，因为它不属于狭义的生产过程即劳动过程。因此，要深刻准确地理解“科学技术是第一生产力”这个命题，就必须认识到，现代生产不仅不等同于个体的劳动者的生产，甚至也不等同于所有个体劳动者的劳动的总和，而是一个系统的、一体化的过程。劳动只是这个大系统的要素之一，而科学技术也是其中的一个要素，并且是首要的要素。

那么，这个系统的、一体化的过程是怎样实现的呢？现代社会中，实现这种一体化，主要是借助市场的力量。市场经济不仅是一种资源（广义的，包括劳动、自然资源和资本）配置方式，更是社会化生产的现代组织形式。用经济学家的话说，它是一种经济体制，借此解决为谁生产、生产什么和怎样生产这三个基本问题。市场经济固然不是惟一的、也不是绝对完美的体制，但迄今为止的人类实践证明，它是目前最主要、最有效的社会化生产组织形式。

因此，考察科技生产力，就不能不利用当代宏观经济学提出的宏观经济体系，考察在这个体系中，科学技术究竟以何种方式，对经济运行的各个要素、各个环节发生作用，并最终通过各要素、环节在经济运行中的相互作用而在全部的生产过程中实现自身为第一生产力。

在宏观经济体系中，“总供给”是一个社会在流行价格、生产能力和既定成本条件下将要生产和出售的产出数量。它不是一个现实的量，而是现实可能的量，因此在很大程度上可以视为体现着“生产力”概念的具体化。总供给诸要素：劳动、资源和资本品，是考察科学技术并入生产过程的方式时需要着力突出的。

2. 现代科技与劳动技巧

既然目的性是区分人类劳动与动物活动的依据，也是区分劳动与盲目体力消耗的依据，那么可以推知，技巧因素在劳动中比体力因素居于更核心的地位。技巧的劳动也就是程度更复杂的劳动。从这里出发可以定义技巧为：在其他条件不变的条件下，凡不增大劳动强度而仅增大劳动复杂程度来增加产出的因素，都是技巧因素。

技巧是一个极古老的因素，它与劳动伴生。磨制骨针、打制石器就需要技巧。草药的配方也属技巧，因为掌握了草药配方的医生，在不必增加其医务劳动强度的情况下，就能为病人提供更多的有价值的服务。

很容易看出，上述各种技巧有所区别。这区别就在于它们同劳动分离的程度。我们将要讨论并且指出，技巧同劳动的分离是科学技术作用于技巧并最终作用于劳动的前提条件。

有些技巧和它的劳动过程密不可分，也就是说，它只能在劳动过程中才能存在、才能被习得、才能被运用。这样的技巧我们称为技能。技能是具有独创性和天赋性的东西。纯粹的技能也许并不存在，但很多技巧中包含技能，以至于它们就可以被视做技能。如一名足球运动员的临场发挥，艺术家的灵感，科学家的创造性技能。技能的独创性和天赋性使它带有个人垄断的特征。你可以学习爱因斯坦的物理知识，但你无法学到他的创造技能。在空间中，技能很难被共享，被推广；在时间中，它很难被积累。因此，如果人类劳动中的技巧因素都是技能因素的话，技巧就始终不可能独立于劳动过程，人类始终只能仰仗个别天才，社会化的生产就不可能。劳动者的个人天赋就会具有至关重要的地位，而科学技术便不能成为第一生产力。

进步从技巧与劳动过程的分离开始。有些技巧可以在某一劳动过程之外被习得，再应用于这一劳动过程。这意味着它可以在不同的劳动者之间传授。我们把这种技巧称为技艺。显然，技艺可以被推广、共享和积累。

一旦人们开始用书面符号来表达和传授技艺，这就进入了一次飞跃。书面符号包括文字、图像等等。以书面形式存在的技艺不但独立于具体的劳动过程，而且独立于具体的劳动者。例如，草药的配方就是一桩客观技艺，拥有了配方的人不需要专门的技能就可以配制出具有同样效力的草药。在现代，一桩新产品的使用说明书也可以视为客观技艺。

客观技艺的出现使脑力劳动真正成为独立劳动。假如技艺没有客观化，脑力劳动就没有自己的独立成果，它就始终只是服务于体力劳动的。一个原始人有可能在苦思冥想后打制出一把石斧，但是如果他不把打制石斧的活动付诸实施，他的苦思冥想就没有真正的结果。但是，一个现代的工程师想出一套设计方案，这已经是实实在在的劳动成果了，他没有必要自己动手去实现它。这套设计方案作为客观技艺，是可以独立于这位工程师而发挥作用的，因而已经是工程师活动的外化，是劳动成果。我们注意到人们常常称脑力劳动的成果为“精神产品”，一般说来这并没有错，但如果将“精神产品”理解为带有主观性的东西，如艺术作品等等，就很难理解脑力劳动在现代社会中的重要地位，而容易简单地根据“物质决定意识”的公式，使“精神产品”从属于“物质产品”，脑力劳动从属于体力劳动。

客观技艺的最有利之处，在于它可以成为认识的独立客体。技艺由此可能上升为理论化的知识体系。这是早期科学技术的源头之一。更重要的是，这些独立于劳动过程和劳动者的知识体系又能按自身逻辑独立地发展，不断增殖出新的、更高级的客观技艺——事实上，这已经是一种科学技术活动。换言之，客观技艺渐渐成长为现代科学技术中不可分割的一部分。而当这些从现代科技中汲得营养的客观技艺再返回到劳动过程中去时，将产生出更大的效益。因此，客观技艺的体系化，意味着生产它的脑力劳动成为科技活动的一个重要类别。另一方面，它又直接是一种生产活动。科技活动以生产客观技艺的方式直接并入生产过程，这是现代社会中“科技—生产”一体化的一种重要方式。

更进一步，作为科技活动成果的客观技艺又要与社会化生产的其他部分一体化，使科技活动成为经济运行中的内在构成部分。这种一体化过程主要有两种实现渠道，一是通过科技成果的交易，一是通过职业训练。

职业训练的内容虽然不限于客观技艺，也包括、并且必然包括一般的技巧，但是职业训练之所以出现，却是由于客观技艺。特别是科技化了的客观技艺，它要求劳动者甚至在真正从事劳动之前，就把专门的时间花在学习客观技艺上。包括大学、技校中的职业教育，以及岗位上的终身教育、职工培训等等。在一个客观技艺不发达的社会里，专门化的职业训练显然是不必要的。

专门化的职业训练在劳动过程还没有开始之前就培养出基本上合格的劳动者，这一点极为重要。正如阿·托夫勒所说的，生产的定义在向后延伸，包含了诸如培训职工之类的责任。事实上，这种培训既不是职工本人自发意愿的结果，也不是雇主的意愿的结果，毋宁说，在现代社会中，职业训练已成为一种独立的社会建制，它把科技活动的成果（客观技艺）、劳动者和管理者的利益结合起来，是使科技活动更深入地并入社会经济过程的一种连接机制。这一机制的运行，也是遵循市场经济原则的。

最后，有必要讨论一下“技能”在现代化大生产和现代经济体制中的地位和作用。

尽管科技在现代社会中，主要以技艺和客观技艺的形式对劳动起作用，然而技能在此过程中仍发挥着重大作用。例如，劳动者要把客观技艺转化为自身的技艺，这个学习过程需要的就是技能——从来没有百试不爽的学习方法。一个人学习成绩的好坏，很大程度上取决于天赋。相应地，传授技艺的活动也需要技能，即教育他人的技能。

技能的地位远不止此。一切科技的进步——包括客观技艺的进步都依赖于科技工作者的创造性技能。科技创造技能在历史上是全部科技知识必不可少的源泉之一。它恐怕也是人类最复杂、最高级的技能之一。

在科技的经济运行中，要实现科技成果到经济成果的转化，或是实现从经济需要到科技创新的转化，同样需要有创造性技能。正是技能（而不是技艺）使“劳动者成为生产力中最活跃的因素”。与之同时，由于科技活动是一种有极高级技能的活动，从事科技活动的劳动者——即科技工作者完全称得上是最活跃因素中的最活跃者。

技能既是不可转让的，又是不可消耗的，因而类似于垄断资本，可以产生很高的垄断收益。特别是那些极端稀有、极端依赖于个人天赋的技能，其垄断收益是难以估量的。科技创造活动就是如此。假若今天某位天才发明了治疗艾滋病的药方，他几乎可以漫天要价。无论如何，垄断收益并不反映实际的生产力价值，道德上亦不正当。几乎各种社会都极力防止这种局面出现。办法有：

(1) 从道德上强调科学创造成果为全人类公有。作为补偿，创造者可以拥有极大的荣誉。

(2) 经济上，基础科学研究活动由全社会资助。

(3) 政治上，某些一旦垄断将具有严重后果的科技创造活动，将置于政府的控制之下。

总之，垄断性技能不能进入市场，这是其本性使然。如一般的技术开发活动，则可以按其所创造的价值进入市场，领取技能工资——一种技巧工资。

3. 现代科技与资源的转移、开发

资源既然是大自然馈赠的，科技“作用于”资源似乎就是一个悖论。例如，利用科技从铁矿石中把铁冶炼出来，但冶炼出来的铁乃是劳动产品，已经不是资源了。自然资源从概念上看，似乎必定独立于科技。

上述论断的错误在于，一切自然界的馈赠并不天然地就是资源，只有当它能被人利用时方是资源，换言之，要在一定的“人—自然”关系中来判断一种自然物是不是资源。科技恰恰能够不断地改变“人—自然”关系，因而也改变着“资源”的外延。例如，炼铁技术使铁矿石成为资源。空间技术使外层空间也成为资源。这是科学技术是第一生产力的一个重要体现。从这个意义上讲，科技完全可以“作用于”资源，具体说来又有三种情况，作用于其质料、作用于其能量、作用于其信息。

质料是最原始的资源利用方式。人类以兽皮、树叶御寒，即是利用其质料。最初的人类生活在质料资源丰富的环境中。最早感到匮乏的两种作为质料的资源也许是水和土地。迁徙往往成为原始人类摆脱水和土地危机的最好办法。如《圣经》中记载的犹太民族的迁徙。由迁徙而发展起来的交通技术，也是一种作用于质料资源的技术，既不作用于劳动也不作用于资本。对应于迁徙的，还有另一种办法，可称之为反迁徙，即不是人类自身的迁移而是资源相对于人类的迁移，例如水利灌溉技术。我国都江堰可视为杰出代表。反迁徙技术的成熟形态则是人们通常所称的运输技术。

交通和运输技术在现代社会往往表现出更为复杂的经济功能，例如被运输的常常不是资源，而是资本品、最终产品乃至垃圾。但是透过现象看本质，就会发现它们仍然是实现全社会资源流动的科学技术。空间技术可以视为迁徙（或反迁徙）技术的当代最高级形态。假如说交通和运输技术还只是一般的科学技术，甚至可以不依赖于基础科学研究的成果，那么相比之下，空间技术已完全跨入“大科学”的行列。

储存是原始人类应付资源匮乏局面的另一手段，例如修筑水库以蓄水。储存和迁徙之间的区别不像表面上那么大。事实上，迁徙是资源在空间上的相对转移，而储存是资源在时间上的相对转移。一般来说，自然资源本身具有较强稳定性，毋须发展专门的储存技术，至多需要一些经验性的技术。但是，随着科技发展，人类实践能力强大到了对自然资源的稳定性构成威胁的程度，从而呼唤着专门的、依赖于尖端科技成果的一种储存技术——环境保护技术。需要指出的是，环境保护技术，不仅是对作为质料的自然资源的储存，也是对作为能量和信息的自然资源的储存。

相比之下，储存能源，在技术上更为困难。火炕可以视为一种储存热能的装置。现代的保温瓶明显是一种储能装置，使人们可以利用昨天烧开的水来沏今天的茶叶。但是，专门的储能技术一直不发达，换言之，它没有发展为一门独立的、系统的科学技术。但是，在各种技术体系内，能源的储存一直是极其重要的一环。例如，蒸汽机或内燃机上的飞轮，就是一个储能装置，它保障了机器的稳定运转。事实上，储能技术的相对薄弱是许多能源技术不能付诸实用的重要原因。例如在太阳能利用中，如何保证夜晚及阴雨天的能量供应是个令人头疼的问题。同样，人们也无法把一次原子弹爆炸的能量储存起来。广义地讲，生态保护中包含了对能源的储存，不过这种储存仍然是消极的。

长期以来，能源的输送问题也没有解决。惟一一次——却是有决定意义的——重大突破乃是高压输电技术。今天，电力输送仍是人类输送能源的最主要方式。一般情况下，人们输送的不是能源本身，而是那些可用来产生能源的质料资源，如煤和石油。这时候的运输技术，既用于质料的迁移，也用于能源的输送。

人类一直在利用自然界的广义信息资源。但是，在自然界中能复制、传播的自然信息主要是生命信息，这也是迄今为止我们能够积极利用的一种自然信息资源。生态保护技术最突出的功能也正是储存现有的生命信息资源，而每一种物种的灭绝都意味着生命信息资源的丧失。

上述所有利用资源的技术都属于转移资源的技术。它既不改变资源的自然馈赠性，也不改变可利用资源的数量和种类上的范围，仅仅使具体的资源物与人类之间发生相对的、时间或空间上的转移。

通过资源的转移，可以提高其利用效率。通常说市场经济可以有效地配置资源，达到最大的产出效率，也就是这个意思。显然，如果没有发达的转移资源的技术，市场经济的上述作用就不能实现，人们将更倾向于选择就地取材式的生产方式，如传统农业和工业。可见，资源转移技术是市场经济的内禀要素，而不是它的一个可有可无的外部条件。经济学家在作抽象思考时，有时会把资源转移这一块给“抽象掉”，假定资源的转移是不需要成本的。这种抽象在理论上是有用的，但如果在实践中也这样想当然，以为市场经济体制是一种可以脱离技术前提而凭空移植到任何社会中去的体制，那就大错特错了。例如，在我国建立市场经济体制，一个首要问题是解决运输问题，运输技术上不去，广大偏远农村地区就不可能参与市场经济的运行。经济体制的建立内在地要求着相应的科技水平，这是“科学技术是第一生产力”的又一方面的含义。

尽管如此，通过转移资源来提高生产效率是有限度的，很快会碰上经济学中所说的“生产可能性边缘”。科技生产力之革命性的体现，主要还是在开发资源方面。开发是作用于资源的技术中最高级的一种形式。人类最早开发的资源之一是土地。必须不把开发混同于开采、提炼等活动，后者实际上已属于劳动和劳动技术的范畴，它们的活动成果已经是劳动产品，而不是资源。在这里，开发是指这样一种活动，它并不针对具体的资源物，而针对资源的某一共同特性，提供的是利用的现实可能性，而不是直接的现实性。例如，发现了冶炼铁矿石的方法，这一活动就是一个开发活动，它使一切同类铁矿石都自动地成为质料资源，不论其是否已被冶炼。

由此可见，对资源的开发，本质上是一种探索性的活动，并且是带有普遍性的活动，一开始就蕴涵着科学发现和技术发明的种子。现代对资源的开发活动更已成为科技活动中的重要部分，一切指向未知领域的探索活动，都可能开发出新的资源（包括质料、能量和信息三方面的资源）。

迄今为止，一部人类技术文明发展的历史，几乎就可以读作不断开发出新的质料和能量资源的历史。在质料资源方面，从石器时代到青铜时代到铁器时代，划出了人类早期文明史的分界。钢铁时代延续了很长时间，直到现代人们开始迈入合金材料、合成材料（塑料）的时代。电子时代也可被称为硅时代，人类开发出了半导体材料和微电子材料。今天人们正在向纳米材料、超导材料等等领域挺进，材料科学已成为一门具有独立性的学科。

关于能源的诸技术中，最为基本的就是能源开发技术。火，可能是人类开发的最早一种能源。历史上的每一次能源开发都带来生产力的革命，而且，在火以后，每一次能源开发都依赖于基础科学研究的突破，也依赖于技术的创新。蒸汽、电、燃油乃至核裂变、核聚变无不是如此。今天我们讲的能源技术，主要指能源开发技术。

直到20世纪以前，相对来说，人类开发利用自然信息资源的能力是比较低的，主要通过嫁接、杂交、配种等较低形态的开发方式。基因工程技术是目前最高形态的开发生命信息的科学技术，包括对基因的破译、切割和重组等等。这方面的工作正方兴未艾，具有极大的远景，以至于有人说，21世纪是生物工程的世纪。

总的看来，开发是比转移更有前景的资源技术。这一结论也适用于环境问题。早期人们倡导的环境保护仅仅是转移资源，这是不够的。必须把环境问题与资源开发问题联系起来。转向可持续发展战略就是这样一种思路。它要求通过技术的重组，使资源能够被持续地、永远地利用下去。无疑，这是一种开发资源的社会技术。实现这一目标不仅需要科学家和工程师的活动，还需要全社会的协调，即对整体发展战略的调整。

4. 科学技术的物化与资本品

仅仅劳动和资源这两大要素就足以实现生产活动，资本则是次级的投入要素。但是，资本是现代经济运行中的主角。巨大的资本品积累是我们今天这个“文明社会”的最主要象征之一。我们这里讨论的“资本”指的也正是“资本品”，即那些自身是劳动产品、又为进一步生产劳动产品服务的物品。

单纯的资本品积累本身没有多大效益。在一般均衡条件下，追加资本品投入的边际利润率和追加劳动、资源投入的边际利润率是一样的。如此看来，资本品本身确实不能“创造”出什么价值来——它取得的只是相当于资源租金的利息收益。但是，上面的论断只适用于外延扩大再生产模式。

如果资本品的积累不单单是物的积累，而是内涵的扩大，即作为新技术的承载物而投入生产过程，则情况便有了根本的不同，社会生产就会有成倍乃至成百倍的增长。由此可见，资本品的巨大魔力不是在于构成它的物自身，而在于它是科学技术的物的承载者。资本品不仅仅是物，而且是科学技术的物化。体现在资本品中的，不是物的资源的积累和转移——马克思称之为“不变资本”——而是科学技术，是一种生产力！

物化于资本品中的科学技术，在类型上均源于作用于劳动和资源和科学技术。这并不奇怪，因为资本品本身就是源自于劳动和资源的次级生产要素。

首先讨论来自劳动方面的技巧因素的物化，包括技能和技艺的物化。

任何工具都是人体的延长。“延长”可以有多种方式。最直接的方式就是模拟、取代人体某一部位机能的工具，这类能完成某一特定功能的工具称为技具。原始人的砍砸器、刮削器即可视为技具，它们分别代替拳头、指甲或牙齿。现代高级的机械手也仍然是技具。技具不仅止于取代、模拟人体的机能，它往往强化了这种机能。即使最简单的杠杆也比手臂能举起更重的重物。技具使普通劳动者能完成以往有特殊技能的劳动者的工作，使技能变得无足轻重。技具对生产力的贡献，表现在它使简单劳动（无技能劳动）具有了与复杂劳动（有技能劳动）同样、甚至更强的生产能力。

技具把技能从少数有天赋的个人的垄断中解放出来，使之有可能在历史中被积累、被发展。技具之于技能的意义，正如我们前面讨论过的客观技艺之于一般的技艺的意义。只是在技能物化为技具后，技术发明才有可能成为一种现实的人类活动。而这又推动了科学的发展，早期的力学就是从简单技具包括投石器、枪炮的研究中发展起来的。现代技具如机械手、计算器等，则已依赖于科学。

前已指出，技艺可以被书面化、符号化而成为客观技艺。这是一大飞跃。但是客观技艺本身不能作用于生产过程。它要么被劳动者重新习得，转化为劳动技艺；要么物化为资本品的技艺成分——工序。工序的出现，它对劳动技艺的取代，不仅是出于生产需要，也是客观技艺发展的必然结果。具有相对独立性的客观技艺会发展得越来越复杂，越来越高级，最后已不可能转化为某一个体劳动者的劳动技艺。这种情况下，最直接的解决办法就是让多个劳动者来协作，每人习得该客观技艺的一个组成部分，再按一定的程序组合起来。这样的程序既反映了原有客观技艺的内容，又是客观的、独立于每一个体劳动者的。当这种程序进一步发展，以生产流水线、操作工序的形式固定于资本品中，就成了我们所指的工序。

工序能把复杂劳动还原为简单劳动，这一点早在亚当·斯密关于大工场的论述中已被指出。工序对生产力的这种贡献只能归功于它本身，不能归功于生产管理者，因为固定于资本品（例如流水线）中的工序，可以在没有管理人员的条件下实现劳动力的有序组合。

其次，我们来看部件——质料资源开发技术的物化，和动力机——能源开发技术的物化。

部件这样的生产工具，不是对人体的直接“延长”，不是对人体某种机能的直接模仿，而是在某一机械体系中扮演一个内在的角色。它没有直接的生产功能，只为它所处的机械体系服务。例如，螺丝钉只管固定某一部位，而不涉及这一部位之外的其他功能。因此部件的实质是，并且仅仅是发挥它自身构成材料的某种特性，而不涉及整个机械体系功能。日光灯启辉器中的双金属片和金属温度计中的双金属片都只管发挥自己材料的特性——当温度变化时，其曲率也变化。至于启辉器和温度计在功能上的天壤之别，却与双金属片这一部件本身无关。

部件的这一特性使它可以被标准化。标准化部件是现代生产体系运行的基本保障之一。标准化部件的可互换性使生产效率、特别是对资源的利用率有了一个飞跃，人们不必再因为某个部件的损坏而使整部机器报废。新材料技术只有物化为可实用的标准化部件才能成为现代化生产体系中的现实生产力。从电子管、晶体管到超大规模集成电路，一部电子元件的发展史也就是现代电子技术成为现实生产力的历史。

动力机同样不是对人体某一部位机能的直接模拟。动力机使工具有可能独立于任何人体而工作。正如新材料开发技术必须物化为标准化部位一样，新能源技术也必须物化为动力机，才能成为现实的生产力。

更进一步，资本品在物化技术的过程中，也对技术进行组合，而发挥出更大的效力。机器是动力机、部件、技具按一定工序的组合。机器，按马克思在《资本论》中的分析，一般地包括动力部分、传动部分和工作部分，而现代大机器体系还加上了第四个部分——监控部分。大机器体系的代表——自动化流水线和无人工厂——是今天技术文明的最高象征之一。

把资本品——从技具、工序、部件、机器直到大机器体系——视为科学技术的物化，而不仅仅是一般的物，这一认识极为重要。它要求我们重新考虑一个问题：资本品能否创造价值?

在经典理论中，资本分为不变资本和可变资本两部分，前者在生产过程中是不增值的。后者虽然能增值，但它仅仅是指购买劳动力的那部分资本，即人力资本，基本不包含资本品。但是，在今天的社会经济条件下，如果僵化地坚持上述论断，就无法解释由资本品积累带来的社会生产能力的数十倍、数百倍提高，并且它并不伴随着人力劳动投入的增加；相反，越是发达的国家，投入的劳动总量反而有所下降，劳动复杂程度也并不更高。资本品正在替代劳动，使后者转向服务性行业。

因此，在当代社会经济条件下，有必要把可变资本的外延扩大，使之包含资本品中物化了科学技术的那一部分。当然资本品中直接作为物的那一部分，如生产原料、初级产品等等，仍然属于不变资本。但总的来看，资本品是创造财富的。

当应用劳动价值于科学技术产品时，困难也很明显，因为科技创造活动是极为高级的脑力劳动，几乎无法约化为一般的简单劳动。爱因斯坦发现相对论时，用于苦苦思索的一个小时时间，相当于一个普通焊工多少时间的劳动呢？这样的问题找不到定量的回答。同样，在实用性技术发明与非实用性科学发现之间如何比较，也是个令人头疼的问题。

更重要的是，劳动价值中不包含风险收益。然而，科技活动是一项风险极大的活动。一个世界性难题可能令几代科技工作者殚精竭虑，却空手而归。按劳动价值论，他们的活动是“无用劳动”，不创造价值。这显然是不公平的。如果我们改变态度，假定一切科技活动无论出成果与否，都是有用劳动，这样做又不利于打击那些科技界的“南郭先生”。

既然市场经济条件下的经济价值不能等同于劳动价值，那么资本品能够创造经济价值也就是可以理解的了。这种创造经济价值的能力，源自于它作为科学技术的物化的性质。因此，所谓资本品创造经济价值，事实上就是科学技术并入了经济生产过程，是“科学技术是第一生产力”的最直接体现。

二、现代科技并入经济宏观运行

讨论科技生产力在经济运行中的作用，不但要注意供给诸要素，因为客观经济体系除总供给部分外，还包括总需求以及供求相互作用和总体经济运行的种种环节。

1. 需求实现与供求相互作用中的科技

总需求是非供给部分的主角。在以往对“科学技术是第一生产力”命题的讨论中，往往忽略了需求这个方面。需求不但制约着供给，改变着资源、资本及劳动的配置方式，从而决定产出的结构，而且，当社会处于所谓“凯恩斯萧条”状态下时，需求还会成为供求关系的矛盾主要方面。此时是需求决定产出的数量，而不是供给。

总需求包括个人消费、政府开支及企业投资等几部分。所有这些都可以从需求的动机、需求的实现手段这两个环节上去考虑。

需求动机一般是主观因素决定的，或是出于客观需要如生理性需要，它一般不受科学技术的作用。有些情况下，似乎科技的发展改变了人类的需求，例如有了X光技术，人们才有接受X光透视的需求。在这种情况下，并非科技发展直接影响需求，而是先作用于供给，通过供给的改变来激发出相应需求。

在宏观经济运行中，科技的作用主要体现在需求实现手段上。需求实现手段不能误解为需求怎样才能得到满足，那实际上是属于供给领域的问题。需求实现是指个人的需求怎样成为社会的需求。在现代社会中，这种实现的基本手段是货币，其机制包括货币的市场流通和金融流通。

不难看出，需求实现事实上是一个信息传播过程。即一个人对某些产品的特定需求，怎样能编码成特定的信息，通过特定的渠道向社会传播并能被社会译解。所以需求实现手段必然会随着信息技术的进步而进步。

由于信息技术的高度发展，已经产生和可能产生一些超货币形式，如信用卡。这意味着这场货币革命不仅仅是消费革命，而且是投资革命，因而成为需求实现手段上的一场真正广泛的革命。甚至，两种主要的需求方式——即消费和投资之间的差异有可能被抹平：有一天，随着电子化程度更高的信用卡的出现，如果你愿意的话，可以将吃一顿饭或购买一辆新小轿车的价款不是从你的银行存款中扣除，而是从你家中的股票数量中扣除。换句话说，消费和投资直接挂起钩来了。

货币像早餐的食物和日常生活中其他用品一样，正在变得多样化。人们可能正接近于达到“各具特色的通货”时代。但传统货币——金属币或纸币并不会消失，它们会退居次要地位。而且，货币形式的变化会使资本的形态平行地变化，最终使人们对“财富”的理解也发生革命。农业时代的金属货币，其知识内涵几乎为零，其价值取决于重量，而不是取决于铸印在上面的文字。第二代货币即纸币，是象征性的（符号性的），但仍然是有形的。这种货币形式是随着大众能识读而出现的，其价值在于上面印刷的文字符号。第三代货币则越来越由电子脉冲构成，它本身便几乎是一种视频现象。资本和货币越来越脱离其物质体现形式。它们同样地随着历史发展而变化，一个阶段一个阶段地向前发展，由完全是有形的进展到象征性的，今天最终进展到“超象征性的”形式。

人们的信念也发生了深刻的转变，几乎像是宗教信仰的改变，由信仰像黄金或纸币这样永久的有形东西，转为相信甚至最无法触摸的、转瞬即逝的电子信息也可以换取货物或劳务。

信息技术的巨大作用并不仅仅表现在货币向超货币的转化方面。宏观经济运行中的核心环节——供求相互作用，也受到信息技术的极大推动。总供给与总需求的均衡是现代西方宏观经济学的核心概念，也是现代化经济运行的基本保障。总供给和总需求的均衡，意味着有一个理想的市场，只有这样一个理想的市场，才能充分发挥资源配置的作用，解决经济运行的三个基本问题：生产什么？为谁生产？怎样实现这样的产出？由此，社会生产力才能够得到最大限度的实现。假如总供给和总需求不处在均衡状态，二者相互脱节，那么市场根本就实现不了配置资源、协调经济运行的作用，现代经济体制就无法有效地运作。

供求的均衡是社会生产力实现为现实的生产力的必要条件。但是，供求均衡必定依赖于一个理想化的市场，即信息充分获得交换的市场。然而，实际市场由于信息滞后，偏离均衡点是常有的事。通常情况下，要经过反复多次的信息交换，不断修正，才能达到或接近均衡价格。如果这一反复过程需要较长的时间周期，而此时间周期中市场情况又发生了变化，那么实际市场就可能越来越偏离均衡态。要克服这一困难，信息技术是极为强有力的武器。超级市场的条形码技术就是这样一种信息技术。条形码技术方便的绝不仅仅是顾客！当顾客在超级市场的出口让自己购得的物品通过光笔扫描时，一方面，商品上的条形码经扫描后立即打出价格和总价格，顾客可据此付款；另一方面，条形码中的其他信息——商品的种类、数量等等便输入计算机中。超级市场每件商品的售出情况——它反映了对该商品的需求——就这样地被即时记录下来，通过计算机反馈到厂商那里。

另一种与供求均衡有很大关系的信息技术是在期货市场中采用的。期货市场本质上是一种投机市场，投机行为恰恰可能消除市场价格不能自发地回到均衡价格这种偏离。但是，投机行为带来的补偿作用必须是很迅速的，否则就“跟不上”市场价格的偏离，也就无法抵消后者；同时，投机行为本身的成本必须是极低的，否则会造成社会资源的白白浪费。期货市场通过现代化的信息技术，实现了在没有实际货物交割情况下的投机交易，并且使得投机交易具有了高效率和低成本的特点。投机于是不再是一种可谴责的浪费行为，而发挥出它对整体社会经济运行的正面效应。

2. “社会经济技术系统”的诞生

当代科学技术并入社会经济运行的过程，也同时是一个再塑社会经济运行方式的过程。在这种双方相互整合的过程中，诞生了我们称之为“社会经济技术系统”的超大规模、超大尺度的技术形式。和通常所说的“大科学”不同，这里所说的规模尺度之“大”，不是数量上的庞大，如资金投入了多少多少之类，而是质量上的大，是指该技术系统所考虑的变量之多、之全面、之复杂而言。社会经济技术系统是指这样一种技术形式，它在把自身嵌入整体社会经济运行、使技术成为社会经济的内生变量的同时，也把社会经济运行的需要作为自己的一个前提，作为构建自身运行方式时的一个内生变量！这是“社会—经济—科技”强烈地相互耦合的后果。

例如，信息技术系统就是具有典型意义的社会经济技术系统。

100 多年前，马克思曾憧憬过一个“自由王国”，在那里，人类不仅仅通过发展生产力，把自己从自然界的奴役中解放出来，而且通过建立新型的生产关系，把自己从自己的奴役中解放出来。在这样的社会中，经济完全有序运行，存在于资本主义社会中的弊端——社会生产无政府状态所带来的巨大浪费完全被克服了。

20世纪上半叶，一些国家开始尝试运用集中的计划体制进入这个“自由王国”。但是，在生产力不发达的情况下，纯粹用行政手段对社会经济进行全面协调，事实上是不可能的。计划体制在生产力方面遇到的障碍，正是信息技术系统上的障碍。在计划经济中，国家是一个全息机关，它试图通过其计划网络获得全社会的一切经济信息，并准确地加以处理。这种运算是当代世界上最大的计算机也无法担当的。而且，把处理信息的计划机关作为专门机关，从生产、流通领域独立出来，并把信息获得、传递、处理的权力全部赋予这些专门机关身上，其结果必定增大全社会信息交换、流动的环节，反而造成人力、物力和资源的浪费。与之同时，还将产生数以万计的误算和错误输出，从而使全社会生产遭到严重的阻碍。

相反，信息技术系统的高度发展却为在市场经济条件下，协调全社会的经济运行开辟了广阔前景。这种控制的特点是：第一，信息的获得者、处理者与决策执行者合一。消费者根据自己了解到的产品信息来选择商品，企业也根据自己获得的需求信息来决定经营方针。这样省去了那些不必要的信息传递环节。第二，每位独立的信息处理者只需处理与自己有关的那些信息，而不必处理全社会的信息，这样便从技术上大大简化了信息处理。

目前在现实的经济运行中，无论企业还是消费者，处理信息的能力仍未达到极限，整体社会经济运行的协调仍有很大的提高余地。从经济控制的角度来看“信息高速公路”计划，就更能体会到其意义的重大了。在“信息高速公路”计划中，庞大的信息库是其重要部分，而通畅高效的信息交换渠道保障了这些信息几乎可以被任一社会单元及时调用，从而实现了信息的社会公有。这种公有不但有可能实现市场经济条件下的经济协调，而且为国家的正确决策，对经济进行正确适当的控制，提供了技术的前提。

事实上，“信息高速公路”只是个形象化的说法，其正式的名称应该是NII，即国家信息基本设施。NII技术系统有两大基本特征：一是利用通信卫星群和光导纤维网组成混合全球通信网，实现计算机网络化的信息双向交流；另一个特征就是利用多媒体技术普及计算机的使用。美国的NII计划拟在10年至20年内建成遍布美国，由通信网、计算机、数据库以及各种日用电子设备组成的空前庞大的“信息高速公路”网络，通过最新一代的多媒体装备，把文字、声音、图形、影像等信息，高速度、高精度地传递到每一个家庭、企业、商店、学校、研究所、医院、图书馆、会议中心等，为人们提供极其丰富的交互式、多媒体服务。

三、从科学革命到现代科技革命

1. 近现代的两次科学大革命

“革命”一词原属政治范畴，本意是指社会形态的质变。列宁对于革命这一概念是这样定义的：“革命这种改造是最彻底、最根本地摧毁旧事物，而不是审慎地、缓慢地、逐渐地改造旧事物，力求尽可能少加以破坏”①。这样的思想对于我们探讨科学革命和技术革命也是富于启发意义的。

在近代科学史上发生过好些次影响深远的科学革命。19 世纪以前，贯穿这整个时代的伟大变革，是以伽利略和牛顿为代表的经典力学的创立和逐渐完善。从认识论的观点来看，近代最初二百多年的这些科学革命可以归并为一次大革命，它们都是从哥白尼的发现开始的这一次大革命的不同表现或不同阶段。

以上述变革为标志的近代科学革命，其基本特点是使人类认识离开直接的外观，而进入现象后面的本质。哥白尼的发现打破了对于感官直接提示给我们的东西的无限信赖：虽然我们见到的是太阳沿天穹运行，实际上却是地球绕着自身的轴做旋转运动。拉瓦锡的发现是与自古以来火是隐藏在可燃物内的“燃素”的释放这种根深蒂固的见解相抵触的。“奇怪”的是，燃烧其实并不是分解，而是氧气与可燃物化合的结果。科学家们终究还是不得不否定直接外观已经证实了的东西，而接受初看起来无法直接证实的、与先前的观念截然对立的观念。重要的是，这种否定不是对现实的背离，相反，是洞察现实的本质的开始。

透过自然现象的可见外观探究我们不能直接看到的方面，并且以它们为依据，对原先看到的东西作出正确的解释，让明显的易于认识的东西被某种新的、陌生的概念来取代。16 世纪至 18 世纪的科学革命的主要之点，就是确立了抽象思维的更大的决定性的作用。没有抽象思维，就不可能对直接观察的结果和经验作出正确的说明。

第一次科学大革命是从古代素朴直观的世界图景转变为牛顿的“经典的”世界图景。其特征是，在这个图景中，认识对象的感性外观已经让位于抽象的关于

① 《列宁全集》，中文 2 版，第 42 卷，245 页，北京，人民出版社，1987。

认识对象的描述。一般地说，牛顿用以解释物体运动原因的那些“力”是隐蔽的、肉眼不能直接看到的。由经典力学所描述的世界图景，具有如下要点：首先，自然界是不变的，当上帝给予第一推动力创世之时起迄今，普天之下原则上并无新物。其次，宇宙大厦的基础是某些绝对简单的、不可再分的物质粒子——“原子”，我们周围的大小物件，一切都是由这些原始砖块构成的。再次，机械模型本来是抽象的形式，却被想像成与看得见的东西相类似。因此，一切基本范例和模型的机械的直观性，成了被它们描述的自然界的本质。最后，自然界中一切要素都是预先给定的，这就是说，世界是既成的，我们在自然界中所见到和认识到的物体是什么样子，它们实际上就是什么样子。概括地说，近代经典的世界图景的要点是：自然的不变性、原子的基本性、机械的直观性、世界的既成性。人们也把它简称为机械的自然观。

19 世纪至 20 世纪发生了第二次科学大革命。它们主要是对机械自然观的重新审查和否定，其中特别具有代表性的有 19 世纪自然科学的三大发现：细胞理论、能量守恒和转化定律、达尔文生物进化论。这场革命性的大变革迫使承认自然界绝对不变、否认自然现象普遍有机联系的形而上学观念一步一步地后退，让位给关于自然界的普遍联系和发展的辩证法思想。

在 19 世纪与 20 世纪之交，从物理学开始，发生了许多根本的变化。X 射线、电子、放射性的发现，揭示了原子、元素的复杂结构，证明了它们的可分性和互变性。物理学，过去被认为是衡量精确知识的准绳，被当作是把推理的严谨性与建立在经验基础上的可证实性恰当结合起来的理论典范。此时突然发现自己以前关于原子的一些基本概念，其实具有重大的局限性。因此，绝对的基本性被否定，不可穷尽性取而代之。

爱因斯坦相对论，特别是量子力学的创立，坚决要求否定机械直观性的原则，这个原则假定，自然界的一切物体（无论是宏观物体还是微观粒子），都能以直观的形象呈现在人们面前。微观粒子也被看做像宏观物体一样，其内部结构可以仿照机械的模型去设想。但是，量子力学已经证明，微观过程领域中有自己独特的规律，即间断性和连续性的统一、波和粒子的统一。要想直观地描述这种统一是不可能的。必须以抽象的概念取代直观的形象和模型，以数学的抽象性取代机械的直观性。

亚原子领域（或微观）物理学的现代成就表明，所谓基本粒子虽然是复杂的、可以相互转化的，但并不具有构成性质：它们不是彼此由对方构成的，也不是由别的更简单、更基本的粒子构成的。基本粒子的“结构”极其独特，根本不像我们已经熟悉的原子的结构，甚至也不像原子核的结构。基本粒子是由潜在的即可能存在的粒子构成的，在一定的条件下，这种可能性便转化为现实性。正是在粒子的分解和生成的过程中，显示出该粒子的实在性，即在其母粒子内部潜在的预存性。基本粒子的“结构”问题现在发生了根本的变化，这里涉及的已经不仅仅是这些粒子应当具有什么性质的问题，而首先是：只能从这种粒子生成别种粒子的可能性、从粒子的潜存而不是实存出发来确定粒子的“结构”。这是从既成性到潜在性的变革。

2. 科学革命的实质是思想革命

近现代科学革命可以概括为这样两次思想大革命，一次是从素朴自然观到以机械自然观为核心的“经典的”抽象科学理论的提升；一次是从机械自然观到现代科学思维的提升。究其实质，历史上一切科学革命都具有下述基本特点：

第一，科学革命要求破坏和抛弃过去在科学中占统治地位的不可靠的思想和观点，但是，这些东西并不是完全错了，它们只是具有严重的局限性，它们自身依然包含着真理的颗粒，这些颗粒将在以后科学的发展过程中保留下来，并且有机地深化在新的观念中，不过已不是作为新观念的主导部分，而是作为从属的、被严格确定的框架所限制的部分。例如，哥白尼的日心说抛弃了托勒密的地球为宇宙中心的错误观念，但却吸收了地心说中的许多具体材料。

第二，科学革命迅速地扩展人们关于自然界的知识，进入科学认识迄今尚未达到的自然界的新领域。在这里，新工具和新仪器的发明起着巨大的作用，为观察者突破以往认识的局限性提供了可能。最恰当的例子可指出望远镜的发明在近代天文学革命中的作用、回旋加速器的运用在基本粒子研究中的决定意义。

第三，科学革命是由与新的经验材料不一致的旧理论观点所引起的，而不是由经验材料的增长本身引起的。科学革命发生在科学理论、科学概念和科学原理的范围内，发生在其原有表述遭到根本摧毁的各有关科学的观念范围内。例如，早在 17 世纪，胡克就发现了细胞，但并没有从中得出任何有意义的理论结论。胡克的发现也未曾对生物学和自然科学的发展产生任何显著的影响。直到 150 年后，施莱登和施旺创立细胞学说，揭示了所有生物体在构造上的统一性，才成为科学革命的重要因素。

不错，科学革命是由新发现引起的，但更重要的是，每一次革命都与新经验事实的新理论解释相联系。这意味着要摧毁旧的思想方法和思维方式。就其本质而言，每一次科学革命都是科学思想发展中的一定飞跃。

因此，科学革命的实质是思想革命。它在科学家的思维方式中引起急剧的转变，要求从以往占统治地位的、现在却变得不充分或者完全站不住脚的研究方式断然转变到新的、符合比较高级的科学认识阶段的思维方式。这就是说，随着新事实材料的积累和处理，愈来愈明显地表现出，科学家原有的思维方式框架，已经不可能对它们作出深刻的理论概括和合理的解释。为此，必须果断地抛弃以前形成的解释和说明现象的方法，而运用原则上不同的方法，即从根本上转变科学家的思维方式。这里强调的是，必须摧毁像僵化的传统这种矗立在科学发展道路上的障碍和阻力。而在思想上对旧的思维传统与思想方法进行彻底改造，进而在根本上对旧思想、旧事物加以摧毁和破坏，就是科学革命。

我们还必须看到，现代自然科学革命是由各个学科范围内以及各种不同学科之间的许多革命变革组成的，这些变革形成一个互相关联的、有结构的整体，它们不仅说明某个学科发展的特点，而且深刻改变了各种学科之间的关系，形成一个崭新的科学知识体系。这些革命变革涉及诸如被认识客体的性质、空间和时间的相互关系、仪器在获取科研数据过程中的作用、对因果性及客观决定性的理解、对科学描述和科学解释的种种新要求。因而，这一变化的实质，在于形成了某些崭新的关于世界和科学知识本身的概念，在于从世界观和方法论上彻底改变了对各个学科的看法和要求，在于产生了新的科学理想。

3. 技术革命与生产力革命

如果说，认识世界的飞跃是科学革命，那么，人类改造世界的飞跃，就是技术革命。在古代，石器的制造、火的利用；在近代，蒸汽机、内燃机的出现，电力的运用；在现代，核技术、激光技术、航天技术、电子技术、遗传工程、海洋工程等，都是技术革命。准确地说，技术革命是指人类改造世界的技术手段的巨大变革，实质上是不同历史时期起主导作用的技术以及以主导技术为核心的技术群的更迭过程。近代以来第一次技术革命是以蒸汽机动力技术的出现及其广泛应用以及机器作业代替手工劳动为标志的；第二次技术革命是以电力技术的产生及其运用，包括内燃机、钢铁、化工和运输工具技术在内的新兴技术群取代了蒸汽动力技术群为标志的；第三次技术革命，是以微电子技术为主导的包括生物工程、光导纤维、新材料、新能源、海洋开发、宇宙航行技术在内的新技术群的建立为标志的。

任何一次技术革命总是意味着劳动手段的根本变革和全新技术体系的建立。现代技术革命不仅仅是涉及技术的单个方面及其单个部门的局部性革命，其最明显的特点在于它的普遍性，现代社会的全部技术基础都在改变。所以，现代技术革命，按其本身的特点来说，是改造一切技术系统的一次普遍革命。

技术革命直接引起生产力发生质变。但对生产力革命的理解有宽窄两种类型。宽的理解是把生产力革命看做生产力体系总结构的革命。资本主义的产业革命、大工业生产就是这样的革命。生产力体系总结构的革命，包括物质技术基础领域的变革，社会劳动组织和分工的变革，科学领域里的变革（科学越来越成为直接的生产力），人的生产力性质方面的变革。窄的理解不同意在生产力革命的概念中包括生产关系的变革。他们认为产业革命同生产力革命是有区别的，不能把二者等同起来。产业革命要比生产力革命的范围广泛些，它意味着社会生产关系也产生了变革。

一般说来，生产力革命可理解为在技术革命的过程中，工作人员在物质生产关系中的地位、作用和职能，他们的熟练程度和训练水平发生变化，劳动对象、生产过程的组织和管理发生变革，并且，除了劳动者发生变化，劳动对象和生产过程中的组织和管理发生变革外，还有一个很重要的方面，就是以生产工具系统为代表的劳动资料系统发生变革。新质工具的出现是生产力性质发生根本变革的重要客观标志。新的生产工具的发明，新的劳动资料系统的形成，也就是新生产力出现的集中表现。

当然，对技术革命、生产力革命、产业革命等概念进行区分是有意义的。技术革命的核心是技术本身，是从生产力方面讲的，工业革命或产业革命不仅包括生产力方面的内容，而且包括了其他方面的重大变革，如生产关系、经济关系，管理等方面。可以说产业革命是以技术革命为基础，把生产、生产方式作为整体来考察的。技术革命首先是与生产力革命相联系着的。在科学革命——技术革命——产业革命——社会革命这条震撼社会的大动脉中，技术革命是核心，是中间环节，也是目前世界范围内所兴起的变革的实质内容。其他几个革命都是围绕着技术革命展开的：科学革命是技术革命的基础；产业革命是技术革命的直接后果；社会革命是技术革命的前途。

近代以来，科学革命对技术变革、技术革命产生愈来愈大的影响，在当代，已成为技术革命的前导和基础。科学革命引起技术和生产的变革，而技术和生产的成果又反过来变成现代科学的强大工具，促进并加速着科学革命的进程，这是现代科学革命与技术革命相互关系的一个重要特征。这个特征使现代科学革命与技术革命在更高的基础上融合成统一的过程。因此，目前这场革命，人们称之为新技术革命，新就新在它体现了这两个方面的融合，而起领先作用的是科学革命，所以也叫科学技术革命，或现代科技革命。

科学技术革命与生产力革命究竟是什么关系呢？

科学技术革命是科学技术的根本性变革，它的体系和社会作用导致生产力结构和动态的全面变化，同时，它也改变了人在生产力体系中的作用。这种情况的发生是由于在工艺上综合应用了作为直接生产力的科学、科学渗透于生产的所有领域并改变人们生活的物质条件。

生产力革命的一个非常重要的原因是科学革命和技术革命。生产力是一个系统，是由多种因素构成的。众多因素可以分为两大类：实体性和非实体性因素。科学技术革命引起生产力因素变革，集中表现在引起生产力系统中的实体性因素发生了某些质的飞跃和非实体性因素的地位和作用发生了巨大的变化。所谓实体性因素发生某些质的飞跃，就是指劳动资料的飞跃；劳动对象的扩大，作用大大提高；劳动者的构成和素质发生新的飞跃。非实体性因素的地位和作用的巨大变化，就是指科学技术已成为生产力系统中的相对独立性因素，并且在生产力中起着越来越重要的作用，例如，现代管理成为现代生产力系统中的内在要素，现代教育成为生产力系统中的显著要素。

从上述分析可以看出，现代科技革命实质上是，科学在现代社会条件下，转化成技术进步和生产发展的主导因素，从而对生产力进行彻底的质的改造。简而言之，现代科技革命的实质是生产力革命。

四、科技革命与社会发展、文明进步

1. 生产力标准与社会主义

1992年初，邓小平在南方谈话中精辟地指出："社会主义的本质，是解放生产力，发展生产力，消灭剥削，消除两极分化，最终达到共同富裕。"[①] 在这里，邓小平把社会主义的本质聚焦在两个问题上，一个是社会主义的根本任务，一个是社会主义的价值目标。在当代科技革命条件下，社会主义面临着生产力迅速而巨大增长的机遇和挑战。对于像中国这样的现实社会主义，最严重的倾向是生产力水平低下、经济落后、人民贫穷。因此，邓小平在论述社会主义的本质时，又把解放生产力、发展生产力作为首要层次加以强调，把它们当作社会主义本质的焦点。这是对当代社会历史发展，包括国际共运、中国社会主义建设和世界资本主义几方面的实践所作的精辟的理论总结。

诺贝尔经济学奖获得者丁伯格曾说："社会主义作为一种社会制度，人们最初使用的，是它的非常简单的定义：那就是生产资料公有制。"[②] 这反映了很长一个阶段的实际情况。苏联所提出的传统社会主义理论，便是离开生产力，只从

---

① 《邓小平文选》，1版，第3卷，373页。

② ［美］丁伯格：《生产、收入与福利》，202页，北京，北京经济学院出版社，1991。

生产关系和上层建筑的角度界定社会主义的本质，并且把苏联在特定历史条件下形成的社会主义生产关系及上层建筑的特殊模式界定为标准的社会主义。虽然这种理论明显背离唯物史观关于生产力最终决定整个社会发展的原理，却在国内外凭借某种误解和权力而广泛流传。这也是我们不久前屡见不鲜的正统说法。邓小平依据唯物史观的基本原理，一再突出强调生产力的解放和发展在社会主义本质中的首要地位，一再批判"贫穷社会主义"的反马克思主义实质，一再从理论与实践相结合的角度阐明新时期坚持社会主义就得坚持解放和发展生产力的道理，这是最根本的拨乱反正，是对科学社会主义的一种根本性推进。

在某种意义上可以说，只有生产力标准理论才能从哲学层次上论证社会主义的根本任务。社会主义制度优越性的根本表现，应该是能够允许社会生产力以旧社会所没有的速度发展，使人民不断增长的物质文化需要能够逐步得到满足。正确的政治领导的结果，归根结底要表现在社会生产力的发展上，表现在人民物质文化生活的改善上。生产力标准，归根结底是衡量和判断一切社会的性质和一切社会现象是否优越合理的最重要标准，其中包括衡量和判断：一切生产关系，一切社会经济政治制度，一切观念形态和价值取向，一切政党或政府的路线、方针、政策。社会主义要表现自己的优越性，只能以生产力的解放和发展作为根本依据。传统社会主义理论的最大失误，是先验地把社会主义作为一种特定的生产关系和政治制度，具有自己的特定模式和内在标准，可以不受生产力标准的裁定。正是在这种传统理论的框架内，社会主义优越性成了一个脱离生产力的抽象的生产关系与上层建筑范畴。相反，坚定地把社会主义的优越性首先看做一个生产力范畴，就是认定社会主义之所以优越，首先在于它能使生产力以资本主义所没有的速度持续发展，能使人民物质文化生活比在资本主义制度下过得更好，也就是明确地把生产力发展状况看成衡量和判断一切生产关系和社会制度是否优越合理的基本尺度。

生产力标准是实践标准的具体化和跃迁。生产力标准理论不但恢复和推进了唯物史观关于生产力对于生产关系具有决定作用的根本原理，使人们对社会主义的理解超越生产关系的层次而深入到生产力层次，而且在继承马克思主义实践标准理论的前提下，从历史观和认识论的统一上把实践标准具体化为生产力标准，使实践标准理论面对当代中国实际进一步获得了可操作性和鲜明的针对性，从而实现了从实践标准理论向生产力标准理论的跃迁。在这里，作为检验人们对社会主义的认识是否具有真理性的惟一标准的实践结果，不是可以这样也可以那样的东西，而首先是社会生产力状况，这样，真理标准就更具体更实在了。当我们判断是非的时候，就会遵循下列标准：是否有利于发展社会主义社会的生产力，是否有利于增强社会主义国家的综合国力，是否有利于提高人民生活水平。生产力标准理论从真理标准的层次上对社会主义的本质作了哲学论证。

生产力标准理论不仅在理论上深刻地论证了社会主义的根本任务，而且在实践上有力地推进了改革开放事业。关于市场经济，邓小平说："社会主义和市场经济之间不存在根本矛盾。问题是用什么方法才能更有力地发展社会生产力。"① 显然，用生产力标准来观察市场经济，是邓小平得以超越前人的理论根据。唯物史观善于辩证地处理生产力标准与价值标准这两个方面，正是在这里，指出了社会主义与资本主义的本质区别，但是，价值标准是被放在生产力标准之后的，是从属于根本任务的价值目标。

2. 科学技术对社会发展阶段的制约

社会发展阶段主要以生产力发展水平和所有制的形式为标志，并以社会关系、特别地以所有制关系为依据，可以把社会形态划分为五个阶段：原始社会——奴隶社会——封建社会——资本主义社会——共产主义社会。科学技术对社会发展各阶段均有重要的影响。

当代科技革命，使资本主义世界发生了巨变。现代资本主义与过去相比，虽然本性未改，但已面目全非。资本主义的三大矛盾依然存在，但矛盾存在的形式及解决的方法，由于科技革命所创造的巨大生产力及其带来的新的可能性，有了深刻的变化。资产阶级可以用比较缓和的方式解决国内矛盾，例如实行政府调节经济、社会福利政策和相应制衡的权力结构；资本主义国家间的矛盾，不再用世界大战的方式解决，这一方面与现代高科技武器的毁灭性有关，另一方面是通过经济战、科技战更符合它们根本的国家利益；北南之间、富国与穷国之间的斗争仍很尖锐，但现代资本主义发达国家对前殖民地、半殖民地即发展中国家，一般不再用政治统治、军事征服的方式对待，而利用高科技优势"和平地"掠夺资源，获取利润。

20世纪取得了伟大胜利的社会主义制度，当前也面临着现代科技革命的严重挑战。现实社会主义国家在经济、政治、文化、教育、科技体制等方面存在一些问题，包括对科技、教育、人才等重视不够，运作机制不健全，平均主义和分配不公交相困扰等等，显露出计划经济体制的弊端。中国的改革和开放，在一定意义上，正是对科技革命挑战的回应。

人类历史是在劳动的基础上发展和展开的，是一个多层次的、复杂的、发展

---

① 《邓小平文选》，1版，第3卷，148页。

着的有机体，可以用不同的标准、从不同的角度，对它进行审视和划分。如果以所有制关系为主要尺度来进行研究，社会发展正如我们通常所说的，将划分为原始社会、奴隶社会、封建社会、资本主义社会、共产主义社会五个阶段。但如果以生产力或简单说以社会技术体系为尺度来分析社会历史发展，则可以恰当地把它划分为农业社会、工业社会和后工业社会（或信息社会）三个阶段。三阶段论以社会技术形态为社会发展阶段的分类标准，与五阶段论以社会经济形态为标准一样，都是从一个特定的侧面反映了历史发展的规律，它们是互相补充的。按照生产力决定生产关系的基本原理，社会技术形态是比社会经济形态更为基本的概念，三阶段论揭示了历史发展的普遍规律，五阶段论则是历史发展的这种普遍规律的具体表现，它揭示了共产主义的历史必然性。两种划分间的联系呈现出一种复杂的态势。某些国家在不同发展阶段上可以超越某一社会经济形态而进入更高一级的社会经济形态，但不能认为它们一切方面都可以同时超越。实际上，现实的社会主义大多数并不是建立在高度发达的、具有完全的工业社会这种社会技术形态的资本主义的“废墟”之上的，因而它并不是马克思所说的那种生产力高度发展的、作为共产主义第一阶段的社会主义，它必须补许多课，把生产力首先提高到相应的水平。

3. 现代科技是面向人类未来的双刃剑

科技革命与人类的昨天、今天和明天都结下了不解之缘。它像一把双刃剑，一方面丰富了人类的物质生活和精神生活，另一方面也带来了威胁人类前景的全球问题——人口爆炸、资源枯竭、粮食危机、环境污染等等，这些问题日渐突出，困扰着越来越多的人。因而，当我们审视科学技术的社会功能时，就应当有一种全面的眼光，注意并发挥它的正面作用，正视并抑制它的负面影响，只有这样，才能用科技革命照亮人类未来的发展道路，而不至于在科技的负面后果面前束手无策，把科技革命与人类的前途对立起来。

全球性问题，确实是在近现代科学技术发展和由它引起的产业革命之后才出现的。世界人口数量的剧增，部分是医学科学和医疗卫生技术发展的结果；不可再生的矿物资源和能源的大量消耗，以及与此相联的整个生态环境的急剧恶化，也与当代科技革命和产业革命的迅速推进相关。然而，全球问题的产生和尖锐化，绝不能简单归咎于现代科技革命，事实上，正如人口问题主要是出在相对落后的第三世界，全球问题毋宁说主要是科技革命发展不平衡的结果。

面对全球问题，不同的学者对新的科技革命的挑战、对人类的未来有着截然不同的看法。有的欢呼新的科技革命的到来，认为科技决定一切，科技发展使人类社会进步，也能够克服由于科技进步而造成的问题。他们在面临新科技革命挑战的时候，表现出乐观的情绪，因而被称为“乐观派”。有的则相反，他们认为科技的发展所造成的严重问题是人类自身所无法克服的，从而对人类未来的处境发出悲鸣，这就是“悲观派”。

不论“悲观派”，还是“乐观派”，都有片面性的错误。前者认为科技发展必然造成许多无法克服的问题，后者则强调科技的发展可以解决一切问题。正确的态度是，相信科技的力量，相信人类依靠科技能够战胜各种困难，摆脱困境，求取发展的能力是无穷的；但是，科技力量的发挥和发展要在一定的生产方式中进行，它要受经济制度、社会制度的影响和制约。

应该清醒地看到科学技术应用过程中表现出来的两面性。科技活动对于人类来说，既是作为正面作用的“生产力”，又是作为负面作用的“破坏力”。如果我们正确处理人与自然的关系，把“向自然索取”的规模和速度调整到适当的程度，就能较好地发挥科学技术的正向功能，在实践中自觉走“绿色道路”，使“向自然索取的速度”与“自然界恢复的速度”相平衡。这种产业化路线注意主动地有计划地协调人与自然的关系。相反，受资本边际利润率的驱使所走的往往是“先污染，后治理”的工业化路线。从社会关系方面来考察科学技术的两面性，问题集中表现在谁使用这种生产力（或破坏力），去做对谁有利的事情。例如，同是一种核威力，既可以被战争贩子用做侵略和杀人的工具，又可以被和平利用，造福人类。科学技术究竟扮演什么角色？这不取决于科学技术本身，而取决于处于一定生产关系下的人。

4. 社会文明的进步要靠科技来引导

文明是人类脱离野蛮状态而发展到更高阶段的社会产物，是在一定历史阶段上成熟和发展起来的人类认识世界和改造世界的各项成就的总和。文明的出现标志着人类社会物质生活和精神生活都产生了新质，并从此不断发展和进步。

社会文明包括两个部分：物质文明和精神文明。物质文明是人类改造自然界的物质成果，表现为人们物质生产的进步和物质生活的改善。在改造客观世界的同时，人们的主观世界也得到改造，社会的精神生产和精神生活得到发展，这方面的成果就是精神文明。它表现为教育、科学、文化知识的发达和人们的思想、政治、道德水平的提高。科学技术则是人类认识世界和改造世界的积极成果，是文明中间一切精致的东西。现代科技革命造成的科学技术的迅猛发展，一则转化为物质财富的创造，为物质文明增添新的内容；二则转化为社会智能，推动人类思维的发展，促进人们的思想道德观念的变革，推动精神文明的进步。现代科技是发展的动力。

物质文明的发展以社会生产力的发展为基础，而科学技术则是推动生产力发展的关键因素。这方面前已详述。下面着重谈谈科学技术对精神文明建设的特殊的社会功能。

思维方式的变革与科学技术的发展密切相关。牛顿力学的创立，造就了一种从自然哲学到哲学、社会科学以至人们日常生活普遍接受的机械论的思维方式，这种思维方式对于宗教神学的陈腐观念的胜利无疑是人类精神文明史上的一个进步；20 世纪，随着相对论和量子力学的产生和发展，机械论的思维方式被淘汰，形成了辩证思维方式；现代思维方式正随着科学技术的进一步发展而向着系统性、开放性、动态性方面发展。

科技进步促进了人类的文化进步。在人类文化的发展中，科学技术占据了不可替代的重要地位。从东方古代文明的发祥地中国、印度、两河流域的古巴比伦、埃及，到近现代西方文明之源的古希腊，科学技术的历史地位几乎众人皆知。近现代文明的发展，更是以科学的参与作为重要的标志。不难发现，科学技术决定了人类思想观念的许多内容和主要研究方法。可以把文化结构分为三个层次：最外层的物质文化；中间层的制度文化；最内层的观念文化。这三个层次相互作用、相互制约，形成了一个有机的文化结构。科学技术从文化结构的最外层逐步渗透到最内层，有力影响了社会文化活动的内在机制。科学意味着永无止境的探索未知、追求真理，这种求实、进取精神，有助于确立一种批判性的理性传统。

一般来说，知识形态的科学本身并不构成社会意识形态，是一种特殊的社会意识形式。但是，历史上一切进步的、革命的阶级和群体，总是依靠当时的先进科学成果来建立自己的意识形态，并以自己的社会意识形态为指导去发展和利用科学成果。

综观人类社会发展的历史，可以发现科学技术与社会文明进步之间的关系越来越趋密切。文明的第一次浪潮使人类从野蛮进入文明，建立了农业社会，科学技术萌芽、发育；文明的第二次浪潮发展了文明，建立了传统的工业社会，它依赖于科学技术；文明的第三次浪潮将导致新的文明的跃进，建立信息社会，它决定于科学技术。

第十四章
科技运行的社会支撑

科学技术自身的发展，以及它对经济社会的作用，需要一定的运行机制与运行环境，这就是科技运行的支撑体系问题。在科学意识的树立、基础科技教育质量的提高、专业科技教育结构的调整等方面有许多细致的工作要做，科技立法、科技奖励和科技战略等领域更需有相应的举措。

一、恰当的科技运行机制

体制化的科学技术就其内部而言，有一种相对独立的自主发展的内在机制，就其外部而言，有一种将科技进步与经济社会发展有机联系起来的连接机制。只有抓住科学技术这个历史的伟大杠杆，建立相对完善的内在机制和连接机制，并且从社会意识、人才教育和培养以及社会政策的角度建立相应的配置，科学技术才能真正成为第一生产力。

1. 相对完善的内部运行机制

科技发展的内部运行机制主要包括：较高的科技投入水平、合理的科学活动结构和科学活动规范、健全的知识产权立法、高效的科研组织管理。

对科技的投入水平是衡量科技发展水平的重要标志。衡量科技投入最常用的指标是研究与开发经费在国民生产总值中所占的比例，发达国家一般为2.3%～3.8%，我国尚在0.7%左右，显然远低于上述水平。因此，为了使我国的科学技术迅速赶上和超过发达国家，我们必须进一步采取切实有效措施，增加科技投入，从而最大限度地发挥科学技术的作用。

合理的科学活动结构是指建立恰当的基础研究、应用研究和开发研究的关系。不同环境条件的国家或地区，这几种研究类型的规模、投入比例是有所不同的。在发达国家，基础研究、应用研究与开发研究这三者的科研费用之比，约在1∶2∶5的范围内。在欠发达或发展中国家，后者的比例应更大些才较合理。

科学活动规范支配着所有从事科学活动的人，是科学家的价值与行为的规范的综合。根据美国科学社会学家默顿的研究，科学活动的社会规范主要有：普遍性、竞争性、公有性、诚实性和合理的怀疑性。在欠发达的社区，失范的现象是一个普遍存在的严重问题。如果不具备较完善的科学活动规范，科学活动就会发生畸变。

知识产权立法是现代科技体制的法律保障，主要有专利法、商标法、著作权法等。它标志着社会对科学发现、技术发明乃至一般知识产品的价值的确认，对科技劳动乃至一般知识分子权益的维护。健全的知识产权立法有效地肯定了科研活动乃至一般脑力劳动是现代财富的最重要源泉之一。

科研组织管理对科技发展起着决定作用。科研工作是创造性工作，讲究竞争性和高效率，同时致力于相互协调和必要的集中。科研组织中最忌人浮于事、内耗和评价失范，因此对它的管理必须坚持体制化（诸如职称制度、基金制度、奖惩制度），不使之变质。如果管理水平跟不上去，即使国家和社会给予科技较高的投入，也只能被白白地浪费和消耗掉。重要的是改变潜在的能人堆在一起不出活的局面，而不是片面地埋怨这些人的素质不高。

2. 恰当的外部连接机制

科学技术要真正成为第一生产力，还要有一定的外部条件，这主要指将科技进步与经济社会发展有机联系起来的连接机制，国家应制定有力的科技政策，使科技真正成为社会经济系统的内生变量，使企业真正成为技术创新的主体。

科技和教育的发展本身，并不必然导致国家强盛。英国尽管拥有众多诺贝尔奖金获得者和杰出的基础研究成果，但并未很好地加以开发利用、实现商品化并占有国际市场，结果影响了国际竞争力的相应提高。曾一度处于科技大国之列的苏联，由于片面强调军工技术和基础研究，科研与生产严重脱节，导致经济危机的持续加重。所以在重视科技和教育之时，更要完善科技、教育与经济、社会的外部连接机制。

为此，要在注重技术开发和技术创新的基础上，加速科技成果向现实生产力的转化，积极探索我国科技并入经济的良好机制，引导和促进科技与经济的一体化进程；努力在实现经济增长方式的两个转变中，依靠科技和教育，提高工农业生产的科技含量和经济效益，提高产品的国际竞争力，积极发展高新技术产业。

科技进步与经济社会发展之间的联系和相互作用，人们一向是有所注意的。工业革命以后，科技进步作用的迅速增长更为研究经济社会发展的观察家和学者所关注。当代工业社会经济发展的现实促使愈来愈多的人认识到，科学技术是社会经济系统的内生变量，这在一定意义上可以说重新发现了马克思，并把他的开创性的见解作了新的发挥。今天，人们更认识到，依靠科技发展经济，是一个综合性的社会系统工程，需要合理的经济体制、政治体制与之配套。一方面，科技和教育的顺利发展要有相应的经济、政治体制的保证；另一方面，科技和教育的进一步发展又促进经济、政治制度的相关发展。

20 世纪 60 年代以来，科技政策在发达国家普遍受到重视，这标志着国家将科学研究与开发同经济和社会目标更具体地沟通起来的明确努力。这也就是自觉地把科学技术看做直接生产力，看做社会经济系统的内生变量。由此导致了对科技教育的重视、对科技设施的大量添置、对知识和人才的尊重，以及各类科学研究特别是开发费用的空前增加。

但是，科学技术真正成为社会经济系统内生变量的关键，在于企业真正成为技术创新的主体，也就是企业的动机和行为与科技进步直接挂钩。如果企业对科技进步既缺乏内在利益的驱动，又缺乏经济实力，就会出现科技与经济脱节的情况，科技成果的产业化就会举步维艰，根本谈不上在科技与经济之间建立有效的连接机制。在不健全的机制下，科学技术作为生产力就没有现实性。

由于科技进步的程度和速度在不同国家、地区存在巨大的差别，科技进步也并不自动地、成比例地导致经济增长和社会发展，因此，形成科技相对完善地自主发展以及科技投入可以被经济系统迅速有效加以利用这两个重要机制，对于真正发挥科学技术作为第一生产力的作用是至关重要的。

3. 树立科技意识

解放科技生产力的过程，也是提高人的素质、开发人的潜能的过程。在全社会大力宣传科技意识，树立科技意识，是一项必不可少的任务。恰恰在这方面，深受传统文化制约的中国公民尤为欠缺。科技意识和其他社会意识一样，是社会的一种观念。它至少包括三部分，即认识、情感和行为倾向。

科技意识的认知成分是指公众的科学素养，是受科学知识和科技产品现实的熏陶与影响而不断深化的结果，是掌握自然、社会和人类思维规律的表现。在任何情况下，都能从实际出发，以实践检验认识和真理，按客观规律办事的科学态度，是科学素养的核心。

科技意识的情感成分是指公众对科技的印象和好恶，是情绪的反映，具体内容如：怎样评价科学技术的地位、价值与利弊？怎样看待科技人才、专家与科技工作者？怎样评论某一具体技术或工程项目？对某些与科技密切相关的问题持有怎样的观点？等等。科技意识中的情感成分在科技思想的传播、利用中举足轻重，它直接关系到人们献身科技事业的热情，也或多或少影响到政府的决策和投入，进而影响科技事业的繁荣与发展。

科技意识还包含投身实际行动之中的行动成分。全社会的公民都不仅要自觉地关心科技，而且要自觉运用科技。此外，科技行动意识还要求公众参与科技决策和管理。当今时代，重大的科技新发现、新发明以及大的工程项目，都会对公众生活施加影响，当然要求增加公众的参与程度。在科学技术社会一体化的今天，已经不可能把科学技术关在象牙塔内，时代呼唤科学技术和民主精神的统一。总之，认知、情感和行为三种成分共同构成了渗入社会的科技意识，树立科技意识也必须考虑到这三种成分的协调。

1990 年在我国进行过一次全国性的科技意识调查，其结果是，在情感方面，中国公众对科技很为推崇，82.5%的被调查者时常或偶尔注意有关科技动态的报道，差不多同样比例的人认为科技之于人类利大于弊；在 12 种职业中，科学家在公众心目中形象最好，医生次之，工程师在声望序列中排第 6 位，而在信赖序列中排第 4 位。与这种信任和肯定的情感形成对照，公众对科学技术的认知水准不平衡到令人吃惊的程度。只有一半人知道地球公转周期是一年，16%的人知道宇宙大爆炸学说，22%的人知道恐龙早在人类出现以前就灭绝了；只有 64%的人知道宇宙比银河系、太阳系和地球都大，而 6%的人认为地球最大；只有 31%的人知道牛顿，21%的人知道哥白尼，同样比例的人知道爱因斯坦。在这种情况下，有些人自以为已经树立的科技意识，实际上却可能是伪科技意识，甚至是反科学意识。在科技时代，形形色色的江湖骗子早已惯于打着“科学技术”的幌子，鱼目混珠，例如推销质量可疑的化妆品广告口口声声“本品系采用最新科学发现，利用最先进工艺精制而成”；在效率十分低下的手工作坊式的企业中刚刚进行了一些最粗糙的行政改组和工艺引进，立刻被新闻记者描述成是“科学管理”和“技术现代化”；信口雌黄的江湖术士摇身一变，打出诸如“科学算命”、“电脑测字”的招牌。缺乏真正科技意识的人，必然在这万化筒面前头晕目眩，不知所措，甚至误入歧途。

中国公众的科技行动意识目前也差之甚远。有多少企业家很自觉地意识到需要开发新产品，经常利用那浩如烟海的专利文献呢？就拿科技工作者来说，是不是多数具有迫切的、把自己的成果转化为物质产品的愿望呢？

中国社会科技意识的不平衡现象也许可以追溯到近代史的开端。无情的事实是，西方列强在带来先进科学技术的同时也带来了鸦片和凌辱，伤害了中国人的自尊心。积弱患贫的中国对科学技术的最初学习和利用，不能不带有强烈的功利化色彩。科技始终被视为“器”，视为“形而下”的东西；“中学为体、西学为用”的口号，表面上兼顾中西，实际上既不是正确的科学技术观，也割裂了自己的传统。洋务运动失败的深层原因，在于它是一场拙劣的嫁接，把科学技术从支撑它的政治、经济机制中剜割下来，特别地又把军事技术从系统化的科学技术中剜割下来，嫁接在腐朽的封建官僚体制上，结果仅留下一批脱离市场需求、缺少支撑产业的官僚企业。近现代中国一些人的思想模式存在着一些致命的弊端：第一，片面强调科技依附于社会体制、服务于政治的一面，忽视了科技作为第一生产力对社会体制本身起变革作用的另一面。第二，片面强调科学技术功利性、工具性的一面，忽视了它的文化性，即科学态度和科学精神的另一面。实事求是的科学态度，追求真理、不畏强暴、不求私利的科学精神，其重要性是怎样估计也不过分的。很难想像，一个没有学术自由、不允许说真话的社会与文化环境，能产生出丰硕的科技果实。

像封建社会那样把知识分子作为工具使用的一幕不能再演了，然而，科技人才所承担的重大社会责任又使他们必然会受到社会的关注、压力乃至控制，既要尊重科技人才的个性，又要进行必要的协调和组织。这里，从社会进步的最终目标看，需要正义感和敬业精神的唤起，而不是单凭行政命令和高压手段。应该有这样的信心，即代表着最先进生产力的科技人才即使不在道德和责任感方面超出他人，至少也不会更逊色。恐怖小说中妄图靠自己的发明控制人类的“科学狂人”，毕竟只是艺术虚构。现实的科技人才往往表现出不求名、不求利的伟大人格，以及强烈的社会参与意识。科学没有国界，但现实中的科学家有他们自己的祖国。在运行环境中，社会上科技意识的发育程度是极其重要的。

二、科技教育的质量提高和结构调整

科技教育是使科技系统能够持久地运行下去的必要环境条件。这是因为，现代化的科技工作需要长期专门训练，需要从大量人才中选拔出少数人从事专门科研工作，需要让科学家和工程师们本人从传授弟子的负担中基本上解脱出来，更专心地从事科研。这是社会化的科技教育的任务。

不仅如此，科技生产力现实化的过程，不光是科学家和工程师的事，还涉及无数的管理者和劳动者。假如他们都不懂科技，科学家和工程师必然陷入曲高和寡的悲戚境地。

科技教育，作为教育的一个方面，不能违背教育的一般规律。例如，它必须分为基础教育和专门教育两个阶段。义务教育一般视为基础教育，大专、大学以上可视为专门教育。基础科技教育和专门科技教育各有特点，在中国所面临的问题也不一样。

1. 提高基础科技教育的质量

我国基础科学教育最大的问题是什么？是儿童失学吗？不尽然。据报告，我国的小学毛入学率已达世界水平，中小学入学率在发展中国家也名列前茅。[①] 当然，我国儿童、特别是贫困地区儿童，失学状况还是很严重的。人人都有受教育的权利，关注这部分儿童的入学问题，是理所当然、义不容辞的。然而，仅就如何促进我国科技生产力现实化这个论题来考虑，那么基础科技教育的普及程度并不是最大的问题。但是，当前中国基础科技教育存在着严重的质量问题，如内容陈旧、方法落后、观念保守。

现代科技发展日新月异，基础教育不可能提供一生的知识，其主要目的应该是使被教育者在获得必要知识和技能的同时，培养起旺盛的求知欲和学习习惯，以为日后的终身学习打下基础。但恰恰在这点上，我国科技基础教育不甚成功。由于教育界自觉或不自觉地只重数量不重质量的倾向，导致中小学生厌学现象严重。曾在安徽农村长驻一年多的一位法国农业经济专家不无忧虑地说，他看到农村中那么多中小毕业生，不看书，不爱看书，也无处看书。这正是中小学生因跟不上班而厌学以及学校缺乏课外阅读条件产生的恶果。江南一个经济和教育发达

① 参见周贝隆：《从“危机”禁忌谈到中国的教育危机》，载《科技导报》，1994（4）。

的县，及格率已算出类拔萃，但初三的平均及格率也只有 66%。不少中小学生对功课产生畏惧心理，视学习为一种负担。

造成这种现象的一个重要原因是教材内容陈旧，书本与实践脱节，枯燥乏味。就科学技术方面而言，最根本的问题是不把科技看做一种指向未知领域的人类活动，要求学生去理解、领悟其精神，而是作为一种现成的、权威性的知识体系，要求学生去死记硬背。

关于死记硬背课本这一点，人们常常将其归咎为“千军万马过独木桥”的现行高考制度，恐怕未必尽然。现行高考制度无非是强化了竞争，从而加剧了现行教育模式中的固有倾向。发达地区中小学生通过其他渠道接受科技“启蒙”的机会较多，如课外活动、电视、科普读物等，此种情况下高考压力反而是个动力。而在那些除课本和“复习资料”外别无其他阅读材料的地区，高考压力往往造就“书呆子”式的毕业生。问题的根源还是教材内容。

当前基础科技教育的最大缺陷在于忽视了科学的开放性，而代之以封闭性。科学是诸种文化形态之一种，并不是终极真理。因此，任何科学理论都是开放性的理论。开放性意味着，科学理论永远要“不受保护”地面临来自各个方面的挑战。它们是：来自哲学的挑战，或诠释（理解）的挑战；来自经验事实的挑战，事实证据的挑战；来自理论内部逻辑结构的挑战，或逻辑的检验。一个优秀的科技工作者必然善于认识、善于迎接、乃至善于驾驭各种挑战。只有通过这些挑战力量的推动，科学才能进步。因此，基础科技教育的重要任务之一，就是引导学生去认识、迎接、驾驭这些挑战。

当前我国基础科技教育中有三个片面观念，恰好妨碍了学生形成上述能力。它们是：关于科学自然观理解的封闭性而非开放性；关于科学实验的验证观而非探索观；关于逻辑的符合观而非工具观。于是我们的基础科技教育中传授的便不可能是真正的科学，而是封闭僵化的“体系”，这怎么会不使学生厌倦呢？

先看自然观。和形而上学的本体论不同，科学自然观是“不作先验断言”的，也就是说，是非独断论的、非终极性的。它是对自然界，对“自然这本大书”进行阅读、理解的开放性尝试。由于自然观发源于“理解”自然的欲望，所以它有鲜明的人文特征，也就是说，是开放的，可以适用解释学的原理：“有一千个观众，就有一千个哈姆雷特”。正是不同诠释方式之间的争论有力地推动着科学的进步。原子论与非原子论，微粒论与波动论，哥本哈根诠释与爱因斯坦诠释……几乎每个重要科学概念中都隐含着不同自然观的张力。科学对哪怕是“什么叫电子”、“什么叫能量”这类问题的思索远远没有到尽头，强行用“标准的”自然观一统天下，就堵死了科学自然观的开放性。

封闭性正是当前我国自然科学教育的一个缺陷，这一缺陷首先体现在试图用哲学标签来规范科学史。许多科学真理往往得力于一种成问题的观点，如马赫主义之于爱因斯坦，约定主义之于彭加勒，这时，就有人说，他们是“不自觉地”应用了唯物主义。这一缺陷也表现在教科书章节的组织上，即刻意追求与某种哲学本身的一致，让科学教材“有利于”学生接受哲学结论。例如生物学教材中，“细胞”被作为开头，或逻辑起点，长期以来不敢变更，而无非是因为哲学曾认定“细胞是生命运动的基本单位”。

科学自然观上的封闭性体现在教学中，就是把掌握科学自然观的过程变成接受的过程，而不是理解的过程。于是学生只能死记硬背，并且丧失了科学所能带给人的最重要乐趣之一——玄想、沉思自然的乐趣，其结果必然是知识僵化，学生厌倦学习。

这种封闭性的自然观，必然会导致对待科学实验的验证观。

科学实验作为一种实证活动，本来应该是科学探索活动的一部分。针对某一概念、某一问题而开展的实验，不是为了验证已知的有关知识，而是探索与此有关的新命题。然而，在我们的基础教育中，实验目的、程序，乃至“好”的实验结果都被事先给定了，学生似乎在验证已知结果，在机械地按照给定指令完成一系列毫无新意的操作。积极探索过程被抽去了。

人们常常说中国学生“动手能力差”，原因当然不会是中国学生天生笨手笨脚。人们或者把这一点归咎于“实验课太少”，但是美国学生的实验课并不比我们多。关键在于，美国学生的实验课是给一个中心课题，让学生围绕它去利用现有材料进行探索，而在我国，实验变成了一项局限于验证书本上的知识的封闭性活动。

类似问题也存在于对演示实验的处理。现行教材对演示实验的设计过程往往略而不提。例如讲到物态变化，便拿来萘加热；讲到燃烧反应，就烧一根镁条。但是，为什么要采用萘而不采用别的物质？为什么要烧镁条而不是木条？这一实验为什么要如此设计？这个过程是科技创造性思维过程中极重要的一环，若将其略而不谈，学生就不可能触类旁通，举一反三，而只能死记一些“物质＝镁条”、“燃烧＝加热镁条”之类定式。

第三个缺陷在逻辑观方面。具体的科技知识都是零散的、局部的，把这些局部知识串成一个完整的体系，只能依赖逻辑思维的力量，建构不同命题之间的关系。对于基础科技教育来说，哪怕在使学生获得具体知识上成就并不太，但只要能让每个学生都掌握严格、缜密的逻辑思维方法，也将极大地提高他们今后一生中处理各种问题的能力。但是在我们的教育中，恰恰对逻辑强调得不够。

心理学的研究表明，大约从初中二年级起，思维就完成了由经验型向理论型的转移，逻辑思维的自觉性在整个中学阶段不断发展，抽象思维逐渐占据优势地位。然而在我们的教育中，直到大学，“普通逻辑”对非逻辑专业的学生也只是一门选修课，采用的教材又几乎和亚里士多德时代的教材无异，而数理逻辑和相应的语言分析技术等，大多数学生尚闻所未闻。更为严重的是，在我们的少得可怜的有关逻辑的教学中，持有的还是陈旧的逻辑符合观，而不是把逻辑作为思维的工具。不能否认世界本身是充满矛盾的，也不能否认人类思维不是严格逻辑化的（否则电脑就可以取代人脑了），但是，反映这种矛盾不是逻辑的任务。应该还逻辑以本来面目，承认它只是一种规范人类思维的工具，是一种保证有效推理的规范，在它之中是容不得矛盾的。

认清逻辑的工具功能首先要把思维的内容与思维的过程（形式）区分开来。例如在我们的论述文教学中，要求学生作文的第一条就是“观点正确”。如果观点不“正确”，即使推理过程缜密无懈可击也不能给分；反之，错误推理倒不妨碍“观点正确”所得到的基本肯定的评价。这种教学法实在是糟蹋逻辑。必须认识到，用不正确的方式取得的所谓“正确”结果，在科学上也是无效的。[①]

2. 调整专门科技教育的结构

相对来说，我国专门科技教育的主要问题不在内容而在于其结构。当然也存在一些内容老化的现象，但由于专门教育有较大灵活性，接触的课外资料多，有时还有进行国际学术交流的机会，因此学生一般还是可以学到比较新的知识和技能的。关键在于，这种学到的知识和技能与社会需求之间有较大的距离。事实上，许多大学生、研究生乃至博士生往往学无所用，用非所学。而社会上的种种专门教育，如夜大、职大、电大、函大、自大等，有些人不管念什么，常常只是为了混张文凭。这正是专门科技教育结构失调所致。

结构失调的种子早在新中国成立初期引进苏联式的教育体制时就埋下了。20世纪50年代初的院系调整，把原有的综合性大学进行条块分割，用计划经济的方式对专门科技教育进行管理。这种管理方式在改革日渐走向深入、市场机制发挥着越来越大作用的情况下，在宏观和微观上都变得不适应起来。

在微观层面上，主要是从事专门教育的主体——包括大学、大专、职业学校等等缺乏必要的自主权，不能随社会需求的变化而调整学科与专业的设置，增设新学科和撤销旧学科都有很大难度，长期下去必然是结构比例失调。特别是人为

① 参见吴向红、孙波、陈忠：《科学的开放性及其潜在敌手——论当前自然科学教育的缺陷》，载《科技导报》，1994（4）。

地用计划经济的思路，把大学分割为理科类、工科类、社科类，互不通气，互相不得超越指定的范围，其结果当然是结构僵化，没有灵活的调适能力。在某一学科方向的内部，不同层次人才的分布结构也不合理，造成“高才低用、低才高用”现象十分普遍。

在宏观层面上，表现在不同层次的人才培养比例失调；从事理论科学、应用科学和工程技术三方面教学的力量配置也不尽合理。例如目前我国工程类教育的规模应该说是很大的，高校在校生中工科学生的比例为1/3，而欧洲为1/10，日本为1/5，但实际上，我国工科教育多数偏重于应用理论层次，真正从事工艺设计、开发、工艺流程管理方面的较少。而那些从事工艺技术方面的院校又多是级别低、规模小、投入少的院校，学生生源质量不高。

如果考察最贴近实践的层次，职业培训、岗位训练的力度更为不足。这突出表现在第一线劳动者技术水平下降方面。据共青团中央青工部的一项报告，目前占我国1亿工人中绝大多数的7 000万青年工人，平均技术水平只有二级工上下。在全国范围内的抽样调查表明，青工中实际技术水平达到高级工的所占比重极小，中级工约占10%，其余90%为初级工。青工现有技术等级与实际技术水平都达不到规定标准。第一线技术人员也同样匮乏，若按目前经济建设的实际需要，技师缺口近百万人。

工人技术水平低，已成为制约我国科技生产力转化的一个瓶颈。一线工人操作技术不过硬，使生产设备发挥不出应有效率。据估算，在设备水平相当的情况下，我国与发达国家劳动生产率相差10倍至30倍。产品质量也大大落后，国家监督抽查有约25%的产品不合格，市场监督抽查有约55%～60%的产品不合格。试问如此工艺水平，即使有再好的科学发现和技术发明，又焉能成为现实生产力？要改变这种状况，必须大力调整我国专门科技教育的结构，花大力气加强一线技师和高级技师的培养，花大力气加强一线工人的职业训练和岗位培训。

三、科技奖励制度和机制

科技奖励在科技系统的有序运行中起着不可替代的作用。在理想情况下，奖励应该起到增加成功的科学家的知名度的作用，他们为其他科学家树立了角色模式。奖励应该鼓励那些遵循科学规范、并做出了独创性贡献的科学家，强化导致优秀研究的行为模式，鼓励科学家把注意力集中到某些“重要的”问题上。奖励不能是奖励机构主导科学，而必须遵从科学共同体的意愿。

由于奖励事实上涉及科学家个人、授予奖励的机构和科学共同体三方在利益和力量方面的均衡，因此如何达到这种均衡是值得研究的。一般来说，这与奖励的依据有关。可以把当代中国的奖励模式分为三种：由政府主持的模式，它原本是在计划经济条件下形成的；由市场导向的模式；由科学共同体主导的模式。

1. 政府主持的奖励模式

新中国成立以来，在计划经济思路下，我国形成了一整套由政府主持的，对科技成果进行鉴定、登记和奖励的制度。这套制度取得了很大成绩，但也有明显不适应当前形势的地方。

(1) 国家鉴定。

在20世纪50年代中期，在一些工业部门已经规定对新产品必须进行鉴定定型，然后才能投入生产。1958年11月，国家科委成立后，就注意到科学技术成果鉴定工作的重要性。同年12月，聂荣臻在国家科委召开的全国地方科学技术工会会议上讲话时，针对当时科技工作的新形势，反复强调要做好鉴定工作。

1961年4月22日，国务院讨论通过了国家科委拟订的《新产品新工艺技术鉴定暂行办法》(以下简称《鉴定暂行办法》)并发布试行。《鉴定暂行办法》规定：鉴定的范围：新产品新工艺；鉴定的内容：对新产品新工艺在技术上的成熟程度、经济上是否合理、应用的范围和条件等作出结论，提出可否推广的建议；鉴定的管理：采取分级负责的办法，按项目的重要性和涉及面大小，分为国家鉴定、部鉴定、地方鉴定和基层鉴定四级；鉴定的组织：对于意义重大、技术复杂的项目，应当按项目成立鉴定委员会或鉴定小组。"文化大革命"结束后，1978年11月国家科委发布《关于科学技术研究成果的管理办法》规定，鉴定仍按1961年的《鉴定暂行办法》办理，并于1979年2月发出《技术鉴定证书》试用格式的通知，对技术鉴定证书提出统一的格式要求。

1984年2月，国家科委发布《关于科学技术研究成果管理的规定（试行)》，重申科技成果的鉴定按1961年《鉴定暂行办法》执行，并作了一些补充规定：对科技成果必须进行严格的技术鉴定；为保证鉴定工作的质量，应听取同行专业人员的意见，并指定主持鉴定的技术负责人；技术负责人对所鉴定的成果承担技术责任；技术鉴定可采取多种形式，注意精简节约，讲求实效。此外，还规定了应用技术成果可视同通过鉴定的条件，并对科学理论成果提出延时评审的办法。最后这两条实际上超出了计划管理模式。但是，这个规定整体上仍有较浓厚的计划管理色彩。

(2) 国家奖励。

1950年8月16日，《政务院关于奖励有关生产的发明、技术改进及合理化建议的决定》(以下简称《决定》) 发布。这是新中国成立后，对科技成果进行奖励的第一个行政法规。根据《决定》，50年代国务院先后批准和发布了《保障发明权与专利权暂行条例》、《有关生产的发明、技术改进及合理化建议的奖励暂行条例》和《中国科学院科学奖金暂行条例》。这三个条例所涉及的范围虽然不够全面，但已包括了工业生产的发明、科学的发现和技术改进三大领域，开始形成了中国科技成果的奖励制度。1962年，国家科委成立了发明局，并着手制定新的奖励条例，将原《有关生产的发明、技术改进及合理化建议的奖励暂行条例》分别制定为《发明奖励条例》、《技术改进奖励条例》两个单行条例，提出了更适合中国情况的简便易行的物质奖励办法。

《发明奖励条例》实施初期，得到全国上下的重视。毛泽东专门为“发明证书”题了字。有关部门纷纷行动起来，清理成果，申请奖励。但第一批发明奖励项目尚未能完全按条例规定授奖完毕，“文化大革命”就开始了，奖励条例被批判为“修正主义”、“奖金挂帅”，从1966年初到1976年，被迫停止执行。

1976年10月，结束了“十年动乱”的局面。1977年9月18日，中央明确规定国家科委下设科研成果管理局，主管科研成果和发明创造的鉴定、奖励和推广工作。科研成果管理局成立后，首先积极恢复科技成果的奖励工作。1978年3月，在北京召开了全国科学大会。大会的任务之一是表扬先进，特别要表扬有发明创造的科技工作者。这是新中国成立以来在科技界规模最大的表彰活动。大会表扬了先进个人1 184名，先进集体828个。在科技成果方面，经国务院各部委，各省、自治区、直辖市清理选拔，共提出解放28年来重大科技成果44 539项，经过各行业归口反复筛选评定，在全国科学大会上授奖的重大科技成果有7 657项（其中民口5 189项，军口2 468项)。

1978年5月，由国家科委牵头，组成科学技术奖励条例修订小组，修订后经国务院批准发布的条例有：《中华人民共和国发明奖励条例》、《中华人民共和国自然科学奖励条例》、《合理化建议和技术改进奖励条例》。1982年全国科学技术奖励大会以后，又发布了《中华人民共和国科学技术进步奖励条例》。1985年5月，国家科委设立国家科学技术奖励工作办公室，作为具体执行的机构。

20世纪80年代以后，除国务院和地方各级政府对科技成果实行奖励外，民间的、群众性的科技奖励活动也开始出现。从1982年开始，全国科协、国家教委（现教育部)、共青团中央、全国妇联、国家体委（现体育总局）每两年举办一次全国青少年科学发明比赛。此外，在100多位科学家和热心发明工作的人士倡导下，还在北京成立中国发明协会。但是，上述奖励行为仍有相当的“官办”

色彩。

计划管理式的奖励制度有利于体现授予机构——国家行政机关的意图。对于受到奖励的个人，这种奖励制度可以调动行政力量，对其进行额外的追加奖励，例如评职称、分住房、批科研经费、宣传以扩大知名度等，都接踵而来，所以至今国家奖励对大多数中国科技工作者仍具有极大的吸引力。与之同时，国家行政主持的奖励也可能埋没一些人才，特别是在单一的国家奖励模式下，科学技术发展的内在逻辑可能被忽视。总的来看，计划管理式的奖励是以授予机构为主导的，而对科学共同体的考虑较少。

2. 由市场导向的奖励

20 世纪 80 年代以后，随着市场经济的发展，单一计划管理的弊端渐渐突出，于是提出了"稳住一头、放开一片"的新思路，在中国科学院内部则提出"一院两制"的主张。这实质上也是推行着一种市场取向的奖励制度。科技人员被鼓励下海去创办公司，科研机构也被要求面向市场去求得自身的生存和发展。这个思路，在早期主要落实为对科技人员和科研机构创办公司进行技术交易提供各种优惠政策。但这个奖励模式实行的结果并不理想，因为长于科研工作的科研人员并不一定擅长办公司，而且滋长了追求短期利润的行为。这是一种不成熟的市场奖励机制。

20 世纪 90 年代以后，我国逐步转向以建立专利制度为核心的市场奖励机制，科研人员毋须去直接创办公司，也毋须为了"出售"技术成果而同厂家讨价还价。当然厂家仍然可以"买断"专利使用权，但另一方面无论厂家还是科技人员，都可以选择风险较小的从利润中支取专利使用费的办法，因此更能使科技人员的利益得到保障。目前我国这套机制虽不完善，不过已初具规模。这套机制的最大特点是能充分保障科技工作者特别是具有创造性的人才的利益。对于授予机构——实施专利的企业或个人往往也有可观的回报。但这套体制同样不能适应科技共同体的要求，它以经济收益为奖励尺度，而不是依据科技发展内在逻辑及自身价值标准。一个直接的不利后果是，那些缺少眼前收益可能性的基础科学方面的重大突破，在这套奖励机制下得不到体现。

3. 以科技共同体为主导的奖励（支持）机制

由上述可见，目前我国占主导地位的两种奖励制度都不太能体现科技共同体的意愿，因此必须重视以科技共同体为主导的奖励（支持）机制。

许多论者谈及中国科技事业时，往往都提到"基础科学的薄弱"。事实上这不尽准确，应该说是那些非行政导向或市场导向的科技项目得不到必要的支持和奖励。许多论者对"基础科学薄弱"开出的药方往往还是"增大科技投资"，但若无科技共同体为主导的奖励机制从中发挥作用，则增加投入的结果，恐怕仍是强化了原有的、行政导向或企业导向的奖励与支持机制，并不能最终保障科技事业健康均衡地发展。

科技共同体主导的奖励，所依据的原则主要是同行评议。当然，科技共同体生活在社会中，要受各种社会群体和制度的影响，但是同行评议仍应以“纯粹”的科学界内部同行的、不考虑外部因素的评议为其追求的理想目标。社会对科学发现的承认要以科学界内部的承认为依据。一言以蔽之，这就是要“让科学家去管科学家的事”！院士让他们自己去选，学位让他们自己去授予，论文由他们自己去评判，发明由他们自己去审查。事实上，在科学活动越来越复杂、科学语言越来越专业化的情况下，除了真正的专业同行，局外人已经很难掌握科学发现的具体内容。科学发现由同行承认而确认的标准，是近代科学活动的一个重要特点，它因为历史上的成功而具有权威性。原则上，从社会的角度而言，科学发现是否由同行评议而确认，是科学活动是否正常的基本标志。

目前我国虽已建立了初具形式的同行评议制度，但其实际运行还不太成熟规范，有关程序还在不断变化。如何使之规范化、稳定化，是一项紧迫的课题。现有同行评议机制的运行中有两个突出的值得注意的现象，一是“名人效应”，二是“非共识性授奖”现象，需要认真研究解决。

(1)“名人效应”。

根据一项对国家自然科学基金项目的申请人与同行评议人的调查，结果表明，二者都认为申请人的科研业绩对申请人的评议结果有影响。[①] 即是说，在我国国家自然科学基金委员会（NSFC）的同行评议中存在“名人效应”。

至于申请人哪些方面的业绩对基金项目的评议结果有影响，对他们的多元回归计算结果表明，申请者以往获 NSFC 的资助数和评审结果呈现明显的相关性，回归系数为0.225 6。这表明申请人获 NSFC 资助数是影响 NSFC 同行评议公正性的一个重要因素。

一般来说，NSFC 资助的科学基金项目在很大程度可以反映我国基础研究与应用基础研究的水平。NSFC 基金项目的批准率为 25%左右。这样，大量的基金申请项目经过筛选后，只有十分优秀的项目才能获得资助。所以，科研人员获得 NSFC 的资助次数越多，他在其研究领域所获得的声望就越高，即有可能成为一位“名人”。

“名人效应”，或者按国际上一些人的说法称之为“马太效应”，对于个别的

① 参见郭碧坚等：《同行评议中的“名人效应”》，载《科技导报》，1994 (7)。

名人当然是好事，有利于使有限的资金用于有希望出成果的个人，但是也有明显的弊病。由于年轻的科学工作者开始的优势积累少，因而在申请国家自然科学基金项目时往往处于不利地位。从长远来看，这对科学事业的发展也极为不利。因此，NSFC 的同行评议系统必须对"名人效应"进行控制。首先，要用发展的眼光看待项目申请中的"名人"。科学是不断向前发展的，始终处于科研第一线"名人"地位的人是不存在的。决定对"名人"资助时，不应该只看他们的名气，更要看他们过去的科研业绩是否还能很好地反映其当前的科研能力。其次，年轻的科研工作者刚进入科学界时是缺少科学优势积累的。因此，当他们申请 NSFC 的基金项目时，NSFC 应该采取某些特殊政策。实际上，NSFC 自 1987 年开始设立的青年科学基金项目，目的就在于尽可能消除"名人效应"产生的负作用，为青年科学家脱颖而出、加快优势积累创造条件。

就我国实际情况而言，由于"名人效应"的存在，许多人申请项目时往往请已经出名的科技界人士"挂虚名"，这种做法将损害科技奖励的公正性和有效性，给无能者以鱼目混珠的机会。即使项目的真正申请人真是有能力之士，这也是权宜之计，因为项目完成的结果是挂虚名的"名人"更加出名，而真正的项目申请者仍默默无闻，结果陷入不良循环。这种现象也使科技界一些徒有其名的"权威"得以长期保持其地位，造成不公平竞争。即使不考虑上述恶果，"挂虚名"现象至少严重地损害了科技界的诚实风气，必将为其他类型的弄虚作假造成"示范效应"。

(2)"非共识授奖"。

据一项研究，在 NSFC 五个学部七个学科的 646 个申请项目中，无论获得资助的或未获资助的都有"非共识"现象。① 所谓"非共识"现象，即不是同行专家全部同意资助，或不是同行专家全部不同意资助的现象。

据统计，在获得资助的项目中，"非共识"项目约占 1/3（32.1%），在未获资助项目中"非共识"项目约占 4/5（80.0%）。也就是说，每年获得资助的项目中，只有约 2/3 是同行专家一致同意资助的，而其余的约 1/3 要从"非共识"项目中筛选。这是一个不容忽视的比例，它说明在"非共识"项目中可以挖掘出不少值得资助的项目。

自然科学基金项目评审系统由项目申报、初审、同行专家通信评议、综合同行评议意见、学科评审组评审、立项等若干环节构成。把自然科学基金项目评审作为一个认识的整体，其中四个认识要素——认识模式、认识主体、认识对象、

---

① 参见刘求实等：《同行评议中的"非共识"问题研究》，载《科技导报》，1995 (1)。

认识过程，都与“非共识”认识相关。其中必然会存在认识的共同性与个别性的矛盾。自然科学基金项目评审把同行评议作为基础性的评审制度，建有两万名通信评审同行专家库。每个项目都要经过五名同行专家通信评审，这已经成为规范化的评审制度。这种基本的认识模式形成了“非共识”产生的基础。

评审项目的认识主体是同行专家。对于具体的科研项目进行评价，最有发言权的是同行专家。然而，“同行专家”从来只具有相对的意义。被评项目内容的不断变化（这种变化在科学研究中是永无休止的）会使“同行”群体亦不断发生变化和重新组合；在科学研究的某些最前沿领域中，甚至可能一时还找不到严格意义上的“同行”，或者说此时只存在“大同行”。从一般意义上讲，采用同行评议的目的，就是使同行专家群体对被评对象的科学价值作出判断。然而，同行专家个体之间在研究范围、学术水平、思维方式、学术观点等方面的差异，都会成为产生“非共识”的个人因素。

自然科学基金项目的评审过程，是在项目的研究尚未完全展开的情况下进行的，此时同行专家只能根据自己的经验和直觉对被评项目的科学价值作出判断。这种特殊的认识过程，即对事实不甚明了的对象作价值判断，往往容易产生多样性的结论，即“非共识”判断。因此，“非共识”不仅存在于同行专家的通信评审环节，也存在于综合同行评议及学科评审组评审等环节。

迫切的问题是，当“非共识”已经出现后，如何作出下一步抉择的问题。下面一些原则有一定的参考意义：

——分类处理原则。对不同类型的“非共识”项目须采用不同的处理方法。

——复评原则。若因同行专家专业特长与被评项目不尽符合而造成评议结果不甚明确时，为慎重起见，有必要再请专家重新评议。此外，对同行专家通信评议的结果，学科评审组还要进行复审。

——反馈原则。有时某些“非共识”问题是由于项目申请人对其研究方案阐述不清造成的，此时应把专家的有关评议意见反馈给申请人，由其进一步补充材料进行说明。

——保障原则。基金项目评审实际上是在项目的研究尚未完全展开的情况下进行的。故此时同行专家的评议对科学价值大小的判断带有一定的“预测”性质。为了避免误判优秀课题或盲目资助造成资金浪费，对那些有创新性、而同行评议中的意见分歧又难以消除的“非共识”项目，应采取特殊的保障措施。

四、科技战略、政策的制定与执行

1. 制定顺应时代的科技战略和政策

科技战略和科技政策的制定，归根到底要顺应时代潮流。我国的科技战略和科技政策自新中国成立以来有几次大的发展。1956 年制定了 12 年远景计划，提出了 56 项任务和发展自动化、半导体等重大措施。这个计划的执行使得我国在原子能技术、喷气式飞机技术、电子技术、计算机技术和自动化技术等方面打下了一定基础。1961 年至 1962 年，国家科委党组和中国科学院党组起草的科学工作 14 条，着重阐明了知识分子政策，重新整顿了科学秩序。1982 年经党中央、国务院批准，颁布了我国科技发展总方针，其核心是科技必须面向经济、经济建设必须依靠科技的战略决策。1985 年 9 月党的全国代表大会上通过的《中共中央关于制定国民经济和社会发展的第七个五年计划的建议》，提出了科技发展战略的要求。根据其精神，国家科委确定了“七五”期间的科技发展战略。1992 年 3 月国务院公布《国家中长期科学技术发展纲领》，提出了新形势下发展科学技术的基本战略。1995 年 5 月，《中共中央国务院关于加速科学技术进步的决定》提出了“科教兴国”的战略。1999 年，中共中央、国务院发布了《关于发展高科技，实现产业化的决定》，为把科学技术进一步推向经济建设主战场指明了方向。近年来，我国科技政策正向科学化、民主化、程序化、制度化方向发展，相信在未来科技事业中，中华民族一定能后来居上，自立于世界民族之林。

在保障科技系统的正常运行方面，恰当的科技发展战略是极其重要的外部条件。作为社会大系统中的一个重要子系统，科技系统不可能满足于自发的运行状态，必须自觉地进行规划。战略构想尤其不可忽视。

在西方发达国家，很长一段时间，科学技术是在自由主义的气氛中成长起来的，有些学者甚至据此否认有对科技进步规划的必要和可能。直到第二次世界大战中“曼哈顿”计划的成功，才使多数人接受了“良好的组织管理可以提高科研工作的效率”的观点，并开始赞成国家对科学技术进行规划。

我国也同样经历了这样一个过程。1956 年编制“十二年科学规划”时，就有人担心科学技术是创造性的劳动，制定规划无法保证其可行性。经过 1956 年的“十二年科学规划”、1963 年的“十年科学规划”和 1978 年的“八年科学规划”的实践，绝大多数人都同意有必要也有可能对科技发展作出远景规划、进行战略构想。以后又相继编制了《1986—2000年科学技术发展长远规划》、《国家中长期科学技术发展纲领》(1992年)、《科学技术发展十年规划和“八五”计划纲要(1991—1995—2000)》、《科技发展“九五”计划和2010年长期规划》等。对我国来说，要注意避免进行战略构想时带有过浓的主观计划色彩，注意尊重科技发展的自身规律。

2. 科技战略构想的基本原则

就中国当前现实而言，进行科技战略构想需要重视如下几个方面的问题：科技战略构想的主导原则问题；自力更生与对外开放的关系问题；重点与全面的协调方式问题。

(1) 科技战略构想的主导原则问题。

在进行科技战略构想时，以什么为最高的、主导性的目标？这就是一个主导原则问题。在很长一段时期内，我国以单纯的物质的量的产出为最终目标，以增加物质产出能力为科技战略的主导原则。该战略认为，只要在某些“关键”产品的指标上赶上了发达国家，也就在总体国力上实行了“超英赶美”。新中国成立初期我们在经济上推行重工业优先发展战略，在一个经济十分落后的发展起点上实行高积累率，以较快的速度建成了比较完整的中国工业经济体系，但是付出的代价也是高昂的。当时在科技战略上也集中大量的人力物力资源，优先发展那些具有政治意义的领域，例如航天技术、核武器技术，在这些领域达到了追赶发达国家的效果。

20世纪80年代以来，我们认识到国力的增强必须通过整体社会经济的发展来实现，而不能只依靠一两个单项指标的提高。于是在制定国家发展战略时，第一次用比较能衡量整体经济实力的国内生产总值(GDP)作为标准。相应地，制定科技发展战略也以“服务于经济建设”的主导原则。但在既定的经济战略框架下，很少考虑GDP飞速增长的同时也可能带来严重的资源危机和生态危机。90年代以后，我国迅速意识到这个问题，并对经济战略与科技战略作了调整，两者都要服务于一个共同的指导思想——可持续发展的思想。

在中国政府1994年发布、国家科委主持起草的《中国21世纪议程》对财富、资源、经济发展等概念进行了再认识。传统的发展观认为，人类活动留给后代的是庞大的物质财富，而可持续发展观认为，在这同时人类给后代留下的也是一个资源大量消耗了的惟一的地球，“我们不是继承了父辈的地球，而是借用了儿孙的地球”(《联合国环境方案》)。传统的发展观认为，商贸等经济活动开创了人类的地区间交往，并进而使之国际化。这种交往以竞争为特征。可持续发展则指出在全球生态问题上人类已处于“一损俱损”的局面，因此对国际协作提出了更高要求。任何一个国家都不大可能依仗经济数量上的优势而在国际交往中为所欲为，“经济大国”的含义已发生变化。传统的发展观认为，发展计划是围绕人类的利益制定的，而可持续发展观把人类置于地球生物圈成员之一（尽管是一个特殊的成员）的地位来考虑问题。所有上述这些改变，都相应地左右着科技发展战略的主导思想。

（2）自力更生与对外开放的关系问题。

为了把中国建设成为现代化的社会主义强国，必须反对闭关自守，实行对外开放的政策，利用一切可以利用的条件，积极开展国际科技合作和交流，引进世界上先进的科技成果，认真学习、消化和吸收。

但是，中国的社会主义建设，又必须从中国的自然条件、经济条件和社会条件出发。有许多中国特有的科技问题，国外不会去研究，没有现成的研究成果，必须依靠自己的力量去解决。例如，中国人多耕地少，这就要求运用先进科技发展具有中国特色的精耕细作的农业科学技术。中国有许多多种元素共生的矿产资源，需要研究建立相应的选矿和冶炼技术，使资源得到充分合理的利用。同时，不能把希望完全寄托于引进，以免在关键时刻、在关键问题上受制于人。独立自主，自力更生，无论过去、现在和将来，都是我们的立足点。

从世界科技发展总的情况来看，各国都有所长，也有所短。为了取长补短，加速科技发展，国际科技合作与交流不但是可能的，而且是必要的。

在社会主义的中国，国际科技合作与交流从一开始就是社会主义建设事业的一部分。从国际科技合作与交流本身所需要的条件来说，也必然离不开国家的政策指导和物质支持。方针政策的制定、政府协定的签署、组织机构的建立、干部队伍的培养、活动经费的调拨、信息资源的开辟、合作项目的组织、交流效果的推广，都不是个人甚至某一个单位所能完全做到的事情，必然要在总的布局中有组织、有领导、有计划地安排解决。中国开展对外科技合作与交流的实践经验是，国家参与对科技外事工作的管理，是发展国际科技关系的强大杠杆。但从指导思想层次来看，目前中国科技对外交流的规划，物的方面相对比重过大，人的方面相对比重不足。表现在这些年在利用外资提高国内技术水平、引进国外生产线、购买国外专利等方面，开展得十分活跃。各地竞相建科技开发区，制定出一个比一个更优惠的政策，铺摊子上项目的现象与重复引进现象都大量存在。而在引进技术先进的生产线后没有与之相适应的技术人员和高技能的一线工人，往往连生产线的已有能力都不能完全发挥，更不用说进行消化吸收改造提高了。

在这个问题上必须有战略目光。目前中国发展的主要制约因素，固然还是在物的方面，但随着经济的进一步发展，人的因素将越来越突出，而西方国家在知识产权问题上态度越来越严厉，这决定了我们必须拥有大量的自己的优秀人才，才能创造出足够的自有知识产权。

（3）重点与全面的协调方式问题。

科技发展规划，尤其是国家一级的科技发展规划，必须突出重点。首先要围绕一定时期内经济建设、国防建设和社会发展中最重要、亟待解决的科技问题，通过规划，把各方面的科技力量组织起来，大力协同，联合攻关，采取“有所为，有所不为”的方针，这样才能充分有效地使用中国有限的科技力量。与此同时，还必须按照科技工作的规律，安排适当力量先行一步，为社会主义现代化建设事业提供必要的科学技术储备，增添后劲。《十二年科学规划》中安排了对中国自然条件和自然资源的调查研究，安排了开发治理黄河、长江等重大工程建设的前期研究，安排了当时国际上正在迅速发展的新兴技术和基础科学的研究，以及建立标准、计量、情报等工作。实践证明，这些安排是完全必要的，对促进中国经济建设、国防建设和科学技术本身的发展，起了重要作用。

3. 研究、制定与执行科技发展战略诸环节

我国科技战略的制定都是在中央高度重视下，在充分听取各方意见的前提下进行的，较好地体现了民主集中制的原则。必须建立一套专门的班子，在有关部门（如科技部）领导下常年进行战略规划工作，在他们工作的基础上再广泛征求各方意见。

建立专门规划班子的一个可能的风险是，这套班子的思路陷于单一。为此，有必要在这套班子之外，鼓励成立一些日常性的、稳定的战略研究机构，以实现战略研究的经常化。

目前中国从事科技战略研究的主要有这么几支力量：（a）中央机构和科技部的研究力量，主要有国务院发展研究中心、国务院政策研究室、科技部的研究机构。（b）中国科学院与中国工程院的研究力量，它们为战略规划中的重要部分——基础科学与应用技术分别提供着有益的研究成果。（c）各部委和军队方面的研究力量。它们通常比较分散，受行政约束较强，但资金较充裕，在具体领域和运作方面有自己的研究特色。（d）大学里的研究力量。大学拥有相对独立的思想氛围和多学科交流的工作背景，比较容易作出中立的、富于前瞻性的研究。（e）民间研究组织。如中国战略与管理研究会。它们的出现同样是值得庆贺的。但是这支力量目前在资金、人员上都得不到保障。

总的看来，目前我国战略研究尚未形成政府、大学、民间的三足鼎立体系。国外发达国家有许多“智囊团”，著名的智囊团在与政府保持密切联系的同时，都具有相当的学术独立性。智囊团的特点之一即与政府“竞争”，提出与现行政策战略不同的意见，这也是其生命力的表现所在。

只有在不同意见充分争鸣的前提下，制定出来的科技发展战略和远景规划才能得到有效的实施。过去，在制定科技发展战略时，常常受到“左”的思想影响，所定目标过高过急，难以落实。在执行过程中，这种急于求成的心理时常造成不良后果。

科技发展规划只是指明了一定时期内发展科技事业的方向和任务，而要使纸面上的规划变成活生生的现实，还需要做大量艰苦细致的工作。特别是中国的经济基础和科技基础都很薄弱，与发达国家相比差距很大，在这种条件下，要争取较高的科技发展速度，缩小与发达国家的差距，就必须在执行规划的过程中加强组织管理，否则就有可能使规划落空。加强组织管理是实现科学技术规划的重要保证，为此需要有一个高层次的国家职能部门集中统一领导科学技术工作。

现代科学技术的特点之一，是专业和学科的分工越来越细，而任务则越来越综合。一些重要科技任务往往涉及许多部门和学科，从基础研究、应用研究、工程开发到生产应用，从原料、材料、仪表到设备，环环相扣，缺一不可。这就需要集中力量，大力协同，使有限的人力、物力、财力发挥出最大的效益。中国能够在较短的时间内，依靠自己的力量研制成功原子弹、导弹等一批尖端技术，大力协同是主要经验之一。

为了实现规划，还必须采取有力措施，充分发挥广大科技工作者的积极性和创造性；加强后勤保障，不断改善科技工作条件。其中包括培养发展新兴技术急需的人才，建设研究所和实验室，建立计量基准和标准，加强科技情报工作，改善图书、资料、仪器、试剂等的供应，开展国际科技合作与交流，开辟新产品试制、中间试验、技术改造的资金来源等。

第十五章 科技与文化的整合

科学的成功与科学成为主流意识，带来了一些新的问题，科学与迷信的斗争也更加深入和复杂。遥想几百年前，当近代科学的曙光刚刚出现之时，宗教神学表面上是何等猖獗！当时科学家遭受迫害，常常只能在死亡的威胁面前坚持科学真理，反动势力和封建迷信肆无忌惮地把科学置于对立面，必欲扼杀而后快，双方的阵线极其分明。然而，在历史跨入现代以后，科学已如日中天，逐渐成为主旋律，科学家亦成为受人尊敬的社会精英，科学的角色开始转换，科学与非科学的关系日趋复杂，科学与迷信的斗争也相应地改变了自己的形式。

科技与文化在更高层次的整合是极其重要的。中国传统文化中既有丰富的科学精神，又有与现代科技精神背离的东西；由于近代以来中国的科学和技术基本上是从外来文化中输入的，因此还有一个文化的异质性问题。当代中国处在前现代化的现实与后现代化的世界环境这样的微妙境地中，整合的难度是不容低估的。整合过程中的教训尤应记取。

一、科学与非科学

1. 辨别科学、非科学、反科学、伪科学

什么是科学，什么是非科学，什么是伪科学，反科学又是什么意思？这关系到科学的划界问题，为此，搞清科学的主要特征是个关键。

科学，首先是自然科学，在认识论和方法论方面的主要特征是：

——具体性。科学是将世界分门别类进行研究，它们的对象是具体的、特殊的物质运动，相对于无限世界的永恒问题，它们一般只提出和设法解决现实对象的有限问题。

——经验性。科学以经验为出发点和归宿。起于经验（由观察、实验而来）、迄于经验（用实验对所得到的科学认识进行检验），力求不背离经验。

——精确性。科学要求得到的结论是系统而明晰的，彼此联系、不矛盾，通常都能用公式、数据、图形来表示，其误差限制在一定的范围之内。

——可检验性。科学的结论不是笼统的、有歧义的一般性陈述，而是个别确定的、具体的命题，它们在可控条件下可以重复接受实验的检验。

其中可检验性是关键，它是具体性的体现、经验性的基础和精确性的保证。可检验性至少包含三层意思。第一，它意味着科学实验是最基本的科学实践活动，实验方法是科学的标志，是最重要的科学方法。第二，它为科学假说提供了一个基本的方法论原理，不论提出假说还是鉴别假说都应当遵循这个原理。第三，它是科学发现获得社会承认的基本条件，在这里表现为实验结果必须可以再现的可重复性特点。

人们常常把近代以来成熟的自然科学叫做实验科学。由于实验方法的建立，自然科学才最终与神学、与自然哲学分道扬镳，由直觉思辨的研究发展到实证的研究，以实验事实为依据并由实验事实加以检验，从而成为现代意义下的真正的科学。离开实验，科学之树就丧失了成长壮大的肥沃土壤。当然，理论不断改进要靠人们的想像力和创造力，但它基本的原动力是来自实验及其结果。近代以来科学、特别是物理学和生物学的伟大成就，充分证明了这一原则。这种成功，也为科学活动立下了一条极其严格的标准，就是：理论必须能经受住检验。换言之，理论应当解释已知的实验结果，还应当预言今后可能得出的实验事实。在解释和预言中，一般都是拿理论导出的数字与实验中测定的数据相比较，这就是所

谓实验检验，就是科学的可检验性。如果解释或预言失败，或者说没有经受住实验检验，理论就需要修正或被别的更能满足要求的理论取而代之。

可检验性同时为科学假说提供了一个重要的方法论原理：科学假说在原则上应当是可检验的。如果一个假说不但无法在技术上接受实验的检验，而且在原则上也不可能被检验，那就不能称为科学假说。所谓原则上不可能被检验，是指它根本没有检验蕴涵——它本身不能被检验，由它演绎推导出的命题也不能被检验。例如，关于月球物质构成的假说，即使在人们登月之前，即使技术上尚无法实现，原则上仍然是可以检验的。人们可以用许多间接方法，其中有光谱分析的方法，把它转化成一组检验蕴涵。一旦登月飞行实现后，还能最终在技术上实现直接检验。与此相反，有些天主教物理学家认为，物体相互的引力吸引，是与“爱”有着密切关系的某种“爱好或自然倾向”的表现。爱是那些物体所固有的，它使得它们的“自然运动成为可以理解的和可能的”。这个假说在原则上就是不可检验的，不能称为科学假说。

再则，可检验性使科学活动处于同行专家的严格监视之下。科学活动要求科学家向他们的所有同行作出说明，他们必须用公认的方法与手段验证自己的成果。可检验性为科学发现的社会承认机制带来了客观性和合理性，这就是科学实验的可重复性特点。确立一项科学发现，其基本前提是实验的行为可以重复、实验的结果可以再现。实验的行为和功能在严格规定并加以控制的条件下，绝不会因人、因时、因地而异。科学活动为此立下了一个规矩：任何一个实验事实，至少也应该被另一位研究者重复实现，否则就不予承认。可重复性特点是可检验性原则的具体化，它在行为和功能方面，对检验的客观性和现实可行性作出了保证。它表明，科学家面对的不是一个外行当事人，像医生面对病人、律师面对法律当事人一样。科学家面对的是有资格的同行，这些人对科学活动的兴趣和知识素养与他不相上下，因而他早就预料到要经受严格的审查。利用门外汉轻信和无知的可能性，在科学活动中是很小的。

可检验性作为科学的基本原则与重视理论思维并不矛盾。它不是简单的“眼见为实”，而对“见”的过程有严格的规定，同时要求动脑筋。实际上，现代物理学，例如爱因斯坦的广义相对论，不仅是可检验的，而且也是高度思辨、高度抽象的。相反，人们却可以在许多流行的圆梦书或占星术中看到，其中的迷信观念倒是与人们的日常经验有一定的联系。占星术之类之所以不为现代科学所容纳，原因倒不是毫无观察依据，而是不具备科学的可检验性，不符合公认的科学理论和方法。因此，当我们谈到科学的可检验性时，不能仅仅停留在它们是否具备直观的经验基础上，同时必须把可检验性这一根本特征与科学的理论结构联系起来考察。在科学活动中，提出的假定必须明确，足以容许我们对于理论所要解释的现象推导出特定的检验蕴涵。人们将能把理论所设想的基本过程与我们掌握的经验现象相联系，而这些经验现象又是该理论所能解释、预见和后顾的。

一旦我们了解了科学的上述特征，就不难分辨出非科学，凡不具备可检验性特征者就不能说是科学，即是非科学。当然，非科学的涵盖面非常广，这里并没有一个好坏的评价。非科学中不乏有价值者，但它们依然是非科学，并不因为它们有价值而可以称为科学。

伪科学是一种特殊的非科学，它实为非科学，却要伪装成科学，不承认自己的非科学身份。在一定意义上，它也是一种反科学，它违背科学精神，不遵循公认的科学规范，起着破坏科学的恶劣作用，却还要自称为科学。伪装是它的基本特征。

反科学主要是对科学的否定性评价，它并不自称科学，反而直截了当地批判科学，揭科学的短。反科学反对把科学方法视为万能和最高准则，反对排斥其他方法，只用科学方法来仲裁政治、道德、法律、艺术、情感等等一切人类问题。因此，反科学在原则上是有合理性的，是科技与文化整合中不可缺失的一个成分或方面。它的问题在于片面性，正如把科学看做万能不符合事实，把一切灾难归之于科学更是荒谬的。科学方法虽非万能，却的确有极广泛的应用可能性，至今仍不能说人类已穷尽了科学方法的所有可能应用领域。如果反科学走向绝对化，武断地认定哪些领域不能采用科学方法，那么就阻止了人类继续利用科学方法为自己谋得更多福利的可能，从而是不智的，是损及科技与文化的整合的。

2. 警惕打着科学旗号的迷信

现代迷信伪装成科学，以售其奸，这是它的一个重要特点。在我们这种科学不甚发达、公民的科学素养比较低的国度，情况尤为严重。近年来，封建迷信活动沉渣泛起。当然，这里有深刻的社会原因：市场经济的逐步发展，改变了社会的面貌，给人们提供了许多新的机会，也带来了一些不确定的因素。当人们对事态的进程难以把握、对社会现象感到困惑之时，人们对自身、对社会组织、对主流意识、甚至对科学容易失去信心，产生所谓信仰危机。于是，一些宣扬鬼神命运和超自然神秘力量的迷信，就会乘虚而入。这些非科学的东西，本来有自己的规范，与科学是风马牛不相及的。但是，在科学时代，许多非科学自觉或不自觉地冒充成科学，它们向科学挑战的手法，不是正面与科学较量，而是假冒科学的名义，或者干脆宣称自己就是科学，甚至是尖端科学、前沿科学。一些人打着科学的旗号，附会某些科学术语，试图用非常规条件下很不规范的“科学实验”，将某些非科学打扮成科学，堂而皇之地流播于人群之中。还有一些人自称“弘扬”优秀传统文化，冒充科学态度，把糟粕说成精华。这就造成了当前特别尖锐的问题：危害很大的现代迷信伪装成科学向我们挑战，我们必须坚决和有效地戳穿、抵制这种伪科学。

伪科学虽然打着科学的旗号，冒充科学，具有一定的欺骗性，但假的毕竟是假的，在关键的地方必定很不规范，与科学相差甚远，所以只能借助各种特殊伎俩。它们常常惊动有权势者，这些人或者糊涂，或者别有用心，居然为之说项；它们也吵吵着要用科学实验来验明正身，时而通过关系找一些权威的科学家和权威的科学机构作佐证，钻科学的空子为自己贴金；它们还善于通过非科学的手法来为自己扩大影响，其中文艺作品和新闻传媒出力最多，流风所及，假作真时真亦假。它们本来是非科学问题，却装扮成科学大行其道。非科学本不可惧，有些还有自己特殊的存在价值。但别有用心抹杀非科学与科学的界限，就成了地道的伪科学。对伪科学是不能太天真的，它们不会自生自灭。它们不仅要与科学较量，而且要利用科学，打着科学的旗号来摧毁科学。

中国的伪科学大致有几种类型，危害各不相同，要作具体分析。最世俗化的是江湖术士型，他们一般有点“功夫”，会几招拳脚和杂技，还能算命、星占、解梦、硬气功等，有的具有“特异功能”。传统上，他们以表演谋生，并不讳言要搞点欺骗、玩点花样。除了一些痞子，并无大碍。但近十几年来，他们在一度沉寂之后突然反弹，涌现出一批世界级的“大师”，可以呼风唤雨、消灾避难、健身壮阳、点石成金，几乎无所不能。更怪的是信从者众，有些共产党员、高级干部、大知识分子，居然利用自己的地位和手中的权力，为他们做义务推销员，给他们贴上“现代科学的”、“传统文化的”金色标签，自己信不打紧，还惟恐别人不信，甚至逼迫大家相信。把传统迷信装扮成现代科学，新瓶装旧酒，这是一种类型的伪科学。

另一种是学术骗子型，他们或多或少有点科学知识和训练，一般不安于现状，喜欢投机取巧，出人头地。但他们的功夫主要不是用在按照科学规范老老实实地运作上，而是在科学之外走路子、钻门子。在长达10多年的“水变油”闹剧中，真正的科学活动实在分量太少，具有轰动效应的都是公关活动和不折不扣的欺骗。一个并不复杂的科学问题和精心策划的骗术，把自信而无知的新闻记者骗了；经国家大报和广播电台等媒体宣传，把许多善良而轻信的老百姓骗了；再经好大喜功又有权势的人推波助澜，特别是经科学界某些人的违规操作，假的几乎成了真的。这个被吹捧成“中国第五大发明”的特大伪科学案例，后来是由于达数亿元的经济诈骗案事发，才终于水落石出。

再一种是政治骗子型，有些达官贵人为了某种政治目的，利用和支持那些学术骗子，其中一些学术骗子有了权后更成为政治骗子。他们从事伪科学活动，宣传伪科学结论。典型的例子是李森科事件。在遗传和育种问题上，李森科从20世纪30年代开始就反对染色体和基因是主要遗传物质的学说，并把对立的瓦维诺夫院士的观点贴上“资产阶级科学”的标签。这充其量是不同科学学派的争论，却被当局视为政治斗争。直到60年代初，尽管李森科的双料骗子面目已暴露无遗，当局仍然支持他。几十年折腾的结果，不仅瓦维诺夫等一大批有才华的生物学家死于非命，苏联的遗传学也大大落后了。

还有一种是商业骗子型，这是在体制转型期间比较流行的。由于“科学”在中国有极高的声誉，打着科学的旗号往往更容易博得大众的信任，因而成为许多骗子的首选。例如一项“电子增高器”的发明，号称刺激人体特定穴位可以使矮个青年迅速长高。不少人看了广告后掏钱购买，结果纷纷反映上当，有的人还被电流烧伤！再如号称“科学发明”的“电子口吃矫正器”，事实上只是个小型音响系统，可以让人在耳机中监听自己说话的声音，对矫正口吃并无直接效果。至于在广大农村地区邮寄流传乃至在有影响的刊物登载的所谓“科技致富信息”，其中下三烂的坑蒙拐骗成分更多，有时让人啼笑皆非。

总的说来，伪科学是一种现代迷信，它们的共同点是把假的说成真的，为了达到某种庸俗低级甚至于卑鄙目的，把非科学伪装成科学。伪科学通常都是与别有用心的宣传或诈骗活动联系在一起的，因此打击伪科学，归根到底要在规范学术行为、政治行为和商业行为方面下工夫，建立反欺诈的法律体系和监控机制。另一方面，大众传媒对此也要负一定责任，如果传媒能够杜绝或减少为伪科学宣传，就可以防患于未然，降低各种伪科学活动而带来的经济损失乃至社会损失。提高大众媒介的科技水平，是一个至关重要的问题。

历史反复告诉我们，科学与迷信的斗争是不会停息的。在科学时代，要特别警惕那些打着科学旗号的迷信。不要一听到以科学名义叫卖的东西就相信，对那些自称是科学的东西，不能轻信，必须仔细分辨。

3. 注意对科学的迷信

现代迷信装扮成科学与我们较量，也使我们清醒地看到，科学并不是既成的、不变的教条，它本身也是在不断变化和发展的；同时要正确估计科学的实际作用，掌握好分寸。科学是一种社会活动，它不断与其他社会体制，包括经济、政治、文化、意识相互影响，正是这种合力推动了历史前进。

进而言之，有一个给科学恰当定位的问题。在现代社会这个复杂系统中，固然科学起着主导作用，但科学不是全体，更不是一切。有许多非科学的东西，它们自身本来就有存在的合理性，并不需要硬说成是科学。诸如文化背景、宗教和民族传统、艺术风格、社会习俗等，它们对于社会发展是十分重要的，有时是非常关键的，但它们却不是科学。所以，不能一概否定非科学。

还应当注意一个对科学的迷信问题。过去的愚昧是见“菩萨”就拜，不管是“真菩萨”还是“假菩萨”。现代迷信的一种重要形式是把真理绝对化，形而上学地看待科学。我们要矫正一种误解，以为一切都“靠科学解决问题”，就是只要有科学就可以解决问题，或者只有科学才能解决问题，别的一切都是毫无意义的。科学的确是历史前进的伟大杠杆，但是科学并不能自己成为动力，需要一定的体制和机制与之配合，还要有特定的历史主体——人去把握。在发挥科学的作用时，还必须自觉地避免它的负作用。实际上，当代人口、资源、环境危机等全球问题的产生，是与科学技术的高度发展相关的。环境污染造成生态危机，物种濒临灭绝使生物多样性丧失，利用高科技武器侵略他国谋求霸权，等等，许多新问题提醒我们，的确要认真控制科学，防止科学技术可能带来的负面影响。

在世纪之交，许多预言家、灵学家乃至特异功能者纷纷发表关于世界末日的观点。一般来说，每到世纪末，神秘主义的预言就纷纷出笼，借助人们内心中抹不去的末日阴影，形成人们思想和行为上的一种危机感。20 世纪末也是如此，出现了一个世界范围内不大不小的宗教潮，这不仅与 2000 年“千禧年”有密切的关系，而且反映了在新的社会转折时期人类观念的变化。美国芝加哥大学神学家马丁·马蒂说：“随着理性、科学、进步观念的盛极一时，大家认为神已不复存在，人们过着自由幸福的生活。但是，尽管技术的良药因其功效而受到欢迎，但它并不能包医百病。”的确，科学技术的力量可以用于改善生活，但同样也可以破坏生活，甚至毁灭整个人类。正是人类自身可能导致“世界末日”的到来。因此，有些人摒弃对科学的崇拜，日益注重非理性的宗教形式，甚至又返回宗教，这也是一种畸形的反应。

目前在美国等地势头最健的宗教流派是原教旨主义和新纪元运动。对于“世界末日”，原教旨主义者仍照抄《圣经》中关于地狱火、硫磺石之类的记载；而新纪元派则加进了许多高科技的内容，比如“在末日的劫难来临之前，外星人将前来拯救少数上帝特选的子民”等。

宗教对世界末日的解读虽然虔诚，毕竟缺乏理性。在科技时代，有些人于是求助于科学的解读，试图用科学来支持“末日预言”，以科学的名义描绘一幅幅大死亡、大毁灭的恐惧情景。他们将世纪末的神秘主义传说跟现代科学技术知识相印证，试图使这些传说更加具有摄人心魄的巨大魔力。在这方面最具代表性的莫过于对“诺查丹玛斯预言”的“科学”论证了。诺查丹玛斯是法国 16 世纪的大预言家，他那部卷帙浩繁的惊世之作《诸世纪》充满了对人类未来命运的神秘预测。他说，1999 年 7 月，人类将有“大劫难”，“恐怖的大王”要从天而降。本来，这类东西根本不必认真对待，各种世纪末预言如过眼烟云，稍纵即逝。但诺查丹玛斯预言还是引起了一些人的巨大恐慌，为什么呢？这里既有伪科学作怪，也说明人们对科学之能与不能的理解还存在着误区。

几年前，日本学者五岛勉运用高速计算机对诺查丹玛斯的“预言”进行了验证。据计算机屏幕上显示的结果：“太阳系的几大行星分四个方向，集结在上下左右四个位置上。从地球上看，排成了一个不吉祥的十字架。时间是 1999 年 8 月 18 日。”用科学来证明神秘预言，是当代的一种时髦，当然也是不折不扣的伪科学。已经有许多学者从科学的角度指出，五岛勉的计算和证明都是错误的。

揭露伪科学的办法之一是用科学来反驳它的所谓证明。但是，更深入一层看，“末日预言”本来就不是科学问题：不管你的计算正确与否，都不能证明与否定一种神秘的预言。科学不可能为世界末日提供有效的论据，同样，也无法单凭自己的力量解决世纪末的问题，对这两方面我们都不能忽视。

用科学来寻找世纪末预言的“证据”，不过是一种对世纪末日预言的解读而已，并且是一种拙劣的解读。他们的潜台词是，宇宙中的星象接连不断地出现不祥的异征，如果说，神秘主义者是非理性的，他们的预言是梦呓的话，那么，又如何理解这个时代的精英们——科学家对未来所作的分析和预测呢？但是，他们不知道，科学不是万能的，科学家也是会犯错误的，特别在他们不熟悉的领域。科学无法证明世纪末的预言，这种证明是伪科学！

不过，也不要认为科学可以消除“末日预言”。20 世纪以来人类所经历的各种痛苦和劫难，人们记忆犹新，两次世界大战的死亡人数就超过此前人类历史上所有战争中的总和。目前，在人类生存环境中所出现的诸多隐患越来越引起人们的关注和担忧，资源不足、生态失衡、人口爆炸、大地震、核威胁、艾滋病……如果我们把在短时间内难以消除其破坏性影响的毁灭性灾害称为劫难的话，当今世界的种种劫难，在尺度上、严重性上确是古代劫难不能比拟的。现代劫难直指整个人类的生存基础，我们不能掉以轻心！这个问题的解决需要更大的思路，当然里面包括科学，却也并非仅仅靠科学就能解决的。

曾几何时，人们自信地认为，由于过去 100 年科学技术的迅速发展和日臻完善，人类已经不再会面临“世界末日”的厄运。遗憾的是，历史总是提醒我们，既不该盲目相信那魔鬼般的预言，或者悲观失望丧失生活的勇气，或者尽情享受末日前的狂欢盛宴；也不能继续陶醉于“人类主宰一切”这种自我膨胀的虚伪。一部分愚蠢的人相信宿命论，另一部分愚蠢的人盲目乐观。好在愈来愈多的人真正地看到了危机，也满怀着希望，并在脚踏实地地努力奋斗。

4. 高扬科学精神，破除迷信

在当前中国，由于社会转型时期不可避免的脱序效应，非理性主义的倾向颇有市场。用迷信的或实用主义的态度崇拜科学者均有之，这使伪科学有了一定的土壤。宣称科学与人文精神对立而非议甚至否定科学者，亦可成为时髦。

当今在西方比较流行的“反科学”思潮，以“对科学的迷信”的批判者自居，是对科学与社会发展负面结果的一种畸形回应。由于现代化带来的不仅有物质财富的增长，还有一系列负面的社会问题和精神危机，由此引发出各种批判性反思是非常自然的。其中一些反思来自科学家和科学哲学家。一方面，现代科技成果的社会效用的确不易把握：原子能可以造福人类，也可以毁灭文明；克隆技术具有诱人的前景，也可能产生棘手的伦理难题。科学拥有巨大力量，但它的作用方向并不是科学自己能完全决定的。面对这些矛盾，不能轻易断言：凡是科学工作，必然将获得正面评价。另一方面，当代科学理论的革命性进展，特别是相对论和量子力学的胜利、分子生物学的成功，使得要按照传统科学规范取得新的重大突破愈来愈困难，这种状况在科学家内部产生了“科学终结论”，并成为反科学思潮的一种新形式。当然，片面强调科学的负面作用，把罪恶归之于科学，把造成负面作用的真正责任者——不合理的制度放在一边，否定科学的进展永无止境，显然是错误的。第二次世界大战以来，西方科学哲学的主流转向对科学主义的批判。这种批判虽然导致了许多问题的深化，但也造成了相对主义的流行。应当既看到反科学思潮具有一定的合理性，又清醒地认识到它们的片面性。它们的基本倾向是对科学的确定性提出质疑。

原来断言，观察和实验是科学认识的基础；后来流行的观点则转变为观察渗透理论，因而引申出，任何实验都不是中立的；极而言之，每一科学活动都会有先入之见来支配实验的运作和结果的取舍。

原来断言，科学是理性的事业，是天然合理的；后来流行的观点则反称非理性是科学创造之源，引申下去，得出的结论是：科学遵循无政府主义的“怎么都行”，科学与神话并无根本区别。

原来断言，科学具有累积性和进步性；后来流行的观点则否认科学革命前后的科学之间是可比的、不断进步的，更有甚者，对于那些流行的科学理论，有些论者认为，只能在其中随意进行选择，根本没有客观标准。

对科学确定性的质疑，在一定条件下有助于克服科学主义把科学绝对化的偏颇，可是，更应当看到，这种反科学思潮常常走入极端，它把科学认识的相对性夸大为相对主义，使科学的合理性终于也被抛弃。其实，在发达国家的实践中，科学始终占据主导地位，反科学思潮只是正餐的作料。但对发展中国家来说，值得警醒的是，如果把握不好，反科学思潮看似新潮，却很容易与极端落后的封建迷信合拍，甚至与反现代化的挽歌合流，在急需发展科学的国度，这一思潮有可能消解对科学的追求。所以要拒斥反科学思潮的相对主义，在吸取它的批判性时，一定要掌握分寸。

在整个20世纪，除了少数例外，中国的主流意识不可谓不重视科学。但在科学之路上之所以差强人意，一是没有真正掌握科学与伪科学的区别，太随心所欲地把科学当作自己的工具了，结果与科学精神相违背，有时适得其反；二是没有始终如一地在科学体制化上下工夫，致力于建立现代化的教育体制、现代化的科研体制、现代化的开发体制，急功近利，南辕北辙，结果无功而返。

面对当前中国社会和学界存在的一些脱序状态，应特别警惕失范的危险。首先，必须在高扬科学精神的氛围中，着力建立现代体制化的科学和社会，批判形形色色的现代迷信，抵制伪科学的干扰；其次，参照科学先进国家相对于中国的超前发展，不要回避现代化将带来的新问题。在某种意义上说，不但要弥补我们过去所缺乏的形式理性与实证精神，而且要前瞻地关注其可能的负面影响。我们不能简单地跟着国外流行的反科学思潮跑，在科技不发达的条件下，超越可能意味着愚昧。但是，对许多已见端倪的问题，如工业化带来的生态破坏，科学作为文化的一部分与其他文化构成之间冲突的可能性，等等，又不能漠然置之，思想的触角应该敏锐地将它们把握住。

当伪科学拿科学当挡箭牌，为现代迷信作辩护时，更要坚持科学精神，它们是人类精神中最深层次的宝贵内涵，是与现代迷信作斗争的锐利武器。

二、科学理性与人类精神

当20世纪在和平与发展、冲突与动荡、增长与衰退、精神飞升和道德沦丧的交替运动中走向终点时，迎接我们的将是什么？21世纪还将是一个科学技术的世纪吗？在时空交汇处迸发的耀眼的思想火焰，在21世纪还能常开不败吗？

1. 科学理性是历史发展的主流

150多年前，被欧洲工业社会的发展和科学进步深深震撼了的思想家们，开始用一套新颖的术语捕捉、反映和渲染这个以科学技术为杠杆的时代。先行者是法国著名的空想社会主义者圣西门，他把人类历史看做“人类理性进化的整个历史”，而进化过程相继为：(1) 准备工作时代；(2) 假设体系的组织时代；(3) 实证体系的组织时代。他那多多受惠于他、但后来与他分道扬镳的学生孔德则进一步提出，人类智力发展和社会发展毫无例外地经过这样三个阶段：（1）神学阶段；（2）形而上学阶段，又名抽象阶段；（3）科学阶段，又名实证阶段。而19世纪，正是科学时代的曙光。孔德认为，神学阶段是发展的起点，科学或实证阶段是固定和明确的结果，中间的形而上学阶段则是这两个阶段的过渡。当然，无论人类智力还是社会发展，都不可能有某个确定的终结，但是，自孔德以来，科学或实证精神，在著述家和普通老百姓的心目中，的确成了时代的基本特征。

然而，19世纪，一方面是曙光初照，科学技术在人类生活的各个领域崭露头角，另一方面科技双刃剑又开始显示其严酷的两重性。在工业革命之前，科学主要是追寻真理的精神圣餐，技术则是工匠运用自如的技艺和技巧。占统治地位的文化传统，例如宗教，虽然时而与科学冲突，但它们无法改变科学与理性、技术与进步的血缘关系。这种情况直到工业革命显示出机器生产的巨大魔力才发生彻底的变化。机器以前所未有的速度创造物质财富，也以同样不可思议的规模创造着一个赤贫的阶级——无产阶级。对资本主义的批判导致对科学技术的深刻反思。

马克思对机器及其背后的科学技术，有着远超出同时代经济学家、社会学家和哲学家的洞见。他抨击了机器的非人道使用，也肯定了资本主义的开化与进步，尤其是它对发展社会生产力的巨大推动。马克思一向注意避免掉入两个陷阱：保守的浪漫主义和形而上学的机械论。机器乃至科学技术的一切发现与发明，在原始资本主义条件下，被扭曲为非人性的力量。就其自身而言，乃是一种在历史上起革命作用的力量——在大工业体制中，科学已经并入生产而成为直接生产力。因此，最先进的阶级——无产阶级，可以运用科学杠杆力量，来推动历史的发展。

人非圣贤，马克思未能预见到20世纪资本主义的一些新特点。在当今世界，科学技术正把自身及其应用扩展到整个地球，“地球村”中的绝大多数居民已经、而且与日俱增地享受着科学和技术所带来的实际利益，无论在物质产品还是精神产品方面都是如此。这种进展的根源在于，科学与技术之间的关系、科技与经济社会发展之间的关系，在20世纪已经发生了一个根本的转折。由最初的互不相干、稍后个别领域中的单向联系，变成今天科技一体化和产业化，使科学技术成为当今社会中无与伦比的发展动力；原本独立地操作它们的主体也日益结成庞大的共同体，并且把它的触角伸向社会生活各个领域，改变着社会的形态与结构。

科学技术已是世界性的事业。今天，全球有数以百万计的专业科技人员，还有多得多的服务于这一行业的从业者。支持他们研究与生活的，是政府的基金或企业的资助，常常是天文数字资金，例如，仅发射第一颗地球资源技术卫星就耗资 2.7 亿美元，这还不是最高的。当然，政府和经济巨头们不是慈善家，在这里有着比其他种类投入更高的利润和更短的回收周期。第一颗地球资源技术卫星，第一年就为美国收益 14 亿美元。即使难有眼前利益的基础科学研究，政府和企业也乐于赞助，因为历史已一再证明，理论上的突破或迟或早会引起应用范围的革命。基础研究成果转化为现实产品的周期大大缩短，数量也惊人地以指数形式增长，以至于出现了专家也来不及详细阅读本专业所有文献的“知识爆炸”的现象。科学的中立性与纯粹性日益丧失了。所有这一切，产生了人们形象概括的“大科学”。19 世纪乃是科学初露曙光的年代，20 世纪则是大科学时代。在衡量国家的综合国力时，科学技术进步程度已成为极重要的指标。

2. 在人类精神对立的两极中平衡

与非生命体不同，一切生命体都是动态非平衡系统，并且是能够自我维持下去的非平衡系统。生存问题对所有生命都是平等的，但生存问题之于人，又比之于任何低级生命更为严峻。动物或许只在死亡临近时才感到它的威胁，而人，哪怕是最原始的人，也因具有自我意识和预见能力，无时无刻不感受到生存的意义和死亡的潜在威胁。原始人已经学会把自然界作为一个对象客体来把握，正如伯特兰·罗素所说的，哲学和科学开始于提出普遍性的问题。不过，最早的回答常常带有浓厚的神话色彩。

即使在原始的思维中，人类精神亦已表现出对立的两性，一方面孕育着秩序和理性，另一方面则意味着迷狂和本能。这就是所谓阿波罗精神和狄奥尼索斯精神。奥林匹亚的太阳神阿波罗象征着光明与理性，理性意味着严格的因果性和决定论，是规律与秩序的代名词，人们正是在这个意义上使用诸如“自我理性”、“绝对理性”等概念，也正是在这个意义上，全知、全能的上帝被神学家视为理性的化身。

与理性精神或阿波罗精神相对立的是酒神精神或狄奥尼索斯精神，它的特征是神秘的、迷狂状态和“天人合一”式的内心体验。在纵欲、酗酒舞蹈、服药和神秘宗教仪式过程中，原始人的狄奥尼索斯精神被充分唤起。如果说理性通过展示一个安分、有秩序的世界来给人安全感，增长生存的勇气和技能，那么酒神精神则依靠生命本能的直觉冲动，依靠在迷狂状态中人们所产生的自我力量感，达到仿佛世界与自己的意识完全是一体的境界。

绝对的狄奥尼索斯精神不会产生任何科学，甚至也不可能产生任何哲学和成熟的宗教。即使在文明、开化的社会中，若任凭狄奥尼索斯精神泛滥，也会带来可怕的后果。另一方面，绝对的阿波罗精神将把世界全盘留给客观、冷漠而又全知全能的上帝，从中逐除人的地位，至多留给他一份终生侍奉上帝的职业。它将取消自由意志，取消人生的价值，使人类历史堕落为由蛋白体构成的可怜虫在一个小小的星球上诞生、生长复又绝灭的过程。

最早的科学和技术实际上与神话、巫术同源；稍后，在古希腊人那里，则与自然哲学乃至神秘主义教义合流。在古阿拉伯、古印度和古代中国，天文学的建立常常服务于占星术和星象学的需要，化学、数学这类“方术”则常在炼丹、八卦、术数等神秘文化中被包载着流传下来。近代科学的创立者们或多或少也具有某种宗教精神，哥白尼是一名僧侣，第谷笃信上帝，牛顿是一名清教徒，被烧死在罗马鲜花广场上的布鲁诺则是个异教徒。布鲁诺被处火刑，既因为他信奉日心说，也因为他宣扬的多个世界理论——那岂不暗示着有多个上帝吗？即使不考虑外部因素的渗入，科学研究作为一项崇高事业，似乎也呼唤着某种宗教式的献身精神；科学研究中的每一项成就，往往使研究者陷入迷狂状态的欣喜。灵感、顿悟、直觉等非逻辑思维方式更是科学研究的得力手段。现代科学技术，作为理论理性与技术理性相结合的高级形式，并不是纯粹理性自恋的产物，乃是理性精神与酒神精神相互激荡所诞生的整体人类文化中的一部分，是一枝瑰丽的精神花朵。真正的人类生活也应当在这两极的张力所形成的微妙平衡中进行。

3. 对科技的人文主义的反思

科学技术的两种面孔令当代学者困惑不已。哈贝马斯认为，对当代资本主义社会的批判必须针对科学技术本身。阶级对立已被“科学技术与人性”的对立取代。后者反映在知识领域，就是工具性的技术知识与阐释学的知识之间的对立。他认为，阐释学是合法的社会意识形态，它与意识形态批判的合一将使人们有能力发掘社会系统扭曲的根源，从而澄清人与人之间的社会交往。哈贝马斯指出：经验科学由于强调人与非人现象在构造上的相似性，而导致人性客观化，进而发展了统治的技术，使现代技术社会中人性的认知理解与交往遭到非人性的管理和控制的排挤。技术知识取代了实际知识，工具性的劳动（它本应是实现某一反思目的的有效手段）成为目的本身。居于支配地位的技术所有者使人类失去了人性，反受技术的支配。他们不从道德方面考虑问题，只追求技术的效益，而不追求完美的生活。

不难看出，哈贝马斯对科学技术的批评乃是一种意识形态的批评。这种批评的基石实质上就是科技决定论，即认为科学技术统治着当代社会。有趣的是，与这种批评相反，美国社会学家丹尼尔·贝尔在《后工业社会的来临》（1972 年）一书中，也提出了一种科技决定论的历史观，不但持正面肯定的态度，并且是从阐发马克思的思想开始的。他认为，工业社会正在按照马克思《资本论》第 3 卷中所描述的图式发展，而不是按其第1卷中“纯”资本主义图式发展。企业管理中所有权与控制权的分离，白领阶层的兴起，金融资本的形成，这些已经发生的现象都被《资本论》第3卷预言到了。而变化还在继续，20世纪末或21世纪初，一个后工业社会即将来临，它将使产品生产经济转变为服务性经济，使专业与技术人员阶层登上主导地位，理论知识成为社会革新的引导者，使技术发展受到控制，并创造出新的“智能”技术。总之，丹尼尔·贝尔认为，社会结构上的所有巨大变化，根源都在科学技术，是现代科技革命的产物。与哈贝马斯明显对立的是，贝尔认为恰恰是技术知识，以及代表技术知识的科学家与研究人员阶层，将成为推动社会发展的力量，将直接使资本主义和社会主义这两种工业社会形态“趋同”而走入后工业社会。

哈贝马斯和贝尔的两种取向相反的科技决定论的观点，反映出西方整整一个时代知识分子的看法。在20世纪成长起来的西方知识分子亲眼目睹了现代科技革命及其带来的翻天覆地的变化，他们的思想必然要同过去的思想传统分道扬镳。过去的知识分子倾向于对科学技术的能力抱有浪漫主义的幻想，而对科学技术的负面影响天真地估计不足。科学技术在他们眼中仿佛是呼风唤雨、点石成金的魔杖，这魔杖却又只是服务于其主人的。他们忘了，改造自然的魔杖必然也要改造人类。不仅是因为科学技术给人们带来了巨大的物质力量（包括创造性力量和破坏性力量），更重要的是科学技术重塑了当代社会的关系与结构。社会中的先进分子所面临的任务，已不再仅仅是去“掌握”科学技术，而首先应当去“适应”科学技术的发展。科学技术已经从依附于某一社会转变为推动社会制度变革、塑造新社会制度的一支强大力量。

对科学与技术再也不能漠然置之了！一切宗教的、社会的、意识形态领域的文化形式都不得不转过头来惊讶地注视着科学技术这位迅速成长起来的巨人。自从人类从蒙昧状态中脱胎出来，还没有任何一种社会活动或文化形式能像科学及与其相应的技术这样，把自然与人切切实实地联系在一起。这种联系所激起的强烈共振有时甚至连它的创造者——人类自己也感到惊愕，惴惴不安。科学技术之光照出了一条通往未知领域的路线，然而终点依旧隐没在晦暗之中。它将把人类引向哪里？人们大声疾呼，要对科学和技术作人文主义的反思。

反思的结论惊人地相互冲突。悲观主义者感到，科学和技术所加速的不是人类进步，而是人类消亡的过程。1981年，美国社会学家里夫金和霍华德尔把热力学第二定律应用于人类社会，把人类开发利用自然的过程宣判为增加世界混乱程度的过程。从狩猎—采集型社会过渡到农业社会，再从农业社会过渡到工业社会，每一项新技术的出现和使用都在加快能量的耗散，未来人类想要进一步从环境中取得可利用的能源，将会变得越来越复杂和昂贵。但是，乐观主义者，如《今后二百年》的作者、美国物理学家、数学家卡恩却认为，科技自身的发展将能补偿一度造成的污染和资源枯竭，生产的增长会不断在前方为自己开辟道路。介于这两者之间的观点认为，世界明天的好坏，并不是命中注定的，也不是科技的本性决定的，而取决于人类今后作出的决策是否明智。人类依然拥有不受束缚的想像力、创造力和道德能力，这些资源可以被动员来帮助人类摆脱困境。必须把目标放在开发人们潜在的、处在心灵最深处的理解能力和学习能力上面，以便使事态的发展最终能得到控制。

从所谓人性对科技的质询和批判，转为对人性自身的反思和批判，人们开始意识到，科学和技术不是外在于人的成果，而是由活生生的人正在从事着的人类实践活动，把科技视为工具或视为奴役者都是对人类责任的放弃和逃避。

4. 在功利主义与终极价值之间保持必要的张力

科学倡导理性精神，但在理性精神内部，却存在一种分裂和整合。理性包括理论理性和技术理性，前者试图以系统和逻辑的方式去了解世界，整理我们有关世界的零散知识，后者关注控制与改造世界的过程，相信同样的先决条件会产生同样的结果，并试图有意识地复现这些条件，以便按主体的需要获得预想的结果。科学、基础研究倾向于理论理性一极，而技术、应用与开发研究则包含更多的技术理性成分。概而言之，前者更多地追求终极价值，而后者表现出浓厚的功利主义的兴趣。

应该注意到，功利主义与终极价值之间的分裂和整合问题，并不限于理性领域，它在非理性领域也同样存在。例如一个艺术家创作一件作品，可以是追求终极之美，也可能是为了博得情人欢心。一个教徒祈祷，可能是出于神圣的信念，也可能是为了给自己减轻病痛。功利主义与终极价值之间的冲突是渗透在整个人类文化当中的。不过，由于科学技术自身表现出的这两种取向都十分强烈，并且由于在科学技术事业中，这两种取向不得不试图合作，从而对它们的整合凸显为一个极为紧要的问题。科学技术中的两个方面，一开始是互相平行地发育起来的。从一批试图理解宇宙奥秘、追求造化之美乃至证明上帝的至真至善至美特性的知识分子们那里，诞生了近代科学的萌芽；而从一些讲究实际应用、追求增进社会福利的工匠和知识分子们那里，发轫出近代工艺和技术传统。它们在早期虽有交叉渗透，但未成气候。然而，工业革命之后，科学技术表现出无可抗拒的一体化倾向。科学借助技术而超越纯粹的知识形态，物化为强大的生产力，技术借助科学冲破单纯的实用樊篱而登入意识形态的殿堂。今天人们常常不加区分地把科学和技术统称为“科学技术”，但是并不能就此消弭其中隐含的功利主义与终极价值之间的裂痕。

在当代西方发达国家，应该说功利主义在 20 世纪占尽上风，直到 60 年代末，一些思想家开始激烈批判这种现象。马尔库塞认为一味追求功利性物质文明的现代人是“单向度的人”。哈贝马斯则认为，由于技术知识取代了实际知识，经验科学抹杀了人与非人事物的区别，科学技术并且进一步为社会统治力量所掌握，成为统治的技术，所有这一切导致了人性的客观化，使现代社会中“科学技术与人性”的对立成为最大的对立。这种批判在 80 年代的思想界激起了巨大反响，影响极大的后现代化主义运动的目标之一就是批判这种功利主义。例如法国后现代主义者福柯认为，一部文化帝国主义的历史就是冷冰冰的技术控制势力不断放逐异端思想的历史。

中国文化素来有重形上轻形下、重道轻器、重理论轻实用的传统。在中国文化中，技术的东西必须屈从于“天理人情”的仲裁，纯粹服务于功利目标的“奇技淫巧”在中国文化中是没有什么地位的。然而，1840 年以来，由于在只讲功利不讲道义的战争中接连失利，中国人感到有引进西方科技的必要，这种引进完全是出于“中体”层面上的，仍然大谈伦理名教，甚至说出“外洋以富为富，中国以不贪得为富；外洋以强为强，中国以不好胜为强”的昏话；与之同时，在“西用”的层面上，却大造枪炮，大办洋务，试图“师夷长技以制夷”。这种文化内的双重取向之间的冲突越来越明显，而且相互掣肘，导致了严重的内耗。最终伦理名教只剩下一个空壳，而师夷长技也只是学了些皮毛。到 19 世纪末，有识之士已经醒悟到对科学技术不能作纯粹功利性的切割和引进，必须同时理解其所内蕴的终极价值。

从维新运动时期起，康有为等人试图用西方科学中的“以太”、“电”等概念和“进化论”、“万有引力说”等理论来改造中国的儒学和佛教，从而赋予科学技术以负荷人类终极价值的角色。然而他们由于过分强调这一面，甚至把科学扭曲成了伪科学，丧失其功利意义上的可操作性。

20 世纪以来，一批接受了较完整西式教育的知识分子开始走上思想前台。在 20 年代的“科学与人生观”大论战中，双方围绕科学技术是否能指引终极价值，以及在它之上有什么样的终极价值诸问题进行了激烈讨论。这是一个良好的开端，遗憾的是由于种种主客观原因，这方面的讨论后来未能再深入下去。

今天，中国经济尚不发达的现实要求我们大力发挥科学技术的功利作用，但若一味强调其功利的一面，由此造成的资源枯竭、道德失范等问题也将是致命的。对于中国这样一个人均资源极其匮乏的国家，如果科技被用来掠夺性地“利用”自然，那将是民族的灾难。如果科技在带来了一个工业化社会的同时也破坏了人文文化，那就是一个不可挽回的损失。如果科技水平的进步不与社会整体道德水平进展同时推进，那么由于人们在拥有越来越大的建设能力的同时也拥有越来越大的破坏能力，个别狂人的发疯行为也许就会导致毁掉一个国家，甚至毁掉人类。科技社会是积蓄了巨大能力的社会，人类必须习惯于、适应于这种崭新的巨大能力，因此，他们永远不能放弃对终极价值的思索和追求。

三、传统文化与西方化

我们无法摆脱历史。在现代化进程中，在实现科技与文化的整合以促进科技生产力现实化进程中，历史的重负是我们不得不首先面对的复杂难题。

中国文明的历史可以做如下大致的划分：在 17 世纪初以前的 2 000 多年漫长岁月中，基本上是中国文化按自身轨迹发展，孕育着符合自身特色的科学与技术。从 17 世纪到 20 世纪初，西方近代科技文明开始传入中国，其中在 1840 年鸦片战争前是较平稳的交流过程，鸦片战争后，学习西方文明的过程则始终伴随着强烈的救亡意识。新中国成立后长期被封锁，中间有一个学习苏联科技文化的过程。由于种种原因，背离科学的现象在中国以越来越具有破坏性的方式表现出来，最终发展成“文化大革命”的狂热运动。

回顾这漫长的历史，最直接和最深刻地影响到当前中国科技与文化之整合的因素，一是 2 000 多年自我发展所孕育出的传统文化；二是近代以来西方化的主张及其行动的后果。

1. 传统文化的困境和出路

究竟怎样评价中国传统文化？在这个问题上切忌简单化倾向。例如，有人断言传统文化是现代化的最大障碍，传统文化不能与科技精神相容，但实际上，15 世纪以前中国一直是世界性的大国，科技水平也胜似西方。再如，有些人认为“世界文明的希望在东方”、“21 世纪是中国的世纪”等等，则又完全无视百多年来无数仁人志士由于深感中华积贫积弱的切肤之痛而对中国传统文化进行的批判性反思。

著名英国科技史家李约瑟曾经提出过一个有关中国的问题：“从公元前 1 世纪到公元 14 世纪的漫长岁月中，中国人，在应用自然知识于满足人的需要方面，曾经胜过欧洲人，那么，为什么近代科学革命没有在中国发生呢?”这个问题被称为“李约瑟难题”。它的核心思想是：中国文化为什么没有能够孕育出近代科技？在很长一段时间，学术界把“李约瑟难题”视为研究中国科技史所无法回避的问题，一定要弄个水落石出才肯罢手，因此也就涌现出了五花八门的答案。例如李约瑟及其研究团体就提出过阴阳五行学说的阻碍作用以及缺乏资本主义的力量推动等原因。其他许多学者的答案则包括封建的自然经济、官办的手工业、大一统的封建专制主义、周期性的战乱、崇尚宋明理学、八股取士的科举制度、直觉的思维方式、表意性质的中国文字系统等等。所有这些解释似乎都有道理，但是，试图在中国传统文化与近代科技之间寻找出一种简单的、决定论式的因果关系，真能办到吗？

1980 年，在纪念李约瑟 80 寿辰时，李约瑟过去的合作者、美国的席文教授提出了一个新的看问题的角度。席文认为，以往所有种种解释，都隐含着一种错误的哲学，这种哲学由两个错误的推理构成。推理 1 是，假如一样东西欧洲有而中国没有，我们便说它是“近代科学革命”的必须前提。推理 2 是，假若一样东西欧洲没有而中国有，我们便说它是“近代科学革命”的一个“阻碍因素”。这种“正面我赢，反面你输”的“横竖都有理”的论证方式，得出的结论是不可靠的。①

席文的批评是深中肯綮的。两种不同的文化范型之间的比较绝不可能如此简单，一一对应。对某个事件的研究，不能就事论事，而要把它放在一个基本的文化发展背景和氛围中去考察。

应当看到，中国的文明（包括科学）本来就有自己的独特的传统和独立的发展道路。如果不受外界有力的影响，按照它自身的逻辑，它是没有理由非走向近代文明、形成科学文化、建立类似西方的近代科学不可的。从明朝末年的情况看，中国的学术传统中不是不存在这一可能。事实上，16 世纪末 17 世纪初来到中国的西洋耶稣会传教士，包括今天被尊为“西学东渐第一师”的利玛窦等人，其本意并非是向中国人传授科学，而是要传播福音，使中国人皈依天主。他们之所以后来选择“学术传教”之路，即以西洋近代科技的内容吸引中国士大夫，从而为进一步传播基督教思想开路；正是因为这样做可以投中国士大夫之所好，也就是说，中国士大夫对科技的兴趣是自发的、内在的，而不是利玛窦他们灌输的。

如果再仔细分析，可以看出当时中国士大夫对科技产生兴趣的动力主要有两个来源：一个是中国原有科学技术活动的逻辑发展，如当时向利玛窦学习地理的一位中国士大夫李之藻年轻时就爱好地理；另一个是中国整体学术传统的推动，

① 转引自李国豪等主编：《中国科技史探索》，89～105 页，上海，上海古籍出版社，1982。

即当时从儒学内部产生的经世致用“实学”传统的推动。[①] 甚至可以假设说，中国近代以后科学技术的落后，是由一系列偶然事件推动的，例如明朝的覆亡使“实学”思潮从经世致用转向了考据正典，最终在清朝统治者的干预引导下变成了一头扎进故纸堆的乾嘉汉学。在这一系列“偶然”的历史事件背后，不能说毫无其必然性，但迄今为止我们占有的材料都不足以支持某个匆匆作出的结论。特别地，迄今不能提出有力的证据，证明中国近代科学之所以落后，是由于中国文化中存在某种阻碍科学发育的“深层结构”。很明显，由于“中国传统文化”这个概念的外延是如此不清晰，缺乏稳定性和持续性，要从中找出某些支持或阻碍科技文化成长的因素，都不是什么难事。但要找出一个稳定、一致、恒久的“深层结构”，说明它妨碍或推动了科技文化，则恐怕是没有前途的。那么，为什么还要谈论“传统文化的困境与出路”呢？理由很简单：由于从19世纪40年代以来，西方的坚船利炮打开了中国大门，中国实际上已经走上了一条引进西方科学文化的道路。近代中国的科学文化不是内生的，而是输入的。并且，直到今天，在科学技术方面西方国家仍大大领先于中国，这意味着在很长时间内中国仍将不能完全摆脱“进口”科学技术的局面。由于科学技术不是纯粹中立的工具，而总要适应于一定形式的价值观、生活习俗、文化方式，这种“输入”的科学就将对中国传统文化构成整体上的威胁。

因此，我们这里所讲的“传统文化的困境”，不是传统文化自身是否合理的问题，而是其在外来文化冲击下面临危境以及如何摆脱这种危境的问题。进而言之，它是指中国传统文化与今天占优势的西方文化怎样竞争的问题。而在这竞争中，“科学技术”是个关键的因素。哪种文化能更好地发展科学技术，哪种文化就极可能占据有利的地位。

关于科技如何发展这个问题，有两个方面的因素值得多加注意：一是知识分子（主要指科技型知识分子，也并不排斥人文型知识分子）在社会中的角色问题；二是“道”和“器”的关系问题。

中国传统文化中的“士”承担着强烈的社会责任，同时也有较高的社会地位。在某种意义上，与西方中世纪的神职人员的社会角色不无相似之处。但是，“士”与“官僚”之间有密切的联系，可以很容易地从一种角色进入到另一种角色，常常还能兼有两种角色，这是西方神职人员所不能比拟的。在西方，最早从事科学探索的人常常是神职人员，或与教会有关，但随着科学探索的目标与神学目标之间分歧越来越大，科学探索者开始独立出来，与人文型学者一起，利用了

① 参见刘大椿、吴向红：《新学苦旅》，47～55页，南昌，江西高校出版社，1995。

世俗权力阶层即官僚贵族阶层与教会之间的冲突，而在社会上形成了一个中立的、既不依附于世俗权力又不依附于教会权力的知识分子阶层。但是在中国，却不存在这样一个类似的分化过程，知识分子始终未能与“士”的传统角色告别。知识分子或者以道德训诫者的面目出现，于是容易对抗世俗权力；或者又以与世俗权力相认同的方式出现，从而陷身于政治。对中国知识分子的这种微妙的、难以实现中立化的地位，不能简单地加以批评，关键在于建立相应的社会运行机制，为知识分子的社会责任感和行动意识找到适当的表达渠道，避免其损害知识分子的学术事业，乃至损及他们自身。

关于“道”和“器”的问题，即中国传统文化中重视形而上、忽视形而下的问题，折射在当今的科技文化中，就是重理论轻实践，重解释轻运作的研究趋向。从更广的范围来看，就是在科学技术的功利性与其内蕴的终极价值之间难以平衡。中国传统文化是倾向于强调终极价值的，而近世中国引进科学技术，却主要是从“经世致用”、“救亡图存”的功利目标出发的。对科学技术功利性一面的过度强调，会有不良后果；但是如果为了避免这种倾向去引入西方的、相应的终极价值观，又会对传统文化固有的本土终极价值观造成破坏。如何应对这种局面，把传统文化的终极价值观与科学技术的功利性结合起来，就是一个十分重要的问题。

2. 西方化的主张及其反思

当面临传统文化与科技之间的冲突时，一个颇具鼓动力的主张是，干脆彻底地放弃传统文化，在各个方向和层面上全盘吸收和借鉴西方文化。这一主张用一个简明的公式表示就是：“现代化 ＝ 西方化”，它提供了一个整合科技与文化的可能思路。

怎样看待这一思路？从1840年直到20世纪上半叶，在引进西方科技的问题上一直存在保守和激进两种观点。最初，保守派完全拒绝睁开眼睛看世界，而撰写《海国图志》的魏源、撰写《瀛环志略》的徐继畬等能够正视现实的人，却是了不起的激进派。到19世纪60年代以后，激进派的头衔便让给了主张“中体西用”、要学习西方先进技术、兴办实业的洋务派人士。到90年代，更激进的维新派则要求不仅学习西方的先进技术，也要学习其政治制度，而洋务派“中体西用”的主张此时已显得保守。20世纪之后，像梁启超这样的过去的维新人士又被视为保守者，其君主立宪主张被更激进的革命和民主运动所取代。20年代更有提出“全盘西化论”的胡适，主张“不读中国书”的鲁迅，在“科学与人生观论战”中提出“科学之权威是万能的”陈独秀，以及要把“孔孟老墨”都“丢在茅坑里三十年”的吴稚晖。总之追溯历史，似乎可以得到这样的印象：在日本入侵而对中国的科技事业以致命冲击之前，越来越激进的西方化主张逐渐占据着社会思潮的中心。

是否可以得出结论说，从 1840 年到 20 世纪 30 年代的将近 100 年间，中国在学习西方这个问题上，是不断选择着越来越正确的方向？难道不可能是相反的结论，即从 1840 年以来，中国人越来越“误入歧途”？或者，难道不可能得出一个折中的结论，即虽然在最初阶段，西方化的主张是正确的，但在某一历史时刻之后，由于西方化主张越来越激进而超越了一个临界点，因此已经走过头了，反而变得不正确了。

事实上，20 世纪 90 年代以来，对于“西方化”的主张，人们不断提出各种各样的反思。在西方，以属于后现代主义思潮的“东方主义”观点为代表，这种观点极力主张破除“现代化 = 西方化”的迷信。在中国国内学界，对近代历史上的西方化倾向也进行了激烈的批评。继 80 年代有人认为中国的当务之急仍是“启蒙”之后，90 年代有不少学者反过来提出要“消解‘启蒙’话语”，认为这种“启蒙”话语实在是一大误区，驱使知识分子执著顽固地从思辨的理念出发去运作社会，头破血流却锲而不舍。中国启蒙知识分子们所怀有的“启蒙”概念，就是要用“科学”、“民主”、“人权”等来自西方思想体系的理念来改造中国社会，而中国社会的固有的内在结构却一次又一次嘲讽地“解构”了这种努力，并且往往使之走向荒诞。例如，提倡“民主”却导致“大民主”而孕育出更极端的极权政治，提倡“竞争”却导致尔虞我诈等等。

有些学者甚至认为，20 世纪初，国内弥漫着的激进思潮，那种急于建立一个西方式民主国家的心态，已经超越了必要的限度。为此而进行的社会实践——即辛亥革命，并没有成功地建立起西方式的民主国家，反而导致军阀割据、连年混战的局面，使“暴力就是真理”等逻辑居然成了全社会公认的“准则”。

以上这些观点，当然是不能接受的。不过，它们反映近代以来中国的确曾经有过一段在思想上越来越西方化的历史，而当时人们的自我感觉和后来者对这段历史的评价，往往都过于乐观，认为这是一段不断进步的思想史。近代中国的西方化运动，尽管具有不可磨灭的历史意义，但从根子上、从学理上看，他们并没有为自己建立起一个充分可靠的依据。

例如，如果就维新运动中的科学理性问题进行考察，就会发现：不能认为维新派的主张比洋务派的主张具有“普遍的”进步性。在很多方面，维新派的言论有较多的宗教激情，较少的科学理性精神，其在科学技术知识上的造诣也逊于已有了二三十年兴办实业经验的洋务派官僚。整体地看，尽管维新派的许多主张更为积极，更尖锐地指出了当时中国社会深层次的问题，但是在可运作性方面，反逊于洋务派一筹。

当然，应该意识到，上述所有批评，都不足以完全否定西方化主张。同样，从中国近代史中也不能得出“西方化 = 现代化”之类的结论。历史不能为今天提供现成答案。需要立足现实作出判断。就今天的现实而言，反对“现代化 = 西方化”的考虑主要来自两个层次：价值观的层次和实践运作的层次。

从价值观的层次看，以追随西方的方式实现现代化，将丧失中国文化的独特传统。这对保持全球的文化多样性来说，无疑是一大损失。因此，除非我们能十分有把握地断言西方化道路一定能给中国带来现代化，而且舍此之外别无他途，否则我们应该尽量避免走这条道路。从实践运作的可行性来看，西方模式对中国的现代化、特别是对科技事业的发展是不可能完全照搬的。与发达国家不同，后发国家处身于已走向全球一体化的现代跨国经济体系的挤压中，只有有限的发展空间和技术上创新的可能性。如果追随西方模式，则本国的科技力量有在技术上沦为发达国家附庸的危险。

3. 后现代主义倾向的误区

目前中国尚处在一个科学方法还十分不普及，应用范围和程度还亟待扩大的阶段，但国际上种种反科学主义思潮却自 20 世纪 90 年代以来大举传入，它们往往不能准确判断中国的现实，反而导致了科技与文化整合的困难。

在中国，当真要追随西方的后现代主义倾向，那是立即会碰壁的，且很容易返回到前现代化的困境。虽然很少有人声称后现代主义是当代中国的主流，但实际上不自觉沿袭后现代主义思维框架的人在激进的知识分子中并非少数。一个典型的例子是“边缘化”这个概念。它认为中国当代知识分子和整个后现代文化条件下的知识分子一样，正在丧失“话语的中心地位”，滑向社会的边缘。边缘化的根源是世俗化，这本来是现代化进程的一个侧面，其结果却导致了对现代性的消解。他们批评知识分子曾经赋予理想激情的一些口号，比如自由、平等、公正等，现在却得到市民阶级的世俗性阐释，制造并复活了最原始的拜金主义。其实，当代知识分子在新中国诞生之后，很少有过占据“话语权力中心”的时候。西方 18 世纪启蒙学者的一呼百应，在中国似乎只是五四前后昙花一现的现象。知识分子的命运更多地与政治进程而不是与现代化进程有关，他们最“边缘化”的时候也许是“文化大革命”期间，但那并不是一个走向后现代化的时期，而是倒退到前现代化的逆流。假若 20 世纪 80 年代后期知识分子的“贬值”现象就是西方的“边缘化”，那么，20 世纪 70 年代末为知识分子平反、落实政策又相当于西方的什么呢？难道是“中心化”吗？西方后现代主义的概念在中国是轻易套用不得的。

这期间，对“科学化的哲学”的追求，也不得善终。一部分感到失望的人试图回归到形而上学的传统中去。但这条道路看来也是充满陷阱的，因为它们大多设定科学哲学是反人本的。有些论者认为，科学世界图景一旦本体化，人必然就处在一个次要的位置，见物不见人或者将人当作物，也就是顺理成章的事情。各种尝试人本化的哲学努力如果不打破自然的本体化，就绝不可能是逻辑上一贯的。但是，逻辑实证主义——一种“科学化的哲学”恰恰是最反对将科学世界图景本体化的，那么，它是人本的吗？其实，一切本体化——无论科学主义的抑或人本主义的——都是可疑的。回归到形而上学传统也许有一定的意义，但无助于解决科学主义与人文主义之间的对立。形而上学并非必然等同于人性的复归。

反权威主义的自由追求，在很大程度上与后现代主义类似。一些反权威的自由主义知识分子认定，在中国，“科学主义”正是极权政治的基础。虽然与盲目的后现代主义相比，自由主义传统对科学主义的批评更切近中国的现实，提出了一些可资借鉴的思想，然而，总的来看，这种论点仍是站不住脚的。另外，很多反科学主义者所强调的“人文精神”都与中国传统文化有渊源，并把传统的“士”的许多美德视为人文精神。问题在于，这种积极向上的精神与科学理性是水火不相容的吗？如果真是这样，那么我们将面临一个悲惨的选择：要么放弃现代化进程，要么放弃民族传统文化。如果我们不想陷入困境，我们就要反思：导致这个二难推理的前提是否错了？再深入下去：民族传统文化真的完全等同于人文精神吗？三纲五常，从一而终；君要臣死，臣不得不死，父要子亡，子不得不亡，这些能算什么人文精神！

无论如何，在当前中国，首要的和第一位的任务仍是大力推进科学。当然，有必要前瞻性地顾及“科学主义”的偏执，而为21世纪的中国科学文化提供更恰当的整合方式。

四、科学主义与人文主义

1. 反思“文化大革命”破坏科技事业的文化成因

当我们回顾历史时，就它们对今天现实社会意识的影响力而言，无论是2 000多年积淀的传统文化观念，还是近代以来蓬蓬勃勃的西方化思潮，都不能估计过高。在“史无前例”的“文化大革命”中，无论是传统文化的观念，还是西方化的主张，都受到了极大的冲击，乃至几乎横扫殆尽。这场疾风暴雨式的运动虽然只持续了十年，但其对今天中国的影响，恐怕更甚于传统文化观念或西方化主张。

显然，“文化大革命”对中国的科技事业造成了严重的破坏。但是，反思不能只停留于现象层次，历数其种种荒谬了事。如果它对中国科技事业的破坏仅仅是数量上的、表层的，那么这种破坏倒是比较容易修复的。大学校门关闭了，可以再打开；科技人员下放了，可以再请回来；实验室捣毁了，可以再建造。如果可以如此简单地纠正这段历史，抹平人们记忆中的创痕，那未免太简单了。重要的是考察其文化上的成因与后果，恰恰是它们也为今后中国科技与文化的整合设置了障碍。下面从三个最关键的方面来考察这个问题。

(1) 关于唯科学的科学观。

谈到“文化大革命”对中国科技事业的破坏，唯科学的科学观起着复杂的作用，唯科学居然走向反科学、走向科学虚无主义，这不能不说是一个悲剧。唯科学的科学观在起源上可以追溯到二三十年代中国的左翼知识分子那里。中国共产党的两位缔造者陈独秀和李大钊早年也是这样的知识分子。陈独秀曾任北京大学文科学长，提出了“科学与民主”的口号。

到五四时期，陈独秀已感到通过平稳的思想启蒙来拯救中国未免太缓慢，而转向“科学与革命”的主张。1921 年建立中国共产党后，陈、李二人开始兼有左翼知识分子和无产阶级革命者的双重身份。陈独秀、李大钊还有瞿秋白等在 1923 年都参加了“科学与人生观”的大论战。也是在这场论战中，他们逐渐明确了自己的独到的科学观。表面上他们站在“科学派”一方，实际上认为双方都没有找到真理。他们认为，“科学派”和“玄学派”双方都局限在枝枝节节的学术问题上，把遵循实证主义原则、符合严密逻辑规范的实证科学视为“惟一”的科学。而在陈独秀等人看来，凡是承认客观规律，反对虚幻的信仰和偶像，要求把人类行为建立在对自己规律的认识的基础之上，这样的主张就是“科学的”。所以毫不奇怪，陈独秀认为彻底的科学精神必然要求人们在社会生活领域接受唯物史观，否则就是不彻底，就会让“玄学鬼”有“四出的余地”。陈独秀等人不像其他“科学派”人士那样，大段大段搬弄心理学、生物学和科学哲学等具体学术来作为武器，他们直截了当地抬出了“一种可以攻破敌人大本营的武器”，即“唯物史观”。

随着马克思主义在中国的传播，左翼知识分子的革命倾向越来越明显，由此招来了当时统治集团的迫害。1927 年北洋军阀杀害了李大钊，同年蒋介石也向曾是同志的共产党人下了手。在那之后，许多左翼知识分子转为彻底的暴力革命者，拿起了武器。而少数仍在知识界活动的左翼知识分子，也主要关注于“普罗文化（无产阶级文化）”的运动，并且和共产党人联系密切，或者就是共产党员。但是，在左翼知识分子的思想中，“科学”仍占据着重要地位。特别是他们常常把马克思主义视为科学，而且是社会历史领域中“惟一”科学的理论，或“最高”的科学。到后来，“科学”更多地被当作马克思主义的性质之一，而不再作为一个独立的学术概念而存在。

这种科学观，在艰苦的革命形势下，有利于马克思主义在民众中间的传播。但是，新中国建立后，共产党人夺取了政权，马克思主义已经成为占统治地位的意识形态。遗憾的是，在革命期间左翼知识分子用来指称马克思主义，特别是唯物史观的“科学”，被不加分析地照搬过来表征马克思主义，并且加以强化，错误地变成凌驾在科学事业之上的裁判。

唯科学的科学观演变为把马克思主义作为仲裁科学的标准，这本身就不能认为是科学的。马克思主义并不是纯粹的科学理论，它的具体的、实证的结论，例如关于资本主义周期性经济危机的结论，关于社会主义将在经济发达国家首先建成的结论，固然可以用是否科学来衡量，固然要接受实践的检验，但马克思主义的普遍主张，无论是道德的、政治的还是哲学的，都不必要也不可能拿科学标准来衡量。例如，即使马克思主义关于资本主义经济危机的具体断言已不适用，也不能由此否定马克思关于资本主义是一种“罪恶的制度”的道德论断；反过来说，正因为马克思主义中有如此多的道德的、哲学的成分，甚至它本质上是一种服务于特定阶级（无产阶级）的政治学说，它当然也就不能像实证科学那样被否证。

唯科学的科学观由于坚持从政治立场出发去评判学术，从特定阶级立场出发去衡量追求普遍性的科学，其结果必定是要干扰科技事业的正常运行。这种干扰时断时续，一段时期以来一直困扰着中国的科技事业。最后，当马克思主义本身在“文革”中也被偷换成一些教条，当思想批判发展到“触及肉体”的“残酷斗争”，这种唯科学的科学观便与科学风马牛不相及了。

矫治唯科学的科学观，必须大力倡导科学的普遍性，无论在自然科学还是社会科学领域都是如此。必须严格限定政治权威和学术权威之间的界限。不如此，科技与文化的整合之途也就难免荆棘丛生。

（2）关于反传统文化和反西方化的双重倾向。

但是，唯科学的科学观还不能完全解释“文化大革命”中知识分子何以被贬入社会的低层，成为“臭老九”。在初期，对立两派有时会在“什么是真正的马克思主义毛泽东思想”等重大问题上分歧严重，而在反对知识分子这一点上却惊人地一致。这与“文化大革命”的反传统文化和反西方化的双重倾向有关。这种双重倾向植根于激进的乌托邦理想。

“文化大革命”中，虽然也常常暴露出中国传统文化的一些痼疾，如趋炎附势、钩心斗角等，但这些与其说是中国人民族的“劣根性”，不如说是人类的“劣根性”。整体上看，“文化大革命”明显地摆出一副激烈反对传统文化的姿态，这十年也是中国传统文化惨遭毁坏的十年。与此同时，又摆出强烈的敌视西方文化的心态。因此，“文化大革命”似乎具有一种要背叛一切人类文明传统——无论东方或西方的倾向，正是这一点解释了它对知识分子的贬斥，因为在任何文明社会中，哪怕从奴隶社会开始，知识分子也一直居有较高的社会地位。“文化大革命”的做法在这一点上是极其剧烈的，也因此对科技事业极大地施以了打击。

似乎有理由认为，这种双重否定的倾向与激进的乌托邦主义相关，即要在“一穷二白”的基础上建立一个全新的、不同于任何以往人类社会的“大同世界”。由于以往所有社会形态都存在不公正与丑恶，因此建立理想社会必须首先否定所有这些文明传统，无论是东方的或西方的。这提醒我们，在今天的中国，有必要警惕这类乌托邦倾向。具体到科技与文化整合这个问题，则要在避免全盘西化、亦步亦趋于发达国家的同时，也不能指望搞出什么惊人的“革命”来，一下子“赶超”西方。我们注意到今日中国，喜好大理论、大体系，创建“革命性”理论的人还并不少见。在科学上，必须坚持老老实实的态度。

（3）关于民粹主义倾向与集权主义。

“文化大革命”中存在一种显著矛盾：一方面，强调发动群众，搞“大民主”，让目不识丁的人来领导科技工作者，表现出强烈的民粹主义倾向；另一方面，搞个人崇拜，推崇秦始皇，以“一言堂”的方式进行管理等，又是明显的集权主义。

今天，知识分子在捍卫科技事业时，有时表现出在上述两种倾向之间的摇摆不定，而不能很好地把握住平衡。例如，当某些人要求矫治唯科学的科学观，把科技事业从集中控制下解放出来时，往往也同时丧失了其文化上的崇高性和理想性，而变成追逐蝇头小利、斤斤计较于世俗得失的毫无学术理想的学匠。他们完全让流行的社会舆论和利益需求主导自己的工作，甚至可以为了世俗的利益而违背学术规范，为那些伪科学的东西摇旗呐喊。相反，另外一些反对把科学工作平民化，强调科学的理想性、前瞻性以及科技事业纯粹性的知识分子，却又常常摆脱不掉依附于中央计划的想法。当他们感到基础研究有所削弱时，主要的反应是向中央政府要钱要政策，而不问其他，更难得反躬自省。每当这些知识分子感到来自群众中的一些愚昧、迷信和伪科学现象危及科技事业时，首先想到的不是通过民间的、社会化的渠道去反击，而常常寄望于中央政府以强制性法规、法令乃至以运动的形式来施以打击。其实，民粹主义和集权主义这两者都与科学的竞争性、普遍性、公有性规范不相容，因此在整合中国的科技文化时，必须同时警惕这两种倾向。

2. 新一轮科学化浪潮的检视

历史虽然是我们无法忽视的存在背景，现实却是我们最根本的立足点和依据。考察改革开放以来中国的科技文化，不难看到一个明显的、与“文化大革命”时期相比几乎是天翻地覆的变化：“科学技术”一下子从极不受重视的地位，跃居为出现频率最高的一个时髦词语。

对于导致这种戏剧性变化的过程，有学者用“科学主义”（或“唯科学主义”）这个术语来概括，称为科学主义的运动，或科学主义的兴起。其实，这种称谓恰恰犯了照搬理想概念于中国现实问题的错误。科学主义之成为一种主义，是有其系统的理论假设作支持的。并不是所有强调科学乃至崇尚科学的主张都可以被称为科学主义，就像一个热爱油画的人不能被称为油画主义者一样。

这一时期社会上绝大多数人都认同的实际上是，“科学（技术）”乃至与之有关的概念、结论和行动具有某种权威性。用后现代主义的术语讲，就是“科学（技术）”有助于构成“权威话语”。但是，一旦问及这种权威性的具体根源和更精确的形态，问及不同人中对“科学（技术）”的理解方式，就会发现巨大的差异和各种各样的思想纲领，以至于很难用任何一种“主义”来统一地命名。例如：有些崇尚科学的人是坚定的马克思主义者，其信念中始终是把“马克思主义”当作真正“科学”放在最高的位置。有些人崇尚科学是由于功利的需要，即认为科学技术对提高作为一个发展中国家的中国的生产率是最有效的，而这种对科学的尊崇事实上依赖于功利主义的前提，即以功利效用的大小来评判事物，由此得出“科学最具功利性所以最值得重视”的结论。有些人崇尚科学，可以追溯到传统文化中对“士”的尊崇，这种人最关心的不是把科学方法应用于整体社会，而是使知识分子在社会中居于较高地位。另一些人崇尚科学则是受工业文明影响，也带有较强的本来意义的“科学主义”色彩。相当一部分人强调科学的重要性，其目的只是矫正“文化大革命”中对科学技术的滥加贬抑，使科学技术在一定范围和程度内恢复其重要地位。

因此，与其将改革开放以来对科学技术的推崇称为“科学主义的第二次兴起”（第一次是指20年代初的“科学与人生观”大论战），不如称之为“新一轮的科学化浪潮”。这个运动无论其目标、性质还是具体内容都是多层次的和复杂的。大致地说，在20世纪70年代末80年代初推动这场科学化浪潮的主要有三大动机：功利的动机、学术的动机和政治的动机。

（1）功利的动机。

功利的动机不仅在这一时期，在此后直到今天仍起着强烈的作用，且影响有越来越大之势。1978年提出“四个现代化”的方针时，把“科学技术现代化”放在第一位，无疑是在功利层次上确定了科学技术的首要性。

在具体怎样实现科学技术的功利性方面，这一时期也有较大转变。主要是：第一，肯定理论研究的地位；尽管基础研究远水不解近渴，但它可避免临渴掘井。第二，肯定专业人员的地位，科技事业必须依赖专家。第三，强调引进技术的意义。

不过，矫枉常常是难免要过正的。在实践中又出现了另一个方向的偏差。例如从强调基础科学研究的本意出发，却导致了应用研究和开发研究的相对薄弱，使科研成果对生产实践的推动甚微。又如引进技术时急于求成，结果引进的项目与国内生产水平和科技水平不配套，造成大量浪费。到80年代初，对此又进行了调整，确立了“经济建设必须依靠科学技术，科学技术必须面向经济建设”的方针，它们构成了发展科技事业的功利动机，并决定着由功利动机出发的发展模式。

（2）学术的动机。

在学术范围内，推崇科学技术的动机则多种多样，流派纷呈。大致说来，它们是：

——马克思主义的科学观。这主要归功于1978年开展的“真理标准大讨论”，那次讨论重申了“实践是检验真理的惟一标准”的马克思主义观点，把马克思主义从极左思潮污染中清洗出来，恢复了其本来面目，由此形成了以“尊重实践、尊重事实”、“不惟上、不惟书”、“实事求是”等为内涵的马克思主义对“科学”的理解。如果科学仅指狭义的、严格实证的科学，那么上述理解当然还有欠精确之处，但如果从广义的角度，从坚持科学精神的角度来理解“科学”，则上述对“科学”的理解是十分正确的。

——学习西方科学哲学而形成的科学观。早在70年代末对波普尔等西方科学哲学家就有较多研究，逻辑实证主义、历史学派等也已引起国内学者注意，80年代以后学习引进西方科学哲学形成一个高潮，很多学者从中汲取营养并提出了自己的比较成熟的看法。

——科技决定论的科技观。这种观点对矫正“文化大革命”时期轻视科学技术的倾向是颇为积极有力的，但它又过分夸大科学技术的作用，似乎科技万能，科学方法也应无限制地推广运用。企望每个普通公民都能迅速掌握并运用科学方法也是不现实的。

从上面分析可以看出，尽管动机不同，在学术界内部，“科学化”浪潮本身还是比较顺利和迅速的。20世纪80年代中期又兴起了一场科学化的哲学运动，一些学者试图用科学的理性方法和具体学科的知识来改造哲学，甚至直接把一些科学概念如“非平衡态”、“自组织”等运用到哲学领域。这种照搬科学来改造哲学的倾向虽然是幼稚的，但在特定情况下也有助于“科学化”的浪潮。

总而言之，20世纪80年代以来学术界已基本上孕育出有利于科技与文化整合的科技观，在学术界内部逐渐形成了比较平等、自由和开放的学术竞争环境，各种不同的观点都有一定的表达机会。然而，这一时期比较开放的环境还局限于学术界内部，以至于某些学术观点很难在学术圈以外获得表达，从而妨碍了整个社会中科技与文化的整合。

(3) 政治的动机。

在20世纪70年代末真理标准大讨论中，科学还常常被作为一种政治权威来运用。真理标准讨论的正题是：实践是检验真理的惟一标准。与之相对应的反题便是：政治性的权威，如政治理论教条，某位政治领袖的言论是检验真理的标准。为了反击这种权威，指出它们也可能是错误的，许多论者引用“科学”作为自己一方的武器。例如，通过指出革命领袖的言论中有不符合科学的地方，来证明革命领袖也是会犯错误的。这样一来，无形中把“科学”等同于不会犯错误的真理。科学本身又成了一种绝对权威。

在有政治色彩的论战中引用科学，固然可以赋予科学以某种权威地位，但这样的地位是不可靠的。在20世纪80年代初的新一轮科学化运动之后，在政治和社会生活领域排斥科学的观点有较大反弹。因此，科技要么被当成绝对的政治权威，要么被认为完全不应干预政治。这都是片面的。建立起科技与政治之间的交流机制，是整合科技文化的必要步骤。

3. 克服科学精神与人文精神的虚假对立

从历史上看，科学主义与人文主义的对立是存在的，但是，科学精神与人文精神之间的对立，很大程度上是现代人制造的一个幻象。科学主义的偏颇并不在于坚持科学理性或科学方法本身，而在于视其为人类理性的全部，又视理性为人类精神的全部。同样，所谓人文主义，即强调人性中情感、直觉的一面，或强调个人的自主存在的价值的一面，也不能自诩为包容了“人”的全部，并将自己等同于人文精神。科学主义与人文主义乃是两种哲学倾向之间的争执，不是所谓“人的哲学”与“非人的哲学”的分野，更不是科学精神与人文精神的对峙。

从哲学学科分类的角度来看，科学哲学与人文哲学不存在互相对立的关系。但是，科学主义与人文主义的确代表两种不同的倾向，它们的内涵虽有变化，其对立的态势却是一直没有改变的。最初，孔德标榜反对形而上学，正式揭开了科学主义的序幕。逻辑实证主义在20世纪上半叶，试图建立科学的统一哲学，这大概是科学主义最辉煌的壮举。此后，科学主义逐渐走下坡路。而叔本华、尼采的唯意志论，柏格森的生命哲学，以及后来存在主义和新托马斯主义对"人"（此在）、对"神"（终极关怀）的重新解释，则竭力鼓吹各种各样的人文主义，以与科学主义对峙。在某种意义上，现代主义与后现代主义的对立，恰好反映了科学主义与人文主义的较量。

不过，切勿简单类推，把科学主义与科学精神、人文主义与人文精神等同起来，因为其中是没有必然通道的。广而言之，科学哲学不一定是科学主义的，例如费耶阿本德的科学哲学，毋宁说它更倾向于人文主义。科学主义不但不一定符合科学精神，而且越到后来越与科学精神相抵触，例如对技术决定论的盲目崇拜，恰恰违背了多元主义的科学怀疑精神。至于人文哲学、人文主义及人文精神之间的关系，也不难作类似的说明。

科学精神与人文精神在理论上不是对立的，在实践中更是相容的。科学精神与狭义的人文精神一样，都是人类精神中弥足珍贵的组成部分。必须清醒地看到：支撑科学活动的科学精神，与科学主义是两码事，它同时也是其他人类活动的必要支柱。科学精神包括：怀疑一切既定权威的求实态度；对理性的真诚信仰、对知识的渴求、对可操作程序的执著；对真理的热爱和对一切弄虚作假行为的憎恶；对公正、普遍、创新等准则的遵循。可以说，所有这些无不是人类精神中最深层次的宝贵内涵。在这一层次上，所谓科学精神与所谓人文精神——对人的价值的至高信仰，对人类处境的无限关切，对开放、民主、自由等准则的探求——已经密不可分，一个永远紧伴着另一个，失去了任何一个，另一个也就空洞到毫无意义。这二者间并不存在谁高谁下、谁是谁非的问题，只能说，它们都是人类精神的内核。

"现代化"是现在最通用的词之一，人们对如何实现现代化的问题也特别关注。但在发达国家，现代化已然实现，放眼看看汽车和电话、计算机的普及，想想它们在生活中不可须臾或缺的情况，即能得到一般性说明。享受着现代化的国度，倒是"反现代化"、"超现代化"、"后现代化"之类的思潮非常时髦。因而许多人并不认为那些只需举手之劳便可获得的现代化成果值得费劲作哲学思考，反而是在现实生活巨流中暴露出的现代化的许多副产品引起了特殊的关注，包括：高能耗、超前消费、强竞争、泛福利、族裔冲突、性错乱、环境污染等。这样，在哲学研究中，不但不是非常关心如何达致现代化，反而倾向于对现代社会和文化传统进行猛烈批判。后现代主义、女权主义以及向人文精神回归的趋势成为主流。与国外知识界对话，每每发现这样的哲学特征，即否定由启蒙时期以来作为蒙昧主义对立物的、以个人自律为标志的理性主义，而以一种非理性主义取而代之。在论辩方式上，表现为“复古主义”、“借鉴于东方”和“诉诸未来”三种形式。“复古主义”即以古代否定现代，托古改制，希望从古希腊和传统思想的材料中，找出可以改头换面的原始素材，在变化了的语境中重新解释，进行加工后用以批判现代主义。“借鉴于东方”则是从东方文化传统中找出某些相应的形式和内容，用一种对立的眼光放到现代西方语境中加以理想化，同样用以批判现代主义。“诉诸未来”则是以明天否定今天，以某种超越现代社会思想条件的理想回馈社会，来批判现代主义。

当前中国的现实问题在于：一方面，基本上尚处于前现代化阶段，必须走向“现代化”；另一方面，世界还在前进，相对于中国的超前发展已然形成气候，还没有现代化的中国人毕竟不能回避后现代化的要求。这就是说，在某种意义上，中国人处在前后夹击之中。面对相互矛盾的双重任务，首先要弥补我们传统中缺乏的形式理性与实证精神，同时又须应对后实证主义与后现代主义的时尚。中国的科学技术哲学需要调整自己的方向，既现实地致力于现代化，又前瞻地关注其可能的负面影响，在两者间形成“必要的张力”，才能游刃有余。

参考文献

1. ［美］爱因斯坦．爱因斯坦文集．第1卷．北京：商务印书馆，1976

2. ［美］托马斯·S·库恩．必要的张力——科学的传统和变革论文选．福州：福建人民出版社，1981

3. ［苏］柯普宁．辩证法·逻辑·科学．上海：华东师范大学出版社，1981

4. ［英］卡尔·波普尔．猜想与反驳．上海：上海译文出版社，1986

5. ［日］汤川秀树．创造力和直觉——一个物理学家对于东西方的考察．上海：复旦大学出版社，1987

6. ［美］威拉德·蒯因．从逻辑的观点看．上海：上海译文出版社，1987

7. 罗嘉昌．从物质实体到关系实在．北京：中国社会科学出版社，1996

8. ［德］G．克劳斯．从哲学看控制论．北京：中国社会科学出版社，1981

9. ［美］H．马尔库塞．单向度的人．上海：上海译文出版社，1989

10. ［美］M.K．穆尼茨．当代分析哲学．上海：复旦大学出版社，1986

11. 郭贵春．当代科学实在论．北京：科学出版社，1991

12. 江天骥．当代西方科学哲学．北京：中国社会科学出版社，1984

13. 张之沧．当代实在论与反实在论之争．南京：南京师范大学出版社，2001

14. 舒炜光，邱仁宗主编．当代西方科学哲学评述．北京：人民出版

社，1987

15. ［美］阿尔温·托夫勒. 第三次浪潮. 北京：三联书店，1983

16. ［瑞士］皮亚杰. 发生认识论原理. 北京：商务印书馆，1981

17. ［美］N. 汉森. 发现的模式. 北京：中国国际广播出版社，1988

18. ［德］阿·迈纳. 方法论导论. 北京：三联书店，1991

19. 刘大椿. 互补方法论. 北京：世界知识出版社，1994

20. 李伯聪. 工程哲学引论. 郑州：大象出版社，2002

21. ［美］M. 克莱因. 古今数学思想（1～4）. 上海：上海科学技术出版社，1979—1981

22. ［美］赫伯特·A·西蒙. 管理决策新科学. 北京：中国社会科学出版社，1982

23. 钱学森主编. 关于思维科学. 上海：上海人民出版社，1986

24. ［美］丹尼尔·贝尔. 后工业社会的来临. 北京：商务印书馆，1984

25. ［俄］B. 伊诺泽姆采夫. 后工业社会与可持续发展问题研究. 北京：中国人民大学出版社，2004

26. ［美］大卫·格里芬编. 后现代科学——科学魅力的再现. 北京：中央编译出版社，1992

27. ［美］理查德·罗蒂. 后哲学文化. 上海：上海译文出版社，1992

28. ［日］岩佐茂. 环境的思想. 北京：中央编译出版社，1997

29. 余谋昌等. 环境伦理学. 北京：高等教育出版社，2004

30. 刘大椿，明日香寿川，金淞. 环境问题：从中日比较与合作的观点看. 北京：中国人民大学出版社，1995

31. 刘大椿，岩佐茂主编. 环境思想研究：基于中日传统与现实的回应. 北京：中国人民大学出版社，1998

32. 刘文海. 技术的政治价值. 北京：人民出版社，1996

33. ［德］F. 拉普编. 技术科学的思维结构. 长春：吉林人民出版社，1988

34. 陈昌曙，远德玉. 技术选择论. 沈阳：辽宁人民出版社，1990

35. 邹珊刚主编. 技术与技术哲学. 北京：知识出版社，1987

36. 张明国. 技术文化论. 北京：同心出版社，2004

37. ［美］莱斯特·R·布朗. 建设一个持续发展的社会. 北京：科学技术文献出版社，1984

38. ［美］L. 劳丹. 进步及其问题. 北京：华夏出版社，1990

39. ［美］赫伯特·巴特菲尔德. 近代科学的起源. 北京：华夏出版社，1988

40. ［英］R. 库姆斯，P. 萨维奥蒂，V. 沃尔什. 经济学与技术进步. 北京：商务印书馆，1989

41. ［英］卡尔·波普尔. 客观知识. 上海：上海译文出版社，1987

42. 刘兵. 克丽奥眼中的科学. 济南：山东教育出版社，1996

43. 刘大椿主编. 科技生产力：理论和运作. 重庆：重庆出版社，1996

44. 吕乃基．科技革命与中国社会转型．北京：中国社会科学出版社，2004

45. ［荷兰］E. 舒尔曼．科技文明与人类未来．北京：东方出版社，1995

46.《自然辩证法通讯》杂志社编．科学传统与文化．西安：陕西科学技术出版社，1983

47.［法］昂利·彭加勒．科学的价值．北京：光明日报出版社，1988

48. 李醒民．科学的精神与价值．石家庄：河北教育出版社，2001

49. ［英］戈德史密斯，马凯主编．科学的科学——技术时代的社会．北京：科学出版社，1985

50. ［苏］柯普宁．科学的认识论基础和逻辑基础．上海：华东师范大学出版社，1989

51. ［英］贝尔纳．科学的社会功能．北京：商务印书馆，1985

52. ［美］杰里·加斯顿．科学的社会运行．北京：光明日报出版社，1988

53. ［美］乔治·萨顿．科学的生命——文明史论集．北京：商务印书馆，1987

54. ［加］马里奥·本格．科学的唯物主义．上海：上海译文出版社，1989

55. ［美］约翰·霍根．科学的终结．呼和浩特：远方出版社，1997

56. ［美］史蒂芬·科尔．科学的制造．上海：上海人民出版社，2001

57. 黄顺基，刘大椿．科学的哲学反思．北京：中国人民大学出版社，1987

58. 菲利普·弗兰克．科学的哲学——科学和哲学之间的纽带．上海：上海人民出版社，1985

59. 鲍宗豪等．科学发展观论纲．上海：华东师范大学出版社，2004

60. ［美］库恩．科学革命的结构．上海：上海科学技术出版社，1980

61. 刘大椿．科学活动论．北京：人民出版社，1985

62. 杨沛霆，陈昌曙．科学技术论．浙江：浙江教育出版社，1985

63. 黄顺基，刘大椿主编．科学技术哲学的前沿与进展．北京：人民出版社，1991

64. 叶平等．科学技术与可持续发展．北京：高等教育出版社，2004

65. 黄顺基，黄天授，刘大椿主编．科学技术哲学引论——科技革命时代的自然辩证法．北京：中国人民大学出版社，1991

66. 周林等编．科学家论方法，第一、二辑．呼和浩特：内蒙古人民出版社，1984—1985

67. ［美］约瑟夫·戴维．科学家在社会中的角色．成都：四川人民出版社，1988

68. ［美］哈里特·朱克曼．科学界的精英——美国的诺贝尔奖金获得者．北京：商务印书馆，1982

69. ［美］乔纳森·科尔，斯蒂芬·科尔．科学界的社会分层．北京：华夏出版社，1989

70. ［英］查尔默斯．科学究竟是什么——对科学的性质和地位及其方法评论．北京：商务印书馆，1982

71. ［英］哈雷．科学逻辑导论．杭州：浙江科技出版社，1990

72. 刘大椿主编．科学逻辑与科学方法论名释．南昌：江西教育出版社，1997

73. ［美］布什等．科学——没有止境的前沿．北京：中国科学院政策研究室，1985

74. 赵红州．科学能力学引论．北京：科学出版社，1984

75. ［苏］什托夫．科学认识的方法论问题．北京：知识出版社，1981
76. 郭贵春．科学实在论的方法论辩护．北京：科学出版社，2004
77. ［德］汉斯·波塞尔．科学：什么是科学?．上海：上海三联书店，2002
78. ［英］丹皮尔．科学史——及其与哲学和宗教关系．北京：商务印书馆，1975
79. ［美］李克特．科学是一种文化过程．北京：三联书店，1989
80. 何亚平主编．科学社会学教程．杭州：浙江大学出版社，1990
81. ［美］瓦托夫斯基．科学思想的概念基础——科学哲学导论．北京：求实出版社，1982
82. 林德宏．科学思想史．南京：江苏科学技术出版社，1985
83. 吕乃基，樊浩等．科学文化与现代化．合肥：安徽教育出版社，1993
84. ［英］贝弗里奇．科学研究的艺术．北京：科学出版社，1979
85. 张巨青主编．科学研究的艺术——科学方法导论．武汉：湖北人民出版社，1988
86. ［英］伊·拉卡托斯．科学研究纲领方法论．上海：上海译文出版社，1986
87. 王德禄，刘戟锋主编．科学与和平．北京：北京大学出版社，1991
88. ［美］劳丹．科学与价值．福州：福建人民出版社，1989
89. 刘大椿．科学哲学．北京：人民出版社，1998
90. ［美］R. 卡尔纳普．科学哲学导论．广州：中山大学出版社，1987
91. 张华夏等主编．科学·哲学·文化．广州：中山大学出版社，1996
92. ［德］赖欣巴哈．科学哲学的兴起．北京：商务印书馆，1983
93. ［美］卡尔纳普．科学哲学和科学方法论．北京：华夏出版社，1990
94. ［美］约翰·洛西．科学哲学历史导论．武汉：华中工学院出版社，1982
95. 殷正坤，邱仁宗．科学哲学引论．武汉：华中理工大学出版社，1996
96. 孟建伟．论科学的人文价值．北京：中国社会科学出版社，2000
97. 肖峰．论科学与人文的当代融通．南京：江苏人民出版社，2001
98. ［美］爱德华·威尔逊．论契合：知识的统合．北京：生活读书新知三联书店，2002
99. ［美］达德利·夏佩尔．理由与求知．上海：上海译文出版社，1990
100. 潘吉星主编．李约瑟文集．沈阳：辽宁科技出版社，1986
101. 李醒民．两极张力论：不应当抱住昨天的理论不放．西安：陕西科学技术出版社，1988
102. ［苏］凯德洛夫．列宁与科学革命·自然科学·物理学．西安：陕西科学技术出版社，1987
103. 洪谦主编．逻辑经验主义（上、下卷）．北京：商务印书馆，1982－1984
104. ［奥］维特根斯坦．逻辑哲学论．北京：商务印书馆，1985
105. 刘湘溶．人与自然的道德话语．长沙：湖南师范大学出版社，2004
106. ［苏］拉札列夫，特里伏诺娃．认知结构和科学革命．北京：中国社会科学出版社，1985

107. ［苏］米库林斯基，［捷］里赫塔主编．社会主义和科学．北京：人民出版社，1986
108. ［美］默顿．十七世纪英国的科学技术与社会．成都：四川人民出版社，1986
109. ［德］于尔根·库钦斯基．生产力的第四次革命．北京：商务印书馆，1984
110. 邱仁宗．生命伦理学．上海：上海人民出版社，1987
111. 余谋昌．生态学哲学．昆明：云南人民出版社，1991
112. ［美］柯朗·罗宾．数学是什么?．北京：科学出版社，1985
113. ［苏］亚历山大洛夫等．数学——它的内容、方法和意义（第1～3卷）．北京：科学普及出版社，1959—1963
114. ［美］波利亚．数学与似真推理．福州：福建人民出版社，1985
115. ［比］尼科里斯·普利高津．探求复杂性．成都：四川教育出版社，1986
116. ［德］W. 海森伯．物理学和哲学——现代科学中的革命．北京：商务印书馆，1981
117. ［美］黛安娜·克兰．无形学院——知识在科学共同体的扩散．北京：华夏出版社，1988
118. 张华夏．物质系统论．杭州：浙江人民出版社，1987
119. ［英］罗素．西方哲学史．北京：商务印书馆，1981
120. 杜任之主编．现代西方著名哲学家述评（上、下）．北京：三联书店，1980—1983
121. ［美］托马斯·希尔．现代知识论．北京：中国人民大学出版社，1989
122. ［德］马克斯·韦伯．新教伦理与资本主义精神．成都：四川人民出版社，1986
123. 刘大椿，吴向红．新学苦旅：科学、社会、文化的大撞击．南昌：江西高校出版社，1996
124. ［美］E. 拉兹洛．用系统论的观点看世界．北京：中国社会科学出版社，1985
125. ［丹麦］玻尔．原子论和自然的描述．北京：商务印书馆，1964
126. ［丹麦］玻尔．原子物理学和人类知识．北京：商务印书馆，1978
127. ［美］G. 波利亚．怎样解题．北京：科学出版社，1982
128. 增长的极限——罗马俱乐部关于人类困境的研究报告．成都：四川人民出版社，1989
129. ［英］汤因比，［日］池田大作．展望二十一世纪——汤因比与池田大作对话录．北京：国际文化出版公司，1985
130. ［美］理查·罗蒂．哲学与自然之镜．北京：三联书店，1987
131. ［法］保罗·利科主编．哲学主要趋向．北京：商务印书馆，1988
132. ［英］伊姆雷·托卡托斯．证明与反驳．上海：上海译文出版社，1987
133. ［英］约翰·齐曼．知识的力量——科学的社会范畴．上海：上海科学技术出版社，1985
134. 金岳霖．知识论．北京：商务印书馆，1983
135. 刘大椿，刘蔚然．知识经济：中国必须回应．北京：中国经济出版社，1998

136. ［美］约瑟夫·劳斯. 知识与权力——走向科学的政治哲学. 北京：北京大学出版社，2004

137. ［美］巴巴拉·沃德，雷内·杜博斯主编. 只有一个地球. 北京：石油化学工业出版社，1976

138. ［英］李约瑟. 中国古代科学思想史. 南昌：江西人民出版社，1990

139. 董光璧. 中国近现代科学技术史论纲. 长沙：湖南教育出版社，1991

140. 刘大椿主编. 中国科技体制的转型之路. 济南：山东科技出版社，1996

141. 杜石然等. 中国科学技术史稿（上、下册）. 北京：科学出版社，1982

142. ［美］郭颖颐. 中国现代思想中的唯科学主义. 南京：江苏人民出版社，1989

143. 沈小峰，王德胜. 自然辩证法范畴论（修订本）. 北京：北京师范大学出版社，1990

144. 黄顺基，吴延涪，黄天授，刘大椿主编. 自然辩证法教程. 北京：中国人民大学出版社，1985

145. 本书编写组. 自然辩证法讲义. 北京：人民教育出版社，1979

146. 舒炜光主编. 自然辩证法原理. 长春：吉林人民出版社，1984

147. 金吾伦选编. 自然观与科学观. 北京：知识出版社，1985

148. ［美］卡尔·G·亨普耳. 自然科学的哲学. 北京：三联书店，1987

149. ［英］斯蒂芬·F·梅森. 自然科学史. 上海：上海译文出版社，1980

150. 曾国屏. 自组织的自然观. 北京：北京大学出版社，1996

151. ［美］保罗·法伊尔阿本德. 自由社会中的科学. 上海：上海译文出版社，1990

152. 方华，刘大椿主编. 走向自为——社会科学的活动与方法. 重庆：重庆出版社，1992，

153. 李建会. 走向计算主义. 北京：中国书籍出版社，2004，

第1版后记

我在20世纪80年代中期和90年代初曾分别参编《自然辩证法教程》和《科学技术哲学引论——科技革命时代的自然辩证法》。这两本书曾被许多同仁作为教材或教学参考书。自那以后，并不曾想要再接着编类似的教材，因为不仅有更迫切的工作要做，而且新的铺垫和准备似乎也不足。但是，近几年来，科学技术哲学发展迅速，在学科建设和课堂教学上都遇到不少问题，已经到了需要加以重新审视的时候。在与一些朋友的私下议论当中，也赞成有志者花工夫去组织力量编写科学技术哲学的新教材。不过，仍然没有想过自己来做这个工作。

世纪之交，人大出版社锐意进取，计划出一套适合21世纪教学需要的哲学专业系列教材，以作为哲学专业教学改革的突破口。他们热诚邀请我参加，要求写一本“专著性教材”。本人才力不逮，特别害怕编四平八稳、大家都能举手通过却意犹未尽的东西，而对允许有一定个性的东西倒愿意尝试。于是，我答允尽力而为，共镶大业。我把这些年发表的论著全翻了出来，选取其中一部分作基础，同时大量吸收了国内外学界的卓见，斟酌再三，终于赶在新世纪到来之前杀了青。

本书是对当代科学技术及其相关问题、要求和挑战的哲学回应。撰写时既注意涵盖该领域的主要内容，又充分吸纳了近 20 年来有关研究的新开拓和新成果。试图着重考察科学技术与人、自然、社会、经济及文化的关联和相互作用；对学科定位问题、科技观和自然观问题、生态价值观问题、可持续发展问题、科学认识活动与方法问题、技术创新问题、科技革命与经济社会变革问题、科技运行机制问题、科学与非科学问题、科技与文化的整合问题等，在基本的论述之外都有一些自己的心得。全书共 11 章，没有按习见的体例和顺序安排，而是循着科技不断向外扩散所激起的思考渐次展开。

作为一门学科的基本教材，本书引用了大量公开发表的观点和材料，其中包括我所主持项目的研究成果。这本专著之所以能够问世，要感谢所有这些同仁对科学技术哲学在理论上的推进，要感谢出版社的决策和责任编辑的辛勤劳动，还要预先感谢读者朋友的关注和批评。

刘大椿

1999 年岁末于人大静园

第2版后记

本书初版于2000年1月。在世纪之交，人大出版社策划出一套适合新世纪教学需要的哲学系列教材，并期待能作为哲学专业教学改革的突破口。主事者热诚邀我参加，说是不要拘守成规，可张扬个性，写一本“专著性教材”。我答允尽力而为，赞镶盛举。在杂事忙乱之余，我翻出之前已发表的论著和未曾发表的手稿，选取其中一部分作基础，斟酌再三，加以参考国内外学界的卓见，终于赶在新世纪到来前杀青付梓。出版五年来，承蒙读者不弃，本书卖得还好；亦受到学界关注，至少成一家之言。

科学技术哲学近期发展迅速，在学科建设和课堂教学上又遇到不少问题，本书也到了需要加以重新审视的时候。现在出版社提出修订再版，我自慨然应允，而且尽量作比较大的增删。

科学技术哲学是对当代科学技术及其相关问题、要求和挑战的哲学回应。初版撰写时就注意涵盖该领域的主要内容，并充分吸纳近20多年来有关研究成果。这次修订，删除了一些陈旧观点和内容，增添了近四成新文字。初版时全书共11章，修订版连引论共16章。全书对学科定位问题、现代科学技术观问题、自然观的变革问题、生态价值观问题、可持续发展问题、科技时代的伦理建构问题、科学发现与科学辩护问题、科学认识的经验基础与理论建构问题、数学方法与系统科学方法问题、技术和工程的概念基础问题、技术创新的理论与实践问题、社会科学的哲学反思问题、科技革命与经济社会变革问题、科技运行的社会支撑问题、科技与文化的整合问题等，都进行了基本的论述，并且大多有一些自己的心得。章节没有按习见的体例和顺序安排，而是循着科技不断向外扩散所激起的思考渐次展开。

有必要重申，作为一门学科的基本教材，本书引用了大量公开发表的观点和材料，其中包括我所主持项目的研究成果。这本“专著性教材”之所以能够修订再版问世，要感谢所有同仁对科学技术哲学在理论上的推进，要感谢出版社的决策和责任编辑的辛勤劳动，还要感谢读者朋友的关注和批评。

刘大椿

2005 年春节于人大宜园

图书在版编目（CIP）数据

科学技术哲学导论/刘大椿著. 2版.
北京：中国人民大学出版社，2005
（21世纪哲学系列教材）
普通高等教育“十一五”国家级规划教材
ISBN 978-7-300-03270-2

Ⅰ. 科…
Ⅱ. 刘…
Ⅲ. ①科学哲学-高等学校-教材②技术哲学-高等学校-教材
Ⅳ. N02

中国版本图书馆 CIP 数据核字（2005）第 054580 号

普通高等教育“十一五”国家级规划教材
21世纪哲学系列教材
科学技术哲学导论（第2版）
刘大椿　著

出版发行	中国人民大学出版社		
社　　址	北京中关村大街31号	**邮政编码**	100080
电　　话	010－62511242（总编室）		010－62511770（出版部）
	010－82501766（邮购部）		010－62514148（门市部）
	010－62515195（发行公司）		010－62515275（盗版举报）
网　　址	http：//www.crup.com.cn		
	http：//www.ttrnet.com（人大教研网）		
经　　销	新华书店		
印　　刷	固安县铭成印刷有限公司	**版　　次**	2000年1月第1版
开　　本	170 mm×228 mm　16开本		2005年6月第2版
印　　张	34.25	**印　　次**	2023年1月第11次印刷
字　　数	626 000	**定　　价**	68.00元